D1784725

Tilo Renz
Um Leib und Leben

Quellen und Forschungen zur Literatur- und Kulturgeschichte

Begründet als

Quellen und Forschungen
zur Sprach- und Kulturgeschichte
der germanischen Völker

von

Bernhard Ten Brink und
Wilhelm Scherer

Herausgegeben von

Ernst Osterkamp und
Werner Röcke

71 (305)

De Gruyter

Um Leib und Leben

Das Wissen von Geschlecht, Körper und Recht im Nibelungenlied

von

Tilo Renz

De Gruyter

ISBN 978-3-11-025274-3
e-ISBN 978-3-11-025277-4
ISSN 0946-9419

Library of Congress Cataloging-in-Publication Data

A CIP catalog record for this book has been applied for at the Library of Congress.

Bibliografische Information der Deutschen Nationalbibliothek

Die Deutsche Nationalbibliothek verzeichnet diese Publikation in der Deutschen
Nationalbibliografie; detaillierte bibliografische Daten sind im Internet
über http://dnb.dnb.de abrufbar.

© 2012 Walter de Gruyter GmbH, Berlin/Boston

Satz: Konrad Triltsch, Print und digitale Medien GmbH, Ochsenfurt
Druck: Hubert & Co. GmbH & Co. KG, Göttingen
∞ Gedruckt auf säurefreiem Papier

Printed in Germany

www.degruyter.com

Danksagung

Dieses Buch ist eine geringfügig überarbeitete Fassung der Dissertationsschrift, mit der ich im April 2010 an der Philosophischen Fakultät II der Humboldt-Universität zu Berlin im Fach Ältere deutsche Literatur promoviert worden bin. Die Dissertation wurde unterstützt durch ein dreijähriges Promotionsstipendium der Deutschen Forschungsgemeinschaft im Rahmen des Berliner Graduiertenkollegs *Codierung von Gewalt im medialen Wandel* und durch ein Stipendium des Deutschen Akademischen Austauschdienstes für einen halbjährigen Aufenthalt am German Department der University of California, Berkeley. Im Dezember 2011 wurde die Arbeit mit dem Tiburtius-Preis der Berliner Hochschulen ausgezeichnet.

Zahlreiche Personen haben zum Entstehen dieses Buches beigetragen. Einigen von ihnen möchte ich an dieser Stelle ausdrücklich danken. Werner Röcke, den ich durch ein Seminar zum *Nibelungenlied* kennenlernte, hat das Projekt angestoßen und war stets von seinem Gelingen überzeugt. Er war hochgeschätzter Gesprächspartner und geduldiger Betreuer, hat mir viele intellektuelle Freiheiten zugestanden und immer dann ein Kapitel der Dissertation genau gelesen und kritisch kommentiert, wenn ich ihn darum gebeten habe. Claudia Benthien, die das Zweitgutachten der Arbeit übernommen hat, verdanke ich, dass sie mit mir einen Mediävisten in ihr Hamburger Team aufgenommen und dass sie mir damit die Möglichkeit gegeben hat, mein Dissertationsprojekt in der geplanten Form abzuschließen und darüber hinaus meiner Faszination für Themen der Neueren deutschen Literaturwissenschaft, der Geschlechterforschung und der Kulturtheorie intensiv nachzugehen. Inge Stephan, bei der ich einen Großteil meines Studiums der Neueren deutschen Literatur absolvierte und die anfangs diese Arbeit mit betreute, hat mit mir im Laufe der Jahre mehrere richtungweisende Gespräche geführt; auch ihr möchte ich an dieser Stelle danken. Außerdem danke ich Elaine C. Tennant für die kenntnisreiche, engagierte und außerordentlich förderliche Betreuung während meiner sechs Monate in der Bay Area.

Drei Diskussionszusammenhänge waren für das Entstehen dieser Arbeit von besonderer Bedeutung: zunächst der interdisziplinäre Austausch im Rahmen des Berliner Graduiertenkollegs, außerdem die kritische Öf-

fentlichkeit von Werner Röckes Oberseminar und schließlich die Gespräche mit meinen Hamburger Kolleginnen Julia Freytag und Manuela
Gerlof. Ganz entscheidend haben die ersten Leserinnen und Leser zum
vorliegenden Buch beigetragen: Für Hinweise, Anregungen und Korrek-
turen danke ich Albrecht Dröse, Silke Förschler, Julia Freytag, Manfred
Höke, Martin Muschick und André Rottmann. Anne Sedlmayer hat bei
der Vorbereitung der Disputation wichtige Hinweise gegeben; die Korrektur der Druckfahnen hat Germaine Götzelmann übernommen. Ernst
Osterkamp und Werner Röcke danke ich für die Aufnahme der Dissertation in die Reihe *Quellen und Forschungen zur Literatur- und Kulturgeschichte* des de-Gruyter-Verlags sowie Manuela Gerlof, Susanne Rade und
Angelika Hermann bei de Gruyter für viele wichtige Hinweise zur Vorbereitung der Drucklegung dieses Buches.

Schließlich gilt der Dank meinen Eltern, Halmut Renz, Falk Renz und
Manfred Höke, für die vielfältige und völlig unterschiedliche Unterstüt-
zung, die sie mir in der Promotionszeit haben zuteil werden lassen.
Wichtige Begleiter und Gesprächspartner waren ferner Ralf Hertel, Vito
Pinto und Christina Schmitt sowie Silke Förschler, mit der ich in den
Jahren des Promovierens so viele Gedanken geteilt habe.

Inhalt

I. Einleitung

Wissen von Geschlecht, Körper und Recht im *Nibelungenlied*

Das *Nibelungenlied* kündigt in der ersten Strophe eine Erzählung von Helden an, von ihren Mühen und Kämpfen:

> Uns ist in alten mæren wunders vil geseit
> von helden lobebæren, von grôzer arebeit,
> von fröuden, hôchgezîten, von weinen und von klagen,
> von küener recken strîten muget ir nu wunder hœren sagen. (1)[1]

Dieser Beginn weckt die Erwartung, dass es sich bei der folgenden Geschichte um ein Heldenepos handelt, in dem männliche Figuren und ihr Verhalten im Zentrum des Interesses stehen. Die Strophe stellt Kampfhandlungen von Rittern in Aussicht, verliert über die weiblichen Figuren der Geschichte aber kein Wort. Damit entspricht die Exposition den geschlechterspezifischen Merkmalen, die Simon Gaunt in seiner grundlegenden Untersuchung zum Verhältnis von mittelalterlichen literarischen Gattungen und Geschlecht anhand der französischen Literatur für die Heldenepik herausgearbeitet hat. Das französischsprachige Äquivalent der Heldenepik, die *chanson de geste*, fokussiere ausschließlich männliche Fi-

---

1 Hier und im Folgenden wird die *A/B-Fassung des *Nibelungenlieds* zitiert nach: Das Nibelungenlied, nach der Ausgabe v. Karl Bartsch hg. v. Helmut de Boor, 22., revidierte und v. Roswitha Wisniewski ergänzte Auflage, Mannheim 1988. Auf Strophen und Verse dieser Ausgabe wird im fortlaufenden Text verwiesen. Zur Wahl der Fassung des *Nibelungenlieds*, die dieser Untersuchung zugrunde liegt, s. u., S. 21 f. Über die Bartsch/de Boor-Ausgabe hinaus wurden an verschiedenen Stellen der synoptische Abdruck der Handschriften A, B und C durch Batts (vgl. Das Nibelungenlied der Handschriften A, B und C nebst Lesarten der übrigen Handschriften, hg. v. Michael S. Batts, Tübingen 1971) sowie die Übersetzungen Brackerts (vgl. Das Nibelungenlied. I. und II. Teil. Mittelhochdeutscher Text und Übertragung, hg., übs. und mit einem Anhang versehen v. Helmut Brackert, Frankfurt am Main 1998) und Grosses hinzugezogen (vgl. Das Nibelungenlied. Mittelhochdeutsch/Neuhochdeutsch, nach dem Text v. Karl Bartsch und Helmut de Boor, ins Neuhochdeutsche übs. und komm. v. Siegfried Grosse, Stuttgart 2003). Zur Erschließung des Textes wurde außerdem auf die Konkordanz von Bäuml und Fallone zurückgegriffen (vgl. Bäuml, Franz H. und Eva-Maria Fallone: A Concordance to the Nibelungenlied (Bartsch-de Boor Text). With a Structural Pattern Index, Frequency Ranking List, and Reverse Index, Leeds 1976).

guren; es handele sich daher um ein Genre der monologischen Männlichkeit („monologic masculinity").[2] Ideale Vorstellungen von männlichem
Verhalten werden vorgeführt und erprobt. Weibliche Figuren und ihr
Handeln spielen dagegen eine untergeordnete Rolle. Sie sind, nach Gaunt,
lediglich funktional für das Aushandeln von männlicher Identität.[3] Die
erste Strophe des *Nibelungenlieds* illustriert diese Charakterisierung des
Genres mustergültig. Was dann im Folgenden erzählt wird, passt jedoch
nicht zum eingangs vorhergesagten Geschehen.[4] Möglicherweise ist aus
diesem Grund die erste Strophe nur in den *A- und *C-Fassungen des
Textes überliefert. Die Forschung zur deutschsprachigen Heldenepik hat
Gaunts Einschätzungen grundsätzlich bestätigt und auf die eigenen Gegenstände übertragen; sie hat aber zugleich versucht, der prominenten
Rolle weiblicher Figuren im *Nibelungenlied* – sowie in *Klage* und *Kudrun* –
Rechnung zu tragen.[5] Denn dass im *Nibelungenlied* auch die Protagonis-

---

2   Vgl. Gaunt, Simon: Gender and Genre in Medieval French Literature, Cambridge
    1995, S. 22 ff.
3   Gaunt spitzt diese Einschätzung zu der These zu, dass (geschlechterspezifische)
    Alterität in dieser Gattung marginalisiert und verdrängt werde (vgl. Gaunt, Genre,
    S. 23). Auch wenn er im abschließenden Abschnitt zur *chanson de geste* auf die
    Teilnahme weiblicher Figuren am Geschehen eingeht, gesteht er ihnen allenfalls
    eine diagnostische Funktion zu, welche die Probleme der von der Gattung ent-
    worfenen Konzeptionen von Männlichkeit offen lege (vgl. Gaunt, Genre, S. 62 ff.,
    S. 64).
4   Dies beobachtet bereits Schweikle, Günther: Das Nibelungenlied. Ein heroisch-
    tragischer Liebesroman?, in: Kühnel, Jürgen, Hans-Dieter Mück und Ulrich
    Müller (Hg.): De Poeticis Medii Aevi Quaestiones. Festschrift für Käte Hamburger
    zum 85. Geb., Göppingen 1981, S. 59–84, hier S. 59 f.
5   Von den zahlreichen Forschungen, die an Gaunt anschließen, seien hier nur
    Bennewitz' und Noltes Arbeiten zum *Nibelungenlied* erwähnt. Nach Bennewitz
    treffen Gaunts Thesen auch für das *Nibelungenlied* zu, denn der Text transportiere
    die Handlungsaufforderung, Frauen nicht in der gleichen Weise unkontrolliert
    agieren zu lassen; sie schränkt die Übertragbarkeit von Gaunts Thesen auf das
    Nibelungenlied aber zugleich ein, indem sie auf das selbständige und dabei zum Teil
    durchaus normenkonforme Handeln der Protagonistinnen verweist (vgl. Benne-
    witz, Ingrid: Kriemhild und Kudrun. Heldinnen-Epik statt Helden-Epik?, in:
    Zatloukal, Klaus (Hg.): 7. Pöchlarner Heldenliedgespräch. Mittelhochdeutsche
    Heldendichtung außerhalb des Nibelungen- und Dietrichkreises (Kudrun, Ortnit,
    Waltharius, Wolfdietriche), Wien 2003, S. 9–20, hier S. 19). Nolte versucht die
    Diskrepanz zwischen Gaunts Ausführungen und den Geschlechterverhältnissen im
    Nibelungenlied aufzulösen, indem sie die „diagnostic role" stark macht, die Gaunt
    weiblichen Figuren einräumt („Gaunt kommt […] zu dem Schluß, in den
    Frauenfiguren läge der Schlüssel der Interpretation vieler *chansons de geste*, da die
    Frauen das der Gattung eingeschriebene *gender*-Konzept einer ‚monologischen

tinnen für Handlungsverlauf und Struktur des Textes von zentraler Bedeutung sind, ist nicht strittig und in der jüngeren Forschung immer wieder herausgestellt worden.[6]

Männlichkeit' in Frage stellten" (Nolte, Ann-Katrin: Spiegelungen der Kriemhildfigur in der Rezeption des Nibelungenliedes. Figurenentwürfe und Gender-Diskurse in der Klage, der Kudrun und den Rosengärten. Mit einem Ausblick auf ausgewählte Rezeptionsbeispiele des 18., 19. und 20. Jahrhunderts, Münster 2004, S. 47)). Nach meinem Verständnis von Gaunts Bestimmung der Geschlechterspezifik der Gattung dienen weibliche Figuren auch dann der Thematisierung idealen männlichen Verhaltens, wenn ihnen diagnostische Funktion zukommt. Monologische Männlichkeit als zentrales Charakteristikum der Gattung scheint in keinem Fall durch das Handeln weiblicher Figuren in Frage gestellt werden zu können. Noltes Zusammenfassung geht zwar an Gaunts Ausführungen vorbei, stellt aber einen plausiblen Vorschlag dar, wie dessen enge geschlechterspezifische Charakterisierung der Gattung *chanson de geste* erweitert werden könnte, um sie auch auf die deutschsprachige Heldenepik anzuwenden.

6 Allgemein zur Fokussierung des Textes auf die Protagonistinnen vgl. etwa Frakes, Jerold C.: Brides and Doom. Gender, Property, and Power in Medieval German Women's Epic, Philadelphia 1994, S. 3; Schulze, Ursula: Das Nibelungenlied, Stuttgart 1997, S. 91 f.; und Pafenberg, Stephanie B.: The Spindle and the Sword. Gender, Sex, and Heroism in the Nibelungenlied and Kudrun, in: The Germanic Review 70 (1995), H. 3, S. 106–115, hier S. 108. Die erzähllogische Funktion der Kriemhild-Figur, die Handlungsteile um Siegfrieds Tod und um Kriemhilds Rache miteinander zu verknüpfen, betonen etwa Bennewitz (Heldinnen-Epik, S. 11) und Jönsson, Maren: „Ob ich ein ritter waere". Genderentwürfe und genderrelatierte Erzählstrategien im Nibelungenlied, Uppsala 2001, S. 13; nach Curschmann trägt der Antagonismus von Kriemhild und Hagen zur Verklammerung des ersten mit dem zweiten Teil des Textes bei (vgl. Curschmann, Michael: Art. Nibelungenlied und Klage, in: Ruh, Kurt (Hg.): Die deutsche Literatur des Mittelalters. Verfasserlexikon. Bd. 6, Berlin und New York 1987, Sp. 926–969, hier Sp. 950). Ausgehend von diesen Beobachtungen ist vorgeschlagen worden, den Terminus Heldenepik durch „Heldinnen-Epik" zu ersetzen. Bennewitz erörtert den Begriff (Bennewitz, Heldinnen-Epik), ohne zu einer eindeutigen Antwort zu kommen; für die Charakterisierung von *Nibelungenlied*, *Klage* und *Kudrun* als „women's epics" plädiert Frakes (Brides, S. 3 f.). Er übernimmt den Begriff von Wild, die diese Bezeichnung mit der Zentralität weiblicher Figuren begründet und die Besonderheit von *Nibelungenlied* und *Kudrun* im Unterschied zu anderen Texten des Ambraser Heldenbuchs beschreibt (vgl. Wild, Inga: Zur Überlieferung und Rezeption des Kudrun-Epos. Eine Untersuchung von drei europäischen Liedbereichen des Typs Südeli. 2 Bde., Göppingen 1976, S. 8, S. 41). Für die *Kudrun* wird die Frage, ob es sich um einen Frauenroman handelt, bereits von Hugo Kuhn (Kudrun (1969), in: Rupp, Heinz (Hg.): Nibelungenlied und Kudrun, Darmstadt 1976, S. 502–514) und von Theodor Nolte (Das Kudrunepos, ein Frauenroman?, Tübingen 1985) diskutiert.

Das *Nibelungenlied* thematisiert Praktiken und Konflikte adliger Herrschaft, insbesondere im Zusammenhang von Brautwerbung, Rechtsfindung und Gewaltvollzug. Dass der Kategorie Geschlecht dabei zentrale Bedeutung zukommt, deutet sich bereits darin an, dass weibliche ebenso wie männliche Figuren als Akteurinnen und Akteure des Geschehens erscheinen. Die im Text geschilderte Handlung wird durch machtbezogene Auseinandersetzungen zwischen männlichen und weiblichen Figuren vorangetrieben, mithin durch Konfrontationen der Geschlechter.[7] Weibliche Figuren sind weder ausschließlich noch vorrangig Gegenstand von Konflikten zwischen Männern, sondern haben handelnd Anteil an den Begegnungen der unterschiedlichen Herrschaftsverbände, die das *Nibelungenlied* schildert.[8] Sie nehmen an der öffentlichen Kommunikation der männlichen Figuren teil. Sie beeinflussen das Geschehen, indem sie Interessen verfolgen, die sich von denen der männlichen Figuren unterscheiden. Um diese Interessen zu vertreten, bedienen sie sich der Sprache, aber auch des Mittels symbolischer Kommunikation, und sie agieren ebenso öffentlich wie nicht-öffentlich. Schließlich werden sie gelegentlich auch selbst in Kämpfen oder beim Ausüben physischer Gewalt dargestellt. Die männlichen Figuren müssen sich den Auseinandersetzungen mit weiblichen Kontrahentinnen stellen, können sich oftmals nur unter Aufbietung letzter Mittel durchsetzen und erscheinen selbst als Opfer von Intrigen, als führungsschwach sowie durch lehnsrechtliche Verpflichtungen oder durch Treue gebunden. Gleichwohl wird weiblichen Figuren in

---

7   Lienert bezeichnet Machtbewusstsein als „geschlechtsunabhängige[] Konstante", die in der nibelungischen Welt beiden Geschlechtern zukommt (vgl. Lienert, Elisabeth: Geschlecht und Gewalt im Nibelungenlied, in: Zeitschrift für deutsches Altertum und deutsche Literatur 132 (2003), H. 1, S. 3–23, hier S. 12 f.). Schausten hat anhand von Brünhilds Verhalten in Aventiure sieben gezeigt, dass weibliche wie männliche Figuren machtbezogen agieren (vgl. Schausten, Monika: Der Körper des Helden und das „Leben" der Königin: Geschlechter- und Machtkonstellationen im Nibelungenlied, in: Zeitschrift für deutsche Philologie 118 (1999), H. 1, S. 27–49, hier S. 38 f., S. 44 ff.).

8   Herausgestellt hat diese Besonderheit des Textes in Abgrenzung von höfischen Epen ebenso wie von skandinavischen Fassungen des Stoffes bereits Schweikle, Liebesroman. Bennewitz betont, dass trotz männlicher Dominanz in der Welt des *Nibelungenlieds* „innerhalb bestimmter Grenzen und Spielregeln Frauen Macht zugesprochen wird bzw. daß Frauen Macht ausüben können" (Bennewitz, Ingrid: Das Nibelungenlied – Ein „Puech von Chrimhilt"? Ein geschlechtergeschichtlicher Versuch zum Nibelungenlied und seiner Rezeption, in: Zatloukal, Klaus (Hg.): 3. Pöchlarner Heldenliedgespräch. Die Rezeption des Nibelungenlieds, Wien 1995, S. 33–52, hier S. 45). Zum selbständigen Handeln der weiblichen Figuren vgl. auch Bennewitz, Heldinnen-Epik, S. 19.

der Welt des *Nibelungenlieds* grundsätzlich eine weniger privilegierte Position zugewiesen als männlichen. Das zeigt sich auf rechtlicher Ebene insbesondere an der Vormundschaft, unter der Kriemhild steht.[9] Die Bindung an männliche Figuren, die im Falle Kriemhilds mehrfach wechselt, bedingt generell das Machtpotential, das weiblichen Figuren zukommt. Sie konstituiert es und schränkt es gleichzeitig ein. Die Überwindung Brünhilds im Brautwerbungswettkampf und im Wormser Schlafgemach sowie ihre schließlich stark eingeschränkte Machtposition als Ehefrau Gunthers zeigen, dass dies in modifizierter Form auch für die zweite Protagonistin des Textes gilt.

Dass weibliche Figuren in der Erzählung, die das *Nibelungenlied* entfaltet, ein hohes Maß an Aufmerksamkeit erhalten und dass sie als Handelnde großen Einfluss auf das erzählte Geschehen haben, sind meiner Ansicht nach Hinweise darauf, dass die Frage nach dem *Verhältnis* von Figuren unterschiedlichen Geschlechts im Gang der Handlung beständig gestellt wird. Männlichkeit oder Weiblichkeit sind nicht für sich Gegenstand des Textes, sondern sie werden konturiert in der wechselseitigen Bezugnahme der Figuren, ihrer Eigenschaften und ihres Handelns aufeinander sowie in ihrer Abgrenzung voneinander. Die Untersuchung konzentriert sich auf die Relationen der Geschlechter in der Welt, die das *Nibelungenlied* entwirft, und auf die sprachliche Darstellung dieser Geschlechterverhältnisse. Den Ausgangspunkt der Analysen bilden die Kriterien, anhand derer eine Differenzierung männlicher und weiblicher Figuren vorgenommen wird. Das *Nibelungenlied* schildert nicht nur machtbezogene Auseinandersetzungen zwischen Figuren unterschiedlichen Geschlechts und ermöglicht es so, die geschlechterspezifischen Machtverhältnisse der nibelungischen Welt zu beschreiben; darüber hinaus gibt der Text auch Hinweise darauf, auf welche Weise und anhand welcher Merkmale die Geschlechter allererst differenziert werden. Was männliche und weibliche Figuren unterscheidet, wird im *Nibelungenlied* nicht einfach vorausgesetzt, sondern anhand von Handlungskonstellationen zum Thema gemacht.

---

9   Die Vormundschaft haben zunächst Kriemhilds Brüder inne; sie geht dann an Siegfried über, fällt an die Brüder zurück und liegt schließlich bei Etzel (vgl. Schweikle, Liebesroman, S. 70 ff.). Frakes bestreitet, dass Kriemhild sich seit der Ehe mit Siegfried weiterhin in Vormundschaftsverhältnissen befindet (vgl. Frakes, Brides, S. 66). Dass ihr Agieren weiterhin durch männliche Figuren bedingt ist und von ihnen eingeschränkt wird, ist offenkundig – die präzise Benennung der rechtlichen Situation, in der Kriemhild sich befindet, ist vor dem Hintergrund dieser grundlegenden Charakterisierung nicht von Bedeutung.

Die folgenden Analysen setzen ein bei der Ordnung der Geschlechter, die der Text in den ersten Aventiuren entwirft. Im Zuge der Vorstellung der Protagonisten, eines adligen jungen Mannes und einer adligen jungen Frau, werden physische Stärke und die Fähigkeit zur Teilnahme an gewaltsamen Auseinandersetzungen als zentrale körperliche Merkmale dargestellt, um männliche und weibliche Figuren zu unterscheiden. Mit diesen Eigenschaften hängt zusammen, dass Kriemhild und Siegfried auf unterschiedliche Positionen in der nibelungischen Gesellschaft vorbereitet werden. Dass männliche und weibliche Figuren einander anhand des Verfügens oder Nicht-Verfügens über Kraft und Kampffähigkeit gegenübergestellt werden, ist nicht nur in den ersten beiden Aventiuren zu beobachten. Diese Kontrastierung der Geschlechter zieht sich durch den Text. In beiden Handlungsteilen des *Nibelungenlieds* werden jedoch auch Situationen geschildert, die weibliche Figuren im Umgang mit Waffen und beim Vollzug von Gewalthandlungen zeigen. Es sind die Kampfspiele in Isenstein und die darauf folgenden Brautnächte in Worms, in denen Brünhild gewaltsam handelt, sowie die Rache an Hagen, die Kriemhild am Schluss des Textes eigenhändig vollzieht. Vor dem Hintergrund der eingangs entworfenen Geschlechterordnung des *Nibelungenlieds* erweisen sich diese Passagen als auffällig inkongruent. Offenkundig scheint zu sein, dass die Protagonistinnen in den geschilderten Szenen gegen Vorgaben verstoßen, die in der nibelungischen Welt für das Verhalten weiblicher Figuren gelten. Denkbar ist des Weiteren, dass sich an diesen Stellen des Geschehens die Kriterien zur Differenzierung der Geschlechter verändern oder dass die Zuordnung zum männlichen oder weiblichen Geschlecht weniger eindeutig und stattdessen flexibler wird. Weitere Bedeutungsdimensionen – auch solche, die nicht unmittelbar die Geschlechterordnung betreffen – müssen erwogen werden.

Die Untersuchung fokussiert die Szenen des Textes, in denen die Protagonistinnen gewaltsam gegen männliche Figuren vorgehen.[10] Sie bleibt nicht dabei stehen, die Gewalttaten weiblicher Figuren als Verstöße

---

10 Auch wenn diese Untersuchung von den im *Nibelungenlied* geschilderten Gewalthandlungen der weiblichen Figuren ausgeht, ist ihr Gegenstand nicht primär das Verhältnis von Gewalt und Weiblichkeit. Diesem Thema haben Petra Frank (Weiblichkeit im Kontext von „potestas" und „violentia". Untersuchungen zum Nibelungenlied, Würzburg 2005) und Elisabeth Lienert („Daz beweinten sît diu wîp". Der Krieg und die Frauen in mittelhochdeutscher Literatur, in: Klein, Dorothea, Elisabeth Lienert und Johannes Rettelbach (Hg.): Vom Mittelalter zur Neuzeit. Festschrift für Horst Brunner, Wiesbaden 2000, S. 129–146) Studien gewidmet.

gegen eine eingangs des *Nibelungenlieds* etablierte Ordnung der Geschlechter zu beschreiben, sondern sie fragt weiter, was anhand der
Schilderung physischer Gewalt der Protagonistinnen jeweils thematisiert
wird. Hinter diesem Vorgehen steht die Annahme, dass Gewalthandlungen
in der Welt des *Nibelungenlieds* nicht als nackte Gewalt jeglicher Sinn-
haftigkeit entzogen sind, sondern dass im Gegenteil auch sie in Prozesse der
Bedeutungsgebung eingebunden werden und dass sie von diskursiven
Regelmäßigkeiten oder historisch spezifischen Codes durchzogen sind.[11]
Im Falle der Gewalthandlungen Brünhilds und Kriemhilds führt die Frage
nach dem Bedeutungszusammenhang, in dem sie stehen, zu jeweils anderen Ergebnissen. Der erste Teil dieser Untersuchung entwickelt die
These, dass mit den Kampfspielen in Isenstein und den darauf folgenden
beiden Brautnächten in Worms ein bestimmtes körperliches Verhältnis der
Geschlechter zunächst erprobt und dann verworfen wird. Anhand der
Eigenschaften physischer Stärke und Kampffähigkeit wird die physische
Ähnlichkeit von Figuren unterschiedlichen Geschlechts zum Thema gemacht. Im zweiten Teil der Untersuchung zeigt sich, dass die Schilderung
der Tötung Hagens am Ende des *Nibelungenlieds*, die den Abschluss von
Kriemhilds Rache bildet, ausdrücklich auf das vorausgehende Geschehen
Bezug nimmt. Kriemhilds Handlung wird als Rache für eine vorhergehende Verletzung beschrieben, und die Gewalttat einer weiblichen Figur
wird im Kontext einer ausführlich erzählten Gewalteskalation situiert. Auf
diese Weise werden anhand der außergewöhnlichen Situation der Rache

---

11　Die Frage nach unterschiedlichen semantischen Dimensionen physischer Gewalt
　　liegt für das *Nibelungenlied* insofern nahe, als *gewalt* im Text sehr oft nicht nur für
　　physische Gewalt steht, sondern auch in der Bedeutung von Macht verwendet wird
　　(vgl. Lienert, Gewalt, S. 4). Darüber hinaus ist für die deutschsprachige Kultur des
　　Hochmittelalters insgesamt Gewalt als „agonales dynamisches Strukturprinzip"
　　beschrieben worden, das sozialen Prozessen inhärent ist und ebenso unterschied-
　　liche Gestalt annehmen wie verschiedene semantische Felder besetzen kann (vgl.
　　Friedrich, Udo: Die Zähmung des Heros. Der Diskurs der Gewalt und Gewalt-
　　reglementierung im 12. Jahrhundert, in: Müller, Jan-Dirk und Horst Wenzel
　　(Hg.): Mittelalter. Neue Wege in einen alten Kontinent, Stuttgart und Leipzig
　　1999, S. 149–179, hier S. 149, S. 157; zusammenfassend zur weit gespannten
　　Semantik des mittelalterlichen Gewaltbegriffs vgl. außerdem Frank, Weiblichkeit,
　　S. 6 ff.). In meiner Untersuchung wird sich zeigen, dass die Semantik der nibe-
　　lungischen Darstellung von physischer Gewalt nicht auf die Thematisierung von
　　Macht- oder Herrschaftsverhältnissen beschränkt ist. Zu formalen Regelmäßig-
　　keiten oder Codes, die Darstellungen von Gewalt inhärent sind, vgl. Tyradellis,
　　Daniel und Burkhardt Wolf: Hinter den Kulissen der Gewalt. Vom Bild zu Codes
　　und Materialitäten, in: Dies. (Hg.): Die Szene der Gewalt. Bilder, Codes und
　　Materialitäten, Frankfurt am Main u. a. 2007, S. 13–30, insbes. S. 15 f.

einer weiblichen Figur Fragen der Herstellung von Recht in Form von Rache oder Fehde thematisiert. Die Rechtsprobleme der nibelungischen Welt, die sich dabei zeigen, sind auf unterschiedliche Weise und nicht durchweg mit dem Geschlecht der rächenden Figur verbunden. Die Gewalthandlungen der Protagonistinnen markieren somit signifikante Punkte der Erzählung, an denen zum einen körperliche Differenzen der Geschlechter und zum anderen rechtliche Regelungen im Zusammenhang von Rache und Fehde verhandelt werden.

Den Gang der Untersuchung prägen zwei Vorgehensweisen: das *close reading* und die Verknüpfung der im Text aufgewiesenen Themenfelder mit historisch-zeitgenössischen nicht-literarischen Texten. Das Verfahren der textnahen Lektüre ergibt sich aus einer formalen Eigenschaft des *Nibelungenlieds*. Das Syntagma des Textes zeichnet sich insbesondere durch fehlende oder mehrfache Motivierungen von Handlungen aus. Diese Besonderheiten der syntagmatischen Verkettung von Handlungsteilen lassen sich mit Hilfe von *close readings* auf der Mikroebene der einzelnen Formulierungen aufweisen. Indem Situationen und Verhaltensweisen der Figuren häufig entweder lückenhaft oder mehrfach begründet werden, entstehen Unbestimmtheiten, Widersprüche und Ambiguitäten. Meine Analysen zielen nicht darauf ab, sie aufzulösen. Im Gegenteil geht es im Folgenden darum, sie im Zuge der Untersuchung herauszuarbeiten und in die Analysen einzubeziehen. Ziel dieses Vorgehens ist es, die Verfahrensweisen offen zu legen, mit der die syntagmatischen Eigentümlichkeiten des *Nibelungenlieds* dazu beitragen, die Darstellung vielschichtig zu machen und damit bei der Behandlung bestimmter Themen und Fragestellungen sowohl unterschiedliche Sinnebenen verknüpfen als auch Dilemmata gestalten zu können. Semantische Unter- und Überdeterminiertheiten des Textes werden nicht als solche herausgestellt, sondern stets auf die jeweils analysierten Themenfelder bezogen und in diesem konkreten Zusammenhang auf ihr Komplexität steigerndes Potential hin untersucht.

Die Analyse der Unstimmigkeiten, die der literarische Text erzeugt, wird in eine Kontextualisierung des *Nibelungenlieds* eingebunden, die auf außerliterarisches Wissen ausgreift. Medizinische und naturphilosophische Texte auf der einen und normative Rechtstexte auf der anderen Seite werden herangezogen, um Korrespondenzen aufweisen zu können zwischen Wissen, das in der Darstellung des Geschehens im *Nibelungenlied* zum Ausdruck kommt, und zeitgenössischen nicht-literarischen Wissensbereichen. Die Auswahl dieser Texte folgt der Prämisse, die Wissenskonfigurationen des literarischen Textes in der Gegenüberstellung möglichst präzise beschreiben zu können. Dabei werden konkrete

Korrespondenzen einzelner Konzepte, Fragestellungen oder Denkfiguren aufgezeigt. Der Rekurs auf außerliterarisches Wissen dient nicht dazu, die Unbestimmtheiten der Handlungsmotivationen im *Nibelungenlied* durch textexterne Ergänzungen zu erläutern. Vielmehr werden auch in den außerliterarischen Texten Dynamiken fassbar, die mit den im *Nibelungenlied* nachgewiesenen Denkfiguren und Problemkonstellationen zum körperlichen Verhältnis der Geschlechter oder zu Fragen der Herstellung von Recht durch Rache korrespondieren. Das bedeutet, dass es weder um die Rekonstruktion eines umfassenden zeitgenössischen Wissenshorizonts geht noch um die Beschreibung der modifizierten Aufnahme dieses Wissens in den literarischen Text. Literarisches und außerliterarisches Wissen werden im Zuge der Analyse zunächst deutlich unterschieden und separat behandelt, um sie dann aufeinander beziehen zu können. Wissenskonfigurationen in der nibelungischen Welt werden textimmanent rekonstruiert, um vor diesem Hintergrund Entsprechungen mit zeitgenössischen nichtliterarischen Texten zu benennen und zu beschreiben. Auf diese Weise lassen sich die für das *Nibelungenlied* herausgearbeiteten Fragestellungen und Problemkonstellationen historisch spezifisch kontextualisieren. Es wird aber auch deutlich, inwiefern sich das nibelungische Wissen von zeitgenössischen außerliterarischen Wissensbereichen abhebt, inwiefern es anders akzentuiert oder Probleme, die sich auch außerhalb der nibelungischen Welt finden, zuspitzt. Die Verknüpfung des *Nibelungenlieds* mit zeitgenössischen nicht-literarischen Texten hat zum Ziel, die Poetik des Wissens von Geschlecht, Körper und Recht im *Nibelungenlied* zu beschreiben.

Probleme der Deutung. Zur nibelungischen Ästhetik syntagmatischer Inkohärenzen

Die Art und Weise, auf die Wissen im *Nibelungenlied* konfiguriert wird, hängt eng mit grundlegenden formalen Charakteristika des Textes zusammen. Zentrale Merkmale der nibelungischen Ästhetik werden daher im Folgenden knapp skizziert. Die Ausführungen schließen an Ergebnisse der jüngeren Forschung an und zeigen ihre Bedeutung für eine Analyse auf, die nach den Wissensbeständen des Textes fragt. Darüber hinaus machen die hier vorgestellten formalen Eigenschaften des *Nibelungenlieds* deutlich, dass das Verfahren der textnahen Lektüre für eine wissenspoetologische Analyse des Textes geboten ist.

Angesichts von Heterogenität und Unstimmigkeiten des Geschehens, das im *Nibelungenlied* erzählt wird, hat die Forschung schon vor einiger Zeit das Bemühen aufgegeben, eine Gesamtinterpretation des Textes zu liefern.[12] Nicht nur die Frage nach einem zentralen Gedanken der Dichtung aber, sondern auch das Verständnis zahlreicher einzelner Textpassagen hat modernen Interpreten immer wieder Probleme bereitet. Insbesondere die Verknüpfung bestimmter Sequenzen mit anderen Handlungsteilen sowie ihre Funktion im unmittelbaren Handlungszusammenhang, in dem sie erzählt werden, erweist sich als unklar. Einige dieser Textpassagen und die Fragen, vor die sie Rezipierende heute stellen, seien hier beispielhaft genannt: Warum fordert Siegfried in Worms den König der Burgunden plötzlich zu einem Zweikampf heraus, anstatt, wie vor Beginn der Reise beabsichtigt, um die Hand seiner Schwester zu bitten? Warum wird zweimal berichtet, dass Brünhild die Ankunft der Burgunden in Isenstein beobachtet, und warum versteht sie die von Siegfried mit dem Stratorendienst vorgespielte Standesdifferenz gegenüber Gunther erst, als sie ihr verbal mitgeteilt wird? Warum reist Siegfried nach der Überwindung Brünhilds ins Land der Nibelungen, um sein Gefolge zu holen, wo doch Brünhild keine Hinweise gibt, sich der zuvor festgelegten Heirat mit demjenigen, der sie im Zweikampf besiegt, zu widersetzen (was dann auch tatsächlich nicht geschieht)? Warum werden die Ereignisse in der zweiten Brautnacht in Worms selbst dann nicht aufgeklärt, als Gunther bereits Siegfried aufgefordert hat, zu den Vorwürfen Stellung zu nehmen? Warum schafft Kriemhild zweimal die Voraussetzungen für eine gewaltsame Konfrontation beim Besuch der Burgunden in Etzelburg, indem sie den Überfall auf das Gefolge ihrer Brüder anordnet und ihren Sohn Ortlieb zur Tafel bringen lässt, an der die bewaffneten Burgunden speisen? Fordert Kriemhild am Schluss des Textes von Hagen etwas Unmögliches, nämlich das Leben Siegfrieds, oder verlangt sie, nachdem fast alle Krieger in den Kämpfen ihr Leben gelassen haben, lediglich die Übergabe des Nibelungenschatzes als Ausgleich für ihr Leid? Würde sie Hagen – nach allem, was geschehen ist – für die Herausgabe des Horts tatsächlich ziehen lassen? Diese Beispiele zeigen insbesondere das Problem, die Motivationen der Figuren schlüssig zu deuten. Warum beispielsweise Siegfried beim Ein-

---

12 Vgl. beispielsweise King, Kenneth Charles: Der Sinn des Nibelungenliedes – Eine Entgegnung (1962), in: Rupp, Heinz (Hg.): Nibelungenlied und Kudrun, Darmstadt 1976, S. 218–236, hier S. 235; Nagel, Bert: Das Nibelungenlied. Stoff – Form – Ethos, Frankfurt am Main 1965, S. 3; sowie Hoffmann, Werner: Das Nibelungenlied, 6., überarbeitete und erweiterte Auflage, Stuttgart 1992, S. 34 f.

treffen in Worms ungeachtet seiner Brautwerbungsabsicht den Burgunden den Kampf ansagt (108–110), wird im Text nicht erwähnt und kann allenfalls in der Rezeption großzügig ergänzt werden. Dass solche „Sinnunterstellungen" oder „Interpolationen", wie Joachim Heinzle und Jan-Dirk Müller dieses Rezeptionsverfahren kritisch distanziert genannt haben, auf der Ebene der Psyche der Figuren vorgenommen werden, hat in der *Nibelungenlied*-Forschung Tradition und wird bis heute praktiziert.[13] Bei genauer Lektüre des Textes jedoch lässt sich das erzählte Geschehen an verschiedenen Stellen nicht mit der modernen Vorstellung einer kohärent entworfenen kognitiven und psychischen Dimension der Figuren vereinbaren, die zwar sprunghafte Veränderungen zulässt, in der Regel aber auf dem Konzept kontinuierlicher und linearer Entwicklung basiert. Versuche, dem *Nibelungenlied* diese moderne Vorstellung der Figurenpsyche zu unterstellen, führen zu unbefriedigenden Interpretationen – sei es, dass verschiedene Aussagen über Intentionen und Emotionen von Figuren einander widersprechen, sei es, dass sie überhaupt nicht oder allenfalls in Form von Fragmenten geboten werden.[14]

Die Forschung hat aus dieser Beobachtung die Konsequenz gezogen, den Text auf andere Kohärenzebenen als auf Absichten und psychische

---

13 Heinzle und Müller haben sich gegen Interpretationen gewandt, die den Text ergänzen, um Unbestimmtheiten und Widersprüche auszuschließen. Vgl. Heinzle, Joachim: Gnade für Hagen? Die epische Struktur des Nibelungenliedes und das Dilemma der Interpreten, in: Knapp, Fritz Peter (Hg.): Nibelungenlied und Klage. Sage und Geschichte, Struktur und Gattung. Passauer Nibelungengespräche 1985, Heidelberg 1987, S. 257–276, insbes. S. 274 f.; ders.: Zweimal Hagen oder: Rezeption als Sinnunterstellung, in: Ders. und Anneliese Waldschmidt (Hg.): Die Nibelungen. Ein deutscher Wahn, ein deutscher Alptraum. Studien und Dokumente zur Rezeption des Nibelungenstoffs im 19. und 20. Jahrhundert, Frankfurt am Main 1991, S. 21–40, insbes. S. 27 ff.; sowie Müller, Jan-Dirk: Motivationsstrukturen und personale Identität im Nibelungenlied. Zur Gattungsdiskussion um „Epos" oder „Roman", in: Knapp, Fritz Peter (Hg.): Nibelungenlied und Klage. Sage und Geschichte. Struktur und Gattung. Passauer Nibelungengespräche 1985, Heidelberg 1987, S. 221–256, insbes. S. 225 ff.

14 Müller beschreibt die grundsätzliche Problematik, aus moderner Literatur übernommene „Erwartungen an Kohärenz, Stimmigkeit und Ganzheit" auf das *Nibelungenlied* zu übertragen (Spielregeln für den Untergang. Die Welt des Nibelungenlieds, Tübingen 1998, S. 13 f.). Zu seiner Kritik an psychologisierenden Lektüren, die durch Informationen des Textes nicht gedeckt sind, vgl. Müller, Spielregeln, S. 201 ff.

Befindlichkeiten der Figuren hin zu untersuchen.[15] Möglicherweise lassen
sich zur Beantwortung der Fragen, die die genannten Szenen aufwerfen,
kulturelle Regelsysteme heranziehen, denen das Handeln der Figuren folgt,
die aber im Text nicht explizit gemacht werden. Diese Suchfunktion hat
sich in der Auseinandersetzung mit dem Text als produktiv erwiesen.[16]
Auch sie führt aber nicht zu einer Perspektive auf das *Nibelungenlied*, die
sämtliche Besonderheiten, die sich aus der syntagmatischen Verkettung des
Textes ergeben, plausibel erklärt. Am Beispiel der dritten Aventiure kann
Siegfrieds Einstellungswandel von der Absicht friedlicher Brautwerbung zu
kriegerischer Konfrontation der Burgunden zwar von der emotionalen
Ebene zur Frage nach überindividuellen Handlungsvorgaben, die das
Verhalten der Figur steuern und ihre emotionalen Befindlichkeiten
möglicherweise erst hervorrufen – einer Auffassung von Herrschaft, die auf
Selbstdurchsetzung basiert –, verschoben werden. Eine Erläuterung der
unvermittelt konfrontativen Haltung Siegfrieds bleibt der Text aber auch
auf dieser Ebene schuldig. So scheint die charismatische Herrschaftsauf-
fassung in der Szene, die Siegfrieds aggressivem Auftreten in Worms
vorausgeht, noch keine herausgehobene Rolle zu spielen. Den Kampf mit
den Burgunden bezeichnet Siegfried hier selbst als letztes Mittel der
Brautwerbung (55).[17] Nicht nur die „psychologische[] Motivationsstruk-

---

15 Vgl. Müller, Jan-Dirk: Das Nibelungenlied, in: Brunner, Horst (Hg.): Mittel-
    hochdeutsche Romane und Heldenepen, Stuttgart 1993, S. 146–172, hier
    S. 150 f.; sowie – an Müller anschließend – Schulze, Nibelungenlied, S. 132 f.
16 Vgl. beispielsweise Müller, Jan-Dirk: Sîvrit. „künec" – „man" – „eigenholt". Zur
    sozialen Problematik des „Nibelungenliedes", in: Amsterdamer Beiträge zur äl-
    teren Germanistik 7 (1974), S. 85–124; Kaiser, Gert: Deutsche Heldendichtung,
    in: Krauss, Henning (Hg.): Europäisches Hochmittelalter, Wiesbaden 1981,
    S. 181–216; Gottzmann, Carola L.: Heldendichtung des 13. Jahrhunderts.
    Siegfried – Dietrich – Ortnit, Frankfurt am Main u. a. 1987; Müller, Motivati-
    onsstrukturen. Die Verknüpfungen des *Nibelungenlieds* mit sozialhistorischen
    Entwicklungstendenzen und Regelsystemen sind nicht unwidersprochen geblie-
    ben. So hat beispielsweise Knapp die Vorannahmen über historische Prozesse, die
    Müller (im *Sîvrit*-Aufsatz) und Kaiser ihren Deutungen des *Nibelungenlieds* zu-
    grunde legen, in Zweifel gezogen (vgl. Knapp, Fritz Peter: Nibelungentreue wider
    Babenberg, in: Beiträge zur deutschen Sprache und Literatur (= PBB (Tübingen))
    107 (1985), H. 2, S. 174–189).
17 In Worms tritt Siegfried den Burgunden dann mit der Herausforderung zum
    Kampf entgegen, ohne die Absicht der Brautwerbung zu erwähnen (106,4–
    110,4).

tur[]"[18] des Textes erweist sich somit als defizitär. Denn für das Verständnis des *Nibelungenlieds* reicht es nicht hin, die Ebene psychischer Motivationen der Figuren als eine Möglichkeit der linearen Verkettung des Erzählten von der Analyse auszuklammern und auf anderen Ebenen nach Kohärenz zu suchen. Vielmehr muss festgehalten werden, dass das Syntagma des Textes generell auszeichnet, dass Erzählelemente schlicht aneinander gereiht werden und dass kausal-logische Verknüpfungen der einzelnen Handlungsteile häufig fehlen oder dass die mitgeteilten Informationen Widersprüche produzieren. Lücken im Syntagma sind ein zentrales Merkmal der Ästhetik des *Nibelungenlieds*.[19] Ziel von Analysen des Textes muss es daher sein, sie als solche in die Untersuchung einzubinden und sie nicht im Prozess der Deutung verschwinden zu lassen.

Einen Ansatz, der die besondere Art und Weise der Verkettung von Handlungselementen im *Nibelungenlied* ausdrücklich positiv wendet, hat in der jüngeren Forschung Jan-Dirk Müller mit seinen *Spielregeln für den Untergang* vorgelegt. Er konstatiert die „Herstellung von Sinnbezügen durch Addition ähnlicher oder widersprüchlicher, jedenfalls aufeinander beziehbarer Komponenten".[20] Vor dem Hintergrund dieser Beobachtung schlägt Müller vor, die syntagmatischen Inkohärenzen des *Nibelungenlieds* nicht nur als Ergebnis der Probleme zu verstehen, vor die eine komplizierte mündliche Überlieferungstradition des Stoffes den Schreiber gestellt

---

18 Für den Terminus vgl. Lienert, Elisabeth: Perspektiven der Deutung des Nibelungenlieds, in: Heinzle, Joachim, Klaus Klein und Ute Obhof (Hg.): Die Nibelungen. Sage – Epos – Mythos, Wiesbaden 2003, S. 91–112, hier S. 92.

19 Heinzle hat den Erzählduktus des *Nibelungenlieds* insgesamt als ein „eigenartig blockhaftes, ruckartiges Fortschreiten" charakterisiert (vgl. Heinzle, Joachim: Das Nibelungenlied. Eine Einführung, Frankfurt am Main 1994, S. 79). Diese Besonderheit des Textes finde sich auch auf der Ebene seiner formalen Einheiten wieder, wie der an die mündliche Dichtung erinnernden Formelhaftigkeit und der strophischen Form, die sehr oft abgeschlossene Sinneinheiten präsentiert und im vierten Vers häufig mit Resümee oder epischer Vorausdeutung schließt.

20 Müller, Spielregeln, S. 137. Indem Müller mit der Inkohärenz als einem ästhetischen Verfahren des Textes rechnet, vertritt er eine Gegenposition zu Heinzle. Dieser hat als mögliche Konsequenzen aus der Widersprüchlichkeit des *Nibelungenlieds* nur die „Sinnunterstellung" – vor der er aus nachvollziehbaren Gründen warnt – gesehen sowie die Anerkennung der „Unvollkommenheit" des Textes und den Verzicht auf Interpretation (Heinzle, Gnade, S. 274 f.). Dieser pointierte Ausgang von Heinzles Aufsatz überrascht, denn er schließt zuvor die Möglichkeit, die Inkohärenz des *Nibelungenlieds* als formales Mittel zu verstehen, nicht völlig aus (vgl. Heinzle, Gnade, S. 267).

habe,[21] sondern sie als schriftspezifische Technik der Steigerung von Komplexität ästhetisch ernst zu nehmen.[22]

Um die nibelungische Darstellungsweise zu charakterisieren, schließt Müller an den von Peter Czerwinski eingeführten Terminus der Aggregation an.[23] Sieht man von der geschichtsphilosophischen Ausrichtung von Czerwinskis Versuch der Rekonstruktion einer Geschichte der Wahrnehmung anhand von Analysen höfischer Romane ab und betrachtet allein sein erzähltechnisches Verständnis von Aggregation,[24] so bezeichnet das

---

21 Diese Einschätzung findet sich beispielsweise bei Nagel, Bert: Widersprüche im Nibelungenlied (1954), in: Rupp, Heinz (Hg.): Nibelungenlied und Kudrun, Darmstadt 1976, S. 367–431, hier S. 396 f.; und bei Heinzle, Gnade, S. 267 ff.; zur eingeschränkten Autorität des Dichters vgl. auch Fromm, Hans: Der oder die Dichter des Nibelungenliedes?, in: Ders.: Arbeiten zur deutschen Literatur des Mittelalters, Tübingen 1989, S. 275–288, hier S. 284 ff. Zu den problematischen Vorannahmen, die mit der Auffassung von schwer erfüllbaren Vorgaben durch die Stofftradition einhergehen, vgl. Stech, Julian: Das Nibelungenlied. Appellstrukturen und Mythosthematik in der mittelhochdeutschen Dichtung, Frankfurt am Main 1993, S. 57 f. Auch Müller geht von der Bedeutung der Sagentradition für die Konstitution des *Nibelungenlieds* aus; er unterstellt aber, dass Elemente der Tradition im Text eine „neue poetische Funktion" erhalten. Müller spitzt zu: „Sagenwissen determiniert nicht die epische Aneignung, sondern begrenzt nur ihren Spielraum" (Müller, Spielregeln, S. 74). Auch er unterstellt keineswegs durchgehend das Gelingen der Anlage des *Nibelungenlieds*, sondern schätzt einzelne Passagen der *C- und auch der *B-Fassung als missglückte Versuche ein, den überkommenen Stoff zu glätten (vgl. Müller, Spielregeln, S. 94).

22 Müllers Vorschlag zur Beschreibung der Ästhetik des *Nibelungenlieds* steht im Kontext der Frage nach historisch spezifischen Formen des Erzählens in der Nachfolge Clemens Lugowskis (vgl. Müller, Spielregeln, S. 14). Dass aus unterschiedlichen Bauelementen des Textes ein komplexes Gefüge entstehe, wertet Müller als „Errungenschaft von Schriftkultur" (Spielregeln, S. 136). Grundlegend zur schriftspezifischen Literarizität des *Nibelungenlieds*: Curschmann, Michael: Nibelungenlied und Nibelungenklage. Über Mündlichkeit und Schriftlichkeit im Prozeß der Episierung, in: Cormeau, Christoph (Hg.): Deutsche Literatur im Mittelater, Hugo Kuhn zum Gedenken, Stuttgart 1979, S. 85–119; vgl. dazu auch Kropik, Cordula: Reflexionen des Geschichtlichen. Zur literarischen Konstituierung mittelhochdeutscher Heldenepik, Heidelberg 2008, S. 25 ff.

23 Vgl. Müller, Spielregeln, S. 137; sowie Czerwinski, Peter: Der Glanz der Abstraktion. Frühe Formen von Reflexivität im Mittelalter. Exempel einer Geschichte der Wahrnehmung, Frankfurt am Main und New York 1989, S. 14 f., S. 23, S. 90, S. 294 ff.

24 Zur Kritik der hermetischen geschichtsphilosophischen Vorgaben, denen Czerwinskis Argumentation folgt, vgl. die Rezension von Oexle, Otto Gerhard: Rezension zu Peter Czerwinski: Der Glanz der Abstraktion. Frühe Formen von Reflexivität im Mittelalter. Exempel einer Geschichte der Wahrnehmung (I), Frankfurt am Main und New York 1989 sowie von Peter Czerwinski: Gegen-

Wort ein Nebeneinander zweier Begriffe oder Konzepte, die im Text parallel laufen, aber weder deutlich zu einem Gegensatz akzentuiert noch in einer Synthese aufgehoben werden. Aggregation wird von Czerwinski wiederholt mit der Beschreibung einer frühen Form von Reflexivität, einer „Proto-Reflexivität", verbunden.[25]

Die modifizierende Wiederholung von Motiven und Handlungen im *Nibelungenlied* fasst Müller als Möglichkeit auf, Veränderungen im Verlauf der Erzählung darstellbar zu machen oder auch – mit zeitnahen Reprisen – einander widerstreitende Motivationen von Figuren oder Figurengruppen zum Ausdruck zu bringen. Bei den Wiederholungen geht es also nicht notwendigerweise um das Beschreiben statischer Zustände und um ihre Bestätigung,[26] sondern unter Umständen auch um die Schilderung von „komplexe[n] Konstellationen", von Verschiebungen und Ambiguitäten.[27] Müller formuliert: „Was an Wiederholungen [in der Forschung häufig] als überflüssig oder gar widersprüchlich kritisiert wurde, löst sich insofern meist funktional sinnvoll auf".[28] Vergleichbares gilt auch für sprachliche Uneindeutigkeiten, die Müller als „[k]alkulierte Unbestimmtheit[en]" und als „Wendungen von präziser Unschärfe" bezeichnet.[29] Wiederholungen und ungenaue Formulierungen müssen als zentrales Merkmal der Ästhetik des *Nibelungenlieds* – als Elemente einer nibelungischen Ästhetik der syntagmatischen Inkohärenz – in die Analyse einbezogen werden.[30] Ob

---

wärtigkeit. Simultane Räume und zyklische Zeiten, Formen von Regeneration und Genealogie im Mittelalter. Exempel einer Geschichte der Wahrnehmung II, München 1993, in: Internationales Archiv für Sozialgeschichte der deutschen Literatur 20 (1995), H. 1, S. 203–208. Ausgangspunkt einer Auseinandersetzung mit mittelalterlichen Zeichenkonzepten werden Czerwinskis Thesen bei Strohschneider, Peter: Die Zeichen der Mediävistik. Ein Diskussionsbeitrag zum Mittelalter-Entwurf in Peter Czerwinskis „Gegenwärtigkeit", in: Internationales Archiv für Sozialgeschichte der deutschen Literatur 20 (1995), H. 2, S. 173–191.

25 Vgl. etwa Czerwinski, Glanz, S. 15, S. 45, S. 106 f.
26 Die statische Funktion des „Bauprinzip[s] der paarigen Entsprechung" beschreibt Nagel (Nibelungenlied, S. 117).
27 Müller, Spielregeln, S. 137.
28 Müller, Spielregeln, S. 137.
29 Müller erläutert diese Begriffe anhand der Frage, ob Hagen von Beginn an plant, Siegfrieds Hort in die Gewalt der Burgunden zu bringen (insbes. 774,4) und ob er auch die Versöhnung mit Kriemhild in dieser Absicht initiiert (insbes. 1107,4) sowie anhand der Hortforderungsszene (2367,3–4). Vgl. Müller, Spielregeln, S. 145–151.
30 Diese Einschätzung vertritt übrigens auch Heinzle (Nibelungenlied, S. 65 f.); der Gegensatz der Positionen von Müller und Heinzle löst sich an verschiedenen Stellen auf (s. o. Fußnote 20).

und auf welche Weise die beschriebenen syntagmatischen Eigenschaften des *Nibelungenlieds* tatsächlich das von Müller stark gemachte komplexitätssteigernde Potential entfalten, muss im Einzelfall untersucht werden.[31] In diesem Sinne stellt das Buch *Spielregeln für den Untergang* nicht nur den vorläufigen Abschluss von Jan-Dirk Müllers langjähriger Auseinandersetzung mit dem *Nibelungenlied* dar, sondern es entwirft auch ein Programm für die zukünftige Beschäftigung mit dem Text.

Die vorliegende Studie schließt an das implizite Forschungsprogramm der *Spielregeln* an und führt es in wissenshistorischer Perspektive weiter. Denn die Besonderheiten des nibelungischen Syntagmas beeinflussen auch die Frage nach den Konfigurationen von Wissen. Da das Wissen des *Nibelungenlieds* anhand von Handlungskonstellationen sowie anhand der Eigenheiten ihrer sprachlichen Schilderung aufgewiesen und mit nicht-literarischen Texten korreliert werden kann, sind die syntagmatischen Inkohärenzen immer auch bedeutsam für die Art und Weise, wie der Text Wissen darstellt. Welche Auswirkungen die spezifische Poetik des *Nibelungenlieds* auf die dem Text inhärenten Wissensbestände hat, werden die folgenden Analysen detailliert beschreiben. Dabei zeigt sich, dass im Zusammenhang der unterschiedlichen Wissensbereiche, die der Text anspricht, die Verhältnisse der Geschlechter in je spezifischer Weise thematisiert werden.

Die Lückenhaftigkeit des nibelungischen Syntagmas herauszustellen bedeutet gleichwohl nicht, der mangelhaften narrativen Integration oder

---

31 Die kritische Frage, die Walter Haug in der Auseinandersetzung mit Müllers Thesen stellt, scheint mir nicht grundsätzlich zu beantworten zu sein. Haug fragt, nach welchen Kriterien entschieden werden könne, ob die Unstimmigkeiten des Textes einer besonderen Ästhetik oder der mangelnden künstlerischen Fähigkeit des Autors zuzurechnen seien (vgl. Haug, Walter: Hat das Nibelungenlied eine Konzeption?, in: Greenfield, John (Hg.): Das Nibelungenlied. Actas do Simpósio Internacional 27 de Outubro de 2000, Porto 2001, S. 27–49, hier S. 38). Der Alternative, die Haug anbietet, stelle ich mit dieser Studie den Vorschlag entgegen, die Plausibilität der These von der nibelungischen Ästhetik syntagmatischer Inkohärenz in themenbezogenen Einzeluntersuchungen zu überprüfen. In diese Richtung weist auch Heinzles Vorschlag, mittels Interpretation zwischen Unbestimmtheitsstellen des *Nibelungenlieds* zu unterscheiden, die als Defekte zu werten sind, und solchen, denen ein „konstruktives Moment" eigen ist (Heinzle, Joachim: Traditionelles Erzählen. Zur Poetik des Nibelungenlieds. Mit einem Exkurs über „Leerstellen" und „Löcher", in: Hennings, Thordis, Manuela Niesner, Christoph Roth und Christian Schneider (Hg.): Mittelalterliche Poetik in Theorie und Praxis. Festschrift für Fritz Peter Knapp zum 65. Geburtstag, Berlin und New York 2009, S. 59–76, hier S. 76).

gar der Inkohärenz des Textes das Wort zu reden. Zu betonen, dass das *Nibelungenlied* in syntagmatischer Hinsicht Lücken aufweist, führt hingegen zur Frage nach den Verfahren, die dem Text dennoch Kohärenz sichern: Wie konstituiert sich die nibelungische Erzählung angesichts problematischer syntagmatischer Verkettung? Dass das *Nibelungenlied* als Erzählung wohl organisiert ist, ergibt sich zunächst aus der Gliederung in zwei große Handlungsteile, die narrativ integriert sind, indem sie jeweils auf eine Gewalttat zulaufen: Siegfrieds Tod und Kriemhilds Rache. Epische Vorausdeutungen machen von Anfang an präsent, worauf das Geschehen im ersten und im zweiten Teil des Textes abzielt und verbinden Ausgangs- und Zielpunkte der Handlung.[32] Beide Teile des *Nibelungenlieds* werden durch den Lebensweg der Protagonistin miteinander verknüpft sowie durch die weitgehende Kontinuität auch des übrigen Personals. Darüber hinaus ist gerade in den Wiederholungen von Motiven und Handlungsteilen ein Mittel zur Herstellung von Kohärenz gesehen worden.[33] Die Reihung von Differentem und die Wiederholung von Ähnlichem sind nicht nur als Merkmale der syntagmatischen Inkohärenz des Textes zu verstehen mit der Funktion, die Komplexität der Darstellung zu erhöhen, sondern sie stellen gleichzeitig eine Ebene der narrativen Kohärenzbildung dar. In Ergänzung der Beobachtung, dass die syntagmatische Verkettung wiederholt lückenhaft ausgeprägt ist, wird die paradigmatische Ebene der Verklammerung des Textes herausgestellt.[34] Der Paradigma-Begriff dient

---

32 Vgl. Beyschlag, Siegfried: Die Funktion der epischen Vorausdeutung im Aufbau des Nibelungenliedes, in: Beiträge zur Geschichte der deutschen Sprache und Literatur (= PBB (Halle)) 76 (1954/55), S. 38–55.

33 So beispielsweise bei Nagel, Nibelungenlied, insbes. S. 118 ff.; Müller, Motivationsstrukturen, insbes. S. 254 f.; Müller, Nibelungenlied (2002), S. 56 ff.; sowie Quast, Bruno: Wissen und Herrschaft. Bemerkungen zur Rationalität des Erzählens im Nibelungenlied, in: Euphorion 96 (2002), H. 3, S. 287–302, insbes. S. 287 f., S. 298 ff. Die Funktion der so genannten Schaubilder für die Integration der Erzählung hat Gernot Müller herausgestellt (vgl. Müller, Gernot: Zur sinnbildlichen Repräsentation der Siegfriedgestalt im Nibelungenlied, in: Studia neophilologica 47 (1975), S. 88–119, insbes. S. 117 f.). Die „Spiegelung" einzelner dieser Schaubilder ineinander beschreibt Schwab, Ute: Hagens praktische Todesregie, in: Kraft, Karl-Friedrich, Eva-Maria Lill und Ute Schwab (Hg.): „Triuwe". Studien zur Sprachgeschichte und Literaturwissenschaft, Heidelberg 1992, S. 187–239, hier S. 238 f.

34 Dabei zeigen sich unterschiedliche Verwendungsweisen des Paradigma-Begriffs. Der Terminus meint in der Sprachtheorie äquivalente Elemente des Lexikons, die bei der Realisierung von Sätzen durch Sprachbenutzer stets mit aufgerufen werden (vgl. Saussure, Ferdinand de: Grundfragen der allgemeinen Sprachwissenschaft, hg. v. Charles Bally und Robert Sechehaye, übs. v. Herman Lommel, 3. Auflage,

der strukturalen Literaturanalyse dazu, die Ebene der Verknüpfung äquivalenter Elemente innerhalb eines einzelnen literarischen Textes zu benennen.[35] In diesem Sinne ist der Begriff in der Forschung zum *Nibelungenlied* auf unterschiedliche formale Charakteristika des Textes bezogen
worden. Aggregationen benachbarter Erzählelemente versteht Müller als
Hinweis auf einen „weniger syntagmatisch verknüpfende[n] als paradig-
matisch explizierende[n] Motivationstypus".[36] Der Begriff dient hier dazu,
die Aneinanderreihung äquivalenter Elemente auf der mikrostrukturellen
Ebene des Textes zu benennen.[37] Quast fasst unter paradigmatischer
Verflechtung im *Nibelungenlied* thematische Bezugnahmen, die gegebenenfalls auch distante Handlungsteile miteinander verbinden. Paradigmatische Verknüpfungen erhalten so die Funktion, auf makrostruktureller
Ebene dem Erzählverlauf Kohärenz zu sichern. Er spricht von einer „paradigmatische[n] Verweisstruktur" und von der „sujetgebundene[n]
Verknüpfung spezifischer vertikaler Erzähleinheiten".[38] Als weitere signifikante Beispiele für das Verfahren einer makrostrukturellen paradigmatischen Verknüpfung können wiederkehrende Motive und Themen genannt werden, wie beispielsweise der zweifache Verrat Hagens (an Siegfried

---

Berlin und New York 2001, S. 147 ff., hier wird allerdings der syntagmatischen
statt der paradigmatischen die assoziative Ebene gegenübergestellt; sowie Titzmann,
Michael: Strukturale Textanalyse. Theorie und Praxis der Interpretation, München
1977, S. 154 ff.). Ausgehend von dieser Bedeutung wird der Begriff in der *Nibelungenlied*-Forschung auf kulturelle Regelsysteme angewandt, die dem Text
Kohärenz sichern, ohne dass sie selbst explizit gemacht werden müssten (s. o. die
Literaturhinweise in Fußnote 16).

35 Vgl. Lotman, Jurij M.: Die Struktur literarischer Texte, übs. v. Rolf-Dietrich Keil,
    2. Auflage, München 1981, S. 122 ff.; Titzmann, Analyse, S. 158 ff.

36 Müller, Motivationsstrukturen, S. 254 f.

37 Diese Überlegungen Müllers hat kürzlich Schulz weitergeführt, indem er die
    kohärenzstiftende Funktion der Nachbarschaft von semantisch verbundenen,
    aber nicht kausallogisch miteinander verknüpften Textelementen des *Nibelun-
    genlieds* betont (vgl. Schulz, Armin: Fremde Kohärenz. Narrative Verknüpfungs-
    formen im Nibelungenlied und in der Kaiserchronik, in: Haferland, Harald und
    Matthias Meyer (Hg.): Historische Narratologie – Mediävistische Perspektiven,
    Berlin und New York 2010, S. 339–360). Die spezifische Kohärenzebene des
    Textes, auf die seine Überlegungen zielen, hat Schulz mit den Begriffen der
    Kontiguität und – im Anschluss an Haferland – der Metonymie zu fassen gesucht.

38 Quast, Wissen, S. 287, S. 300. Bezogen auf den Gegenstand seiner Analyse,
    nämlich das personalisierte Wissen im *Nibelungenlied*, sind damit Kenntnisse
    einzelner Figuren über andere gemeint (z. B. Hagens Wissen um Siegfrieds Jugend
    oder Siegfrieds Kenntnis der Verhältnisse in Isenstein); es zeigen sich Vorweg-
    nahmen und Rückverweise im Text (vgl. Quast, Wissen, S. 299).

und an Kriemhild (Hortraub)) oder die wiederholte Warnung der Burgunden vor Kriemhilds Rache (durch Eckewart und durch Dietrich),[39]
sowie mehrfach verwendete Erzählmuster, wie das dreifach variierte
Brautwerbungsschema.[40]

Zu den Faktoren, die der Erzählung des *Nibelungenlieds* Kohärenz
sichern, gehört selbstverständlich auch die syntagmatische Verkettung
selbst. Denn bei der Betonung, dass Verbindungen und Anschlüsse von
Handlungselementen wiederholt nicht expliziert werden und dass sich
daraus Unklarheiten über die Art und Weise der Verknüpfung ergeben, darf
nicht ignoriert werden, dass das *Nibelungenlied* derartige Verknüpfungen
durchaus vornimmt.[41] Außerdem werfen nicht sämtliche Passagen, in

---

39   Vgl. Nagel, Nibelungenlied, S. 128 ff.

40   Auf Sinnstiftung durch die dreifache Variation des Brautwerbungsschemas hat
      Haug aufmerksam gemacht; vgl. Haug, Walter: Normatives Modell oder her-
      meneutisches Experiment. Überlegungen zu einer grundsätzlichen Revision des
      Heuslerschen Nibelungen-Modells [1981], in: Ders.: Strukturen als Schlüssel zur
      Welt. Kleine Schriften zur Erzählliteratur des Mittelalters, Tübingen 1989,
      S. 308–325, hier S. 319. Ausführlich zur Verknüpfung der Brautwerbung
      Gunthers um Brünhild mit der Siegfrieds um Kriemhild vgl. Strohschneider, Peter:
      Einfache Regeln – Komplexe Strukturen. Ein strukuranalytisches Experiment zum
      Nibelungenlied, in: Harms, Wolfgang und Jan-Dirk Müller (Hg.): Mediävistische
      Komparatistik. Festschrift für Franz Josef Worstbrock, Stuttgart und Leipzig 1997,
      S. 43–75.

41   Gubatz hat davor gewarnt, Kohärenzen in der Motivationsstruktur des *Nibelun-
      genlieds* zu übersehen und in der Analyse statt Kohärenz nunmehr Inkohärenzen zu
      konstruieren (vgl. Gubatz, Thorsten: „Waz ob si alsô zürnet, daz wir sîn verlorn?"
      Zur Frage nach Kohärenz oder Inkohärenz der Motivationsstruktur in der siebten
      Aventiure des Nibelungenlieds, in: Euphorion 96 (2002), S. 273–286, insbes.
      S. 284 ff.). Die exemplarische Analyse, auf die er sein Plädoyer stützt, kommt
      allerdings selbst nicht ohne Vorannahmen aus, die durch den Text nicht gedeckt
      werden und die im Sinne einer Distanzierung von modernen Interpolationen in
      Frage gestellt werden müssen. Entgegen Müllers Annahme, Siegfried breche nach
      dem Brautwerbungswettkampf in Isenstein unmotiviert ins Land der Nibelungen
      auf, um sein Gefolge zu holen, weist Gubatz zu Recht darauf hin, dass Siegfrieds
      Handeln motiviert sei durch die Angst vor den zahlreichen Kriegern, die Brünhild
      zu ihrer Verabschiedung an den Isensteiner Hof kommen lässt (477 f.). Gubatz
      sieht in seiner Lektüre diese Furcht als berechtigt an, denn Hagen – der die Sorge
      im Text verbalisiert – wisse, „welches wilde Temperament, welche guten Gründe
      und welch ausgezeichnete Gelegenheit Brünhild hat, sich ihrer Demütiger nach-
      träglich und unrechtmäßig zu entledigen" (Gubatz, Motivationsstruktur, S. 281).
      Über Emotionen, Erwägungen und Absichten Brünhilds aber können Hörer (oder
      Leser) des *Nibelungenlieds* an dieser Stelle ebenso wenig gewiss sein wie Hagen
      selbst (478,2–3). Motiviert wird Siegfrieds Verhalten an dieser Stelle aus der
      Perspektive der männlichen Figuren durchaus – nämlich gerade mit der Unsi-

denen die syntagmatische Verkettung nicht ausdrücklich erläutert wird, Verständnisprobleme auf. Hinzu kommt, dass aus erzähltheoretischer Perspektive betrachtet bereits die lineare Reihung von Handlungen in einer Erzählung eine kausal-logische Verknüpfung nahe legt.[42] Die nibelungische Ästhetik syntagmatischer Inkohärenz meint somit nicht die vollständige Abwesenheit syntagmatischer Verkettung und sich daraus notwendig ergebende Brüche und Widersprüche des Handlungsverlaufs, sondern sie kann umgekehrt erst vor dem Hintergrund eines in der Regel funktionierenden Syntagmas Kontur gewinnen.

Für meine Analyse des Textes bedeutet dies, dass der Blick auf die sukzessive Vermittlung der Erzählung gerichtet werden muss. Die folgenden Lektüren greifen immer wieder auf die sprachliche Darstellung des Geschehens in seiner linearen Abfolge zurück, um hier Ungenauigkeiten, Widersprüche und Bruchstellen aufweisen zu können. Nur wenn man mit der Beschreibung der Verfahren narrativer Verknüpfung beginnt, werden die für das *Nibelungenlied* spezifischen Inkohärenzen als solche fassbar und können auf das ihnen eigene, Komplexität generierende Potential hin untersucht werden. Im Unterschied zu dieser textnahen Rekonstruktion des Handlungsverlaufs, die auf Inkohärenzen achtet, vergibt eine Herangehensweise, die die These von der mangelhaften Kohärenz des Textes als bereits erwiesen ansieht, die Möglichkeit, die einzelnen Unstimmigkeiten und ihre kontextspezifische Bedeutung zu erfassen. Im Unterschied zu

---

cherheit über die Absichten, die Brünhild mit ihrem Handeln verfolgt. Dass diese Figurenperspektive aber zu einer objektiven Notwendigkeit wird, nach der das Geschehen ablaufen muss, ist Gubatz' eigene Sinnunterstellung. Sie ist fragwürdig insbesondere angesichts des bis zu diesem Punkt des Geschehens geschilderten Verhaltens der Isensteiner Herrscherin – Brünhild hält sich an die den Kampfspielen selbst gesetzten Regeln –, und sie wird zusätzlich fragwürdig, als im Folgenden die Bedrohung, die die männlichen Figuren erwarten, ausbleibt.

42 Mit sicherlich zu weit greifendem Anspruch auf Generalisierbarkeit jenseits historischer Spezifik formuliert Barthes: „In der Erzählung [...] gibt es keine reine Sukzession: In das Temporale fließt sofort Logik ein, das *Konsekutive* ist gleichzeitig *konsequent*: was *danach* kommt, tritt als Produkt des *Davor* auf [Hervorhebungen R. B.]" (Barthes, Roland: Die Handlungsfolgen, in: Ders.: Das semiologische Abenteuer, aus dem Französischen v. Dieter Hornig, Frankfurt am Main 1988, S. 144–155, hier S. 149). Auch Martínez betont, dass das Geschehen in Erzählungen grundsätzlich kausal motiviert erscheint (vgl. Martínez, Matías: Art. Motivierung, in: Fricke, Harald (Hg.): Reallexikon der deutschen Literaturwissenschaft. Bd. 2, Berlin und New York 2000, S. 643–646, hier S. 643); er verweist auf Dantos Ausführungen zur Funktion der erzählenden Darstellung in der Historiographie (vgl. Danto, Arthur C.: Narration and Knowledge, New York 1985, S. 236).

einer Lektüre, die sukzessive dem Syntagma folgt, ist ein Zugriff auf den Text, der mit paraphrasierenden Zusammenfassungen des Geschehens arbeitet, stets in der Gefahr, Inkohärenzen zu übersehen und die Unstimmigkeiten des Textes bereits geglättet zu haben, bevor die eigentliche Interpretation beginnt. Um die syntagmatischen Lücken bei der Rekonstruktion des Handlungsgangs offen zu halten und in die themenbezogenen Analysen einbinden zu können, bewegt sich diese Untersuchung in weiten Teilen an der Folge der geschilderten Ereignisse entlang.

Die besondere Berücksichtigung von Unbestimmtheiten, Widersprüchen und Ambiguitäten des *Nibelungenlieds* begründet auch die Auswahl der Textfassung, die dieser Studie zugrunde liegt. Verwendet wird der Text der Ausgabe von Karl Bartsch und Helmut de Boor nach der *A/B-Gruppe der Handschriften. Diese Fassung bietet einen sperrigeren Text als *C und bereitet Interpretierenden größere Verständnisprobleme, indem sie die Motivierung des Geschehens in der Regel weniger explizit präsentiert und das Handeln von Figuren zurückhaltender kommentiert.[43] In dieser Fassung sind verstärkt die semantischen Unbestimmtheiten zu finden, die die nibelungische Ästhetik syntagmatischer Inkohärenz auszeichnen und

---

43 Müller hat Hinzufügungen und Auslassungen, die den jeweiligen Schreibern handlungslogisch notwendig erschienen, als Prozess zunehmender „Entproblematisierung" des überkommenen Stoffes beschrieben. Insbesondere zeigen sich in der *C-Fassung des *Nibelungenlieds* Versuche, Lücken und Ungereimtheiten in der Erzählung durch Kommentare des Erzählers zu schließen bzw. zu erläutern. Sie scheinen aber schon mit der *A/B-Fassung einzusetzen (etwa mit 1928,3 – 4; vgl. Müller, Spielregeln, S. 93 ff.; in diesem Sinne bereits Müller, Motivationsstrukturen, S. 255 f.). Müller hat seine Argumentation, dass die Handschriften C (Karlsruhe) und a (Cologny/Genève) am Ende einer Reihe von Bearbeitungen des *Nibelungenlieds* nach der Fassung *B stehen, in Auseinandersetzung mit einem Beitrag von Heinzle detailliert ausgeführt (vgl. Müller, Jan-Dirk: Die „Vulgatfassung" des Nibelungenliedes, die Bearbeitung C und das Problem der Kontamination, in: Greenfield, John (Hg.): Das Nibelungenlied. Actas do Simpósio Internacional 27 de Outubro de 2000, Porto 2001, S. 51–77, hier S. 71 f., S. 76 f.). Heinzle vernachlässigt Unterschiede der *C zugerechneten Handschriften und macht anhand der schieren Menge der Überlieferungsträger aus dem 13. Jahrhundert die zeitgenössische Bedeutung der *C-Fassung stark. Auf Grundlage der weiten Verbreitung plädiert er für eine intensivere wissenschaftliche Auseinandersetzung mit *C (vgl. Heinzle, Joachim: Misserfolg oder Vulgata? Zur Bedeutung der *C-Version in der Überlieferung des Nibelungenlieds, in: Chinca, Mark, Joachim Heinzle und Christopher Young (Hg.): Blütezeit. Festschrift für Peter Johnsson zum 70. Geburtstag, Tübingen 2000, S. 207–220, insbes. S. 209, S. 214). Auch Heinzle schätzt aber *B als älteste fassbare – und damit als „ursprüngliche" – Form des *Nibelungenlieds* ein (vgl. Heinzle, Misserfolg, S. 208).

die in meiner Text-Analyse berücksichtigt werden. Die Textauswahl ist damit dem philologischen Konzept der *lectio difficilior* verpflichtet, der schwierigeren Lesart eines Textes, deren Entstehung durch Zufall wenig wahrscheinlich erscheint und der daher die Aufmerksamkeit literaturwissenschaftlicher Untersuchungen zu gelten hat.[44]

Literatur und Wissen – das Wissen der Literatur

Die gegenwärtige literatur- und kulturwissenschaftliche Forschung zu Literatur und Wissen betont die wechselseitige Bezugnahme und Beeinflussung ihrer Gegenstände.[45] Sie fragt nach dem Verhältnis von literarischen und nicht-literarischen Konfigurationen von Wissen. Ausgehend von Positionen der Forschung und insbesondere vom Wissensbegriff

---

44 Vgl. Woesler, Winfried: Art. Lesart, Variante, in: Fricke, Harald (Hg.): Reallexikon der deutschen Literaturwissenschaft. Bd. 2, Berlin und New York 2000, S. 401–404, hier S. 402.

45 Vgl. programmatisch Benthien, Claudia und Hans Rudolf Velten: Einleitung, in: Dies. (Hg.): Germanistik als Kulturwissenschaft. Eine Einführung in neue Theoriekonzepte, Reinbek bei Hamburg 2002, S. 7–34, hier S. 19 ff; sowie detailliert Pethes, Nicolas: Literatur und Wissenschaftsgeschichte. Ein Forschungsbericht, in: Internationales Archiv für Sozialgeschichte der deutschen Literatur 28 (2003), H. 1, S. 181–231, hier S. 193 ff. Zu Pethes' Darstellung, die sich auf Forschungen zur Neuzeit konzentriert, ist zu ergänzen, dass die mediävistische Forschung schon seit einiger Zeit an der Beschreibung wechselseitiger Bezugnahmen von Literatur und Wissen arbeitet. Dass im Mittelalter die Grenze zwischen schöner Literatur und Fachprosa nicht klar gezogen werden kann, postuliert bereits das Forschungsprogramm des Sonderforschungsbereichs 226 „Wissensorganisierende und wissensvermittelnde Literatur im Mittelalter", der 1984 an den Universitäten Würzburg und Eichstätt eingerichtet wurde (vgl. Forschungsprogramm des Sonderforschungsbereichs 226, in: Wolf, Norbert Richard (Hg.): Wissensorganisierende und wissensvermittelnde Literatur im Mittelalter. Perspektiven ihrer Erforschung. Kolloquium 5.–7. Dezember 1985, Wiesbaden 1987, S. 9–22, hier S. 10). Anhand von Veit Warbecks *Schöner Magelone* hat Werner Röcke beispielhaft gezeigt, dass die Vorstellung einer Gegenüberstellung von Literatur und Wissen als gegeneinander abgeschlossener Einheiten zuweilen durch (spät-)mittelalterliche literarische Texte selbst problematisiert wird (vgl. Röcke, Werner: Erzähltes Wissen. „Loci communes" und „Romanen-Freyheit" im Magelonen-Roman des Spätmittelalters, in: Brunner, Horst und Norbert Richard Wolf (Hg.): Wissensliteratur im Mittelalter und in der Frühen Neuzeit. Bedingungen, Typen, Publikum, Sprache, Wiesbaden 1993, S. 209–226, insbes. S. 209 ff.).

Michel Foucaults werden im Folgenden die methodischen Eckpunkte der wissenshistorischen Analyse umrissen, die dieses Buch unternimmt.

Wichtige Anstöße haben literaturwissenschaftliche Forschungen zur Wissensgeschichte in den vergangenen Jahren insbesondere durch das von Joseph Vogl geprägte Projekt der *Poetologien des Wissens* erhalten.[46] Untersuchungen, die sich unter diesen Begriff subsumieren lassen, analysieren die Verbindungen, die zwischen ästhetischen und wissenschaftlichen Verfahrensweisen bestehen, den Einfluss, den sie aufeinander ausüben, sowie die Parallelen und die Unterschiede, die ihre jeweiligen Darstellungsweisen oder impliziten Poetiken auszeichnen. Das Verhältnis von Literatur und Wissen wird dabei weder als radikale Differenz verstanden noch wird es als unterschiedslose Einheit begriffen.[47] Gegenstand wissenspoetologischer Untersuchungen ist, wie diese Relation im Einzelfall bestimmt werden kann.

Mit der Öffnung literaturwissenschaftlicher Untersuchungen auf außerliterarische Gegenstände greift die Forschung zu Literatur und Wissen die Arbeitsweise des in den 1980er Jahren begründeten *New Historicism* auf. Vertreter der *Poetologien des Wissens* nehmen für sich in Anspruch, die Verknüpfung von literarischen Texten mit außerliterarischen Kontexten, die bereits das Vorgehen neu-historistischer Studien auszeichnet, weiterzuentwickeln. Im Unterschied zum *New Historicism* gehe es nicht nur darum, Parallelen von Literatur und anderen Wissensbereichen herauszustellen. Darüber hinaus werde der konstruktive Widerstreit zwischen Wissen in literarischen und in außerliterarischen Texten untersucht.[48]

---

46 Zu *Poetologien des Wissens* vgl. Pethes, Nicolas: Poetik/Wissen. Konzeptionen eines problematischen Transfers, in: Brandstetter, Gabriele und Gerhard Neumann (Hg.): Romantische Wissenspoetik. Die Künste und die Wissenschaften um 1800, Würzburg 2004, S. 341–372, hier S. 366 f.; sowie ders, Forschungsbericht, S. 209 f. Was unter *Poetologien des Wissens* verstanden werden kann, hat Vogl erstmals 1991 formuliert (vgl. Vogl, Joseph: Mimesis und Verdacht. Skizze zu einer Poetologie des Wissens nach Foucault, in: Ewald, François und Bernhard Waldenfels (Hg.): Spiele der Wahrheit. Michel Foucaults Denken, Frankfurt am Main 1991, S. 193–204).

47 Pethes, Forschungsbericht, S. 183.

48 Vgl. Pethes, Forschungsbericht, S. 204; sowie Pethes, Poetik/Wissen, S. 358. Pethes verweist auf eine Passage in Greenblatts Aufsatz *Dichtung und Reibung*, in der dieser außerliterarisches Material nicht als Ursache für die Entstehung von Literatur ansieht, sondern als Ziel seiner Forschung die Suche nach einem „gemeinsamen Code" angibt, der „als Bedingung der Darstellung fungiere[]" (Greenblatt, Stephen: Dichtung und Reibung, in: Ders.: Verhandlungen mit

Literarische Texte werden nicht nur auf unterschiedliche zeitgenössische Kontexte bezogen, sondern die spezifische Art und Weise der Bezugnahme unterschiedlicher Konfigurationen von Wissen aufeinander und die Differenzen, die sich dabei zeigen, sind Gegenstand der Analyse. Literarische Texte bearbeiten damit nicht einfach auf besondere Weise ein Wissen, das ihnen vorausgeht und das ihnen als Kontext übergeordnet ist. Vielmehr wird der Überlegung Rechnung getragen, dass außerliterarisches Wissen ebenso als Referenzrahmen literarischer Texte dienen kann wie umgekehrt.[49] Diese Herangehensweise schließt ein, dass nicht von vornherein festgelegt wird, worin die Differenzen zwischen literarischen und nichtliterarischen Konfigurationen von Wissen bestehen. Parallelen und Unterschiede werden in Einzelanalysen für die spezifischen Gegenstände bestimmt. Ziel dieses Verfahrens ist es, die Prämissen, die der Analyse der jeweiligen Konfiguration von Wissen vorausgehen, zu mindern. Vorannahmen über Gattungs- oder Textsortendifferenzen etwa werden gezielt gering gehalten, und Unterschiede in dieser Hinsicht werden erst anhand der untersuchten Texte selbst herausgearbeitet. Mit den Worten Joseph Vogls ist das Vorgehen als „idiosynkratisches" zu bezeichnen, denn es setzt im Unterschied zu einer robusten Methode oder Theorie die „Unerklärtheit" des eigenen Gegenstandsbereichs voraus.[50]

Zentrale Bedeutung für Forschungen zu Literatur und Wissen hat der Wissensbegriff, den Michel Foucault in der *Archäologie des Wissens*, der Reflexion und Erweiterung seines Vorgehens in der Studie *Die Ordnung der Dinge*, formuliert. Wissen wird hier ausdrücklich nicht auf wissenschaftliche Disziplinen beschränkt,[51] sondern konstituiert sich, so Foucault, allein durch eine diskursive Praxis und durch die Regelmäßigkeiten, die ihr

---

Shakespeare. Innenansichten der englischen Renaissance, Frankfurt am Main 1993, S. 89–123, hier S. 114).

49	Zum Wechselverhältnis unterschiedlicher Wissensformen vgl. Vogl, Joseph: Robuste und idiosynkratische Theorie, in: KulturPoetik 7 (2007), H. 2, S. 249–258, hier S. 256; zu weiteren Modellen, das Verhältnis von literarischen und wissenschaftlichen Texten als Wechselwirkung zu denken, vgl. Pethes, Forschungsbericht, S. 228 ff.

50	Um diesem Selbstverständnis zu genügen, werden die „Eingangsbedingungen [des] Verfahrens" reduziert und die „Subsumtionskraft [der verwendeten] Begriffe" minimiert (Vogl, Idiosynkratische Theorie, S. 258).

51	Vgl. Foucault, Michel: Archäologie des Wissens, übs. v. Ulrich Köppen, Frankfurt am Main 2002, S. 254.

eigen sind.[52] Mit der diskursiven Praxis ist die Menge aller Aussagen gemeint, die in einem begrenzten raum-zeitlichen Zusammenhang tatsächlich getätigt worden sind; der Begriff bezeichnet zugleich die Regeln, die
für die Bildung dieser Aussagen aufgestellt werden können.[53] Eine diskursive Praxis zu analysieren muss also bedeuten, sich an historisch konkret
fassbare Aussagen, an „Positivitäten", und an ihre formalen Regelmäßigkeiten zu halten.[54] Indem Foucault die Teilhabe an einer formierenden
Ordnung – die noch näher erläutert werden muss – als einzige Bedingung
für die Konstitution von Wissen angibt, weitet er den Wissensbegriff stark
aus. So eröffnet sich beispielsweise die Möglichkeit, mit der wissenshistorischen Analyse auch Wissensgebiete zu untersuchen, die „von den
[modernen] Wissenschaften unabhängig sind".[55] Prominentes Beispiel aus
Foucaults eigenen Arbeiten für eine Untersuchung von Wissen, das nicht
auf eine einzelne wissenschaftliche Disziplin festgelegt werden kann, ist die
Sexualität.[56] Wissen über Sexualität im 19. Jahrhundert zu analysieren
macht die Untersuchung der Disziplinen Biologie und Psychologie notwendig sowie weiterer Aussagefelder, zu denen Foucault unter anderem
„lyrische Ausdrücke" und „juridische Vorschriften" zählt.[57] Der
Foucault'sche Wissensbegriff ermöglicht eine Öffnung auf die Untersuchung der unterschiedlichsten Themenbereiche und Erscheinungsformen
dessen, was in einer bestimmten Zeit gewusst werden kann.[58]

Den Zusammenhang des jeweils untersuchten Wissens können nach
Foucault verschiedene Konzepte stiften. Es kann sich dabei um ein Objekt
handeln, also um den Gegenstand, auf den Wissen sich bezieht, aber auch
um die spezifische Form der Aussagen, die über einen Wissensbereich

---

52 „Ein Wissen ist das, worin man in einer diskursiven Praxis sprechen kann"
    (Foucault, Archäologie, S. 259); „es gibt kein Wissen ohne definierte diskursive
    Praxis" (Foucault, Archäologie, S. 260).
53 Vgl. Foucault, Archäologie, S. 171, S. 258 f.
54 Vgl. Foucault, Archäologie, S. 258. Zur „materiellen Existenz" von Aussagen vgl.
    auch Foucault, Archäologie, S. 145 ff.
55 Foucault, Archäologie, S. 260.
56 Schon in der *Archäologie des Wissens* weist Foucault auf diesen Gegenstand hin
    (Archäologie, S. 275), den er in den Studien über *Sexualiät und Wahrheit* aus-
    führlich behandeln wird.
57 Foucault, Archäologie, S. 275.
58 Zur Ausweitung des Wissensbegriffs vgl. auch Vogl, Joseph: Für eine Poetologie
    des Wissens, in: Richter, Karl, Jörg Schönert und Michael Titzmann (Hg.): Die
    Literatur und die Wissenschaften. 1770–1930, Stuttgart 1997, S. 107–127, hier
    S. 118 ff.; ders., Idiosynkratische Theorie, S. 256; sowie Pethes, Poetik/Wissen,
    S. 344 f.

getroffen werden, oder um die Begriffe, die kontinuierlich verwendet
werden, um einen Gegenstandsbereich zu beschreiben, und schließlich um
Themen, die durchgehend behandelt werden.[59] Wie die wissenschaftlichen
Disziplinen erweisen sich jedoch auch alle diese Ansatzpunkte, Aussagen zu
Diskursen und zu Wissensbereichen zusammenzufügen, als zu stark ein-
schränkend. Insbesondere den Wandlungsprozessen, die Wissen im Lauf
der Zeit durchmachen kann, werden sie nicht gerecht. An die Stelle dieser
Einheiten des Wissens setzt Foucault daher die Ausweitung des Feldes der
Untersuchung: Er plädiert dafür, mit den unterschiedlichsten Konfigu-
rationen von Wissen zu rechnen und es in seiner „Verstreuung" bzw. als
„System der Streuung" zu erfassen.[60]

    Wissen wird in Foucaults Entwurf einer *Archäologie* schließlich allein
vom Umfeld abhängig gemacht, in dem es erscheint.[61] Aussagen –
Foucaults Begriff für die kleinsten Einheiten des Wissens – konstituieren
sich durch die Nachbarschaft anderer Aussagen. Die Gruppierung von
Aussagen zu Diskursen oder Wissensbereichen ergibt sich allein durch
ähnliche Regelmäßigkeiten, die die Bildung von Aussagen sowie ihre Relation zu anderen Aussagen aufweisen.[62] Wissen, so lässt sich pointieren,
konstituiert sich nach Foucault also in Abhängigkeit vom Kontext des
Erscheinens seiner kleinsten Einheiten und von wiederkehrenden formalen
Eigenschaften, die sich dabei zeigen. Die Regelmäßigkeiten, nach denen
Aussagen gebildet werden, können deskriptiv erfasst werden. Sie schreiben
nicht vor, welche Aussagen entstehen.[63] Sie bilden keine determinierende

---

59 Vgl. Foucault, Archäologie, S. 49–56.
60 Foucault, Archäologie, S. 57 f.
61 Über die Konstitution von Aussagen, die kleinsten Einheiten des Wissens, heißt es
    in der *Archäolgie:* „[E]s gibt keine Aussage im allgemeinen, keine freie, neutrale und
    unabhängige Aussage; sondern stets eine Aussage, die zu einer Folge oder einer
    Menge gehört, eine Rolle inmitten der anderen spielt, sich auf sie stützt und sich
    von ihnen unterscheidet: sie integriert sich stets in einen Aussagemechanismus, in
    dem sie ihren Anteil hat, und sei dieser auch noch so leicht und so unscheinbar"
    (Foucault, Archäologie, S. 144).
62 Vgl. Foucault, Archäologie, S. 156, S. 170. Vgl. auch Dreyfus, Hubert L. und Paul
    Rabinow: Michel Foucault. Jenseits von Strukturalismus und Hermeneutik, aus
    dem Amerikanischen v. Claus Rath und Ulrich Raulff, Weinheim 1994, S. 78 ff.
63 Foucault gibt das so genannte historische Apriori als Zielpunkt seiner wissens-
    historischen Fragestellung an. Es geht ihm darum, „die Bedingungen des Auf-
    tauchens von Aussagen" zu beschreiben (Foucault, Archäologie, S. 184). Das
    Apriori bestimmt also nicht die Modalitäten des Erscheinens von Aussagen, und es
    wird auch nicht als invariantes, sondern als historisch „transformierbares Ganzes"
    aufgefasst (Foucault, Archäologie, S. 185). Diese Grundannahmen mögen auch
    gelten, wenn Foucaults Formulierungen bisweilen das Gegenteil zu meinen

Struktur aus, sondern fungieren als Ermöglichungsbedingungen der kleinsten Einheiten von Wissen. Foucaults Überlegungen haben das Ziel, eine bestimmte Dimension von Wissen zu beschreiben, die unterschiedliche Bereiche, Disziplinen und Erscheinungsformen durchzieht. Die einzelnen Elemente dieses Wissens lassen sich zwar in der Analyse verknüpfen.[64] Sie können aber nicht auf Gesetzmäßigkeiten reduziert werden, mit denen sich sämtliche ihrer Spezifika erfassen lassen. Gilles Deleuze hat den besonderen Ansatz der Foucault'schen Wissensanalyse beschrieben als „Entdeckung und Vermessung jenes unbekannten Landes, in dem eine literarische Fiktion, eine wissenschaftliche Proposition, ein alltäglicher Satz, ein schizophrener Unsinn usw. gleichermaßen Aussagen sind, wenngleich ohne gemeinsames Maß, ohne jede Reduktion oder diskursive Äquivalenz. Und dies ist der Punkt, der von den Logikern, den Formalisten und den Interpreten niemals erreicht worden ist. Wissenschaft und Poesie sind gleichermaßen Wissen".[65] Foucaults Wissensanalyse verspricht die Kombination unterschiedlicher Wissensbereiche, ohne dabei ihre Differenzen aufgeben zu müssen. Sie soll die Beschreibung von Verknüpfungen möglich machen, die das Wissen eines kulturellen Zusammenhangs auszeichnet, wenn man es aus einer bestimmten Perspektive betrachtet. Damit eröffnet sich die Möglichkeit neuer Einteilungen oder Gruppierung von Wissen, die sich nicht an bestehende Grenzen zwischen Gattungen oder Textsorten halten, sondern diese gegebenenfalls überschreiten. Aufgabe von Wissens-Archäologinnen und -Archäologen ist es, Regelmäßigkeiten und Korrespondenzen aufzuweisen und zu beschreiben, ohne sie in einer Matrix des Wissens aufgehen zu lassen, die den Anspruch erhebt, sämtliche untersuchten Erscheinungsformen des Wissens erfassen zu können.

---

scheinen; vgl. etwa: „Das [= die Beschreibung einer diskursiven Formation] impliziert, daß man das allgemeine System definiert, dem die verschiedenen Äußerungsweisen, die mögliche Verteilung subjektiver Positionen und das System gehorchen, das sie definiert und vorschreibt" (Foucault, Archäologie, S. 168). Zur Spannung der *Archäologie des Wissens* zwischen Deskription und dem Anspruch, eine „quasi-strukturalistische Erklärung" zu liefern, vgl. Dreyfus/Rabinow, Foucault, S. 109 ff.

64 Zur Konstruktivität des Verfahrens vgl. Foucault, Archäologie, S. 227.
65 Deleuze, Gilles: Foucault, übs. v. Hermann Kocyba, Frankfurt am Main 1987, S. 34. Vogl hat das Deleuze-Zitat wiederholt verwendet, um diesen Gedanken des diskursarchäologischen Verfahrens zu erläutern (vgl. Vogl, Poetologie, S. 123; ders.: Einleitung, in: Ders. (Hg.): Poetologien des Wissens um 1800, München 1999, S. 7–16, hier S. 14; ders.: Kalkül und Leidenschaft. Poetik des ökonomischen Menschen, München 2002, S. 14 f.).

Für Untersuchungen zum Verhältnis von Wissen und Literatur bedeutet das, dass Wissen in literarischen Texten nicht auf ein grundlegendes Muster zurückgeführt werden kann, das jenseits des literarischen Textes zu finden ist. Verknüpfungen literarischer Texte mit anderen Formen der Codierung von Wissen können auf ganz unterschiedlichen Ebenen vorgenommen werden, ohne die Gemeinsamkeiten in eine Form zu bringen, die ihre Differenzen nivelliert. Verbindungen zwischen unterschiedlichen Konfigurationen von Wissen werden im Sinne der von Foucault entworfenen Wissensanalyse also nicht mit dem Ziel aufgewiesen, sie auf eine gemeinsame Struktur, eine Bauform, einen einzigen Code zu reduzieren. Vielmehr werden Verknüpfungen hergestellt, die die Eigenheiten der jeweiligen Wissensbereiche bestehen lassen, bzw. die darüber hinaus dazu dienen, sie in der Gegenüberstellung genauer zu charakterisieren. In diesem Sinne formuliert auch Vogl: „Die[] Verkettung stellt einen überdeterminierten Zusammenhang zwischen verschiedenen Wissensregionen her, von denen keine als ursprünglich gedacht werden kann".[66]

Die vorliegende Untersuchung nimmt die Überlegungen der jüngeren Forschung zum Verhältnis von Literatur und Wissen auf. Das bedeutet zunächst, dass sie konkrete Verbindungen zwischen dem *Nibelungenlied* und einzelnen Aspekten zeitgenössischer medizinischer und naturphilosophischer sowie juristischer Texte aufzeigt. Sie erhebt nicht den Anspruch, einen umfassenden zeitgenössischen Wissenshorizont zu rekonstruieren. Damit schließt sie an den offenen Wissensbegriff Foucaults an, und sie verweigert sich dem Bestreben, das Wissen eines bestimmten historischen Zeitfensters, einer Epoche oder Episteme – sei es in seiner Gesamtheit oder in Bezug auf eine bestimmte Disziplin oder auf eine Thematik – umfassend zu beschreiben und es dabei als homogen und abgeschlossen darzustellen.[67] Auch die Bestimmung dominanten oder hegemonialen Wissens wird vermieden. Einziges Kriterium für die Bestimmung von Wissen ist, dass es synchron in einer Reihe von Äußerungen aufgewiesen werden kann und dass diese Äußerungen ähnliche Regelmäßigkeiten zeigen.

---

66 Vogl, Poetologie, S. 121. An anderer Stelle hat Vogl Wissen als ein Objektfeld beschrieben, das verschiedene Gegenstandsbereiche verbindet und über das aus unterschiedlichen Perspektiven je unterschiedliche Aussagen getroffen werden können (vgl. Vogl, Idiosynkratische Theorie, S. 257).

67 In Abgrenzung zu seiner Studie *Die Ordnung der Dinge*, die an „Analysen in Termini kultureller Totalität [habe] glauben lassen", reformuliert Foucault den Begriff der Episteme in der *Archäologie des Wissens* als unabgeschlossene und bewegliche „Gesamtheit der Beziehungen, die man in einer gegebenen Zeit innerhalb der Wissenschaften entdecken kann" (Foucault, Archäologie, S. 29, S. 273).

Des Weiteren geht die Untersuchung nicht von außerliterarischem Wissen aus, um es dann in das *Nibelungenlied* einzulesen. Sie versteht die herangezogenen Wissensbereiche der Medizin und des Rechts nicht als dem Wissen des literarischen Textes übergeordnet und fasst außerliterarisches Wissen damit ausdrücklich nicht als „Verständnis- oder Interpretationsbedingung" von Literatur auf.[68] Der Rekurs auf außerliterarisches Wissen dient nicht dazu, Wissenslücken des *Nibelungenlieds* oder der Welt, die der Text entwirft, durch den Verweis auf andere Wissensquellen zu schließen. So vorzugehen, würde bedeuten, die wissenshistorische Variante des verbreiteten Bestrebens der *Nibelungenlied*-Forschung zu liefern, die Unbestimmtheiten, Widersprüche und Ambiguitäten des Textes im Zuge der Analyse zu glätten. Außerliterarisches Wissen soll hier nicht als Schlüssel zum Verständnis des *Nibelungenlieds* herangezogen werden. Vielmehr werden Korrespondenzen des literarischen Textes mit historisch-zeitgenössischer Fachliteratur auf der Ebene von Denkfiguren und Problemkonstellationen aufgewiesen.[69] Auf diese Weise werden weder die

---

68 Diese hermeneutische Variante, das Verhältnis von Wissen und Literatur zu fassen, formulieren Richter, Karl, Jörg Schönert und Michael Titzmann: Literatur – Wissen – Wissenschaft. Überlegungen zu einer komplexen Relation, in: Dies. (Hg.): Die Literatur und die Wissenschaften. 1770–1930, Stuttgart 1997, S. 9–36, hier S. 27.

69 Zu den Begriffen Fachliteratur und Fachprosa des Mittelalters vgl. Friedrich, Udo: Art. Fachprosa, in: Weimar, Klaus (Hg.): Reallexikon der deutschen Literaturwissenschaft. Bd. 1, Berlin und New York 1997, S. 559–562. Um mit dem Terminus Fachliteratur im Zuge der hier verfolgten Fragestellung sowohl naturphilosophische und medizinische Schriften als auch Rechtstexte fassen zu können, wird er in einem weiteren Sinne verwendet – und nicht im engen Sinne von Artesliteratur (zu dieser Unterscheidung vgl. Friedrich, Art. Fachprosa, S. 559; sowie Baufeld, Christa: Art. Artesliteratur, in: Weimar, Klaus (Hg.): Reallexikon der deutschen Literaturwissenschaft. Bd. 1, Berlin und New York 1997, S. 151–153, hier S. 151). Außerdem ist nach der Begriffsbestimmung bei Friedrich und Baufeld die Unterscheidung zwischen literarischen Texten und sachbezogener Literatur keineswegs trennscharf, sondern sie ist als graduelle Differenzierung anhand dominanter Aspekte der einen und der anderen Textgruppe aufzufassen (vgl. Friedrich, Art. Fachprosa, S. 559; Baufeld, Art. Artesliteratur, S. 151). In diesem Sinne muss auch verstanden werden, dass im Folgenden von literarischen Texten auf der einen Seite und von nicht-literarischen, sachbezogenen Texten oder von Fachliteratur auf der anderen Seite die Rede ist. Dass die Bezeichnungen der Textgruppen nur eine stufenweise Unterscheidung der subsumierten Texte meinen kann, wird schon an der wissenspoetologischen Anlage dieser Untersuchung deutlich: Dabei kommt zum einen das im *Nibelungenlied* enthaltene Wissen in den Blick, und es geht zum anderen um die formalen und mithin literarischen Ele-

Wissenskonfigurationen des *Nibelungenlieds* noch die der nicht-literarischen Texte als fixiert oder als in sich abgeschlossen verstanden, sondern sie können gleichermaßen als diversifiziert und als dynamisch erfasst werden.

Ausgangspunkt der Analysen ist der literarische Text. Über die textimmanente Untersuchung hinaus werden mit dem medizinischen und juristischen Wissen zwei Wissensbereiche herangezogen, die auf je unterschiedliche Weise Parallelen zum *Nibelungenlied* aufweisen und die insbesondere zur Analyse der Szenen beitragen können, die Gewalthandlungen der Protagonistinnen schildern. Im Zentrum der Untersuchung stehen das Wissen der nibelungischen Welt sowie seine Korrespondenzen mit außerliterarischen Wissensbereichen. Ein Ziel der vorliegenden Studie ist das positivistisch[70] beschreibende Plausibilisieren derartiger Wissens-Korrelationen.[71] Die Untersuchung erhebt nicht den Anspruch, Wissensbereiche eines kulturellen Zusammenhangs erschöpfend zu behandeln. Sie verfolgt aber ausgehend vom literarischen Text einzelne Fäden, die das *Nibelungenlied* mit anderen Bereichen der zeitgenössischen Kultur verbinden und die es als Teil des kulturellen Gewebes erkennen lassen.

Das nibelungische Wissen wird zunächst anhand von Textanalysen rekonstruiert, um es in seiner Spezifik erfassen zu können. Daran anschließend werden Korrespondenzen mit außerliterarischen Konfigurationen von Wissen aufgewiesen. Dies geschieht so textnah wie möglich, um

mente von Texten, deren primäre Funktion die sachgerechte Wissensvermittlung ist.

70 Positivistisch meint im Sinne Foucaults die Bezugnahme auf Regelmäßigkeiten tatsächlich realisierter Aussagen (vgl. Foucault, Archäologie, S. 182).

71 Das Bemühen, konkrete Verknüpfungen zwischen literarischen und anderen Texten aufzuweisen und dabei die theoretischen Vorannahmen über die Verbindung verschiedener Wissensbereiche gezielt gering zu halten, unterscheidet den hier verfolgten Ansatz von dem Vorschlag, den Jan-Dirk Müller in seinem Buch zum arthurischen Roman, in *Höfische Kompromisse*, gemacht hat. Auch Müller geht es um die Verknüpfung von literarischen Texten mit dem zeitgenössischen kulturellen Zusammenhang (vgl. Müller, Jan-Dirk: Höfische Kompromisse. Acht Kapitel zur höfischen Epik, Tübingen 2007, S. 6–45). Sein an Cornelius Castoriadis anschließender Gedanke, nach den Mustern der Narrativierung und der kognitiven Verarbeitung zu fragen, die für das literarische wie für das kulturelle Imaginäre ähnlich verfasst seien, legt der Analyse literarischer Texte eine Konzeption zugrunde, deren historisch spezifische Geltung noch zu untersuchen ist (vgl. dazu Müller selbst: Kompromisse, S. 21 f.). Im Unterschied zu Müllers Rekonstruktion besagter Muster anhand literarischer Texte geht es in der vorliegenden Studie darum, konkrete Wissenskonstellationen aufzuweisen und die poetische Verfasstheit der unterschiedlichen Konfigurationen von Wissen zu beschreiben – im *Nibelungenlied* ebenso wie in der untersuchten Fachliteratur.

die Übereinstimmungen, aber auch die Differenzen des nibelungischen
Wissens und des Wissens der sachbezogenen Texte erfassen zu können.[72] In
einem ersten Schritt werden Parallelen von nibelungischem und außerliterarischem Wissen aufgezeigt. Sie erlauben es, die Analyse des literarischen
Textes in einem größeren kulturellen Zusammenhang zu verorten. Es lässt
sich zeigen, dass Problemkonstellationen, die den im *Nibelungenlied* geschilderten ähneln, synchron auch in anderen Texten zu finden sind.
Synchron meint den Zeitraum des gesamten 12. Jahrhunderts und der
ersten Hälfte des 13. Jahrhunderts. Im zweiten Schritt werden die Differenzen zwischen nibelungischen und nicht-literarischen Formen der
Darstellung medizinischen und juristischen Wissens berücksichtigt und
zum Thema gemacht. Das kann geschehen, indem die Art und Weise
beschrieben wird, in der das Wissen der nibelungischen Welt über außerliterarisches Wissen hinausgeht, indem es Widersprüche aufzeigt oder
Probleme zuspitzt. Insbesondere die Beschreibung von Rechtsproblemen
der nibelungischen Welt im zweiten Teil des Buches verfährt auf diese
Weise. Differenzen literarisch und außerliterarisch konfigurierten Wissens
können aber auch berücksichtigt werden, indem die unterschiedlichen
Darstellungsweisen der Denkfiguren vorgeführt werden, die in den untersuchten Texten begegnen. In diesem Sinne behandelt insbesondere der
erste Teil der Studie die Frage nach körperlichen Ähnlichkeiten und Differenzen der Geschlechter. Um die spezifische Art und Weise der Konfiguration von Wissen im *Nibelungenlied* beschreiben zu können, ist in
beiden Teilen dieser Untersuchung der Blick auf die syntagmatischen
Unstimmigkeiten des Textes von besonderer Bedeutung. Anhand der
Präsentation von Wissen kann die nibelungische Ästhetik syntagmatischer
Inkohärenzen ihr Komplexität generierendes Potential zeigen.

Das Verhältnis der Geschlechter der nibelungischen Welt, das zu Beginn des Textes eingeführt wird, bildet nicht nur den Ausgangspunkt der
wissenshistorischen Vorgehensweise, die in dieser Untersuchung verfolgt
wird. Auch die Themenbereiche, die im *Nibelungenlied* anhand der Ge-

---

72　Darin trifft sich die hier praktizierte Vorgehensweise mit Moritz Baßlers Entwurf
　　einer Text-Kontext-Theorie, die ebenfalls die Verknüpfung konkreter Texte in den
　　Mittelpunkt der Kulturanalyse stellt (vgl. Baßler, Moritz: Die kulturpoetische
　　Funktion und das Archiv. Eine literaturwissenschaftliche Text-Kontext-Theorie,
　　Tübingen 2005, insbes. S. 65 ff.). Baßlers Vorbehalte gegenüber den struktura-
　　listischen Implikationen von Foucaults Diskursarchäologie (vgl. Baßler, Funktion,
　　insbes. S. 95 ff.), die, auch wenn sie die Arbeit an Positivitäten postuliert, an
　　verschiedenen Stellen nach Formations*systemen* des Diskurses fragt, sind in meine
　　obige Rekonstruktion des Foucault'schen Wissensbegriffs bereits eingeflossen.

walthandlungen weiblicher Figuren verhandelt werden, nehmen in unterschiedlicher Weise auf Geschlechterverhältnisse Bezug. Die Frage nach Korrespondenzen zwischen dem *Nibelungenlied* und anderen Trägern von Wissen geht von der Analyse der Geschlechterverhältnisse der nibelungischen Welt aus und führt auch auf diese zurück. Die aufgerufenen Wissensbereiche lassen die Gewalthandlungen weiblicher Figuren aus je unterschiedlichen Perspektiven erscheinen. Indem die Szenen, die die Gewalthandlungen der Protagonistinnen darstellen, Korrespondenzen zu Medizin und Recht zeigen, schließen sie das *Nibelungenlied* an zwei sehr unterschiedliche Gebiete des zeitgenössischen Wissens an. Diese Wissensbereiche haben Teil an je eigenen Entwürfen von Geschlechterordnungen. Infolge dessen lässt die Verknüpfung des *Nibelungenlieds* mit diesen beiden Wissensbereichen unterschiedliche Aspekte des Geschehens und auch der geschilderten Geschlechterverhältnisse hervortreten. Das ist nicht nur dem Gegenstand geschuldet, sondern es ist auch Effekt des gewählten Analyseverfahrens. Aus der Perspektive der Geschlechterforschung eine wissenshistorische Verortung des *Nibelungenlieds* mit Blick auf zwei unterschiedliche Wissensbereiche vorzunehmen, muss bedeuten, mit verschiedenen Aspekten und Ausprägungen der nibelungischen Geschlechterordnung zu rechnen. Tatsächlich zeigt die Studie am Beispiel des *Nibelungenlieds*, dass die literaturwissenschaftliche Analyse von Relationen der Geschlechter, die unterschiedliche Dimensionen des zeitgenössischen Wissens berücksichtigt, zu einer Diversifizierung der Geschlechterverhältnisse führt, die der im literarischen Text imaginierten Welt eigen sind.

Der Gang der Analyse

Die Untersuchung beginnt mit einer Beschreibung der Geschlechterordnung, die die ersten Aventiuren des Textes anhand der Vorstellung von Kriemhild und Siegfried entwerfen. Dabei tritt die Semantik des Körperlichen im Allgemeinen hervor sowie im Besonderen die Bedeutung körperlicher Eigenschaften für die Bestimmung von Differenzen der Geschlechter. Physische Stärke sowie – damit verbunden – Kampffähigkeit und räumliche Mobilität erweisen sich als zentrale Kriterien, anhand derer in den ersten Aventiuren männliche und weibliche Figuren unterschieden werden. Diese Unterscheidungsmerkmale lassen die Szenen des Textes hervortreten, in denen sie suspendiert zu sein scheinen: die Kampfspiele mit Brünhild in Isenstein sowie die darauf folgenden Auseinandersetzungen in den Wormser Brautnächten und die Rache an Hagen, die Kriemhild am Schluss des Textes selbst vollzieht.

Die Analyse der Wettkämpfe in Isenstein zeigt, dass der Schilderung der physischen Stärke männlicher und weiblicher Figuren besondere Aufmerksamkeit zuteil wird und dass Zuschreibungen unterschiedlicher Quantitäten von Stärke auf sehr komplizierte Weise vorgenommen werden. Im Zuge der Kampfspiele wird die Kraft der weiblichen Figur auf die männlicher Figuren bezogen, und es werden Ähnlichkeiten der Körper beschrieben. Zugleich setzt der Text der Stärke Brünhilds auf unterschiedliche Weise Grenzen. Männliche und weibliche Körper werden in Bezug auf ihre physische Stärke nicht nur einander angenähert, sondern auch differenziert. Das Nebeneinander von Ähnlichkeiten und Differenzen männlicher und weiblicher Körper in Bezug auf Stärke korrespondiert mit den Ähnlichkeiten und Differenzen männlicher und weiblicher Körper, die in zeitgenössischen Texten der Medizin und Naturphilosophie beschrieben werden. Thema der medizinischen Texte ist jedoch nicht physische Kraft, sondern die Frage nach der Existenz, Beschaffenheit und Funktion des weiblichen Samens. Die Beantwortung der Frage, inwiefern das Verhältnis männlicher und weiblicher Körper, das in den Debatten um den weiblichen Samen entworfen wird, Parallelen zeigt zur Relationierung der Körper im Zuge der kämpferischen Auseinandersetzungen in Isenstein und in Worms, steht am Ende der Verknüpfung des *Nibelungenlieds* mit zeitgenössischem medizinischem Wissen.

Im zweiten Teil der Analyse zeigt sich dagegen, dass mit der Rache an Hagen, die Kriemhild schließlich eigenhändig nimmt, nicht Ähnlichkeiten männlicher und weiblicher Körper herausgestellt werden. Die Voraussetzungen der Kontrahenten sind völlig unterschiedlich: Während Hagen gefesselt ist, führt nur Kriemhild die Waffe, Siegfrieds Schwert. Die Beschreibung der Gewaltszene selbst macht deutlich, dass die Tötung Hagens nur als Abschluss der vorausgehenden Auseinandersetzungen zu verstehen ist, dass sie auf diese verweist. Die Gewalt einer weiblichen Figur wird hier nicht erzählt, um Ähnlichkeiten und Differenzen männlicher und weiblicher Körper zu thematisieren, sondern um Probleme von Rache und Fehde als Mittel der Herstellung von Recht zu schildern. Daher öffnet der zweite Teil der Analyse das *Nibelungenlied* auf rechtliche Regelungen hin. Insbesondere werden die Reglementierungen der Fehde in den Landfrieden des 12. und frühen 13. Jahrhunderts herangezogen, um Korrespondenzen mit den Rechtsregeln der nibelungischen Welt aufzuweisen. Als weitere außerliterarische Referenz dient der *Sachsenspiegel*. Aus der Perspektive der Fehdereglementierung der Landfrieden wird deutlich, dass Gewalthandlungen im *Nibelungenlied* nicht durchweg die soziale Ordnung zerstören und jenseits jeglicher Regelhaftigkeit stehen, sondern dass sie durchaus bestimmten Vorgaben folgen, die das Verhalten der Kontrahenten formalisieren. Die Verknüpfung mit zeitgenössischen Rechtstexten lässt Ansätze zu einer Ordnung der Gewalt hervortreten.

Darüber hinaus wird deutlich, dass auch noch weitere Themen, die in zeitgenössischen Rechtstexten behandelt werden oder solche, die im Nachhinein als ihnen inhärente Probleme erscheinen, im zweiten Teil des *Nibelungenlieds* verarbeitet werden. Hier geht es um die Frage, wie angesichts mehrerer Beteiligter ein Schuldiger festgestellt werden kann. Als problematisch erweist sich außerdem die Position des Richters, denn Figuren, die sie einnehmen könnten, sind stets in der einen oder anderen Weise in die Auseinandersetzungen involviert. Des Weiteren geht es um die Mechanismen der Eskalation der Gewalt, um die Grenzen der Äquivalenz vergeltender Gewalthandlungen und um die Möglichkeiten eines materiellen Ausgleichs. Schließlich wird auch bei der Bestimmung der Schuld einer Figur im Rahmen der zeitgenössischen Möglichkeiten thematisiert, wie die Tatumstände auf der Seite des Täters zu würdigen sind. Indem die außergewöhnliche Situation, dass eine weibliche Figur Rache sucht für die Ermordung ihres Ehemanns, den Ausgangspunkt der weiteren Ereignisse bildet, ist die Geschlechterspezifik des Geschehens konstitutiv für sämtliche Fragen des Rechts, die anhand dieser Konstellation der Erzählung entfaltet werden. Im Zuge der Darstellung der Rechtsprobleme selbst spielt die Kategorie Geschlecht eine je unterschiedliche Rolle.

II. Brünhilds Kraft. Zur Relationierung körperlicher Eigenschaften der Geschlechter im *Nibelungenlied* und in medizinischen Texten

Die ersten Aventiuren des *Nibelungenlieds* geben bereits entscheidende Hinweise auf die Geschlechterordnung der fiktionalen Welt. Sie lassen erkennen, dass physische Stärke als zentrales Kriterium geschlechterspezifischer Differenz angesehen wird. Der Text thematisiert Geschlechterverhältnisse also nicht nur als Machtverhältnisse der imaginierten Gesellschaft, sondern er zeigt darüber hinaus schon zu Beginn die körperlichen Eigenschaften auf, die mit der sozialen Ordnung der Geschlechter einhergehen. Im Zuge der Brautwerbung um Brünhild in den Aventiuren sechs und sieben wird dann das Merkmal außer Kraft gesetzt, das der Text als bedeutende Eigenschaft eingeführt hat, um zwischen männlichen und weiblichen Figuren zu unterscheiden: Es werden Ähnlichkeiten männlicher und weiblicher Figuren in Bezug auf Kraft und Kampffähigkeit erprobt. Die Ähnlichkeitsbeziehungen stehen jedoch nicht allein und bleiben auch nicht widerspruchsfrei, sondern sie werden mit Differenzsetzungen verbunden und münden schließlich – mit der zweiten Überwindung Brünhilds im Wormser Brautgemach – in den Verlust der Kraft der weiblichen Figur und damit in die neuerliche körperliche Unterscheidung der Geschlechter anhand des Attributs der Stärke.

Die Untersuchung folgt der Sukzession des Textes, um verschiedene Phasen der Darstellung körperlicher Relationen der Geschlechter erfassen zu können. Zunächst werden die körperlichen Eigenschaften männlicher und weiblicher Figuren in den ersten Aventiuren des *Nibelungenlieds* herausgearbeitet (Abschnitt „Schön und stark"). Diese werden dann in den Zusammenhang der zentralen Bedeutung gestellt, die dem Begriff *lîp* durchweg für die Charakterisierung von Figuren im *Nibelungenlied* zukommt, und es werden die semantischen Dimensionen analysiert, die das Wort in diesem Text umfassen kann (Abschnitt *„Lîp"*). Vor diesem Hintergrund untersuchen zwei zentrale Abschnitte dieses Teils der Studie ausführlich die Darstellung der Stärke männlicher und weiblicher Körper bei den Kampfspielen in Isenstein. Die Kapitel „Ähnliche Körper" und „Geschlechterdifferenzen der Stärke" machen die Übereinstimmungen männlicher und weiblicher Körper deutlich, und sie analysieren auch die Hinweise des Textes auf physische Unterschiede. Der zweiten Überwindung Brünhilds im Wormser Brautgemach, bei der Brünhild ihre Stärke schließlich verliert, ist ein eigener Abschnitt gewidmet („Die Normalisierung Brünhilds"). Nach diesem Durchgang durch die Charakterisierung der physischen Stärke männlicher und weiblicher Figuren anhand der Darstellung ihres Handelns und anhand der Zuweisung von Attributen wechselt die Untersuchung die Perspektive und fragt nach der Beschreibung der Protagonistin Brünhild durch Kommentare der Erzählinstanz und der Figuren („*Tiuveles wîp*").

Dass das *Nibelungenlied* die Frage nach Ähnlichkeiten und Differenzen männlicher und weiblicher Körper erkundet, weist es – so meine Argumentation weiter – nicht als singulären Text aus. In historisch-zeitgenössischen medizinischen und naturphilosophischen Texten werden anhand der Frage nach Existenz, Beschaffenheit und Funktion weiblichen Samens ebenfalls körperliche Ähnlichkeiten und Differenzen der Geschlechter beschrieben. Der vorletzte Abschnitt („Weiblicher Samen") dieses ersten Teils der Untersuchung stellt die Argumentation einiger dieser Texte vor und analysiert das Neben- und Ineinander von Ähnlichkeits- und Differenzbeziehungen, die sie entfalten. Im abschließenden Abschnitt („Korrespondenzen") werden die Parallelen und Unterschiede des *Nibelungenlieds* und der medizinischen Texte bei der Bestimmung geschlechterspezifischer Differenzen von körperlichen Eigenschaften herausgearbeitet.

Die Untersuchungen körperlicher Verhältnisse der Geschlechter, die das Zentrum der Analysen im ersten Teil des Buches bilden, schließen an Forschungen zu Konzeptionen von Körpern und von Körperlichkeit in der mittelalterlichen Literatur und Kultur an, die in den vergangenen Jahren stark ausgeweitet und ausdifferenziert worden sind.[73] Insbesondere neh-

---

73 Von den zahlreichen Forschungen zu Körperlichkeit in mittelalterlicher Literatur und Kultur sei hier nur eine Auswahl jüngerer Publikationen genannt: LeGoff, Jacques und Nicolas Truong: Die Geschichte des Körpers im Mittelalter, Stuttgart 2007; Kellermann, Karina (Hg.): Der Körper. Realpräsenz und symbolische Ordnung, Berlin 2003 (= Das Mittelalter. Perspektiven mediävistischer Forschung 8); Ridder, Klaus und Otto Langer (Hg.): Körperinszenierungen in mittelalterlicher Literatur. Kolloquium am Zentrum für interdisziplinäre Forschung der Universität Bielefeld (18. bis 20. März 1999), Berlin 2002; sowie Wolfzettel, Friedrich (Hg.): Körperkonzepte im arthurischen Roman, Tübingen 2007. Zur Geschlechterforschung zum Körper und zu körperlichen Differenzen der Geschlechter vgl. aus der Fülle der Untersuchungen die Sammelbände Bennewitz,

men meine Betrachtungen grundsätzliche theoretische Überlegungen zum Thema Körper auf, die die Debatten und Studien der Geschlechterforschung seit Beginn der 1990er Jahre prägen: Die Körper der Geschlechter und die Art und Weise, wie sie aufeinander bezogen werden, gelten spätestens seit dieser Zeit nicht mehr als unwandelbar und materiell gegeben, sondern es wird davon ausgegangen, dass sie von kulturell und historisch spezifischen Ordnungsmustern, Codes oder diskursiven Formationen durchzogen sind, die erst die Voraussetzungen dafür schaffen, dass und auf welche Weise Körper im Hinblick auf ihr Geschlecht wahrgenommen werden. Es sind diese Codes oder Regelmäßigkeiten, die Gruppen von Aussagen eines kulturellen und zeitlichen Zusammenhangs gemeinsam sind, die Körper in ihrer Geschlechtlichkeit erkennbar, klassifizierbar und intelligibel machen.[74] Zu untersuchen, wie die diskursiven Regelmäßig-

---

Ingrid und Helmut Tervooren (Hg.): „Manlîchiu wîp, wîplîch man". Zur Konstruktion der Kategorien „Körper" und „Geschlecht" in der deutschen Literatur des Mittelalters, Berlin 1999 sowie Bennewitz, Ingrid und Ingrid Kasten (Hg.): Genderdiskurse und Körperbilder im Mittelalter. Eine Bilanzierung nach Butler und Laqueur, Hamburg 2001. Von den genannten Positionen weist der folgende Teil meiner Untersuchung große Nähe zu dem Programm auf, das Ridder und Langer für die Erforschung der Körperdarstellungen in der höfischen Literatur um 1200 formulieren: als „elementare Voraussetzung für weiterführende Überlegungen zur Rolle des Körpers in mittelalterlicher Literatur" sehen sie die „systematische Erfassung und differenzierte Analyse der gattungs- und typenspezifischen Körperdarstellungen" an sowie die Untersuchung von Verbindungen zwischen theologischen, medizinischen und juristischen Diskursen mit literarischen Texten (Ridder, Klaus und Otto Langer: Vorwort, in: Dies. (Hg.): Körperinszenierungen in mittelalterlicher Literatur. Kolloquium am Zentrum für interdisziplinäre Forschung der Universität Bielefeld (18. bis 20. März 1999), Berlin 2002, S. 9–11, hier S. 9 f.). Im Sinne des eingeführten Wissensbegriffs stehen im folgenden ersten Teil dieses Buches die sprachliche Verfasstheit von Körperdarstellungen in einem literarischen Text und in medizinischen Traktaten sowie deren Korrespondenzen im Zentrum des Interesses; die „symbolische Funktion" von Körperdarstellungen, die der von Kellermann herausgegebene Zeitschriftenband untersucht (vgl. Kellermann, Karina: Der Körper. Realpräsenz und symbolische Ordnung. Eine Einleitung, in: Das Mittelalter. Perspektiven mediävistischer Forschung 8 (2003), S. 3–8, hier S. 5 f.), tritt, bedingt durch die wissenspoetologische Perspektive meiner Untersuchung, dahinter zurück.

74 Vgl. grundlegend Butler, Judith: Das Unbehagen der Geschlechter, aus dem Amerikanischen v. Kathrina Menke, Frankfurt am Main 1991; Butler, Judith: Körper von Gewicht. Die diskursiven Grenzen des Geschlechts, aus dem Amerikanischen v. Karin Wördemann, Frankfurt am Main 1997; sowie die Forschungsüberblicke aus der Perspektive der Mediävistik bei Bennewitz, Ingrid: Zur Konstruktion von Körper und Geschlecht in der Literatur des Mittelalters, in: Dies. und Ingrid Kasten (Hg.): Genderdiskurse und Körperbilder im Mittelalter.

keiten im Einzelnen gestaltet sind, ist seitdem ein zentraler Gegenstand der Geschlechterforschung. Die folgenden Analysen leisten dazu einen Beitrag. Sie wenden sich der Thematik aus wissenspoetologischer Perspektive zu, d. h. sie fragen nach der spezifischen sprachlichen Darstellungsweise der Körper männlicher und weiblicher Figuren in einem literarischen Text sowie körperlicher Eigenschaften männlicher und weiblicher Lebewesen in medizinischen Fachtexten. Dazu arbeiten sie zunächst die sprachlichen Muster heraus, die der Darstellung männlicher und weiblicher Körper im *Nibelungenlied* eigen sind, um sie dann mit historisch-zeitgenössischen sachbezogenen Schriften zu konfrontieren und schließlich mit Hilfe dieser Gegenüberstellung weiter zu konturieren.

Schön und stark. Differenzen der Körper in der nibelungischen Ordnung der Geschlechter

Im Zuge der Vorstellung des Personals werden in den ersten beiden Aventiuren des *Nibelungenlieds* Kriemhild und Siegfried besonders herausgehoben, indem komplementär von ihrer Jugend berichtet wird. Die Eigenschaften, mit denen beide Figuren bei dieser Gelegenheit ausgestattet werden, enthalten den ersten Entwurf einer Ordnung der Geschlechter für die Welt des *Nibelungenlieds.* Es zeigt sich, dass körperliche Charakteristika der adeligen jungen Frau und des adeligen jungen Mannes einen bedeutenden Teil der Schilderung in den ersten beiden Aventiuren ausmachen. Bereits hier deutet sich an, dass Geschlechterverhältnisse in der nibelungischen Welt keineswegs statisch sind, denn die Vorstellungen Kriemhilds und Siegfrieds betonen den Entwicklungsprozess der Figuren. Der komplizierte und ausgedehnte Gang der Handlung und das zahlreiche Personal sorgen im weiteren Verlauf des Textes dafür, dass immer neue Schilderungen von Figuren und von Figurenkonstellationen die anfänglich ein-

---

Eine Bilanzierung nach Butler und Laqueur, Hamburg 2001, S. 1–10, hier S. 1 ff.; sowie bei Klinger, Judith: Gender-Theorien. Ältere deutsche Literatur, in: Benthien, Claudia und Hans Rudolf Velten (Hg.): Germanistik als Kulturwissenschaft. Eine Einführung in neue Theoriekonzepte, Reinbek bei Hamburg 2002, S. 267–297, hier S. 267 ff., S. 282 ff. Für den Begriff der kulturellen Intelligibilität vgl. Butler, Unbehagen, S. 38; sowie dies., Körper, S. 22, S. 37. Die Mechanismen der kulturell spezifischen Konstruktion von Körpern zu untersuchen, bedeutet im Umkehrschluss nicht, Körper auf Textualität zu reduzieren; für die Auseinandersetzung mit diesem Vorwurf vgl. Butlers Ausführungen in der Einleitung zu *Körper von Gewicht.*

geführten Konzeptionen der Geschlechter und der Geschlechterverhältnisse ergänzen und modifizieren.[75] Eine Rekonstruktion der nibelungischen Ordnung der Geschlechter anhand der ersten beiden Aventiuren kann also nur vorläufig und unvollständig sein.

Die berühmte und oben bereits zitierte erste Strophe des *Nibelungenlieds* stellt die Mühen der Krieger heraus und kündigt an, dass im Folgenden von ihren Auseinandersetzungen die Rede sein wird. Der Blick scheint also zunächst auf die männlichen Figuren gerichtet zu sein. Strophe zwei setzt dann ein mit der Beschreibung der jungen Kriemhild im Herrschaftsbereich der Burgunden:

> Ez wuohs in Burgonden ein vil edel magedîn,
> daz in allen landen niht schœners mohte sîn,
> Kriemhilt geheizen: si wart ein scœne wîp.
> dar umbe muosen degene vil verliesen den lîp. (2)

Der Hinweis auf den Tod von Kriegern, der im Zusammenhang stehe mit ihrer Schönheit, deutet voraus und verknüpft die folgende knappe Schilderung von Kriemhilds Jugend mit der Eingangsstrophe. Schönheit ist die zentrale Eigenschaft der Figur, die neben ihrer vornehmen Herkunft ("edel magedîn" (2,1)) bei ihrer ersten Erwähnung gleich zweimal genannt wird: Kriemhild übertreffe derzeit bereits die Frauen aller Länder an Schönheit (2,2), und sie werde sich zu einer schönen Frau entwickeln (2,3). In der Gegenwart wie in der Zukunft ist Schönheit damit das dominierende Merkmal Kriemhilds. Von den ersten Aventiuren an wird das Epitheton „scœne" der Figur kontinuierlich beigegeben.[76]

---

75 Geschlechterverhältnisse der nibelungischen Welt werden im Folgenden vor allem anhand der Schilderung von Figuren und von Figurenrelationen analysiert. Berücksichtigt werden dabei Figurencharakterisierungen durch die Erzählinstanz (etwa durch Epitheta, Schilderungen des Handelns und explizite Kommentare) sowie durch die Figuren selbst (insbesondere durch Fremd-, aber auch durch Selbstbeschreibungen). Dass Figuren, die in einem literarischen Text dargestellt werden, in Analogie zu Personen rezipiert werden können, spielt für meine Untersuchung keine Rolle; vielmehr hält sich die Analyse eng an die literarischen Mittel, mit deren Hilfe Figuren geschildert werden, und macht damit ihren Status als textuelle Konstruktionen immer wieder präsent. Zur Figurenanalyse als Ausgangspunkt einer gender-orientierten Erzähltextforschung vgl. Gymnich, Marion: Konzepte literarischer Figuren und Figurencharakterisierung, in: Nünning, Vera und Ansgar Nünning (Hg.): Erzähltextanalyse und Gender Studies, Stuttgart und Weimar 2004, S. 122–142, hier S. 122 ff.

76 Laubscher und – ihr folgend – Freche haben herausgestellt, dass die Nennung des Attributs *schœne* im ersten Teil des *Nibelungenlieds* rein numerisch die aller anderen Eigenschaften Kriemhilds, auch die des vornehmen Standes, übertrifft; vgl.

Als zentrales Charakteristikum der Figur bringt die Schönheit weitere Eigenschaften Kriemhilds an ihrem Körper zur Anschauung.[77] Bereits bei Kriemhilds Einführung zeigt der Text, dass Schönheit auf andere Merkmale hinweist: „âne mâzen schœne sô was ir *edel* lîp [Hervorhebung T. R.]" (3,3). Schönheit ist hier unmittelbar verknüpft mit dem vornehmen Stand (vgl. außerdem 2,1) und mit der Tugendhaftigkeit der Figur (3,4), an der sich andere Frauen ein Beispiel nehmen sollen.[78] Des Weiteren löst

---

Laubscher, Annemarie: Die Entwicklung des Frauenbildes im mittelhochdeutschen Heldenepos, Diss. Würzburg 1954, S. 14 ff. und Freche, Katharina: „Von zweier vrouwen bâgen wart vil manic helt verlorn". Untersuchungen zur Geschlechterkonstruktion in der mittelalterlichen Nibelungendichtung, Trier 1999, S. 130. Für die Erwähnung des Epithetons in den ersten Aventiuren vgl. „ein sœniu meit" (44,2), „Kriemhilt diu sœne" (225,2), „diu sœne Kriemhilt" (262,2), „der sœnen Kriemhilde" (299,2), „der sœnen" (301,4), „das sœne kint" (303,1) und „die sœnen Kriemhilden" (323,4); vgl. zudem die zahlreichen Epitheta Kriemhilds in Aventiure sechs: Bei den Absprachen Siegfrieds und Gunthers über die Brautwerbung heißt sie „die sœne[] Kriemhilde" (333,3) und die „sœne[]" (334,4); auch bei den Vorbereitungen der Reise nach Isenstein ist sie „diu sœne Kriemhilt" (353,4) und „daz sœne magedîn" (375,4; 388,2).

77 Zur Semantik des Begriffs, der stets über die Beschreibung einer physischen Eigenschaft hinausweist und im Sinne der antiken Kalokagathie ethische Aspekte impliziert, vgl. Benecke, Georg Friedrich, Wilhelm Müller und Friedrich Zarncke: Mittelhochdeutsches Wörterbuch (= BMZ). 3 Bde., Nachdruck der Ausgabe Leipzig 1854–1866 mit einem Vorwort und einem zusammengefaßten Quellenverzeichnis v. Eberhard Nellmann sowie einem alphabetischen Index v. Erwin Koller, Werner Wegstein und Norbert Richard Wolf, Stuttgart 1990, Bd. II,2, S. 191 ff. und Lexer, Matthias: Mittelhochdeutsches Handwörterbuch. 3 Bde., Nachdruck der Ausgabe Leipzig 1872–1878, mit einer Einleitung v. Kurt Gärtner, Stuttgart 1992, Bd. II, Sp. 768 f. Zur Schönheit als Anschaubarkeit des Wahren und Guten in der mittelalterlichen Philosophie vgl. Assunto, Rosario: Die Theorie des Schönen im Mittelalter, übs. aus dem Italienischen und Lateinischen v. Christa Baumgarth, Köln 1963, S. 39 f.; zur Kalokagathie in der Antike vgl. Bubner, Rüdiger: Art. Kalokagathia. I, in: Ritter, Joachim und Karlfried Gründer (Hg.): Historisches Wörterbuch der Philosophie. Bd. 4, Darmstadt 1976, S. 682.

78 Schönheit wird hier anderen Eigenschaften der Figur beigeordnet, ohne dass ausdrücklich ein Verhältnis der Signifikation oder Veranschaulichung dieser Eigenschaften durch Schönheit angezeigt wird, wie es in der höfischen Epik häufig der Fall ist (vgl. Haupt, Barbara: Der schöne Körper in der höfischen Epik, in: Ridder, Klaus und Otto Langer (Hg.): Körperinszenierungen in mittelalterlicher Literatur. Kolloquium am Zentrum für interdisziplinäre Forschung der Universität Bielefeld (18. bis 20. März 1999), Berlin 2002, S. 47–73, hier S. 50 f.). Auch in der höfischen Epik zieht Schönheit jedoch nicht notwendig tugendhaftes Verhalten nach sich, sondern die enge Verbindung beider Eigenschaften kann aufgelöst werden (vgl. Ehrismann, Otfrid: Ehre und Mut, Aventiure und Minne. Höfische Wortgeschichten aus dem Mittelalter, München 1995, S. 191).

Kriemhilds Schönheit aus, dass männliche Figuren sich zu Kriemhild hingezogen fühlen (3,2); sie qualifiziert also nicht nur die Figur in körperlicher, ständischer und moralischer Hinsicht, sondern sie ruft auch heterosexuelles Begehren hervor und zieht in der fiktionalen Welt Interaktionen der Geschlechter nach sich. Diese wiederum werden nicht nur durch das Betrachten des schönen Körpers herbeigeführt, sondern es ist außerdem möglich, die Schönheit einer Frau als sprachlich codierte Nachricht zu vernehmen, die entfernt von ihr an unterschiedlichen Orten zirkulieren kann.[79] Es ist der Bericht von Kriemhilds Schönheit, der Siegfrieds Brautwerbung auslöst (44,2–3; 45,1; 48,4–49,2).[80] Die Wahrnehmung der Schönheit einer weiblichen Figur und die Effekte, die sie auf das Handeln anderer hat, sind also nicht an körperliche Präsenz gebunden.[81]

---

79 Auch wenn Siegfrieds Liebe zu Kriemhild in räumlicher Distanz entsteht, dient diese Konstellation nicht dazu, die sinnliche Dimension der Beziehung als wenig bedeutsam darzustellen; zum Motiv der Fernliebe, das in zeitgenössischen Liebeskonzeptionen häufig besondere Tugendhaftigkeit ausdrückt, vgl. Schnell, Rüdiger: „Causa amoris". Liebeskonzeption und Liebesdarstellung in der mittelalterlichen Literatur, Bern und München 1985, S. 275 ff.

80 Ebenso gehen der Brautwerbung um Brünhild in Isenstein Berichte voraus, in denen unter anderem von ihrer Schönheit die Rede ist (326,3; 328,3; 329,3).

81 Kriemhilds Körper ist – bereits innerhalb der erzählten Handlung – sprachlich vermittelt. Damit deutet die Szene darauf hin, dass Körper ebenso sowie die gestischen Handlungen, die mit ihnen vollzogen werden können, in mittelalterlichen literarischen Texten nicht einfach in ihrer Präsenz gegeben sind und von sprachlichen Zeichensystemen vollständig unterschieden werden müssen (für ein solches Verständnis vgl. Philipowski, Silke: Geste und Inszenierung. Wahrheit und Lesbarkeit von Körpern im höfischen Epos, in: Beiträge zur Geschichte der deutschen Sprache und Literatur 122 (2000), H. 3, S. 455–477); vielmehr zeigen die Berichte über Kriemhilds Schönheit, dass die sprachliche Schilderung den Körper präsent macht und dass diese Präsenz hier ausdrücklich sprachlich konstituiert ist. Darüber hinaus sind Philipowskis Einwände gegen die aktuelle Forschung zur Signifikanz des Körpers in mittelalterlicher Literatur und Kultur sicher dahingehend zutreffend, dass nicht jede körperliche Handlung lesbar ist, dass körperliche Handlungen nicht grundsätzlich als auf Lesbarkeit intendiert aufzufassen sind und dass sie – selbst wenn als solche intendiert – in ihrer Bedeutung niemals vollständig kontrolliert werden können. Dennoch können Körper, zumal in der Präsentation in mittelalterlichen literarischen Texten, als Zeichen und damit als bedeutsam aufgefasst werden. Auf die Bedeutung der Beobachtung – im Unterschied zur absichtsvollen oder gar vollständig steuerbaren Inszenierung – für die Konzeptualisierung der Lesbarkeit von Körperzeichen hat Müller in seiner Kritik an Philipowskis Vorschlag hingewiesen (Müller, Jan-Dirk: Visualität, Geste, Schrift. Zu einem neuen Untersuchungsfeld der Mediävistik, in: Zeitschrift für deutsche Philologie 122 (2003), S. 118–132, hier S. 123).

In der Erzählung von Kriemhilds Falkentraum, die die erste Aventiure abschließt (13–19), wird die Bedeutung des zukünftigen Geliebten und Ehemannes für Kriemhilds Lebensgeschichte reflektiert. Über den Effekt, den die Verbindung mit einem Mann auf ihre Schönheit haben wird, sind die Aussagen unterschiedlich. Auf die Deutung der Mutter,[82] dass es sich bei dem Falken um Kriemhilds zukünftigen Geliebten handele (14,3–4), reagiert die Tochter ablehnend. Sie will auf die *minne* eines Ritters verzichten, um in ihrer Folge kein Leid erfahren zu müssen (15,2–4). In der gegenwärtigen Situation, die sie als ungetrübt von Liebesschmerz versteht, beschreibt sie sich als schön: „sus scœn' ich wil belîben unz an mînen tôt" (15,3). Schönheit ist hier also Ausdruck emotionaler Unversehrtheit. Diese zeigt sich am Körper und kann, so behauptet Kriemhild, nur erhalten werden, indem emotionale Bindungen an Männer unterbleiben. Ihre Mutter Uote setzt dagegen, dass ein Glückszustand im Diesseits nur durch die Liebe eines Mannes erreicht werden könne (16,2–3). Die Zuneigung eines Mannes wird so zum einzigen Weg überhöht, auf dem für eine junge Frau irdisches Glück zu erlangen ist. Uote fügt hinzu:

> ‚[…] du wirst ein scœne wîp,
> ob dir noch got gefüeget eins rehte guoten riters lîp.' (16,3–4)

Der Zustand der schönen (Ehe-)Frau sei nicht durch die Ablehnung der Nähe zu einem Mann, sondern umgekehrt nur mit dessen Hilfe zu erreichen. „scœne wîp" bezeichnet die Identität der erwachsenen Frau, die als Ziel von Kriemhilds Entwicklung schon eingangs genannt worden ist (2,3).[83] Außerdem kann mit „wîp" die Ehefrau im Unterschied zur unverheirateten Frau gemeint sein, womit hier erstmals artikuliert wäre, dass es sich bei der Verbindung von Kriemhild zu ihrem Geliebten um eine Ehe handeln wird.[84] Der Mann, der sie lieben wird, ist in seiner Körperlichkeit angesprochen. Die Vokabel „lîp" kann im *Nibelungenlied* nicht nur die Physis, sondern auch die Identität einer Figur insgesamt bezeichnen – darauf komme ich im nächsten Abschnitt zurück.[85] Durch die Spezifika-

---

82 Bennewitz hat auf die Nähe von Mutter und Tochter im *Nibelungenlied* hingewiesen und auf die Aufgabe der Erziehung junger weiblicher Adeliger, die Herrscherinnen in der nibelungischen Welt zukomme, wie insbesondere das Beispiel Helches zeigt (etwa 1194–1195); vgl. Bennewitz, Puech, S. 46 f.

83 In der Gegenwart des erzählten Geschehens heißt Kriemhild dagegen „magedîn" (2,1), „meid[]" (3,1) und „juncvrouwe[]" (3,4).

84 Zur Semantik von *wîp* vgl. BMZ III, S. 717–719 und Lexer III, Sp. 922 f.

85 Der Begriff der Identität, der in einem sehr allgemeinen Sinne die Identifizierbarkeit einer Person durch andere oder durch diese selbst meint (vgl. Müller,

tion des Ritters in leiblicher Hinsicht – nicht einfach nur ein Ritter, sondern der „lîp" eines Ritters werde Kriemhild zu einer schönen Frau machen – tritt hervor, dass die körperliche Dimension der Verbindung von Bedeutung ist für die Identität einer schönen (Ehe-)Frau.[86] Kriemhild reagiert erneut ablehnend (17,1 – 18,3), schließlich aber, so wird lapidar ergänzt, sei sie die Frau („wîp") eines mutigen Kriegers geworden (18,4).

Kompromisse, S. 226), wird hier und im Folgenden für Figuren des literarischen Textes verwendet. Dabei gilt grundsätzlich, dass die Identität einer Figur immer schon Funktion narrativer Strukturen ist (vgl. dazu Warning, Rainer: Formen narrativer Identitätskonstruktion im Höfischen Roman, in: Marquard, Odo und Karlheinz Stierle (Hg.): Identität, München 1979, S. 553 – 589; sowie die Bestimmung narrativer Identität bei Klinger, Judith: Der mißratene Ritter. Konzeptionen von Identität im Prosa-Lancelot, München 2001, S. 20). Identitäten, die in narrativen Texten konstituiert werden, stehen mit den Vorstellungen von personaler Identität des kulturellen Zusammenhangs, dem sie zugehören, in Verbindung und haben Teil an ihren historischen Wandlungsprozessen. Im Unterschied zur neuzeitlichen Vorstellung von Identität, die durch ein hohes Maß an Unabhängigkeit der Personen von den sozialen Gruppen gekennzeichnet ist, an denen sie partizipieren oder partizipieren können, sind Subjekte in mittelalterlichen Kontexten in eine präexistente Ordnung eingebunden, die zunächst als ständische und darüber hinaus als metaphysische gedacht wird (vgl. zum zweiten Aspekt Pannenberg, Wolfhart: Person und Subjekt, in: Marquard, Odo und Karlheinz Stierle (Hg.): Identität, München 1979, S. 407 – 422, hier S. 412). Niklas Luhmann hat für die spezifisch vormoderne Konstitution von Identitäten durch die Zugehörigkeit zu einer gesellschaftlichen Gruppe den Begriff der Inklusionsidentität geprägt (vgl. Luhmann, Niklas: Individuum, Individualität, Individualismus, in: Ders.: Gesellschaftsstruktur und Semantik. Studien zur Wissenssoziologie der modernen Gesellschaft. Bd. 3, Frankfurt am Main 1989, S. 149 – 258; Hahn, Alois: „Partizipative" Identitäten, in: Ders.: Konstruktionen des Selbst, der Welt und der Geschichte. Aufsätze zur Kultursoziologie, Frankfurt am Main 2000, S. 13 – 79; sowie zusammenfassend Müller, Kompromisse, S. 225 ff.). Da vormoderne Identitäten in hohem Maße von der Zugehörigkeit zu einer sozialen oder theologischen Ordnung abhängen, ist es, um sie beschreiben zu können, notwendig, die Eigenschaften zu erfassen, welche die Inklusion in diesen Kontext ermöglichen. Das gilt auch für die Identität von Figuren, die in narrativen Texten entworfen werden. Hier ist jedoch mit heterogenen Identitäten zu rechnen oder mit Subjekten, die beim Fortschreiten der Erzählung auf unterschiedliche Weise in Frage gestellt werden (vgl. Klinger, Ritter, S. 29 f.; Müller, Spielregeln, S. 243 ff.; sowie für die höfische Epik Müller, Kompromisse S. 229 ff.; Warning betont dagegen für den höfischen Roman die strukturell grundlegende lineare Entwicklung des Protagonisten (Warning, Identitätskonstitution, S. 561 ff., S. 568 f.)).

86 Dass die emotionale Verbindung Siegfrieds und Kriemhilds in einer Rhetorik der Körperlichkeit beschrieben wird, zeigt sich im *Nibelungenlied* an zahlreichen Stellen. Vgl. auch das Kapitel „Schuldzuweisungen", s. u., insbes. S. 317 ff.

Auch wenn die Figur die Ablehnung der *minne* formuliert, wird der Gang der Handlung, so greift die Erzählinstanz vor, ganz andere Fakten schaffen.[87] Trotz der ablehnenden Haltung der jugendlichen Kriemhild werden sich schließlich auch in ihrer Lebensgeschichte die Vorstellungen von der Liebe zu einem Mann sowie von ihrer Bedeutung für weibliche Identität durchsetzen, die ihre Mutter vertritt. Der Text deutet anhand des didaktischen Gesprächs mit einer jungen Protagonistin an, dass der Verlauf der erzählten Ereignisse Absichten und Bestrebungen einzelner Figuren übersteigen wird.

Dem Falkentraum geht die Vorstellung des Personenverbandes voraus, in den Kriemhild in Worms eingebunden ist (4–12). Auch hier werden durch die Beschreibung des Verhältnisses von weiblichen und männlichen Figuren geschlechterspezifische Aspekte ihrer Identität deutlich gemacht. Dies geschieht zunächst in Bezug auf die Machtverhältnisse der Figuren: Kriemhild steht in Worms unter der Vormundschaft ihrer drei Brüder (4).[88] Zudem gibt die rühmende Beschreibung der Ritter Auskunft über die Attribute, die männlichen Figuren im *Nibelungenlied* zugeschrieben werden. Die Vorstellung der drei Brüder beginnt mit ihrer vornehmen ständischen Position und mit ihren höfischen Tugenden. Sie sind „edel unde rîch" (4,1) sowie „milte, von arde hôhe erborn" (5,1). Sie werden aber auch mehrfach mit Begriffen bezeichnet, die ihre ritterliche Kampfesfähigkeit anzeigen. Es sind „recken lobelîch" (4,2) und „degen" (4,3), die „mit kraft unmâzen küene" (5,2) ausgestattet sind und die später im Lande Etzels „starkiu wunder" tun werden (5,4). Ihre Tüchtigkeit im Kampf wird unter anderem mit dem Begriff „kraft" beschrieben, der auch die Macht der Burgunden meinen kann, an dieser Stelle in Verbindung mit ihrer Kühnheit und mit dem Hinweis auf die Wundertaten im Lande Etzels

---

87   Str. 46 wiederholt die ablehnende Haltung Kriemhilds und die Vorwegnahme des weiteren Geschehens durch den Erzähler.

88   Vgl. auch Jönsson, Genderentwürfe, S. 77. Grenzler hat darauf hingewiesen, dass die Beschreibung des Wormser Herrschaftsverbandes zur Charakterisierung Kriemhilds beiträgt (vgl. Grenzler, Thomas: Erotisierte Politik – politisierte Erotik? Die politisch-ständische Begründung der Ehe-Minne in Wolframs Willehalm, im Nibelungenlied und in der Kudrun, Göppingen 1992, S. 168). Seine Beobachtung, dass „Schönheit und militärische Gewalt" Kriemhild auszeichnen, ist jedoch nur im Sinne einer allgemeinen Charakteristik ihrer vornehmen Stellung und des herrschaftlichen Umfelds, in dem sie aufwächst und das dem Siegfrieds entspricht, zutreffend. Die konkrete Handlungsfähigkeit der Figur in der fiktionalen Welt erfasst Grenzler mit dieser Formulierung nicht und auch nicht die geschlechterspezifischen Machtdifferenzen, die bereits bei der Vorstellung Kriemhilds zum Ausdruck kommen.

aber als Erwähnung ihrer physischen Stärke zu verstehen ist.[89] Ausdrücklich wird die physische Stärke der Ritter und ihre Tauglichkeit zum Kampf bei der Beschreibung des Gefolges der Burgunden erwähnt:

> [...] in wâren undertân
> ouch die besten recken, von den man hât gesaget,
> starc und vil küene, in scarpfen strîten unverzaget. (8,2–3)

Die zweite Aventiure führt Siegfried ein. Seine Jugendgeschichte weist einige Parallelen zur Beschreibung Kriemhilds auf. Vor allem aber treten Unterschiede bei der Schilderung der Entwicklung der Figuren hervor. Sie verstärken die Differenzen in der Konzeption der Geschlechter, die sich in der ersten Aventiure bereits gezeigt haben. Siegfrieds Vorstellung beginnt mit seinen Eltern sowie mit dem Herrschaftsraum, in dem der junge Mann aufwächst (20). Darauf folgt eine Beschreibung seiner Fähigkeit zu kämpfen. Er wird „der snelle degen guot" genannt (21,1), zeichnet sich also nicht nur durch seine Tauglichkeit als Krieger aus, sondern hat sich mit diesem Können in der nibelungischen Welt bereits einen Namen gemacht. Der Ruf, der Siegfried vorauseilt, umfasst mit „snelle" bereits eine der Fähigkeiten, die seine Tauglichkeit zum Kampf einschließt.[90] Weitere sind der „ellenhafte[] muot" (21,2) und des „lîbes sterke" (21,3). Das kriegerische Können Siegfrieds wird hier also ausdrücklich mit der Stärke seines Körpers in Verbindung gebracht.[91] Außerdem wird Stärke als Grundlage

---

89   Nach Lexer I, Sp. 1701 f. und BMZ I, S. 870 f. bezeichnet *kraft* neben großer Anzahl oder Menge die Kraft im konkreten (körperlichen) Sinne, oftmals verbunden mit physischer Gewalt, aber auch im Sinne von Fähigkeit und Macht. In Aventiure eins scheinen die folgenden beiden Erwähnungen des Begriffs *kraft* eher Macht als physische Stärke oder Gewalt zu meinen. In 6,1 folgt auf die Erwähnung der „kraft" der Burgunden-Herrscher der Hinweis, dass ihnen eine große Zahl von Rittern diene; statt physischer Selbstdurchsetzung ist hier also die Herrschaft über Gefolge gemeint, die auf Dienst basiert. In 12,1 wird mit der doppelten Erwähnung des Begriffs „kraft" ebenfalls die Machtposition der Burgunden beschrieben. Da die „kraft" zudem auf das ritterliche Verhalten der burgundischen Könige bezogen wird, sind möglicherweise auch hier neben höfischen Tugenden Kampfesfähigkeit und physische Stärke mit angesprochen (12,2–3).

90   Im wörtlichen Sinn meint der häufig als Beiwort von heldenhaften Figuren und zur Bezeichnung ihrer generellen Streitbarkeit verwendete Begriff die Eigenschaften „schnell, rasch, behende"; vgl. Lexer II, Sp. 1029; BMZ II,2, S. 445.

91   Stärke wird auch von Müller als zentrale Eigenschaft Siegfrieds und als Grundlage des von der Figur repräsentierten Herrschaftsmodells beschrieben. Vgl. Müller, Sîvrit, S. 92 ff.; Müller, Spielregeln, S. 170 ff.; vgl. auch Czerwinski, Peter: Das Nibelungenlied. Widersprüche höfischer Gewaltreglementierung, in: Frey, Winfried u. a.: Einführung in die deutsche Literatur des 12. bis 16. Jahrhunderts.

der Mobilität Siegfrieds in der nibelungischen Welt beschrieben: „durch
sînes lîbes sterke er reit in menegiu lant" (21,3). Die kriegerische Fähigkeit
wird auf Reisen in andere Länder erprobt und bewiesen. In diesem Zusammenhang stellt der Text eine Verbindung zu den Burgunden her:
Siegfried, der als „der snelle degen guot" eingeführt ist (21,1), werde
„snelle [] degene" (21,4), also ihm ebenbürtige Krieger, bei den Burgunden
finden. Der zweiten Aventiure gemäß gilt Tauglichkeit zum Kampf in
Xanten wie in Worms als zentrales Charakteristikum männlicher Figuren.
Diese geht in der nibelungischen Welt, wie die Vorstellung Siegfrieds zeigt,
mit der Zuschreibung einer entscheidenden körperlichen Eigenschaft
einher: mit physischer Kraft.

Im Weiteren schildert die zweite Aventiure Siegfrieds Eigenschaften als
junger Mann und seine Entwicklung. Die „êre", die er repräsentiere und die
ihm zuteil werde, wachse (22,3), und sein Körper sei von besonderer

---

Bd. 1, Opladen 1979, S. 49–87, hier S. 54. Stärke gilt außerdem als eines der
Hauptmerkmale des Helden in Heldensage und -epos. Nach Hoffmann – der
damit Bowra, Cecil Maurice: Heldendichtung. Eine vergleichende Phänomeno-
logie der heroischen Poesie aller Völker und Zeiten, Stuttgart 1964 folgt – ist der
Held eine Figur von besonderen Fähigkeiten auch in physischer Hinsicht (vgl.
Hoffmann, Werner: Mittelhochdeutsche Heldendichtung, Berlin 1974, S. 26).
Die besondere Körperlichkeit und Kampftauglichkeit des Helden stellen heraus:
Kerth, Sonja: Versehrte Körper – vernarbte Seelen. Konstruktionen kriegerischer
Männlichkeit in der späten Heldendichtung, in: Zeitschrift für Germanistik, N. F.
12 (2002), H. 2, S. 262–274, hier S. 263 und Miklautsch, Lydia: Müde Männer-
Mythen. Muster heroischer Männlichkeit in der Heldendichtung, in: Ebenbauer,
Alfred und Johannes Keller (Hg.): 8. Pöchlarner Heldenliedgespräch. Das Nibe-
lungenlied und die Europäische Heldendichtung, Wien 2006, S. 241–260, hier
S. 246. Haug weist darauf hin, dass Heldensagen die Erfahrungen von Ge-
schichtlichkeit und Gewalt, als deren Ausdruck er Heldensagen versteht, sehr oft
am Körper umsetzen (vgl. Haug, Walter: Die Grausamkeit der Heldensage. Neue
gattungstheoretische Überlegungen zur heroischen Dichtung [1994], in: Ders.:
Brechungen auf dem Weg zur Individualität. Kleine Schriften zur Literatur des
Mittelalters, Tübingen 1995, S. 72–90, hier S. 87). Mir geht es hier – wie sich im
Folgenden noch genauer zeigen wird – nicht um die Erläuterung und Typisierung
einzelner Figuren des *Nibelungenlieds* mit Rückgriff auf möglicherweise bekanntes
Sagenwissen – also etwa um die Identifizierung Siegfrieds als vorzeitlicher Held –,
sondern um die Analyse von Zuschreibungen, die der Text an eine Reihe männlicher Figuren vornimmt und um die Frage, anhand welcher Eigenschaften sie von
weiblichen Figuren unterschieden werden. Dass Stärke im *Nibelungenlied* nicht
nur Siegfried charakterisiert, beobachtet auch Müller: „Diese [= die Stärke]
zeichnet aber nicht nur einen Heros wie Sîvrit aus, sondern in Abstufungen alle
Akteure des Epos" (Müller, Spielregeln, S. 237).

Schönheit: „und wie sœne was sîn lîp" (22,3).[92] Die Schönheit führt dazu,
dass er die emotionale, insbesondere die erotische Aufmerksamkeit von
Frauen auf sich zieht (22,4). Ähnlich wie schon bei der Einführung
Kriemhilds beobachtet, zeigt sich auch hier, dass das schöne Äußere he-
terosexuelles Begehren auslöst. Nach Siegfrieds Aufnahme in die Gesell-
schaft des Hofes wird erwähnt, dass die dort Anwesenden ihn gerne in ihrer
Nähe sehen (24,2); nicht nur die Frauen des Hofes fühlen sich also, wie der
Text Siegfrieds Wirkung weiter spezifiziert, von ihm angezogen (24,2–4).
Auch wenn hier erneut die erotische und heterosexuelle Dimension der
Attraktivität Siegfrieds betont wird, die sich an seinem Äußeren („sâhen"
(24,2)) festmacht, so hinterlässt Siegfried doch nicht nur bei den weiblichen Mitgliedern des Hofes einen guten Eindruck. Die Wirkung seines
Auftretens kann nicht auf das (heterosexuelle) Begehren weiblicher Figuren
beschränkt werden, sondern zieht auch andere Formen, Siegfrieds Anwesenheit zu wünschen, nach sich. Nun wird auch erwähnt, dass Siegfrieds
Eltern ihn mit schmückender Kleidung ausstatten (25,2) und dass er von
Weisen erzogen wird (25,3). Die Kleidung steht hier für eine enge Verbindung von höfischer Kultiviertheit und äußerlicher Attraktivität nicht
nur des Körpers im engeren Sinne, sondern der gesamten Erscheinung der
Figur. Offenkundig geht die Entwicklung der – nicht ausschließlich körperlichen – Schönheit des jungen Mannes einher mit seiner Ausbildung für
das Auftreten und Verhalten am Hof.[93] Es wird viel Mühe auf die Erziehung Siegfrieds verwandt (23,1), und auch er selbst bildet die eigene
Tugendhaftigkeit zunehmend aus (23,2). Ziel dieses Prozesses ist nicht nur,
dass der junge Mann Tauglichkeit für eine bestimmte Rolle innerhalb des
Sozialverbandes erlangt, sondern dass er darüber hinaus diesen Verband
mit seiner Identität als junger Herrscher, die Schönheit und Tugendhaftigkeit verbindet, repräsentieren kann:[94]

---

92 Nach Haupt wird in der höfischen Epik um 1200 Schönheit durchaus auch
    männlichen Figuren zugeschrieben, die detaillierte Beschreibung der Schönheit
    aber ist bei weiblichen Figuren sehr viel häufiger zu finden; vgl. Haupt, Schöne
    Körper, S. 58 f. Bei der Einführung Kriemhilds im *Nibelungenlied* fehlt jedoch die
    genaue Schilderung der weiblichen Schönheit.
93 Grenzler stellt das Nebeneinander von Siegfrieds Tauglichkeit für Kampf und
    Herrschaft und von seiner Tauglichkeit zur Minne heraus (vgl. Grenzler, Politik,
    S. 144). Zur Ausbildung des Körpers als Teil des höfischen Erziehungsprogramms
    vgl. grundlegend Bumke, Joachim: Höfische Körper – Höfische Kultur, in:
    Heinzle, Joachim (Hg.): Modernes Mittelalter. Neue Bilder einer populären
    Epoche, Frankfurt am Main und Leipzig 1994, S. 67–102.
94 Zur Repräsentation des Personenverbandes und seiner Ordnung durch den
    Herrscher und dessen Handeln vgl. Wenzel, Horst: Repräsentation und schöner

des wurden sît gezieret sînes vater lant,
daz man in ze allen dingen sô rehte hêrlîchen vant. (23,3–4)

Siegfrieds Schönheit wird auch in den folgenden Passagen wiederholt angesprochen. Nach der abgewendeten Konfrontation am Ende der dritten Aventiure löst auch am Burgundenhof das Betrachten Siegfrieds die Affektion weiblicher Figuren aus (135). Nach dem erfolgreichen Zug gegen Sachsen und Dänen hebt Strophe 286 die Schönheit Siegfrieds hervor. Er erscheint wie gemalt („sam er entworfen wære an ein permint" (286,2)); die Ansehnlichkeit seines Erscheinungsbildes rühre von der Kunstfertigkeit eines Meisters her. In Bezug auf das schöne Äußere übertreffe Siegfried alle anderen Helden (286,4). Wie zuvor schon bei Kriemhild beobachtet, ist auch die Wahrnehmung der Schönheit Siegfrieds nicht von der unvermittelten Anschauung abhängig, sondern die Worte, er ähnele einer Malerei, gehören zu seinem Ruf („alsô man im jach" (286,3)). Dass das Wissen von der Figur und infolgedessen ein (Wieder-)Erkennen, dass es sich um Siegfried handelt, nicht davon abhängig ist, ob eine andere Figur Siegfried bereits gesehen hat – ob dieser sich also körperlich präsentiert hat –, wird auch anhand der Identifizierung durch Hagen bei Siegfrieds Ankunft am Wormser Hof deutlich (86). Hagen weist darauf hin, Siegfried noch nicht gesehen zu haben (86,2). Dennoch ist er der festen Überzeugung, ihn erkennen zu können (86,3–4).

Ein weiterer Aspekt der Darstellung von Siegfrieds Körper zeigt Ähnlichkeiten zur Schilderung Kriemhilds: die Sichtbarkeit emotionaler Regungen am Körper. Diese wird zwar im *Nibelungenlied* nicht ausdrücklich als Facette des schönen Körpers verstanden, ist jedoch in den volkssprachlichen Epen um 1200 sehr häufig mit dem Ideal körperlicher Schönheit verknüpft.[95] Auf den Bericht über den erfolgreichen Kampf

---

Schein am Hof und in der höfischen Literatur, in: Ragotzky, Hedda und Horst Wenzel (Hg.): Höfische Repräsentation. Das Zeremoniell und die Zeichen, Tübingen 1990, S. 171–208, insbes. S. 176 ff. Zum Herrschaftsmodell, das auf sinnlicher Präsenz des Herrschers basiert und dem ein Repräsentationsmodell zugrunde liegt, bei dem Repräsentierendes und Repräsentiertes eng verbunden sind, vgl. auch Haferland, Harald: Höfische Interaktion. Interpretationen zur höfischen Epik und Didaktik um 1200, München 1989, S. 73 ff. Dass Repräsentierendes und Repräsentiertes einander angenähert werden, meint jedoch keineswegs, dass zwischen beidem nicht unterschieden werden kann (vgl. Haferland, Interaktion, S. 80 f.).

95 Natürlichkeit gehört zu den Schönheitsidealen der höfischen Literatur um 1200; vgl. Haupt, Schöne Körper, S. 51 ff. Zur Wiederentdeckung der Haut als Ausdrucksfläche innerer Empfindungen seit dem 18. Jahrhundert vgl. Benthien,

Siegfrieds gegen Sachsen und Dänen reagiert Kriemhild, indem sie „rôsenrôt" wird (241,1). Die Veränderung der Farbe des Gesichts drückt eine emotionale Regung aus, mit der die Figur offenbar die Nachrichten über den insgeheim geliebten jungen Mann beantwortet. Mehrfach stellt der Text dar, dass sich auch die Farbe von Siegfrieds Körper verändert. Als Gunther ihn zu den „stæten vriwenden" zählt, denen man von seiner Not berichten solle, wird Siegfried – vermutlich weil ihm die Ehre der Freundschaft des Königs der Burgunden zuteil geworden ist – „bleich unde rôt" (155,3–4). Erneut nimmt er beide Farben an, als er daran denkt, Kriemhild auch am Burgundenhof möglicherweise nicht näher kommen zu können (285,4). Als er Kriemhild schließlich gegenübertritt, wird er rot („do erzunde sich sîn varwe" (292,2)), und ebenso reagiert sein Körper, als Kriemhild erklärt, dem Wunsch Gunthers zu entsprechen und Siegfried zum Mann nehmen zu wollen (614,1). Schließlich markiert auch der Bote Gere in seinem Bericht über die Einladung Siegfrieds und Kriemhilds nach Worms die emotionale Bewegung beider mit dem Hinweis auf den Wechsel ihrer Gesichtsfarbe (770,1–2). Siegfrieds Körper ist also nicht nur als schöner Körper ebenso Ausdruck besonderer körperlicher Eigenschaften wie eines herausgehobenen tugendhaften Verhaltens; er zeigt nicht nur Charakteristika an, die Siegfried letztlich in die Lage versetzen, den Xantener Herrschaftsverband angemessen zu repräsentieren, sondern der Körper ist zugleich Garant für die unverstellte Emotionalität der Figur.[96] Spontane, ungefilterte Reaktionen von weiblichen und von männlichen Figuren werden an der Oberfläche des Körpers zum Ausdruck gebracht.

In Aventiure zwei markieren körperliche Eigenschaften Siegfrieds die Entwicklungsstufen der Figur und gehen mit Veränderungen seines Verhaltens in der Gruppe einher, in der er sich bewegt. Als er eine bestimmte physische Größe erreicht hat, beginnt er an der Hofgesellschaft teilzunehmen (24,1). Seine Bewegungsfreiheit, sein Ausreiten, wird in dieser Phase noch genau überwacht (25,1); er wird gut gekleidet und von Weisen erzogen, mit dem Ziel, einmal die Herrschaft über Land und Leute zu übernehmen (25,2–4). Ein bestimmtes Maß an körperlicher Stärke erlangt zu haben, markiert den nächsten Entwicklungsschritt: „Nu was er in der sterke, daz er wol wâfen truoc" (26,1). Die Fähigkeit, mit der Waffe richtig umzugehen, führt dazu, dass Siegfried beginnt, sich um Frauen zu be-

---

Claudia: Haut. Literaturgeschichte – Körperbilder – Grenzdiskurse, 2. Auflage, Reinbek bei Hamburg 2001, S. 118 ff.

96 Dass dies nicht nur für das *Nibelungenlied*, sondern auch für andere höfische Texte um 1200 gilt, hat Haupt dargestellt (Schöne Körper, S. 54).

mühen (26,3), und dass sein Vater Siegmund zum Schwertleit-Fest einlädt (27,1–2). Zusammen mit anderen soll Siegfried den Titel des Ritters erhalten und aus diesem Anlass das Schwert übergeben bekommen (28; 31,4 und 33,3–4).[97] Es folgen ein festliches Turnier (34–36), ein Festmahl (37–38), die Vergabe von Lehen durch Siegfried (39) sowie großzügige Gaben an die Gäste, bei denen sich insbesondere Siegfrieds Mutter Sieglind hervortut (40–41). Ergebnis des Festes ist die Grundlegung einer zukünftigen führenden Position Siegfrieds in der Hierarchie des Personenverbandes, denn die Mächtigen des Landes bekunden abschließend, Siegfried zu einem ihrer Herrscher bestimmen zu wollen (42,2–3). Die Identität Siegfrieds als Ritter – in kriegerischer wie in erotischer Hinsicht – und als Anwärter auf die Herrschaft innerhalb des sozialen Verbandes in Xanten wird also in der Erzählung über seine Jugend von seiner Fähigkeit zu kämpfen und vom Erreichen eines bestimmten Maßes an physischer Kraft abhängig gemacht. Physische Stärke allein und die Fähigkeit, mit dem Schwert umzugehen, machen ihn jedoch noch nicht zum Ritter, sondern die zweite Aventiure zeigt, dass diese Position innerhalb des Sozialverbandes in einer formalisierten Handlung vor Publikum verliehen wird. Zeichen der Einführung des jungen Mannes in die ritterliche Stellung ist das Schwert. Auch die Handlungen, die zur Position des erwachsenen ritterlichen Mannes führen, betonen damit die Fähigkeit zu kämpfen als seine zentrale Eigenschaft. Das ritterliche Charakteristikum der Kampffähigkeit ist jedoch nicht allein ein physisches, sondern in ihm sind physische Stärke, die Einübung in den Umgang mit der Waffe und die Verleihung der sozialen Position des Ritters in einer gemeinschaftlichen festlichen Handlung miteinander verbunden.

In den folgenden Aventiuren bestimmt Stärke Siegfrieds Reputation.[98] Sie findet sich wiederholt unter den Epitheta, mit denen er bezeichnet wird,[99] und sie wird auch in der Erzählung Hagens über die Taten seiner

---

97 Zur Bedeutung der Schwertleite für die Entwicklung des jungen Adligen – für seine Einführung in den Kreis der erwachsenen Ritter sowie für seine Befähigung zu selbständigem Handeln – und zu den Begriffen, mit denen dieser Wandel ausgedrückt wird, vgl. Bumke, Joachim: Höfische Kultur. Literatur und Gesellschaft im hohen Mittelalter, 7. Auflage, München 1994, S. 318 ff.

98 Siegfrieds Kraft ist Voraussetzung dafür, dass er dem agonalen Verhaltensmuster folgen kann, welches auf den Gewinn der symbolischen Ressource Ehre angelegt ist (vgl. dazu Haferland, Interaktion, S. 28 ff.).

99 Siegfried heißt in den Aventiuren drei bis fünf beispielsweise „der kreftige man" (122,1 und 215,3), „der vil starke" (177,2) und „der starke Sîvrit" (322,1).

Jugend mehrfach herausgestellt.[100] Hagen schildert nicht nur Siegfrieds
Taten, sondern mit der Tarnkappe (97,3) und der unverletzbaren Haut
(100,3–4) auch die Hilfsmittel und körperlichen Besonderheiten
Siegfrieds, die seine Kampfkraft als außergewöhnlich herausstellen. Zum
Einsatz im Kampf kommen beide hier allerdings noch nicht. Während die
Wirkung von Siegfrieds Bad im Drachenblut am Schluss von Hagens
Erzählung genannt wird (100,3–4), muss die Erläuterung des die
Kampfkraft verstärkenden Effekts der Tarnkappe noch bis zur Schilderung
der Vorbereitungen der Brautwerbungsfahrt nach Isenstein warten (336–
338). Die in der Erzählung Hagens nachgelieferte Jugendgeschichte
Siegfrieds in Verbindung mit seiner im weiteren Verlauf der dritten
Aventiure geschilderten Herausforderung der Burgunden zum Kampf
(110; 113–114) hat Interpretierende immer wieder dazu geführt, ihn als
Helden aus einer vergangenen Zeit zu identifizieren und Verhalten sowie
Herrschaftsmodell, nach dem sich die Handlungen der Figur richten, von
denen der Burgunden zu unterscheiden. Müller hat in einem frühen
Aufsatz die Begründung, mit der die Burgunden Siegfrieds Forderung zum
Zweikampf zurückweisen (112; 115), als Ausdruck einer Konzeption
traditionaler Herrschaft – mit den Worten Max Webers im Unterschied zur
charismatischen Herrschaft, für die Siegfrieds Verhalten stehe – verstanden.[101] Da sie ihre Herrschaft von vorausgehenden Generationen übernommen haben, und sie ihnen daher rechtmäßig eigen sei (112,2;
115,3–4), haben die Burgunden es nicht nötig, so deutet Müller die Szene,
Herrschaftsanspruch und -fähigkeit im Kampf unter Beweis zu stellen. Die
Handlungslogik, der das Verhalten der Akteure in dieser Situation folgt,

---

100　Hagen berichtet von Siegfrieds Kampf mit den Nibelungen und führt ihn als
　　denjenigen ein, der Wundertaten „mit sîner grôzen krefte" vollbracht habe (87,4);
　　auch Alberich habe „die grôzen sterke" des Xanteners festgestellt, als er die Ni-
　　belungen habe rächen wollen (96,4); Siegfrieds Stärke unterscheide ihn von an-
　　deren Kriegern: „alsô grôzer krefte nie mêr recke gewan" (99,4); zum Abschluss
　　seiner Ausführungen formuliert Hagen ein weiteres Mal, dass Siegfried „mit sîner
　　krefte" außergewöhnliche Handlungen („wunder") verrichtet habe (101,4).
101　Vgl. Müller, Sîvrit, S. 95 ff. Zur Differenzierung der Herrschaftsmodelle vgl.
　　außerdem Czerwinski, Widersprüche, S. 53 ff.; Gottzmann, Heldendichtung,
　　S. 21 ff. Müller hat sich inzwischen von der im Sîvrit-Aufsatz vertretenen Position
　　distanziert, die Darstellung unterschiedlicher Herrschaftsmodelle im Nibelun-
　　genlied sei mit einem realgeschichtlichen Konflikt zwischen Ministerialität und
　　altem Adel in Verbindung zu bringen. Dass im Nibelungenlied unterschiedliche
　　Formen der Herrschaftslegitimation gegeneinander gestellt werden, leitet seine
　　Deutung aber auch in den Spielregeln für den Untergang (vgl. Müller, Spielregeln,
　　S. 170 ff.).

wird mit der Orientierung an unterschiedlichen Formen der Herrschaftslegitimation plausibel gefasst. Auch wenn die Unterscheidung der Herrschaftsmodelle einleuchtet, auf die das Verhalten Siegfrieds und das der Burgunden in der dritten Aventiure hindeuten, so scheinen sie doch nicht trennscharf voneinander abgrenzbar zu sein. Darüber hinaus gehen sie nicht in alternativen Konzeptionen männlichen Verhaltens auf.[102] Die Begründung, mit der die Burgunden Siegfrieds Herausforderung ablehnen, lässt zwar eine andere Herrschaftslegitimation erkennen als sie Siegfrieds Handeln zugrunde liegt; nichts desto trotz weist der Text darauf hin, dass das Verhaltensmuster der kämpferischen Selbstdurchsetzung auch für die Burgunden gilt. Siegfried gibt an, dem Wormser Hof eile der Ruf voraus, dass es dort „die küenesten recken" gebe (107,3); insbesondere den König selbst zeichne ein Maß an Kampfkraft aus, das die anderer Herrscher übertreffe:

,Ouch hœre ich iu selben der degenheite jehen,
daz man künec deheinen küener habe gesehen.' (108,1–2)

Aber nicht nur Siegfrieds Äußerungen, sondern auch die der Burgundenkönige selbst geben zu erkennen, dass Kampffähigkeit ein Verhaltensmuster zu sein scheint, an dem auch ihr Verhalten orientiert ist. Auf die Herausforderung Siegfrieds antwortet Gunther:

,Wie het ich daz verdienet', sprach Gunther der degen,
,des mîn vater lange mit êren hât gepflegen,
daz wir daz solden vliesen von iemannes kraft?
wir liezen übele schînen, daz wir ouch pflegen riterschaft.' (112)

Der letzte Vers macht deutlich, dass ein Handeln im Sinne der Ansprüche, die an Ritter gestellt werden, die Burgunden dazu führen müsste, den gewaltsamen Verlust des Landes nicht zuzulassen. Auch wenn Gunther schon hier darauf hinweist, dass seine Herrschaft vom Vater auf ihn gekommen ist, hält er doch auch die kämpferische Verteidigung dieser Herrschaft für möglich und für ein Verhalten, das von den Burgunden als

---

102 Miklautsch hat die Männlichkeitskonzepte Siegfrieds und der Burgunden als unterschiedlich beschrieben und Siegfried mit der Formel vom heroischen Protagonisten in einer höfischen Welt zu fassen versucht; entgegen dieser deutlichen Differenzierung von Männlichkeitskonzepten, die anhand unterschiedlicher Figuren zum Ausdruck komme, räumt sie jedoch selbst ein, dass mit der Tötung Siegfrieds „Heroismus" nicht aus dem Text verschwinde (vgl. Miklautsch, Männer-Mythen, S. 254 ff.).

Rittern erwartet wird.[103] Die Darstellung der Burgunden in den ersten Aventiuren zeigt damit, dass Stärke und Kampfkraft Siegfried nicht generell von anderen männlichen Figuren unterscheiden, sondern dass auch sie dem Anspruch, diese Eigenschaften zu verkörpern, genügen müssen.[104]

---

103 Weil die Ursache nicht explizit gemacht wird, von der die hypothetisch erwogene Folge abhängt (der entsprechende konditionale Nebensatz fehlt), ist der Satz „wir liezen übele schîn, daz wir ouch pflegen riterschaft" unterschiedlich übersetzt worden. Müller paraphrasiert: „Sie [= die Herrschaft] im Zweikampf aufs Spiel zu setzen, entspräche nicht rechter Ritterschaft". In dieser Lesart wird Ritterschaft zum Ideal des kampfvermeidenden Verhaltens und das Handeln, das dem mangelhaften Nachweis von Ritterschaft vorausginge, wäre das Eintreten in den Zweikampf. Grosse dagegen übersetzt: „Wenn wir dies zuließen, wären wir klägliche Ritter" (Nibelungenlied, übs. v. Grosse, S. 41). Bei Brackert heißt es: „Wir würden damit ja zugeben, daß wir keine wahren Ritter sind" (Nibelungenlied, übs. v. Brackert, Bd. 1, S. 29). In beiden Fällen verweist das Demonstrativum auf den im vorhergehenden Vers erwähnten Verlust der Herrschaft („daz wir daz solden vliesen von iemannes kraft"), den es nach diesen Übersetzungen durch ritterliches Verhalten zu verhindern gelte. Als Bedingung für womöglich bevorstehendes unritterliches Verhalten den Verlust der Herrschaft im Kampf anzunehmen, erscheint mir anhand der möglichen grammatischen Bezüge, die der Text liefert, eher plausibel zu sein als Müllers Verständnis von Ritterschaft als gewaltvermeidendes Handeln. Vgl. außerdem die Deutung der Stelle bei Ehrismann, Otfrid: „Ich bin ouch ein recke und solde krône tragen". Siegfried, Gunther und die Spielregeln der Politik im Mittelalter, in: Schmidt, Jürgen Erich, Karin Cieslik und Gisela Ros (Hg.): Ethische und ästhetische Komponenten des sprachlichen Kunstwerks, Göppingen 1999, S. 61–80, hier S. 67.

104 Müller betont selbst, dass der Anspruch an den Herrscher, sich durch Kampftauglichkeit zu legitimieren, auch in Worms gestellt wird. Er belegt diese Einschätzung damit, dass Gunther sein Land gegen Sachsen und Dänen verteidigen muss und dass diese fälschlich annehmen, nicht Siegfried, der Gunther als Heerführer vertritt, sondern Gernot, also einer der Burgunden-Herrscher, habe Liudegast gefangen genommen (vgl. 209,3–4; sowie Müller, Spielregeln, S. 176 f.). Bereits im *Sîvrit*-Aufsatz weist Müller zudem darauf hin, dass die Selbstdurchsetzung des Herrschers im Kampf in der sozialen Realität (wie sie die historische Forschung rekonstruiert) sowie in anderen literarischen Texten der Zeit kein außergewöhnliches Verhalten darstellt; vielmehr unterscheide sich das *Nibelungenlied* von der zeitgenössischen höfischen Epik gerade dadurch, dass hier „Kampfbereitschaft und kriegerische Tüchtigkeit allein nicht" zählten (vgl. Müller, Sîvrit, S. 91 ff., S. 105). Voorwinden hat darauf aufmerksam gemacht, dass im *Nibelungenlied* nicht nur die Herrschaft in Isenstein, sondern auch die im Land der Nibelungen (96; 99; 500,3) und die Liudegasts (189,1–2) mit der Durchsetzung im Kampf legitimiert werde (vgl. Voorwinden, Norbert: „Ich bin ouch ein recke und solde krône tragen". Zur Legitimation der Herrschaft in der mittelalterlichen Heldendichtung, in: Ebenbauer, Alfred und Johannes Keller (Hg.): 8. Pöchlarner

Dieser Befund ist auch damit nicht zu bestreiten, dass in der von Hagen erzählten Jugendgeschichte Siegfrieds dessen *exzeptionelle* Stellung als kampffähiger junger Mann in der Welt des *Nibelungenlieds* angelegt ist. Es handelt sich vielmehr um Attribute, die grundsätzlich alle männlichen Figuren der nibelungischen Welt auszeichnen.[105] Dass sich zwischen ihnen graduelle Differenzen feststellen lassen, wird damit nicht ausgeschlossen.[106]

Siegfrieds Stärke findet sich nicht nur als Erzählung über die Taten seiner Jugend, sondern der Text zeigt zudem, wie Siegfried seine Kampfesfähigkeit handelnd unter Beweis stellt. Nach der abgewendeten Konfrontation mit den Burgunden in Aventiure drei, die unter anderem auch dem Nachweis seiner kämpferischen Selbstdurchsetzung dienen sollte (59,1–2; 109–110), führt er seine außerordentlich große Kraft beim Turnier vor:

> sô was er ie der beste, swes man dâ began,
> des enkund' im gevolgen niemen, sô michel was sîn kraft. (130,2–3)

Ebenso demonstriert er bei den Kämpfen mit Sachsen und Dänen in der vierten Aventiure seine Kampfkraft und wird dabei vom Gefolge der Burgunden wahrgenommen:

Heldenliedgespräch. Das Nibelungenlied und die Europäische Heldendichtung, Wien 2006, S. 275–294, hier S. 281).

105 Aus der Perspektive auf den Entwicklungsprozess junger Adliger unterscheidet auch Scheuble nicht zwischen den Männlichkeitskonzeptionen Siegfrieds und der Burgunden (Scheuble, Robert: „Mannes manheit, vrouwen meister“. Männliche Sozialisation und Formen der Gewalt gegen Frauen im Nibelungenlied und in Wolframs von Eschenbach Parzival, Frankfurt am Main 2005, S. 119). Zur Gewaltdemonstration als zentralem Element der Selbstdefinition des höfischen Ritters vgl. Friedrich, Zähmung, S. 165, S. 178.

106 Neben der Unterscheidung der Männlichkeitskonzeptionen Siegfrieds und der Burgunden müssten auch die internen Differenzen innerhalb des burgundischen Personenverbandes im Detail analysiert werden. Die Einschätzung der Forschung, dass König Gunther im Unterschied zu Siegfried und zu Gunthers eigenem Gefolge die Eigenschaft der Stärke fehle (vgl. etwa Gottzmann, Heldendichtung, S. 22 ff. sowie – mit Einschränkung auf den ersten Handlungsteil – Herweg, Mathias und Sonja Kerth: „Kuning uuigsalig“ – „armer künec“? Herrschaft und Kriegertum in mittelalterlichen Texten, in: Literaturwissenschaftliches Jahrbuch 47 (2006), S. 9–56, hier S. 36 ff.), wird durch die Zuschreibungen von Attributen an die Figuren in den ersten Aventiuren des Textes nicht bestätigt. Dagegen spricht insbesondere – wie oben bereits zitiert –, dass Siegfried von einem im Kampf erprobten („küene[n]“) Herrscher in Worms gehört hat (108,2). Das Verhalten Gunthers – etwa dass er auf einen Vorschlag Siegfrieds an dem Zug gegen Sachsen und Dänen nicht teilnimmt (174,3) – deutet allerdings darauf hin, dass die Figur gewaltsame Auseinandersetzungen meidet.

sam wâren sîne [= König Gunthers] mâge, die heten daz gesehen,
waz von sînen [= Siegfrieds] kreften in dem strîte was gescehen. (259,3–4)

Die Einführung Kriemhilds und Siegfrieds in den ersten beiden Aventiuren
lässt Parallelen bei der Darstellung der Geschlechter hervortreten. Sie ermöglicht es aber auch, Eigenschaften zu identifizieren, anhand derer in der
nibelungischen Welt eine Differenzierung der Geschlechter vorgenommen
wird. Die Einbindung Siegfrieds in den Xantener Personenverband, die
Erwähnung von „huote" (25,1) und Erziehung (23,1; 25,3) korrespondieren mit dem Hinweis auf die Vormundschaft von Kriemhilds Brüdern
(4) und auf die Belehrung durch ihre Mutter Uote (13–17). Beide Figuren
durchlaufen einen Prozess der Aufnahme als vollwertige Mitglieder in ihren
sozialen Verband. Geschlechterspezifisch unterschieden werden die Art
und Weise der Erziehung und die soziale Position, auf die beide Figuren
vorbereitet werden. Teil der Vorstellung von Kriemhild und Siegfried ist
zudem die Beschreibung ihrer körperlichen Eigenschaften. Auch bei der
Darstellung der Körper der Protagonisten zeigen sich Merkmale, die beiden Geschlechtern zugeschrieben werden. Offenkundig korrespondieren
die Schilderungen des attraktiven Äußeren von Kriemhild und Siegfried
(2,2–3; 3,1–3; 22,3–4). Auch wenn Schönheit Kriemhild in erster Linie
auszeichnet, Siegfried dagegen nur unter anderen Attributen, so ist doch
die Zuschreibung der Schönheit an beide Geschlechter offenkundig. Die
Entgegensetzung von schönem weiblichem und starkem männlichem
Körper greift für die nibelungischen Verhältnisse also zu kurz.[107] Die Fähigkeit zu kämpfen jedoch und insbesondere die physische Stärke erscheinen als körperliche Charakteristika ausschließlich männlicher Figuren, und ihre Anwesenheit oder Abwesenheit ist damit – zumindest in den
ersten Aventiuren des *Nibelungenlieds* – zentral für die Markierung geschlechterspezifischer Differenzen.[108]

---

107 Vgl. für diese Position: Czerwinski, Widersprüche, S. 55. Im weiteren Verlauf des
    Textes wird nicht nur Siegfried als schön beschrieben, sondern auch andere
    männliche Figuren erhalten dieses Attribut, beispielsweise Hagen (413,2).
108 Dass kämpfende und physisch starke Frauen selten in der höfischen Literatur um
    1200 begegnen und dass sie, wenn sie erscheinen, als Problem markiert werden,
    beschreibt Lienert, Krieg und die Frauen, S. 132, S. 138 f., S. 146. Neben der
    Abwertung, Ausgrenzung und Bestrafung dieser Figuren besteht die Möglichkeit,
    dass sie aufgrund männlicher Attribute oder Verhaltensweisen aufgewertet werden.
    Zu Amazonen-Figuren in der zeitgenössischen Literatur vgl. auch Brackert,
    Helmut: Androgyne Idealität. Zum Amazonenbild in Rudolfs von Ems Alexander,
    in: Grenzmann, Ludger, Hubert Herkommer und Dieter Wuttke (Hg.): Philologie
    als Kulturwissenschaft. Studien zur Literatur und Geschichte des Mittelalters.

Die körperliche Unterscheidung hat Auswirkungen auf die soziale Position und auf die Handlungsmöglichkeiten der Figuren. Die nibelungische Geschlechterordnung lässt sich jedoch weder notwendig noch ausschließlich aus körperlichen Differenzen ableiten. Vielmehr werden körperliche Eigenschaften mit solchen, die das Verhalten der Figuren und die ihnen von anderen zugewiesene Position im gesellschaftlichen Zusammenhang betreffen, eng verbunden, ohne dass eine Dependenz explizit gemacht wird. Das zeigt sich beispielsweise an der Mobilität der Figuren, die mit Kampffähigkeit und physischer Stärke eng zusammenhängt. Während Siegfrieds Identität durch den Nachweis seiner kämpferischen Überlegenheit mit fremden Rittern und an anderen Orten hergestellt wird, ist Kriemhild an Worms als den Herrschaftssitz des Personenverbandes ihrer Brüder gebunden. Nachdem sie im zweiten Teil in Begleitung Rüdigers die Reise ins Land Etzels hinter sich gebracht hat, spricht Kriemhild die Einschränkung der eigenen Mobilität aus; sie fordert die Boten auf, Etzels Einladung an die Burgunden auch in ihrem Namen Nachdruck zu verleihen, und setzt hinzu: „ob ich ein ritter wære, ich kœm' in entwenne bî" (1416,4). Reisen zeichnet die Identität des Ritters aus und ist weiblichen Figuren im *Nibelungenlied* nur möglich, wenn sie von Männern begleitet werden.[109] Mobilität bzw. mangelnde Mobilität gehört also zu den Begriffen, die die Geschlechter in der nibelungischen Welt unterscheiden. Dass die mangelnde physische Stärke und Bereitschaft für

---

Festschrift für Karl Stackmann zum 65. Geburtstag, Göttingen 1987, S. 164–178; Brinker-von der Heyde, Claudia: „Ez ist ein rehtez wîphere". Amazonen in mittelalterlicher Dichtung, in: Beiträge zur deutschen Sprache und Literatur 119 (1997), S. 399–424; Schulze, Ursula: „Sie ne tet niht alse ein wîb". Intertextuelle Variationen der amazonenhaften Camilla, in: Fiebig, Annegret und Hans-Jochen Schiewer (Hg.): Deutsche Literatur und Sprache um 1050–1200. Festschrift für Ursula Hennig zum 65. Geburtstag, Berlin 1995, S. 235–260; Westphal, Sarah: Camilla: The Amazon Body in Medieval German Literature, in: Exemplaria 8 (1996), H. 1, S. 231–258.

109 Anhand von Handlungsabläufen zeigt der Text die eingeschränkte Mobilität weiblicher Figuren, indem wiederholt berichtet wird, wie Männer Frauen vom Pferd helfen (584,4; 710,2 f.; 792; 1310; 1311,4; 1349,1). Dies kann als Element des höfischen Frauendienstes verstanden werden (zu den unterschiedlich ausgeprägten Bezügen der französischen und deutschen Liebeslyrik auf das Lehnsverhältnis vgl. Kasten, Ingrid: Frauendienst bei Trobadors und Minnesängern im 12. Jahrhundert. Zur Entwicklung und Adaption eines literarischen Konzepts, Heidelberg 1986, S. 53 ff., S. 284 ff.). Die Handlung beinhaltet aber auch die Abhängigkeit der Mobilität weiblicher Figuren von Männern und impliziert zudem physische Differenzen der Geschlechter. Dazu passt, dass die Frauen nach der langen Reise ins Land Etzels müde sind (1377).

den Kampf Grundlage der eingeschränkten Mobilität weiblicher Figuren ist, lässt sich unterstellen – auch die Ausführungen zu Siegfrieds Turnieren an anderen Orten legen diese Unterstellung nahe (21,3) –, wird aber im Text nicht explizit ausgedrückt. Kriemhild begründet die eigene Immobilität mit der sozialen Rolle und nicht mit der körperlichen Eigenschaft, die sich für die Differenzierung der Geschlechter zu Beginn des *Nibelungenlieds* als zentral erwiesen hat. In ähnlicher Weise werden physische Eigenschaften immer wieder eng mit sozialen verwoben; die Darstellung kann jedoch nicht auf die These zugespitzt werden, die soziale Ordnung der Geschlechter im *Nibelungenlied* folge aus einer grundlegenden körperlichen Unterscheidung. Ein weiteres Beispiel dafür ist die Eigenschaft körperlicher Schönheit. Sie wird in erster Linie weiblichen Figuren zugesprochen, erweist sich aber in verschiedener Hinsicht als abhängig von der Interaktion mit männlichen Figuren. Uote vertritt die Auffassung, dass Kriemhild erst durch die Liebe eines Mannes ein „scœne wîp" werde, und auch die Entscheidung über das öffentliche Auftreten Kriemhilds und über das Zeigen ihrer Schönheit wird im Folgenden (insbesondere in Aventiure fünf) nicht ihr überlassen, sondern ihre Brüder bestimmen darüber, wann Kriemhilds Schönheit sichtbar wird.

Nur an einzelnen Stellen wird der Körper ausdrücklich als Ausgangspunkt von einschneidenden Veränderungen benannt, die sich auf die soziale Identität einer Figur auswirken. Insbesondere die Darstellung von Siegfrieds Entwicklung als junger Mann hat das gezeigt. Während Kriemhilds Entwicklung zur Frau von der Liebe eines Mannes und von der Belehrung durch ihre Mutter – die sie über die Bedeutung der Verbindung mit einem Mann informiert – abhängig gemacht wird, wird bei Siegfried zwar auch die Erziehung und die Einführung in die Position des zukünftigen Herrschers durch seine Eltern geschildert. Hinzu tritt aber, dass sein Entwicklungsprozess als körperliches Wachstum dargestellt wird sowie als Erproben des eigenen Auftretens und der Kampfesfähigkeit am Hof der Eltern und an anderen Orten.

Physische Stärke, Fähigkeit zum Kampf und Mobilität haben sich als diejenigen Eigenschaften herausgestellt, anhand derer männliche und weibliche Figuren in den ersten beiden Aventiuren des *Nibelungenlieds* unterschieden werden. Geschlechterdifferenz wird in der nibelungischen Welt anhand dieser körperlichen Kriterien hergestellt. Vereinzelt legt der Text darüber hinaus nahe, dass sich soziale Differenzen der Geschlechter aus den körperlichen Unterschieden ergeben. In der Mehrzahl der Fälle jedoch leitet der Text soziale Unterschiede der Geschlechter nicht ausdrücklich aus den körperlichen Eigenschaften der Figuren ab. Das *Nibe-*

lungenlied zeigt zwar, dass in der entworfenen Welt zwischen körperlichen und sozialen Dimensionen geschlechtlicher Identität eine enge Verbindung besteht. Das Verfügen oder Nicht-Verfügen über physische Stärke als zentrales Kriterium für eine Differenzierung der Geschlechter führt somit ins Zentrum der nibelungischen Geschlechterordnung. Der Text lässt aber auch deutlich werden, dass körperliche Differenzen die soziale Ordnung der Geschlechter nicht bestimmen und keineswegs erschöpfend ausmachen.

Lîp. Rhetorik und Semantik des Körperlichen im *Nibelungenlied*

Dass dem Körper bei der Konzeption der Figuren im *Nibelungenlied* – und zwar ungeachtet der Markierung von Differenzen der Geschlechter – besondere Bedeutung beigemessen wird, zeigt sich anhand der Vokabel *lîp*, die mehrfach eingesetzt wird, um die Identität einer Figur zu bezeichnen.[110] Den *lîp* zu haben oder über einen Körper zu verfügen ist im *Nibelungenlied* eine der Formeln, die das Leben in seiner Dauer beschreiben.[111] In der Phase der Trauer um Siegfrieds Tod heißt es über Kriemhild: „si klagete unz an ir ende, die wîle werte ir lîp" (1105,3). Die Körperlichkeit der Figur wird damit als zeitlich begrenzter Modus beschrieben, dessen Ende auch die Identität Kriemhilds terminiert. Den *lîp* zu verlieren ist eine im *Nibelungenlied* sehr häufig verwendete Formulierung, um das Ende des Lebens

---

110 Die Begriffe *körper* oder *körpel*, die vor allem den toten Körper bezeichnen (vgl. BMZ I, S. 863; Lexer I, Sp. 1685), werden im *Nibelungenlied* nicht verwendet. Ein weiteres Körperwort im *Nibelungenlied* ist *verch* (2210,3; sowie in Komposita: 239,2; 989,1; 992,2; 996,1; 1858,3; 1965,2; 2134,1; 2210,3; 2266,3; 2310,2). Der Begriff bezeichnet die lebensbegründende und -sichernde Komponente des Körpers; er wird bereits in mittelhochdeutscher Zeit durch *lîp* und *bluot* verdrängt (vgl. Roitinger, Franz: Ein sterbendes Wort des Bairisch-Österreichischen: ahd. „fërah", mhd. „vërch" „vita, anima, corpus, sanguis", in: Zeitschrift für Mundartforschung 23 (1955), H. 3, S. 176–184, hier S. 176 ff.; vgl. zum Begriff auch BMZ III, S. 302 f.; Lexer III, Sp. 87 f.). Im *Nibelungenlied* wird „verchwund" mehrfach auf den sterbenden Siegfried bezogen (989,1; 992,2; 996,1); und die Formulierungen lassen erkennen, dass das lebenserhaltende „verch" in einer körperlichen Tiefenschicht situiert wird (vgl. 2134,1; 2210,3).

111 Bei der ersten Begegnung von Kriemhild und Hagen in Etzelburg beispielsweise kündigt dieser an, diejenige nicht zu ehren, die ihn hasse – gemeint ist selbstverständlich Kriemhild –, solange er lebe („die wîle ich hân den lîp" (1782,3)). In der Unterredung der Burgunden mit Kriemhild und Etzel vor dem so genannten Saalbrand wiederholt Kriemhild diese Fügung, um selbst ihre lebenslange Unversöhnlichkeit zu beschreiben (2103,3).

einer Figur zu beschreiben.[112] Insbesondere, dass das Leben der Krieger bedroht ist oder zu Ende geht, wird auf diese Weise ausgedrückt. Während die Wendung, den Leib zu haben, ein possessives oder gar ein instrumentelles Verhältnis der einzelnen Figur zu ihrem Körper impliziert,[113] wird anhand der Formulierungen, die den Verlust des Körpers ausdrücken, deutlich, dass der vermeintliche Besitz oder das Instrument, über das Figuren zu verfügen scheinen, gleichwohl die Basis ihrer Identität darstellt. In diesem spezifischen Sinne bedeutet der *lîp* in der nibelungischen Welt auch das Leben.[114]

Als Bezeichnung der Identität einer Figur geht *lîp* im *Nibelungenlied* allerdings nicht in der Vorstellung von der materiellen Grundlage der Leibesfunktionen auf, sondern wird auch im Sinne des sozialen Lebens einer Figur verwendet. So fordert Kriemhild während der Auseinandersetzung mit Brünhild in Aventiure 14 ihr Gefolge auf, sich vor dem Gang ins Münster festlich zu kleiden, denn: „ez muoz âne schande belîben hie mîn lîp" (831,2). Der Wettstreit der beiden Frauen um den festlicheren Auftritt beim Kirchgang kann, so zeigt der Satz an, Auswirkungen auf ihren *lîp* haben. Der Körper wird also nicht als physische Grundlage des Lebens bestimmt, sondern soziale Interaktionen in der nibelungischen Welt können sich am Körper niederschlagen. Nicht nur die physische Materie macht den Körper im *Nibelungenlied* aus, sondern er hängt zudem von Bezeichnungen ab, die durch den sozialen Zusammenhang und in der Interaktion der Figuren zugewiesen werden. Daher erscheint es nur kon-

---

112 Sie findet sich zum Beispiel in 2,4; 328,4; 438,3; 443,3; 654,4; 866,3; 875,3; 917,3; 1037,3; 1543,3; 1580,4; 1765,4, 1794,3; 1908,4; 1924,3; 1954,3; 2155,2; 2186,3. Außerdem wird die Grenze des körperlichen Modus einer Figur mit der Formulierung ausgedrückt, es gehe jemandem an den *lîp* (416,3; 845,4; 1133,3; 1886,3).

113 Zur possessiven Auffassung vom Körper vgl. Krause, Burkhardt: „Lîp", „mîn lîp" und „ich". Zur „conditio corporea" mittelalterlicher Subjektivität, in: Fritsch-Rössler, Waltraud (Hg.): „Uf der mâze pfat". Festschrift für Werner Hoffmann, Göppingen 1991, S. 373–396, hier S. 375.

114 Zu dieser doppelten Semantik von *lîp* als „Körper" und als „Leben" vgl. BMZ I, S. 1003; Lexer I, Sp. 1930 f. Adolf beschreibt den Bedeutungswandel von *lîp*, der sich von „Leben" in althochdeutscher Zeit zu einer doppelten Semantik von „Leib", „Körper" auf der einen und „Person" auf der anderen Seite entwickelt habe (vgl. Adolf, Helene: Wortgeschichtliche Studien zum Leib/Seele-Problem, Wien 1937, S. 44 ff.). Krause sieht in der hochmittelalterlichen deutschsprachigen Literatur generell die Tendenz, den *lîp* als „Prinzip der Vitalität, des Aktionalen" und als „Gesamtheit aller vitalen Funktionen des Menschen, als Leben überhaupt" aufzufassen; vgl. Krause, Conditio corporea, S. 382.

sequent, dass mit dem Begriff Leib eine Figur in ihrer Gesamtheit ange-sprochen werden kann.[115] Siegfried verwendet beispielsweise den *lîp*-Be-griff in der 16. Aventiure als *pars pro toto*, um nicht näher bestimmte Fi-guren dafür zu rügen, dass sie die Getränke für die Jagdgesellschaft an den falschen Ort gebracht haben: „ir lîp der hab' undanc!" (968,1).

In der Mehrzahl der Fälle jedoch bezeichnet *lîp* im *Nibelungenlied* den Körper im konkret materiellen Sinne, der optisch und haptisch erfahrbar ist – insbesondere in seiner Schönheit. Schöne Körper werden angeblickt oder liebkost.[116] *Lîp* wird für den Körper von Männern und von Frauen verwendet; die mit *lîp* zum Ausdruck gebrachte Körperlichkeit ist also nicht geschlechterspezifisch oder primär auf ein Geschlecht bezogen. Selbst die am meisten verwendeten Epitheta des *lîp*, nämlich *schœn* und *wætlîch*, werden nicht nur mit Frauen-, sondern auch mit Männerkörpern in Verbindung gebracht.[117] Wie bereits für die den Figuren zugeschriebene Eigenschaft der Schönheit festgestellt, ist jedoch auch der schöne *lîp*, der Häufigkeit der Erwähnungen nach, vor allem der Körper einer weiblichen Figur.[118]

Körperlichkeit liefert im *Nibelungenlied* eine Reihe metaphorischer Wendungen, mit denen emotionale Regungen ebenso wie enge Bindungen zwischen Figuren ausgedrückt werden können. So werden beispielsweise schöne Körper nicht nur betrachtet, sondern ihr Anblick hat auch Aus-wirkungen auf den Körper desjenigen, der blickt. Ortwin stellt diesen Mechanismus mit einer rhetorischen Frage grundsätzlich fest:

> ,sô sult ir lâzen scouwen diu wünneclîchen kint,
> die mit sô grôzen êren hie zen Burgonden sint.

> Waz wære mannes wünne, des vreute sich sîn lîp,
> ez entæten scœne mägede und hêrlichiu wîp?' (273,3–274,2)

---

115 Vgl. BMZ I, S. 1003 f.; Lexer I, Sp. 1931.
116 Zu Blicken auf schöne Körper vgl. 392,3 (Brünhilds Körper); 593,1 (Frauenkörper im Allgemeinen); und 601,4 (Frauenkörper am Wormser Hof). An der letztge-nannten Stelle werden Körper mit den Augen „getriutet". Vom Liebkosen des *lîp* ist außerdem die Rede in 26,4 (Siegfrieds Körper); 631,3 (Brünhilds Körper); 925,2 (Kriemhilds Körper); 1515,4 (Gunthers Körper); 1516,3 (Körper des oder der Geliebten); und 1906,4 (Körper der Frau Nuodungs).
117 Sie werden zum Beispiel auf Siegfrieds Körper bezogen (22,3; 1026,2; 1051,4; 1259,4), auf Gunthers (1515,4) und auf Dankwarts (415,1).
118 Vgl. beispielsweise 392,3; 427,3; 525,2; 594,2; 631,3; 682,2; 771,2; 839,3; 840,2; 857,3; 925,2; 1070,4; 1146,4; 1149,3; 1245,4; 1254,3; 1313,2; 1676,4; 1680,4; 1906,4.

Der Anblick von Frauenkörpern löst bei Männern eine körperliche Freude aus.[119] Wenn Körper anderer angeblickt werden, reagieren darauf die Körper der Blickenden. Der Text beschreibt die Erotisierung von Betrachtern als einen Transferprozess von den Körpern der Objekte des Blicks zu denen der Subjekte. Sind hier die Blicke männlicher auf weibliche Figuren als eine Art körperlicher Kommunikation gefasst, so scheinen auch Bindungen zwischen Liebenden an verschiedenen Stellen des Textes ausdrücklich physischer Art zu sein. Noch vor der Hochzeit heißt es über die Liebe Siegfrieds zu Kriemhild: „er truoc si ime herzen, si was im sô der lîp" (353,3).[120] Der Vergleich Kriemhilds mit Siegfrieds Körper wird nicht durch die Explizierung eines *tertium comparationis* spezifiziert. Damit wird Siegfrieds Verhältnis zur Geliebten in *mehrfacher* Hinsicht dem Verhältnis zu seinem eigenen Körper vergleichbar; sei es, dass sie ihm so nah ist wie dieser oder dass sie ebenso bedeutsam ist für seine Identität wie der eigene *lîp*. Nach Eheschließung und Hochzeitsnacht verwendet Siegfried den Vergleich mit dem Körper erneut, nun aber in gesteigerter Form. In der Unterredung, in der Gunther um Unterstützung bei der Überwindung Brünhilds im Schlafgemach bittet, sagt Siegfried zu ihm: „mir is dîn swester Kriemhilt lieber danne der lîp" (652,3). Die Beschreibung der emotionalen Bindung an eine Figur in der Metaphorik des Körpers ist im *Nibelungenlied* mit Sexualität verknüpft. Auch sexuelle Handlungen führen in der Rhetorik des Textes zu Verbindungen der Körper, die über die eigentlichen Handlungen hinaus andauern können. Von der Hochzeitsnacht Siegfrieds und Kriemhilds heißt es:

Dô der herre Sîfrit bî Kriemhilde lac,
unt er sô minneclîche der juncvrouwen pflac
mit sînen edelen minnen, si wart im sô sîn lîp. (629,1–3)

In der Darstellung einer Liebesnacht Kriemhilds und Etzels, in der sie ihren Ehemann um die Einladung der Burgunden bittet, wird die Formulierung wiederholt:

---

119 Vgl. auch 287,3. In 1496,4 freut sich der Körper von Rüdigers Ehefrau Gotelind auf den Anblick der Boten Wärbel und Swämmel; dieser Kontext der Verwendung des Bildes kann zum einen nahe legen, dass auch weibliche Figuren beim Betrachten von Männerkörpern erotisch affiziert werden; zum anderen kann die Textstelle aber auch zu der Einschätzung führen, dass die Wendung nicht notwendig eine erotische Konnotation beinhalten muss – denn hier scheint es eher um einen freundschaftlichen Empfang als um ein erotisches Schauspiel zu gehen.

120 Auf der Reise nach Isenstein wiederholt Siegfried die Formel: „diu [= Kriemhild] ist mir sam mîn sêle und sô mîn selbes lîp" (388,3).

(mit armen umbevangen het er si, als er pflac
die edeln vrouwen triuten: si was im als sîn lîp) (1400,2–3)

Während mit dem Vollzug der Liebe zwischen Siegfried und Kriemhild die
Ehefrau zu einem Teil des Körpers ihres Mannes zu werden scheint –
während der Text also eine körperliche Verbindung beschreibt, die über die
sexuellen Handlungen hinaus Bestand hat („si *wart* im") –, geht es bei der
Schilderung der Sexualität Etzels und Kriemhilds allein um die Beschreibung eines augenblicklichen Zustands („si *was* im"), über dessen Fortbe-
stand oder Konsequenzen keine Aussagen getroffen werden. In beiden
Fällen kommt eine körperliche Metaphorik zum Einsatz, die auch an
anderen Stellen des Textes verwendet wird, um die enge emotionale Bindung eines Paares zu beschreiben. Insbesondere im Zuge der Schilderung
von Kriemhilds Leid und Trauer nach Siegfrieds Tod werden Körpermetaphern eingesetzt. Dass es sich auch nach Siegfrieds Tod bei der Verbindung der liebenden Eheleute noch immer um eine Verbindung der
Körper handelt, wird deutlich, wenn es heißt, Kriemhild könne die
Wunden Siegfrieds am eigenen Körper spüren: „die Sîfrides wunden tâten
Kriemhilde wê" (1523,4).

Die Metaphorik, die der Körper liefert, wird im *Nibelungenlied* nicht
nur genutzt, um Emotionen der Figuren oder um Beziehungen zwischen
Figuren zum Ausdruck zu bringen, sondern dem Begriff *lîp* werden außerdem an verschiedenen Stellen selbst Emotionen zugeschrieben. Gelegentlich haben in der nibelungischen Welt die Körper Emotionen.
Kriemhilds Trauer wird nicht nur in körperlichen Metaphern beschrieben,
sondern ihr Körper selbst zeigt die emotionale Regung der Trauer, wenn
von „ir trûrec lîp" die Rede ist (1263,3). Und auch ihre destruktiven
Absichten werden als Eigenschaft des Körpers gefasst: „jâ was vil grimmec
ir lîp" (1859,4). Dass die Körper insbesondere beim Anblick von Figuren
des jeweils anderen Geschlechts von Freude erfasst werden können (274,1;
287,3; 1496,4), habe ich im Zusammenhang der erotisierenden Effekte des
Anblicks von Körpern bereits erwähnt.

Im Zuge der Emotionalisierung des Körpers im *Nibelungenlied* wird
der *lîp* mit anderen Begriffen koordiniert. Insbesondere das *herze* – als
Signifikant der Emotionalität, der vor allem zur Beschreibung von
Kriemhilds Trauer nach Siegfrieds Tod im zweiten Teil des Textes be-
deutsam wird – und die *sêle* treten dabei hervor. Nach dem Mord an
Siegfried beschreibt Kriemhild ihre Beziehung zu dem ihr unbekannten
Täter mit den Worten:

,Hey sold ich den bekennen', sprach daz vil edel wîp,
,holt wurde im nimmer mîn herze unt ouch mîn lîp.' (1024,1–2)

Das dauerhafte Verhältnis ausbleibender Freundschaft geht ebenso von Kriemhilds *herze* aus wie von ihrem Körper. Die Beiordnung deutet auf eine Differenzierung beider Begriffe hin, denn nicht einer allein, sondern die Verbindung beider wird verwendet, um das Verhältnis Kriemhilds zum Mörder ihres Mannes zu beschreiben. Gleichwohl erscheint es problematisch, an dieser Stelle von einer klaren Unterscheidung in emotionale und physische Dimensionen der Figur auszugehen. Denn zum einen ist das *herze* selbst eine körperliche Metapher, die wiederholt verwendet wird, um Kriemhilds emotionale Regungen nach dem Tod ihres ersten Ehemannes in Worte zu fassen.[121] Nicht nur der *lîp* kann also die Körperlichkeit der Figur ansprechen, sondern auch die Metapher der Emotionalität, das *herze*, beinhaltet diese Bedeutung.[122] Zum anderen hat sich bereits gezeigt, dass mit der häufigen Verwendung des *lîp* zwar das körperliche Leben von Figuren betont wird, dass der Begriff aber immer wieder über die körperliche Dimension hinausgeht und die Identität von Figuren in einem umfassenden Sinn bezeichnet. Die Beiordnung von *herze* und *lîp* zeigt damit die Bedeutung einer körperlichen Begrifflichkeit für die Verbalisierung des emotionalen Verhältnisses einer Figur zu einer anderen. Nicht nur Kriemhilds *herze*, das im Text wiederholt als Chiffre ihrer Emotionalität dient, sondern auch ihr *lîp* lassen letztlich den Körper als Agenten

---

121 Über Kriemhilds Trauer heißt es: „dô was ir daz herze sô grœzlîche wunt" (1104,2). Zur körperlichen Metaphorik von Kriemhilds Emotionalität, insbesondere von ihrer Trauer, siehe auch das Kapitel „Schuldzuweisungen", s. u., S. 317 ff. Vgl. außerdem Müller, Spielregeln, S. 216 ff. Zur Semantik von *herze* in der volkssprachlichen höfischen Literatur seit dem 12. Jahrhundert vgl. Ertzdorff, Xenja von: Die Dame im Herzen und das Herz bei der Dame. Zur Verwendung des Begriffs „Herz" in der höfischen Liebeslyrik des 11. und 12. Jahrhunderts, in: Zeitschrift für deutsche Philologie 84 (1965), S. 6–46.

122 Im Rahmen seiner Darstellung der Entwicklung der Metapher des Herzens als Text oder Buch von Augustinus bis ins späte Mittelalter weist Jager darauf hin, dass seit dem 12. Jahrhundert in volkssprachlich höfischen Texten ebenso wie in religiösen eine Zunahme des materiellen, des fleischlichen Aspekts dieser Metaphorik zu beobachten sei (vgl. Jager, Eric: The Book of the Heart. Reading and Writing the Medieval Subject, in: Speculum 71 (1996), S. 1–26, hier S. 12 f.). Zur körperlichen Dimension des Begriffs *herze* in der volkssprachlichen hochmittelalterlichen Literatur vgl. auch Philipowski, Katharina: Bild und Begriff. „sêle" und „herz" in geistlichen und höfischen Dialoggedichten des Mittelalters, in: Dies. und Anne Prior (Hg.): „anima" und „sêle". Darstellungen und Systematisierungen von Seele im Mittelalter, Berlin 2006, S. 299–319, hier S. 302.

feindlicher Regungen gegenüber dem Mörder Siegfrieds erscheinen. In ähnlicher Weise wird die körperliche Dimension einer Beziehung zwischen Figuren betont, wenn Kriemhild die Boten auffordert, in Worms an die Burgunden zu appellieren, dass „herze unt [...] lîp" ihr gewogen sein mögen (1447,2). Die Kombination des Begriffs vom Körper mit dem *herze* als einem möglichen Signifikanten von Innerlichkeit zeigt also im *Nibelungenlied* nicht notwendig eine trennscharfe Unterscheidung oder gar Kontrastierung von Bedeutungsfeldern an.[123] Sie scheint eher Ausdruck der wechselseitigen Ergänzung und Spezifikation unterschiedlicher Aspekte von Leiblichkeit zu sein, die im Text herangezogen werden, um die Emotionalität von Figuren zu beschreiben.[124]

Die *sêle*, ein weiterer denkbarer Gegenbegriff zum Körper, wird im Vergleich zum *lîp* im *Nibelungenlied* nur selten erwähnt.[125] Sie spielt als Begriff vor allem im Zuge der Sorge um das Seelenheil des verstorbenen Siegfried eine Rolle. Der Text berichtet von Gaben und Gebeten für Siegfrieds Seele (1052,3; 1053,4; 1060,4; 1063,3; 1103,3; 1281,2–3). Bei anderen Erwähnungen wird mit der *sêle* zugleich auch der *lîp* genannt (388,3; 2150,1–3; 2166,1). Der *lîp* schließt damit als zentrale Identitätskategorie des Textes nicht die Seele als den Ort der Spiritualität einer Figur notwendig mit ein, sondern zwischen beiden wird unterschieden.[126]

---

123 Verwendung und Beiordnung der Begriffe *herze* und *lîp* markieren im *Nibelungenlied* also nicht zwangsläufig, dass der Leib in einen Gegensatz zu etwas Innerlichem oder Spirituellem (*herze* oder *sêle*) tritt; zu einer stark generalisierenden Auffassung von der semantischen Opposition der Begriffe vgl. dagegen BMZ I, S. 1002.

124 Dass für die Gattung der höfischen Epik ein Nebeneinander von Differenzierung und Überblendung psychischer und physischer Semantiken besteht und dass sich daraus zahlreiche Spielmöglichkeiten ergeben, beschreibt Müller (Kompromisse, S. 339 ff., insbes. S. 355). Meine Analyse zeigt, dass auch im Heldenepos mit der Abgrenzung und Überlagerung von emotionalen und physischen Bedeutungsdimensionen von Begriffen, die den Körper oder seine Teile bezeichnen, gespielt wird.

125 Bäuml/Fallone führen 9 zu 192 Nennungen auf (vgl. Bäuml/Fallone, Concordance, S. 537, S. 411 ff.). Das *herze* wird insgesamt (die Komposita mitgezählt) etwa siebzigmal erwähnt (vgl. Bäuml/Fallone, Concordance, S. 292 f.).

126 Krause nennt weitere Beispiele der höfischen Literatur um 1200 für die Kombination von *sêle* und *lîp* und weist verallgemeinernd darauf hin, dass „beide Anteile offensichtlich nicht in einem sie übergreifenden personalen, ganzheitlichen, gleichsam abstrakten *Ich* miteinander verschmolzen werden [Hervorhebung B. K.]"; ob dem Leib oder der Seele in der hochmittelalterlichen Literatur der Vorrang bei der Gewinnung von Gewissheit, man selbst zu sein, zugesprochen werde, lässt sich, nach Krause, nicht feststellen (Krause, Conditio corporea,

Gegen Ende des Textes werden *lîp* und *sêle* nicht lediglich additiv miteinander verbunden, sondern auch kontrastiv einander gegenübergestellt. Rüdiger bestätigt, Kriemhild einen Treueid geleistet zu haben, der für ihn die Konsequenz beinhalten könne, die „êre unde ouch den lîp" aufs Spiel setzen zu müssen (2150,2). Er setzt jedoch hinzu: „daz ich die sêle vliese, des enhân ich niht gesworn" (2150,3). Die *sêle* zeigt eine Dimension an, auf die sich Rüdigers Eid nicht bezogen hat. Anders als die Ehre und der Körper ist sie nicht in das Gefolgschaftsverhältnis mit einbezogen worden. Es wird also eine deutliche Unterscheidung zwischen Leib und Seele eingeführt, um Grenzen der Gefolgschaft markieren zu können. Damit wird zugleich auch eine semantische Dimension angezeigt, die von der im *Nibelungenlied* so ubiquitär und umfassend erscheinenden Metaphorik des Körperlichen nicht erfasst wird. Allerdings scheint die Logik, der die *sêle* in den wenigen Erwähnungen im *Nibelungenlied* folgt, wiederum der des Körpers sehr ähnlich zu sein. Wie der *lîp* – und wie auch die *êre* – ist die *sêle* bedroht und kann verloren werden. Die Seele ist damit in der nibelungischen Welt ebenso durch Sterblichkeit bestimmt wie der Körper.[127]

S. 386 f., S. 391). Zur Überwindung des platonischen Leib-Seele-Dualismus durch die Begründung einer Auferstehung des Leibes nach dem Jüngsten Gericht in der Frühscholastik des 12. Jahrhunderts, spätestens aber durch Thomas von Aquin, vgl. Schwarz, Richard: Leib und Seele in der Geistesgeschichte des Mittelalters, in: Deutsche Vierteljahrsschrift für Literaturwissenschaft und Geistesgeschichte 16 (1938), H. 3, S. 293–323, hier S. 306 f.; Heinzmann, Richard: Die Unsterblichkeit der Seele und die Auferstehung des Leibes. Eine problemgeschichtliche Untersuchung der frühscholastischen Sentenzen- und Summenliteratur von Anselm von Laon bis Wilhelm von Auxerre, Münster 1965, S. 147 ff., zusammenfassend S. 246 ff.; Weber, Hermann J.: Die Lehre von der Auferstehung der Toten in den Haupttraktaten der scholastischen Theologie. Von Alexander von Hales zu Duns Scotus, Freiburg, Basel und Wien, 1973, S. 123 ff., insbes. S. 141 f., S. 168 ff.; Krause, Conditio corporea, S. 388 f.; sowie Bynum, Caroline Walker: Fragmentierung und Erlösung. Geschlecht und Körper im Glauben des Mittelalters, Frankfurt am Main 1996, S. 191 ff., S. 240 ff. Adolf (Wortgeschichtliche Studien, S. 52 ff.) beschreibt vor dem Hintergrund dieser Veränderung in der theologischen Auffassung für die mittelhochdeutsche Formel *lîp und sêle* in hochmittelalterlicher Zeit eine Verknüpfung von spiritueller und leiblicher Dimension, wobei das Hauptgewicht auf dem Irdischen gelegen habe.

127 Der Gedanke, dass die Seele in der hochmittelalterlichen deutschen Literatur materiell gedacht werden kann, findet sich auch bei Krause. Er weist darauf hin, dass in Hartmanns *Erec* (3367 ff.) die *sêle* durch den Tod bedroht ist (vgl. Krause, Conditio corporea, S. 395, Fußnote 51; sowie Hartmann von Aue: Erec, hg. v. Manfred Günter Scholz, übs. v. Susanne Held, Frankfurt am Main 2004, S. 196).

Die Verbindung des *lîp* mit weiteren Begriffen wird im Text genutzt, um unterschiedliche Facetten von Figuren zu beschreiben. Neben *herze* und *sêle* werden auch *êre*, *muot* und *guot* mit dem *lîp* additiv verbunden. In allen drei Fällen scheint die Kombination unterschiedliche Funktionen zu erfüllen.[128] Zur bereits beobachteten weiten Verbreitung einer körperlichen Metaphorik im *Nibelungenlied* gehört, dass die Gestimmtheit des *muot*, also des Sinns oder der Gesinnung, noch um eine ebensolche Gestimmtheit des Körpers ergänzt wird (844,3).[129] Mit der Wendung von „êre unde lîp" ist wiederholt von der Bedrohung durch den physischen wie durch den gesellschaftlichen Tod gleichermaßen die Rede (332,4; 425,3; 1461,3; 2150,2). Und mit „lîp und[e] guot" scheint das Verfügen über den Besitz um ein Verfügen über die eigene Identität in einem umfassenden Sinne ergänzt zu werden (127,3; 1129,1).

Dieser kurze Überblick zeigt, wie weit verbreitet im *Nibelungenlied* der Begriff des Körpers, des *lîp*, ist und welche unterschiedlichen semantischen Dimensionen er umfasst. Insbesondere bei der Beschreibung der einzelnen Figuren, ihrer Identität und auch ihrer Emotionalität, spielt die Rhetorik des Körperlichen eine bedeutende Rolle. Dieser Befund scheint sehr eng damit zusammenzuhängen, dass die Welt des *Nibelungenlieds* dominiert ist von Kriegern und von Kampfhandlungen und dass damit der Körperlichkeit als Grundlage der Lebensfähigkeit und der Möglichkeit zur gewaltsamen Selbstdurchsetzung eine besondere Bedeutung zukommt.[130]

---

128 Die Relation der Begriffe der Innerlichkeit scheint damit ähnlich zu funktionieren wie in der höfischen Epik; für diese hat Philipowski herausgestellt, dass die Begriffe zwar wenig trennscharf verwendet werden, aber dennoch nicht austauschbar sind (vgl. Philipowski, Katharina: Der geformte und der ungeformte Körper. Zur „Seele" literarischer Figuren im Mittelalter, in: Zeitschrift für deutsche Philologie 123 (2004), H. 1, S. 67–86, hier S. 86).

129 Als Wort zur Bezeichnung der Gesamtheit des Innenlebens von Figuren kann in der höfischen Literatur um 1200 der *muot* in Opposition treten zum *lîp*. Beide verbindet, dass sie auf den Begriff des Lebens bezogen werden können. So kann der *muot* die Bedeutung von Lebensmut annehmen, also einer Stimmung oder Einstellung, die eine Figur grundlegend beeinflusst (vgl. Ehrismann, Wortgeschichten, S. 148 f.; vgl. außerdem BMZ II, S. 242 ff.; Lexer I, Sp. 2241 f.).

130 Müller hat anhand der Körpermetaphern, die im *Nibelungenlied* zur Beschreibung von Emotionalität eingesetzt werden, die Auffassung vertreten, dass diese Form der sprachlichen Darstellung von Emotionen charakteristisch sei für die in der Heldenepik dargestellte „Kriegergesellschaft" (Müller, Spielregeln, S. 220; zur Zentralität des Körpers in der Heldenepik vgl. auch Haug, Grausamkeit, S. 87). Die in dieser Einschätzung angelegte Gattungsdifferenz zur höfischen Epik wird problematisch, wenn man bedenkt, dass auch für die Figuren der Artusepik körperliche Tüchtigkeit und Kampfesfähigkeit eine besondere Rolle spielen (vgl. Krause,

Dass der Körper für die Identität der Figuren signifikant ist, betrifft jedoch nicht nur männliche Krieger, sondern gilt für beide Geschlechter gleichermaßen. Körperlichkeit erweist sich als bedeutsame Dimension der Identität weiblicher ebenso wie männlicher Figuren in der nibelungischen Welt.

Im Zusammenhang dieser grundlegenden Signifikanz des Körperlichen muss betrachtet werden, dass körperliche Eigenschaften im *Nibelungenlied* auch dazu verwendet werden, die Geschlechter zu differenzieren. In der Analyse der ersten beiden Aventiuren ist deutlich geworden, dass die körperliche Eigenschaft der physischen Stärke, die den einzelnen Figuren zugeschrieben wird, als zentraler Signifikant der Markierung von Geschlechterdifferenz fungiert. Mit der Körperkraft gehen Kampffähigkeit und Mobilität als weitere Unterscheidungsmerkmale einher. Die Analyse hat nicht nur diese körperlichen Attribute als zentrale Kriterien zur Differenzierung der Geschlechter erwiesen, sondern sie hat zudem gezeigt, dass die körperlichen Charakteristika eng verknüpft sind mit Verhaltensformen, die eingeübt werden, sowie mit Eigenschaften und Positionen, die in der nibelungischen Welt durch andere Figuren oder in der Interaktion mit ihnen zugewiesen werden.

Blickt man auf den weiteren Handlungsverlauf des *Nibelungenlieds* aus der Perspektive der Geschlechterordnung, die in den ersten beiden Aventiuren eingeführt wird, so tritt zunächst im ersten Teil des Textes eine Szene hervor, die das zentrale Kriterium zur Differenzierung der Geschlechter durch die Darstellung physischer Ähnlichkeiten herausfordert. Es handelt sich um den Brautwerbungswettkampf in Isenstein in der siebten Aventiure, der von einer wiederholten Auseinandersetzung im Wormser Brautgemach in der zehnten Aventiure gefolgt wird. Die Szenen schildern eine Protagonistin im Vollzug physischer Gewalt. Die Handlungen, die die weibliche Figur ausführt, stellen offensichtlich eine Überschreitung der Grenze dar, mit deren Hilfe die Konstitutionen männlicher und weiblicher Figuren in den ersten beiden Aventiuren voneinander unterschieden werden. Was der Text anhand der Gewalthandlungen Brünhilds im Zuge und nach der Brautwerbung thematisiert, wird in den folgenden Abschnitten herausgearbeitet.

Conditio corporea, S. 392 ff.; zur Problematisierung der Differenz der Gattungen, die beide Emotionen körperlich darstellen, vgl. auch Schnell, Rüdiger: Historische Emotionsforschung. Eine mediävistische Standortbestimmung, in: Frühmittelalterliche Studien 38 (2004), S. 173–276, hier S. 250 ff.).

Ähnliche Körper. Brünhilds Stärke und Kampffähigkeit (mit einem Exkurs zu Ähnlichkeit und Vergleich in der mittelalterlichen Rhetorik)

Die sechste Aventiure führt Brünhild ein. Sie beginnt zunächst mit Nachrichten von schönen Frauen; diese treffen zusammen mit Gunthers Absicht, um eine Braut zu werben (325,1–3). Nicht das Vorhaben des Burgunden-Herrschers oder sein Begehren gehen der Suche nach einer Ehefrau voraus, sondern Berichte über attraktive Frauen erreichen Worms, bevor Gunthers Wille formuliert wird.[131] Gunthers Begehren ist zudem noch nicht auf eine bestimmte weibliche Figur fokussiert. Vor Brünhilds erster Erwähnung wird somit eine Situation etabliert, in der von Gunthers unspezifiziertem Begehren nach einer Frau ebenso die Rede ist wie von einer Reihe anziehender weiblicher Figuren.

Strophe 326 führt dann eine Königin ein, nennt sie aber noch nicht beim Namen:[132]

> Ez was ein küeginne gesezzen über sê,
> ir gelîche enheine man wesse ninder mê.
> diu was unmâzen scœne, vil michel was ir kraft.
> sie scôz mit snellen degenen umbe minne den scaft. (326)

Ihr Herrschaftsbereich wird in räumlicher Distanz jenseits des Wassers situiert, und es wird betont, dass keine andere Königin bekannt sei, die so ist wie sie. Zunächst werden also ihre Position am Rand der nibelungischen Welt und ihre Exzeptionalität im Vergleich zu anderen weiblichen Figuren herausgestellt. Die Besonderheit der Königin wird darauf spezifiziert: Sie besteht in der Verbindung aus übermäßiger Schönheit und großer Kraft.[133] Zu den Eigenschaften, die sie qualifizieren, gehört zudem die Praxis, Bewerber um ihre *minne* zum Speerwurf gegen sie selbst antreten zu lassen. Weitere Disziplinen des Brautwerbungswettkampfs (327,1–3) sowie die Lebensgefahr (327,4), in die Werber sich dabei begeben, werden in der folgenden Strophe erwähnt. Die Bedrohung, die Brünhilds Verhalten für

---

131 Diese Ereignisfolge wird in 328,2–3 wiederholt und dabei auf Gunthers Interesse ausschließlich an Brünhild zugespitzt.

132 Ihren Namen erwähnt wenig später erstmals Gunther (329,2); woher er ihn kennt, wird nicht gesagt. Möglicherweise konnte er ihn den Berichten über die Isensteiner Herrscherin entnehmen.

133 Der Begriff *kraft* wird hier in der Bedeutung von Stärke – nicht von Machtfülle – verwendet, denn es folgt die Beschreibung von Brünhilds Fähigkeiten bei Kampfhandlungen (326,4–327,1).

das Leben männlicher Krieger bedeutet, bietet die Möglichkeit, die Figur
und ihr Handeln zu bewerten. Auch wenn der *Nibelungenlied*-Text im
Folgenden durchaus Hinweise auf eine solche Bewertung gibt, steht die
moralische Einschätzung von Brünhilds Kampfspielen dennoch nicht –
wie ich zeigen werde – im Zentrum der Darstellung. Vor allem geht es um
den Vergleich körperlicher Eigenschaften männlicher und weiblicher Figuren.

Bereits bei ihrer Einführung ist Brünhild als weibliche Ausnahmege-
stalt markiert. Ihre Besonderheit wird zunächst nicht weiter spezifiziert
oder auf eine bestimmte Eigenschaft bezogen, sondern als Charakteristikum dargestellt, das die Figur insgesamt betrifft (326,2).[134] Darauf werden
zwei Merkmale genannt, die sie besonders auszeichnen und ihre Exzeptionalität[135] begründen: Schönheit und Stärke. Brünhild wird mit dem
Merkmal körperlicher Kraft ausgestattet, das sonst ausschließlich männlichen Figuren zukommt. Dass sie außerdem von großer Schönheit ist,
zeigt an, dass die Figur Charakteristika kombiniert, die in der nibelungischen Welt männlichen und weiblichen Figuren zugeschrieben werden.
Die Isensteiner Herrscherin verknüpft Attribute beider Geschlechter auf
besondere Weise.[136]

---

134 Kriemhild dagegen geht in Bezug auf eine bestimmte Eigenschaft, auf die
    Schönheit, über andere hinaus. Ihre Schönheit wird als „ir unmâzen scœne" (45,1)
    bezeichnet, und es heißt, Kriemhild sei ein „magedîn, / daz in allen landen niht
    schœners mohte sîn" (2,2).

135 Die Begriffe des Exzeptionellen oder der Exzeptionalität erinnern an die Exorbi-
    tanz des Helden, die Klaus von See für so genannte *heroic ages* beschrieben hat. Sie
    müssen aber von diesem Terminus unterschieden werden. Im Zusammenhang
    meiner Untersuchung meint die Exzeptionalität von Figuren, dass ihnen ein be-
    sonderes Maß bestimmter Eigenschaften zukommt, die auch andere Figuren der
    nibelungischen Welt auszeichnen. Dabei geht es außerdem vor allem um die
    quantitative Differenzierung *physischer* Attribute verschiedener Figuren. Exorbi-
    tanz ist nach von See dagegen kein körperliches, sondern ein ethisch-moralisches
    Merkmal: Der exorbitante Held grenzt sich von der Gemeinschaft ab, indem er
    gegen ihre Normen des Handelns verstößt. Er gehe nicht über diese Normen
    hinaus, indem er sie in idealer Weise repräsentiere, sondern er tue „das Regel-
    widrige". Damit lässt sich das Handeln des exzeptionellen Helden allenfalls in der
    Negation an den Idealen der Gemeinschaft messen (vgl. See, Klaus von: Was ist
    Heldendichtung?, in: Ders. (Hg.): Europäische Heldendichtung, Darmstadt
    1978, S. 1–38, hier S. 30 ff.; ders.: Held und Kollektiv, in: Zeitschrift für
    deutsches Altertum und deutsche Literatur 122 (1993), H. 1, S. 1–35, hier S. 4).

136 Vor dem Hintergrund des Erzählschemas der gefährlichen Brautwerbung hat
    Strohschneider formuliert, dass die Figur „die Funktionen der Braut und des
    Brautvaters" aggregiere (Strohschneider, Regeln, S. 47); aus der Perspektive seiner

Anders als es die symmetrische Beiordnung von Schönheit und Stärke nahelegt, zeichnet diese Verbindung ein Spannungsverhältnis aus. Es resultiert aus der unterschiedlichen Art und Weise, wie die Begriffe Schönheit und Stärke zu Beginn des *Nibelungenlieds* weiblichen und männlichen Figuren zugeordnet werden. Die Analyse der Zuschreibungen von Attributen an die Protagonisten in den ersten Aventiuren hat gezeigt, dass Schönheit zwar in der nibelungischen Welt primäres Merkmal weiblicher Figuren ist, dass sie aber auch eine Eigenschaft männlicher Kriegerfiguren sein kann.[137] Schönheit ist daher nicht in gleicher Weise bedeutsam für die Differenzierung der Geschlechter wie Stärke, und beide Begriffe werden in der nibelungischen Welt nicht komplementär aufeinander bezogen.

Dennoch betont die Erwähnung von Brünhilds Schönheit ihre Weiblichkeit. Sie wird als weibliche Herrscherin bezeichnet („küneginne" (326,1)) und löst das Begehren des Burgunden-Herrschers aus. Das tut sie – wie andere weibliche Figuren („manec scœne magedîn" (325,2)), von denen zu Beginn von Aventiure sechs die Rede ist – mit ihrer Schönheit (328,2–3). Im gegebenen Kontext der ersten Strophen der sechsten Aventiure erhält Schönheit damit eine geschlechterspezifische Konnotation und zeigt zusammen mit anderen Eigenschaften Brünhilds Weiblichkeit an.

Indem der weiblich markierten Figur mit der Stärke dasjenige Merkmal zugeschrieben wird, das in der nibelungischen Welt sonst ausschließlich männliche Figuren erhalten, stellt sie *als weibliche Figur* die Grenze zu männlichen Figuren in Frage. Durch die Zuweisung physischer Kraft an eine Protagonistin wird die Aufmerksamkeit auf dieses zentrale Kriterium zur Differenzierung der Geschlechter in der nibelungischen Welt gelenkt. Damit provoziert schon die Vorstellung der Isensteiner Herrscherin vor allem zwei Fragen: Können angesichts einer weiblichen und zugleich starken Königin die Geschlechter weiterhin anhand von Körperkraft unterschieden werden? Was für Konsequenzen ergeben sich für die nibelungische Gechlechterordnung, wenn diese Möglichkeit der Differenzierung der Geschlechter nicht länger gegeben ist? Bei der Einführung Brünhilds wird somit deutlich, dass im Folgenden das fundamentale Kriterium sowie der Vorgang geschlechterspezifischer Differenzierung thematisiert werden.

Untersuchung geht es damit um die Verschmelzung verschiedener Rollen der Geschlechter.

137 Auf diese Asymmetrie der Attribute Brünhilds weist auch Schulze hin (vgl. Schulze, Nibelungenlied, S. 185 f.).

Nach der ersten Erwähnung Brünhilds in Aventiure sechs und der besonderen Eigenschaften, die sie auszeichnen, schildert die siebte Aventiure die Merkmale der Herrscherin in Isenstein ausführlich. Dabei wird wiederholt auch auf ihren Körper Bezug genommen. Von Brünhilds Stärke ist hier zunächst nicht die Rede. Stattdessen folgt bei der Annäherung der Brautwerber an den Isensteiner Herrschaftssitz die Wiederholung der Inszenierung von Gunthers Begehren. Während er in der sechsten Aventiure von Brünhilds Schönheit hörte (325; 328), bekommt er sie nun zu sehen. Der Text schildert den ersten Blick Gunthers auf Brünhild als sichtbaren Nachweis der Schönheit ihres Körpers (389–393). Als die Burgunden sich der Burg nähern, sehen sie schöne junge Frauen in den Fenstern stehen (389,3). Gunther erkundigt sich bei Siegfried nach ihnen und nach ihrem Herrn (390). Siegfried fordert ihn darauf auf, unter den Frauen diejenige zu benennen, die er dem Augenschein nach (391,1; 393,1) zur Frau nehmen würde. Gunther deutet auf eine Gestalt im schneeweißen Gewand (392,2) und formuliert: „die welent mîniu ougen durch ir scœnen lîp" (392,3). Der Anblick des schönen Körpers der weiblichen Figur bringt Gunther dazu, sie zu begehren. Siegfried bestätigt ihm, dass seine Augen die richtige gewählt haben:

> ‚Dir hât erwelt vil rehte dîner ougen schîn:
> ez ist diu edel Prünhilt, daz scœne magedîn,
> nâch der dîn herze ringet, dîn sin unt ouch der muot.' (393,1–3)

Nachdem Gunthers Herz, Sinn und Empfinden bereits als Sitz des Begehrens nach Brünhild benannt sind, kann Siegfried formulieren, dass nun auch die Augen – dem Begehren entsprechend und daher korrekt – die zukünftige Ehefrau ausgewählt haben. Damit ist nicht nur Gunthers Begehren auch auf der Ebene des Visuellen, des Anblicks von Brünhilds Körper, bestätigt worden, sondern zugleich wird hier noch einmal die Attraktivität des Körpers der Isensteiner Herrscherin unter den anderen Frauen ihres Hofes herausgestellt. Ihr schönes Äußeres löst das Begehren des Wormser Herrschers aus, und dieses betont im Gegenzug ihre Schönheit und Attraktivität und stellt letztlich in der reziproken Logik des heterosexuellen Begehrens die Weiblichkeit der Isensteiner Königin sicher. Brünhild ist für Gunther nicht anders als andere Frauen, nur noch attraktiver.

Von Beginn der siebten Aventiure an wird Brünhild kontinuierlich mit schmückenden Beiworten versehen. Wie Kriemhild wird auch sie in erster

Linie als schön beschrieben.[138] Die Epitheta stellen außerdem Eigenschaften heraus, die neben vornehmer Herkunft und Herrlichkeit auf die Tugendhaftigkeit der Figur abheben. Brünhild ist „edel" (393,2; 447,1; 462,2; 474,4; 478,4), „hêr" (398,4; 427,1), „hêrlîche" (401,4; 456,1), „guot" (409,4; 462,2) und „lobelîch" (468,2). Gunthers Beschreibung der Attraktivität ihres Körpers und die Fülle der Epitheta machen deutlich, dass es in Aventiure sieben offenbar um eine andere Form der Darstellung Brünhilds geht, als bei ihrer ersten Erwähnung in der sechsten Aventiure. Zumindest zu Beginn der Aventiure ist nicht die Exzeptionalität Brünhilds vorrangiges Ziel der Darstellung, sondern ihre Eigenschaften als Minnedame und als tugendhafte höfische Frau. Ihre physische Stärke wird erst bei der Begrüßung der Burgunden erneut thematisiert – jedoch auch an dieser Stelle noch nicht ausdrücklich, sondern mit Hilfe der Wettkampfhandlungen, über die der folgende Teil der Aventiure berichtet.

In der Szene, in der Gunther Brünhild erstmals erblickt, wird lediglich mit dem Hinweis, Gunther solle wählen, wen er zur Frau nehmen würde, wenn die Wahl in seiner Macht stünde (391,3),[139] angedeutet, dass vor der Eheschließung zunächst noch die Brautwerbung erfolgreich absolviert werden muss. Als Brünhild von einem ihrer Gefolgsleute erfährt, Siegfried sei allem Anschein nach unter den Gästen (411), beteuert sie, dass es ihm ans Leben gehen werde, sollte er als Werber nach Isenstein gekommen sein (416,2–3). Damit wird nach der Einführung Brünhilds in Aventiure sechs ein weiteres Mal auf die Bedingungen der bevorstehenden Brautwerbung angespielt.[140] Bei der Begrüßung Siegfrieds erläutert Brünhild dann die Regeln des Wettkampfs, zu denen bei einer Niederlage des Brautwerbers sein Tod und der seines Gefolges gehören (423).

Nachdem Gunther die Bedingungen akzeptiert hat (427), veranlasst Brünhild, dass ihr Gefolge die Vorbereitungen trifft. Mit dem Herbeibringen ihrer Rüstung sowie des Kampfgeräts (435–451) beginnt in Aventiure sieben die Darstellung der physischen Stärke der Isensteiner Herrscherin. Berichtet wird von den kostbaren Materialien ihrer Kampfgewänder und ihres Panzers (428,3–429,4; 439) sowie ihres Schildes (435–437). Erzählt wird aber auch, wie viele von Brünhilds Gefolgsleuten

---

138 Vgl. beispielsweise 389,3; 392,3; 393,2; 398,4; 409,4; 417,1; 427,3; 445,4; 459,1; 461,1; 465,3. Vgl. zudem Laubscher, Frauenbild, S. 65.
139 Gunther formuliert diese Voraussetzung kurz darauf noch einmal selbst (392,4).
140 Zum ersten Mal werden die Anforderungen des Brautwerbungswettkampfes als Teil von Brünhilds *fama* in Aventiure sechs genannt (326,4–327,4).

für das Herbeibringen des Schildes und der einzelnen Wettkampfinstrumente nötig sind. Um ihren Schild zu tragen, braucht es vier Männer:

> Der schilt was under buckeln, als uns daz ist gesaget,
> wol drîer spannen dicke, *den solde tragen diu maget*,
> von stahel unt ouch von golde; rîch er was genuoc,
> den ir kamerære selbe vierde kûme truoc. [Hervorhebungen T. R.] (437)

Für den Speer sind drei Männer notwendig:

> Von des gêres swære hœret wunder sagen.
> wol vierdehalbiu messe was dar zuo geslagen.
> den truogen kûme drîe Prünhilde man. (441,1–3)

Und um den Stein zu bewegen, den die Kontrahenten später werfen werden, erfordert es des Einsatzes von zwölf Recken:

> Diu Prünhilde sterke vil grœzlîche schein.
> man truoc ir zuo dem ringe einen swæren stein,
> grôz unt ungefüege, michel unde wel.
> in truogen kûme zwelfe, helde küene unde snel. (449)

Spätestens mit diesem letzten Kampfwerkzeug wird deutlich, dass bereits das Herbeibringen der Gerätschaften dazu dient, die Stärke Brünhilds zu demonstrieren (449,1). Die Beschreibung des Transports von Schild und Waffen zieht männliche Körper als Gradmesser von Brünhilds Kraft heran. Um ihren weiblichen Körper zu charakterisieren, wird er auf männliche Körper bezogen. Der männliche Körper stellt bei diesem Vergleich eine Maßeinheit für die Stärke dar, die soweit normiert ist, dass allgemeinverständlich mit ihr gerechnet werden kann.[141] Männerkörper sind offenbar zugleich als normiert und als Norm der Körperkraft anzusehen.

In der Schilderung des Transports der Waffen wird Brünhilds Körper mit männlichen Körpern verglichen. Diese Funktion der Darstellung wird bereits anhand ihres Schildes deutlich. Hier wird konstatiert, Brünhild werde den massiv gearbeiteten Schild tragen (437,2), um darauf mit dem gleichen Prädikat herauszustellen, dass kaum vier Männer in der Lage sind,

---

141 Für das Messen der Kräfte anhand der Einheit der (durchschnittlichen) Stärke eines Mannes kann einigermaßen präzise der Begriff der Quantität im Sinne der mittelalterlichen Philosophie verwendet werden. Im Anschluss an Aristoteles wird Quantität in der mittelalterlichen Philosophie als Zerlegbarkeit eines Stoffes in seine Bestandteile bestimmt; diese können diskret sein (z. B. Zahl und Rede) oder kontinuierlich (z. B. Linie, Fläche und Körper). Zu mittelalterlichen Konzepten der Quantität vgl. Urban, Wolfgang: Art. Quantität. II. Mittelalter, in: Ritter, Joachim und Karlfried Gründer (Hg.): Historisches Wörterbuch der Philosophie. Bd. 7, Darmstadt 1989, Sp. 1796–1808, insbes. Sp. 1796 ff.

ihn zu bewegen (437,4). Innerhalb der Ordnung der Geschlechter, die für die Welt des *Nibelungenlieds* zunächst etabliert wird, stellt der Vergleich einer weiblichen mit männlichen Figuren in Bezug auf eine spezifische Eigenschaft eine Besonderheit dar. Damit kommt es in Aventiure sieben zu einer bis zu diesem Punkt der Erzählung noch nicht gesehenen Form der Relationierung der Geschlechter. Sie unterscheidet sich von der Zuweisung gleicher Eigenschaften an weibliche und an männliche Figuren – wie etwa des Attributs der Schönheit – oder von der Etablierung eines Machtzusammenhangs, in dem Positionen auch nach geschlechterspezifischen Kriterien vergeben werden – wie beispielsweise bei der Einführung Kriemhilds in Aventiure eins innerhalb des Herrschaftsbereichs der Burgunden geschehen. Die Art und Weise der Darstellung des Schild- und Waffentransports schließt ein, dass zuallererst die Vergleichbarkeit männlicher und weiblicher Körper in Bezug auf die physische Stärke konstatiert wird.[142] Darüber hinaus aber dient der Vergleich der Körper, den der Waffentransport schildert, dazu, die Besonderheit von Brünhilds Kraft herauszustellen. Die Stärke ihres Körpers ist eben nicht ähnlich groß wie die des Körpers eines Mannes der nibelungischen Welt, sondern sie übersteigt die einer einzelnen männlichen Figur um ein Vielfaches.[143] Brünhilds Kraft wird in einer einzigen sprachlichen Operation nicht nur mit der Stärke von Männern verglichen, sondern zugleich auch als außergewöhnlich herausgestellt.

Bereits diese knappe Analyse des Waffentransports lässt Parallelen zur Thematisierung des Vergleichs in der antiken Rhetorik und in ihrer mittelalterlichen Rezeption erkennen.[144] In der *Rhetorica ad Herennium* etwa,

---

142 Schausten weist darauf hin, dass die Zuschreibung physischer Kraft an Brünhild der Kraft männlicher Figuren entspricht (Schausten, Körper, S. 45). Sie deutet diesen Befund allerdings sogleich im Hinblick auf die Machtverhältnisse und die Formen symbolischer Kommunikation in der imaginierten Welt und analysiert die sprachliche Konstruktion der Körper männlicher und weiblicher Figuren nicht näher.

143 Strohschneider bezeichnet die Figur treffend als „überstark" (Strohschneider, Regeln, S. 47).

144 Vgl. Kneepkens, Corneille Hernri: Art. Comparatio, in: Ueding, Gert (Hg.): Historisches Wörterbuch der Rhetorik. Bd. 2, Tübingen 1994, Sp. 293–299; Schenk, Günter und A. Krause: Art. Vergleich, in: Ritter, Joachim, Karlfried Gründer und Gottfried Gabriel (Hg.): Historisches Wörterbuch der Philosophie. Bd. 11, Basel 2001, Sp. 676–680; Schenk, Günter: Art. Vergleich, in: Sandkühler, Hans Jörg (Hg.): Europäische Enzyklopädie zu Philosophie und den Wissenschaften. Bd. 4, Hamburg 1990, S. 698–701; sowie zu einer detaillierten Darstellung der Begriffe, die in antiken Rhetoriken zu Vergleich und Ähnlichkeit

einer im Mittelalter Cicero zugeschriebenen und weit verbreiteten Rhe-
torik-Unterweisung des ersten vorchristlichen Jahrhunderts,[145] wird unter
den Sinnfiguren vergleichendes Argumentieren beschrieben. Der Begriff
der *similitudo* bezeichnet eine Redeweise, die eine ähnliche Eigenschaft von
einem entfernten Gegenstand auf einen anderen überträgt.[146] Es handelt
sich damit um eine sprachliche Operation mit drei Elementen, die zwischen zwei Gegenständen eine Verbindung herstellt mit Hilfe einer Eigenschaft, die zunächst nur bei einem dieser Gegenstände beobachtet
worden ist. Die *Rhetorica* nennt vier Funktionsbereiche dieses Vorgehens:
Der Vergleich werde verwendet, um zu schmücken, um zu beweisen, um
offener zu sprechen und um etwas anschaulich vor Augen zu stellen. An
anderer Stelle fügt der Text noch die Funktion des Lobens oder des Tadelns
einer Person durch den Vergleich mit einer anderen hinzu.[147] Ziel dieser
Verwendung des Vergleichs ist die Verähnlichung in Bezug auf ein spezi-

---

verwendet werden, vgl. McCall, Jr., Marsh H.: Ancient Rhetorical Theories of
Simile and Comparison, Cambridge (Mass.) 1969. Mit den folgenden Hinweisen
auf die rhetorische Thematisierung des Vergleichs soll nicht versucht werden, den
in Aventiure sieben des *Nibelungenlieds* realisierten Vergleich männlicher und
weiblicher Körper auf eine Konzeption der zeitgenössischen rhetorischen Theorie
zu reduzieren, sondern es soll lediglich ein begrifflicher Rahmen für das im
Weiteren ausführlich beschriebene ästhetische Verfahren des Vergleichs der Körper
im Zuge der Brautwerbung um Brünhild umrissen werden.

145 Zur mittelalterlichen Rezeption der *Rhetorica ad Herennium* vgl. Murphy, James J.:
Rhetoric in the Middle Ages. A History of Rhetorical Theory from Saint Augustine
to the Renaissance, Berkeley und London 1974, S. 109 ff.

146 Vgl. Rhetorica ad Herennium. Lateinisch und deutsch, hg. und übs. v. Theodor
Nüßlein, München und Zürich 1994, 4,XLV,59, S. 292: „Similitudo est oratio
traducens ad rem quampiam aliquid ex re dispari simile". Den Zusammenhang
von Vergleich und Ähnlichkeit bestimmt in der antiken Rhetorik auch Ciceros *De
inventione* (vgl. Cicero, Marcus Tullius: De inventione. Über die Auffindung des
Stoffes. De optimo genere oratorum. Über die beste Gattung von Rednern. Lateinisch und deutsch, hg. und übs. v. Theodor Nüßlein, Düsseldorf und Zürich
1998, I,30,49, S. 47 ff.). Danach ist das Feststellen von Ähnlichkeit die Voraussetzung von Vergleichbarkeit, und der Vergleich kann dreierlei rhetorische Formen
annehmen: *imago, collatio* oder *exemplum*.

147 Zu dieser Funktion einer *imago* vgl. Rhetorica, 4,XLIX,62, S. 300. Außerdem
werden weitere strategische Verwendungsweisen des Vergleichs und des Operierens
mit Ähnlichkeiten in anderen antiken Texten zur Rhetorik erwähnt: Cicero beschreibt in *De inventione* und in den *Topica* das Aufweisen von Ähnlichkeiten als
Strukturmerkmal bestimmter Typen argumentativer Verfahren (vgl. Cicero, De
inventione, I,31,51 ff., S. 94 ff.; Cicero, Marcus Tullius: Topica. Die Kunst,
richtig zu argumentieren. Lateinisch und deutsch, hg., übs. und erl. v. Karl Bayer,
München und Zürich 1993, X,41 ff., S. 34 ff.).

fisches Merkmal; es geht nicht darum, die Identität zweier Personen oder Gegenstände zu behaupten. Die *Rhetorica ad Herennium* weist darauf hin, dass das Auffinden der Ähnlichkeitsrelation nur auf einen bestimmten Aspekt der Gegenstände zu beziehen sei und nicht auf den Gegenstand in seiner Gesamtheit.[148] Diese Präzisierungen der Ähnlichkeitsrelation – die Benennung der spezifischen Ebene, auf die allein die Ähnlichkeit beschränkt ist, sowie die Betonung der Differenzen, die mit ihr einhergehen – wird in anderen antiken Rhetorik-Lehrwerken noch deutlicher angesprochen.

Quintilian unterscheidet im Zuge der Darstellung einer Beweisführung mit Hilfe von Beispielen in der *Institutio oratoria* Relationen der Ähnlichkeit, der Unähnlichkeit sowie des Gegensatzes.[149] Die Begriffe führen die Möglichkeit ein, verschiedene Ähnlichkeitsbeziehungen zu differenzieren. Der Text selbst bezeichnet diese Differenzierung als graduelle.[150] So wird zwischen geringerer und größerer Ähnlichkeit unterschieden,[151] und es wird darauf hingewiesen, dass auch Unähnliches Ähnlichkeit in sich trage.[152] Dass die Grenze zwischen Ähnlichkeit und Unähnlichkeit nicht klar gezogen zu sein scheint, zeigt an, dass hier im Einzelfall weitere Differenzierungsarbeit notwendig wird.[153] Der Text fordert schließlich dazu auf, dem ersten Eindruck der Ähnlichkeit nicht zu trauen, sondern die so bezeichnete Relation stets kritisch zu prüfen.[154] Damit führt die *Institutio oratoria* eine differenzierte Konzeption der Ähnlichkeitsbeziehungen ein, die vergleichenden Verfahren inhärent sind.

---

148 Vgl. Rhetorica, 4,XLVIII,61, S. 298: „Non enim res tota totae rei necesse est similis sit, sed id ipsum, quod conferetur, similitudinem habeat oportet".

149 „aut similia esse aut dissimilia aut contraria" (Quintilianus, Marcus Fabius: Institutio oratoria. Ausbildung des Redners. 2 Bde., hg. und übs. v. Helmut Rahn, Darmstadt 1988, 5,11,5, Bd. 1, S. 598). Murphy weist darauf hin, dass der Text Quintilians im Mittelalter Kürzungen und Auslassungen erfahren hat und dass er zudem nicht kontinuierlich überliefert worden ist (vgl. Murphy, Rhetoric, S. 123 ff.).

150 „et probandorum et culpandorum ex iis confirmatio eosdem *gradus* habet [Hervorhebung T. R.]" (Quintilian, Institutio oratoria, 5,11,7, Bd. 1, S. 598 f.).

151 „et esse aliquid minus simile […] aliquid plus" (Quintilian, Institutio oratoria, 5,11,30, Bd. 1, S. 610).

152 „dissimilibus inesse similis" (Quintilian, Institutio oratoria, 5,11,30, Bd. 1, S. 610).

153 Dass es beim rhetorischen Einsatz von Ähnlichkeiten um diese Aktivität geht, zeigt auch die Vielzahl der Beispiele, die im elften Kapitel des fünften Buches der *Institutio* verwendet werden.

154 Vgl. Quintilian, Institutio oratoria, 5,11,26 ff., Bd. 1, S. 608; vgl. dazu auch McCall, Simile, S. 207.

Ähnlichkeiten und Differenzen werden eng aneinander gebunden, und es wird dem analytischen Blick desjenigen aufgegeben, der Vergleiche verwendet, Beziehungen zwischen Gegenständen herzustellen, die diesen angemessen sind. Auf diese Weise gibt Quintilians Text auch die Möglichkeit an die Hand, mit Hilfe gradueller Ähnlichkeitsverhältnisse Gegenstände zu gruppieren und (Binnen-)Differenzierungen der Phänomengruppen vorzunehmen.[155]

Mittelalterliche Autoren übernehmen aus den antiken Rhetoriken die Vorgehensweise, bei der Beschreibung von Ähnlichkeiten graduelle Unterschiede festzuhalten. Als Beispiele seien hier Isidors *Etymologiae* und der Kommentar zu Ciceros *De inventione* von Thierry von Chartres genannt. Bei Thierry heißt es, dass mit Hilfe eines Vergleichs unterschiedliche Relationen der Ähnlichkeit – als ein Mehr, Weniger oder Gleichviel – bestimmt werden.[156] Isidors Etymologien nennen sowohl beim Begriff des Vergleichs als auch bei dem der Ähnlichkeit unterschiedliche Grade der Übereinstimmung als Ergebnis der Operation. Auch er erwähnt die drei Stufen der Ähnlichkeit zweier verglichener Gegenstände, die sich bei Thierry von Chartres finden.[157] Antike rhetorische Texte, die im Mittelalter

---

155 Zur Ähnlichkeit als Basis wissenschaftlicher Klassifikationen auf der Grundlage der Übereinstimmung qualitativer Aspekte vgl. Schenk, Günter: Art. Ähnlichkeit, in: Sandkühler, Hans Jörg (Hg.): Europäische Enzyklopädie zu Philosophie und den Wissenschaften. Bd. 1, Hamburg 1990, S. 51–53, hier S. 52. Als grundlegende Bestimmung von Ähnlichkeit in Bezug auf qualitative Merkmale gilt Aristoteles' *Metaphysik* (vgl. Aristotle: The Metaphysics. X-XIV, übs. v. Hugh Tredennick, London und Cambridge (Mass.) 1935, X,3,4 f. 1054b, S. 16 ff. (= The Loeb Classical Library, Bd. 287; Aristotle in twenty-three volumes, Bd. 18)). Die *Metaphysik* wird allerdings – wie im Übrigen auch Aristoteles' *Rhetorik* – erst seit dem 13. Jahrhundert im lateinischen Westen rezipiert. Daher wird auf diese beiden Texte hier nicht ausführlich eingegangen.

156 „Comparatio est duarum rerum inter se aut plurium secundum maius aut minus aut aequale. […] Nam sunt quaedam comparationes in quibus unum magis et minus dicitur de duobus" (The Latin Rhetorical Commentaries by Thierry of Chartres, hg. v. Karin Margareta Fredborg, Toronto 1988, 1,11,15, S. 97,10 ff.). Für den juristischen Zusammenhang, auf den die Textstelle sich bezieht, wird die Möglichkeit der Übereinstimmung, die im ersten zitierten Satz noch enthalten ist, verneint.

157 „Conparatio dicta quia ex alterius conparatione alterum praefert. Cuius gradus tres sunt: positivus, conparativus, (et) superlativus" (Isidori Hispalensis Episcopi Etymologiarum Sive Originum. Libri XX, hg. v. Wallace Martin Lindsay, Oxford 1911, I,7,27). Auch wenn zunächst das Herstellen einer Hierarchie als Ziel des Vergleichs formuliert wird („praefert"), ist unter den drei Graden des Vergleichs auch genannt, dass schlicht konstatiert werden kann, dass eine Eigenschaft bei einem Gegenstand vorliegt („positivus"). Unter den Modi der Ähnlichkeit firmiert

rezipiert werden, behandeln damit ebenso wie mittelalterliche Autoren Vergleich und Ähnlichkeit als Verfahren der graduellen Annäherung und Differenzierung von Gegenständen mit Ergebnissen, die im Einzelfall eruiert werden müssen.

Nach den Vorbereitungen des Wettkampfes in Isenstein werden die einzelnen Kampfhandlungen, die Brünhild vom Brautwerber fordert (425), sukzessive dargestellt (456–465). Der Vergleich der Körper, der schon mit der Schilderung des Waffentransports begonnen hat, wird nun fortgesetzt. Die ausführliche Darstellung der einzelnen Disziplinen nimmt in unterschiedlicher Weise auf die Körper der beteiligten Figuren Bezug und zeigt die gewaltsame Auseinandersetzung als Vergleich weiblicher und männlicher Körper hinsichtlich Kampfesfähigkeit und physischer Stärke.

Die Auseinandersetzungen werden als in hohem Maße reglementiert dargestellt. Mehrfach werden vor Beginn des Kampfes seine Bedingungen genannt. Dass Ritter, die um Brünhild werben, im Kampf gegen sie bestehen müssen, wird bereits bei ihrer Einführung in Aventiure sechs erwähnt (326,4; 327,2–3). Außerdem sind hier bereits die drei zu absolvierenden Disziplinen, Speerwurf, Steinwurf und Weitsprung, genannt (326,4–327,1) – in der Reihenfolge, in der die Kämpfe in Isenstein dann auch tatsächlich stattfinden. Ist der Preis des Sieges die *minne* der umworbenen Frau, so folgt auf eine Niederlage offenbar zwingend der Tod des Werbers (327,4). Sich auf den Wettkampf einzulassen bedeutet also nicht nur, das Ziel des eigenen Wunsches zu verfolgen und möglicherweise zu verfehlen, sondern der Kampf mit Brünhild kann die Auslöschung der Identität des Werbers zur Folge haben. Auch diese Gefahr, in die sich die Brautwerber begeben, steht von Anfang an fest. Die Einführung dieser Spielregel konstituiert die Situation der Bedrohung, in der sich die Burgunden in Isenstein befinden und die im weiteren Verlauf von Aventiure sechs und sieben ausführlich entwickelt wird. Sie besteht noch über Brünhilds Niederlage hinaus fort. Als Brünhild die Brautwerber aus Worms begrüßt, wiederholt sie die genannten Bedingungen und weist ihre Gäste ausdrücklich auf die Regeln des Wettkampfes hin. Zunächst nennt sie Preis und Einsatz des Kampfes (423), um dann die Disziplinen anzusprechen (425,1–2) und schließlich noch einmal auf die Gefahr für das Leben der Werber zurück zu kommen (425,3). Gunther akzeptiert die Bedingungen des Wettkampfes ausdrücklich (427). Erst nachdem dies geschehen ist, ordnet Brünhild an, die Spiele vorzubereiten (428,1–2). Die mehrfach

---

bei Isidor dann ausdrücklich auch die Übereinstimmung: „Similitudo autem tribus modis fit: a pari, a maiore, a minore" (Isidor, Etymologiae, I,37,35).

wiederholten klaren Regeln des Wettkampfes dienen dazu, den Ablauf des Geschehens vorab transparent zu machen und in geordnete Bahnen zu lenken. Sie führen außerdem dazu, dass die den Handlungen inhärente Gewalt – markiert insbesondere durch die Rüstung und das Kampfinstrument Speer – beschränkt wird. Auch wenn sich die Disziplinen des Brautwerbungswettkampfes vom ritterlich-höfischen Zweikampf, bestehend aus Tjost zu Pferd und Schwertkampf am Boden, unterscheiden,[158] so zeigt der Brautwerbungswettkampf doch in seiner Reglementierung des Aufeinandertreffens der Kontrahenten deutliche Parallelen mit dem höfischen Turnier, wie es in literarischen Texten geschildert wird.[159] Zudem findet sich auch die Kombination aus Weitsprung, Speer- und Steinwurf durchaus in der Literatur als Teil der Darstellung höfischer Lebensweise.[160] Auch im *Nibelungenlied* markieren die Disziplinen Stein- und Speerwurf nicht, wie außergewöhnlich oder verwerflich Brünhilds Kampfspiele sind, sondern ebendiese Disziplinen sind auch Teil der Wettkämpfe, die nach der Deeskalation der Situation bei Siegfrieds Ankunft in Worms veranstaltet werden (130).

Die Schilderung der Kampfspiele zeigt, dass der Wettkampf tatsächlich den zuvor festgelegten Regeln folgt (456–465). Zunächst schießen beide Parteien den Speer (456–458; 459–461), sodann wird der Stein geworfen (462,2–463,1; 464,2) und schließlich ein Sprung ausgeführt, mit dem sowohl Brünhild als auch Gunther und Siegfried den Steinwurf noch überbieten (463,2; 464,2). Bei der ersten Disziplin, dem Speerwurf, wird

---

158 Vgl. Zimmermann, Julia: „Frouwe, lât uns sehen iuwer spil diu starken". Weitsprung, Speer- und Steinwurf in der Brautwerbung um Brünhild, in: Ebenbauer, Alfred und Johannes Keller (Hg.): 8. Pöchlarner Heldenliedgespräch. Das Nibelungenlied und die Europäische Heldendichtung, Wien 2006, S. 315–335, hier S. 324.

159 Zum Ritterspiel als Möglichkeit der Formalisierung von Gewalt vgl. Müller, Spielregeln, S. 393; zum Turnier als formalisiertem und begrenztem Kampf vgl. auch Fleckenstein, Josef: Das Turnier als höfisches Fest im hochmittelalterlichen Deutschland, in: Ders. (Hg.): Das ritterliche Turnier im Mittelalter. Beiträge zu einer vergleichenden Formen- und Verhaltensgeschichte des Rittertums, Göttingen 1985, S. 229–256, hier S. 234 f. Dass der Wettkampf Regeln voraussetzt, die „einen Rahmen gleicher Ausgangsbedingungen" schaffen und dass sich innerhalb dieses Rahmens das Interaktionswissen der Fairness herausbildet, welches darin besteht, „sich nicht außerhalb des von den Wettkampfregeln definierten Bewegungsspielraums Vorteile zu verschaffen", beschreibt Haferland (Interaktion, S. 31).

160 Das hat ausführlich Zimmermann herausgearbeitet (vgl. Zimmermann, Brautwerbung, S. 325 ff.); vgl. außerdem Bumke, Höfische Kultur, S. 304.

die Waffe gegen die jeweils andere Partei geschleudert. Die Disziplin bezieht den Körper des Gegners ein. Dabei verursachen die Würfe beider Kontrahenten eine Veränderung der Körperhaltung des anderen: Sowohl Gunther und Siegfried als auch Brünhild gehen von der Wucht des gegnerischen Speers zu Boden (457,3; 460,3); Siegfried beginnt darüber hinaus aus dem Mund zu bluten (458,1), was seine Anstrengung beim Parieren von Brünhilds Speerwurf anzeigt.[161] Die Körper beider Parteien werden im Zuge der Kampfhandlungen nicht nur als Ausgangspunkt dargestellt, sondern auch als Ziel. Beim Speerwurf handelt es sich um den Vollzug unmittelbarer physischer Gewalt gegen den Kontrahenten. An dieser Stelle des Kampfes kann das Kräftemessen zur Verletzung bis hin zur Tötung des Gegners führen. Es ist die einzige der drei Disziplinen, bei der in die Reglementierung des Verfahrens selbst die Möglichkeit eines tödlichen Ausgangs einbegriffen ist.[162] Eine Eskalation der Gewalt, verstanden als sukzessive Steigerung fortgesetzter Handlungen beider Parteien, ist jedoch auch hier ausgeschlossen, denn jede Partei hat nur einen Wurf. Reaktionen auf die Gewalt des Gegners sind nicht vorgesehen. Der Text zeigt, dass gravierende Verletzungen oder sogar der Tod eines Kontrahenten beim Speerwurf durchaus möglich sind. Er macht zudem deutlich, dass diese Gefahr abgewendet wird, indem auf der einen Seite Siegfried Gunther beim Werfen des eigenen und beim Empfangen von Brünhilds Speer unterstützt (459–460; 456–457) und indem er selbst die Tarnkappe zu Hilfe nimmt.[163] Auf der anderen Seite wird Brünhild geschont, weil Siegfried den Speer zwar nicht mit wenig Kraft (459,4; 460,2), aber mit der stumpfen Seite voraus gegen sie schleudert (459). Die Möglichkeit des

---

161 Zimmermann (Brautwerbung, S. 334) weist darauf hin, dass diese Verletzung Siegfrieds – ebenso wie die beim Kampf im Wormser Schlafgemach (675,2–3) – zu seiner Unverwundbarkeit im Widerspruch steht. Das mag als Beleg dafür gelten, dass sich Inkohärenzen des Textes auch auf der Ebene der Logik der Körper zeigen. Über die zeichenhafte Funktion von Siegfrieds Blut jedoch besteht kein Zweifel.

162 Vgl. auch Zimmermann, Brautwerbung, S. 333. Vermutlich aufgrund der möglichen Todesfolge beim Speerwurf ist die Reihenfolge der Kampfhandlungen vertauscht, als Brünhild den Brautwerbern die Bedingungen des Wettkampfes erläutert (425,1–2). Dort läuft die Vorstellung der Disziplinen auf die Betonung der Gefährdung für die Werber zu (425,3).

163 Zimmermann (Brautwerbung, S. 333) weist zudem darauf hin, dass Brünhild nicht beabsichtige, den Gegner zu töten, denn sie ziele auf Gunthers Schild und nicht auf den Körper der Figur (456,1–2). Selbstverständlich bleibt offen, ob die Unterscheidung von Rüstung und Körper der Figur an dieser Stelle signifikant ist und ob die Formulierung darüber hinaus auf eine Intention der Figur hin interpretiert werden kann.

tödlichen Ausgangs der Kampfspiele, die für die Brautwerber als eine Bedingung der Werbung um Brünhild wiederholt erwähnt worden ist,[164] ergibt sich aus der Logik des Wettkampfes selbst tatsächlich nur in dieser einen der drei Disziplinen.[165] Sie wird durch Siegfrieds Handeln und durch den Einsatz der Tarnkappe erfolgreich vermieden. Funktion der Darstellung ist nicht nur, dass Siegfried eine Bedrohung abwendet, sondern auch dass alle drei Disziplinen letztlich dazu dienen, die Kräfte der Kontrahenten zu beschreiben und zu messen. Beim Speerwurf gehen beide Parteien zu Boden. Die erste Wettkampfdisziplin endet unentschieden.

Bei den beiden anderen Disziplinen, bei Weitsprung und Steinwurf, hat nicht der Körper eines Kontrahenten den Effekt der Kraft eines anderen zu erleiden, sondern die jeweilige physische Stärke wirkt auf einen Gegenstand oder auf den eigenen Körper. Verglichen wird die zurückgelegte Distanz. Die Entfernung, die Brünhild mit ihrem Steinwurf überwindet, wird als Näherungswert mit „wol zwelf klâfter" (463,1) angegeben. Mit ihrem Sprung übertrifft sie die Weite des Wurfes noch in einem Maße, das unbestimmt bleibt (463,2). Dass die Brautwerber sowohl die größere Wurf- als auch Sprungweite erreichen, bringt in Komparativen den Vergleich der Entfernungen zum Ausdruck: „den stein den warf er [= Siegfried] verrer, dar zuo er wîter spranc" (464,2). Den Körpern werden hier also nicht nur grundsätzlich ähnliche Eigenschaften zugeschrieben, sondern darüber hinaus wird deren Maß relational erfasst. Die zwei Disziplinen, bei denen Distanzen gemessen und miteinander verglichen werden können, bringen im Wettkampf die Entscheidung. Das Ergebnis scheint für alle Anwesenden offenkundig zu sein. Brünhild reagiert unmittelbar. Ihre Körperfarbe zeigt Zorn an (465,3); sie stellt die Entscheidung, die der Wettkampf herbeigeführt hat, aber nicht in Frage, sondern akzeptiert die von ihr selbst zuvor festgelegten Regeln und fordert ihr Gefolge auf, König Gunther, dem neuen Herrn, untertan zu sein (466,3–4).

Bei den drei Wettkampfhandlungen geht es also um ein Kräftemessen[166], das die Körper der weiblichen und der männlichen Figuren in Bezug

---

164 Vgl. etwa 327,4; 329,3; 340; 372,3; 416,3; 423,4; 425,3; 427,4; 452,1–2.

165 Nur in dieser Disziplin und nicht, wie Zimmermann meint, „kontinuierlich" droht das „legitime Wettspiel [...] in einen illegitimen Kampf zu eskalieren" (Zimmermann, Brautwerbung, S. 330 f.).

166 Den Begriff verwendet Schulze, Ursula: Brünhild – eine domestizierte Amazone, in: Bönnen, Gerold und Volker Gallé (Hg.): Sagen- und Märchenmotive im Nibelungenlied. Dokumentation des dritten Symposiums von Stadt Worms und

auf ihre physische Stärke vergleicht – und damit allererst vergleichbar macht. Ihre Körper werden in den geschilderten physischen Handlungen miteinander konfrontiert, die körperlichen Leistungen der Figuren werden ermittelt und zueinander in Beziehung gesetzt.[167] Dabei werden Ähnlichkeiten, insbesondere aber auch körperliche Differenzen in Bezug auf die verglichenen Fähigkeiten festgestellt. Dargestellt wird der Vergleich der Körper in den Kampfspielen in Aventiure sieben vor allem im szenischen Vollzug. Die Kampfspiele zeigen, dass ein weiblicher Körper zu ähnlichen Handlungen fähig ist wie die Körper männlicher Figuren. Grundlage des Vergleichs ist die Ähnlichkeit der Handlungen, die ausgeführt werden, sowie die Eigenschaften der Stärke und der Kampffähigkeit, die den Körpern auf diese Weise zugeschrieben werden. Das muss als wesentliche Dimension der Schilderung des Brautwerbungswettkampfes in Isenstein festgehalten werden, auch wenn gleichzeitig Differenzen hinsichtlich dieser Eigenschaften deutlich werden, auch wenn der Wettkampf mit der Niederlage Brünhilds endet und auch wenn die Brautwerber diese nur herbeiführen können, indem sie sich einer List bedienen – auf diese Aspekte des Kräftemessens komme ich im folgenden Abschnitt zu sprechen. Bei den Kampfspielen in Isenstein geht die Beschreibung von Ähnlichkeiten der Körper mit der Bestimmung von Differenzen einher. Sie weisen damit eine Struktur auf, die sich auch in den Ausführungen antiker und mittelalterlicher Rhetoriken zu Vergleich und Ähnlichkeit gezeigt hat.

Der Vergleich der Kraft weiblicher und männlicher Körper zeigt sich nicht nur anhand der Szene, die die siebte Aventiure mit den Kampfspielen entwirft, sondern auch anhand der Begriffe, die verwendet werden, um die drei am Kampf beteiligten Figuren und ihre Handlungen zu beschreiben. Im Zuge der Kampfspiele wird auch in der siebten Aventiure auf Brünhilds Kraft ausdrücklich Bezug genommen. Während des Kampfes wird die Figur zweimal mit dem Adverb „krefteclîch" in Verbindung gebracht, welches als Bestimmung von Wettkampfhandlungen nicht die Fähigkeit zu machtvollem Handeln, sondern physische Stärke als Eigenschaft von Brünhilds Körper bezeichnet.[168] Die Wettkämpfe beginnen mit den

---

Nibelungenlied-Gesellschaft Worms e. V. Vom 21. bis 23. September 2001, Worms 2002, S. 121–141, hier S. 123.

167 Auch Zimmermann weist auf den Aspekt des „kompetitiven Messens" hin (vgl. Zimmermann, Brautwerbung, S. 323).

168 Während sich die Bedeutung des Adverbs zwischen der schlichten Betonung einer Handlung („sehr") und der Semantik körperlicher Kraft („kräftig") bewegt, kann mit dem entsprechenden Adjektiv auch die Dimension der Macht mitgemeint sein (vgl. BMZ I, S. 873; Lexer I, Sp. 1717).

Worten: „Dô schôz vil krefteclîche diu hêrliche meit" (456,1). Schon der Speerwurf dient somit ausdrücklich der Demonstration ihrer Kraft. Ebenso schleudert sie in der folgenden Disziplin den Stein: „si swanc in [= den Stein] krefteclîche vil verre von der hant" (462,3). Als Attribut der Figur und nicht als Spezifikation ihres Handelns erscheint die Stärke Brünhilds bei den Wettkämpfen schließlich ein weiteres Mal, als sie den Speerwurf der Brautwerber entgegennimmt: „sine mohte mit ir kreften des schuzzes niht gestân" (460,3). Die Erwähnung von Brünhilds Körperkraft dient hier dazu, einen Mangel an Stärke angesichts des gewaltigen Wurfs der Burgunden zu konstatieren. Die physische Stärke Brünhilds wird an dieser Stelle also mit dem Ziel angesprochen, Differenzen zwischen den Kontrahenten zu markieren.

Begriffe aus den Wortfeldern „kraft" und „sterke" werden während des gesamten Kampfes auch auf die Brautwerber angewandt. Beim Speerwurf werden sie gemeinsam als „die kreftigen man" bezeichnet (457,3). Hier ist von ihrer Kraft die Rede, als sie durch den Schuss Brünhilds straucheln und zu Boden gehen. Als Siegfried den Speer zu Brünhild zurückwirft, geschieht dies durch „des starken Sîfrides hant" (458,4), und auch nach dem Speerwurf wird Siegfried als „kreftiger man" bezeichnet (461,4). Vor dem abschließenden Steinwurf und Weitsprung heißt er nochmals „kreftec unde lanc" (464,1). Außerdem wird gesagt, dass seine „kraft" (464,3) „von sînen schœnen listen" herrührt. Was sich beim Hinweis darauf, dass Brünhilds Kraft nicht hinreicht, um den Speerwurf der Werber zu parieren, schon angedeutet hat, zeigt sich spätestens hier deutlich: Die Darstellung der Kampfhandlungen und die damit einhergehende Beschreibung der Kraft der Parteien folgt nicht einem einzigen Muster von Dominanz und Unterlegenheit, sondern es werden unterschiedliche Relationen der Kraft der am Kampf beteiligten Figuren entworfen. Anhand der Zuweisung physischer Stärke an Brünhild ist bereits offenkundig geworden, dass diese nicht vorgenommen wird, um lediglich die besondere Körperkraft der Figur herauszustellen, sondern auch um die Grenze dieser Eigenschaft der Figur aufzuzeigen. Die Textstellen, die die Kraft der Burgundischen Brautwerber benennen, machen zudem deutlich, dass auf dieser Seite des Kräftemessens nicht nur eine, sondern mehrere Figuren an den Kampf-handlungen beteiligt sind. Ihre Kräfte werden gegeneinander ausdiffe-renziert und lassen sich zudem mit der Tarnkappe in Verbindung bringen, einem Kampfmittel, das einem der Beteiligten zusätzliche Kraft verleiht. Auf die Ordnung dieser Differenzierungen, die die Kampfspiele in Isen-stein ebenfalls erbringen, gehe ich im folgenden Abschnitt ausführlich ein.

An diesem Punkt der Analyse ist festzuhalten, dass während des Brautwerbungswettkampfes in Aventiure sieben die einzelnen Figuren mit Begriffen belegt werden, die Stärke und Kampffähigkeit anzeigen. Dabei wird deutlich, dass „kraft" und „krefteclîch" nicht nur auf die männlichen Helden, sondern im Zuge der Kampfspiele auch auf Brünhild angewandt werden. Dass Brünhilds Körper und die Körper der Burgunden gleichermaßen mit diesen Worten beschrieben werden, bringt die Korrespondenz beider im Hinblick auf physische Stärke zum Ausdruck. Nicht nur die geschilderte Handlung stellt die Ähnlichkeiten der von männlichen Figuren und weiblicher Figur vollzogenen Kampfhandlungen heraus, sondern auch die attributive Charakterisierung ihrer Körper lässt ein bestimmtes Maß an Übereinstimmung erkennen. Die „kraft" ist das Merkmal, das die weibliche Figur mit den männlichen gemeinsam hat und auf das hin die Körper verglichen werden können.

Der Befund tritt noch deutlicher hervor, wenn man berücksichtigt, dass Begriffe aus dem semantischen Bereich der physischen Stärke nicht die einzigen Merkmale sind, mit denen die Figuren im Zuge des Brautwerbungswettkampfes beschrieben werden. Worte wie „ellen" (460,2), „ellenhaft" (459,4) und „küene" (458,1; 464,1) dagegen, die eine spezifisch kriegerische Kampffähigkeit ausdrücken sowie eine Bereitschaft zum Kampf, die auch ritterliche Tugendhaftigkeit konnotiert,[169] finden an dieser Stelle der siebten Aventiure ausschließlich zur Beschreibung der Partei der Burgunden Verwendung.[170] Brünhild ist dagegen auch in dieser Situation „schœne" (459,1; 461,1; 465,3) und „wol getân" (463,2) sowie „hêrliche" (456,1), „edel" (462,2) und „guot" (462,2). Es wird deutlich, dass auf der Ebene lexikalischer Zuweisungen physische Stärke den Körper Brünhilds ebenso wie die der Männer auszeichnet. Offenkundig ist zugleich, dass Begriffe, die spezifisch ritterliche Ideale benennen, nur auf männliche Figuren angewandt werden und damit durchaus auch hier eine geschlechterspezifische Grenze gezogen wird. Die Darstellung Brünhilds während der Kampfspiele in Aventiure sieben zeigt also durchaus Differenzen der Geschlechter an. Sie etabliert zudem eine bestimmte Ebene der Korrespondenz männlicher und weiblicher Körper: physische Stärke und Tauglichkeit zum Kampf. Ausgehend von dieser spezifischen Überein-

---

169 Die Begriffe *ellen* und *ellenhaft* sind moralisch aufgeladen, indem sie auf die Tugenden Tapferkeit und Mut verweisen (vgl. Lexer I, Sp. 539 ff.; BMZ I, S. 429); *küene* bezeichnet lediglich die unerschütterliche Bereitschaft zum Kampf (vgl. Lexer I, Sp. 1764; BMZ I, S. 894).

170 Vgl. auch Schausten, Körper, S. 49.

stimmung wird anhand des Wettkampfes zwischen den Figuren die Frage nach Ähnlichkeiten und Differenzen der Geschlechter durchgespielt.

Sprachlich realisiert zeigt sich der Vergleich der Körper anhand der Begriffe zur Benennung der physischen Stärke, die die männlichen Figuren ebenso wie die weibliche charakterisieren. Ebenfalls auf der Ebene der sprachlichen Signifikanten zeigen außerdem die Komparative an, die verwendet werden, um die unterschiedlichen Distanzen zu vergleichen, die bei Steinwurf und Weitsprung zurückgelegt werden (464,2), dass die Funktion des Vergleichs der physischen Stärke nicht nur in der Verähnlichung besteht, sondern darüber hinaus auch in einer Differenzierung der als physisch stark beschriebenen Figuren. Vor allem aber wird der Vergleich der Körper mit der Schilderung des Waffentransports sowie des Wettkampfes vorgenommen. Damit geht einher, dass der Vergleich männlicher und weiblicher Körper hinsichtlich physischer Stärke durch die Darstellung im *Nibelungenlied* weniger begrifflich explizit als vielmehr im Vollzug der Handlungen visuell evoziert wird.[171] Der Vergleich ist der Schilderung des Brautwerbungswettkampfes und auch des Waffentransports, der diesem vorausgeht, strukturell inhärent. Über die genannten Stellen hinaus wird der Vergleich der Körper nicht durch die Erzählerinstanz oder durch die Figurenrede ausdrücklich angesprochen oder gar rhetorisch wirkungsvoll ausgeführt. Er wird anhand der geschilderten Handlungen im Vollzug dargestellt.

Geschlechterdifferenzen der Stärke

Das Kräftemessen bei den Kampfspielen in Isenstein läuft auf eine Niederlage Brünhilds hinaus. Diese ergibt sich letztlich aus dem Vergleich der Distanzen, die beim Steinwurf und beim Weitsprung zurückgelegt werden, und ist innerhalb der fiktionalen Welt für alle sichtbar. Der Vergleich der Entfernungen des Steinwurfs und des Weitsprungs beschreibt nicht nur ein weiteres Mal die Stärke als ein Merkmal, in Bezug auf welches männliche und weibliche Körper einander ähneln. Er macht darüber hinaus die Stärke der Körper mess- und quantifizierbar. Beide Wettkampfdisziplinen führen

---

171 Vgl. grundlegend zur Korrespondenz der sehr oft auf visuelle Evokation hin angelegten Szenen des *Nibelungenlieds* mit der medienhistorischen Situation der Scriptoralität: Wenzel, Horst: Szene und Gebärde. Zur visuellen Imagination im Nibelungenlied, in: Zeitschrift für deutsche Philologie 111 (1992), H. 3, S. 321–343.

somit die Möglichkeit gradueller Differenzierung in den Vergleich der Körper hinsichtlich Stärke ein.[172] Als Sieg und Niederlage in den Kampfspielen nimmt der Text diese Unterscheidung vor. Spätestens mit der Überwindung Brünhilds durch die Burgunden wird offenkundig, dass die Darstellung des Brautwerbungswettkampfs nicht auf die Schilderung einer Ähnlichkeit der Figuren – mithin der Geschlechter – in Bezug auf physische Stärke reduziert werden kann. Vielmehr ist Ergebnis des Kräftemessens gerade die Differenzierung des Maßes an physischer Stärke, die den am Kampf beteiligten Figuren zukommt. Die Unterscheidung der Körperkraft der einzelnen Figuren vollzieht sich in Aventiure sieben nicht nur durch den Sieg der Burgunden am Ende des Wettkampfes, sondern sie wird bereits während der Kampfspiele auf verschiedene Weisen vorgenommen und auch über ihr Ende hinaus fortgesetzt.

Neben der Überwindung Brünhilds am Schluss des Kampfes finden sich bereits im Zuge der einzelnen Kampfhandlungen Hinweise darauf, dass die Stärke der Beteiligten differenziert wird. Schon beim Speerwurf heißt es, dass Brünhilds Kraft nicht genügt, um den Wurf der Burgunden zu parieren (460,3). Wie bereits herausgearbeitet, hat die Erwähnung ihrer Körperkraft an dieser Stelle die Funktion festzustellen, dass sie gegen den Speerwurf der Männer gerade nicht hinreicht. Über den Ausgang des Kampfes insgesamt ist damit freilich noch keine Aussage getroffen, denn der sichtbare Effekt der Disziplin ist hüben wie drüben der gleiche: Beide Parteien straucheln vom Wurf der anderen (457,3; 461,1); weiter differenziert wird dieser Vorgang nicht. Die Erzählinstanz erwähnt jedoch auf der Seite der Burgunden nicht ausdrücklich einen Mangel an Kraft. Im Zuge der Folge von drei Wettkampfdisziplinen, von denen mit Steinwurf und Weitsprung zwei zu einer kombinierten Handlung zusammengezogen sind, deutet also schon das erste Teilergebnis an, dass Brünhilds Kraft geringer ist als die ihrer Gegner. Die Erzählung des Kampfes läuft zwar auf einen bestimmten Endpunkt zu, der die Entscheidung über Sieg oder Niederlage und damit über das Maß der Kraft der Kontrahenten erbringt. Durch die Darstellung des Kampfes als Serie von Handlungen aber wird

---

172 Schausten macht darauf aufmerksam, dass Brünhild nicht nur mit ihrer Körperkraft männlichen Figuren angenähert wird, sondern dass der Text zugleich Differenzen der Geschlechter herausstellt (vgl. Schausten, Körper, S. 45 f.). Sie sieht diese jedoch ausschließlich in den abwertenden Kommentaren ausgedrückt, die Erzählinstanz und Figuren zu Brünhild abgeben, und berücksichtigt nicht das Kräftemessen selbst, das die Körper ebenso verähnlicht wie differenziert.

vor der abschließenden Entscheidung bereits ein erster Hinweis auf das Maß der Kraft beider Kontrahenten gegeben.

Der Speerwurf markiert nicht nur durch das Attribut der „kraft", das Brünhild beigegeben wird, sondern auch anhand des Verhaltens der Figuren eine Unterscheidung der Stärke. Siegfried trifft vor dem Wurf die Entscheidung, die Herrscherin in Isenstein nicht in Todesgefahr zu bringen und kehrt den Speer daher um: Nicht mit der „snîde", sondern mit der „gêrstange[]" voran wirft er den Speer gegen Brünhild (459,1–3). Damit wird schon in die Art und Weise, wie beide Parteien den Speerwurf vollziehen, eine Differenz eingeführt. Wenn auch die Effekte beider Würfe schließlich die gleichen sind, so nimmt Siegfried dem Speerwurf doch von vornherein die Möglichkeit der Todesfolge, vor der die Burgunden nur die Tarnkappe hatte bewahren können (457,4). Indem sich die Verwendungsweisen des Werkzeugs unterscheiden, sind hier die Voraussetzungen des Kräftemessens für beide Kontrahenten nicht die gleichen.

Unter den Voraussetzungen, mit denen Brünhild und die Burgunden die Auseinandersetzung beginnen, gibt es einen zentralen Unterschied, der bereits an verschiedenen Stellen meiner Analyse berührt wurde, aber noch nicht in seiner Bedeutung für den Vergleich der Stärke der Figuren behandelt worden ist: Während Brünhild allein antrat, wird Gunther sowohl vom unsichtbaren Siegfried unterstützt als auch von der Stärke, die ihm die Tarnhaut zusätzlich verleiht.[173] Nachdem Siegfried mit Wurf und Sprung für die Burgunden die Entscheidung herbeigeführt hat, heißt es, seine List habe ihm dafür die Kraft gegeben (464,3). Außerdem wird daran erinnert, dass Siegfried Gunther das Leben gerettet habe (465,4). Gunthers Überleben im Wettkampf – von seinem Erfolg ganz zu schweigen – hängt also von Siegfried ab, und der wiederum bezieht die dafür notwendige Kraft von der Tarnkappe. Siegfrieds Unterstützung für Gunther bei der Brautwerbung ist Voraussetzung dafür, dass sie überhaupt unternommen wird (331–335).[174] Nachdem Gunther und Siegfried den Tausch der Frauen abgemacht und mit Eiden bekräftigt haben (335,1), wird die Tarnkappe als weitere Voraussetzung der Brautwerbungsfahrt angegeben – „Sîvrit der muose füeren die kappen mit im dan" (336,1) –, und ihre Eigenschaften

---

173 Die Bedeutung der in der Tradition des Erzählmusters der gefährlichen Brautwerbung unüblichen Kopräsenz von Werber und Werbungshelfer in Isenstein für das weitere Geschehen zeigt Strohschneiders Analyse (vgl. Strohschneider, Regeln, S. 47 ff.).

174 Auch kurz vor Beginn und während des Wettkampfes wird wiederholt auf die List Siegfrieds bzw. der Burgunden hingewiesen (vgl. etwa 426,4; 452,4; 455,1; 464,3).

werden erläutert. Da die Tarnkappe sowohl Kraft als auch Unsichtbarkeit verleiht, unterwandert sie die Logik des Kräftevergleichs zwischen umworbener Braut und Brautwerber, denn die von Brünhild vorgestellten Regularien des Wettkampfes gehen von einem Aufeinandertreffen von nur zwei Figuren bzw. zwei Körpern aus. Die Tarnkappe nun führt die Unterscheidung ein zwischen einer offiziellen, von Brünhild vertretenen und auch von ihr wahrgenommenen Dimension des Wettkampfes und einer heimlichen, von der die Burgunden sowie die Erzählinstanz und die Rezipierenden wissen.[175] Dass es beim Wettkampf um einen Vergleich der Kräfte der Kontrahenten geht, wird durch die Tarnkappe und durch die unterschiedlichen Voraussetzungen, die ihre Zuhilfenahme für beide Parteien bedeutet, nicht grundsätzlich in Frage gestellt. Die Stärke der Figuren zu messen wird auf diese Weise jedoch deutlich komplizierter als beim Aufeinandertreffen von nur zwei Kontrahenten. Neben den Vergleich von Brünhilds Kraft mit der Kraft ihres Brautwerbers tritt nun zusätzlich die Frage nach dem Maß der Stärke der Figuren und der Zaubermittel, die auf Seiten der Burgunden am Wettkampf beteiligt sind.

So findet sich der Gedanke des Kräftemessens bereits in der Beschreibung der Tarnkappe. Das Maß der Kraft, welche die Tarnkappe verleiht, ist wie das Gewicht von Brünhilds Schild und von den Kampfinstrumenten die Stärke von Männern:

> Alsô der starke Sîvrit die tarnkappen truoc,
> sô het er dar inne krefte genuoc,
> wol zwelf manne sterke zuo sîn selbes lîp. (337,1–3)

Lässt sich mit der Rhetorik der Addition, der die Beschreibung physischer Stärke hier folgt, tatsächlich rechnen, so kann das Maß von Brünhilds Kraft aus den Angaben des Waffentransports und der Überwindung im Wettkampf durch den mit der Tarnkappe ausgestatteten Siegfried bestimmt werden. Beim Transport des Steins hat sich gezeigt, dass Brünhilds Stärke mindestens so groß sein muss wie die von zwölf Männern (449,4). Aus der Niederlage gegen die vereinten Kräfte Gunthers, Siegfrieds und der Tarnkappe ergibt sich, dass Brünhild fast vierzehn Mal so stark ist wie ein einzelner Mann. Bei genauerem Hinsehen zeigt sich jedoch, dass in der Rechnung zwei Unbekannte enthalten sind. Die Beteiligung Gunthers an den Kampfhandlungen bleibt letztlich unklar; sie scheint aber gering zu

---

175 Vgl. Strohschneider, Regeln, S. 60 f.

sein und sich auf die Wahrung des äußeren Scheins zu beschränken.[176] Daher könnte Brünhilds Stärke im mindesten Fall geringer sein als die Kraft von dreizehn Männern. Außerdem ist offen, wie sich Siegfrieds Stärke auch ohne das Hilfsmittel der Tarnkappe zu der anderer Männer verhält. Möglicherweise übertrifft seine Kraft die Maßeinheit einer Männerstärke, auf die der Text wiederholt rekurriert. Entsprechend größer wäre dann Brünhilds Kraft anzusetzen. Sie bewegt sich zwischen einem Mindestmaß der Stärke von zwölf Männern und einem maximalen Wert, der geringer ist als die Summe aus zwölf Männerstärken und Siegfrieds Stärke zusammen. Wie groß auch immer Siegfrieds Stärke sein mag, auch als unbekannte Größe hat sie in der Rechnung, die der Text vorgibt, stets die Funktion, Brünhilds Stärke eine Grenze zu setzen. Ein Ergebnis von Brünhilds Niederlage im Brautwerbungswettkampf ist es, für die Rechnung zur Quantifizierung ihrer Kräfte diese Grenze anzuzeigen.

Nicht nur Brünhilds Stärke wird im Zuge des Brautwerbungswettkampfs mit der anderer Figuren verglichen und dabei in Ansätzen quantitativ erfasst, sondern auch die der beteiligten männlichen Figuren wird thematisiert. Da am Wettkampf nicht nur eine, sondern zwei männliche Figuren teilnehmen, ergibt sich die Frage, welchen Einfluss jeder einzelne von ihnen auf den Ausgang des Kräftemessens hat. Der Text legt diese Fragestellung nicht nur mit der Ausgangssituation des Wettkampfes nahe, sondern setzt im Verlauf des Kampfes mehrfach die Stärke der beiden Männer in Relation zu einander. Die Tarnkappe ermöglicht nicht nur, dass die Körper Gunthers und Siegfrieds miteinander verbunden werden,[177] sondern sie eröffnet zugleich die Frage nach der Differenzierung beider im Hinblick auf die ihnen jeweils eigene Kraft. Beim Speerwurf wird darauf

---

176 Programmatisch fordert Siegfried Gunther vor dem Wettkampf auf, nur für den Augenschein, aber ohne Effekt die Handlungen zu vollziehen, er selbst werde die eigentliche Arbeit leisten: „nu hab du die gebære, diu werc wil ich begân" (454,3). Diese Vorgabe wird im Folgenden grundsätzlich eingelöst: Beim Speerwurf ist nur von Siegfried als demjenigen die Rede, der die Handlungen ausführt (459,3; 460,2). Beim Weitsprung setzen nicht beide ihre Kraft ein, sondern Siegfried trägt den Burgunden-Herrscher (464,4). Einzig beim Steinwurf werden Handlungen beider Männer genannt. Hier hebt Gunther zumindest den Stein an, den Siegfried dann wirft (463,4).

177 Michaelis weist treffend darauf hin, dass Siegfrieds und Gunthers Körper im Kampf zu einem Körper werden (vgl. Michaelis, Beatrice: Von „tarnkappe", „nagele" und „gêr". Das Nibelungenlied oder: Was hat Sex mit Nation und Kanon zu tun?, in: Babka, Anna und Susanne Hochreiter (Hg.): Queer Reading in den Philologien. Modelle und Anwendungen, Göttingen 2008, S. 129–149, hier S. 135, S. 140).

hingewiesen, dass Gunther nicht in der Lage gewesen wäre, den Schuss auszuführen (460,4). Als Brünhild sich darauf – zugleich anerkennend und souverän – bei Gunther bedankt, kommentiert der Erzähler:

> si wânde, daz erz hête mit sîner kraft getân:
> ir was dar nâch geslichen ein verre kreftiger man. (461,3–4)

Die mit der Tarnkappe eingeführte Situation, dass die beteiligten Figuren während des Wettkampfes Unterschiedliches wahrnehmen, wird hier genutzt, um die Differenzen der Kraft der Männerfiguren herauszustellen. Am Schluss des Kampfes wird diese Unterscheidung wieder aufgenommen, wenn es heißt, Siegfried habe durch seine Teilnahme am Kampf den Tod Gunthers verhindert (465,4). Ob die hier angesprochene Stärke die seines Körpers meint oder ob es um Stärke geht, die Siegfried durch die Tarnkappe zukommt, ist nicht zu unterscheiden. Dass Siegfried sich auch ohne die Tarnkappe in Kämpfen in außergewöhnlicher Weise kraftvoll gezeigt habe, erzählt Hagen in seinem Bericht über Siegfrieds Jugend: Er habe „wunder" getan (87,4; 101,4).[178] Hagen stellt außerdem heraus: „alsô grôzer krefte nie mêr recke gewan" (99,4). Beim Turnier in Worms heißt es, Siegfried sei in allen Disziplinen der Beste gewesen, was auch immer zu tun man von den Teilnehmern verlangt habe (130,2–4). Ob diese Formulierungen Siegfried tatsächlich aus der Reihe der männlichen Figuren herausheben, bleibt offen. „wunder"-Taten im Kampf werden auch von anderen Figuren berichtet.[179] Hagens Aussage über die Stärke Siegfrieds (99,4) steht im Kontext der Überwindung Alberichs und der Inbesitznahme der Tarnkappe (97,3). Einzig beim Turnier in Worms scheint sich Siegfried ohne Hilfsmittel und ohne mit einer topischen Bezeichnung angesprochen zu werden mit Stärke und Kampffähigkeit vor den anderen Kriegern hervorzutun. Ob und inwiefern sich Siegfrieds Stärke von der Kraft anderer männlicher Figuren abhebt, kann nicht entschieden werden. Deutlich wird aber, dass während der Kampfspiele nicht nur die Stärke Brünhilds, sondern auch die der beteiligten männlichen Figuren thematisiert und differenziert wird. Für die insbesondere beim Transport der Kampfinstrumente verwendete Maßeinheit der Kraft eines einzelnen Mannes heißt das, dass dieses Maß nunmehr in Frage steht. Denn auch die

---

178 Außerdem ist von Siegfrieds Taten ohne Tarnkappe im Botenbericht über den Kampf mit Sachsen und Dänen die Rede (227,4).

179 Z. B. von den Burgunden (5,4), von Dankwart (201,4; 1950,4) und von Giselher (1970,4).

Stärke männlicher Figuren wird gemessen und steht nicht von vornherein als fixierte Einheit fest.[180]

Die Angaben zur Quantifizierung der Stärke der einzelnen Figuren bestimmen nicht nur die Grenze von Brünhilds Kraft, sondern sie haben zudem den Effekt, dass das außergewöhnliche Maß dieser Kraft fassbar wird. Die Unterscheidung der Kraft der weiblichen Figur von der der männlichen Figuren weist also in zwei Richtungen. Zum einen wird mit der Überwindung Brünhilds im Brautwerbungswettkampf der Nachweis erbracht, dass ihre Stärke letztlich doch geringer ist als die männlicher Figuren – dass dieser Vorgang der Differenzierung mit dem Ergebnis von Steinwurf und Weitsprung schließlich offenkundig wird, dass er sich aber bereits beim Speerwurf andeutet, habe ich gezeigt. Zum anderen hebt das Attribut der Stärke Brünhild schon bei ihrer Einführung von anderen weiblichen Figuren der nibelungischen Welt ab. Beginnend mit dem Transport der Waffen dienen die Kampfspiele in Isenstein dazu, Brünhilds Stärke auch in Bezug auf männliche Figuren als übermäßig zu markieren. Miteinander verknüpft sind beide Aspekte von Brünhilds Körperkraft – ihre letztliche Unterlegenheit und ihre Exzeptionalität – durch die Bezugnahme auf Siegfried.

Die entscheidende Bedeutung, die der Einsatz der Tarnkappe für den Ausgang des Kampfes hat, verweist wie die Schilderung der Kampfspiele selbst auf die Verbindung von Siegfried und Brünhild.[181] Diese Verbindung wird durch den Text nicht nur auf der Ebene des wechselseitigen Wissens der Figuren voneinander nahe gelegt (330; 331,4; 340,2 – 3; 384 – 386; 393,1 – 3; 416; 419) sowie dadurch, dass beide räumlich entfernt vom Wormser Hof situiert werden bzw. mit dem Grenzbereich der Welt des *Nibelungenlieds* in Kontakt stehen.[182] Darüber hinaus wird die Verknüpfung von Brünhild und Siegfried auch als Konnex der Körper beider Figuren dargestellt. Siegfrieds Teilnahme am Brautwerbungswettkampf ist die Bedingung der Überwindung Brünhilds. Seine Stärke wird daran gemessen, dass sie in Verbindung mit der Kraft, die die Tarnkappe verleiht,

---

180 Der Text zeigt nicht nur Differenzen der Kraft zwischen männlichen Figuren, sondern auch die Veränderlichkeit der Kraft einzelner Männer-Figuren. So heißt es über Gunther, er verliere seine Kraft, als ihn Brünhild in der Kemenate über Nacht an einem Nagel aufhängt (639,4); Siegfried verliert seine Kraft mit dem Eintreten des Todes (987,2).

181 Zu dieser Verbindung – insbesondere zur schreckenerregenden Dimension beider Figuren – vgl. auch Schulze, Nibelungenlied, S. 184; sowie Zimmermann, Brautwerbung, S. 317 f.

182 Vgl. Müller, Spielregeln, S. 81, S. 304 f.

über Brünhilds Stärke hinausgeht. Siegfried ist nur in der Lage, Brünhild zu überwinden, weil er sich eines Hilfsmittels bedienen kann, das zwar durchaus noch messbare, aber deutlich über das normale Maß eines einzelnen Kriegers hinausgehende Kampfkraft verleiht. Dieses Hilfsmittel stammt aus Alberichs Besitz (97) und damit von den Rändern der nibelungischen Welt. Damit zeigt sich auch anhand des Instruments, das notwendig ist, um Brünhild zu überwinden, die Exzeptionalität ihrer Stärke. Ein Werkzeug, das übermäßige Kraft verleiht, muss eingesetzt werden, um sie im Wettkampf besiegen zu können. Gleichzeitig aber führt der Text mit Siegfried eine männliche Figur vor, die in der Lage ist, Zugriff auf dieses Hilfsmittel zu erlangen und es sich zu Nutze zu machen. Das wiederum legt den Schluss nahe, dass über ein außergewöhnlich hohes Maß an physischer Stärke zu verfügen in der Welt des *Nibelungenlieds* außergewöhnliche, vielleicht heldische Identitäten auszeichnet – und zwar weibliche wie männliche gleichermaßen. Zugespitzt formuliert führt die Überwindung Brünhilds durch die Beteiligung Siegfrieds am Brautwerbungswettkampf nicht nur dazu, dass ihre Stärke letztlich der einer männlichen Figur unterlegen ist, sondern die Szene zeigt auch Brünhilds Ähnlichkeit zu einer weiteren, zu einer männlichen Figur auf, die das Verfügen über ein besonderes Maß an Stärke ebenfalls vor anderen Figuren auszeichnet.

Es werden jedoch Unterschiede in der Art und Weise beschrieben, in der beide Figuren über Kraft verfügen. Während die außergewöhnliche Eigenschaft der Stärke bei Brünhild der Figur selbst und ihrem Körper beigegeben wird, bleibt sie im Falle Siegfrieds dem Körper äußerlich, denn sie ist gebunden an die Tarnkappe und kann den Erfordernissen der jeweiligen Situation entsprechend eingesetzt, d. h. an- und abgelegt werden. Zwar ist es Teil der heldischen Vorgeschichte Siegfrieds (86–101), dass er in der Lage war, die Tarnkappe zu erringen (97,3), und als Trophäe eines Kampfes gehört sie deutlich zu ihm.[183] Folgt man jedoch der Beschreibung der Tarnkappe, so sind die Fähigkeiten, die sie verleiht, nicht an Siegfried gebunden, sondern kommen jedem zu, der sie trägt:

> Ouch was diu selbe tarnhût alsô getân,
> daz dar inne worhte ein *ieslîcher* man,

---

183 Strohschneider hat auf das zirkuläre Verweisverhältnis hingewiesen, das der Tarnkappe inhärent ist: Sie zeigt an, dass es sich bei ihrem Träger um den Besten handelt; gleichzeitig ist Siegfried nur in der Lage, sie zu erringen, weil er bereits ein außergewöhnliches Maß an Stärke besitzt (vgl. Strohschneider, Regeln, S. 61, Fußnote 45).

swaz er selbe wolde, daz in doch niemen sach. [Hervorhebung T. R.]
(338,1–3)

Auch wenn sich hier eine geschlechterspezifische Differenz in Bezug auf die
Darstellung körperlicher Stärke abzeichnet, liefert der Text doch Hinweise,
die die These problematisch erscheinen lassen, die Exzeptionalität der
männlichen Figur sei weniger deutlich im Körper verankert. Denn zum
einen zeigt der Fortgang der Geschichte, dass die Eigenschaft der Stärke,
auch als eine, die im Falle Brünhilds dem Körper zugehört, abgelegt werden
bzw. verloren gehen kann (681,4) – auf die zweite Überwindung Brünhilds
in Aventiure zehn gehe ich im Folgenden noch ausführlich ein. Zum anderen scheint auch bei Siegfried eine über das bei anderen Figuren übliche
Maß hinausgehende Eigenschaft Teil seines Körpers zu sein: Durch das
Bad im Drachenblut ist Siegfrieds Körper unverletzbar geworden
(100,3–4). Auch diese dem Körper eingeschriebene Eigenschaft verhindert eine Normalisierung der Figur letztlich nicht: Aufgrund der unge-
schützten Stelle auf seinem Rücken ist Siegfried doch verwundbar und
sterblich.

Verschiedene Dimensionen der Schilderung von Brünhilds Kraft gehen im Zuge der Kampfspiele in Aventiure sieben miteinander einher.
Indem die Brünhild-Figur in ein Kräftemessen mit männlichen Figuren
eintritt, wird ihre Stärke mit der männlicher Figuren verglichen und in
mehrerer Hinsicht als ähnlich bestimmt. Zugleich zeigt der Text die
Tendenz, im Zuge des Kräftemessens und durch den Vergleich der Körper
die Stärke der weiblichen Figur von der der Männer zu unterscheiden.
Dieser Prozess der Differenzierung ist nicht einfach aufzulösen, denn
verschiedene Körper, denen in unterschiedlichem Ausmaß und in nur
ansatzweise transparenter Quantität Stärke zugewiesen wird, sind an dem
im Text vorgenommenen Vergleich der Körperkräfte beteiligt.

Zu welchen Ergebnissen die Berechnungen der Körperkraft der einzelnen Figuren auch kommen und welche Funktionen sie in Bezug auf das
Maß der Stärke der einzelnen Figuren auch haben, zentrale Effekte der
Darstellung sind doch offenkundig: Der Wettkampf führt nicht nur zu
dem Ergebnis, dass Brünhild in Aventiure sieben mit Männerkörpern
verglichen, mit derselben körperlichen Qualität ausgestattet wird wie diese
und damit in dieser Hinsicht als äquivalent beschrieben wird, sondern der
Kampf macht auch deutlich, dass Brünhild zum einen letztlich von einer
männlichen Figur überwunden wird und dass sie zum anderen zugleich die
vom Text als Maßeinheit gesetzte Kraft eines einzelnen Mannes um ein
Vielfaches übertrifft. Die Handlung in Isenstein erhält somit nicht nur die

Funktion, die Ähnlichkeit der weiblichen Figur mit männlichen Figuren *in puncto* Stärke zu bestimmen. Dargestellt wird in den Isensteiner Kampfspielen zugleich ein Vorgang der Differenzierung des weiblichen von männlichen Körpern, der auf zwei Arten operiert: Der Vergleich von Brünhilds Körperkraft mit der männlicher Figuren dient dazu, ihre Stärke zum einen zu begrenzen und sie zum anderen als außergewöhnlich zu markieren und der Figur somit innerhalb der nibelungischen Welt die Position des Exzeptionellen zuzuweisen.

Die Normalisierung Brünhilds

Mit dem Erfolg der Burgunden beim Brautwerbungswettkampf sind die kämpferischen Auseinandersetzungen mit Brünhild noch nicht vorüber. Nach der Hochzeit und der Reise nach Worms wird sie im königlichen Schlafgemach ein weiteres Mal im Kampf von Siegfried besiegt, den die Tarnkappe auch hier unsichtbar macht und stärkt. Erneut wird eine kämpferische Auseinandersetzung geschildert, in der Siegfried die Rolle Gunthers einnimmt, denn Brünhild hat in der Brautnacht dem mit ihr vermählten Burgunden-Herrscher den Vollzug der Ehe verweigert. Voraussetzungen und Verlauf dieses Kampfes unterscheiden sich deutlich von denen des Brautwerbungswettstreits. Während die Kampfspiele in Isenstein nach vorab festgelegten und damit für alle transparenten Regeln um das Erringen der Braut und ihrer Zustimmung zur Ehe geführt werden, steht bei den Kampfhandlungen nach der Hochzeitsfeier in Worms die Sexualität der Eheleute auf dem Spiel, die nach gängiger Rechtspraxis Auswirkungen auf die Rechtsgültigkeit der Ehe hat,[184] und außerdem wird

---

184 Zu dieser Deutung der Brautnacht-Szene vgl. Schröter, Michael: „Wo zwei zusammenkommen in rechter Ehe…“. Sozio- und psychogenetische Studien über Eheschließungsvorgänge vom 12. bis 15. Jahrhundert, Frankfurt am Main 1985, S. 128 ff. Nach hochmittelalterlichem weltlichem Recht ist eine Ehe nur dann verbindlich geschlossen, wenn sie nach der Willenserklärung auch vollzogen wird. Rummel formuliert verallgemeinernd für die nicht-kanonischen Rechte: „Die geschlechtliche Vereinigung war integraler Bestandteil der Ehe“; sie räumt allerdings Kontroversen der Forschung über die Bedeutung dieses Teils der Eheschließung ein (Rummel, Mariella: Die rechtliche Stellung der Frau im Sachsenspiegel-Landrecht, Frankfurt am Main 1987, S. 75). Der *Sachsenspiegel* beispielsweise macht die Gemeinschaft des Ehestandes und den Eintritt in das eheliche Güterrecht vom so genannten Beilager abhängig (Ssp. Ldr. III 45 § 3; Ssp. Ldr. I 45 § 1; hier und im Folgenden zitiert nach: Sachsenspiegel Landrecht und Sachsenspiegel Lehnrecht. 2 Bde., hg. v. Karl August Eckhardt, Göttingen, Berlin

mit den Kämpfen das Machtverhältnis innerhalb des Paars ausgehandelt. Dazu wird kein Reglement der Kampfhandlungen aufgestellt, und es werden auch keine Disziplinen vorab festgelegt, die von beiden Kontrahenten zu absolvieren sind. Stattdessen ereignet sich die physische Auseinandersetzung plötzlich, und die Gewalthandlungen werden ad hoc vollzogen. Sie haben nicht das Ziel zu messen und festzustellen, wozu ein Körper in der Lage ist, sondern sie sind durchweg gegen den Körper des Gegners gerichtet und fügen diesem Schmerz zu.

Im Zuge der Schilderung der Feierlichkeiten für die Hochzeiten Gunthers und Brünhilds sowie Siegfrieds und Kriemhilds in Aventiure zehn wird auch das Verhalten beider Paare im Schlafgemach beschrieben. Beide Darstellungen werden einander gegenübergestellt. Dabei geht es unter anderem um die Erwartungen der Ehemänner und um die unterschiedliche Art und Weise, in der sie erfüllt oder nicht erfüllt werden. Dem Geschehen in der Kemenate Gunthers und Brünhilds (630,2–642,4) geht eine knappe Skizze der Begegnung von Siegfried und seiner Ehefrau Kriemhild voraus (628,4–630,1). Aus Siegfrieds Perspektive wird sie als gelungen eingeschätzt.[185]

Beide Könige begeben sich in ihre Gemächer mit Gedanken an die Frauen, die sie, wie es in der Metaphorik des Kampfes heißt,[186] „mit minnen an gesigen" wollen (628,2). Brünhild hat jedoch schon vor der Brautnacht angekündigt, dass sie nicht die Absicht habe, Gunther nahe zu sein, es sei denn, er informiere sie darüber, warum er seine Schwester

---

und Frankfurt 1955 und 1956). Im kanonischen Recht des 12. Jahrhunderts gab es dieses Bedingungsverhältnis nicht. Auch hier wurde aber diskutiert, ob die Unauflöslichkeit der Ehe nur durch ihren Vollzug gegeben war (vgl. Weigand, Rudolf: Art. Ehe. B. Recht. II. Kanonisches Recht, in: Bautier, Robert Henri u. a. (Hg.): Lexikon des Mittelalters. Bd. 3, München und Zürich 1986, Sp. 1623–1625, hier Sp. 1624). Vor diesem Hintergrund ist es wahrscheinlich, dass die Kämpfe im Brautgemach auch im Zusammenhang der Rechtsgültigkeit der Ehe zwischen Gunther und Brünhild von Bedeutung sind; explizit gemacht wird das im *Nibelungenlied* allerdings nicht.

185 Die Strophen berichten ausschließlich von Siegfrieds Handlungen und von seinen Erfahrungen – nicht von denen Kriemhilds. So heißt es: „Sîfrides kurzewîle diu wart vil græzlîche guot" (628,4); und: „er næme für si eine niht tûsent anderiu wîp" (629,4).

186 Zur Verbreitung dieser Metaphorik vgl. Kohler, Erika: Liebeskrieg. Zur Bildersprache der höfischen Dichtung des Mittelalters, Stuttgart und Berlin 1935 (insbes. S. 79 ff. zu den Erzähltexten um 1200); zum Kampf im Kontext allegorischer Schilderungen von Liebesbeziehungen vgl. Blank, Walter: Die deutsche Minneallegorie. Gestaltung und Funktion einer spätmittelalterlichen Dichtungsform, Stuttgart 1970, S. 183 ff.

Kriemhild Siegfried zur Frau gegeben habe (622,2–4).[187] Den Xantener Herrscher hält Brünhild für einen „eigenholden" Gunthers (620,3). Trotz dieser Ankündigung Brünhilds ist Gunthers Vorfreude auf die Heimlichkeiten mit seiner Ehefrau groß (625). Auch später im Schlafgemach wird sein Begehren noch mehrfach erwähnt (631,3; 632,2–3; 633,3). Brünhild erfüllt diese Erwartungen jedoch nicht. Als Gunther sie zu umarmen beginnt, formuliert sie die Absage an den Vollzug der Ehe ein weiteres Mal (635). Der Burgunden-Herrscher reagiert feindselig auf diese verbale Verweigerung und versucht, Brünhilds „minne" mit Gewalt zu erringen (635,4–636,1). Darauf lehnt Brünhild nicht länger verbal ab, sondern reagiert mit Handlungen, die weitere Aktionen Gunthers unmöglich machen: Sie fesselt ihn mit einem Gürtel an Händen und Füßen und hängt ihn an einen Nagel an der Wand (636,2–637,3). Dass die Lage, in die Gunther auf diese Weise gebracht wird, nicht nur physisch erschöpfend ist (639,2–4), sondern auch eine Ehrverletzung bedeutet, wird im Gespräch der Figuren thematisiert. Auf Brünhilds Nachfrage bestätigt Gunther, dass die Situation für ihn wenig ehrenvoll wäre, sollte sein Gefolge ihn so finden (640,4–641,1). Nicht nur die Lage Gunthers, sondern auch die Art und Weise, wie sie zustande gekommen ist – nämlich durch das Handeln einer Frau –, machen die Ehrverletzung aus:

> ‚Nu sagt mir, her Gunther, ist iu daz iht leit,
> ob iuch gebunden fünden‘, sprach die schœne meit,
> ‚die iuwern kameræ̂re *von einer vrouwen hant?* [Hervorhebung T. R.]
> (640,1–3)

Das Gespräch zwischen den Eheleuten über den Ehrverlust Gunthers benennt ausdrücklich, worum es in dieser Szene geht. In seiner verzweifelten Lage bittet Gunther Brünhild zweimal, ihn vom Haken zu nehmen (638,2–4; 641,2–4). Die Hinwendung an die Ehefrau, die die Macht, über die Ehre des Ehemannes zu verfügen, in die eigene Hand genommen hat, stellt eine weitere Facette seiner Erniedrigung dar. Die Abhängigkeit vom guten Willen der Frau, die Gunthers Situation kennzeichnet, wird mit den Worten beschrieben: „Dô begunde vlêgen, der meister wânde sîn" (638,1). Der Kommentar weist darauf hin, dass Gunther seinem Anspruch auf eine Vorrangstellung in der Ehe nicht gerecht wird. Die Semantik der Meisterschaft zeigt an, dass es hier in erster Linie um eine Frage des Machtverhältnisses der beteiligten Figuren geht, mithin um das Macht-

---

187 Bereits zuvor heißt es, Brünhild habe Gunther die „minne" auf der Reise von Isenstein nach Worms nicht gewährt, sondern bis zur Hochzeit in Worms aufgeschoben (528).

verhältnis unter Eheleuten.[188] Die Kraft der Figuren wird zwar durchaus erwähnt: Brünhilds Stärke ist Bedingung dafür, dass Gunther in Todesgefahr kommt (637,4); und seine eigene Kraft wird im Moment ihres Schwindens angesprochen (639,4). Aber nicht um den Vergleich der Kräfte der Eheleute geht es hier, sondern um die Schilderung einer Situation, in der die weibliche Figur entgegen ausdrücklich formulierter Erwartungen des männlichen Gegenübers handelt, in der sie dem Ehemann die Machtposition nimmt, die er im ehelichen Schlafgemach inne zu haben meint, und in der sie zudem die Verfügungsgewalt über sein Ansehen, seine *êre*, in die eigenen Hände nimmt.

Nachdem Gunther Siegfried von den Vorfällen der Nacht berichtet hat, sagt dieser zu, ein weiteres Mal mit der Tarnkappe zu helfen (653). Als er wenig später unsichtbar in der Kemenate Gunthers und Brünhilds erscheint (663,1 ff.), beginnt erneut ein Kampf zwischen Brünhild und Siegfried, der – wie der Brautwerbungswettkampf auch[189] – als „spil" bezeichnet wird (665,2). Brünhild fordert den vermeintlichen Ehemann auf, ihr nicht zu nahe zu kommen; andernfalls müsse er die gleichen Mühen erleiden wie (Gunther) in der Nacht zuvor (666,2–3). Wiederum beginnt der Kampf damit, dass die männliche Figur entgegen dem von Brünhild formulierten Verbot versucht, sich ihr körperlich zu nähern und sie zu umarmen (668,2). Brünhild reagiert sogleich mit Gegenwehr (668,3–4), und es folgen wechselseitige Gewalthandlungen. Sie fügt Siegfried dabei wiederholt körperlichen Schmerz zu (668,3–4; 671,1–2; 672,3–4). Erst nach mehreren Attacken Brünhilds ist er in der Lage, ihr Gewalt zuzufügen und sie schließlich zu überwinden (676,3–4; 677,2–3). Zuvor jedoch

---

188 *Meister* meint neben dem Lehrer oder Unterweisenden in einer Kunstfertigkeit auch den Anführer oder das Oberhaupt, und zwar im Sinne allgemeiner Überlegenheit ebenso wie im konkreten Sinne einer Position innerhalb einer Hierarchie (vgl. BMZ I, S. 113 ff.; Lexer I, Sp. 2085). Im Zusammenhang der Isensteiner Kampfspiele ist zwar auch an einer Stelle von der „meisterschaft" (423,3) die Rede. Hier wird der Begriff aber nicht auf das Machtverhältnis der Figuren bezogen, sondern auf das bessere Abschneiden in den drei Disziplinen; das Wort wird also in der Bedeutung von Kunstfertigkeit verwendet. Nach dem Kampf nutzt Siegfried den Begriff „meister" (474,3), um den Machthaber zu bezeichnen, den Brünhild in Gunther nun gefunden habe. In Isenstein wird diese Bedeutungsdimension also erst im Nachhinein eingeführt, um die Auseinandersetzung zu deuten. Es scheint so, als sei erst mit der Einwilligung Brünhilds in die Ehe die Deutung der Kampfhandlungen als Auseinandersetzung um die eheliche Vormachtstellung möglich; erst dann ist dieser Bezugsrahmen für das Geschehen verfügbar.

189 Vgl. 327,3; 423,2; 424,2; 428,2; 432,2; 433,1; 433,4; 435,4; 448,3; 467,4; 471,1; 472,2; 473,3.

scheint er deutlich durch ihr Handeln gefährdet zu sein. Von Siegfrieds Überlegenheit im Kampf ist keine Rede. Selbst seine Kraft vermag gegen Brünhild zunächst wenig auszurichten:

> Waz half sîn grôziu sterke unt ouch sîn michel kraft?
> si erzeigete dem degene ir lîbes meisterschaft. (672,1–2)

Wie im Brautwerbungswettkampf wird also auch hier die Kraft der Kontrahenten thematisiert. Allerdings wird auf Brünhilds Überlegenheit im Kampf dabei nicht wie im Falle Siegfrieds mit den Begriffen „kraft" oder „sterke" Bezug genommen. Mit der Rede von ihres „lîbes meisterschaft" ist auch hier die Kampffähigkeit als Eigenschaft des Körpers angesprochen. Hinzu kommt, dass „meisterschaft" das semantische Potential besitzt, die Überführung der Auseinandersetzung vom Kräftemessen in ein Ringen um die Macht innerhalb einer sozialen Beziehung anzuzeigen.[190] Die Thematisierung der Stärke selbst deutet damit an dieser Stelle den veränderten Kontext an, in dem die Auseinandersetzung zwischen Brünhild und Siegfried in der zehnten Aventiure steht. Von der Stärke der Kontrahenten ist auch noch an anderen Stellen des Kampfes die Rede. Siegfried widersetzt sich Brünhilds Attacken schließlich „mit ungefüeger krefte" (674,3). Außerdem wird die Stärke der Figuren angesprochen, wenn sie verletzend auf den Körper des Gegners oder der Gegnerin einwirken: Siegfried beginnt von Brünhilds Kraft zu bluten (675,2–3), und sie schreit von den Verletzungen laut auf, die er ihr zufügt (676,3–4). Die Kräfte werden hier nicht etwa an den Distanzen gemessen, die sie schwere Gegenstände werfen und die sie selbst springen können. Erzählt wird vielmehr von Deformation und Schmerz, die beide Figuren dem Körper des Gegners zufügen. Bei den Kampfspielen in Isenstein droht dieser Aspekt des Wettkampfes allenfalls beim Speerwurf, wird aber für beide Parteien – durch die Tarnkappe und durch Siegfrieds Handeln – abgewehrt. Die Beschreibung der Kraft der Kontrahenten steht offenkundig in Worms in einem anderen Zusammenhang als in Isenstein. Die Wiederholung der kämpferischen Auseinandersetzung Brünhilds mit Gunther und Siegfried in Worms findet unter veränderten Voraussetzungen statt. Und auch die Ausführung der einzelnen Handlungen zeigt im Vergleich zu den Kampfspielen Modifikationen an.

---

190 *Meisterschaft* bezeichnet sowohl die höchste Kunstfertigkeit oder Gelehrsamkeit als auch ein hohes Maß an Kraft sowie eine Herrschaftsposition oder eine andere führende Stellung im metaphorischen wie im konkreten Sinne, z. B. in einem Kloster (vgl. BMZ I, S. 125 ff.; Lexer I, Sp. 2088 f.).

In einer einzelnen Strophe wird der Kontext, in dem das Verhalten der Figuren im Wormser Brautgemach steht, ausdrücklich angesprochen. Siegfried zieht in Erwägung, dass sein Kampf mit Brünhild Auswirkungen auf das Verhalten unter Eheleuten haben kann:

> ‚Owê‘, dâht’ der recke, ‚sol ich nu mînen lîp
> von einer magt verliesen, sô mugen elliu wîp
> her nâch immer mêre tragen gelpfen muot
> gegen ir manne, diu ez sus nimmer getuot.‘ (673)

Die Auseinandersetzung wird als Geschehen gefasst, das für das Machtverhältnis der Geschlechter in der Ehe von beispielhafter Bedeutung ist.[191] Die Figur Siegfried reflektiert die Nachahmung, zu der Brünhilds Verhalten Anlass geben könnte: Möglicherweise werden Frauen sich ihren Ehemännern gegenüber übermütig verhalten, die sonst nie so handeln würden. Indem die Funktion des Geschehens, als Beispiel für das Benehmen von Ehefrauen dienen zu können, von Siegfrieds Niederlage im Kampf abhängig gemacht wird, erscheint die Auseinandersetzung zwischen Siegfried und Brünhild als paradigmatischer Fall, bei dem nicht nur Gunthers eheliche Machtposition, sondern auch die bestehende Hierarchie der Geschlechter in der Ehe für die nibelungische Welt insgesamt auf dem Spiel steht. Außerdem hängt das potentielle Exempel nicht nur von Brünhilds Verhalten ab, sondern ebenso von Siegfrieds Handeln, denn nur seine Niederlage und sein Tod können, so heißt es, die erwähnten Folgen haben.[192] Siegfrieds Kampf wird von der Figur selbst als Entscheidungssituation für die Ordnung der Geschlechter in der Ehe dargestellt. Damit

---

191 In den Zusammenhang zeitgenössischer literarischer und nicht-literarischer Texte über das Machtverhältnis in der Ehe hat Wailes die Brautnacht-Szene gestellt (vgl. Wailes, Stephen: Bedroom Comedy in the Nibelungenlied, in: Modern Language Quarterly 32 (1971), S. 365–376, hier S. 371 ff.).

192 An dieser Stelle wird fassbar, dass Siegfried im *Nibelungenlied* nicht mit der Figur des Helden zur Deckung kommt, wie sie Klaus von See für die Heldensage konzipiert hat, die in *heroic ages* ganz unterschiedlicher Epochen anzutreffen sei. Nach von See ist der Held „ein in der Geschichte handelndes, seiner selbst mächtiges Wesen", das mit seinem Tun ebendiese Selbstmächtigkeit zur Schau stelle. Die Exorbitanz des Helden zeige sich darin, dass seine Eigenschaften und sein Handeln nicht am alltäglichen Maß gemessen werden können und dass seine Faszination nicht in der Vorbildfunktion für ein Kollektiv besteht (von See, Held, S. 4; vgl. auch ders., Heldendichtung, S. 30 ff.). Dass Siegfried die eigene Vorbildhaftigkeit reflektiert, unterscheidet die Figur ganz offenkundig von den Helden der Heldensage, die von See beschreibt. Dass die heroische Exorbitanz Siegfrieds zudem modifiziert wird, indem sie im *Nibelungenlied* an genealogische Herkunft gekoppelt ist, hat Müller dargestellt (Kompromisse, S. 73 ff.).

ist nicht notwendig die mögliche Wirkung des *Nibelungenlieds* reflektiert oder gar die soziale Funktion von Dichtung um 1200 generell angesprochen.[193] Siegfrieds Äußerung kann auch als Hinweis darauf verstanden werden, dass Taten der Figuren in der Welt des *Nibelungenlieds* als erzähltes Wissen zirkulieren, auf das sowohl die Figuren als auch der Erzähler immer wieder Bezug nehmen.

Weitere Aspekte der Darstellung des Geschehens zeigen an, dass die in Strophe 673 ausdrücklich thematisierte Gefahr der Dominanz einer weiblichen Figur in der Ehe die Schilderung der Kampfhandlungen durchzieht. So nimmt in derselben Strophe die Erzählinstanz eine Bewertung von Brünhilds Handeln vor: Ihr gewaltsames Vorgehen gegen Siegfried wird als „ungefuoge" (672,4) bezeichnet.[194] Im Zuge der Darstellung von Siegfrieds Gegenwehr, die schließlich erfolgreich ist, wird auch sein Handeln als von „ungefüeger krefte" (674,3) bezeichnet. Darüber hinaus ist nicht nur von Brünhilds Handeln, sondern auch von ihren maßlosen Absichten die Rede, von „Ir ungefüeges willen" (676,1). Bereits nach den ersten Gewalthandlungen Brünhilds deutet die Erzählinstanz das Geschehen: „solch wer von deheiner vrouwen diu wæn ich immer mêr ergê" (669,4). Damit wird einmal mehr das Verhalten Brünhilds als außergewöhnlich bestimmt. Der Vers kündigt außerdem an, dass die Auseinandersetzung zwischen Siegfried und Brünhild im Wormser Brautgemach von der endgültigen Überwindung und Verabschiedung derartigen Verhaltens einer weiblichen Figur handelt. Solche körperliche Gegenwehr einer Frau – aus dem Kontext kann ergänzt werden: gegen den Willen und gegen das Handeln ihres Ehemannes – scheint in der Zukunft nicht mehr vorstellbar. Auch hiermit erhält das Geschehen exemplarische Bedeutung für die Geschlechtsidentität *vrouwe* und für die Interaktion der Geschlechter in der Ehe.

Brünhild wird überwunden, indem Siegfried auf den Versuch, ihn zu binden, mit Handlungen reagiert, die Brünhilds Körper hörbar verformen („daz ir diu lit erkrachten unt ouch al der lîp" (677,3)). Durch diese Einwirkung auf ihren Körper, die auch in der Dunkelheit der Kemenate deutlich wahrnehmbar ist, wird der Kampf entschieden: „des wart der strît gescheiden: dô wart si Guntheres wîp" (677,4). Wie zuvor beim Braut-

---

193 Zur didaktischen Funktion höfischer Literatur vgl. Bumke, Höfische Kultur, S. 709 ff.

194 Das Adjektiv *ungefüege* bzw. das Adverb *ungefuoge* meinen eine ungestüme, das rechte Maß missachtende Eigenschaft bzw. Art und Weise des Handelns (vgl. BMZ III, S. 438 f.; Lexer II, Sp. 1881 ff.).

werbungswettkampf (466) bestätigt Brünhild die eigene Niederlage verbal, deren körperliche Zeichen der Erzähler bereits berichtet und gedeutet hat. Sie erkennt Gunthers „meisterschaft" in der Ehe an:

> Si sprach: ‚künic edele, du solt mich leben lân.
> ez wirt vil wol versüenet, swaz ich dir hân getân.
> ich gewer mich nimmer mêre der edelen minne dîn.
> ich hân daz wol erfunden, daz du kanst vrouwen meister sîn.' (678)

Siegfried zieht sich daraufhin zurück und lässt Gunther seine Stelle einnehmen. Das entspricht der Abmachung der beiden Männer, wonach Siegfried auf sexuellen Kontakt mit Brünhild zu verzichten habe (653–656). Die sexuellen Handlungen, die Gunther ausführt, verändern den Körper der weiblichen Figur:

> von sîner heimlîche si wart ein lützel bleich.
> hey waz ir von der minne ir grôzen krefte entweich!

> Done was ouch si niht sterker dann' ein ander wîp. (681,3–682,1)

Am Ende der Auseinandersetzung steht also nicht nur die erneute Überwindung Brünhilds und die Anerkennung von Gunthers Machtposition in der Ehe, sondern auch der Verlust von Brünhilds Stärke. Dies ist eine weitere gravierende Veränderung, die der Kampf mit Brünhild im Schlafgemach im Vergleich zu den Isensteiner Kampfspielen aufweist.

Strukturell besteht die Wormser Auseinandersetzung nicht aus einer kontinuierlichen Folge von drei Disziplinen, sondern aus zwei Teilen (630–642; 663–683), die in zwei aufeinander folgenden Nächten stattfinden und durch die Schilderung der Ereignisse des Tages voneinander getrennt sind. Daher agieren Gunther und Siegfried hier nicht gleichzeitig – woraus sich bei den Isensteiner Kampfspielen das grundsätzliche Problem ergibt, die Handlungen beider Figuren zu unterscheiden –, sondern nacheinander. In Worms unterliegt zunächst Gunther Brünhild im Kampf, bevor Siegfried durch die Tarnkappe unsichtbar an seine Stelle tritt und sie überwindet. Dass beide männlichen Figuren über ein unterschiedliches Maß an Stärke verfügen, wird auf diese Weise deutlich gemacht, ohne dass die Frage aufkommt, die sich in den Isensteiner Kampfspielen mehrfach andeutet: Welchen Anteil haben beide Figuren an den jeweiligen Kampfhandlungen und wie groß ist daher die Kraft einzuschätzen, die jeder von ihnen besitzt? Die Erzählstruktur, der die Darstellung der Ereignisse in Worms folgt, stellt die Differenzen der Männer in Bezug auf Stärke und Kampffähigkeit klar heraus. Verbunden sind beide Figuren jedoch auch in Worms, indem Siegfried erneut an Gunthers Stelle handelt und dessen Interessen verfolgt. Räumlich und zeitlich eng verknüpft ist ihr Handeln auch hier, insbesondere am Ende der Auseinandersetzung zwischen Brünhild und Siegfried. Nachdem er Brünhild Schmerz zugefügt, sie überwunden hat und von ihr als „meister" anerkannt worden ist (678,3), überlässt Siegfried Gunther den Platz auf dem Lager (ich zitiere die Passage unter Auslassung der Entwendung von Ring und Gürtel sowie des bereits wiedergegebenen Kraftverlusts Brünhilds):

> Sîfrit stuont dannen, ligen lie er die meit,
> […]
> dô lâgen bî ein ander Gunther unt diu schœniu meit.
>
> Er pflac ir minneclîchen, als im daz gezam,
> dô muoste si verkiesen ir zorn unt ouch ir scham.
> […]
> er trûte minneclîche den ir vil schœnen lîp.
> ob siz versuochte mêre, waz kunde daz vervân?
> daz het ir allez Gunther mit sînen minnen getân.
>
> Wie rehte minneclîche si dô bî im lac
> mit vriuntlîcher liebe unz an den liehten tac! (679,1; 680,4–681,2; 682,2– 683,2)

Die Überwindung Brünhilds im Kampf führt dazu, dass Gunther die sexuellen Handlungen vollziehen kann, die er schon in der Nacht zuvor ausführen wollte und die er Siegfried selbst ausdrücklich untersagt hatte. Die Beschreibung der Sexualität des Paars deutet zunächst noch den Zwang an, der auf Brünhild ausgeübt wird („muoste" (681,2); „ob siz versuochte" (682,3)), und geht dann zu wechselseitigen Zärtlichkeiten und zur Andeutung einer harmonischen Liebesnacht über (683,1–2).

Auch wenn Siegfried selbst nicht sexuell mit Brünhild interagiert, ist sein Handeln doch funktional für den erzwungenen Beischlaf Gunthers mit seiner Ehefrau Brünhild. Im Sinne des einvernehmlichen Handelns der beiden männlichen Figuren als Komplizen und Stellvertreter muss, mit Frakes, aus gegenwärtiger Perspektive von einer Vergewaltigung gesprochen werden.[195] Im Sinne des mittelalterlichen kanonischen Rechts jedoch kann das Geschehen keineswegs als Vergewaltigung gelten, denn dieses

---

195 Frakes spricht von einer „functional identity" Siegfrieds mit Gunther in dieser Szene und begründet damit seine Einschätzung, dass die Frage, ob Siegfried sexuell mit Brünhild verkehrt oder nicht, für die Beschreibung des Geschehens als Vergewaltigung nicht von Bedeutung sei, sondern dass es sich um einen „team rape" Brünhilds durch Siegfried und Gunther handele (vgl. Frakes, Brides, S. 117, S. 120 f.).

knüpft seit dem *Decretum Gratiani* (ca. 1140) an den römisch-rechtlichen Begriff des *raptus* an und bezeichnet damit einen unrechtmäßigen Geschlechtsakt, d. h. einen solchen, der mit der Entführung der Frau einhergeht sowie mit Gewalt gegen sie oder ihren Vormund, ohne dass eine Ehe verabredet worden ist.[196] Weniger eindeutig ist die Einschätzung des Geschehens in Worms vor dem Hintergrund der Regelungen des *Sachsenspiegels*, denn hier ist nicht von gewaltsamer Entführung aus dem Einflussbereich des Vormunds die Rede, sondern Notzucht wird als Vollzug sexueller Handlungen gegen den Willen der Frau beschrieben und mit der Todesstrafe bedroht.[197] Außerdem nimmt der *Sachsenspiegel* unter den mittelalterlichen Rechten eine Sonderstellung ein, insofern hier auch erzwungene Sexualität mit einer Geliebten („amie") unter Todesstrafe gestellt wird.[198] Auch wenn diese volkssprachlichen Regelungen zur Vergewaltigung das Geschehen im Wormser Brautgemach weniger eindeutig erscheinen lassen als die des kanonischen Rechts, ist doch nicht von der Hand zu weisen, dass Brünhild nach dem Brautwerbungswettkampf in die Ehe mit Gunther eingewilligt hat (466,3–4; 468,3) und dass das Zeremoniell der Eheschließung bereits stattgefunden hat (618 ff.; 644 ff.). Vor diesem Hintergrund ist es nicht verwunderlich, dass im *Nibelungenlied* das Handeln der Männer nicht als Vergehen gegen die weibliche Figur markiert wird, sondern der Kampf in eine gelungene sexuelle Begegnung im beiderseitigen Einvernehmen übergeht.[199] Auch für den weiteren Verlauf des

---

196 Vgl. Frakes, Brides, S. 101; sowie Brundage, James: Rape and Marriage in the Medieval Cannon Law, in: Revue du Droit Canonique 28 (1978), S. 62–75, hier S. 64 f.

197 Vgl. Spiewok, Wolfgang: Die Vergewaltigung in der deutschen Literatur des Mittelalters, in: Buschinger, Danielle und Wolfgang Spiewok (Hg.): Sexuelle Perversionen im Mittelalter, Greifswald 1994, S. 193–206, hier S. 198 f.; sowie Ssp. Ldr. II 13 § 5; III 1 § 1 und III 46 § 1.

198 Ssp. Ldr. III 46 § 1; vgl. auch Saar, Stefan Ch.: Art. Notzucht, in: Bautier, Robert-Henri u. a. (Hg.): Lexikon des Mittelalters. Bd. 6, München und Zürich 1993, Sp. 1298–1299.

199 Frakes stellt heraus, dass durch die Zustimmung der weiblichen Figur an dieser Stelle der zehnten Aventiure die gewaltsame Auseinandersetzung und die erzwungene Sexualität in legitime eheliche Handlungen übergehen (vgl. Frakes, Brides, S. 126). Die erzwungene Sexualität wird nicht als solche thematisiert, sondern in die Schilderung gegenseitiger Zärtlichkeiten überführt. Frakes folgt Gravdals Thesen zum französischen Arthurischen Roman, die die Auffassung vertritt, in Chrétiens Romanen werde sexuelle Gewalt generell zur Grundlage einer romantischen Erzählung (vgl. Gravdal, Kathryn: Chrétien de Troyes, Gratian, and the Medieval Romance of Sexual Violence, in: Signs. Journal of Women in Culture and Society 17 (1992), H. 3, S. 558–585, insbes. S. 583 ff.).

Geschehens ist nicht problematisch, dass der Beischlaf erzwungen wurde, mehr noch: Es spielt künftig keine Rolle.[200]

Der thematische Kontext, der durch die zweite Auseinandersetzung mit Brünhild aufgerufen wird, zeigt, dass der Vergleich der Kräfte der beteiligten Figuren an dieser Stelle *nicht* im Zentrum des Interesses steht. Nicht um das Aufeinandertreffen zweier gegnerischer Parteien, geordnet durch ein Set von Regeln, das für beide Kontrahenten grundsätzlich ähnliche Voraussetzungen vorsieht, geht es hier, sondern um die Auseinandersetzung von Figuren, für deren Verhalten ebenso wie für deren soziale Beziehung die Eheschließung Festlegungen getroffen hat. Im Text werden diese allerdings nicht explizit gemacht.[201] Sie scheinen als Verhaltensvorgabe der nibelungischen Welt stillschweigend vorausgesetzt bzw. durch die Erzählung von der Interaktion der Eheleute in den Schlafgemächern in Aventiure zehn erst etabliert zu werden. Durch die parallel geschilderte Handlung der Eheleute Siegfried und Kriemhild und durch die Darstellung von Gunthers Erwartungen an die Ehefrau wird angezeigt, dass Brünhilds Verhalten dem, was im gegebenen Kontext von ihr gefordert ist, nicht entspricht. Der Text deutet Brünhilds Abweichen von erwartbarem Handeln an, indem es heißt, Gunther habe bereits bei anderen Frauen angenehmer gelegen (630,4). Außerdem kündigt Siegfried im Gespräch nach der ersten Brautnacht an, er werde dafür sorgen, dass Brünhild Gunther ihre Liebe nicht länger vorenthalte (651,2−3).[202]

---

200 Das wird insbesondere im Vergleich mit der gleichzeitig stattfindenden Entwendung von Brünhilds Ring und Gürtel deutlich, deren Folgen der Text bereits im Moment des Geschehens andeutet (680,3). Zentral für den weiteren Handlungsverlauf sind Siegfrieds Anwesenheit im Brautgemach und sein Umgang mit diesem Geheimnis der Männer, aber nicht die gewaltsame Überwindung Brünhilds.

201 Nach der Niederlage Brünhilds im Brautwerbungswettkampf wird beschrieben, wie sie ihre Position und ihre Aufgaben als Herrscherin in Isenstein an Gunther übergibt (466,3−4; 468,3). Selbst die Ausführung repräsentativer Handlungen, wie der Begrüßung Fremder, lässt sie sich von Gunther vorgeben (510,3−511,3); auch ihre Habe zu verteilen, delegiert sie an andere (513). Auf das Verhalten der Eheleute untereinander nimmt der Text jedoch nicht Bezug. Lediglich am Ende von Aventiure acht findet sich der Hinweis, dass Brünhild auf der Fahrt nach Worms den Vollzug der Ehe verweigert (528,1). Die Erzählinstanz distanziert sich von diesem Verhalten nicht, sondern erklärt es als Aufsparen des Zusammenseins bis zur Ankunft in der Wormser Burg und bis zur Hochzeitsfeierlichkeit (528,2−3).

202 Zu *sûmen* im Sinne des Versäumens oder Verzögerns einer Handlung, die zu erwarten ist, vgl. BMZ II,2, S. 727 f.; Lexer II, Sp. 1296 f.

Auch in Isenstein stimmen Brünhilds Position, Verhalten und körperliche Eigenschaften nicht mit dem überein, was bis zu diesem Punkt der
Erzählung von einer weiblichen Figur erwartbar ist. Aus der Perspektive der
Geschlechterordnung wird sie folgerichtig als außergewöhnliche Figur
charakterisiert. Als umworbene Isensteiner Herrscherin aber befindet sich
Brünhild offensichtlich in einer Position, in der sie die Regeln des Zusammentreffens bestimmen kann, denn die männlichen Figuren rechnen
mit dem Verhalten, das sie später tatsächlich zeigt, bereiten sich auf das
Zusammentreffen vor und akzeptieren ihre Vorgaben für den Brautwerbungswettkampf. In Worms ist es nicht länger an Brünhild, die Bedingungen des Zusammentreffens zu bestimmen. Die Eheschließung hat
Erwartungen in Bezug auf das Verhalten der Figur geschaffen, die zu erfüllen nun von ihr gefordert wird. Vor diesem Hintergrund steht nicht
Brünhilds Stärke als körperliche Eigenschaft – die durchaus auch in der
zehnten Aventiure angesprochen wird – und ihr Verhältnis zur Stärke der
Männer im Zentrum der Darstellung, sondern ihr Verhalten als Ehefrau
Gunthers innerhalb des Personenverbands in Worms. Nicht ihre Stärke als
physisches Charakteristikum und die Frage nach der Differenz der Ge-
schlechter in dieser Hinsicht wird in Worms zum Problem, sondern die Art
und Weise wie Brünhild ihre Stärke einsetzt.[203] Nicht um den Vergleich der
Körper männlicher und weiblicher Figuren, um ihre Ähnlichkeiten und
Differenzen geht es hier, sondern um die Handlungsmöglichkeiten, die

---

203 Ich schließe damit an eine Beobachtung von Frakes an und modifiziere sie zugleich.
Generalisierend stellt Frakes fest: „her [= Brünhilds] strength only becomes a
problem when she uses it" (Frakes, Brides, S. 162). Meine Analysen zeigen, dass
Brünhilds Stärke nicht nur dadurch zum Problem wird, dass sie sie einsetzt.
Darüber hinaus ist von zentraler Bedeutung, in welcher Weise und insbesondere in
was für einer Situation sie von ihrer Kraft Gebrauch macht. Problematisch ist
Frakes' These insofern, als sie mit der psychoanalytischen Überlegung einhergeht,
dass die männlichen Figuren verdrängen würden, dass Brünhild nicht ihren
Wünschen entspreche, sondern sich durch deviante Eigenschaften auszeichne:
„Thereafter [= nach Siegfrieds Bericht über Brünhilds schreckliche Kampfspiele],
the men ignore this [= Brünhilds] character deviation and pretend that Brünhild is
what they wish her to be, despite evidence of the contrary" (Frakes, Brides, S. 162).
Frakes' Argumentation läuft letztlich auf die Überlegung hinaus, dass Brünhilds
Verhalten den Nachweis ihrer abweichenden Eigenschaft der Stärke erbringen und
bei den männlichen Figuren den Vorgang der Verdrängung beenden müsste; zu
dieser Konsequenz führt Frakes die eigene These jedoch nicht ausdrücklich weiter.

sich für Brünhild aus der Stärke ergeben, und um die Art und Weise ihres Handelns.[204]

Brisant ist Brünhilds Kraft in Aventiure zehn, weil sie der Figur ermöglicht, gegen die Verhaltensanforderungen, die in Worms an sie als Ehefrau gestellt werden, zu verstoßen, und weil sie damit zudem die Machtverhältnisse in der Ehe zu destabilisieren und die Dominanz des Ehemannes zu überwinden droht. Zwei Facetten der Figur, die mit der nibelungischen Ordnung der Geschlechter auf ihre je eigene Weise nicht zur Deckung kommen, überlagern sich hier also. Angesichts der Gefährdung der Hierarchie der Geschlechter in der Ehe, die Brünhilds Verhalten in Aventiure zehn bedeutet, geht es nicht länger nur darum, dass die männlichen Figuren unter Beweis stellen, Brünhild im Vergleich der Kräfte überlegen zu sein, und dass auf diese Weise die körperliche Differenz der Geschlechter und die Dominanz der männlichen Figuren markiert wird. Dass Siegfried – mit Billigung Gunthers (65,3 – 4) – Brünhild physischen Schmerz zufügt, kann als Strafe für ihr Verhalten als Ehefrau verstanden werden.[205] Gegen den Willen der Figur mit Brünhilds Körper zu verfahren und ihr dabei Schmerz zuzufügen stellt eine Spiegelung ihres Verhaltens gegenüber Gunther in der ersten Brautnacht und gegenüber Siegfried zu Beginn des Kampfes dar.[206] Die spiegelnde Strafe, die das Vorgehen Siegfrieds gegen Brünhild bedeutet, kann darüber hinaus als Sanktion verstanden werden, die anzeigt, dass zuvor die Transgression einer Norm stattgefunden hat.[207] Die Sanktion verhilft der Norm nicht nur erneut zur

---

204 Mit der Unterscheidung der Kampfhandlungen in Isenstein und in Worms widerspreche ich Pafenbergs Einschätzung; sie hat die Auffassung vertreten, bei Brünhilds Verhalten auf dem Kampfplatz ebenso wie im Schlafgemach gehe es um die „transgression of gender boundaries" (Pafenberg, Spindle, S. 108). Dagegen hat auch Zimmermann auf eine Differenz beider Auseinandersetzungen hingewiesen; sie formuliert aus der Perspektive der männlichen Figuren: Während es in Isenstein um den „Gewinn einer Braut" gehe, haben die Auseinandersetzungen in Worms den „Gewinn einer Ehefrau" zum Ziel (Zimmermann, Brautwerbung, S. 333).

205 In der nibelungischen Welt scheint ein Züchtigungsrecht des Ehemannes gegenüber seiner Frau zu bestehen: In Aventiure 15 berichtet Kriemhild Hagen, Siegfried habe sie für ihr Verhalten Brünhild gegenüber „zerblouwen" (894,2).

206 Wie von Brünhild (676,4) so heißt es zuvor auch von Gunther und Siegfried, dass ihnen die Handlungen der Frau „leide" zufügen (636,4) bzw. „wê" tun (669,3). Wie ihr Körper von den Gewalthandlungen kracht (677,2 – 3), so schlägt zuvor Siegfrieds Kopf geräuschvoll auf einem Stuhl auf (668,4). Von den beiden Männern wird allerdings nicht berichtet, dass sie vor Schmerz aufschreien (676,3).

207 Der Begriff Transgression beschreibt die Überschreitung sozialer Regeln, Normen und Gesetze sowie anderer kulturell konstruierter Grenzen (Audehm, Kathrin und

Geltung, sondern sie macht zuallererst auf das Bestehen dieser Norm aufmerksam.[208] Auch die Schilderung des Vorgehens gegen Brünhild macht deutlich, dass ihr Verhalten den Erwartungen nicht entspricht, die an die Ehefrau eines Herrschers gestellt werden. Effekt der Sanktion ist nicht nur körperlicher Schmerz, sondern durch den erzwungenen Zugriff auf Brünhilds Körper wird ihr am Ende der Handlungskette schließlich die physische Stärke genommen. Aus der Perspektive der Geschlechterordnung der nibelungischen Welt stellt dieser Vorgang ein weiteres Element von Brünhilds Strafe dar. Die Sanktion bringt Brünhilds Verhalten mit ihren körperlichen Eigenschaften in Verbindung, die ebenfalls der Ordnung der Geschlechter, wie sie zu Beginn des Textes vorgestellt wird, nicht entsprechen, und verknüpft das Verhalten der Figur mit ihren physischen Charakteristika. Brünhild die Stärke zu nehmen bedeutet, ihr die Voraussetzung für ein Verhalten zu entziehen, das die Hierarchie der Geschlechter in der nibelungischen Welt gefährdet. Der Text stellt heraus, dass sich Brünhild durch dieses Ergebnis der Überwindung in Worms in Bezug auf die Stärke nicht länger von anderen Frauen unterscheidet (682,1). Dass

---

Hans Rudolf Velten: Einleitung, in: Dies. (Hg.): Transgression, Hybridisierung, Differenzierung. Zur Performativität von Grenzen in Sprache, Kultur und Gesellschaft, Freiburg im Breisgau, Berlin und Wien 2007, S. 9–40, hier S. 24 f.). Als Überschreitung sozial verbindlicher Handlungsmuster wird die Transgression mit Sanktionen bedroht (Audehm/Velten, Einleitung, S. 25). Von singulären (salienten) Überschreitungen können Transgressionen anhand von „Öffentlichkeit und Konsequenzialität" unterschieden werden (Audehm/Velten, Einleitung, S. 27). Beide Aspekte finden sich in Bezug auf Brünhilds Verhalten in Worms: Die Gefahr des Öffentlich-Werdens der Überwindung Gunthers durch Brünhild wird in der ersten Brautnacht-Szene thematisiert (640 f.); und auch im Zuge der Kampfhandlungen in der zweiten Brautnacht werden die Möglichkeit des Bekannt-Werdens und der Nachahmung von Brünhilds Verhalten bei einer Niederlage Siegfrieds erwähnt (673). Zu Vorschlägen, wie der Begriff der Transgression nicht nur auf soziale Prozesse (innerhalb der imaginierten Welt), sondern auch auf sprachliche Praktiken bezogen werden kann vgl. Neumann, Gerhard und Rainer Warning: Einleitung. Transgressionen. Literatur als Ethnographie, in: Dies. (Hg.): Transgressionen. Literatur als Ethnographie, Freiburg im Breisgau 2003, S. 7–16, insbes. S. 12 f.; die Hinweise auf literatur- und kulturwissenschaftliche Verwendungsmöglichkeiten des Begriffs sind anregend, führen allerdings dazu, das Konzept der Transgression stark auszuweiten.

208 Im Zusammenhang der Funktionalität einer Transgression für den Erhalt von Normen bestehe die Funktion der Strafe darin – so Hahn im Anschluss an Durkheim –, „dem Normbewußtsein zu neuem Leben" zu verhelfen (Hahn, Alois: Transgression und Innovation, in: Helmich, Werner, Helmut Meter und Astrid Poier-Bernhard (Hg.): Poetologische Umbrüche. Romanistische Studien zu Ehren von Ulrich Schulz-Buschhaus, München 2002, S. 452–465, hier S. 454).

Brünhild ihre Stärke verliert, wird damit als eine Normalisierung der Figur unter anderen weiblichen Figuren innerhalb der Geschlechterordnung dargestellt, die zu Beginn des *Nibelungenlieds* entworfen wird. Während die Kampfspiele in Isenstein die Frage nach Ähnlichkeiten und Differenzen der Geschlechter anhand der Eigenschaft physischer Stärke thematisieren, setzt der Kampf zwischen Siegfried und Brünhild in Aventiure zehn diesem Spiel um den Vergleich männlicher und weiblicher Körper ein Ende. Der weiblichen Figur wird mit der Stärke diejenige Eigenschaft genommen, die für die Differenzierung der Geschlechter im *Nibelungenlied* zentral ist und anhand der die Frage nach Ähnlichkeiten und Differenzen der Geschlechter in den Isensteiner Kampfspielen zum Thema gemacht wird. Aventiure zehn führt mögliche Konsequenzen der zuvor erprobten Verähnlichung männlicher und weiblicher Figuren in körperlicher Hinsicht vor. Der Text macht deutlich, dass körperliche Ähnlichkeiten der Geschlechter konkrete Auswirkungen haben können auf die soziale Hierarchie der Geschlechter.

Die Analyse der doppelten Überwindung Brünhilds in Isenstein und in Worms erbringt, dass beide Handlungen nicht unmittelbar aufeinander bezogen werden können, sondern dass sich zwischen ihnen eine Lücke auftut.[209] Diese zeigt sich zunächst an der erzählten Zeit, die zwischen den Auseinandersetzungen vergeht, und sie betrifft darüber hinaus die Darstellung der Kampfhandlungen selbst und die unterschiedlichen Kontexte, in denen sie in der nibelungischen Welt stehen.[210] Für die Konzeption von Brünhilds Körper bedeutet das, dass der Entzug der außergewöhnlichen physischen Stärke nicht unmittelbar auf die Schilderung dieser körperlichen Eigenschaft folgt. Die Differenz, die das narrative Verfahren der Wiederholung der Erzähleinheit des Kampfes zwischen Brünhild und

---

209 Interpretationen der Brünhild-Episode, die die Disziplinierung und geschlechterspezifische Vereindeutigung der Figur als zentrale Themen der Teilhandlung identifizieren, liegen sicherlich nicht falsch (vgl. beispielsweise Michaelis, Beatrice: (Dis-)Artikulationen von Begehren. Schweigeeffekte in wissenschaftlichen und literarischen Texten, Berlin und New York 2011, S. 210, S. 213 ff.). Sie übergehen jedoch die Differenzen zwischen beiden Szenen, in denen Brünhild physisch unterworfen wird.

210 Auf die zeitliche Differenz zwischen der ersten Überwindung Brünhilds und ihrer darauf folgenden Integration in den Wormser Hof, während die Protagonistin immer noch physisch stark ist, weist auch Frank hin (vgl. Frank, Weiblichkeit, S. 217). Ihrer Ansicht nach ist die Einbindung Brünhilds in den Wormser Herrschaftsverband nur möglich, weil verheimlicht wird, dass ihr Körper besondere Kraft besitzt. Dass der Text in Isenstein und in Worms jeweils andere Aspekte von Brünhilds Kraft thematisiert, erwägt sie nicht.

Gunther sowie Siegfried und seiner Tarnkappe einführt, zeigt an, dass die
Stärke Brünhilds nicht umgehend zu einem Problem wird, für das die Figur
bestraft und das aus der nibelungischen Welt geschafft wird. Dies deutet
darauf hin, dass die physische Stärke einer weiblichen Figur in der nibelungischen Welt nicht als solche und durchweg problematisch ist, sondern
dass sie kontextabhängig mehr oder weniger brisant erscheint. Deutlich
zeigt sich hier, dass die physische Stärke einer weiblichen Figur nicht un-
vereinbar ist mit der Position als Ehefrau eines Königs. Denn Brünhild wird
die Stärke erst genommen, nachdem ihre Ehe mit dem Burgunden-
Herrscher bereits verabredet ist. Umgekehrt erscheint die körperliche
Norm weiblicher Schwäche damit innerhalb der sozialen Ordnung, die das
Nibelungenlied entwirft, nicht als Voraussetzung für die soziale Position der
Gattin eines Herrschers. Jedoch zeigt der Text durchaus an, dass körper-
liche Eigenschaften und soziale Stellung nicht vollständig getrennt von-
einander behandelt werden. Auch wenn die Herstellung weiblicher
Schwäche Brünhilds Heirat mit Gunther nicht vorausgeht und also die
Schwäche nicht als körperliche Basis dieser sozialen Funktion angesehen
werden kann, lässt der Vorgang der Entkräftung Brünhilds nach der
Einwilligung in die Ehe nicht lange auf sich warten. Die Erzählung von
ihrer zweifachen Überwindung deutet an, dass die soziale Stellung der
Ehefrau eines Herrschers nicht an die körperliche Norm weiblicher
Schwäche gebunden ist und dass die körperliche Eigenschaft der Stärke
einer weiblichen Figur und ihre soziale Position in der nibelungischen Welt
durchaus auseinander treten können. Dass die zweite Überwindung
Brünhilds im Zuge der Feierlichkeiten anlässlich der Eheschließung
Gunthers mit Brünhild stattfindet, zeigt jedoch zugleich, dass der Tole-
ranzbereich für das Auseinandertreten von körperlichen Eigenschaften und
der Funktion, die die Figur innerhalb des sozialen Verbandes einnimmt, in
der nibelungischen Welt begrenzt ist. Dass es zur zweiten Überwindung
Brünhilds und damit zum Verlust ihrer Stärke kommt, wird im Text von
Brünhilds Verhalten als Ehefrau innerhalb des Wormser Herrschaftsverbands abhängig gemacht. Der Text lässt den veränderten räumlichen und
sozialen Kontext erkennen, in dem Brünhild sich im Worms der Burgunden im Unterschied zu ihrem eigenen Herrschaftsbereich in Isenstein
befindet. Auch am Wormser Hof wird nicht Brünhilds körperliche Eigenschaft der Stärke als solche zum Problem, sondern die Art und Weise,
wie sie diese Körperkraft einsetzt. Sanktioniert und getilgt wird Brünhilds
Stärke als körperliche Voraussetzung eines Verhaltens, das die Hierarchie
anficht, die das Verhältnis von Eheleuten in der nibelungischen Welt
auszeichnet.

Tiuveles wîp. Kommentare der Figuren und des Erzählers

Die Analyse der Darstellung Brünhilds, insbesondere ihrer Kraft, hat sich bis hierher vor allem auf Charakterisierungen der Figur bezogen, die sich aus den Epitheta ergeben, die ihr beigegeben werden, sowie aus der Schilderung des Geschehens und aus deren strukturellen Merkmalen. Damit sind jedoch noch nicht alle Formen der Darstellung berücksichtigt, die eingesetzt werden, um Brünhild zu charakterisieren. Auch das Personal der nibelungischen Welt gibt markante Kommentare zu Brünhild ab. Wiederholt nehmen die Burgunden deutlich wertend auf sie Bezug. Darüber hinaus äußert sich auch die Erzählinstanz zu Brünhild und zu ihrem Verhalten.

Im Folgenden wird die Analyse der Charakterisierung Brünhilds um eine zusätzliche Darstellungsebene erweitert. Sie kann zu den Verfahren der Herstellung von Brünhilds Exzeptionalität gerechnet werden, die bereits beschrieben worden sind. Dabei fällt auf, dass Brünhild von anderen Figuren – anders als in den bereits untersuchten Formen der Vermittlung von Informationen über ihre exzeptionellen physischen Eigenschaften – deutlich negativ bewertet wird. Ich habe gezeigt, wie die außergewöhnliche Stellung der Figur innerhalb der nibelungischen Welt im Zuge der Kampfspiele insbesondere anhand der physischen Stärke als besonderer Eigenschaft ihres Körpers entwickelt wird. Die abwertenden Kommentare anderer Figuren gehen zwar wiederholt von diesem körperlichen Attribut aus, sie bewerten aber in erster Linie nicht Brünhilds Körper, sondern beziehen sich vereinzelt auf ihr Verhalten und vor allem auf die Figur in ihrer Gesamtheit, ohne das Urteil zu begründen oder es genauer zu spezifizieren. Kommentare der Erzählinstanz machen, wie sich zeigen wird, vor allem das Handeln der Figur zum Thema.

Bei der Einführung Brünhilds in Aventiure sechs berichtet zunächst Siegfried über sie. Er bezeichnet die Kampfspiele, die Brünhild von Brautwerbern fordert, zweimal als „vreislîche sit" (330,2; 340,2). Mit dem Begriff wird die Praxis bewertet, dass Brünhild von Brautwerbern einen Wettkampf fordert, der im Falle einer Niederlage für diese tödlich endet. Das Adjektiv *vreislich* meint insbesondere die Effekte, die Brünhilds An- gewohnheit auf andere Figuren hat, also den Schrecken, den ihre Kampfspiele auslösen.[211] Im Zusammenhang dieses Schreckens spricht Siegfried auch von Brünhilds „übermuot" (340,3). Das Wort beschreibt die

---

211 *Vreislich* hat die Bedeutung des Schrecklichen sowie des Gefahr und Verderben Bringenden (vgl. BMZ III, S. 399; Lexer III, Sp. 498 f.).

innere Einstellung der Figur, die in ihrem Auftreten und in ihren Handlungen zum Ausdruck kommt.[212] Grundsätzlich ist der Begriff nicht als negativer oder positiver Kommentar fixiert, sondern er kann von der Anerkennung der Kampfbereitschaft einer Figur bis hin zu kritischer Distanz gegenüber ihrem aggressiven Verhalten reichen sowie zwischen beiden Bedeutungen changieren. Im zitierten Zusammenhang scheint der Begriff die Ablehnung von Brünhilds anmaßendem Verhalten auszudrücken, das Leben von Rittern aufs Spiel zu setzen, die niemandem Schaden zugefügt haben.[213] Es zeigt sich also, dass die wenigen Einschätzungen Brünhilds, die Siegfried in Aventiure sechs gibt, das Verfahren bewerten, von Brautwerbern eine gewaltsame Auseinandersetzung zu fordern; sie beziehen sich damit alle auf das Verhalten der Figur.

In Aventiure sieben wird Brünhild von den Burgunden, insbesondere von Hagen und Gunther, kommentiert. Siegfried charakterisiert sie in dieser Phase der Brautwerbung nicht. Hagen nennt „der starken vrouwen übermuot" (446,4), und Dankwart spricht von der „übermüete" ihrer Krieger (444,4).[214] Beide Charakterisierungen beziehen sich nicht auf

---

212 *Übermuot* meint die in hohem oder auch, mit kritischer Distanz, in zu hohem Maße stolze innere Einstellung (vgl. BMZ II,1, S. 264; Lexer II, Sp. 1648). Nach Müller bezeichnet *übermuot* im *Nibelungenlied* nicht vorrangig *superbia*, sondern sehr häufig kaum wertend „die Haltung, die hinter Aggression steht" sowie anerkennend den „Kampfwille[n] und [die] Kampfkraft" (Müller, Spielregeln, S. 238 f.). Er weist außerdem darauf hin, dass der Begriff nicht der Selbst-, sondern der Fremdbeschreibung dient; Charakterisierungen von Akteuren mit diesem Wort sind daher eng an die Perspektive derjenigen Figuren gebunden, welche die Bezeichnung vornehmen. Wegen des weiten semantischen Spektrums und der perspektivegebundenen Verwendung kann anhand des Wortes *übermuot* allein die Grenze zwischen sittlich vertretbarem und rücksichtslos aggressivem Verhalten nicht bestimmt werden. Kontextbezogene Deutungen des grundsätzlich ambigen Begriffs werden notwendig. Vgl. Müller, Spielregeln, S. 237 ff.

213 Siegfried lehnt es ab, mit mehr als vier Rittern auf die Brautwerbungsfahrt zu gehen, denn bei einer Niederlage im Wettkampf muss nicht nur der Werber sterben, sondern auch alle seine Begleiter haben mit dem Tod zu rechnen (340 f.).

214 Mit beiden Äußerungen behaupten die Burgunden, dass zwischen Brünhilds souveränem Auftreten und ihrer tatsächlichen Kampffähigkeit ein Unterschied bestehe: Wenn die Burgunden nicht ihre Waffen hätten abgeben müssen, würde sich Brünhild nicht derart übermütig verhalten können. Entgegen dieser Einschätzung der Figuren wird Brünhilds Souveränität im Folgenden noch gesteigert: Mit einem Lächeln lässt sie den Brautwerbern die Waffen zurückgeben (447); vgl. zu dieser Geste: Starkey, Kathryn: Brunhild's Smile. Emotion and the Politics of Gender in the Nibelungenlied, in: Jaeger, C. Stephen und Ingrid Kasten (Hg.): Codierung von Emotionen im Mittelalter. Emotions and Sensibility in the Middle Ages, Berlin und New York 2003, S. 159–173, insbes. S. 160, S. 165 ff.

bestimmte Handlungen Brünhilds, sondern folgen auf die Charakterisierung ihres Körpers beim Waffentransport (435,1–437,4; 440,1–441,3)
und auf ihr selbstbewusstes Verhalten vor dem Wettkampf. Im weiteren
Sinne bewerten sie erneut Brünhilds Praxis, von Brautwerbern einen
Wettkampf zu fordern, und schließen damit an Siegfrieds Einschätzungen
in der vorhergehenden Aventiure an.

Im Zuge des Waffentransports wird Brünhild außerdem mit dem
Teufel in Verbindung gebracht (435 ff.). Hagen reagiert auf das Herbei-
tragen von Brünhilds Schild, welcher als erstes der schweren Geräte zum
Kampfplatz geholt wird:

> Alsô der starke Hagene den schilt dar tragen sach,
> mit grimmigem muote der helt von Tronege sprach:
> ,wâ nû, künic Gunther? wie vliesen wir den lîp!
> der ir dâ gert ze minnen, diu ist des tiuveles wîp.' (438)

Nachdem der Transport des Schilds Brünhilds Kraft angezeigt hat, bezeichnet Hagen die Figur als Ehefrau des Teufels – ohne eine Begründung
für dieses Urteil oder eine Spezifikation seiner Charakterisierung zu liefern.[215] Er bezieht sich nicht auf ihre Stärke oder auf eine bestimmte Form
des Verhaltens, das sie zeigt. Vielmehr wird die Demonstration von
Brünhilds Stärke zum Anlass für eine Charakterisierung der Figur, die sie in
ihrer Gesamtheit mit dem Teufel in Verbindung bringt. Damit gehört die
Äußerung Hagens zu einer Reihe von Textstellen, die, so lässt sich generalisierend festhalten, eine Verbindung etablieren zwischen Brünhild und
einer Verderben bringenden Instanz.[216] Für den jeweiligen Einzelfall muss
nach dem Spezifikum der Verknüpfung mit dem Teufel gefragt werden.

Neben Brünhild werden außerdem Kriemhild – insbesondere im
zweiten Teil des *Nibelungenlieds*[217] – sowie im Zuge der Kampfschilde-

---

215 Der *vâlant* bezeichnet den Teufel sowie andere fremde Wesen; das Wort wird
    außerdem für Menschen verwendet, insbesondere für Fremde oder Heiden. Mit
    vâlandinne werden teufelsähnliche weibliche Figuren bezeichnet (vgl. BMZ III,
    S. 214; Lexer III, Sp. 7 f.).

216 Am Beispiel der Kriemhild-Figur, die im zweiten Teil ebenfalls mit dem Teufel
    verknüpft wird, hat McConnell auf die graduellen Differenzen des Verhältnisses
    zwischen der weiblichen Figur und einer Unheil bringenden Macht hingewiesen,
    die im Verlauf der Erzählung sichtbar werden (vgl. McConnell, Winder:
    Kriemhild and Gerlind. Some Observations on the „vâlandinne"-Concept in the
    Nibelungenlied and Kudrun, in: Haymes, Edward C. und Stephanie Cain Van
    d'Elden (Hg.): The Dark Figure in Medieval German and Germanic Literature,
    Göppingen 1986, S. 42–53, hier S. 43 f.).

217 S. u. das Kapitel „Schuldzuweisungen", insbes. S. 306 ff.

rungen in Etzelburg auch verschiedene männliche Figuren mit dem Teufel assoziiert. Etzel stellt fest, es sei ein Glück, dass er diesem Teufel – gemeint ist Volker – entkommen sei (2001,4). Und Hildebrant berichtet, dass er dem Teufel Hagen im Kampf kaum habe entgehen können (2311,4). Als Wolfhart in der Saalschlacht Dietrichs Bitte um eine Friedensregelung mit aggressiver Rede kommentiert, gebietet ihm sein Herr zu schweigen und beschreibt das Verhalten seines Gefolgsmannes mit den Worten: „ir habet den tiuvel getân" (1993,4). Bedrohliche Handlungen der männlichen Figuren im Kampf führen dazu, dass sie von ihren Kontrahenten als Teufel bezeichnet werden. Das impliziert nicht notwendig die Kritik an unangemessenem oder übermäßig aggressivem Verhalten, sondern beschreibt in erster Linie die Gefährdung, die von den Handlungen des Gegners ausgeht, und erkennt diese als effektive Kampfhandlungen an. Dass, abhängig vom Kontext, die Charakterisierung des Verhaltens männlicher Figuren als teuflisch auch als Kritik verstanden werden kann, zeigt die Zurechtweisung Wolfharts durch Dietrich. Die Beschreibungen männlicher Figuren als Teufel liefern damit die offenbar grundlegende kommunikative Struktur der Charakterisierung durch einen Kontrahenten sowie das semantische Spektrum, das von der Beschreibung einer Gefährdung, die von einem Gegner im Kampf ausgeht, bis zur Kritik an Verhaltensweisen reicht, die als einer Situation unangemessen und als übermäßig aggressiv angesehen werden.

Dass Brünhild im Kontext der kämpferischen Auseinandersetzungen in Isenstein mit dem Teufel in Verbindung gebracht wird, legt nahe, dass eine Verbindung zur Gefährdung besteht, die von männlichen Kriegern im Kampf ausgeht.[218] Wie bei diesen wird auch im Falle Brünhilds die Charakterisierung von einer Figur vorgenommen, zu der angesichts des bevorstehenden Brautwerbungswettkampfs und des den Burgunden dro-

---

218 Frakes weist darauf hin, dass neben Brünhild auch Krieger als Teufel bezeichnet werden. Etwas enigmatisch heißt es bei ihm weiter, er verstehe die Beschreibung „tiuveles wîp" angesichts der Kampfspiele in Isenstein als der Figur angemessen, wenn man berücksichtige, dass der Begriff *wîp* ein Problem der Deutung darstelle (vgl. Frakes, Brides, S. 159). Im Kontext von Frakes' Argumentation ist damit der transgressive Aspekt von Brünhilds Weiblichkeit gemeint – als transgressive sei ihre Weiblichkeit nicht gegeben, sondern bedürfe der Interpretation –, der allerdings nicht allein in der Eigenschaft der physischen Stärke bestehe, sondern zudem in der Art und Weise, wie die Figur mit dieser Eigenschaft agiere (vgl. Frakes, Brides, S. 161 f.). Anders als ich hier argumentiere – und als Frakes selbst es in Teilen seiner Ausführungen tut –, sieht Frakes in den Bewertungen Brünhilds durch die Figuren keine andere Deutung enthalten als in den anderen Mitteln, die Protagonistin zu charakterisieren.

henden Todes bei einer Niederlage Gunthers ein antagonistisches Verhältnis besteht.[219] Die Instanz, die diese Beschreibung vornimmt, ist also nicht einfach irgendeine andere Figur, sondern ein Krieger, der der weiblichen Figur als Gegner entgegen tritt. Auch wenn Brünhild hier nicht ihre Fähigkeiten im Kampf unter Beweis stellt, so zeigt doch das Gewicht der Waffen ihre Stärke als Teilaspekt des kriegerischen Könnens und deutet auf die Gefahr hin, die von ihr ausgehen wird.

Brünhilds Stärke bedeutet aus der Sicht Hagens Lebensgefahr für die Burgunden (438,3). Die Bedrohung betrifft nach den Regeln des Wettkampfes, die Brünhild aufgestellt hat (423,4; 425,3), im Falle einer Niederlage Gunthers die gesamte Gruppe der Brautwerber: Wenn Gunther unterliegt, bedeutet das für sie alle den Tod (438,3). Angesichts der Stärke Brünhilds, die der Schildtransport anzeigt, sieht Hagen diesen Fall offenbar bevorstehen. Seine abwertende Charakterisierung Brünhilds als Frau des Teufels steht ganz offensichtlich im Zusammenhang mit einer Situation, in der sich die männliche Figur, die die Bewertung vornimmt, als bedroht wahrnimmt und in der sie diese Bedrohung verbalisiert. Die Schilderung der Gefährdung der Burgundischen Brautwerber nimmt einen bedeutenden Teil des gesamten Brautwerbungsgeschehens ein. Sie beginnt bereits mit der Einführung Brünhilds und den Werbungsvorbereitungen in Aventiure sechs. Die Gefährdung der Brautwerber wird schon mit der ersten Erwähnung der Figur etabliert: Die Niederlage gegen Brünhild im Wettkampf bedeutet den Tod des Werbers, und niemand hat sie bislang bezwingen können (327,4–328,1; 329,3–4; 330,3). Die Gefahr des Todes betrifft nicht nur den Brautwerber selbst, sondern auch seine Begleiter (335,4; 340–341; 423,4). Diese Ausgangssituation wird im Folgenden durch die Schilderung von Brünhilds Eigenschaften und Verhalten, insbesondere ihrer Kampffähigkeit, sowie durch die Darstellung der Reaktionen der Männer weiter ausgestaltet. In Isenstein können die Burgunden erst vor die kampffähige Herrscherin treten, nachdem sie die eigenen Waffen abgegeben haben (406–407). Dass sie sie vor dem Beginn des Wettkampfes zurückerhalten (447–448), dient vorübergehend der

---

219 Dass die Bewertung Brünhilds von männlichen Figuren vorgenommen wird, d. h. von „hardly objective participants", stellt Frakes heraus (Frakes, Brides, S. 158). Diesen Hinweis gibt auch Jönsson: Die Verbindung Brünhilds mit dem Teufel wird nicht vom Erzähler, sondern von Figuren der Erzählung in „Situationen der äußersten Drangsal" ausgesprochen (Jönsson, Genderentwürfe, S. 289).

Versicherung ihrer Position (448,2–4).[220] Letztlich aber wird diese Handlung zu einer Demonstration von Brünhilds Machtfülle (447,2).[221]

Insgesamt zeichnet sich die Situation der Burgunden in Isenstein durch Gefährdung aus, und ihr emotionales Befinden wird als Angst beschrieben.[222] Wie schon Hagens abwertende Rede über Brünhild gezeigt hat, thematisieren die Figuren ihre Situation wiederholt selbst. Noch bevor Gunther bei der ersten Begegnung mit Brünhild auf ihre Bedingungen eingeht, spricht Siegfried ihm zu, er möge „ân' angest sîn" (426,3). Und kurz vor Beginn des Kampfes ermahnt Siegfried Gunther erneut, er möge keine Angst haben (453,4). Während der Vorbereitungen zum Kampf ist wiederholt von Sorgen, bösen Vorahnungen und dem Wunsch der Burgunden die Rede, die Reise nach Isenstein nie angetreten zu haben (430; 438; 441,4; 442,3–4; 443,2–444,1; 450,2). Insbesondere beim Speerwurf zeigt dann auch das Kampfgeschehen die Gefährdung der Burgunden: Ohne die Tarnkappe hätten die Burgunden Brünhilds Speerwurf nicht überlebt (457,4). Am Ende des Wettkampfes wird noch einmal herausgestellt, dass Siegfried Gunther vor dem Tod bewahrt hat (465,4). Die Bedrohung der Burgunden setzt sich in Aventiure sieben über das Ende der Kampfspiele hinaus fort: Die Burgunden wissen nicht, mit welcher möglicherweise feindlichen Absicht Brünhild ihr Gefolge in Isenstein zusammenkommen lässt (477,3–478,4). In Aventiure zehn wird schließlich bei der Schilderung der Auseinandersetzungen beider Nächte das Motiv der Angst der Burgunden wieder aufgenommen.[223] Dass Hagen Brünhild als „tiuveles wîp" (438,4) bezeichnet, hat sich damit als eines unter verschiedenen Mitteln der Darstellung erwiesen, die der Gefährdung

---

220 Auf die Rückgabe der Waffen folgt der Transport des Steins (449,1–450,1), des schwersten der Kampfgeräte, der erneut eine Erwähnung der „sorge" der Burgunden (450,2) und einen Kommentar Hagens (450,3–4) nach sich zieht.

221 Zur machtvollen Symbolik von Brünhilds „smielendem munde" vgl. Starkey, Smile.

222 Dass die Angst der männlichen Figuren dem Ideal heldenhaften Verhaltens widerspricht, wird im zweiten Teil des *Nibelungenlieds* deutlich, wenn Volker den Gefolgsleuten Dietrichs Angst unterstellt, die mit wirklichem Heldenmut nicht vereinbar sei (2268).

223 Gunther berichtet Siegfried, er habe ängstlich die Nacht am Haken gehangen (650,1). Gunther hört den darauf folgenden Kampf zwischen Siegfried und Brünhild und fürchtet um Siegfried (674,1). Selbst Siegfried handelt zwar schließlich „mit ungefüeger krefte" (674,3), aber zugleich „angestlîche" (674,4). Schulze weist darauf hin, dass die Gefahr, die von Brünhild ausgeht, auch mit ihrer Überwindung im Schlafgemach nicht gebannt ist (vgl. Schulze, Domestizierte Amazone, S. 135).

der Brautwerber Ausdruck verleihen.[224] Sie wird zu einem Zeitpunkt der erzählten Handlung als Ehefrau des Teufels bezeichnet, als die Bedrohung der Burgunden in Isenstein bereits etabliert ist. Hagens Äußerung ist daher nicht nur funktional für die Darstellung der Bedrohungssituation, sondern sie ist gleichzeitig bereits als ihr Effekt lesbar. Es zeigt sich, dass diese und weitere Bewertungen Brünhilds durch andere Figuren Teil der gefährdeten Lage sind, in der sich die Burgunden befinden. Sie erweisen sich damit in hohem Maße als abhängig vom Kontext, in dem sie vorgenommen werden.

Die erste Verknüpfung Brünhilds mit dem Teufel, die hier mit dem Zusammenhang, in dem sie verstanden werden muss, sehr ausführlich untersucht worden ist, zeigt verschiedene Merkmale, die sich auch bei den folgenden Bewertungen der Figur in Aventiure sieben wiederfinden. Es sind: die Schilderung der physischen Stärke und Kampffähigkeit als Ausgangspunkt der Abwertung; als Reaktion darauf eine Charakterisierung, die sich nicht auf ein einzelnes Attribut oder auf eine spezifische Handlung bezieht, sondern auf die gesamte Figur; sowie die Situation der Gefährdung, in der sich diejenigen befinden oder wähnen, die die Bewertung vornehmen. Insgesamt erweist sich die Verbindung Brünhilds mit dem Teufel damit nicht als präzise Beschreibung von Eigenschaften oder Verhaltensweisen der Figur, sondern als Markierung einer nicht näher spezifizierten Bedrohung.

Nachdem der Speer zum Kampfplatz getragen worden ist (440,1 – 441,3), stellt Gunther die Frage: „der tiuvel ûz der helle wie kund’er dâ vor genesen?" (442,2). Damit wird die weibliche Figur erneut dem Teufel zugeordnet, sie wird jedoch nicht als seine Ehefrau imaginiert. Der Teufel stellt damit nicht als ihr Partner die Schrecken erregenden Eigenschaften der Frau sicher. Vielmehr erscheint sie schrecklich, weil allenfalls der Teufel in einer Begegnung mit ihr bestehen könnte – möglicherweise ist nicht einmal er dazu in der Lage. Mit der Modifikation des Verhältnisses von

---

224 Dass die Bezeichnung Brünhilds als „tiuveles wîp" auf die Angst zurückzuführen ist, die sie bei männlichen Figuren auslöst, hat bereits Newman festgestellt (vgl. Newman, Gail: The Two Brunhilds?, in: Amsterdamer Beiträge zur älteren Germanistik 16 (1981), S. 69–78, hier S. 77); zur Dämonisierung Brünhilds durch die Burgunden aus Angst vgl. auch Jönsson, Genderentwürfe, S. 289 f.; sowie Zimmermann, Brautwerbung, S. 331. Classen versteht die abwertenden Äußerungen Hagens gegenüber Brünhild als Hinweis auf eine Gefährdung seiner Männlichkeit (vgl. Classen, Albrecht: Matriarchalische Strukturen und Apokalypse des Matriarchats im Nibelungenlied, in: Internationales Archiv für Sozialgeschichte der deutschen Literatur 16 (1991), H. 1, S. 1–31, hier S. 7; sowie stark psychologisierend S. 13, S. 21).

Teufel und umworbener Frau verändert sich auch die Konzeption des Teufels selbst: Der Teufel wird von der Personifikation des Bösen, das – durch die Nähe, die die Ehegemeinschaft suggeriert – auf seine Ehefrau einwirkt und sie am Bösen partizipieren lässt, verschoben in die Position des einzigen Rollenmodells, das in auswegloser Lage noch vorstellbar ist. Nur dem Teufel könnte es möglich sein, den Kontakt mit der Frau zu überleben, um die Gunther wirbt. Dem Teufel ähnlich ist hier also nicht nur Brünhild, sondern teuflisch müsste auch der Brautwerber sein, um gegen sie bestehen zu können. Die Ambivalenz gegenüber herausragenden kriegerischen Gegnern, der mit der Bezeichnung als Teufel Ausdruck verliehen wird, klingt hier an. Gunthers Rede wird weitergeführt mit der Beteuerung, dass Brünhild – es kann ergänzt werden: nach allem, was er inzwischen über sie erfahren hat – vor seiner Liebe sicher wäre, sollte er sich noch immer lebendig im Reich der Burgunden befinden (442,3–4). Hatte Gunther in der Unterredung mit Brünhild vor Beginn der Kampfvorbereitungen noch beteuert: „daz bestüende ich allez durch iuwern schœnen lîp" (427,3), so ist er nun bereit, nach dem Herbeibringen der schweren Waffen, die einen ersten Nachweis von Brünhilds Kraft liefern, von einer Werbung um sie abzusehen. Auch hier steht die Abwertung Brünhilds also im Kontext der Lebensgefahr, in der sich die Figur wähnt, die sie beurteilt.

Nach dem Transport des Steins, dem dritten und letzten Kampfwerkzeug, wird Brünhild ein weiteres Mal als Frau des Teufels bezeichnet. Erneut charakterisiert Hagen sie in dieser Weise:

> ,wâfen‘, sprach Hagene, ,waz hât der künic ze trût!
> jâ sol si in der helle sîn des übeln tiuvels brût.‘ (450,3–4)

Brünhild wird zunächst als Geliebte Gunthers angesprochen, bevor Hagen sie als Braut des Teufels in die Hölle wünscht. Wie bereits in der ersten Charakterisierung der Isensteiner Herrscherin als „des tiuveles wîp" (438,4) durch Hagen ist auch in dieser Äußerung das Motiv enthalten, das Paar Gunther und Brünhild passe nicht zusammen. Die Nähe zum Teufel ist hier allerdings nicht Teil einer Beschreibung von Brünhilds Identität (zuvor hieß es: „diu *ist* des tiuveles wîp [Hervorhebung T. R.]" (438,4)), sondern die Formulierung macht deutlich, dass es sich nunmehr um den Versuch handelt, diese Verbindung erst zu etablieren. Hagens Sprechakt – die Geliebte des Königs möge die Braut des Teufels sein – zeigt deutlich, dass ihm eine performative Dimension eigen ist. Im Sinne der grundlegenden Unterscheidung konstativer und performativer Sprachfunktionen nach John Austin, gibt die Verwünschung Brünhilds keine Realität wieder, sondern sie lässt erkennen, dass es darum geht, Realität herzustellen.[225] Hagens Äußerung zielt auf eine Realität der Namen und der Benennungen ab: Brünhild soll als teuflisch markiert werden.[226] Aber der Sprechakt ist nicht erfolgreich, denn Hagens Rede hat keinen Einfluss auf den weiteren Handlungsgang: Gunther hält an seiner Brautwerbungsabsicht fest, und Brünhild wird schließlich als angesehene Gattin des Herrschers nach Worms gebracht. Hagens Rede ist damit Ausdruck seiner Ohnmacht – und möglicherweise erneut seiner Angst –, aber nicht der Macht, mit Hilfe von Sprache Fakten zu schaffen. Darüber hinaus besitzt die Äußerung analytisches Potential: Hagens Formulierung legt offen, dass sämtlichen Aussagen, die vorgeben, Brünhilds Nähe zum Teufel zu konstatieren, eine performative Dimension eigen ist. Durch die Benennung versuchen sie, die Protagonistin als dämonisch zu kennzeichnen. Allen anderen Informationen über die Figur nach zu urteilen ist diese Charakterisierung jedoch keineswegs offensichtlich.

Deutlich abwertende Figurenkommentare zu Brünhild finden sich erneut im Zuge der Darstellungen der Auseinandersetzungen im Wormser Schlafgemach in Aventiure zehn. Gunther beginnt den Bericht, den er

---

225 Vgl. Austin, John L.: Zur Theorie der Sprechakte (How to do things with words), deutsche Bearbeitung v. Eike von Savigny, 2. Auflage, Stuttgart 1998, S. 25 ff., S. 153 ff. Nachdem Austin die Unterscheidung von konstativen und performativen Äußerungen in der ersten Vorlesung als Grundlage seiner Untersuchung eingeführt hat, stellt er in der abschließenden elften Vorlesung die strikte Grenze zwischen beiden Typen von Äußerungen ausdrücklich zur Disposition: „[O]b eine Feststellung zutrifft oder nicht", schreibt Austin über konstative Äußerungen, „hängt nicht nur davon ab, was die Wörter bedeuten, sondern auch davon, welche Handlung man mit der Äußerung unter welchen Umständen vollzogen hat" (S. 164). Zum Zusammenbrechen der Unterscheidung konstativen und performativen Sprechens bei Austin und zu den Philosophie-kritischen Implikationen dieses Argumentationsgangs vgl. Krämer, Sybille: Sprache, Sprechakt, Kommunikation. Sprachtheoretische Positionen des 20. Jahrhunderts, Frankfurt am Main 2001, S. 135 ff.

226 Hagens Rede hat offensichtlich nicht zum Ziel, mit Hilfe eines ritualisierten Sprechakts die Ehe Brünhilds mit dem Teufel zu schließen, denn dass dieser Versuch scheitern müsste, ist von vornherein deutlich: Im *Nibelungenlied* gibt es kein konventionalisiertes Verfahren, bei dem eine einzelne Figur durch einen Sprechakt eine Ehe stiftet (zur Schilderung der Konsenserfragung als Voraussetzung der Ehe zwischen Kriemhild und Siegfried vgl. 614,4–616,3); zudem passen von den Personen weder Hagen selbst noch der Teufel zu analogen Vorgängen der Eheschließung, auf die Hagen sich berufen könnte. Zu diesen und weiteren Möglichkeiten des Scheiterns performativer Sprechakte vgl. Austin, Sprechakte, S. 37, S. 47 ff., S. 54 f.

Siegfried über die Ereignisse der zurückliegenden Nacht gibt, mit den Worten:

> [...] ‚ich hân laster unde schaden,
> want ich hân den übeln tiuvel heim ze hûse geladen.
> do ich si wânde minnen, vil sêre si mich bant.
> si truoc mich z'einem nagele unt hie mich hôhe an die want.' (649)

Hier wird Brünhild erstmals nicht als Braut des Teufels, sondern als der Teufel selbst bezeichnet. Zur Erläuterung dieser Charakterisierung schildert Gunther, wie sie gegen seinen Willen mit ihm verfahren sei. Dass sie gegen seine deutlich erkennbaren Absichten handelt und ihn dabei zugleich durch die Lage, in die sie ihn bringt, erniedrigt, scheint zur Verteufelung zu führen. Indem Gunther berichtet, Brünhild habe ihn gefesselt, getragen und an die Wand gehängt, wird wie beim Waffentransport in Isenstein und bei den Kampfspielen die physische Stärke als Voraussetzung ihres Handelns aufgerufen. Im Unterschied zu den Schilderungen dort, sind hier nun konkrete Handlungen genannt, die Brünhild vollzogen hat und die zu ihrer Beschreibung als Teufel führen.

Eine weitere Charakterisierung, die wiederum die Figur in ihrer Gesamtheit betrifft, nimmt Gunther vor, während beide Männer die Modalitäten aushandeln, nach denen Siegfried Gunther hilft, Brünhild zu überwinden (653–656):

> ‚Âne daz du iht triutest', sprach der künic dô,
> ‚die mîne lieben vrouwen, anders bin ich es vrô.
> sô tuo ir, swaz du wellest: unt næmest ir den lîp,
> daz sold ich wol verkiesen; si ist ein vreislîchez wîp.' (655)

Fürchterlich sind hier nicht Brünhilds Handlungen – ihre „sit" (330,2; 340,2) –, sondern es ist die Figur selbst. Die Charakterisierung als schreckliche Frau folgt auf das Zugeständnis, dass Gunther sogar bereit wäre, ihren Tod zu akzeptieren. Zugleich ergibt sich aus der Rede des Wormser Herrschers, dass Brünhild von ihm nicht vollständig abgelehnt wird. Ziel dieser zweiten Verabredung zwischen Gunther und Siegfried ist die Domestizierung Brünhilds zur Ehefrau. Für Gunther wäre ihr Tod im Zuge der erzwungenen Anpassung an die Identität der Ehefrau eher tolerierbar als dass sie mit einem anderen Mann ihre Jungfräulichkeit verlieren würde. Es geht nicht darum, Brünhild zu bestrafen oder unschädlich zu machen, sondern sie als untadelige Ehefrau zu gewinnen. Siegfrieds erneutes Eingreifen wird notwendig, weil sie ein Verhalten zeigt, das der sozialen Rolle, die sie in Worms ausfüllen soll, nicht entspricht.

Neben Einschätzungen Brünhilds durch andere Protagonisten stehen Kommentare der Erzählinstanz, die ebenfalls auf Wertungen der Figur hindeuten. Wie generell im *Nibelungenlied* sind allerdings auch an dieser Stelle die Erzählerkommentare nicht sehr zahlreich. Zudem erweisen sie sich, wie im Folgenden deutlich wird, als wenig explizit. Sie beschränken sich auf Hinweise, die der Deutung bedürfen. Über die Schilderung des Verhaltens und die Darstellung von Brünhilds Rede hinaus beschreibt die Erzählinstanz gelegentlich ihre innere Einstellung. Darin kann Distanz des Erzählers zur Figur zum Ausdruck kommen. Während der Kampfspiele in Aventiure sieben wird zunächst lediglich Brünhilds *zorn* genannt (462,1; 465,3).[227] Ihre Niederlagen führen jeweils am Ende der beiden Sequenzen, in denen die drei Wettkampf-Disziplinen erzählt werden, zu dieser emotionalen Reaktion. Ein Vorgehen, das die Regeln des Wettkampfes verletzt, hat die betont kämpferische Einstellung Brünhilds allerdings nicht zur Folge.

In der zehnten Aventiure spricht die Erzählinstanz von einem Übergang von Brünhilds *zorn* in *haz:*

> dô zurnde si sô sêre, daz in gemüete daz.
> er wânde vinden friunde: dô vant er vîntlîchen haz. (634,3–4)

Die Darstellung geht aus von Gunthers Empfinden und von seiner Perspektive auf das Geschehen im Schlafgemach. Dass Gunther auf die feindliche Gesinnung Brünhilds trifft, wird jedoch nicht als Wahrnehmung der Figur markiert, sondern kann als Einschätzung der Erzählinstanz gelesen werden. Anders als *zorn* beschreibt *haz* nicht nur die zum Kampf gehörende Emotion oder innere Haltung einer Figur, sondern ist in der Regel auf eine andere Partei bezogen. Der Begriff wird im *Nibelungenlied* verwendet, um die soziale Beziehung des feindlichen Zustands zwischen Figuren oder Gruppen zu markieren. Zu Beginn des Textes wird das Wort mehrfach verwendet, um vor und während des Kampfes die Feindschaft zu beschreiben, die Sachsen und Dänen den Burgunden entgegenbringen (139,3; 144,2; 208,4).[228] Nach den Kampfspielen in Aventiure sieben sehen Dankwart und Hagen von ihrem *haz* ab (469,4), nachdem Brünhild

---

227 Zum plötzlich entstehenden Unwillen von unterschiedlicher Intensität vgl. BMZ III, S. 905; Lexer III, Sp. 1150 f. Müller versteht den *zorn* Brünhilds in 462,1 nicht als Ausdruck psychischer Befindlichkeit, sondern körperlichen Einsatzes (vgl. Müller, Spielregeln, S. 206). Auch hier mag also zutreffen, was Müller pointiert in einem anderen Zusammenhang zum *zorn* formuliert: „Angriff und *zorn* sind eins, der *zorn* nur scheinbar der Grund des Angriffs" (Müller, Spielregeln, S. 205).

228 Vgl. auch BMZ I, S. 641; Lexer I, Sp. 1196 f.

den Burgunden den Palast gezeigt hat und ihnen Aufmerksamkeiten („dienste") zuteil geworden sind. Brünhild zeigt hier also nicht nur *keine* Feindschaft gegenüber den Burgunden. Ihr freundliches Verhalten nach der Niederlage in den Kampfspielen führt darüber hinaus dazu, dass die Burgunden gezwungen sind („muosenz" (469,4)), die eigene feindliche Haltung aufzugeben. Vor diesem Hintergrund tritt die Erwähnung des Erzählers, dass Gunther im Schlafgemach – und nicht etwa auf einem Kampfplatz[229] – bei Brünhild auf *haz* trifft, deutlich hervor. Sie kann als Distanzierung vom Verhalten der Figur verstanden werden, denn dass Brünhild Gunther mit feindlicher Gesinnung begegnet, erscheint im Rahmen der Handlungen, die das *Nibelungenlied* schildert, ebenso problematisch wie die Situation und der Ort, an dem die Figur diese Haltung zeigt.[230] Fehlt noch der Hinweis, dass Gunther Brünhilds Einstellung sogleich erwidert. Ihre Erklärung, die Jungfräulichkeit behalten zu wollen, bis sie erfahren habe, warum Gunther Siegfried die Schwester zur Frau gegeben hat, beantwortet er mit feindseliger Haltung: „dô wart ir Gunther gehaz" (635,4). Außerdem versucht er, Brünhilds Nähe zu erzwingen. Mit gleichem Recht wie die Distanz des Erzählers zu Brünhilds Haltung konstatiert werden kann, muss damit auch die zur Einstellung Gunthers festgehalten werden.

Auf die zudringlichen Handlungen Gunthers reagiert wiederum Brünhild, indem sie ihn bindet und an einen Nagel hängt. Der Erzähler kündigt dieses Geschehen mit den Worten an: „dô tet si dem künige grôzer leide genuoc" (636,4). Ausdrücklich ist von den Schädigungen die Rede, die Brünhild Gunther zufügt. Der Begriff Leid bezeichnet im *Nibelungenlied* häufig – beispielsweise in epischen Vorausdeutungen[231] oder in der Vorausschau einzelner Figuren – in unspezifischer Weise zukünftiges

---

229 *Haz* und das Miteinander von männlichen und weiblichen Figuren im Schlafgemach werden bei der ersten Begegnung von Siegfried und Kriemhild verknüpft. Angesichts dieser Szene haben die beobachtenden Ritter den Gedanken, dass sie ‚âne haz' bei dieser Frau liegen würden (296,3). Die Figur des *haz*-freien Beilagers ist also bereits eingeführt.

230 Im Zuge der Schilderung der Sexualität Gunthers und Brünhilds weist der Erzähler schließlich darauf hin, dass Brünhild – nicht ihren *haz*, sehr wohl aber – ihren *zorn* aufgeben müsse (681,2).

231 Zu den Substantiven *leit* (stn.) und *leide* (stf.) sowie zum Adjektiv *leit* und Adverb *leide* vgl. BMZ I, S. 981, S. 982, S. 979 f., S. 980 f.; Lexer I, Sp. 1872, Sp. 1863, Sp. 1871, Sp. 1863 f. Zu Leid in den epischen Vorausdeutungen des *Nibelungenlieds* vgl. beispielsweise 338,4; 779,4; 881,4. Häufig wird in den Vorausdeutungen die Instanz, die Leid zufügt, nicht genannt.

Unglück.[232] Außerdem wird das Wort verwendet, um körperlichen Schmerz als Effekt physischer Gewalt im Zuge von Kampfhandlungen sowie um einen inneren Schmerz der Figuren auszudrücken.[233] Schließlich hat Leid im *Nibelungenlied* eine rechtliche Bedeutung: Es meint den Schaden, der einer Figur zugefügt wird.[234] An dieser Stelle wird zwar das folgende Geschehen angekündigt, es folgt aber unmittelbar und erweist sich als konkreter Schmerz, den Gunther im Laufe des Kampfes erfährt. Neben dem physischen Schmerz schließt das Wort hier Schaden im rechtlichen Sinne ein. Brünhilds Handeln bedeutet eine Verletzung von Gunthers Ehre (641,1), denn es ist ein Verstoß gegen seine Rechte als König und als Ehemann. Die Erzählinstanz gibt also nicht nur Auskunft über die feindliche Gesinnung Brünhilds, sondern sie beschreibt auch, dass sie ihren Ehemann in physischer und in rechtlicher Hinsicht schädigt. Damit ist in dem Hinweis auf Gunthers Leid ein weiteres Mal eine Distanzierung der Erzählinstanz von Brünhilds Handeln auszumachen. Außerdem wird hier ein Unterschied zu Brünhilds Verhalten in Isenstein deutlich: Dort wird dargestellt, dass sie sich genau an die von ihr zuvor festgelegten Regeln des Brautwerbungsverfahrens hält; hier wird auf die

---

232 Vgl. hierzu die Belege bei Maurer, Friedrich: Leid. Studien zur Bedeutungs- und Problemgeschichte, besonders in den großen Epen der staufischen Zeit, 2. Auflage, Bern und München 1961, S. 24.

233 Im Sinne physischen Schmerzes wird der Begriff in der Auseinandersetzung zwischen Brünhild und Siegfried im Schlafgemach der folgenden Nacht verwendet (675,3); vgl. dazu außerdem z. B. 192,4; 869,3; 1820,4; 1939,1; 2087,3; 2120,1. Die psychische Dimension des Begriffs findet sich zu Beginn des Textes beispielsweise in 50,3; 223,2; 229,4; 284,4. Vor allem im Zuge der Beschreibung von Kriemhilds Trauer um Siegfrieds Tod ist von Leid die Rede: vgl. etwa 1008,3; 1017,2–3; 1069,4; 1070,4; 1141,1; weitere Belegstellen bei Maurer, Leid, S. 24 f.

234 So weist beispielsweise in Aventiure drei Hagen Siegfried darauf hin, dass seine Herren ihm kein Leid getan haben (121,4); daher hätte er es auch unterlassen sollen, mit kriegerischen Absichten nach Worms zu kommen (121,1–3). Zugefügtes Leid kann also Legitimation für eine gewaltsame Reaktion sein. In mittelalterlichen juristischen Texten findet sich das Wort in der allgemeinen Bedeutung von etwas Bösem, das jemandem angetan wird, sowie in der rechtlichen Bedeutung von Unrecht, Ehrverletzung, Beleidigung, Schaden (vgl. Deutsches Rechtswörterbuch. Wörterbuch der Älteren deutschen Rechtssprache. Bd. 8, hg. v. der Heidelberger Akademie der Wissenschaften in Verbindung mit der Akademie der Wissenschaften der DDR, Weimar 1991, Sp. 1140–1143). Vgl. zu diesem Aspekt der Bedeutung von *leit* auch die Belegstellen in BMZ I, S. 981. Ausführlich zur rechtlichen Dimension des Leids im *Nibelungenlied* vgl. Maurer, Leid, S. 25 ff., S. 29 ff.

Verletzung der Rechte Gunthers als Herrscher und als Ehemann hingewiesen.

Eine weitere Bewertung Brünhilds nimmt der Erzähler vor, indem er ihr Verhalten und ihre Absichten im Zuge des Kampfes mit Siegfried als *ungefuoge* bzw. *ungefüege* bezeichnet.[235] Zunächst zwängt Brünhild ihren Gegner „ungefuoge" zwischen die Wand und eine Truhe ein (672,4). Kurz darauf, als Siegfried im Begriff ist, sie zu überwinden, heißt es:

> sît brâht' er an ein lougen die vil hêrlîchen meit
>
> Ir ungefüeges willen, des si ê dâ jach. (675,4–676,1)

Mit den Absichten, die Brünhild ehedem verbalisiert habe, kann ihre Ablehnung des Vollzugs der Ehe ebenso gemeint sein, wie die Bedingung, die Brünhild an das Beilager gestellt hat, nämlich von Gunther zu erfahren, warum er Siegfried seine Schwester Kriemhild zur Frau gegeben hat (622; 635). Das Adjektiv *ungefüege* meint damit hier schließlich nicht nur Handlungen, die über das gewohnte Maß hinausgehen,[236] sondern es beschreibt ein Tun, das dem Verhalten nicht angemessen ist, das von einer Figur in der gegebenen Situation erwartet wird.[237]

Wiederum wird in dieser Situation nicht nur Brünhild als *ungefuoge* bzw. *ungefüege* bezeichnet. Auf die ersten körperlichen Übergriffe des vermeintlichen Ehemanns in der zweiten Nacht bezeichnet Brünhild selbst diesen als „ungefüege" (670,3). Die Erzählinstanz bringt zudem zum Ausdruck, dass Siegfried sich „mit ungefüeger krefte" gegen Brünhild zur Wehr setzt (674,3). Damit wird hier ein Verfahren wiederholt, das sich

---

235 Zur Bedeutung des Begriffs s. o. Fußnote 194 im Kapitel „Die Normalisierung Brünhilds".

236 In diesem Sinne wird das Wort häufig in den Kampfhandlungen des *Nibelungenlieds* verwendet (vgl. beispielsweise 190,3; 497,3; 1966,3). Dabei ist wiederholt unklar, ob es sich um Kritik an maßlosem Vorgehen handelt oder um eine anerkennende Erwähnung außergewöhnlichen Handelns. Dagegen weisen die Einträge in BMZ und Lexer vor allem auf die abwertende Bedeutung der Begriffe hin (vgl. BMZ III, S. 438 f.; Lexer II, Sp. 1881 ff.).

237 So sagt Siegfried etwa nach dem Frauenstreit zu Gunther, er schäme sich der „ungefüege" seiner Frau (862,4). Wie Adjektiv und Adverb meint auch das Substantiv zum einen ein besonderes Maß und zum anderen dessen moralische Bewertung; der Begriff bedeutet Unschicklichkeit und übermäßige Größe (vgl. Lexer II, Sp. 1883). Im Zuge der Darstellung von Kriemhilds Rache vertreten die Burgunden angesichts des Saalbrands die Auffassung, Kriemhild räche sich „ungefuoge" an ihnen (2112,4). Hier mag durchaus deskriptiv von einem Handeln ohne Maß die Rede sein. Da es um Rache als Verfahren der Rechtsfindung geht, handelt es sich zugleich um eine kritische Bewertung des gewählten Vorgehens.

beim Begriff *haz* in der ersten Brautnacht schon gezeigt hat. Das Wort, mit dessen Hilfe der Erzähler in Aventiure zehn Distanz zu Brünhilds Verhalten anzeigt, wird im gleichen Zusammenhang verwendet, um ihren Kontrahenten zu beschreiben. Die Bewertung trifft somit nicht allein eine Partei der Auseinandersetzung, sondern beide.

Die Analyse zeigt, dass die Bewertungen Brünhilds wiederkehrende Muster aufweisen und dass sie zugleich an verschiedenen Stellen der Handlung unterschiedlich ausfallen. Dieser Wandel hängt mit Veränderungen der Darstellung Brünhilds ebenso zusammen wie mit Veränderungen der Situationen, in denen sich diejenigen Figuren befinden, die Bewertungen vornehmen. Bei der Untersuchung der einzelnen Textstellen ist deutlich geworden, dass in der zehnten Aventiure nicht nur andere Figuren Brünhild deutlich wertend charakterisieren, sondern dass außerdem auch die Erzählinstanz Hinweise gibt, wie sie zu bewerten sein könnte. Die Figurenkommentare beziehen sich – von wenigen Bemerkungen zu ihrem Verhalten vor allem in Aventiure sechs und vereinzelt auch in sieben abgesehen – in der Mehrzahl der Fälle in unspezifischer Weise auf die Brünhild-Figur und bewerten sie insgesamt negativ; das hat sich deutlich anhand der Kommentare gezeigt, die Verbindungen zwischen Brünhild und dem Teufel herstellen. Erzählerkommentare dagegen finden sich vor allem in Aventiure zehn. Sie beziehen sich sehr oft auf das Verhalten Brünhilds und in der Regel weder auf ihre körperlichen Eigenschaften noch auf die Figur in ihrer Gesamtheit.

Wie die Struktur der Schilderung der Kampfspiele in Isenstein und der gewaltsamen Auseinandersetzungen in den beiden Nächten in Worms Unterschiede aufweist, so unterscheiden sich auch die Bewertungen Brünhilds in beiden Passagen. Während sie durchweg von den Brautwerbern charakterisiert wird, finden sich Hinweise auf eine Distanzierung des Erzählers von Brünhild erst in Aventiure zehn. Dabei zeigt der Vergleich der Auseinandersetzung in beiden Nächten, dass die Wertungen der Erzählinstanz zunehmend deutlicher und negativer ausfallen. Beim Waffentransport in Aventiure sieben dagegen ist Brünhilds körperliche Eigenschaft der Stärke Ausgangspunkt abwertender Kommentare der Brautwerber; diese beziehen sich aber nicht auf ihren Körper, sondern auf die Figur insgesamt. Anhand der Verbindung zum Teufel, die die Burgunden in Aventiure sieben wiederholt herstellen, wird deutlich, dass es nicht um die Charakterisierung spezifischer Handlungen oder Verhaltensweisen Brünhilds geht, sondern darum, die Figur insgesamt und ohne weitere Präzisierung als Bedrohung zu markieren. In Aventiure zehn löst Brünhilds Verhalten – nämlich dass sie das Beilager verweigert – negative

Figurenkommentare aus. Die Bewertungen anderer treffen aber auch hier nicht nur Brünhilds Handeln, sondern charakterisieren sie erneut auch unspezifisch als Figur. Die Kommentare der Erzählinstanz, die erst in Aventiure zehn einsetzen, beziehen sich dagegen durchweg auf Brünhilds Handlungen.

Damit zeigt sich auch aus der Perspektive der Bewertungen, die der Text für die Brünhild-Figur anbietet, jene Diskontinuität zwischen der Brautwerbung und der Einbindung Brünhilds in den Wormser Herrschaftsverband, die bereits bei der Analyse der unterschiedlichen Darstellungsweisen der Kampfhandlungen beobachtet worden ist. Während in Isenstein die Darstellung von Brünhilds Kraft im Vordergrund steht – im Zuge des Kräftemessens bei den Kampfspielen und auch als Ausgangspunkt der Figurenkommentare –, fokussiert Aventiure zehn das Verhalten der Figur in ihrer Rolle als Ehefrau Gunthers am Wormser Hof.[238] Stellt die physische Auseinandersetzung in Isenstein die Frage nach den Ähnlichkeiten und Differenzen männlicher und weiblicher Körper, so wird im Zuge der Einbindung der neu gewonnenen Ehefrau in den Herrschaftsverband in Worms insbesondere ihr Verhalten thematisiert.[239]

Die Analysen zur Darstellung der Körperverhältnisse sowie zu den Bewertungen Brünhilds durch andere Figuren und durch den Erzähler haben gezeigt, dass es sich bei der Schilderung der Auseinandersetzungen der Burgunden mit Brünhild im Zuge der Brautwerbung Gunthers in Isenstein (Aventiure sechs und sieben) und bei den Brautnächten in Worms (Aventiure zehn) um ein mehrdimensionales narratives Gefüge handelt, das kaum auf eine zentrale Bedeutung oder auf wenige dominante Strukturmerkmale festgelegt werden kann. Deutlich geworden ist in den verschiedenen Teilen der Untersuchung allerdings, dass zwei Handlungs-

---

238 Dieses einfache Muster wird komplizierter, wenn man berücksichtigt, dass schon Siegfrieds erste Bewertungen Brünhilds zu Beginn von Aventiure sechs auf die Handlungen der Figur Bezug nehmen. Dabei geht es allerdings nicht um ihr Verhalten als zukünftige Ehefrau Gunthers, sondern um die anmaßenden Regeln der Kampfspiele.

239 Selbstverständlich ist diese Unterscheidung nicht ohne gegenläufige Tendenzen zu haben: Schon mit der Ausgangssituation ist klar, dass es um eine Brautwerbung Gunthers gehen wird und damit um das Ziel, eine Ehe zu stiften (325; 329). Die Kommentare der Figuren in Aventiure sieben thematisieren dann zwar noch nicht das zukünftige Ehe-Verhältnis von Gunther und Brünhild im Sinne einer Interaktion der Eheleute, sie weisen aber bereits voraus auf die Verbindung der beiden Figuren und schätzen sie als unpassend ein. So deutet beispielsweise Hagens Wunsch an, Brünhild möge Braut des Teufels sein (450,3–4), dass nicht dieser, sondern König Gunther ihr als Ehemann verbunden sein wird.

phasen des Geschehens zu unterscheiden sind. Das Verhältnis Brünhilds zu
den männlichen Figuren wird in Isenstein in anderer Weise dargestellt als
wenig später in Worms. Dieses Ergebnis ist bedeutsam, denn es differenziert die grundlegende Struktur der Erzählung von Brünhilds Werdegang
aus, der sich als Eingliederung einer außergewöhnlichen weiblichen Figur
in den Wormser Hof zusammenfassen lässt. Brünhild wird zunächst als
eine Königin eingeführt, die sich durch die räumliche Situierung am Rand
der nibelungischen Welt, durch die besondere Herrschaftsform weiblicher
Alleinregentschaft und durch exzeptionelle körperliche Stärke auszeichnet
sowie dadurch, dass sie von ihren Brautwerbern Wettkämpfe fordert, die
für diese eine tödliche Gefahr bedeuten. Im Laufe der Erzählung verändert
sich Brünhild durch das Eingreifen der Burgunden zu einer domestizierten
Herrscherin an der Seite ihres Ehemannes Gunther in Worms.[240]

Dass die lineare Struktur einer Entwicklungs- oder einer Domesti-
zierungsgeschichte der Erzählung über Brünhild – sei sie als kontinuierliche
oder als plötzliche Veränderung gefasst – durchaus inhärent ist, soll hier
nicht bestritten werden. Gleichwohl hat die spezifische Perspektive meiner
Analysen gezeigt, dass es zu kurz greift, die untersuchten Aventiuren auf
einen geradlinigen Entwicklungsprozess zu reduzieren. Der Transfer
Brünhilds von Isenstein nach Worms wird mit Hilfe der Wiederholung des
Motivs der Überwindung im Kampf erzählt. Die Figur verändert sich
weder kontinuierlich,[241] noch sprunghaft durch ein einzelnes Ereignis.[242]

---

240 In der Forschung ist dieser Vorgang mit dem Motiv „der Widerspenstigen Zähmung" in Verbindung gebracht worden (vgl. etwa Steger, Priska: „Ez pfliget diu
küneginne sô vreislîcher sit". Zum Schreckensmythos der isländischen Königin
und Heldin Brünhild, in: Müller, Ulrich und Werner Wunderlich (Hg.): Mittelalter-Mythen. Bd. 1, St. Gallen 1996, S. 341–366, hier S. 341, S. 349 f.;
Jönsson, Genderentwürfe, S. 287; vgl. zum Motiv: Wallinger, Sylvia und Monika
Jonas (Hg.): Der Widerspenstigen Zähmung. Studien zur bezwungenen Weiblichkeit in der Literatur vom Mittelalter bis zur Gegenwart, Innsbruck 1986). Auch
Frakes beschreibt das Geschehen als Aneignung und Domestizierung einer un-
abhängigen weiblichen Figur und als ihre Integration in die höfische Gesellschaft
(Frakes, Brides, S. 148; ähnlich auch Frank, Weiblichkeit, S. 66, S. 92).
241 Steger vertritt die Auffassung, dass Brünhild „Schritt für Schritt gezwungen
[werde], [...] ihre ungewöhnliche Position aufzugeben" (Steger, Schreckensmythos, S. 341). Nach Jönsson wird Brünhild in mehreren Stufen in die „Norm-
struktur des höfischen Frauenbildes" eingefügt (Jönsson, Genderentwürfe,
S. 272 ff.). Ähnlich formuliert auch Frank; ihrer Ansicht nach folgt einer zunächst
nur äußerlichen und auf den Hof bezogenen Wandlung Brünhilds eine weitere im
Raum der Kemenate (vgl. Frank, Weiblichkeit, S. 93, S. 97 ff.).
242 Die These einer plötzlichen Veränderung Brünhilds vertritt Newman, Brunhilds,
S. 78.

Sie wird nicht nur *einmal* im Kampf besiegt, sondern *zweimal*. Aus der Perspektive der Untersuchungen, die hier vorgenommen worden sind, zeigt sich, dass diese Motivdopplung mit einer bedeutenden Diskontinuität einhergeht.[243] Die Untersuchung der sprachlichen Darstellung des Körpers der Figur lässt Veränderungen, die den Schilderungen der Auseinandersetzungen mit Brünhild eigen sind, ebenso hervortreten wie die Analyse der Bewertungen Brünhilds durch andere Figuren und durch die Erzählinstanz. Während in Worms die Verstöße der Figur gegen Verhaltensformen thematisiert werden, die von ihr als königlicher Ehefrau erwartet werden, geht es in Isenstein in erster Linie um das Attribut ihrer physischen Stärke. Unterschiedliche Relationen von Brünhilds Körper zu den Körpern männlicher Figuren werden erprobt. Die Frage, wie Brünhilds Verhalten zu bewerten ist, bleibt jedoch in den Kampfspielen, die von den übrigen sozialen Vollzügen der nibelungischen Welt ein Stück weit abgekoppelt sind, weitgehend unberücksichtigt. Sie wird erst in Worms ausführlich behandelt.

Weiblicher Samen. Zur Ähnlichkeit der Geschlechter in zeitgenössischen medizinischen Texten

Um das komplexe Neben- und Ineinander körperlicher Ähnlichkeiten und Differenzen der Geschlechter, das sich in der Analyse der Brünhild-Episode herausgestellt hat, historisch-zeitgenössisch zu kontextualisieren, werden dem *Nibelungenlied* im Folgenden medizinische und naturphilosophische Texte gegenübergestellt. Diese sachbezogenen Schriften sind für eine Konfrontation mit dem literarischen Text von besonderer Bedeutung, denn

---

243 Auf eine Diskontinuität zwischen Isenstein und Worms, die ganz anderer Art ist, aber ebenfalls die Annahme einer stetigen Entwicklung oder einer sprunghaften Disziplinierung Brünhilds problematisch erscheinen lässt, hat bereits Newman aufmerksam gemacht: Sie beobachtet, dass Brünhild mit ihrer Ankunft in Worms – also noch vor der Überwindung im Brautgemach – plötzlich ihr Handeln an den Normen höfischen Verhaltens orientiert (vgl. Newman, Brunhilds, S. 69 f., S. 72 ff.). Zudem weist Schulze darauf hin, dass die Überwindung Brünhilds im Wormser Brautgemach in einem anderen Handlungszusammenhang steht als die Kampfspiele in Isenstein: In Worms gehe es nicht um den Nachweis der Überlegenheit des Ehemannes, sondern das Geschehen in der Kemenate sei erst „über die Standeslüge in die Ereignisse der Doppelhochzeit eingebunden"; Brünhild widersetze sich Gunther, weil die Ehe zwischen Kriemhild und Siegfried zulasse, die nach ihrem Wissensstand durch Standesdifferenz gekennzeichnet ist (Schulze, Nibelungenlied, S. 193).

sie sprechen insbesondere in ihren Versuchen, Vererbung zu erklären, neben Unterschieden der Geschlechter immer wieder körperliche Entsprechungen an und zeigen sich bemüht, beide Aspekte in ihrer Darstellung anatomischer Gegebenheiten und physiologischer Vorgänge zu vermitteln.

Forschungsgeschichtlich haben sich die medizinischen Abhandlungen, auf die ich mich im Folgenden beziehe, produktiv erwiesen für die Geschichte des Körpers im Allgemeinen sowie für die Historisierung biologischer Differenzen der Geschlechter im Besonderen. Auf der Grundlage von medizinischen Schriften der Antike und der Frühen Neuzeit hat Thomas Laqueur die These vertreten, dass in der Zeit vor dem 18. Jahrhundert ein Denken des *einen* Geschlechts vorgeherrscht habe.[244] Darunter versteht er, dass bis zu diesem Zeitpunkt in biologischer Hinsicht nur ein Geschlecht konzipiert worden sei: das männliche. Weibliche Körper habe man als minderwertige, aber prinzipiell ähnliche Variante von Körpern männlichen Geschlechts angesehen. Auf unterschiedlichen Ebenen seien Entsprechungen männlicher und weiblicher Körper thematisiert worden. Im 18. Jahrhundert sei dann, so Laqueur weiter, die moderne Vorstellung einer fundamentalen körperlichen Differenz von Frauen und Männern entwickelt worden.

Während Laqueurs Ausführungen über den Wandlungsprozess im 18. Jahrhundert auch von anderen Forscherinnen und Forschern geteilt werden,[245] sind seine stark generalisierenden Thesen zu den vorherge-

---

244 Für knappe Formulierungen der Thesen vgl. Laqueur, Thomas: Auf den Leib geschrieben. Die Inszenierung der Geschlechter von der Antike bis Freud, aus dem Englischen v. H. Jochen Bußmann, München 1996, S. 10 f., S. 16 ff. Mit der sechsten und siebten Aventiure des *Nibelungenlieds* hat das Ein-Geschlecht-Modell erstmals Monika Schausten in Verbindung gebracht (vgl. Schausten, Körper, S. 46 ff.). Ihr geht es jedoch weder um eine Konfrontation des literarischen Textes mit Fachliteratur in wissenspoetologischer Absicht noch untersucht sie detailliert die textuelle Konstruktion körperlicher Ähnlichkeiten und Differenzen der Geschlechter. Schausten liest die Darstellung der Körper in Isenstein im Hinblick auf ihre politische Symbolik (vgl. Schausten, Körper, S. 39 f., S. 45, S. 47 f.).

245 Vgl. Hausen, Karin: Die Polarisierung der „Geschlechtscharaktere". Eine Spiegelung der Dissoziation von Erwerbs- und Familienleben, in: Conze, Werner (Hg.): Sozialgeschichte der Familie in der Neuzeit Europas, Stuttgart 1976, S. 363–393; Honegger, Claudia: Die Ordnung der Geschlechter. Die Wissenschaften vom Menschen und das Weib. 1750–1850, Frankfurt am Main und New York 1991; Schiebinger, Londa: Schöne Geister. Frauen in den Anfängen der modernen Wissenschaft, aus dem Amerikanischen v. Susanne Lüdemann und Ute Spengler, Stuttgart 1993, insbes. S. 268 ff.; sowie dies.: Am Busen der Natur.

henden Jahrhunderten umstritten. In einer materialreichen Studie hat Joan Cadden in Zweifel gezogen, dass in mittelalterlichen medizinischen und naturphilosophischen Schriften ein Denken des einen Geschlechts in besonders hohem Maße oder gar ausschließlich verbreitet ist.[246] Stattdessen betont sie, wie zahlreich und verschieden die Modelle sind, mit denen medizinische Texte im Mittelalter Unterschiede der Geschlechter beschreiben. Sie zeigt auf, dass diese Fachtexte durchaus Differenzen der Geschlechter konzipieren und dass sie damit in vielfacher Weise mit der sozialen Ordnung der Geschlechter und mit den Aussagen über die Geschlechter, die in anderen Teilbereichen der Kultur getroffen werden, verbunden sind. Gleichzeitig aber räumt Cadden ein, dass auch die Denkfigur der Ähnlichkeit männlicher und weiblicher Körper, die das Zentrum des Laqueur'schen Ein-Geschlecht-Modells bildet, in medizinischen Schriften zu finden ist.[247] Ihre Revision richtet sich also gegen die generalisierenden Thesen, die Laqueur aus dem Material ableitet, das er untersucht. Sie bestreitet jedoch nicht den Befund, dass mittelalterliche medizinische und naturphilosophische Texte körperliche Ähnlichkeiten der Geschlechter beschreiben. Auch wenn Zweifel bestehen an der Dominanz der Logik und Rhetorik des einen Geschlechts in medizinischen Texten des Mittelalters, so ist gleichwohl nicht von der Hand zu weisen, dass sie sich in diesen Texten findet.

Hier ist nicht der Ort, die Auseinandersetzungen, die sich im Laufe der Zeit um Laqueurs Thesen entwickelt haben, detailliert wiederzugeben und fortzusetzen.[248] In Ergänzung zur Kritik durch Joan Cadden seien jedoch

---

Erkenntnis und Geschlecht in den Anfängen der Wissenschaft, aus dem Englischen v. Margit Bergner und Monika Noll, Stuttgart 1995, S. 62 ff.

246 Vgl. die bereits eingangs formulierte Positionierung: Cadden, Joan: Meanings of Sex Difference in the Middle Ages. Medicine, Science, and Culture, New York und Oakleigh (AUS) 1993, S. 2 f.

247 Vgl. Cadden, Sex Difference, S. 3.

248 Einen Beitrag zu dieser Auseinandersetzung und einen Vorschlag zur Modifikation der Laqueur'schen Thesen habe ich an anderer Stelle vorgelegt (vgl. Renz, Tilo: Brünhilds Kraft. Zur Logik des einen Geschlechts im Nibelungenlied, in: Zeitschrift für Germanistik, N. F. 16 (2006), H. 1, S. 8–25). Grundlegend für die Diskussion von Laqueurs Thesen ist die Rezension seines Buches von Katharine Park und Robert Nye (vgl. Park, Katharine und Robert A. Nye: Destiny is Anatomy. Making Sex: Body and Gender from the Greeks to Freud by Thomas Laqueur, in: The New Republic (18.02.1991), S. 53–57); vgl. zur Auseinandersetzung in der germanistischen Mediävistik außerdem: Kochskämper, Birgit: „Man, gomman inti wîb". Schärfen und Unschärfen der Geschlechterdifferenz in althochdeutscher Literatur, in: Bennewitz, Ingrid und Helmut Tervooren (Hg.):

die weiteren zentralen Kritikpunkte genannt: Indem Laqueur Ein-Ge-
schlecht- und Zwei-Geschlechter-Modell einander gegenüberstellt und die
Zuordnung zu einem der beiden Muster für zwingend zu halten scheint,
schränkt er offenkundig die Möglichkeiten stark ein, physische Geschlechterdifferenzen zu denken und in den Analysen zu berücksichtigen;
zudem lässt seine historiographische Konzeption, nach der die abendlän-
dische Geschichte biologischer Geschlechterdifferenz in nur zwei Phasen
eingeteilt wird, komplizierte Entwicklungsprozesse, Diskontinuitäten,
Gleichzeitigkeiten des Ungleichzeitigen sowie Phänomene der Wiederkehr
weitgehend außer Acht;[249] und schließlich weisen seine Ausführungen
verschiedentlich die problematische Tendenz auf, über die Beschreibung
körperlicher Geschlechterdifferenzen in der untersuchten Textsorte der

---

„Manlîchiu wîp, wîplîch man". Zur Konstruktion der Kategorien „Körper" und
„Geschlecht" in der deutschen Literatur des Mittelalters, Berlin 1999, S. 15–33;
Spreitzer, Brigitte: Störfälle. Zur Konstruktion, Dekonstruktion und Rekon-
struktion von Geschlechterdifferenz(en) im Mittelalter, in: Bennewitz, Ingrid und
Helmut Tervooren (Hg.): „Manlîchiu wîp, wîplîch man". Zur Konstruktion der
Kategorien „Körper" und „Geschlecht" in der deutschen Literatur des Mittelalters,
Berlin 1999, S. 249–263; Peters, Ursula: Gender Trouble in der mittelalterlichen
Literatur? Mediävistische Genderforschung und Crossdressing-Geschichten, in:
Bennewitz, Ingrid und Helmut Tervooren (Hg.): „Manlîchiu wîp, wîplîch man".
Zur Konstruktion der Kategorien „Körper" und „Geschlecht" in der deutschen
Literatur des Mittelalters, Berlin 1999, S. 284–304; Müller, Jan-Dirk: Der
Widerspenstigen Zähmung. Anmerkungen zu einer mediävistischen Kulturwis-
senschaft, in: Huber, Martin und Martin Lauer (Hg.): Nach der Sozialgeschichte.
Konzepte für eine Literaturwissenschaft zwischen Historischer Anthropologie,
Kulturgeschichte und Medientheorie, Tübingen 2000, S. 461–481; Bennewitz,
Konstruktion; Klinger, Gender-Theorien (insbes. S. 275 f.); zu Laqueurs Aus-
führungen über medizinische Texte der Frühen Neuzeit und zur Verknüpfung mit
literarischen Texten dieses Zeitraums vgl. zusätzlich: Adelman, Janet: Making
Defect Perfection: Shakespeare and the One-Sex Model, in: Comensoli, Viviana
und Anne Russell (Hg.): Enacting Gender on the English Renaissance Stage,
Urbana und Chicago 1999, S. 23–52; Belsey, Catherine: Von den Widersprüchen
der Sprache. Eine Entgegnung auf Stephen Greenblatt, in: Greenblatt, Stephen:
Was ist Literaturgeschichte?, aus dem Englischen v. Reinhard Kaiser und Barbara
Naumann, Frankfurt am Main 2000, S. 51–72; Greenblatt, Reibung; Parker,
Patricia: Gender Ideology, Gender Change: The Case of Marie Germain, in:
Critical Inquiry 19 (1993), S. 337–364; Schleiner, Winfried: Early Modern
Controversies about the One-Sex Model, in: The Renaissance Quarterly 53
(2000), S. 180–191; Stolberg, Michael: A Woman Down to Her Bones. The
Anatomy of Sexual Difference in the Sixteenth and Early Seventeenth Centuries,
in: Isis 94 (2003), S. 274–299.

249 An einzelnen Stellen seines Buches geht Laqueur selbst über die Argumentation mit
einander ablösenden Denkmustern hinaus (vgl. Laqueur, Leib, S. 35, S. 264 ff.).

medizinischen und naturphilosophischen Schriften hinauszugehen und Aussagen über die vormoderne Geschlechterordnung in ihrer Gesamtheit zu treffen.[250] Auch wenn die genannten Probleme bei der Arbeit mit Laqueurs Thesen zu bedenken sind, ist sein Buch verdienstvoll und nach wie vor anregend. Stellt es doch einen frühen Versuch dar, in einer geschichtswissenschaftlichen Studie der Überlegung nachzugehen, dass auch das biologische Geschlecht nicht gegeben ist, sondern historischen Wandlungsprozessen unterliegt und dass folglich seine unterschiedlichen Ausprägungen in der Geschichte untersucht werden müssen.[251]

Diesem Gedanken geht auch das vorliegende Buch nach. Ich verstehe die kämpferischen Auseinandersetzungen zwischen Brünhild, Gunther und Siegfried als literarische Darstellung, die in historisch spezifischer Weise das körperliche Verhältnis der Geschlechter zum Thema macht. Zeitgleich konzipieren medizinische und naturphilosophische Schriften die Körper der Geschlechter nicht als grundsätzlich verschieden, sondern verhandeln ihre Ähnlichkeiten und Differenzen. Das *Nibelungenlied* adaptiert mit seinen Darstellungen der Kämpfe zwischen männlichen und weiblichen Figuren nicht einfach zeitgenössisches medizinisches Wissen, sondern das Nebeneinander körperlicher Ähnlichkeiten und Differenzen der Geschlechter, das in den kämpferischen Auseinandersetzungen Gunthers und Siegfrieds mit Brünhild vorgeführt wird, weist Parallelen zur Beschreibung des körperlichen Verhältnisses der Geschlechter in medizinischen Texten auf.

Ziel der Konfrontation des *Nibelungenlieds* mit medizinischen und naturphilosophischen Schriften ist es, das Wissen von körperlichen Ähnlichkeiten und Differenzen der Geschlechter in einem spezifischen literarischen Text durch die Gegenüberstellung mit zeitgenössischer Fachprosa zu kontextualisieren und die Analyse der Poetik dieses Wissens weiter zu präzisieren. Dazu werden zunächst die Darstellungsweisen von Ähnlichkeiten und Differenzen der Geschlechter in ausgewählten sachbezogenen Schriften vorgestellt. Das muss ausführlich geschehen, um zu zeigen, dass die medizinischen Texte nicht auf ein feststehendes Strukturmuster körperlicher Relationen der Geschlechter reduziert werden können, sondern dass sie ein hohes Maß an Varianz aufweisen. Auch wenn einzelne Argumente wiederkehren, sind sie zum Teil auf verschiedene Weisen und mit je unterschiedlichen Ergebnissen kombiniert worden. Die eingehende Be-

---

250 Vgl. etwa Laqueur, Leib, S. 19 f., S. 146.
251 Für eine Würdigung der Arbeit Laqueurs, Studien dieser Art angestoßen zu haben, vgl. Bennewitz, Konstruktion, S. 3, S. 4 f.

trachtung der medizinischen und naturphilosophischen Schriften wird schließlich für die Analyse des *Nibelungenlieds* produktiv gemacht, indem Verknüpfungen mit den Untersuchungsergebnissen zu den Kampfhandlungen zwischen Brünhild, Gunther und Siegfried vorgenommen werden. Mit Hilfe des Vergleichs wird die Darstellungsweise körperlicher Ähnlichkeiten und Differenzen der Geschlechter im ersten Teil des *Nibelungenlieds* genauer beschrieben, als es die textimmanente Analyse erlaubt, die bis zu diesem Punkt der Argumentation unternommen worden ist.

Neben einer Schrift Galens aus dem 2. Jahrhundert werden zwei Texte herangezogen, die im 11. und 12. Jahrhundert im Umfeld der Medizinerschule von Salerno aus dem Griechischen und aus dem Arabischen ins Lateinische übertragen worden sind: Nemesios' von Emesa *De natura hominis* und das Buch *Pantegni* des Constantinus Africanus. Hinzu kommen zwei weitere, die als Hinweis dafür dienen können, dass nicht nur medizinische Abhandlungen im engeren Sinne die These von den zwei Samen aufgenommen haben, sondern auch anthropologische Schriften: Wilhelms von Conches *Philosophia mundi* und *Dragmaticon*. Alle untersuchten Texte setzen sich mit der Frage nach der Existenz, Beschaffenheit und Funktion des Samens weiblicher Lebewesen auseinander. In diesem Zusammenhang treffen die Schriften Aussagen über körperliche Übereinstimmungen und Differenzen der Geschlechter.[252]

Überlegungen zum weiblichen Samen sind im Mittelalter keineswegs neu, sondern werden aus der antiken Tradition übernommen. Mit den ersten Übersetzungen arabischer sowie griechischer Texte, die aus dem arabischen Raum seit dem 11. Jahrhundert nach Süd- und Mitteleuropa gelangen, nimmt die Verbreitung des antiken medizinischen und naturphilosophischen Wissens zu. Im 13. Jahrhundert verstärkt sich diese Rezeption zeitgleich mit und bedingt durch die Gründung der ersten Uni-

---

252 Weitere Themen, anhand derer die mittelalterlichen Texte Ähnlichkeiten der Geschlechter erörtern – die im Folgenden zwar angesprochen, aber nicht ausführlich untersucht werden –, sind die anatomische Beschaffenheit der Genitalien sowie die Frage nach männlicher und weiblicher Lust und nach ihrer Notwendigkeit für die Zeugung sowie schließlich die Frage der Generierung des Geschlechts des Embryos. Auf alle drei Schauplätze der Verhandlung von Geschlechterdifferenzen in den medizinischen Texten über die Zeugung geht Cadden an verschiedenen Stellen ein (vgl. beispielsweise Cadden, Sex Difference, S. 55 f., S. 77, S. 94). Zur Verbindung der Frage nach dem oder den Samen mit der Lust der Geschlechter beim Koitus vgl. auch Jacquart, Danielle und Claude Thomasset: Sexuality and Medicine in the Middle Ages, Princeton 1988, S. 64. Zu den genannten Themen, allerdings ohne Fokus auf mittelalterliche medizinische Texte, vgl. auch Laqueur, Leib, S. 39 f., S. 53 ff., S. 58 ff.

versitäten noch einmal deutlich. Bereits mit dem ersten Einsetzen der Rezeption medizinischer Schriften in griechischer und arabischer Sprache finden sich Hinweise darauf, dass die Auffassung bekannt ist, auch weibliche Lebewesen würden eine Samenflüssigkeit produzieren, die zur Zeugung notwendig sei. An den Ausführungen der medizinischen Texte zu Zeugung und Vererbung sind unterschiedliche Relationen der geschlechtlich differenzierten Körper ablesbar.

Die folgende Darstellung konzentriert sich auf die Beschreibung der unterschiedlichen Formen, welche die Argumentationen für die These vom Samen beider Geschlechter in Antike und Mittelalter angenommen haben. Der grundlegende Gedanke von den zwei Samen ist nicht einfach tradiert worden, sondern das antike Wissen hat in stark vermittelter und modifizierter Weise in die mittelalterlichen Texte Eingang gefunden. Bevor ich auf Exponenten der Zwei-Samen-Lehre im Mittelalter eingehe, rekonstruiere ich eine antike Position, um vor diesem Hintergrund die mittelalterlichen Texte deutlicher konturieren zu können. Die Lektüre von Texten über die zwei Samen mit der Antike zu beginnen bedeutet also keineswegs, von Anfang an schon den Wissensstand mittelalterlicher Autoren zu beschreiben. Das Vorgehen hat vielmehr zum Ziel, bei der Untersuchung des Wissens mittelalterlicher Texte, das auf antike Vorstellungen von Zeugung und Vererbung zurückgeht, die konstanten ebenso wie die divergierenden Elemente des Transfers der Zwei-Samen-Theorie von der Antike ins Mittelalter in den Blick zu nehmen. Außerdem lässt die textnahe Rekonstruktion erkennen, dass auch die mittelalterlichen Texte, die den weiblichen Samen thematisieren, zum Teil unterschiedliche Positionen vertreten und jeweils andere Akzentuierungen vornehmen. Die folgende Vorstellung der Ausführungen medizinischer und naturphilosophischer Texte zum weiblichen Samen zeigt, dass diese nicht mit einer Stimme sprechen und dass sich das Wissen vom weiblichen Samen, das sie präsentieren, nicht zu einem fixierten System stereotyper Aussagen herausgebildet hat. Die einzelnen Texte finden ihre eigenen Wege, im Zuge der Beschreibung der Bedeutung des weiblichen Samens für Zeugung und Vererbung Ähnlichkeiten und Differenzen der Geschlechter miteinander zu verbinden.

Galen: *De semine*

Dass nicht nur männliche, sondern auch weibliche Lebewesen eine Substanz herstellen, die den Vorgang der Zeugung und den entstehenden Fötus maßgeblich beeinflusst, wird in der Antike bereits in vorsokratischen

Texten formuliert und insbesondere im Corpus der hippokratischen Schriften ausgeführt.[253] Demgegenüber findet sich bei Aristoteles die These, dass der Beitrag weiblicher Lebewesen zur Zeugung allein darin bestehe, mit dem Menstruationsblut den Stoff zur Verfügung zu stellen, in den der männliche Samen gestaltend eingreife und den er zum Fötus forme.[254] Ausgebaut und wirkmächtig tradiert wird die These vom weiblichen Samen durch Galenos aus Pergamon (129 bis ca. 216 n. Chr.), der als Arzt und Autor griechischer Herkunft in Rom tätig ist.[255] Er bezieht sich insbesondere auf die Positionen, die in den hippokratischen und in den Schriften des Aristoteles vertreten werden, und entwickelt in *De semine* (Περὶ σπέρματος) aus der Kompilation antiker Autoren eine eigene Theorie der zeugenden Flüssigkeiten.[256] Die These, dass beide Geschlechter Samen

---

253 Vgl. Gerlach, Wolfgang: Das Problem des „weiblichen Samens" in der antiken und mittelalterlichen Medizin, in: Sudhoffs Archiv für Geschichte der Medizin und der Naturwissenschaften 30 (1937–38), S. 177–193, hier S. 178 ff., S. 180 ff.

254 Zu Aristoteles' Vorstellung der Zeugung, die insbesondere in *De generatione animalium* (Περὶ ζῴων γενέσεως) entwickelt wird, vgl. Lesky, Erna: Die Zeugungs- und Vererbungslehre der Antike und ihre Nachwirkungen, in: Abhandlungen der Wissenschaften und der Literatur in Mainz 19 (1950), S. 1227–1424, hier S. 1349 ff.; Preus, Anthony: Galen's Criticism of Aristotle's Conception Theory, in: Journal of the History of Biology 10 (1977), S. 65–85, hier S. 74 ff.; sowie Boylan, Michael: Galenic and Hippocratic Challenges to Aristotle's Conception Theory, in: Journal of the History of Biology 17 (1984), S. 83–112, hier S. 92 ff. Dass sich Aristoteles' Theorie der Zeugung nicht auf den Dualismus von Materie und Form reduzieren lässt – eine These, die seine Ausführungen im ersten Buch von *De generatione animalium* allerdings selbst nahe legen –, erläutert Boylan anhand der Aristotelischen Ursachenlehre (vgl. Boylan, Challenges, S. 93 ff.). Zu Aristoteles' Argumentation in *De generatione animalium* gegen die Existenz eines weiblichen Samens vgl. Lesky, Zeugungslehren, S. 1356 f.; sowie Aristotle: Generation of Animals, übs. v. Arthur Leslie Peck, London und Cambridge (Mass.) 1942, I,20 727b 34 ff., S. 100 ff. (= The Loeb Classical Library, Bd. 366; Aristotle in twenty-three volumes, Bd. 13). Trotz funktionaler Übereinstimmung von Sperma und Menstruationsblut werden beide morphologisch klar unterschieden. Auch stofflich hängen sie allerdings zusammen, da Aristoteles eine stufenweise Generierung der Säfte im Körper unterstellt: Aus der Nahrung werde zunächst Blut und auf einer höheren Stufe der Verarbeitung dann Sperma. Zur Gewinnung von Sperma sei aufgrund der wärmeren Konstitution nur ein männlicher Körper in der Lage.

255 Zu Galen vgl. Nutton, Vivian: Art. Galenos aus Pergamon, in: Cancik, Hubert und Helmuth Schneider (Hg.): Der Neue Pauly. Enzyklopädie der Antike. Bd. 4, Stuttgart und Weimar 1998, Sp. 748–756; zu Galens Eklektizismus vgl. Cadden, Sex Difference, S. 30 f.

256 Der Text ist in zwei griechischen Handschriften überliefert sowie in zwei arabischen, die ins 12. und 13. Jahrhundert datiert werden. Die früheste erhaltene la-

haben, wird auch in weiteren Abhandlungen Galens vertreten. Tradiert wird sie insbesondere durch Galens Texte, die vom Frühchristentum bis zur Renaissance sowohl als medizinische als auch als philosophische Schriften aufgefasst und vielfach rezipiert werden.[257]

De semine behandelt die Frage nach dem weiblichen Samen ausführlich.[258] Die zentrale These, dass auch das weibliche Lebewesen Samen produziere, wird bereits im ersten Buch aufgestellt, hier aber nicht näher erläutert.[259] Das gesamte zweite Buch ist eine Darlegung von Galens Auffassung zu diesem Punkt. Die These von der Existenz des weiblichen Samens wird zunächst darauf gestützt, dass er sich bei der Sektion nachweisen lasse.[260] Man könne beobachten, dass das weibliche Lebewesen ebenso Testikel besitze wie das männliche und dass auch hier Gefäßkanäle an diese anschließen würden; diese allerdings führten, anders als beim Mann, nicht aus dem Körper heraus, sondern ins Innere des Uterus.[261] Bei sexuell erregten Tieren seien diese Gefäße angefüllt mit einer Flüssigkeit,

---

teinische Übersetzung von Niccolò da Reggio stammt aus dem 14. Jahrhundert (vgl. DeLacy, Phillip: Introduction, in: Galen: On Semen [Περὶ σπέρματος/De semine], hg., übs. und komm. v. Phillip DeLacy, Berlin 1992, S. 13–58, hier S. 13 ff.). DeLacy datiert *De semine*, auf der Basis von Erwähnungen des Titels in anderen Texten Galens, auf die Zeit nach dem Jahr 169 (vgl. DeLacy, Introduction, S. 42 f., S. 47). Die Zuschreibung des Textes an Galen allerdings und der Beginn seiner Zirkulation im europäischen Mittelalter sind umstritten: So bezeichnen Siraisi und Jacquart/Thomasset den Text als pseudo-galenisch; während jene eine Verbreitung erst ab dem 13. Jahrhundert annimmt, gehen diese von einem Gebrauch seit dem 12. Jahrhundert aus (vgl. Siraisi, Nancy G.: Medieval and Early Renaissance Medicine. An Introduction to Knowledge and Practice, Chicago und London 1991, S. 95 f.; sowie Jacquart/Thomasset, Sexuality, S. 34 f.).

257 Ausführlich zur Galen-Rezeption vgl. Temkin, Owsei: Galenism. Rise and Decline of a Medical Philosophy, Ithaca und London 1973. Er setzt den Beginn des Galenismus zu Anfang des 5. Jahrhunderts an und geht von einer Rezeption der Galen'schen Schriften auch im hochmittelalterlichen Westen aus (vgl. Temkin, Galenism, S. 64 f.). Ist der Einfluss Galens im Osten zunächst stärker, so nimmt er seit dem 11. Jahrhundert durch die Rezeption von Texten aus dem arabischen Raum im Westen noch einmal zu (vgl. Temkin, Galenism, S. 92 ff., S. 97 f.).

258 Ich stütze meine Analysen im Folgenden auf die Textfassung der griechischen Ausgabe mit englischer Übersetzung von Phillip DeLacy (Galen: On Semen [Περὶ σπέρματος/De semine], hg., übs. und komm. v. Phillip DeLacy, Berlin 1992). Verwiesen wird auf die einzelnen Artikel des Galen-Textes; nur prägnante Formulierungen des griechischen Textes werden wörtlich zitiert.

259 Vgl. Galen, De semine, I,7,2 ff.; I,10,5.

260 Vgl. Galen, De semine, II,1,2 ff.; II,1,33.

261 Vgl. Galen, De semine, II,1,2.

die Galen als Samenflüssigkeit bezeichnet („ὑγρὸν θορῶδες παχύ").[262] Nach dem Koitus seien sie leer. Um seine Beobachtungen zu stützen, zieht Galen die Auffassung des Hippokrates hinzu. Der habe als erster beschrieben, dass bei der Zeugung der Samen beider Geschlechter in der Gebärmutter vermischt werde.[263] Es sei also auf der Grundlage eines sichtbaren Beweises davon auszugehen, dass weiblicher Samen existiere; zusätzlich habe man durch Überlegungen herauszufinden, worin seine Kraft bestehe.[264]

Bereits diese Ausführungen zeigen beispielhaft, auf welche Evidenzen und Verfahrensweisen Galen seine Auffassungen in der Regel stützt: Er verbindet in seiner Argumentation die Bezugnahme auf den sinnlich erfahrbaren Beweis mit dem Rückgriff auf Positionen, die schon anerkannte Autoritäten – insbesondere die hippokratischen Schriften – vor ihm vertreten haben.[265] Dabei geht es keineswegs um die bloße Bestätigung der Aussagen von Autoritäten, sondern um Verbesserung und Präzisierung ihrer Konzeptionen mittels Reflexion und empirischer Beobachtung.[266] Die logische Herleitung einer Einschätzung bildet den dritten Bezugspunkt der Galen'schen Analyse. In der Regel gehen seine Untersuchungen zunächst schlussfolgernd vor und der empirische Befund dient nicht – wie an dieser Stelle – als Ausgangspunkt, sondern zur Bestätigung theoretischer Überlegungen.[267]

Galens Ausführungen zum weiblichen Samen im zweiten Teil von *De semine* beziehen sich fast ausschließlich auf die Frage der Vererbung. Hier weist Galen die Vorstellungen des Aristoteles – sowie die des Athenaios[268] – zurück, wonach das Menstruationsblut als Materie zu betrachten sei, die der männliche Samen forme.[269] Galen fasst zusammen, wie beide Autoritäten den Einfluss des weiblichen Lebewesens auf die Zeugung verstehen: Das Menstruationsblut diene dem Sperma als Nahrung und die Nahrung habe, wie der Vergleich mit verschiedenen Pflanzen und Tieren belege,

---

262 Vgl. Galen, De semine, II,1,5.
263 Vgl. Galen, De semine, II,1,2 und II,1,12 ff.
264 Vgl. Galen, De semine, II,1,33.
265 Galen folgt Grundsätzen, die empirisches Vorgehen stark machen; vgl. Temkin, Galenism, S. 12 ff.
266 Vgl. Temkin, Galenism, S. 30 ff.
267 Vgl. Temkin, Galenism, S. 15 f.
268 Zu Athenaios von Attaleia (vermutl. 1. Jahrhundert v. Chr.) vgl. Nutton, Vivian: Art. Athenaios [6] von Attaleia, in: Cancik, Hubert und Helmuth Schneider (Hg.): Der Neue Pauly. Enzyklopädie der Antike. Bd. 2, Stuttgart und Weimar 1997, Sp. 200–201.
269 Vgl. Galen, De semine, II,1,38.

Einfluss auf die Genese des Abkömmlings; seine Ähnlichkeit zur Mutter werde also durch das Menstruationsblut sichergestellt.[270] Galen kontert diese Auffassung mit der Beobachtung, dass die Nahrung eines Lebewesens nicht dazu führen könne, dass es seine Art oder Gattung ändere; beispielsweise werde eine persische Pflanze nicht zu einer anderen, wenn man sie nach Ägypten bringe und dort Wurzeln schlagen lasse.[271] Bei Tieren zeige aber die Mischung zweier Gattungen, dass an Kinder nicht nur die Zugehörigkeit zur Gattung des Vaters weitergegeben werden könne, sondern auch die der Mutter.[272] Außerdem behaupte Athenaios selbst, dass ein größerer Beitrag zur Festlegung der Gattung eines Nachkommen von der Mutter übernommen werde als vom Vater.[273] Wenn aber die Beobachtung zeigt, dass für die Zugehörigkeit von Pflanzen und Tieren zu einer Gattung nicht die Nahrung (des Samens) sorgt, so muss dieses Potential allein beim Samen selbst liegen.[274]

Ähnlich problematisch wie bei der Gattung sei die Konzeption der Vererbung durch Sperma und Blut auch bei den individuellen Eigenschaften von Lebewesen.[275] Hier laufe die Differenzierung in unterschiedliche Stoffe, die beide Geschlechter zur Zeugung beitragen, auf das Problem hinaus, entweder dem einen oder dem anderen Stoff die Möglichkeit der Vererbung von Eigenschaften zuzugestehen und dann dem Einfluss des jeweils anderen Elternteils nicht gerecht werden zu können.[276] Die Reflexion der Vererbung führt den Galen'schen Text also zur Problematisierung der Auffassung, die Erbanlagen würden von geschlechterspezifisch je unterschiedlichen organischen Materialien transportiert. Wenn, so wird gefolgert, der Sprössling beiden Elternteilen ähnlich sehe, so müsse er dies aufgrund einer Ursache tun, die ihnen beiden gemeinsam sei.[277] Diese Ursache aber müsse sich aus einer Substanz ergeben, die folglich auch beiden Elternteilen und damit beiden Geschlechtern ge-

---

270 Vgl. Galen, De semine, II,1,40. Zur antiken Tradition der so genannten „furrowed field theory" vgl. Boylan, Challenges, S. 85 f. Aristoteles' und Athenaios' Variante unterscheidet von der Theorie, wie Boylan sie wiedergibt, dass die vom weiblichen Lebewesen bereitgestellte Materie durchaus Einfluss auf die Eigenschaften des Embryos hat.
271 Vgl. Galen, De semine, II,1,42.
272 Vgl. Galen, De semine, II,1,43.
273 Vgl. Galen, De semine, II,1,45 f.
274 Vgl. Galen, De semine, II,1,47.
275 Vgl. Galen, De semine, II,1,49 ff.
276 Vgl. Galen, De semine, II,1,57 ff.
277 Vgl. Galen, De semine, II,1,68 ff.

meinsam sei. Da offensichtlich nicht beide Geschlechter über Menstruationsblut verfügen, müsse es sich bei dieser Substanz also um den Samen, um das Sperma („τὴν τοῦ σπέρματος [οὐσίαν]") handeln.[278] Es sei somit zwingend davon auszugehen, dass auch weibliche Lebewesen diesen Samen produzieren („ἀναγκαῖον καὶ τὸ θῆλυ σπερμαίνειν").[279]

Auf die Feststellung einer nicht nur funktionalen, sondern auch stofflichen Übereinstimmung des Beitrags der Geschlechter zum Prozess der Zeugung, mit der der erste Abschnitt des zweiten Buches von *De semine* endet, folgt am Beginn des zweiten Kapitels eine Bestimmung des hierarchischen Verhältnisses männlicher und weiblicher Samen: Auch wenn das weibliche Lebewesen Samen produziere, sei dieser unter keinen Umständen zahlreicher und bei der Zeugung effektiver als der männliche.[280] Daher müsse man annehmen, dass der weibliche vom männlichen Samen stets beherrscht und unterworfen werde und dass dieser die Kontrolle über die Gattungszugehörigkeit und die vererbten Ähnlichkeiten des Abkömmlings behalte.[281] Die Radikalität, mit der die These ausgesprochen wird, überrascht – auch wenn man berücksichtigt, dass ihr zweiter Teil hypothetisch formuliert ist.[282] Denn sie hat sich im bisher Gesagten – beispielsweise in den Überlegungen zur Gattungsmischung bei der Zeugung – nicht angekündigt. Ganz im Gegenteil wird bereits im Satz, mit dem der Abschnitt beginnt, festgestellt, dass Ähnlichkeiten des Nachkommen durchaus zu beiden Elternteilen bestehen können. Im Folgenden versucht Galen, die These von der Dominanz des männlichen Samens mit der Beobachtung zu vermitteln, dass offenbar auch Eigenschaften der Mutter an den Fötus weitergegeben werden.

Zunächst wendet sich der Text der Bedeutung der Substanz für die Generierung von Lebewesen zu.[283] Hier wird ein weiteres Mal eine Auffassung des Aristoteles zu Samen und Menstruationsblut zurückgewiesen, nämlich dass der Samen allein Kraft, das Blut dagegen ausschließlich Materie sei. Vielmehr sei beiden, dem Samen wie dem Menstruationsblut,

---

278 Vgl. Galen, De semine, II,1,69.
279 Vgl. Galen, De semine, II,1,73.
280 Vgl. Galen, De semine, II,2,2. Dass eine Überlegenheit des männlichen Samens aufgrund größerer Perfektion in der Galen'schen Theorie der Samen besteht, betonen auch Jacquart und Thomasset (Sexuality, S. 62).
281 Vgl. Galen, De semine, II,2,3.
282 DeLacy versteht die Textstelle in seiner Zusammenfassung als Fragestellung, die im Folgenden überprüft werde (vgl. DeLacy, Introduction, S. 50).
283 Vgl. Galen, De semine, II,2,5 ff.

sowohl Kraft als auch Materie eigen.[284] Diese kämen ihnen aber mit graduell unterschiedlicher Ausprägung zu: Der Samen habe vor allem formende Kraft, aber nur ein geringes Maß an Materie, während beim Blut die Materie überwiege und das dynamisierende Potential nur schwach ausgeprägt sei.[285] Auf diese Weise erhält auch das Menstruationsblut nicht nur die Funktion des formbaren Stoffes, sondern außerdem die Fähigkeit zu generieren. Damit wird es selbst zu einer Art Form gebendem Samen („σπέρμα δυνάμει").[286] Der von Galen Aristoteles zugeschriebene starre Gegensatz von Form und Materie, der mit einer strikten Polarität der Geschlechter einhergeht, wird also nicht nur angefochten, indem die Existenz weiblichen Samens behauptet wird. Zusätzlich modifiziert auch die These von der Generativität des Menstruationsbluts den Antagonismus von stofflichem, weiblichem Menstruationsblut und männlichem, Form gebendem Samen.[287]

Für die Vererbung folgt daraus, dass die mit dem Materie-Form-Dualismus verbundene Vorstellung revidiert werden muss, die Gattungszugehörigkeit eines Nachkommens werde durch die Materie bestimmt, richte sich also nach der Mutter, während die individuellen Eigenschaften auf das Form gebende Prinzip zurückgehen und also sämtlich dem Vater entsprechen müssten.[288] Galen übernimmt die Vorstellung, dass Lebewesen

---

284 Vgl. Galen, De semine, II,2,15.

285 Vgl. Galen, De semine, II,2,20.

286 Vgl. Galen, De semine, II,2,17. DeLacy bezieht den Dativ von δύναμις auf die Form gebende Fähigkeit des Menstruationsbluts und übersetzt: „semen potentially". Bei Liddell/Scott (Greek-English Lexicon, zusammengestellt v. Henry George Liddell und Robert Scott, revidiert und durchgehend erweitert v. Sir Henry Stuart Jones, mit Unterstützung v. Roderick McKenzie, Oxford u. a. 1996, S. 452) findet sich zudem der Hinweis auf eine mathematische Bedeutung für ein Ergebnis: „im Produkt". Benseler/Kaegi (Benselers Griechisch-Deutsches Wörterbuch, bearbeitet v. Adolf Kaegi, mit einem alphabetischen Verzeichnis zur Bestimmung seltener und unregelmäßiger Verben, 19. Auflage, Leipzig 1990, S. 203) nennen als Übersetzung für diese grammatische Form außerdem die Signifikation: „der Bedeutung nach" – und nicht nur der Funktion – wäre das Menstruationsblut damit Samen. Es würde nicht nur die Effekte des Samens erzielen, sondern auf einer symbolischen Ebene zu diesem selbst werden.

287 Vgl. dazu auch Lesky, Zeugungslehren, S. 1412. Die These des formenden Menstruationsbluts allein hätte eine Möglichkeit bedeuten können, die starre Aristotelische Polarität zu überwinden, ohne die Existenz eines weiblichen Samens behaupten zu müssen. Galens zentrales Argument für die Existenz des weiblichen Samens ist aber, so wird im Text betont, der sichtbare Beweis (vgl. Galen, De semine, II,4,20 f.).

288 Vgl. Galen, De semine, II,2,10 f.

aus Materie und Kraft entstehen, und auch die, dass die Materie die Gattung und die Kraft die individuellen Eigenschaften bestimmt.[289] Da zuvor dem Menstruationsblut ein gewisses Maß an Kraft und dem Samen auch Materie zugestanden worden ist, kann nun der Einfluss des jeweils anderen Elternteils auf die vererbten Eigenschaften erklärt werden.[290] Der These von der grundsätzlichen Interaktivität des Vererbungsvorgangs zum Trotz behauptet Galen, dass bei der Bestimmung der Gattung eines Nachkommen das Erbe der Mutter dominiere. Bei allen anderen Eigenschaften geht Galen nicht so weit, die generelle Dominanz eines Elternteils zu postulieren. Auf den Widerspruch zur anfangs behaupteten größeren Stärke des männlichen Samens und der daraus resultierenden Dominanz des Vaters bei der Vererbung von Eigenschaften weist er selbst hin (ich zitiere die Passage aus DeLacys englischer Übersetzung):

> but as for similarity, it is *not* more in accord with the male, although, so far as the strength of the semen goes, the offspring should always have resembled the father. [Hervorhebung T. R.][291]

Um den Widerspruch aufzulösen, der sich aus dem Postulat der Dominanz des männlichen Samens bei gleichzeitig zu beobachtender Vererbung von Eigenschaften der Mutter ergibt, wird die These von der größeren Stärke des männlichen Samens nicht explizit aufgegeben. Stattdessen wird beschrieben, dass sich die Stärke des weiblichen Samens auf zweierlei Weisen steigern kann: Er erhalte Unterstützung von der Kraft, die im weiblichen Blut vorhanden ist, und diese Zuführung von Kraft erstrecke sich auf den Zeitraum der neunmonatigen Schwangerschaft.[292] In dieser Zeit könne das Menstruationsblut den weiblichen Samen unterstützen und die Unterlegenheit beim ersten Zusammentreffen mit dem männlichen Samen kompensieren. Die Dominanz des männlichen Samens wird hier also zeitlich begrenzt auf den ersten Kontakt mit dem weiblichen; im Gegenzug wird dessen Einfluss auf die an den Nachkommen übermittelten Eigenschaften auf die gesamte Dauer der Schwangerschaft ausgedehnt.

Ungeachtet dieser Ausführungen ergibt sich offenbar aus der Argumentation für die Existenz des weiblichen Samens das Problem, die Bedeutung des männlichen Beitrags zur Zeugung zu begründen. Diese Frage stellt sich Galen selbst, sie ist aber offenbar auch schon von anderen Autoritäten formuliert worden, auf die *De semine* Bezug nimmt, die aber an

---

289 Vgl. Galen, De semine, II,2,19 und 22.
290 Vgl. Galen, De semine, II,2,22.
291 Vgl. Galen, De semine, II,2,22 (= DeLacy-Übersetzung, S. 167).
292 Vgl. Galen, De semine, II,2,23.

dieser Stelle nicht namentlich genannt werden. Wenn dem weiblichen Lebewesen nicht nur die Materie, sondern auch die zeugende Kraft zugesprochen wird, könne argumentiert werden – so Galen vermutlich bezogen auf Aristoteles,[293] der in diesem Abschnitt mehrmals erwähnt wird –, dass der männliche Beitrag zur Fortpflanzung überflüssig wird; wenn aber das weibliche Lebewesen allein zeugen könne, folge daraus weiterhin das Problem, wie zu erklären ist, dass das männliche Lebewesen überhaupt erst habe entstehen können.[294] Die These, die Galen vertritt, wird also auch an dieser Stelle nicht nur mit Beobachtungen am Körper begründet, sondern sie bezieht überkommene Positionen antiker medizinischer und naturphilosophischer Autoritäten mit ein, und sie hat sich in diesem Zusammenhang mit der Frage der Bedeutung der Geschlechter für den Zeugungsvorgang auseinanderzusetzen. Der Text zeigt in seinem Argumentationsgang, dass offenbar die Konsequenzen der These über die Existenz des weiblichen Samens für den Einfluss männlicher Lebewesen auf die Vererbung und für das hierarchische Verhältnis der Geschlechter im Zuge des Zeugungsvorgangs berücksichtigt werden müssen. Die Abschnitte drei und vier des zweiten Teils von *De semine* setzen sich mit dieser Frage auseinander.

Galen löst das Problem, dass durch die These vom weiblichen Samen die männliche Dominanz offenbar bedroht ist, indem er die Funktionen des weiblichen Samens zusammenfasst und ihm eine sowohl dem Zeugungsvorgang insgesamt als auch dem männlichen Samen dienende Rolle zuschreibt.[295] Die Existenz weiblicher Testikel und des weiblichen Samens führe dazu, dass das weibliche Lebewesen die sexuelle Vereinigung überhaupt erst wünsche; außerdem sei der weibliche Samen für die Entstehung der Allantois-Membran verantwortlich;[296] des Weiteren sei der männliche

---

293 Vgl. den Kommentar von DeLacy zu II,3,2.

294 Vgl. Galen, De semine, II,3,2 und II,4,6.

295 Vgl. Galen, De semine, II,4,13 ff.

296 Gemeint ist entweder die auch heute noch Allantois genannte Membran, die sich wurstartig aus dem embryonalen Dottersack ausstülpt, oder der Dottersack selbst. Beim Menschen ist die Allantois beteiligt an der Entwicklung der plazentaren Blutgefäße und der Harnblase. Bei niederen Wirbeltieren dient sie als embryonaler Harnsack. Der flüssige Inhalt des Dottersacks spielt nach heutiger Auffassung für die Ernährung des Embryos kaum eine Rolle; Anteile seiner Membran werden jedoch wichtig für den Beginn der Blut- und Gefäßbildung des Embryos in der dritten Entwicklungswoche (vgl. Schiebler, Theodor H., Walter Schmidt und Karl Zilles (Hg.): Anatomie. Zytologie, Histologie, Entwicklungsgeschichte, makroskopische und mikroskopische Anatomie des Menschen, gemeinschaftlich verfasst v. G. Arnold, H. M. Beier, M. Herrmann, P. Kaufmann, H.-J. Kretschmann, W.

Samen allein nicht in der Lage, alle Teile des Uterus zu überziehen, sondern er bedürfe dazu der Unterstützung des weiblichen Samens, der dem Fötus damit einen wichtigen Dienst leiste; und schließlich stehe der weibliche Samen, da er flüssiger und kälter sei, dem männlichen als Nahrung zur Verfügung.[297] Aufgrund geringerer Hitze – und hier greift Galen auf ein Argument zurück, das sich auch bei Aristoteles findet – sei das weibliche Lebewesen nicht in der Lage, den perfekten Samen zu generieren; das weibliche Geschlecht sei feuchter und kälter („ὑγρότερον […] καὶ ψυχρότερον") als das männliche.[298] Mit der unterschiedlichen Hitze der Geschlechter ist ein zentraler Aspekt der Galen'schen Konzeption von Geschlechterdifferenz benannt. In *De semine* kommt er darauf später erneut zurück. In der umfangreichen Schrift *De usu partium* (Περὶ χρείας μορίων) bildet das unterschiedliche Maß an vitaler Hitze, das beiden Geschlechtern eigen sei, den Ausgangspunkt der Ausführungen über die geschlechterspezifischen Differenzen des reproduktiven Apparats.[299] Der

---

Kühnel, T. H. Schiebler, W. Schmidt, B. Steiniger, J. Winckler, E. van der Zypen und K. Zilles, 8., vollständig überarbeitete und aktualisierte Auflage, Berlin, Heidelberg und New York 1999, S. 116 ff.).

297 Vgl. Galen, De semine, II,4,13 sowie 16, 17 und 19.

298 Vgl. Galen, De semine, II,4,23 ff. Vgl. dazu auch die Passagen in Aristoteles' *De generatione animalium* (Aristotle, Generation, IV,1 765b 8–35, S. 384 ff. und 766b 7–26, S. 392 ff.). In den hippokratischen Schriften findet sich sowohl die These von der größeren Hitze und Trockenheit der Männer (vgl. Περὶ διαίτης/De victu/Du régime, in: Oeuvres complètes d'Hippocrate. Bd. 6, hg. und übs. v. Émile Littré, Paris 1849, S. 462–663 (Reprint Amsterdam 1962), hier I,34, S. 512 ff.) als auch die gegenteilige Auffassung, dass Frauen heißeres Blut hätten (vgl. Γυναικείων/De mulieribus/Des maladies des femmes, in: Oeuvres complètes d'Hippocrate. Bd. 8, hg. und übs. v. Émile Littré, Paris 1853, S. 1–463 (Reprint Amsterdam 1962), hier I,1, S. 12 f.). Zu den antiken Theorien über Temperaturdifferenzen der Geschlechter vgl. Lesky, Zeugungslehren, S. 1255 ff.

299 Vgl. Galen, De usu partium, XIV,6. Ich zitiere aus der englischen Übersetzung von Margaret Tallmadge May: „The female is less perfect than the male for one, principal reason – because she is colder; for if among animals the warm one is the more active, a colder animal would be less perfect than a warmer. […] All parts, then, that men have, women have too, the difference between them lying in only one thing, which must be kept in mind throughout the discussion, namely, that in women the parts are within (the body), whereas in men they are outside, in the region called the perineum" (Galen: On the Usefulness of the Parts of the Body. Περὶ χρείας μορίων. De usu partium, 2 Bde., übs., eingel. und komm. v. Margaret Tallmadge May, Ithaca (NY) 1968, Bd. 2, S. 628). Die Passagen dieses Textes zu den reproduktiven Organen stehen im Mittelalter erst mit der lateinischen Übersetzung von Niccolò da Reggio am Beginn des 14. Jahrhunderts zur Verfügung (vgl. Jacquart/Thomasset, Sexuality, S. 42). Da es mir hier um den Vergleich

Hitzeunterschied führt zu einer hierarchischen Differenzierung von männlichem und weiblichem Samen: Der weibliche Samen ist feuchter und kälter als der männliche und damit weniger perfekt.[300]

Cadden hat betont, dass die Differenzierung der Samen bei Galen nicht zu einer radikalen Gegensätzlichkeit führe[301] – auch wenn graduelle Unterschiede der Eigenschaften des Samens männlicher und weiblicher Lebewesen betont werden, bleiben stoffliche und funktionale Entsprechungen bestehen. Außerdem führt die geringere Perfektion nicht zur vollständigen Abwertung des weiblichen Samens, sondern seine Beschaffenheit hat eine ganz bestimmte Funktion: Der weibliche Samen stelle für den männlichen die Nahrung bereit, und auch dem Fötus stehe der flüssigere weibliche Samen als Nahrung zur Verfügung.[302] Galen verabschiedet also die Aristotelische Vorstellung nicht vollständig, dass die Funktion des weiblichen Lebewesens bei der Zeugung mit der Bereitstellung des Materials und mit der Ernährung verbunden sei, sondern beide Annahmen kehren bei ihm auf der Ebene der Differenzierung männlicher und weiblicher Samen wieder, die grundsätzlich als *ein* Stoff verstanden werden.

---

von Argumentationsfiguren zu den Samen beider Geschlechter in Antike und Mittelalter geht, ist nicht entscheidend, ob ein bestimmter antiker Text von mittelalterlichen Autoren direkt rezipiert worden ist oder ob die von ihm vertretenen Thesen über andere Texte ihren Weg in die mittelalterlichen Schriften gefunden haben. Dass dies der Fall ist, zeigen die im Folgenden behandelten mittelalterlichen Texte.

300 Vgl. Galen, De semine, II,4,19; II,4,24, II,4,25 und II,4,33. Diese Auffassung findet sich bereits im ersten Buch von *De semine* (vgl. Galen, De semine, I,7,5); sie wird hier ergänzt durch den Hinweis, dass der weibliche Samen zudem von geringerer Menge sei (vgl. Galen, De semine, I,10,5). Lesky hat darauf hingewiesen, dass Galen hier zur gleichen geschlechterspezifischen Wertung kommt wie Aristoteles, auch wenn er die funktional-teleologische um eine ontogenetische Betrachtungsweise erweitere (vgl. Lesky, Zeugungslehren, S. 1409). Auch Tuana betont die Übereinstimmungen der Aristotelischen und der Galen'schen Zeugungslehre im Hinblick auf die Minderwertigkeit von Frauen aufgrund ihrer geringeren Hitze (vgl. Tuana, Nancy: Der schwächere Samen. Androzentrismus in der Aristotelischen Zeugungstheorie und der Galenischen Anatomie, in: Orland, Barbara und Elvira Scheich (Hg.): Das Geschlecht der Natur. Feministische Beiträge zur Geschichte und Theorie der Naturwissenschaften, Frankfurt am Main 1995, S. 203–223, hier S. 212 ff.); der Unterschied beider Modelle, nämlich dass das eine weiblichen Lebewesen zeugenden Samen zugesteht, das andere jedoch nicht, tritt in ihrer Argumentation zurück.
301 Vgl. Cadden, Sex Difference, S. 33.
302 Vgl. Galen, De semine, II,4,19 und II,4,33 ff.

Im Folgenden behandelt Galen die Vererbung von individuellen Eigenschaften der Eltern an den Fötus. Im Unterschied zur anfangs formulierten Position, dass der männliche Samen den weiblichen stets dominiere und die Kontrolle über die Ähnlichkeit des Fötus behalte,[303] wird hier nun dafür argumentiert, dass die dominante Ähnlichkeit zu einem der beiden Elternteile anhand jedes einzelnen Körperteils ausgehandelt wird.[304] Galen nimmt an, der Samen werde in Sequenzen ausgestoßen und der zu unterschiedlichen Zeiten austretende Samen könne hinsichtlich Zusammensetzung und Kraft variieren.[305] Auf diese Weise komme es beim Fötus zur Dominanz einiger Eigenschaften des männlichen Lebewesens und anderer des weiblichen, so dass ein Nachkomme nicht generalier- oder vorhersagbar überwiegend einem der Eltern ähnele, sondern Eigenschaften von beiden an unterschiedlichen Teilen des Körpers übernehme.[306] Von einer grundsätzlichen Dominanz des männlichen Samens ist hier also nicht mehr die Rede – nicht einmal in Bezug auf einen bestimmten Zeitpunkt der Zeugung.

Brisant wird die Relation von Ähnlichkeiten und Differenzen der Geschlechter in Galens Ausführungen über die Vererbung des Geschlechts.[307] Denn anhand der Geschlechtsmerkmale sei die Dominanz der Ähnlichkeit zu einem der beiden Eltern deutlich und unmittelbar zu erkennen. Dazu sei es auch nicht notwendig, die Genitalien zu betrachten, denn beide Geschlechter unterschieden sich am ganzen Körper.[308] Da sich die Differenz der Geschlechter in allen Teilen des Körpers zeige, sei die Vererbung des Geschlechts auch nicht als Wettstreit der Erbanlagen beider Eltern um die Dominanz hinsichtlich der Genitalien zu verstehen, und sie ergebe sich auch nicht aus der schieren abzählbaren Dominanz von Ähnlichkeiten zu einem Elternteil.[309] Vielmehr resultiere die Geschlechterdifferenz – und hier kommt der Text auf den schon erwähnten zentralen Gedanken zurück – aus der Menge an Hitze oder Kälte („θερμότητα καὶ ψυχρότητα"), die einem jeweiligen Lebewesen zukomme.[310] In Überein-

---

303 Vgl. Galen, De semine, II,5,2 und II,2,3.
304 Vgl. Galen, De semine, II,5,4.
305 Vgl. Galen, De semine, II,5,4.
306 Vgl. Galen, De semine, II,5,6. Die Ähnlichkeiten zum männlichen oder zum weiblichen Elternteil sollten daher nicht ohne weitere Spezifikation festgestellt werden, sondern stets in Bezug auf die Körperteile (vgl. Galen, De semine, II,5,16).
307 Vgl. Galen, De semine, II,5,7 ff.
308 Vgl. Galen, De semine, II,5,8 f.
309 Vgl. Galen, De semine, II,5,23.
310 Vgl. Galen, De semine, II,5,24 f.

stimmung mit der Lehre von den Temperamenten behauptet Galen, dass sich sowohl der Grad an Trockenheit, der beim männlichen Lebewesen höher sei als beim weiblichen, als auch die größere Stärke und Aktivität des Männchens aus der vitalen Hitze ergebe.[311] Als Beleg für diese These führt er seine anatomischen Beobachtungen an, wonach es eine Korrespondenz („ἀναλογία") zwischen männlichen und weiblichen Genitalien gebe.[312] Die reproduktiven Organe beider Geschlechter unterscheiden sich lediglich nach ihrer Position im Körper – d. h. danach, ob sie sich innerhalb oder außerhalb des Körpers befinden – sowie nach ihrer Größe.[313] Aus den Analogien der Gestalt schließt Galen auf eine Substanz („οὐσία[]") der Geschlechtsorgane, die beiden Geschlechtern eigen sei.[314] Die Beobachtung der Ähnlichkeiten in Bezug auf Gestalt und Stoff der Organe wird mit der Differenz in Bezug auf ihre Lage und Größe verknüpft, indem der Text die Vorstellung einer Entwicklung hin zur Vollendung und zu immer größerer Perfektion unterstellt.[315] Wie das Maß an Hitze, das einem Lebewesen zukommt, und damit seine Zugehörigkeit zu einem Geschlecht vererbt wird, wie es aus väterlichen und mütterlichen Beiträgen entsteht oder auf welche andere Weise es generiert wird, lässt Galens Text offen.

Schließlich fasst Galen die unterschiedlichen Faktoren, die zur Vererbung beitragen noch einmal zusammen. Im Unterschied zum ersten Abschnitt des zweiten Buches wird nun nicht der weibliche Samen hervorgehoben, sondern an dieser Stelle der Argumentation werden Samen und Menstruationsblut als Faktoren der Vererbung benannt.[316] Die Zugehörigkeit zur Gattung werde – so heißt es mit großer Nähe zu Aristoteles – von der Materie bedingt, die für die Zeugung bereit gestellt werde; die individuellen Eigenschaften ergeben sich aus dem Samen und das Geschlecht resultiere aus dem Temperament, dem Hitzegrad, von Samen und Menstruationsblut. Irritierend ist diese Zusammenfassung, weil sie den Anschein erweckt, sie lasse mit Menstruationsblut und Samen die strikten Polaritäten des Zeugungsvorgangs, die zuvor Aristoteles zugeschrieben wurden und um deren Relativierung sich die hier rekonstruierte Argu-

---

311 Vgl. Galen, De semine, II,5,40.
312 Vgl. Galen, De semine, II,5,43.
313 Vgl. Galen, De semine, II,5,48.
314 Vgl. Galen, De semine, II,5,51.
315 Vgl. Galen, De semine, II,5,52 ff. So sei es etwa angemessener, Hunde, die auf die Welt kommen, ohne sehen zu können, nicht als blind, sondern als unfertig zu bezeichnen (vgl. Galen, De semine, II,5,65).
316 Vgl. Galen, De semine, II,5,75.

mentation bemüht hat, zurückkehren.[317] Dass der Einfluss von Materie und Menstruationsblut hier auf zwei Ebenen des Vererbungsvorgangs als entscheidend angesehen wird, mag, angesichts der Beobachtung, dass der Text insgesamt für den weiblichen Samen und gegen die Bedeutung des Menstruationsbluts für den Vorgang der Vererbung zu argumentieren scheint, den Eindruck entstehen lassen, der Text würde an unterschiedlichen Stellen divergierende Positionen vertreten. Man kann jedoch durchaus unterstellen, dass die Relativierungen Aristotelischer Positionen und die Verknüpfungen mit anderen – insbesondere Hippokratischen –, die zuvor unternommen wurden, auch hier gelten. Das vorausgesetzt, wird die Materie, die zur Zeugung bereit steht, nicht allein vom Menstruationsblut geliefert, sondern auch vom Samen – und damit auch vom Mann – und der Samen, der die individuellen Züge des Nachkommens bestimmt, ist eben – Galens zentraler These entsprechend – nicht nur der des männlichen, sondern auch der des weiblichen Elternteils. Einzig bei der Mischung der Temperamente wird ausdrücklich auf die Aristotelische Kontrastierung von kaltem weiblichem Menstruationsblut und warmem männlichem Samen zurückgegriffen.[318] Wie aber aus dieser Mischung genau das Geschlecht des Fötus zustande komme, ist bei der Einführung der These im Zuge der Argumentation nicht genannt worden, und es wird auch in der Zusammenfassung nicht ausgeführt. Wenn man die zentrale These Galens berücksichtigt, dass nicht nur das männliche, sondern auch das weibliche Lebewesen Samen produziert, müsste auch der Samen der Frau, dessen Hitze aufgrund höherer Perfektion nach der Hierarchie der Säfte größer ist als die ihres Blutes, zur Zeugung eines Fötus von großer Hitze, also eines männlichen Nachkommen, beitragen können. Legt man

---

317   In diesem Sinne deutet Lesky den Galen'schen Text an dieser Stelle; sie versteht seine Rückkehr zu einer (vermeintlich) Aristotelischen Position bei der Frage der Vererbung des Geschlechts sogar als Verabschiedung der Zwei-Samen-Lehre (vgl. Lesky, Zeugungslehre, S. 1412). Wie in den folgenden Ausführungen deutlich wird, teile ich ihre Einschätzungen in diesen Punkten nicht. Auch Cadden beobachtet eine unerwartete Nähe der Galen'schen Vererbungslehre zur Aristotelischen; sie spielt die inhaltliche Bedeutung dieser Beobachtung jedoch herunter, indem sie sie als Effekt von Galens Eklektizismus wertet (vgl. Cadden, Sex Difference, S. 34 f.).

318   Die Kontrastierung von Menstruationsblut und Samen hinsichtlich Geschlecht und Temperatur ergibt sich aus den Thesen Galens, dass das männliche Lebewesen zu allen Zeiten seines Lebens heißer und trockener sei als das weibliche (vgl. Galen, De semine, II,5,26) und dass dieses aufgrund geringerer Hitze weniger perfekten Samen produziere als der Mann und dazu noch flüssigeres Blut im Körper behalte (vgl. Galen, De semine, II,4,24 f.).

diesen Gedanken zugrunde, den Galen allerdings an keiner Stelle explizit macht, löst sich die Vererbung der Geschlechtszugehörigkeit von einer simplen Weitergabe des Geschlechts der Eltern und auch der weibliche Elternteil kann zur Generierung eines männlichen Nachkommen beitragen.

Abschließend fixiert der Text nicht, welche Determinanten, die des männlichen oder die des weiblichen Elternteils, auf jeder der drei Ebenen die Generierung des Fötus letztlich bestimmen. Textinterne Hinweise machen auf diese Auslassung aufmerksam. Insbesondere die bereits zitierte Versicherung, der männliche Samen dominiere stets den weiblichen, die der Text unmittelbar nach der Einführung des weiblichen Samens gibt,[319] weist auf die Frage nach der Dominanz eines der beiden Geschlechter bei Zeugung und Vererbung hin. Zwar zeichnet Galens Konzeption der Geschlechterdifferenz generell und offensichtlich die Vorstellung aus, dass das männliche Lebewesen in der Hierarchie gattungsspezifischer Perfektionierung klar über dem weiblichen steht, doch für den Vorgang der Vererbung wird die männliche Dominanz an keiner Stelle so deutlich formuliert. Und sie findet sich auch nicht in der abschließenden Zusammenfassung der drei Dimensionen der Vererbung. Stattdessen weist der Text gleich zu Beginn der Ausführungen zur Vererbung die Auffassung zurück, dass der dominierende Samen alle Ähnlichkeiten zugunsten eines Elternteils entscheiden könne; denn dies stimme schlicht nicht mit dem überein, was sich in der Natur beobachten lasse.[320] Vielmehr ermöglicht die Auffassung, dass der Samen von den unterschiedlichen Körperteilen eines Lebewesens bereitgestellt wird, sogar die These, dass ein Lebewesen von den einzelnen Gliedmaßen unterschiedlich starken Samen erhalte und dass der männliche Samen dabei in manchen, der weibliche aber in anderen Teilen dominiere.[321] Für die Vererbung des Geschlechts lasse sich aber nicht von der Dominanz eines der beiden Eltern im Hinblick auf einzelne Körperteile sprechen, denn diese Ähnlichkeit zeige sich am ganzen Körper.[322] Indem die Generierung des Geschlechts mit der Vorstellung be-

---

319 Vgl. Galen, De semine, II,2,2 f.
320 Vgl. Galen, De semine, II,5,2. Zum Widerspruch dieser Auffassung zur These über die uneingeschränkte Dominanz des männlichen Samens in II,2,2 f. vgl. auch Lesky, Zeugungslehre, S. 1415 f.
321 Vgl. Galen, De semine, II,5,4. In II,5,17 wird ausdrücklich herausgestellt, dass von der Dominanz des männlichen Samens nicht ohne Spezifikation gesprochen werden sollte, sondern immer nur in Bezug auf die Körperteile, die einander ähneln oder sich unterscheiden.
322 Vgl. Galen, De semine, II,5,10.

antwortet wird, bestimmend wirke die vitale Hitze, lässt der Text die Zurückführbarkeit auf Eigenschaften eines der beiden Elternteile letztlich offen. Denn es wird weder erläutert, ob der Hitzegrad des Fötus sich tatsächlich aus dem der Eltern ergibt, noch – sollte dem so sein – wie die hitzespezifischen Einflüsse beider miteinander verrechnet werden, um die Hitze des Abkömmlings zu ergeben. Auch wenn der Text also bei der Frage der Vererbung damit einsetzt, dass die Dominanz des männlichen Samens generell gelte, so zeigt die weitere Argumentation, dass genau diese Dominanz nicht durchgehalten wird und dass sich selbst der kausale Zusammenhang zwischen dem Geschlecht der Eltern und dem des Fötus letztlich nicht mehr ausmachen lässt. Dieser Prozess scheint mir das Ergebnis einer um die Berücksichtigung vielfältiger Faktoren und um einen hohen Komplexitätsgrad der Darstellung bemühten Argumentation zu sein; der Text ist nicht einfach Ergebnis eines Eklektizismus, der heterogene Elemente addierend zusammenstellt und in ihrer Widersprüchlichkeit belässt,[323] sondern er zeigt sich bemüht, unter Bezugnahme auf tradierte Positionen und auf die sinnliche Erfahrung eine eigene Position zu finden, die unterschiedliche Meinungen und Beobachtungen verbindet.

Zusammenfassend ist festzuhalten, dass der Text anhand der Frage nach der Existenz weiblichen Samens ein Wechselspiel der Zuschreibungen von körperlichen Ähnlichkeiten und Differenzen der Geschlechter vornimmt. Mit der Argumentation für den weiblichen Samen wird zunächst die funktionale und stoffliche Übereinstimmung stark gemacht, um dann

---

323 Die Traditionsgebundenheit des Eklektikers betont dagegen Lesky in ihrer abschließenden Wertung von Galens Ausführungen zum Samen (vgl. Lesky, Zeugungslehren, S. 1417). Galens Verfahren der Modifikation und Verknüpfung unterschiedlicher Positionen – wie die Verknüpfung der Aristotelischen Unterscheidung von Materie und Form mit der Zwei-Samen-Lehre – kann aber auch als produktive Arbeit mit der Tradition angesehen werden (vgl. zum Eklektizismus Aristoteles' und Galens Boylan, Challenges, S. 111). Das eklektische Verfahren bietet die Möglichkeit, problematische Passagen der vorgefundenen Konzepte zu revidieren und nur die plausiblen Elemente zu übernehmen. Dass dieses Verfahren auch selbst neue Problemkonstellationen, insbesondere bei der Integration des neu Zusammengesetzten, produziert, bleibt nicht aus. Dass Galens eklektisches Verfahren allerdings in erster Linie Widersprüche produziere und divergierende Positionen unvermittelt nebeneinander stelle – ein Effekt von Galens Eklektizismus, den Lesky betont (vgl. Lesky, Zeugungslehren, S. 1417) –, hat meine Rekonstruktion des Argumentationsgangs von Galens Text zu bestreiten versucht. Meiner Ansicht nach geht es in den vorgestellten Passagen von *De semine* vor allem um die Komplexitätssteigerung bei der Konzeption elterlicher Einflüsse auf den Vorgang der Vererbung.

vor diesem Hintergrund auf beiden Ebenen eine hierarchische Differenzierung vorzunehmen. Der weibliche Samen sei, obwohl durchaus auch Samen, doch von *graduell* anderem Stoff als der männliche (nämlich dünnflüssiger und kälter) und er erfülle daher auch andere Funktionen als der Samen des Mannes (er diene diesem und dem Fötus zur Nahrung). Die hierarchische Unterscheidung der Samen wird auf ein grundlegendes Prinzip geschlechterspezifischer Differenz zurückgeführt: auf den jeweiligen Hitzegrad der Geschlechter. Dieser bestimme auch die unterschiedliche Ausprägung der reproduktiven Apparate als dem deutlichsten körperlichen Merkmal der Zugehörigkeit zu einem Geschlecht. Auch hier wird die Differenz mit der Genese hin zur größtmöglichen Perfektion der aus dem Körper heraus gewanderten männlichen Genitalien erklärt. Erneut basiert das Differenzmodell auf der Annahme organischer Übereinstimmung zu einem bestimmten Zeitpunkt der Entwicklung jedes einzelnen Lebewesens. Über dieses Nebeneinander von Differenzierung bei grundsätzlicher Ähnlichkeit der Geschlechter in Bezug auf Genitalien und Samen hinaus zeigt der Text in seinem Argumentationsgang zur Vererbung, dass die beim Einstieg in die Argumentation noch so offenkundig erscheinende Dominanz des männlichen Samens immer mehr zurückgenommen wird. Es kommt zu einer Ausdifferenzierung unterschiedlicher Ebenen der Vererbung (Gattung, individuelle Eigenschaften, Geschlecht), zur Berücksichtigung unterschiedlicher Faktoren und zum Verschwinden von Aussagen über die Dominanz des einen oder des anderen Geschlechts beim Vorgang der Vererbung. Dabei scheint sich die zunächst behauptete männliche Dominanz und Kontrolle beim Zeugungsvorgang im Zuge zunehmender Komplexität der beschriebenen Mechanismen der Vererbung aufzulösen.

Nemesios von Emesa: *De natura hominis*

Galens Schriften stehen am Ende einer langen Tradition medizinischen Denkens in der Antike, und sie zeigen deutlich das Bestreben, diese Tradition zusammenzufassen.[324] Von den medizinischen Kompendien Galens

---

324 Zu Galens Anschlüssen an die hippokratische Tradition und zu seinen Auseinandersetzungen mit ihren Kritikern vgl. Nutton, Vivian: Ancient Medicine, London und New York 2004, S. 219 ff. Zu Galens Schrift-basierter Bildung vgl. Nutton, Ancient Medicine, S. 218 f.

sind auch noch mittelalterliche medizinische Texte beeinflusst.[325] Für die Verbreitung der Galen'schen Lehre vom Samen beider Geschlechter im hochmittelalterlichen Europa ist die Schrift *De natura hominis* (Περὶ φύσεως ἀνθρώπου) des Nemesios, Bischof von Emesa, von Bedeutung.[326] Der anthropologische Text mit deutlich christlicher Orientierung entsteht bereits gegen Ende des 4. Jahrhunderts in Syrien.[327] Er wird zunächst im 11. und dann ein weiteres Mal im 12. Jahrhundert in Italien ins Lateinische übersetzt. Die Übersetzung des 11. Jahrhunderts stammt von Nicolas Alfanus (gest. 1085), einem Kleriker und späteren Erzbischof von Salerno, der vermutlich mit der Medizinerschule von Salerno in Verbindung stand.[328] Seine Übersetzung von *De natura hominis* gilt als einer der frü-

---

325 Vgl. den Überblick bei Temkin, Galenism, insbes. S. 92 ff., S. 97 f.; sowie Durling, Richard J.: A Chronological Census of Renaissance Editions and Translations of Galen, in: Journal of the Warburg and Courtauld Institutes 24 (1961), H. 3/4, S. 230–305, hier S. 231–236. Nach Durling sind die Texte Galens in der Zeit vom 3. bis 7. Jahrhundert vor allem in Byzanz bekannt, ab dem 6. Jahrhundert dann auch in Alexandria und in Ravenna; im römischen Westen ist die Galen-Kenntnis dagegen gering. Für die Zeit vom 7. bis zum 10. Jahrhundert überflügelt die Zahl und Verbreitung Galen'scher Schriften im arabischen Raum dann die im europäischen. In erster Linie durch Übersetzungen dieser arabischen Versionen nimmt die Bekanntheit der Texte Galens auch in Mitteleuropa ab dem 11. Jahrhundert wieder zu. Zur Durchsetzung Galen'scher medizinischer Vorstellungen im Osten des Römischen Reiches, aber auch zu seiner Dogmatisierung zu einem Galenismus vgl. auch Nutton, Ancient Medicine, S. 292 ff.

326 Für den griechischen Text vgl. Nemesii Emeseni de natura hominis, hg. v. Moreno Morani, Leipzig 1987. Zur Bedeutung von Nemesios' Schrift für die mittelalterliche Galen-Rezeption vgl. Temkin, Galenism, S. 81 f.

327 Vgl. Brisson, Luc: Art. Nemesios, in: Cancik, Hubert und Helmuth Schneider (Hg.): Der Neue Pauly. Enzyklopädie der Antike. Bd. 8, Stuttgart und Weimar 2000, Sp. 817–818.

328 Alfanus ist Mönch im Kloster Monte Cassino, später Abt im Kloster S. Benedetto in Salerno und ab 1058 dort Erzbischof; neben der Übersetzung des Nemesios von Emesa hinterlässt er Hymnen und Gedichte. Dass er in der medizinischen Schule von Salerno ausgebildet wurde oder dort auch gelehrt hat, lässt sich nur vermuten. Vgl. Creutz, Rudolf: Erzbischof Alfanus I, ein frühsalernitanischer Arzt, in: Studien und Mitteilungen zur Geschichte des Benediktiner-Ordens und seiner Zweige 47 (1929), S. 413–432 (zu Alfanus Verbindung zur Salernitaner Schule vgl. S. 415); Kristeller, Paul Oskar: The School of Salerno, in: Ders.: Studies in Renaissance Thought and Letters, Rom 1956, S. 495–551, hier S. 506 f.; Verbeke, Gérard und José Rafael Moncho: Les Traductions Latines, in: Némésius d'Émèse: De natura hominis. Traduction de Burgundio de Pise, hg. v. dens., Leiden 1975, S. LXXXVI–C, hier S. LXXXVI f.; sowie Delogu, Paolo, Reinhard Düchting und Gerhard Baader: Art. Alfanus [2], in: Bautier, Robert-Henri u. a. (Hg.): Lexikon des Mittelalters. Bd. 1, Zürich und München 1980, Sp. 389–390.

hesten Texte, in denen das medizinische Wissen der Salernitaner Schule greifbar ist. Im 12. Jahrhundert wird *De natura hominis* erneut von Ricardus Burgundio (gest. 1193) ins Lateinische übersetzt, einem Pisaner Juristen mit Kontakten nach Konstantinopel.[329] Er überträgt zahlreiche Texte aus dem Griechischen, darunter auch mehrere Werke Galens.[330]

In Kapitel 26 greift der lateinische Text Burgundios unter der Überschrift *De generativo vel seminativo* die Frage des weiblichen Samens auf.[331] Die Samenproduktion wird als Teil der Zirkulation der Säfte im Körper verstanden. Sie beginnt bereits in den Venen und Arterien und durchläuft in den Testikeln die letzte Stufe der Herstellung.[332] Zur Geschlechterdifferenz konstatiert der Text zunächst knapp, dass Frauen die gleichen Körperteile haben wie Männer, nur eben im Inneren des Körpers und nicht außen.[333] Er folgt also der Galen'schen Vorstellung von der stofflichen Korrespondenz der Geschlechtsorgane. Die unterschiedlichen Auffassungen Aristoteles' und Galens über die Existenz des weiblichen Samens werden darauf direkt angesprochen. Aristoteles – mit ihm wird Demokrit genannt – wolle nicht zugestehen, dass der Samen der Frau zur Zeugung des Kindes beitrage. Was die Frau ausscheide – das von Galen stark gemachte Argument der sichtbaren Evidenz einer Flüssigkeit klingt hier an –, sei eher Schweiß als eine Flüssigkeit, die zur Zeugung beitrage. Bei aller Kürze suggeriert die Formulierung („nil volunt conferre"),[334] dass die ge-

---

Baader weist darauf hin, dass Alfanus mit dieser Übersetzung der Medizin eine Terminologie erschlossen habe, die sich am zeitgenössischen Schriftlatein orientiere. Verbeke/Moncho führen dagegen den Nachweis, dass seine Griechisch-Kenntnisse begrenzt gewesen seien (vgl. Verbeke/Moncho, Traductions, S. LXXXVII f.).

329 Burgundio ist als Richter zunächst im Lateranspalast und dann in Pisa bezeugt. Vgl. Verbeke/Moncho, Traductions, S. LXXXVIII f. Vgl. auch Durling, Richard J.: Art. Burgundio v. Pisa, in: Bautier, Robert-Henri u. a. (Hg.): Lexikon des Mittelalters. Bd. 2, München und Zürich 1983, S. 1097–1098.

330 Burgundio gilt bei seinen Zeitgenossen als Autorität für Übersetzungen aus dem Griechischen (vgl. Durling, Art. Burgundio v. Pisa, S. 1097 f.).

331 Ich gebe die lateinische Übersetzung Burgundios von Pisa im Folgenden nach der Ausgabe von Verbeke und Moncho wieder (vgl. Némésius d'Émèse: De natura hominis. Traduction de Burgundio de Pise, hg. v. Gérard Verbeke und José Rafael Moncho, Leiden 1975). Signifikante Passagen werden nicht nur mit Seiten- und Zeilennachweis versehen, sondern darüber hinaus durch das Originalzitat nachgewiesen.

332 Vgl. Nemesius, De natura, S. 108,51 f. und S. 109,64 ff.

333 „Sed et mulieres omnes easdem cum viris habent particulas, sed intus et non extra" (Nemesius, De natura, S. 109,70 f.).

334 Nemesius, De natura, S. 109,71 f.

nannten Autoritäten auf die These von der Existenz des Samens geantwortet hätten. Es entsteht der Eindruck, Aristoteles habe zu einer Diskussion beigetragen und mit dem im folgenden Satz genannten Galen
Argumente ausgetauscht.[335] Galen habe Aristoteles' Auffassung scharf
zurückgewiesen („reprehendens Aristotelem") und betont, dass Frauen
durchaus Sperma ausstoßen und dass die Mischung des Spermas beider
Geschlechter den Fötus entstehen lasse.[336] Darauf wird ergänzt, dass der
weibliche Samen nicht so perfekt sei wie der des Mannes, sondern un-
vollkommen und feuchter („indigestum et humidius").[337] Von Galen wird
also sowohl die These von der Existenz des weiblichen Samens und von
seinem zur Zeugung notwendigen Beitrag übernommen als auch die
hierarchisierende Ergänzung: Der weibliche Samen sei minderwertig im
Vergleich zum männlichen, was sich als graduelle stoffliche Differenz
(„humidius") zeige. Auch wenn die sprachliche Darstellung Nemesios'
einen Disput zwischen Aristoteles und Galen anklingen lässt, gibt er weder
die Argumente beider Seiten wieder noch überprüft er sie auf Plausibilität.
Der Text beschränkt sich vielmehr darauf, die widerstreitenden Positionen
zu benennen. Dass Nemesios selbst die Auffassung Galens favorisiert, wird
nicht ausgesprochen, aber an der Abfolge der Argumente deutlich: Mit der
Analogie der Organe vertritt er, ohne es explizit zu machen, eine Galen'sche
Position; darauf folgt die Wiedergabe der Auffassung des Aristoteles, um
diese mit der Zurückweisung durch Galen zu beantworten.

In *De natura hominis* wird von Galen außerdem die Auffassung
übernommen, der weibliche Samen diene dem männlichen zur Nahrung
und sei verantwortlich für die Herstellung von Teilen der Gebärmutter
sowie der Allantois-Membran.[338] Auch die Minderwertigkeit des weiblichen Samens wird wie bei Galen mit bestimmten Funktionen erklärt, die er
nur aufgrund dieser Beschaffenheit erfüllen könne. Schließlich heißt es –
mit Rückgriff auf den Gedanken der Mischung der Samen beider Geschlechter –, aus dem bisher Gesagten folge, dass bei allen Lebewesen die

---

335 Aristoteles scheint sich in *De generatione animalium* auf andere Vertreter der
   Vorstellung von den zwei Samen bezogen zu haben; vgl. Aristotle, Generation, I,20
   727b 34 ff., S. 100 ff.

336 „Galenus vero reprehendens Aristotelem, sperma quidem emittere mulieres ait et
   mixtionem utrorumque facere fetum (ideoque coitum mixtionem dici)" (
   Nemesius, De natura, S. 109,74 ff.).

337 „non tamen perfectum germen esse dicit ut quod est viri, sed adhuc indigestum et
   humidius" (Nemesius, De natura, S. 109,76 f.).

338 Vgl. Nemesius, De natura, S. 109,77 ff. Zur Allantois-Membran vgl. Fußnote 296.

Frau den Mann aufnehmen und damit zugleich anerkennen müsse –
„recipit" meint beides –, um empfangen zu können.[339] Im Unterschied zu
anderen Lebewesen sei bei den Menschen die Frau stets dazu bereit, den
Beischlaf zu vollziehen; dies geschehe auch nachdem sie bereits empfangen
habe.[340] Sie handele dabei ihrem freien Willen („liberum arbitrium") gemäß und folge nicht den Vorgaben der Natur, wie es andere Lebewesen tun
(„a natura regulantur").[341] Die kurze Passage über die Bedeutung des
Beitrags der Frau zur Zeugung mündet also in eine normative Aussage über
ihr Sexualverhalten. Die Frage nach dem Zeugungsvorgang als einem
Geschehen innerhalb des Körpers wird verbunden mit einer Aussage über
soziale Interaktionsweisen der Geschlechter in puncto Sexualität. Diese
unmittelbare Verknüpfung von Ausführungen über den Vorgang der
Zeugung mit Aussagen über die soziale Ordnung der Geschlechter unterscheidet Nemesios' Text in der Übersetzung Burgundios deutlich von
den Ausführungen Galens, der die Darstellung des Zeugungs- und Vererbungsvorgangs nicht unmittelbar mit normativen Aussagen zum Verhalten oder zur sozialen Ordnung der Geschlechter verbindet. Die Rolle
der Frau ist nach Nemesios ausdrücklich durch die Unterordnung unter
den Mann bestimmt. Indem sie ihm sexuell zur Verfügung stehe, beweise
sie die Höherwertigkeit des Menschen gegenüber den Tieren. Die sexuelle
Bereitschaft der Frau wird also nicht einfach gefordert. Sie wird als notwendig dargestellt, um die höchste Vollkommenheit des Menschen im
Vergleich zu anderen Lebewesen innerhalb des Schöpfungsganzen zu erweisen.[342]

Die Brisanz der These vom weiblichen Samen, von der Galens *De
semine* Zeugnis gibt, nämlich die Frage, wie damit die Notwendigkeit des
Mannes für den Zeugungsvorgang noch begründet werden kann, wird hier
nicht erwähnt. Stattdessen wird aus dem Gedanken der Vermischung
zweier Samen die Abhängigkeit der Frau vom Samen des Mannes abgeleitet.[343] Die Überlegung, dass die Frau des Mannes zur Zeugung womöglich gar nicht bedürfe, die sich bei Galen aus dem Postulat des
weiblichen Samens ergibt und eine längere Argumentation nach sich zieht,

---

339 „Secundum vero genus unumquodque animalis, tunc recipit femina marem cum
    potest concipere" (Nemesius, De natura, S. 110,81 f.).
340 Vgl. Nemesius, De natura, S. 110,82 ff.
341 Vgl. Nemesius, De natura, S. 110,86 ff.
342 Zu dem Gedanken in *De natura hominis*, dass der Mensch Ziel- und Höhepunkt
    der Schöpfung sei, vgl. Kallis, Anastasios: Der Mensch im Kosmos. Das Weltbild
    Nemesios' von Emesa, Münster 1978, S. 81 ff.
343 Vgl. Nemesius, De natura, S. 110,81 f.

spielt hier keine Rolle. Im Gegenteil wird aus der These von der Existenz des weiblichen Samens – offenbar auf dem Weg über den Gedanken der Mischung der Samen beider Geschlechter – die Abhängigkeit der Frau vom Samen des Mannes gefolgert. Die prekäre Konsequenz der These vom weiblichen Samen wird in Nemesios' Text nicht einfach übergangen, sondern es wird offensiv das Gegenteil geschlossen.

Als Konsequenz der Ähnlichkeit von männlichem und weiblichem Samen wird also gerade nicht die Bedeutung des weiblichen Lebewesens für den Vorgang der Zeugung beschrieben, worauf die Argumentation für den weiblichen Samen und damit für die Bedeutung des weiblichen Beitrags an der Entstehung des Fötus hindeuten könnte, sondern umgekehrt wird die Abhängigkeit des weiblichen vom männlichen Elternteil beim Vorgang der Zeugung herausgestellt. Diese Argumentation ist nicht nur auf die Prozesse von Zeugung und Vererbung bezogen, sondern sie trifft offensichtlich auch eine Aussage über die soziale Interaktion der Geschlechter. In der Anlage des Textes zeigt sich hier die deutlichste Abweichung von den Ausführungen bei Galen: Auch wenn es um die Hierarchie der Geschlechter auf der Ebene der Samen geht, so finden sich in Galens *De semine* doch keine Versuche, in das soziale Verhältnis der Geschlechter normativ einzugreifen. Darüber hinaus wird in Nemesios' Text die Begründung der Argumente stark verknappt oder ganz weggelassen. So leitet er die Existenz des weiblichen Samens nicht einmal in Ansätzen her – was Galen mit dem Nachweis des Samensafts bei der Sektion unternimmt und durch eine detaillierte Argumentation über den Einfluss der Eltern bei der Vererbung entwickelt. Hierbei ist das ebenfalls auf die Anschauung gegründete Argument bedeutsam, dass Kinder ebenso von den Müttern wie von den Vätern Eigenschaften erben. Nemesios verweist dagegen in der Art mittelalterlicher etymologischer Argumentation lediglich auf eine begriffliche Korrespondenz: Weil es zur Mischung männlicher und weiblicher Samen komme, sei auch der Koitus als Mischung bezeichnet worden.[344] Ein Effekt der verkürzten Wiedergabe der Galen'schen Position zum weiblichen Samen mag sein, dass dessen Einfluss auf den entstehenden Fötus gering erscheint bzw. auf eine dienende Funktion reduziert wird. Nichtsdesto-

---

344 Vgl. Nemesius, De natura, S. 109,75 ff. Zur Etymologie als einer Wortdeutung, die den Eigenschaften der benannten Sache sowie der Begriffe folgt, die jenen entsprechen, vgl. Grubmüller, Klaus: Etymologie als Schlüssel zur Welt? Bemerkungen zur Sprachtheorie des Mittelalters, in: Fromm, Hans, Wolfgang Harms und Uwe Ruberg (Hg.): Verbum et signum. Bd. 1. Beiträge zur mediävistischen Bedeutungsforschung, München 1975, S. 209–230, hier S. 220.

weniger sind in Nemesios' *De natura hominis* die zentralen Aspekte der Argumentation Galens zum weiblichen Samen zu finden: die Behauptung einer funktionalen und stofflichen Übereinstimmung der Samen beider Geschlechter sowie ihre gleichzeitige graduelle Hierarchisierung zu Ungunsten des Samens der Frau.

Constantinus Africanus: *Pantegni*

Ein weiterer Text, der im 11. Jahrhundert Galens These von den zwei Samen aufnimmt, ist das Buch *Pantegni* (oder *Παντέχνη*) des Constantinus Africanus (geb. in der ersten oder zweiten Dekade des 11. Jahrhunderts, gest. ca. 1085).[345] Es handelt sich um die Übersetzung und Bearbeitung eines arabischen Textes des Hali Abbás (gest. 994), des so genannten *Liber regius*, der seinerseits eine Zusammenstellung antiken medizinischen Wissens bietet.[346] Constantins lateinische Übersetzung wird 1088 von seinem Schüler Johannes Afflacius fertig gestellt. Constantinus verbindet als Übersetzer und in seiner Biographie die arabische mit der südeuropäischen Kultur: Vermutlich als Händler nordafrikanischer Herkunft

---

345 Zur Biographie des Constantinus Africanus vgl. insbesondere den Aufsatz von Hettinger, Anette: Zur Lebensgeschichte und zum Todesdatum des Constantinus Africanus, in: Deutsches Archiv 46 (1990), S. 517–529, der zahlreiche ungesicherte Angaben, die in der Forschung zu finden sind, mit den Angaben der Quellen über Constantinus' Leben konfrontiert; vgl. außerdem Creutz, Rudolf: Der Arzt Constantinus Africanus von Monte Cassino, in: Studien und Mitteilungen zur Geschichte des Benediktinerordens und seiner Zweige 47 (1929), S. 1–44; Kristeller, Salerno, S. 508 ff.; Schipperges, Heinrich: Die frühen Übersetzer der arabischen Medizin in chronologischer Sicht, in: Sudhoffs Archiv für Geschichte der Medizin und der Naturwissenschaften 39 (1955), S. 53–93, hier S. 62 ff.; ders.: Die Assimilation der arabischen Medizin durch das lateinische Mittelalter, Wiesbaden 1964, S. 17 ff.; ders.: Constantinus Africanus, in: Fassmann, Kurt (Hg.): Die Großen der Weltgeschichte, Zürich 1973, S. 246–255; sowie ders.: Art. Constantinus Africanus, in: Gerabek, Werner E., Bernhard D. Haage, Gundolf Keil und Wolfgang Wegner (Hg.): Enzyklopädie Medizingeschichte, Berlin und New York 2005, S. 269–270. Zum *Liber pantegni*, insbes. zu seinen Quellen vgl. Schipperges, Assimilation, S. 34 ff. Zu Hinweisen auf die Rezeption von Constantins Schriften nördlich der Alpen vgl. Creutz, Constantinus, S. 40 ff.

346 Einige Beispiele für Veränderungen, die Constantinus an seiner Vorlage bei der Beschreibung der Genitalien vornimmt, bringen Jacquart/Thomasset, Sexuality, S. 22 ff. Nach Einschätzung der Autoren gehen Modifikationen der Vorlage weniger auf mangelnde Arabisch-Kenntnisse Constantins zurück als vielmehr auf fehlende Begriffe im Lateinischen (vgl. Jacquart/Thomasset, Sexuality, S. 24).

unternimmt er zunächst ausgedehnte Reisen im Mittelmeerraum, bevor er sich um 1077 in Salerno niederlässt, später nach Monte Cassino umsiedelt und in dieser Zeit zahlreiche medizinische Texte aus dem Arabischen und dem Griechischen ins Lateinische übersetzt. Wie Widmungen in den von ihm übersetzten Büchern bezeugen, ist er mit Desiderius bekannt, dem Abt des Klosters von Monte Cassino, sowie mit Alfanus, der zu jener Zeit Erzbischof von Salerno ist. Der Text der *Pantegni*, dessen genaue Entstehungszeit unbekannt ist, folgt dem Anspruch, einen umfassenden Überblick über heilkundliches Wissen zu geben. Constantins Buch ist in der Forschung als das „erste umfassende medizinische Lehrbuch" im Mittelalter bezeichnet worden.[347] Es ist gegliedert in eine theoretische Abteilung, die unter anderem naturphilosophische, anatomische und diagnostische Inhalte berührt, und in eine praktische.[348]

Im dritten Buch der *Theorica* geht es unter anderem um die Organe der Nahrungsaufnahme und -verarbeitung.[349] Dass sich hier auch Kapitel zu Genitalien (Kap. 34) und Testikeln (Kap. 36) finden, zeigt an, dass der

---

347 Schipperges, Assimilation, S. 34.

348 Zu den Varianten der *Pantegni*, die insbesondere den Umfang der *Practica* betreffen, vgl. Schipperges, Assimilation, S. 36; sowie Jordan, Mark: The Fortune of Constantine's Pantegni, in: Burnett, Charles und Danielle Jacquart (Hg.): Constantine the African and Ali ibn Abbas al-Magusi. The Pantegni and Related Texts, Leiden, New York und Köln 1994, S. 286–302, S. 291 ff.

349 Ich gebe den Text der *Pantegni* im Folgenden nach der Lyoner Ausgabe von 1515 wieder, welche die von Constantin übersetzte Schrift unter den *Opera omnia* des Ysaac Israeli führt. Der Wortlaut des Textes wird in den Fußnoten nachgewiesen. Dabei ist die Schreibweise des frühen Drucks weitgehend beibehalten worden; lediglich die zahlreichen Kürzungen wurden aufgelöst. Eine moderne Edition der frühen handschriftlichen Fassungen der *Pantegni*, welche die mittelalterliche Form des Textes in ihrer Varianz erfasst, steht noch aus. Jordan (Fortune, S. 302) nennt eine Gruppe von Handschriften, auf die sich eine Edition stützen könnte. Solange eine solche Edition nicht verfügbar ist, schätzt Schipperges (vgl. Constantinus, S. 253) den Lyoner Druck als zuverlässigste Ausgabe des Textes ein. Jordan hat dagegen den Baseler Druck von 1536/39 favorisiert, denn in die Lyoner Fassung sei durchgehend eingegriffen worden, und zudem basiere sie auf wenig qualitätvollen Handschriften (vgl. Jordan, Fortune, S. 290). Ein Vergleich der Passagen, auf die im Folgenden eingegangen wird, in der Lyoner Druckfassung und in einer Handschrift aus dem dritten Viertel des 12. Jahrhunderts, die heute in der finnischen Nationalbibliothek in Helsinki aufbewahrt wird, erbringt jedoch keine Abweichungen, die für die hier verfolgte Fragestellung signifikant sind (vgl. Constantine the African: Theorica Pantegni. Facsimile and Transcription of the Helsinki Manuscript (Codex EÖ.II.14), hg. v. Outi Kaltio, Helsinki 2011, S. 149–161). Das gilt auch für den Vergleich mit der Baseler Edition (vgl. Constantini Africani […] Opera. Bd. 2, Basel 1539, S. 72–77).

Samen als einer der Säfte verstanden wird, die der Körper aus der Speise gewinnt. Eigenschaften und Beziehungen der Körperflüssigkeiten zueinander werden bereits im letzten Kapitel des ersten Buches charakterisiert (Kap. 25, „De humoribus").[350]

Das 34. Kapitel von Buch drei beginnt unter der Überschrift „De genitalibus" mit der Beschreibung der inneren Geschlechtsorgane der Frau. Insbesondere geht es um die Gebärmutter, um ihre Gestalt und ihre Beziehung zu anderen Organen.[351] Hier ist zunächst nur vom Samen des Mannes die Rede, für den sich der Mund der Gebärmutter öffne und, nachdem er ihn aufgenommen habe, wieder verschließe.[352] Dass männliche und weibliche Geschlechtsteile auch hier verglichen und auf Ähnlichkeiten hin dargestellt werden, zeigt sich, wenn es über die Schamlippen heißt, sie seien bei den Frauen so etwas, wie die Vorhaut bei Männern.[353] Außerdem findet sich die These, dass auch die Frau Testikel habe; sie seien jedoch kleiner als die des Mannes.[354] Auch im Text Constantins wird also die Korrespondenz der reproduktiven Organe des Mannes und der Frau beschrieben. Auch hier wird diese Darstellung unmittelbar gefolgt von der Erläuterung einer graduellen Hierarchie, die zunächst nur in der geringeren Größe des weiblichen organischen Apparats besteht. Aus den Testikeln führen, so heißt es weiter, flügelartige Gefäße heraus, die den Samen in die Spermiengänge transportieren.[355] Nicht nur die Testikel selbst, sondern

---

350 In der Vier-Säfte-Lehre zeigt sich das Viererschema, das in Antike und Mittelalter eine verbreitete Möglichkeit darstellt, medizinisches Wissen zu gliedern (vgl. Keil, Gundolf: Organisationsformen medizinischen Wissens, in: Wolf, Norbert Richard (Hg.): Wissensorganisierende und wissensvermittelnde Literatur im Mittelalter. Perspektiven ihrer Erforschung, Wiesbaden 1987, S. 221–245, S. 236 ff.; sowie Schöner, Erich: Das Viererschema in der antiken Humoralpathologie, Wiesbaden 1964 (hier auch ausführlich zum Viererschema bei Galen: S. 86 ff.)).

351 Vgl. Constantinus Africanus: Pantegni, in: Omnia Opera Ysaac [Israeli], Lyon 1515, fols. 1a^r-144a^r, hier fol. 13b^v f.

352 „bucca est neruosior vt in commixtione maris delectationi esset assensibilior: moderate dura vt intrando semini extenderetur: et eo recepto clauderetur" (Constantinus, Pantegni, fol. 13b^v).

353 „deforis habet frustula de pellibus que vocantur bradara: que frustula sunt in feminis: sicut in maribus prepucia" (Constantinus, Pantegni, fol. 13b^v).

354 „Matrix vero duos habet testiculos in summitate colli positos post frustula que superius vocauimus cornua. quorum vnus dexter: alter vero sinister. minores in quantitate quam sint testiculi masculi" (Constantinus, Pantegni, fol. 13b^v).

355 „De testiculo vnoquoque quedam penne videntur exire per quas testiculi sperma iaciunt in vasa spermatis" (Constantinus, Pantegni, fol. 13b^v).

auch die Gefäße, die an sie anschließen und den Samen bewegen, scheinen also bei Mann und Frau dieselben zu sein.[356]

Es folgt eine Passage zum Zeugungsvorgang, in der zunächst darauf hingewiesen wird, dass nach Hippokrates und Galen das Sperma diejenige Instanz sei, welche die Fähigkeit habe, Kinder zu zeugen.[357] Die monatlichen Blutungen der Frau seien – und hier folgt der Text Aristoteles, ohne ihn zu nennen – tatsächlich nur der Stoff, die Materie des entstehenden Nachkommen. Anders als bei Aristoteles ist der Beitrag der Frau damit aber noch nicht erschöpft. Es heißt weiter: „necque creatur fetus nisi spermata maris et femine commisceantur". Ganz im Sinne der Galen'schen Auffassung kann der Fötus also auf keine andere Weise erzeugt werden, als indem die Samen des Mannes und der Frau vermischt werden. Im Folgenden wird dieser Vorgang genauer beschrieben; die Frage der Vererbung von Eigenschaften der Eltern spielt dabei zunächst noch keine Rolle.

Zum Gemisch der Samen von Mann und Frau komme es, weil die Gebärmutter durch ihre Anspannung während des Koitus den männlichen Samen aufnehme und dann ihren Eingang verschließe. Das männliche Sperma werde bis auf den Grund („fundamentum") der Gebärmutter gespritzt und breite sich hier aus. Es reiche aber nicht hin, um auch die seitlichen Teile des Uterus zu überziehen. Um die Menge des männlichen Samens zu ergänzen und auch noch diejenigen Partien der Gebärmutter zu benetzen, für die der männliche Samen nicht genüge, komme Sperma aus den Testikeln der Frau hinzu und verbinde sich mit dem männlichen.[358] Noch zwei weitere Funktionen der Vermengung von männlichem und weiblichem Samen werden angegeben:[359] Erstens wirke der weibliche

---

356 Die Ähnlichkeiten und Differenzen der Verbindungen zwischen Testikeln und Penis sowie zwischen Testikeln und Uterus werden ausführlicher im 36. Kapitel des dritten Buches der *Pantegni* beschrieben (vgl. Constantinus, Pantegni, fol. 14aᵛ).

357 Die im Folgenden wiedergegebene Passage lautet: „Sicut hip. et ga. perpenderunt sperma est artifex et natura creandorum infantium. Menstrua vero sola materia sunt: necque creatur fetus nisi spermata maris et femine commisceantur" (Constantinus, Pantegni, fol. 14aʳ).

358 „ad quorum vacuitates complendas exit sperma de testiculis femine per vasa sui spermatis mixtum cum viri spermate" (Constantinus, Pantegni, fol. 14aʳ).

359 Hier der im Folgenden wiedergegebene Text: „Commixtio autem hec duabus de causis fuit necessaria. primo vt sperma masculinum contemperet femineum. masculinum enim grossum est et calidum. femineum econtra frigidum et liquidum. masculinum ergo ex nimia sui spissitudine non potest se dilatare: et ex nimio sui calore materiam destruit infantis. vnde fuit necesse vt suarum qualitatum diversitate femineum sperma has utrasque temperaret. Secunda causa est vt

Samen mäßigend auf den männlichen, denn er sei kalt und dünnflüssig, während jener dickflüssig und heiß sei. Da er so schlecht fließe, könne sich der männliche Samen nur schwer ausbreiten; und wegen seiner zu großen Hitze würde er für sich allein gelassen die Materie des Fötus zerstören. Zweitens werde aus dem weiblichen Samen durch die Hitze der sexuellen Vereinigung ein Stück Gewebe („panniculus") gewonnen, das den Fötus umhülle.[360]

Die Passage liefert eine genaue Schilderung der organischen Vorgänge bei der Zeugung. Dabei werden auch Aussagen über die Funktion und das Verhältnis der Geschlechter beim Zeugungsvorgang getroffen. Indem sich die Gebärmutter verschließt, schafft sie erst die Situation, in der die Vermischung der Samen stattfinden kann. Der weibliche Samen hat die Aufgabe, dem Zeugungsvorgang als Ganzem (Bedecken des Uterus mit Samen) sowie dem männlichen Samen (Mäßigung) zu dienen. Nicht nur durch die bloße Menge des Materials unterstützt er eine Aktivität des männlichen Samens, zu der dieser seiner Quantität nach nicht ausreichen würde (Benetzen der gesamten Gebärmutter), sondern er macht darüber hinaus die Aktivität des männlichen Samens erst möglich (Konsistenz der Flüssigkeit). Außerdem verhindert er, dass sich der männliche Samen gegen seine eigentliche Funktion richtet, indem er durch zu große Hitze die Materie des Fötus zerstört. Der weibliche Samen trägt also nicht nur zu einer Funktion bei, die der männliche vorgibt und selbst erfüllt, sondern er versetzt diesen erst in die Lage, nicht kontraproduktiv, sondern seiner eigenen Aufgabe gemäß funktionieren zu können. Die Funktion des weiblichen Samens wird nicht einfach zu der des männlichen addiert, sondern der weibliche Samen verändert mit den Eigenschaften auch die Funktionsweise des männlichen und ermöglicht ihm vor allem, die ihm zugedachte Funktion nicht selbst zu konterkarieren.

Im weiteren Verlauf beschäftigt sich das Kapitel der *Pantegni* mit Prozessen, die nach der ersten Vermischung der Samen in der Gebärmutter stattfinden. Dabei spielt das Gewebe eine Rolle, das aus dem weiblichen Samen entsteht, sowie das Verhältnis von Sperma und Blutgefäßen und schließlich die Entwicklung des Fötus im Verlauf der Schwangerschaft. Am Schluss des Kapitels kommt der Text auf die Frage der Vererbung des Geschlechts zu sprechen. Das Geschlecht des Embryos wird zunächst

---

panniculus inde fieret qui infantulum circumdaret dum sibi commixtio circumquaque spergitur vulue calore excoquitur" (Constantinus, Pantegni, fol. 14aʳ).

360 Vermutlich sind erneut Allantois-Membran oder Dottersack gemeint; s. o. Fußnote 296.

davon abhängig gemacht, auf welche Seite des Uterus sich der Samen bewegt.[361] Der Beitrag von väterlichem und mütterlichem Samen ist dabei nicht von Interesse. Je nachdem ob er männlichen oder weiblichen Geschlechts sei, zeige der Fötus die eine oder die andere Bewegungsrichtung. Den Akteur dieser Bewegung verschweigt die Passiv-Konstruktion. Der Fötus erhält also sein Geschlecht nicht durch den Beitrag des einen oder des anderen Samens, sondern er scheint sein Geschlecht immer schon angenommen zu haben und wird infolgedessen zu einer der beiden Seiten des Uterus bewegt. Wie bei Galen wird die Vererbung des Geschlechts auf eine Ursache bezogen, die nicht weiter auf den Einfluss des mütterlichen oder des väterlichen Elternteils zurückgeführt wird.

Im Weiteren erläutert der Text dann doch noch den Einfluss des männlichen und des weiblichen Elternteils auf das Geschlecht ihres oder ihrer Nachkommen: Große Mengen von Sperma, welches zudem heiß und dickflüssig ist, würden dazu führen, dass männliche Föten gezeugt werden.[362] Auch wenn das Sperma hier Eigenschaften aufweist, die insbesondere männliches Sperma auszeichnen (Hitze und Dickflüssigkeit), ist nicht davon die Rede, dass es notwendig vom Mann stamme. Die Abhängigkeit des Geschlechts des Nachwuchses von der quantitativen Dominanz des Samens des entsprechenden Elternteils wird also nahe gelegt, es wird jedoch nicht eindeutig von dieser Dominanz bestimmt. Deutlicher wird der Text bei der Beschreibung der Vererbung individueller Eigenschaften des Fötus. Sie werden ausdrücklich nach einem einfachen Wirkmechanismus auf die Dominanz der Eigenschaften des Samens von Vater oder Mutter zurückgeführt: „Sperma viri si abundaverit plusquam femine: infans videbitur patri assimilare. si [sperma] femine [abundaverit]: [infans] erit magis matri assimilandus".[363] Wie es zum Überschuss des männlichen Samens bei der Vermischung beider komme und wie häufig diese Situation eintrete, erklärt der Text nicht. Stattdessen folgt eine Passage zur unterschiedlichen Entwicklung der Geschlechter: Hat der Fötus die Markierung („signatio") des Geschlechts einmal erhalten, entwickelt er sich, so heißt es, seinem Geschlecht entsprechend. Unterschiedliche körperliche Eigenschaften, die beide Geschlechter ausbilden, werden be-

---

361 „Sciendum est quoque quod in dextro masculus: in sinistro vero latere femina formatur; et itidem quilibet magis mouetur. masculi in dextris mouentur: quia calidiores sunt feminis" (Constantinus, Pantegni, fol. 14b[r]).

362 „Uniuersaliter ergo dicendum. quia quanto sperma magis est calidum siccum atque spissum. tanto sepius masculi inde nascuntur. quod si sperma aliud fuerit econuerso contingit" (Constantinus, Pantegni, fol. 14b[r]).

363 Constantinus, Pantegni, fol. 14b[r].

schrieben.[364] Zum Abschluss des Kapitels werden Überlegungen angestellt über die Häufigkeit von männlichen und weiblichen Nachkommen, wenn mehrere Nachkommen gezeugt werden. Hier räumt der Text ein, dass die Angaben unterschiedlicher Quellen zu den Verhältnissen stark voneinander abweichen und dass das Spektrum der Möglichkeiten, die in der Natur beobachtet werden können, offenbar groß ist.

Insgesamt zeigt sich also auch in Constantinus' *Pantegni* deutlich der Bezug auf die Galen'sche Vorstellung, dass der Samen beider Geschlechter – und nicht etwa von der Frau nur das Menstruationsblut – für die Zeugung verantwortlich ist. Die Darstellung des Zeugungsvorgangs ist damit in erster Linie gegen das Miteinander von Stoff und Form im Sinne Aristoteles' pointiert. Die These, dass auch die Frau Samen hat, wird hier nicht näher erläutert. Sie wird mit der Auffassung von der Zeugung als Vermischung der Samen beider Geschlechter vorausgesetzt. Dass auch der weibliche Samen zeugend wirke, ist ein Aspekt des zentralen Arguments, der nicht eigens argumentativ eingeführt wird. Differenzen der Geschlechter gehen auch bei Constantinus mit der Beschreibung von Ähnlichkeiten der reproduktiven Organe – hier der Testikel – und des zeugenden Stoffes einher. Die Hierarchie wird nicht durchgehend mit Hilfe von Komparativen als graduelle beschrieben, sondern der Text benennt sie außerdem mit Hilfe von Gegensätzen in chiastischer Form: Während der männliche Samen dickflüssig und heiß sei, sei der weibliche kalt und dünnflüssig. Die wechselseitige Abhängigkeit der Samen voneinander wird im Folgenden nicht wie bei Galen mit der Vererbung von Eigenschaften durch beide Elternteile erläutert, sondern über die Notwendigkeit, die extremen Eigenschaften beider durch den jeweils anderen Samen zu moderieren. Besondere Bedeutung wird dem weiblichen Samen hier insofern beigemessen, als er den männlichen daran hindert, der Funktion, die für ihn vorgesehen ist, zuwider zu handeln. Auch wenn die Vererbung des Geschlechts nicht auf die Dominanz des Samens eines Elternteils zugespitzt wird, pointiert der Text den Vorgang der Vererbung der elterlichen Eigenschaften als Ergebnis der Dominanz väterlichen oder mütterlichen Samens. Die Frage der Vererbung der Gattung wird nicht erörtert, und die Vorstellung der Vererbung zeigt sich im Vergleich zum komplizierten Modell unterschiedlicher elterlicher Einflüsse auf den Fötus bei Galen als

---

364 „Significatio masculi concepti erit huiusmodi: mulier erit pulchri colori: motus leuioris; dextra mamilla erit maior atque durior. mamille summitas magna atque dura. pulsus in dextra manu maior et spissior et plenior" (Constantinus, Pantegni, fol. 14b^r).

deutlich verkürzt und vereinfacht. Mit der Unterscheidung in eine Vererbung des Geschlechts und eine Vererbung elterlicher Eigenschaften zeigt sich hier allerdings durchaus der Ansatz zu einer Differenzierung, die Galens Ausführungen entspricht. Zudem behauptet Constantinus' Text ebenso wie Galen abschließend nicht die gesicherte Dominanz des männlichen Samens, sondern er stellt die Vielzahl unterschiedlicher Varianten der Vererbung des Geschlechts heraus, die sich in der Natur finden.

Insgesamt zeigen die Beispiele, dass auch in medizinischen Texten, die im 11. und 12. Jahrhundert ins Lateinische übersetzt werden, die Zwei-Samen-Lehre Galens enthalten ist. Dabei wird stets die Aristoteles zugeschriebene These zurückgewiesen, dass sich der Beitrag des weiblichen Lebewesens zur Zeugung auf die Bereitstellung des Materials für den Embryo beschränke. Der Samen allein sei der zur Zeugung führende Stoff des Körpers und dieser finde sich bei männlichen wie auch bei weiblichen Lebewesen. Über diese grundsätzliche Positionierung hinaus zeigt sich, dass die detaillierte Argumentation Galens insbesondere zur Vererbung der Gattung, des Geschlechts und der individuellen Eigenschaften in die mittelalterlichen Texte nicht aufgenommen wird. Während Nemesios die Frage der Vererbung vollständig übergeht, wird bei Constantinus der Vorgang tendenziell auf den einfachen Kausalzusammenhang der Dominanz von männlichem oder weiblichem Samen beschränkt. Allerdings führt ihn diese These nicht zu der Position, die Galen am Anfang des zweiten Kapitels des zweiten Buches von *De semine* vertreten und dann sukzessive revidiert hat, nämlich dass der männliche Samen stets dem weiblichen bei der Zeugung überlegen sei. Die grundsätzliche Dominanz eines der beiden Geschlechter bei der Vererbung wird in den *Pantegni* nicht formuliert. Dem scheint schon die Beobachtung der Natur zu widersprechen, die in Constantins Text – ebenso wie in dem Galens – zum Abschluss des Kapitels als wichtiger Bezugspunkt für die Beschreibung der Zeugungsvorgänge benannt wird.

Hinweisen möchte ich an dieser Stelle noch darauf, dass die Ausführungen über den Samen in den zahlreichen Schriften, die mit Constantinus Africanus als Übersetzer und Bearbeiter verbunden werden, keineswegs einheitlich sind. So beschäftigt sich der ihm ebenfalls zugeschriebene kurze Text über den Koitus, *De coitu*, nur mit dem männlichen Samen.[365] Die

---

365 Ich verweise hier auf den ersten Band der Baseler Ausgabe von 1536 der Werke Constantins (Constantini Africani Opera. Bd. 1, S. 299 ff.) sowie auf die englische Übersetzung, die Paul Delany nach dem Text dieser Ausgabe vorgelegt hat (vgl.

These, dass beide Geschlechter Samen haben, wird nicht erwähnt. Stattdessen wird für den Koitus eine deutliche Arbeitsteilung der beiden involvierten Lebewesen vorgesehen: Eines stoße den Samen aus, während das andere ihn auffange.[366] Aus dieser Beobachtung muss zum einen geschlossen werden, dass die Lehre von den zwei Samen auch im 11. und 12. Jahrhundert keineswegs durchgängig vertreten wird.[367] Zum anderen führt die Übersetzung zahlreicher antiker Autoren dazu, dass unterschiedliche Auffassungen zu Vorgängen der Natur nebeneinander zirkulieren und dass selbst Texte, die mit dem Namen eines bestimmten Übersetzers und Bearbeiters verbunden werden, nicht notwendig miteinander harmonieren.[368]

Wilhelm von Conches: *Philosophia mundi* und *Dragmaticon*

Die Rezeption der besprochenen in Italien im 11. und 12. Jahrhundert ins Lateinische übersetzten medizinischen und naturphilosophischen Texte, *De natura hominis* und *Pantegni*, ist schwer zu rekonstruieren. Sie soll hier nicht im Einzelnen weiterverfolgt werden, denn meine Argumentation zielt auf die Korrespondenzen von Aussagen über das körperliche Verhältnis der Geschlechter innerhalb eines bestimmten Zeitraums und nicht auf den Nachweis der Rezeption bestimmter antiker medizinischer Texte im europäischen Mittelalter. Dennoch möchte ich ein paar knappe Hinweise

---

Paul Delany: Constantinus Africanus' „De Coitu". A Translation, in: The Chaucer Review 4 (1969), H. 1, S. 55–65).

366 In der Baseler Ausgabe heißt es: „Fit atque coitus per duo animalia. Per unum enim semen emittitur, cui aliud obuiando, in sua concauitate illud recipit, undique clausa, ne ex aliqua parte possit diffundi et dispergi. [...] et per calorem aequaliter humor qui est in cerebro, et aequaliter attrahitur per uenas, quae post aurem ducuntur ad testiculos, et inde per uirgam in uuluam iacitur" (Constantini Africani Opera. Bd. 1, S. 299). In Delanys Übersetzung lautet die Passage: „Intercourse is performed by two animals. One emits the semen and the other, in the appropriate position, receives the semen in ist cavity and then encloses it so that it cannot be poured out or otherwise lost. [...] this liquid [= humor] is drawn through the veins which lead from behind the ears to the testicles and from them it is squirted by the penis into the vulva" (Delany, De coitu, S. 56).

367 Zu Anhängern der Ein-Samen-Lehre im 13. Jahrhundert vgl. Jacquart/Thomasset, Sexuality, S. 65 ff. In der Mitte des 14. Jahrhunderts sei die Debatte verstummt, bevor sich im 15. Jahrhundert wieder ein verhaltener Galenismus in dieser Frage gezeigt habe (vgl. Jacquart/Thomasset, Sexuality, S. 69 f.).

368 Auf Galens Buch über den Samen wird in *De coitu* explizit verwiesen: vgl. Constantini Africani Opera. Bd. 1, S. 303; sowie Delany, De coitu, S. 61.

geben, die Anhaltspunkte für die Verbreitung der Zwei-Samen-Lehre im Europa des 11. bis 13. Jahrhunderts liefern können.[369]

Ein wichtiges Detail zur Zirkulation von Galens Theorie der zwei Samen betrifft die Rezeption von Constantins *Pantegni*. Monica H. Green hat nachgewiesen, dass einige Kapitel der *Theorica*, zu denen auch der oben analysierte Abschnitt *De genitalibus membris* gehört, nicht nur als Teil der *Pantegni*, sondern auch separat zirkulierten.[370] Sehr wahrscheinlich handelt es sich bei dem Titel *De genecia* in einer Liste der Übersetzungen Constantins, die Petrus Diaconus in seiner Geschichte der Salernitaner Medizinerschule zusammenstellt, um die Schrift dieses Inhalts.[371]

Einen Hinweis auf die Rezeption der Galen'schen These von den zwei Samen und auf die Verbreitung der *Pantegni* des Constantinus Africanus geben außerdem zwei Schriften des Wilhelm von Conches (um 1080 bis um 1154): seine frühe *Philosophia mundi* (entstanden um 1124) und das nach der dialogischen Form so genannte *Dragmaticon* (vermutlich zwischen 1144 und 1149), welches in der Einleitung als Wiederaufnahme und Überarbeitung der Thesen aus der *Philosophia mundi* bezeichnet wird.[372]

---

369 Weitere Belege liefern Jacquart/Thomasset, Sexuality, S. 62 ff.

370 Vgl. Green, Monica H.: The De Genecia attributed to Constantine the African, in: Speculum 62 (1987), S. 299–323, insbes. S. 308, S. 310.

371 Vgl. Die Chronik von Montecassino, hg. v. Hartmut Hoffmann, Hannover 1980, S. 412.

372 Zur Bezugnahme des *Dragmaticon* auf die *Philosophia* vgl. Guilelmus de Conchis: Dialogus de substantiis physicis [= Dragmaticon], Strasbourg 1567, S. 5 f. („praefatio"). Dort heißt es (die Kürzung wurde aufgelöst): „Est tamen de eadem materia libellus noster, qui philosophia inscribitur, quem in iuuentute nostra imperfectum, utpote imperfecti, composuimus: in quo ueris falsa admiscuimus multaque necessaria prætermisimus. Est igitur nostrum consilium, quæ in eo uera sunt, hic apponere: falsa damnare: prætermissa supplere". Zur Rezeption von Constantinus' *Pantegni* in der *Philosophia* und im *Dragmaticon* vgl. Schipperges, Assimilation, S. 113 ff. Zur Rezeption der *Pantegni* im *Dragmaticon* vgl. auch Ronca, Italo: The Influence of the Pantegni on William of Conche's Dragmaticon, in: Burnett, Charles und Danielle Jacquart (Hg.): Constantine the African and Ali ibn Abbas al-Magusi. The Pantegni and Related Texts, Leiden, New York und Köln 1994, S. 266–285. Ronca vertritt die These, dass Wilhelm medizinische Informationen, die sich auf Constantinus stützen und die er bereits in seine *Philosophia* aufgenommen hat, erneut im *Dragmaticon* verwendet (vgl. Ronca, Influence, S. 272). Er weist insbesondere darauf hin, dass im Zuge der Darstellung anthropologischer Fragen in den letzten beiden Dritteln des sechsten Buches Übernahmen aus den *Pantegni* festzustellen sind (vgl. Ronca, Influence, S. 269). Für Lawn sind Wilhelms *Philosophia* und *Dragmaticon* zentrale Beispiele für den zeitnahen Transfer der Quaestionenliteratur zu Phänomenen der Natur, die sich im 12. Jahrhundert in Salerno entwickelt, nach Chartres und an andere Orte nördlich

Wilhelm wird der Domschule von Chartres zugerechnet, einem auch in der Medizin bedeutenden wissenschaftlichen Zentrum des 12. Jahrhunderts. Seine Schriften zeigen generell Kenntnisse des antiken Bildungsguts und Interesse an naturphilosophischen Überlegungen.[373] Ziel der *Philosophia mundi* ist eine umfassende und systematische Zusammenstellung des Wissens ihrer Zeit.[374] Die Beschreibungen von der Weltentstehung und von kosmologischen Phänomenen betonen immanente kausale Gesetzmäßigkeiten gegenüber dem Eingreifen des Schöpfers. In diesem Sinne ist zu verstehen, dass im ersten Buch der *Philosophia* programmatisch gefordert wird, in allen Dingen nach den vernünftigen Ursachen zu suchen, die ihnen eigen sind, wenn man sie denn auffinden könne.[375] Dass Wilhelm im Zuge seiner Rezeption zeitgenössischen naturwissenschaftlichen Wissens auch die Theorie von den zwei Samen aufnimmt, deutet darauf hin, dass ihre Verbreitung im 12. Jahrhundert nicht auf medizinische Texte im engeren Sinne beschränkt geblieben ist.[376]

---

der Alpen. Vgl. Lawn, Brian: The Salernitan Questions. An Introduction to the History of Medieval and Renaissance Problem Literature, Oxford 1963, S. 50 ff. Über die Rezeption von Wilhelms *Dragmaticon* nimmt Ronca an, dass der Text in der zweiten Hälfte des 12. Jahrhunderts und in der ersten Hälfte des 13. Jahrhunderts an den Fakultäten der Künste in Nordfrankreich, England, Deutschland und Italien weit verbreitet gewesen sei, bevor er durch die Wiederentdeckung von Aristoteles' *Physik* ersetzt wurde (vgl. Ronca, Italo: Introduction, in: Guillelmi de Conchis: Dragmaticon Philosophiae, hg. v. Italo Ronca, Turnhout 1997, S. XI-LXXXVI, hier S. XXXIII).

373 Zu Wilhelm von Conches vgl. Ernst, Stephan: Art. Wilhelm von Conches, in: Bautier, Robert-Henri u. a. (Hg.): Lexikon des Mittelalters. Bd. 9, München 1998, Sp. 168–170; Flasch, Kurt: Das philosophische Denken im Mittelalter. Von Augustin zu Machiavelli, Stuttgart 2000, S. 265 ff.; sowie Speer, Andreas: Die entdeckte Natur. Untersuchungen zu Begründungsversuchen einer „scientia naturalis" im 12. Jahrhundert, Leiden und New York 1995, S. 130–221.

374 Vgl. Flasch, Philosophisches Denken, S. 265.

375 „Nos autem dicimus, in omnibus rationem esse quærendam, si autem alicui deficiat, quod divina pagina affirmat, sancto Spiritui et fidei est mandandum" ([Wilhelm von Conches:] Honorius von Augustodunum: De philosophia mundi, in: Patrologia Latina, Bd. 172, hg. v. Jacques Paul Migne, Paris 1895, Sp. 39–102, hier I.23, Sp. 56). Ich gebe den Text der *Philosophia* nach der Ausgabe in der *Patrologia Latina* wieder (signifikante Passagen werden wörtlich zitiert). Wilhelms *Philosophia mundi* ist dort irrtümlich aufgenommen als Werk des Honorius von Augustodunum (erste Hälfte des 12. Jahrhunderts); vgl. zu ihm: Vollmann, B. Konrad: Art. Honorius Augustodunensis [8], in: Bautier, Robert-Henri u. a. (Hg.): Lexikon des Mittelalters. Bd. 5, München und Zürich 1991, Sp. 122–123.

376 Vgl. Siraisi, Medieval Medicine, S. 15.

Im vierten und letzten Buch seiner *Philosophia mundi* beschäftigt sich Wilhelm von Conches unter anderem mit der Beschaffenheit des Samens, mit den Ursachen von Unfruchtbarkeit und mit dem Vorgang der Zeugung. Auch hier findet sich die Auffassung, der Samen sei eine Flüssigkeit, die aus allen Teilen des Körpers generiert werde.[377] Aus dieser Herkunft des Samens folge, dass er alle Glieder entstehen lasse und dass sich Eigenschaften der Eltern an allen Körperteilen des Embryos zeigen.[378] Im Anschluss an Ausführungen über die Ursachen der Unfruchtbarkeit in Kapitel elf heißt es, dass sich bei normaler Fruchtbarkeit die Gebärmutter verschließe, nachdem das Sperma in ihr zusammengeflossen sei, um die Zeugung möglich zu machen.[379] Darauf stellt der Text in Kapitel zwölf die Frage, ob der Samen des Mannes ohne den der Frau für die Zeugung genüge: „Sed quæritur si solum virile semen sine muliebri spermate genituræ sufficiat?"[380] Aus der Beobachtung, dass eine Frau ein Kind gebären könne, wenn ein Mann gegen ihren Willen mit ihr schlafe, werde, so heißt es, die These abgeleitet, dass es keinen Samen der Frau gebe.[381] Denn ohne Lust könne kein Samen ausgestoßen werden. Der Text reagiert hier auf eine bestimmte Beweisführung gegen das Postulat des weiblichen Samens, die dieses mit der These verknüpft, Lebewesen könnten keinen Samen ausstoßen, wenn sie beim Koitus keine Lust empfinden. In der *Philosophia mundi* wird dagegen die These vertreten, dass auch Frauen Samen zur Zeugung beitragen: „Nos dicimus etiam muliebre semen esse in conceptione".[382] Begründet wird diese Position mit der Schwäche des begehrlichen Fleisches: Auch wenn einer Frau der Geschlechtsverkehr zunächst grundsätzlich widerstrebe, stelle sich schließlich doch die Lust des Fleisches ein und – ich ergänze die elliptische Argumentation – führe dazu, dass sie Samen ausschütte.[383] Um die These zu begründen, dass auch die Frau Samen zur Zeugung beitrage, wird auf den theologischen Gemein-

---

377   „ex puta substantia omnium membrorum compositum" (Wilhelm, Philosophia, IV.8, Sp. 88).
378   Vgl. Wilhelm, Philosophia, IV.8, Sp. 88.
379   Vgl. Wilhelm, Philosophia, IV.11, Sp. 89.
380   Wilhelm, Philosophia, IV.12, Sp. 89.
381   „Dicunt quidam illud solum sufficere; cujus hæc est probatio: Quod sæpe aliquis homo cum aliqua nolente, eaque flente, concubuit, et aliquando gignit, ubi nullum semen mulieris esse potest: non est enim sine voluptate seminis emissio" (Wilhelm, Philosophia, IV.12, Sp. 89).
382   Wilhelm, Philosophia, IV.12, Sp. 89.
383   „etsi in principio displicet, in fine tamen ex fragilitate carnis concupiscentialis placet" (Wilhelm, Philosophia, IV.12, Sp. 89).

platz von der Schwäche des Fleisches zurückgegriffen. Auch wenn der Text diese nicht ausschließlich als Schwäche des *weiblichen* Fleisches bestimmt, so wird die Begehrlichkeit des Körpers hier doch offenkundig auf den weiblichen Körper bezogen. Diese Textstelle bei Wilhelm von Conches weist darauf hin, dass die These vom Samen der Frau die Hierarchie der Geschlechter nicht notwendig modifiziert, sondern anschließbar ist an misogyne Vorstellungen von bedrohlicher Leiblichkeit, die mit Weiblichkeit eng verknüpft ist.

Anschließend an die Frage nach dem weiblichen Samen folgt im 13. Kapitel unter der Überschrift *De superfluitatibus* eine Erläuterung des Vorgangs der Menstruation.[384] Die Frau sei von Natur aus kälter als der Mann und könne daher Speise nicht vollständig in Sperma umwandeln.[385] Aus diesem Grund werde das im Körper vorhandene überschüssige Blut in Form monatlicher Blutungen ausgeschieden. Der Text rekurriert hier nicht einfach nur auf die bekannte Hierarchisierung männlicher und weiblicher Körper anhand des unterschiedlichen Grades an Hitze, der ihnen schon in den antiken Texten zukommt. Stattdessen legt er in Bezug auf die Hitze der Körper eine genau bestimmte Grenze zwischen den Geschlechtern fest: „calidissima quippe frigidissimo viro frigidor est". Die graduelle Unterscheidung nach Hitze, die im Einzelfall bei Galen sexuelle Differenz hinter dem Maß an Hitze eines Lebewesens zurücktreten lässt und heiße weibliche ebenso wie kältere männliche Lebewesen denkbar macht, wird hier zugunsten einer klaren Trennung der Geschlechter präzisiert: Selbst die Temperatur der heißesten Frau wird als geringer festgelegt als die des kältesten Mannes. Jedoch trägt der Text im folgenden 15. Kapitel mit dem Titel „De formatione hominis in utero" durchaus der Möglichkeit Rechnung, dass es bei der Zeugung zu nicht ganz deutlich markierten Lebewesen des einen oder des anderen Geschlechts kommen könne. Die Zeugung eines „vir effeminatus" oder einer „mulier virilis" wird erwogen.[386] Die Abweichung von den sexuell deutlich ausgeprägten Artgenossen resultiert nicht aus der Dominanz der Erbanlagen des einen oder des anderen Elternteils, sondern aus der Position in der Gebärmutter. Samen, der auf der rechten Seite des Uterus zu liegen komme, werde von wärmerem Blut

---

384 Wilhelm, Philosophia, IV.13, Sp. 89.
385 „Cum mulier omnis naturaliter frigida sit, calidissima quippe frigidissimo viro frigidor est, cibum non potest bene digerere remanetque superfluitas quæ per singulos menses purgatur, menstruumque vocatur" (Wilhelm, Philosophia, IV.13, Sp. 89).
386 Wilhelm, Philosophia, IV.15, Sp. 90.

ernährt, denn es sei näher an der Leber, und bringe daher einen Menschen männlichen Geschlechts hervor. Auf der linken Seite dagegen entstehe eine Frau. Sei die Position auf der rechten oder auf der linken Seite, aber zur Mitte hin verschoben, so entstünden ein femininer Mann oder eine männliche Frau.[387] Auch wenn hier Männlichkeit und Weiblichkeit in unterschiedlich starker Ausprägung konzipiert werden, scheint in der Topographie der Gebärmutter die Trennlinie zwischen links und rechts immer klar gezogen und eine Position auf dieser Grenze selbst unmöglich zu sein. Die Vererbung der geschlechterspezifischen Merkmale ist – anders als bei Galen erörtert und verworfen – keine Frage der Dominanz eines Elternteils, sondern offenkundig ereignet sie sich kontingent durch die Position im Uterus.

Dass weiblicher Samen zur Zeugung notwendig sei, wird auch in Wilhelms *Dialogus de substantiis physicis*[388] oder *Dragmaticon* erwähnt. Für die Zeugung bedürfe es sowohl des Samens, als auch der Hitze, die den Samen in Bewegung setze, als auch des „spiritus", der den Penis erigieren lasse und den Samen ausstoße.[389] Dass von Samen die Rede ist, der aus dem Penis austritt, deutet darauf hin, dass Samen hier als allein männliche Flüssigkeit verstanden wird. Im Zusammenhang der Erörterung der Frage, warum Prostituierte beim Geschlechtsverkehr so selten Kinder zeugen, heißt es dann aber: „Conceptio ex uno semine fieri non potest. nisi conueniat uiri sperma et fœminæ, non concipit mulier".[390] Weil die Erhitzung des Körpers zur Ausschüttung des Samens notwendig sei, Prostituierte aber für Geld koitierten und daher kein Vergnügen daran hätten, würden sie auch keinen Samen ausschütten und somit nicht zeugen

---

387 „Si vero non bene in dexteram, sed aliquantulum versus sinistram, plus tamen versus dextram, vir effeminatus. Si in sinistra, ita quod aliquantulum versus dextram, mulier virilis" (Wilhem, Philosophia, IV.15, Sp. 90).

388 So der Titel der ersten gedruckten Ausgabe des Textes, aus der ich im Folgenden zitiere: Dialogus de substantiis physicis [= Dragmaticon], Strasbourg 1567; die Ausgabe wurde 1967 nachgedruckt. Die kritische Ausgabe des *Dragmaticon*, die Ronca auf der Basis zahlreicher Handschriften des 12. und 13. Jahrhunderts unternommen hat (Guillelmi de Conchis: Dragmaticon Philosophiae, hg. v. Italo Ronca, Turnhout 1997), weicht an den von mir im Folgenden herangezogenen Stellen nicht signifikant von der Ausgabe von 1567 ab; auf sie wird zusätzlich verwiesen.

389 „sunt ierò illi tria necessaria: semen quod emittatur, calor qui hominem accendit, et qui semen eliciat, (scimus enim quod frigus humorem congelat) et spiritus qui uirgam erigat, et semen expellat" (Wilhelm, Dragmaticon, S. 237; vgl. auch Ed. Ronca VI,8,1, S. 205 f.).

390 Wilhelm, Dragmaticon, S. 240 (vgl. Ed. Ronca, VI,8,6, S. 208).

können.[391] Auch an dieser Stelle knüpft Wilhelm die Frage nach Existenz und Notwendigkeit des weiblichen Samens zur Zeugung eng an die Frage nach der Lust beim Geschlechtsverkehr als Voraussetzung dafür, dass Samen ejakuliert werden kann.

Auch wenn Wilhelm von Conches in beiden hier zitierten Texten keine ausführliche Herleitung der stofflichen und funktionalen Eigenschaften des Samens der Frau bietet, so tritt er doch ausdrücklich gegen die Argumente der Gegner der Zwei-Samen-Lehre und für die Galen'sche Vorstellung ein. Mit den Ähnlichkeiten der Beschreibung dieser körperlichen Eigenschaft der Geschlechter geht auch bei ihm die Schilderung von Unterschieden sowie einer Hierarchie männlicher und weiblicher Körper einher. Anders als Constantinus Africanus, auf den Wilhelm sich bezieht, schildert er nicht organische Vorgänge, die innerhalb des Körpers stattfinden und die bei Constantin von Annahmen über die Natur des Menschen oder über soziale Vollzüge weitgehend unbeeinflusst bleiben. Stattdessen stellt Wilhelm mit dem Hinweis auf die Schwäche des Fleisches und mit dem Beispiel der Prostituierten genau diese Verbindung her. Die Texte Wilhelms von Conches verknüpfen die Beschreibung organischer Vorgänge bei Constantinus mit dem theologischen Diskurs.[392] Sie weisen damit eine gewisse Nähe zu *De natura hominis* des Nemesios von Emesa auf.

Bei einigen mittelalterlichen Texten, die die Lehre von den zwei Samen aufnehmen, wird also das Bemühen deutlich, diese mit Vorstellungen von der sozialen Interaktion der Geschlechter zu verbinden. Auch wenn Grenzen von Diskursen oder von Modi der Rede gerade für den Bereich von Naturphilosophie und Medizin im Mittelalter schwer zu ziehen sind, so zeigt sich hier doch ein inhaltliches Merkmal, anhand dessen auf unterschiedliche Gattungen und Funktionen von Texten geschlossen werden kann. Ein Text wie Constantinus' *Pantegni*, der in erster Linie an einer Beschreibung der Vorgänge von Zeugung und Vererbung interessiert ist, verzichtet weitgehend auf Aussagen über soziale Rollen der Geschlechter. Das verbindet ihn mit Galens *De semine* und lässt den Unterschied zwischen antiken und mittelalterlichen medizinischen Texten geringer er-

---

391 Vgl. Wilhelm, Dragmaticon, S. 240 (vgl. Ed. Ronca, VI,8,6, S. 208).

392 Ronca weist darauf hin, dass die Einschätzung der menschlichen Sexualität bei Constantinus grundsätzlich positiver ausfällt als bei Wilhelm. Während Constantin in den *Pantegni* ausführlich auf die heilsamen Effekte der Sexualität eingehe, stelle Wilhelm dagegen im *Dragmaticon* ihre Gefahren heraus. Vgl. Ronca, Influence, S. 279 f.

scheinen als es anhand von Galens differenzierten Ausführungen und seiner Betonung der eigenen Anschauung der Natur anstelle der Berufung auf autoritative Texte zunächst erscheinen mag. Texte dagegen, die nicht nur an medizinischen Phänomenen interessiert sind, sondern einen Überblick geben über unterschiedliche Wissensbereiche ihrer Zeit, wie Nemesios' *De natura hominis* und Wilhelms *Philosophia mundi* und *Dragmaticon*, verknüpfen medizinisches Wissen mit anderen Formen des Wissens über den Menschen und kommen so zu normativen Aussagen über die soziale Hierarchie der Geschlechter.

Korrespondenzen. Brünhilds Stärke im *Nibelungenlied* und weiblicher Samen in medizinischen Texten des 11. und 12. Jahrhunderts

Die Untersuchung hat dem Geschehen um die Brautwerbung um Brünhild, insbesondere den Kampfspielen in Isenstein, Positionen des zeitgenössischen medizinischen Diskurses gegenübergestellt, welche die Auffassung vertreten, männliche und weibliche Figuren produzieren gleichermaßen eine Samenflüssigkeit, die für die Zeugung des Embryos notwendig ist. Diese Juxtapposition in analytischer Absicht verfolgt ein zweifaches Ziel. Zum einen ist es auf diese Weise möglich, die anhand der Brünhild-Episode herausgearbeitete Ordnung der Geschlechter, insbesondere das körperliche Verhältnis der Ähnlichkeit, synchron im kulturellen Zusammenhang noch an anderer Stelle auszumachen. Die Isensteiner Ähnlichkeit der Körper ist damit nicht als singuläre Konstruktion eines literarischen Textes aufzufassen, sondern als Teil eines kulturellen Kontextes zu bestimmen. Zum anderen kann durch die Gegenüberstellung mit Argumentationen zeitgenössischer sachbezogener Texte ein bestimmter Aspekt der Ordnung der Geschlechter in der nibelungischen Welt fokussiert werden. Auch dabei ist von Bedeutung, dass die Korrespondenz mit einer spezifisch historischen Ordnung von Aussagen über das Verhältnis der Körper herausgearbeitet worden ist – und nicht etwa mit einer vermeintlich zeitlosen, in der gegenwärtigen Theorie etablierten Konstellation. Es handelt sich bei diesem Ordnungsmuster um eine diskursive Regelmäßigkeit, die neben anderen Relationen der Geschlechter zuallererst ein Ähnlichkeitsverhältnis in Bezug auf körperliche Eigenschaften beschreibt. Im *Nibelungenlied* findet sich dieses Ähnlichkeitsverhältnis in den Kampfhandlungen anhand von Körperkräften dargestellt. In den medizinischen Texten werden Ähnlichkeiten der Körper vor allem in den Beschreibungen von Vererbungsvorgängen deutlich. Die Konfrontation der Brünhild-Handlung im *Nibelungenlied* mit Positionen des medizinischen Diskurses zu Existenz und Funktion weiblichen Samens zeigt aber nicht nur, dass das körperliche Ähnlichkeitsverhältnis der Geschlechter, das die Analyse für die Kampfspiele in Isenstein herausgearbeitet hat, im zeitgenössischen kulturellen Kontext auch an anderer Stelle begegnet. Darüber hinaus wird sichtbar, dass die Art und Weise, wie die Relation der Ähnlichkeit der Geschlechter im *Nibelungenlied* und im medizinischen Diskurs dargestellt wird, neben den Korrespondenzen auch Unterschiede aufweist. Die Konfrontation beider Darstellungen körperlicher Ähnlichkeiten der Geschlechter und ihrer Verknüpfungen mit geschlechterspezifischen Differenzierungen erlaubt es daher, die spezifisch nibelungische Poetik dieser Ähnlichkeiten und Differenzen der Geschlechter genauer zu fassen.

Beide Darstellungen des körperlichen Verhältnisses der Geschlechter verbindet ein Nebeneinander übereinstimmender Denkfiguren sowie die chronologische Folge, in der diese Figuren erscheinen. Sowohl die Thematisierung von Brünhilds Stärke im *Nibelungenlied* als auch die Zwei-Samen-Lehre in antiken und mittelalterlichen medizinischen und naturphilosophischen Texten zeigen eine Bewegung der Argumentation von der These der Ähnlichkeit männlicher und weiblicher Körper zur Bestimmung eines hierarchischen Verhältnisses der Geschlechter in Bezug auf körperliche Eigenschaften sowie zur Darstellung männlicher Dominanz.

In den medizinischen Texten wird eine grundsätzliche Ähnlichkeit der Geschlechter in Bezug auf die stoffliche und funktionale Übereinstimmung der Samen männlicher und weiblicher Lebewesen behauptet. Sie wird darauf um eine quantitative Differenzierung der Samen der Geschlechter – hinsichtlich des Maßes an Hitze und des Grades an Perfektion – ergänzt.[393] Mit diesem zweiten Schritt wird die zuvor etablierte generelle

---

[393] Den Begriff der Quantität verstehe ich hier im grundlegenden Sinne der Bestimmung des unterschiedlichen Maßes einer spezifischen Eigenschaft, die beiden Geschlechtern zukommt. Während Quantität seit Aristoteles als Rückführung auf und Zerlegung in Einzelteile bestimmt wird, gehen Konzeptionen von Quantität in der mittelalterlichen Philosophie (etwa bei Albertus Magnus oder Petrus Abaelardus), anhand kontinuierlicher Größen – im Unterschied zu diskreten – auch auf diejenigen Sonderfälle ein, für die keine weitere Zerlegung und Einteilung möglich ist (vgl. Urban, Art. Quantität, Sp. 1799). In diesem Zusammenhang mag auch die Bestimmung unterschiedlicher Hitze- oder Perfektionsgrade des Samens als Quantifizierung verstanden werden. Einzig in der Analyse der *Pantegni* des Constantinus Africanus sind Formulierungen aufgewiesen worden, die Hitze und

Übereinstimmung der Samen nicht negiert. Vielmehr bildet sie die Grundlage einer graduellen Differenzierung hinsichtlich der Menge und Hitze des übereinstimmenden Samen-Stoffes bei männlichen und bei weiblichen Lebewesen.

Im *Nibelungenlied* zeigt sich ebenso deutlich ein chronologisch geordneter Prozess. Allerdings läuft er hier auf einen etwas anderen Ausgang zu. Die erste Überwindung Brünhilds beim Brautwerbungswettkampf korrespondiert mit der für die medizinischen Texte festgestellten Argumentationsstruktur: Im Zuge von Vorbereitung und Durchführung der Kampfspiele in Isenstein wird den Körpern weiblicher ebenso wie denen männlicher Figuren übereinstimmend das Merkmal physischer Stärke zugeschrieben. Der Ausgang der Kampfspiele ergänzt die Zuschreibung der Stärke um eine quantitative Differenzierung: Durch Siegfrieds Unterstützung für Gunther erweisen sich die Burgunden letztlich doch als stärker als Brünhild. Mit seinem Ausgang bringt der Wettkampf ein Ergebnis, das deutlich der Ordnung der medizinischen Texte entspricht: Eine (exzeptionell starke) männliche Figur kann im *Nibelungenlied* letztlich doch mehr Stärke mobilisieren als eine (mit außergewöhnlicher Kraft ausgestattete) weibliche. Ausgehend von einer übereinstimmenden Eigenschaft wird eine graduelle und hierarchische Differenzierung der Geschlechter in Bezug auf die Eigenschaft der Stärke vorgenommen.

Die Verknüpfung von Ähnlichkeit und Differenzierung weicht im *Nibelungenlied* insofern von den medizinischen und naturphilosophischen Schriften ab, als schon mit der Zuschreibung der Eigenschaft der Stärke beim Waffentransport eine quantitative Unterscheidung einsetzt. Die Stärke Brünhilds wird mit den Angaben über die für den Transport notwendigen Gefolgsleute messbar gemacht, und auch die Wettkampfdisziplinen Steinwurf und Weitsprung ermöglichen es, Brünhilds Kraft zu quantifizieren. Der Vergleich der Körper führt mit der übereinstimmenden Eigenschaft zugleich eine Unterscheidung in Bezug auf die Menge dieser Eigenschaft ein. Übereinstimmung und Differenzierung werden also nicht nur als eine Folge von Aussagen präsentiert, sondern sie werden zudem in der Schilderung der Kampfspiele miteinander verschränkt. Eine weitere Dimension des nibelungischen Körperverhältnisses wird auf diese Weise

---

Perfektion des Samens nicht als Menge unterschiedlichen Ausmaßes erfassen, sondern die sie zu gegensätzlichen Eigenschaften zuspitzen (dickflüssiger und heißer männlicher vs. kalter und dünnflüssiger weiblicher Samen). Constantins Text geht damit stellenweise von einer quantitativen zu einer qualitativen Differenzierung über.

fassbar gemacht: Anhand des Vergleichs und der dabei vorgenommenen Quantifizierung wird nicht nur dargestellt, dass die männlichen Figuren in der Lage sind, mehr Stärke zu mobilisieren als die weibliche Figur, sondern Vergleich und Quantifizierung werden zudem eingesetzt, um die Exzeptionalität der Protagonistin hinsichtlich dieser Eigenschaft herauszustellen. Denn Brünhilds Stärke geht über die der nicht-exzeptionellen männlichen Figuren weit hinaus.

Ein deutlicher Unterschied zu den medizinischen Fachtexten zeigt sich mit der zweiten Überwindung Brünhilds im Wormser Brautgemach. Die Erzählung von Brünhild im *Nibelungenlied* erweist sich schließlich als Geschichte vom Ende einer körperlichen Ähnlichkeit der Geschlechter, die der Text zuvor selbst eingeführt hat. Erzählt wird dieses Ende mit Hilfe des narrativen Verfahrens der Wiederholung. Das Erzählelement des Kampfes zwischen Brünhild und Gunther und/oder Siegfried wird zunächst eingesetzt, um die letztliche Überlegenheit der männlichen Figuren zu zeigen; es wird ein weiteres Mal verwendet, um darzustellen, dass der weiblichen Figur diejenige Eigenschaft genommen wird, anhand der die Körper zuvor verglichen worden sind.

Eine weitere Parallele, die sich zwischen Brünhild-Episode und medizinischem Diskurs ausmachen lässt, betrifft die Verknüpfung von physischen Ähnlichkeiten der Geschlechter mit ihrer sozialen Interaktion und ihrer Hierarchie. Dass die körperliche Ähnlichkeit der Geschlechter Konsequenzen haben kann für ihr Machtverhältnis, zeigt sich deutlich anhand der ausführlichen Erörterung der Dominanz des männlichen oder des weiblichen Samens bei der Vererbung in Galens *De semine*. Der Text zeigt das Bemühen, dem denkbaren Dominanzverlust männlicher Körper zu begegnen. Von den untersuchten mittelalterlichen Texten zur Bedeutung des Samens beider Geschlechter für die Vererbung wird diese Argumentationsfolge deutlich verkürzt in Constantinus' *Pantegni* aufgegriffen. Nemesios' *De natura hominis* erwähnt den Einfluss des männlichen oder weiblichen Samens auf die Vererbung nur sehr knapp; die Hierarchie der Geschlechter wird bei ihm nicht unmittelbar an die Zwei-Samen-Lehre geknüpft, sondern anhand der Bereitschaft von Frauen zu sexuellen Handlungen und damit anhand einer Form der sozialen Interaktion der Geschlechter thematisiert.

Entsprechend behandelt die Brautwerbungsepisode in Isenstein zunächst die Ähnlichkeit männlicher und weiblicher Körper, um dann in Worms die möglichen Konsequenzen dieser Ordnung der Körper für die soziale Hierarchie der Geschlechter mit in den Blick zu nehmen und schließlich die Dominanz männlicher Figuren sicherzustellen. Indem

Siegfried beim Kampf in Worms darauf hinweist, dass seine Niederlage gegen Brünhild ein Beispiel geben könnte für widerständiges Verhalten anderer Ehefrauen (673), thematisiert der Text ausdrücklich die sozialen Konsequenzen, welche die Ähnlichkeit männlicher und weiblicher Körper hinsichtlich Stärke haben könnte. Das *Nibelungenlied* stellt sicher, dass es zu diesen Konsequenzen nicht kommen kann, indem dem weiblichen Körper die Stärke als Ursache einer möglichen Störung der sozialen Hierarchie der Geschlechter entzogen wird.

Der Thematisierung von sozialen Folgen der Stärke einer weiblichen Figur in Worms geht voraus, dass das körperliche Verhältnis der Geschlechter zunächst weitgehend losgelöst von möglichen sozialen Konsequenzen behandelt wird. In der Brautwerbungsepisode spielt Brünhilds zukünftiges Verhalten in der Ehe noch keine Rolle. Außerdem schafft der Wettkampf eine Situation, für die vorab eigene Regeln festgelegt worden sind und die damit wie ein Turnier der in der nibelungischen Welt üblichen sozialen Interaktion der Figuren enthoben ist. Unter den besonderen Bedingungen des Brautwerbungswettkampfes kann das Verhältnis der Geschlechter anhand des zentralen Differenzkriteriums der Körperkraft untersucht werden.

In den vorgestellten mittelalterlichen medizinischen Texten wird nur in Constantinus' *Pantegni* keine explizite Verbindung zur sozialen Relation der Geschlechter hergestellt, und – Galen entsprechend – wird hier auch die Dominanz des männlichen Samens bei den unterschiedlichen Aspekten der Vererbung (des Geschlechts, der individuellen Eigenschaften) nicht eindeutig herausgestellt. Mit dieser allein auf die Körper, auf ihre Eigenschaften und Funktionen, bezogenen Darstellungsweise korrespondiert – wenn man von den Kommentaren männlicher Figuren in der Isenstein-Episode absieht – die Darstellung des körperlichen Verhältnisses der Geschlechter in Aventiure sieben. Denn auch hier wird die Frage nach der Relation der Körper (noch) nicht in einer Weise mit sozialen Machtverhältnissen verbunden, die sich problemlos in den Bereich lebensweltlicher Erfahrungen übertragen ließe.[394] Deutlich auf das Verhältnis der Eheleute bezogen wird die Auseinandersetzung der Männer mit Brünhild dann erst in den nächtlichen Kämpfen im Wormser Schlafgemach.

---

394 Als Darstellung einer Auseinandersetzung um Machtverhältnisse der Geschlechter ist der Kampf in Isenstein jedoch auf einer metaphorischen Ebene durchaus lesbar. Dass die Auseinandersetzung Brünhilds mit den Burgunden auf die Machtverhältnisse der Geschlechter hin analysiert werden können, hat Monika Schausten gezeigt (vgl. Schausten, Körper, S. 39 f., S. 44 ff.).

Die Konfrontation der Schilderung der kämpferischen Auseinandersetzungen zwischen Brünhild und Gunther sowie Siegfried mit Ausführungen der zeitgenössischen medizinischen und naturphilosophischen Texte zu Vererbungsvorgängen, insbesondere zum weiblichen Samen, ermöglicht es, die nibelungische Poetik der körperlichen Relationen der Geschlechter genau zu erfassen. In welcher Weise das *Nibelungenlied* mit der Frage nach körperlichen Ähnlichkeiten und Differenzen der Geschlechter experimentiert, wird dabei ebenso deutlich, wie die spezifischen Grenzen dieser literarischen Versuchsanordnung sichtbar werden.

III. Kriemhilds Rache. Nibelungische Rechtspraktiken und zeitgenössische normative Rechtstexte

Fehderecht und Gewaltreglementierung

Nicht nur im Zuge der Brautwerbung um Brünhild schildert das *Nibelungenlied* mit dem Wettkampf in Isenstein und mit den Brautnächten in Worms Situationen, in denen eine weibliche Figur Gewalthandlungen vollzieht. In einer der letzten Strophen stellt der Text dar, wie Kriemhild an Hagen Rache nimmt:

> Si zôh iz [= Siegfrieds Schwert] von der scheiden, daz kund er niht erwern.
> dô dâhte si den recken des lîbes wol behern.
> si huob ez mit ir handen, daz houpt si im ab sluoc.
> daz sach der künec Etzel: dô was im leide genuoc. (2373)

Dass Kriemhild sich schließlich eigenhändig rächt, indem sie Hagen den Kopf abschlägt, wird bildlich vor Augen geführt. Indem die Szene Gewalthandlungen einer weiblichen Figur schildert, ruft sie den Wettkampf in Isenstein und die Handlungen auf, die Brünhild dort ausführt. Über die Parallele hinaus, dass in beiden Szenen eine weibliche Figur mit physischer Gewalt einem männlichen Kontrahenten gegenübertritt, unterscheiden sich beide Darstellungen der Gewalt weiblicher Figuren jedoch in mehrfacher Hinsicht.

Im Unterschied zu den Kampfspielen in Isenstein und den darauf folgenden Brautnächten in Worms wird sogleich deutlich, dass die eigenhändig vollzogene Gewalttat einer weiblichen Figur im Falle Kriemhilds umgehend geahndet wird: Hildebrant schlägt sie in Stücke (2375,1–2377,2). Die zeitliche Differenz zwischen den Gewalthandlungen Brünhilds und der Überwindung in der zweiten Brautnacht, in deren Folge die weibliche Figur ihre außergewöhnliche Kraft verliert, fehlt hier. Damit wird zum einen die physische Stärke der Figur nicht annähernd in so ausführlicher Weise dargestellt, wie es bei Brünhild in Isenstein und in Worms der Fall ist. Zum anderen markiert die sofortige Bestrafung Kriemhilds durch eine männliche Figur, dass es hier in erster Linie um die normtransgressive Dimension ihrer Handlungen geht: Durch die unmittelbar anschließende Tötung wird Kriemhilds Tat als Verletzung der Grenzen von Verhaltensweisen bestimmt, die für eine weibliche Figur als

legitim angesehen werden.[395] Anders als bei der Darstellung der Gewalthandlungen Brünhilds scheint die Frage der Ähnlichkeiten und Differenzen männlicher und weiblicher Körper, die mit einer Suspendierung
von Verhaltensnormen einhergeht, für die Schilderung von Kriemhilds
Rache nicht von Bedeutung zu sein.

Auch die Zusammenhänge, in denen der Wettkampf in Isenstein und
Kriemhilds Rache in Etzelburg stehen, weisen deutliche Unterschiede auf.
Während es dort um eine Brautwerbung geht, deren Gefahren für den
Brautwerber sich in einem lebensbedrohenden Wettkampf mit der umworbenen Frau zeigen, steht hier der Abschluss fortgesetzter Bemühungen,
Rache zu nehmen, im Vordergrund. Kriemhilds Gewalthandlung ist Reaktion auf zuvor erlittenes Unrecht. Bei ihrer Rache für vergossenes Blut
oder – da ein Personenkreis adligen Standes einbezogen ist – bei der Fehde,
die sie betreibt, handelt es sich um eine Form der Durchsetzung eines
Rechtsanspruchs. Dieser Kontext wird in der Schilderung des Rachevollzugs selbst aufgezeigt: Kriemhild köpft Hagen mit dem Schwert Siegfrieds,
also mit der Waffe desjenigen Mannes, der ihrem Gegner zuvor zum Opfer
gefallen ist; beobachtet wird die Szene vom Hunnenherrscher Etzel,
Kriemhilds zweitem Ehemann. Die Strophe, die die Gewalthandlung
Kriemhilds darstellt, zeigt, dass sie in die nibelungische Welt eingebunden
und auf die ausführlich entwickelte Vorgeschichte bezogen ist. Es geht
nicht darum, die Kraft des Gegners zu erproben und für diesen Kampf
eigens vorab bestimmte Regeln festzulegen. Die Gewalthandlung
Kriemhilds schließt das ausgedehnt geschilderte Bemühen der Protagonistin ab, am Mörder ihres Ehemannes Rache zu nehmen. Damit ist
Kriemhilds Gewalttat im Unterschied zum Brautwerbungswettkampf gerade nicht spezifischen Verhaltensvorgaben unterworfen, die die Gewalt
wie die Handlungen bei einem Turnier erscheinen lassen und sie von den
übrigen kriegerischen Interaktionen der Figuren in der nibelungischen
Welt abheben. Stattdessen setzt sie das vorausgehende Geschehen konsequent fort. Es zeichnet sich gerade dadurch aus, dass Bemühungen um die
Begrenzung und Überwindung der Gewalteskalation zwar unternommen
werden, aber schließlich doch scheitern.

Die Rache-Szene zeigt das Ungleichgewicht der Kräfte zwischen einem
Gefangenen und derjenigen, die über ihn verfügen kann. Außerdem wird
der Bruch der zuvor fixierten Regeln über den Umgang mit dem Gefangenen deutlich. Hagen ist Kriemhilds Handeln ausgeliefert. Er tritt ihr
nicht zu einem Wettkampf entgegen, in dem für beide Kontrahenten die

---

395 Vgl. etwa Frank, Weiblichkeit, S. 218.

gleichen Voraussetzungen gelten. Gefesselt kann er sich nicht zur Wehr setzen (2373,1). Dieser Hinweis auf die ungleichen Bedingungen, unter denen sich die Kämpfenden begegnen, macht deutlich, dass es nicht um einen Zweikampf geht, bei dem die Gegner ihre Kräfte messen. Kurz zuvor hat Dietrich Hagen gebunden an Kriemhild übergeben (2353) und sie ermahnt, die Lage des Tronjers, ihr Gefangener zu sein, nicht für den Vollzug der Rache auszunutzen (2355). Als Dietrich darauf Kriemhild auch Gunther ausliefert, erhält er von ihr die Zusage, den Burgunden nichts zuleide zu tun (2364,4–2365,1). Hier kommt es also zu einem Abkommen über den Umgang mit dem Gefangenen, über das Kriemhild sich wenig später hinwegsetzt. Die letzte Handlung im Verlauf von Kriemhilds Rache, die der zweite Teil des *Nibelungenlieds* ausführlich schildert, findet statt als Verletzung einer Vereinbarung, die die Gewalt begrenzen soll.

Der Vollzug physischer Gewalt zeigt sich am Schluss des *Nibelungenlieds* als Verstoß gegen vorausgehende Absprachen, die zum Ziel haben, den friedlichen Umgang mit den Gefangenen sicherzustellen. Formalisierungen des Verhaltens und Verfahrensweisen, die der Begrenzung von Gewalt dienen, werden im Verlauf der Darstellung von Kriemhilds Rache immer wieder thematisiert. Wie hier können sie sich in Bemühungen der Figuren um einen friedlichen Ausgleich zeigen, als Reglementierungen der Gewalt also, die vorab in Gesprächen der Parteien ausgehandelt werden. Sie können aber auch im Einhalten bestimmter Interaktions- und Verfahrensregeln hervortreten – wie dem Offenlegen einer Tat oder der öffentlichen Feststellung des oder der Täter –, deren ordnendes Potential von den Figuren nicht eigens verbalisiert, sondern stillschweigend vorausgesetzt wird.

Diese Ordnungen der Gewalt der nibelungischen Welt korrespondieren mit juristischen Reglementierungen, die in zeitgenössischen normativen Rechtstexten festgeschrieben sind. Auch in Rechtstexten aus der Zeit der Verschriftlichung des *Nibelungenlieds* geht es um Einschränkungen und Regulierungen von Gewalthandlungen. Auch hier werden Gewalthandlungen bestimmten Vorgaben für das Verhalten unterworfen. Insbesondere in den Landfrieden des späten 11. bis frühen 13. Jahrhunderts findet sich das Bemühen, die Fehdeführung nicht durchweg zu verbieten und in einen Bereich jenseits der rechtlich akzeptierten Verfahren zu verbannen, sondern ihr Regeln aufzuerlegen, die sie zu einer geordneten und damit zugleich legitimen Form der Herstellung von Recht machen. Vor dem Hintergrund dieser normativen Vorgaben, die das Ziel verfolgen, Gewalthandlungen zu strukturieren und zu begrenzen, wird die Darstellung von Kriemhilds Rache im zweiten Teil des *Nibelungenlieds* in den folgenden Abschnitten untersucht. Erneut zeigt sich, dass das *Nibelungenlied* mit zeitgenössischen nicht-literarischen Texten in Verbindung zu bringen, die spezifische Poetik der Darstellung des literarischen Textes erhellt.

Der zweite Hauptteil dieses Buches stellt zunächst Übereinstimmungen zwischen dem Status und der Ordnung, die Fehden in den rechtlichen Regelungen der Landfrieden erhalten, mit Verfahren der Formalisierung und Begrenzung von Gewalthandlungen heraus, die in der nibelungischen Welt angewendet werden (die Abschnitte „Fehde im Recht" und „Formalisierung und Einschränkung der Fehdeführung im *Nibelungenlied*"). Normative Rechtstexte bilden in diesem Teil der Untersuchung die Kontrastfolie für die wissenspoetologische Analyse des *Nibelungenlieds*. Die Rekonstruktion des Umgangs der Landfrieden mit der Fehde macht deutlich, dass diese Art der Selbsthilfe durchaus als Element des Rechts erscheint und dass sie zudem, um zu einem rechtmäßigen Vorgehen zu werden, mit Hilfe von Anforderungen, die an das Verhalten der Akteure gestellt werden, formalisiert wird. Indem meine Rekonstruktion die Reglementierung der Gewalt in den Fehderegelungen betont, nimmt sie Forschungstendenzen der Geschichtswissenschaft auf, die in den vergangenen Jahren verstärkt Formen der Konfliktbewältigung in der mittelalterlichen Gesellschaft untersucht hat. Ziel dieser Forschung war es, das Bild von den mittelalterlichen sozialen Verhältnissen als eines ubiquitären und fortgesetzten Kriegszustands zu korrigieren.[396] Dazu wurden Verfahren der

---

396 Vgl. Althoff, Gerd: Einleitung, in: Ders.: Spielregeln der Politik im Mittelalter. Kommunikation in Friede und Fehde, Darmstadt 1997, S. 1–17, hier S. 2 f. Nach Einschätzung Althoffs ist die übermäßige Betonung zweier unbestreitbarer Charakteristika der mittelalterlichen Gesellschaft der Grund für dieses Mittelalterbild gewesen: die niedrige Schwelle für die Anwendung von Waffengewalt und das Fehlen eines staatlichen Gewaltmonopols. Die zweite Begründung zeigt an, dass Althoff insbesondere eine Fixierung auf die moderne Konzeption des Staates für das kritisierte Bild vom Mittelalter verantwortlich macht. Ihm geht es darum, die Möglichkeiten zu friedlicher Konfliktbeilegung in einer Gesellschaft zu zeigen, in der staatliche Instanzen nicht in der Lage sind, einen allgemeinen Friedenszustand herzustellen. Seine Studien führen daher unter anderem den Nachweis, dass soziale Vollzüge geordnet ablaufen, auch *ohne* die Fähigkeit einer staatlichen Instanz, schriftlich fixiertes Recht durchzusetzen (zur Verortung von Althoffs Arbeiten in der mediävistischen Konfliktforschung seit den 1970er Jahren vgl. Patzold, Steffen: Konflikte als Thema in der modernen Mediävistik, in: Goetz, Hans-Werner: Moderne Mediävistik. Stand und Perspektiven der Mittelalterforschung, Darmstadt 1999, S. 198–205, insbes. S. 202 f.). Normative rechtliche Regelun-

Konfliktbeilegung beschrieben, die nicht in normativen Texten schriftlich fixiert sind, und die sich gleichwohl für die gesellschaftliche Interaktion als bedeutende Faktoren der Stabilität und der Ordnung erwiesen haben. Meine Analysen schließen an diese Forschungen an, indem sie zeigen, dass auch in den Landfrieden selbst und in anderen normativen Rechtstexten – sowie in einem literarischen Text – Regelungen getroffen werden, die der Ordnung von Gewalthandlungen und der Herstellung von Friedenszuständen dienen. Sie zeigen, dass Möglichkeiten, Konflikte zu begrenzen, nicht nur in den ungeschriebenen Gesetzen symbolischer Politik nachgewiesen werden können, sondern dass sie auch in den überlieferten normativen Rechtstexten selbst sichtbar werden. Auch wenn die gesellschaftliche Implementierung dieser Texte fraglich ist, ordnen ihre Paragraphen und Artikel Gewalt in einer Weise, die mit anderen zeitgenössischen Formen der Strukturierung von Gewalthandlungen übereinstimmt.

Wo es für die Analyse des nibelungischen rechtlichen Reglements produktiv erscheint, gehen meine Ausführungen über das wissenspoetologische Verfahren der Verknüpfung des *Nibelungenlieds* mit normativen Rechtstexten hinaus und verweisen zusätzlich auf Ergebnisse der jüngeren geschichtswissenschaftlichen Forschung zu ritualisierten Formen der Konfliktbewältigung und der symbolischen Kommunikation, die sich vor allem auf zeitgenössische historiographische Quellen stützen.[397] Das geschieht insbesondere im zweiten Kapitel dieses zweiten Hauptteils, welches unter dem Titel „Rechtsprobleme der Rache" diverse rechtliche Fragen untersucht, die im Zusammenhang der Darstellung von Kriemhilds Rache thematisiert werden. Die Einzelanalysen, die dort vorgenommen werden, bauen auf dem Nachweis von Übereinstimmungen zwischen normativen Rechtstexten und dem Bemühen um Reglementierung und Begrenzung der Gewalt im *Nibelungenlied* auf.

---

gen sowie ihre Übereinstimmungen mit denjenigen Formen der Konfliktführung, die nicht-normative Texte beschreiben, entgehen diesem Forschungsansatz.

397 Insbesondere werden zahlreiche Forschungsarbeiten Gerd Althoffs herangezogen sowie Hermann Kamps Studie zu Vermittlern und Amalie Fößels Untersuchung des Agierens und der Politik von Herrscherinnen.

Fehde im Recht. Zur Reglementierungen der Gewalt in den Landfrieden des 12. und 13. Jahrhunderts

Rache und Fehde werden als Verfahren der Selbsthilfe charakterisiert und rechtshistorisch als vormoderne Formen des Strafrechts aufgefasst. Während der moderne Staat die Rechtsverfolgung auf eigene Faust verbietet und durch die Strafe als eine Art von rechtlich geregeltem Vergeltungsakt zu ersetzen sucht, verfügt, laut verbreiteter Einschätzung, der vormoderne Staat noch nicht über die notwendigen Machtmittel sowie über einen ausgebildeten Verwaltungsapparat, um die durch ein Verbrechen verletzte innerstaatliche Ordnung wiederherzustellen.[398] Er ist daher gezwungen, die Selbsthilfe anzuerkennen oder zumindest zu tolerieren, um den allgemeinen Rechtszustand zu restituieren und der verletzten Partei Genugtuung widerfahren zu lassen. Die hier gewählten Formulierungen implizieren bereits den ‚Staat' als Akteur der Rechtsprechung und die Existenz der Vorstellung von einer allgemein gültigen Rechtsordnung, Konzepte, die im Mittelalter kaum ausgebildet sind und daher nur unzureichend mit modernen Begriffen erfasst werden können. Diese historische Differenz zu berücksichtigen birgt im Falle der Fehde die Gefahr, diese ausschließlich als Ausdruck dysfunktionaler, chaotischer oder gar unzivilisierter gesellschaftlicher Verhältnisse aufzufassen, für die der Krieg aller gegen alle an der Tagesordnung ist.[399] Eine solche Einschätzung verkennt zum einen, dass die Fehde, mit den Worten Alexander Patschovskys, als „konstitutives Strukturelement mittelalterlicher Verfassungswirklichkeit" anzusehen ist.[400] Auf diese Ordnung der Gewalt bzw. in der Gewalt aufmerksam gemacht zu haben, ist die Leistung der Studie *Land und Herrschaft* von Otto Brunner.[401] Zum anderen wird die Vorstellung von der ungeordneten

---

398 Diese Auffassung vertritt z. B. Kaufmann, Ekkehard: Art. Fehde, in: Erler, Adalbert und Ekkehard Kaufmann (Hg.): Handwörterbuch zur deutschen Rechtsgeschichte. Bd. 1, Berlin 1971, Sp. 1083–1093, hier Sp. 1083 f.

399 Vgl. z. B. Schulze, Hans K.: Grundstrukturen der Verfassung im Mittelalter. Bd. 2, Stuttgart 1992, S. 103.

400 Vgl. Patschovsky, Alexander: Fehde im Recht. Eine Problemskizze, in: Roll, Christine (Hg.): Reich und Recht im Zeitalter der Reformation. Festschrift für Horst Rabe, Berlin u. a. 1996, S. 145–178, hier S. 146.

401 Brunner bezeichnet Fehde und Rache als „zentrales Bauprinzip alles älteren politischen Lebens" (Brunner, Otto: Land und Herrschaft. Grundfragen der territorialen Verfassungsgeschichte Österreichs im Mittelalter, Darmstadt 1970, S. 27). Zu den Arbeiten Brunners vgl. Oexle, Otto Gerhard: Sozialgeschichte – Begriffsgeschichte – Wissenschaftsgeschichte. Anmerkungen zum Werk Otto Brunners, in: Vierteljahrschrift für Sozial- und Wirtschaftsgeschichte 71 (1984),

alltäglichen Kriegssituation im Mittelalter der Tatsache nicht gerecht, dass die Schilderung der Fehde in mittelalterlichen Gesetzestexten immer schon mit ihrer Reglementierung und Einschränkung einhergeht. Der schrankenlose Kriegszustand ist in den Quellen nicht fassbar – und das gilt bereits für frühmittelalterliche Rechtstexte.[402] Schließlich ist neben der Berücksichtigung der Alterität mittelalterlicher Fehdepraktiken zu beachten, dass sich das moderne friedenswahrende Gewaltmonopol aus den Reglementierungen der Fehde und damit letztlich aus dem Fehdewesen selbst entwickelt hat, ja durch dieses erst erreicht worden ist.[403] Für die mittelalterliche Fehde im Besonderen gilt damit, was für das moderne Mittelalterbild im Allgemeinen zutrifft: Die mittelalterlichen Verhältnisse

---

H. 3, S. 305–341; Algazi, Gadi: Otto Brunner – „Konkrete Ordnung" und Sprache der Zeit, in: Schöttler, Peter (Hg.): Geschichtsschreibung als Legitimationswissenschaft, Frankfurt am Main 1997, S. 166–203; sowie Welskopp, Thomas: Grenzüberschreitungen. Deutsche Sozialgeschichte zwischen den dreißiger und den siebziger Jahren des 20. Jahrhunderts, in: Conrad, Christoph und Sebastian Conrad (Hg.): Die Nation schreiben. Geschichtswissenschaft im internationalen Vergleich, Göttingen 2002, S. 296–332. Auch in jüngeren Darstellungen zu Gewalt im Mittelalter wird diese als zugleich strukturiertes und strukturbildendes Prinzip beschrieben (vgl. etwa Janssen, Wilhelm: Art. Krieg, in: Brunner, Otto, Werner Conze und Reinhart Koselleck (Hg.): Geschichtliche Grundbegriffe. Historisches Lexikon zur politisch-sozialen Sprache in Deutschland. Bd. 3, Stuttgart 1982, S. 567–615, hier S. 568 ff.; sowie Friedrich, Zähmung, S. 149 ff., S. 155 ff.).

402 So formuliert Böttcher im RGA: „Als Gesamtergebnis läßt sich feststellen, daß die Blutrache auch in den ältesten germanischen Rechtsaufzeichnungen und sonstigen Quellen des Kontinents und des Nordens begegnet, jedoch nicht in dem Umfang und der Bedeutung, wie bisher meist angenommen wurde. Von einem primären Recht zur Rache kann im Grundsatz nicht ausgegangen werden, auf keinen Fall entspricht einer sich etwa vereinzelt ergebenden rechtlichen Befugnis auch eine Pflicht zur Rache. Die Rache hat Genugtuungsfunktion und ist ein Äquivalent zum Bußanspruch" (Beck, Heinrich und Hartmut Böttcher: Art. Blutrache, in: Beck, Heinrich, Herbert Jankuhn, Kurt Ranke und Reinhard Wenskus (Hg.): Reallexikon der Germanischen Altertumskunde. Bd. 3, 2., völlig neu bearbeitete und stark erweiterte Auflage, Berlin und New York 1978, S. 81–101, hier S. 99 f.; vgl. zudem Mitteis, Heinrich: Deutsche Rechtsgeschichte. Ein Studienbuch, neubearbeitet v. Heinz Lieberich, 18., erweiterete und ergänzte Auflage, München 1988, S. 97 ff.).

403 Vgl. Gernhuber, Joachim: Die Landfriedensbewegung in Deutschland bis zum Mainzer Reichslandfrieden von 1235, Bonn 1952, S. 166; sowie Patschovsky, Fehde im Recht, S. 146.

stehen für das Andere der gegenwärtigen Situation und sind mit dieser doch als ihre Vorläufer verbunden.[404]

Unterschieden werden Rache und Fehde zumeist anhand des Vergehens, das die Gewalt auslöst, sowie anhand der Standeszugehörigkeit der an den gewaltsamen Auseinandersetzungen beteiligten Personen.[405] Rache meint ausschließlich Rache für ein Tötungsdelikt.[406] Daher spricht man auch von Blutrache. Dieser Begriff ist jedoch nicht mittelalterlichen Ursprungs, sondern erstmals bei Luther nachweisbar.[407] Die Feindseligkeiten der verletzten Partei richten sich nicht nur gegen den Täter, sondern beziehen dessen Familienverband mit ein. Dieser Mechanismus der Ausdehnung des beteiligten Personenkreises gilt sowohl für die Blutrache wie auch für die Fehde.[408] Fehde kann aber im Unterschied zur Blutrache die gewaltsame Auseinandersetzung auch um andere Vergehen oder Streit-

---

404 Vgl. Moos, Peter von: Gefahren des Mittelalterbegriffs. Diagnostische und präventive Aspekte, in: Heinzle, Joachim (Hg.): Modernes Mittelalter. Neue Bilder einer populären Epoche, Frankfurt am Main 1999, S. 33–63, hier S. 59 ff.

405 Vgl. Brunner, Land, S. 19; sowie Gernhuber, Landfriedensbewegung, S. 170 f. Weitere Kriterien zur Unterscheidung von Rache und Fehde sind nicht auf hochmittelalterliche Rechtsverhältnisse beschränkt: Mitteis/Lieberich differenzieren für die so genannte germanische Frühzeit Rache und Fehde anhand von Unmittelbarkeit (sog. handhafte Tat) versus Organisiertheit der Vergeltungshandlung (vgl. Rechtsgeschichte, S. 39 f.). Rechtsethnologisch wird von Fehde nur gesprochen, wenn Blutrache durch Gegenrache erwidert wird, d. h. wenn sich eine Kette von Rachehandlungen ergibt (vgl. Wesel, Uwe: Frühformen des Rechts in vorstaatlichen Gesellschaften. Umrisse einer Frühgeschichte des Rechts bei Sammlern und Jägern und akephalen Ackerbauern und Hirten, Frankfurt am Main 1985, S. 328).

406 Mittelalterliche Rechtstexte unterscheiden nicht durchgehend und nicht systematisch zwischen Mord und Totschlag; Totschlag hat ein sehr weites semantisches Spektrum und Mord wird insbesondere für verheimlichte Tötungshandlungen verwendet und für solche, die als besonders verwerflich angesehen werden (vgl. Meurer, Dieter: Art. Tötungsdelikte, in: Erler, Adalbert, Ekkehard Kaufmann und Dieter Werkmüller (Hg.): Handwörterbuch zur deutschen Rechtsgeschichte. Bd. 5, Berlin 1998, Sp. 286–290, hier Sp. 286 und 288).

407 Als frühestes Zeugnis des Begriffs Blutrache gilt Luthers deutsche Bibelübersetzung von 1545. Im Mittelhochdeutschen finden sich die Termini *râche*, *vîntschaft* und *vêhede* sowie Derivate des jeweiligen Wortstamms, zwischen denen jedoch begrifflich nicht klar unterschieden wird. Vgl. Beck/Böttcher, Art. Blutrache, S. 85 f.; sowie Zacharias, Rainer: Die Blutrache im deutschen Mittelalter, in: Zeitschrift für deutsches Altertum und deutsche Literatur 91 (1962), H. 3, S. 167–201, hier S. 167 f.

408 Vgl. Kaufmann, Art. Fehde, Sp. 1089, Sp. 1091.

fragen einschließen.[409] Zudem umfasst der Begriff Blutrache gewaltsame Auseinandersetzungen zwischen Angehörigen aller Stände, während Fehde nur die innerhalb des Adels bezeichnet. Umstritten ist in der Forschung, ob und zu welchem Zeitpunkt eine Differenzierung zwischen Blutrache und Fehde historisch festzumachen ist.[410] Für die Untersuchungen zum *Nibelungenlied* ist die ständische Differenzierung von Rache und Fehde nicht relevant, denn die gewaltsamen Konflikte, die in der nibelungischen Welt entworfen werden,[411] bleiben innerhalb eines adligen Universums und auch die überlieferten juristischen Regelungen des 12. und 13. Jahrhunderts, namentlich die Gottes- und Landfrieden, beziehen sich vor allem auf die ritterliche Fehde.[412] Wenn in den folgenden Analysen die Begriffe Rache und Fehde gleichermaßen verwendet werden, so ist stets die Adelsfehde in Folge eines Tötungsdelikts gemeint.

Im Zuge verstärkter Gesetzgebung im 12. und 13. Jahrhundert, die mit zunehmender Schriftlichkeit einhergeht, spielt die Reglementierung der Fehde eine zentrale Rolle. Gottesfrieden, von der kirchlichen Gewalt

---

409 Vgl. Zacharias, Blutrache, S. 169.

410 Strittig ist vor allem, ob Blutrache und Fehde im Hochmittelalter streng unterschieden wurden und ob sie sich auf einen gemeinsamen Ursprung zurückführen lassen. Während His beide Praktiken als wesensmäßig gleich ansieht, führt Brunner sie zwar auf eine gemeinsame Wurzel zurück, trennt sie aber für das Hochmittelalter (vgl. Asmus, Herbert: Rechtsprobleme des mittelalterlichen Fehdewesens, Diss. Göttingen 1951, S. 8 ff.; His, Rudolf: Das Strafrecht des deutschen Mittelalters. Bd. 1, Weimar 1920, S. 263 ff.). Der Zeitpunkt der Entstehung der Adelsfehde ist unklar. Möglicherweise ist sie erst in fränkischer Zeit entstanden und damit immer schon an die Existenz des Fehderechts gebunden gewesen (vgl. Zacharias, Blutrache, S. 169); möglicherweise entwickelt sich die Adelsfehde mit dem Lehnsrecht (vgl. Asmus, Rechtsprobleme, S. 20 ff.).

411 In der Forschung zum *Nibelungenlied* sind unterschiedliche Auffassungen vertreten worden, ob es sich bei der Vergeltung, die der zweite Teil des Textes schildert, um Rache oder um Fehde handelt (vgl. Mitteis, Heinrich: Rechtsprobleme im Nibelungenlied, in: Juristische Blätter 74 (1952), H. 10, S. 240–242, hier S. 241; Zacharias, Blutrache, S. 182 ff.; sowie Schmidt-Wiegand, Ruth: Kriemhilds Rache. Zu Funktion und Wertung des Rechts im Nibelungenlied, in: Kamp, Norbert und Joachim Wollasch (Hg.): Tradition als historische Kraft. Interdisziplinäre Forschungen zur Geschichte des frühen Mittelalters, Berlin und New York 1982, S. 372–387, hier S. 381).

412 Standesdifferenzen werden im *Nibelungenlied* in der Standeslüge Siegfrieds (siebte Aventiure), im Streit der Königinnen (vierzehnte Aventiure) sowie in der Problematisierung der Stellung Hagens innerhalb des Burgundischen Personenverbandes (elfte Aventiure) thematisiert. Diese Standeskonflikte nehmen jedoch nicht auf die Legitimität gewaltsamen Handelns Bezug, die im Folgenden im Zentrum des Interesses steht.

hergestellte und beschworene Übereinkünfte, begegnen seit dem 11. Jahrhundert.[413] Von weltlichen Herrschern herbeigeführte Landfrieden finden sich erstmals an der Wende zum 12. Jahrhundert.[414] Rudolf His bestimmt in seiner umfassenden Quellenstudie zum mittelalterlichen Strafrecht den Landfrieden als „eine durch weltliches Gesetz oder durch Einung bewirkte Festsetzung außerordentlicher Normen zur Bekämpfung oder Einschränkung der Ritterfehde und zur Unterdrückung von Raub und anderen Verbrechen, die als Störung der öffentlichen Sicherheit erscheinen".[415] Zentrales Ziel der Landfrieden war die Bekämpfung von Gewaltakten im Rahmen der Fehde.[416] Damit gehen strafrechtsgeschichtlich ebenso wie verfassungsgeschichtlich bedeutende Veränderungen einher.[417] Als beschworene Einigungen können Landfrieden nicht von einer als souverän verstandenen quasi-staatlichen Instanz verhängt werden, sondern sie werden vom Herrscher initiiert und von denen, die ihre Gültigkeit anerkennen, mit einem Schwur bestätigt.[418] Da die weltlichen

---

413 Vgl. His, Strafrecht 1, S. 3 ff. Für einen Überblick über die Forschungsgeschichte zu den Gottes- und Landfrieden vgl. Wadle, Elmar: Gottesfrieden und Landfrieden als Gegenstand der Forschung nach 1950, in: Kroeschell, Karl und Albrecht Cordes (Hg.): Funktion und Form. Quellen und Methodenprobleme der mittelalterlichen Rechtsgeschichte, Berlin 1996, S. 63–91.

414 Vgl. His, Strafrecht 1, S. 6 ff.

415 His, Strafrecht 1, S. 7 f.

416 Vgl. Gernhuber, Landfriedensbewegung, S. 225.

417 Brunner sieht die „Ausbildung [...] eines staatlichen Strafrechts und Gerichtsverfahrens" als zweites zentrales Merkmal der Landfrieden an. Die Fehdebekämpfung sei letztlich anzusehen als „der entscheidende Ansatz zu Staat und Recht im modernen Sinn" (Brunner, Land, S. 35, S. 30). Mitteis/Lieberich sehen den „Hauptwert der Landfrieden [...] auf strafrechtlichem Gebiet; sie sind die ersten, freilich noch unvollständigen Strafgesetze des Mittelalters" (Mitteis/Lieberich, Rechtsgeschichte, S. 230). Kroeschell weist neben der „Entstehung des Strafrechts im heutigen Sinne" auf die verfassungsgeschichtliche Bedeutung der Landfrieden hin (vgl. Kroeschell, Karl: Deutsche Rechtsgeschichte. Bd. 1: Bis 1250, 5. Auflage, Opladen 1982, S. 184).

418 Das betont Kroeschell (Rechtsgeschichte 1, S. 198) gegen Gernhuber (Landfriedensbewegung, S. 60–104), der die Landfrieden als Gesetze im modernen Sinne versteht, d. h. als obrigkeitlich gesetzte Norm. His unterscheidet zwischen Landfriedenseinungen und Landfriedensgesetzen, weist aber auf die Problematik dieser Differenzierung hin, da auch die Landfriedensgesetze von den Friedensgenossen beschworen werden müssen (vgl. His, Strafrecht 1, S. 8 ff.). Angermeier bestimmt Landfrieden als „Frieden der Rechtsträger", in dem ein absoluter Friedenszustand der sich ihm Unterstellenden angestrebt wird; er gilt jedoch nur so lange, wie die einzelnen Rechtsträger ihm zustimmen (vgl. Angermeier, Heinz: Königtum und Landfriede im deutschen Spätmittelalter, München 1966, S. 18 f.). Die Land-

Mächtigen des Reiches nicht die nötige Vollzugsgewalt besitzen, den Landfrieden allenthalben Geltung zu verschaffen, sind sie als Rahmengesetze oder Richtlinien charakterisiert worden.[419] Landfrieden können zudem keine dauerhafte Gültigkeit beanspruchen, sondern bedürfen als Sonderfrieden immer wieder der Aktualisierung.[420] Als Form des Rechts, das nicht auf Überlieferung basiert, sondern auf einem Rechtsgeschäft, gehören die Landfrieden zu einem neuen Typus des objektiven Rechts, der sich im 12. Jahrhundert herauszubilden beginnt.[421] Nicht von kontinuierlicher Geltung des guten alten Rechts zeugen die Landfrieden, sondern von der Aktivität der Festlegung von Rechtsregeln in dieser Zeit.[422] Die festgesetzten Rechtsregeln gelten in zeitlicher wie in räumlicher Hinsicht nur eingeschränkt. Außerdem variieren auch die für einen Geltungsbereich oder -zeitraum kodifizierten Regelungen zum Teil beträchtlich. Das gilt auch in Bezug auf die Reglementierung der Fehde: Die Vielzahl der Texte, die mit der Beschränkung der Fehde befasst sind, lässt sich nur schwer auf eine zentrale Tendenz zuspitzen.

Die Bestimmungen der Landfrieden zur ritterlichen Fehde können nicht als lineare historische Entwicklung dargestellt werden. Vielmehr hat,

---

frieden sind insofern als personale Frieden zu bezeichnen, als noch nicht die Gesetzgebung als solche den Frieden herbeiführt, sondern der Wille und die Initiative des Königs (vgl. Angermeier, Landfriede, S. 20). Damit ist der Landfriede aber auch nicht Instrument der Macht der Könige, Fürsten und Städte, denn er ist nicht politisches Machtmittel für die Zukunft, sondern „fixiert die realen Machtverhältnisse der Gegenwart" (Angermeier, Landfriede, S. 15).

419 Vgl. Mitteis/Lieberich, Rechtsgeschichte, S. 230.

420 Die von den Dokumenten beanspruchte Geltungsdauer beträgt zwischen einem und zwölf Jahren. Bei den Reichslandfrieden der Stauferzeit fehlt eine Bestimmung des Geltungszeitraums. Der *Mainzer Reichslandfrieden* von 1235 beansprucht unbegrenzte Gültigkeit (vgl. His, Strafrecht 1, S. 12 f.).

421 Vgl. Kroeschell, Karl: Recht und Rechtsbegriff im 12. Jahrhundert, in: Probleme des 12. Jahrhunderts. Reichenau-Vorträge 1965–1967, Konstanz und Stuttgart 1968, S. 309–335, hier S. 331 ff. Dieses Recht, das auf Vertragspraxis beruht, beruft sich zwar auf historische Autoritäten und ist insofern Gewohnheitsrecht, steht aber nicht in der Tradition der frühmittelalterlichen Rechte.

422 Zur Kritik der von Kern, Fritz: Recht und Verfassung im Mittelalter, in: Historische Zeitschrift 120 (1919), S. 1–79 vertretenen These vom mittelalterlichen Recht als dem guten alten Recht vgl. Rückert, Joachim: Die Rechtswerte der germanischen Rechtsgeschichte im Wandel der Forschung, in: Zeitschrift der Savigny-Stiftung für Rechtsgeschichte. Germanistische Abteilung 111 (1994), S. 275–309, hier S. 280 f.; sowie Liebrecht, Johannes: Das gute alte Recht in der rechtshistorischen Kritik, in: Kroeschell, Karl und Albrecht Cordes (Hg.): Funktion und Form. Quellen- und Methodenprobleme der mittelalterlichen Rechtsgeschichte, Berlin 1996, S. 185–204.

so His, „[d]ie Stellung der Landfrieden zur ritterlichen Fehde [...] im Laufe der Zeit mehrfach gewechselt".[423] Unter ihren Bestimmungen finden sich von Beginn an Verbote der Fehde. Schon der *Bayerische Landfrieden* von 1094 scheint ein völliges Fehdeverbot auszusprechen.[424] In anderen Landfrieden der frühen Zeit fehlt eine so umfassende Bestimmung des Friedenszustands allerdings. Sie errichten lediglich Fehdeschranken: Die Fehde wird mit Buße belegt, wie schon in den Gottesfrieden werden hier bestimmte Orte und Personen (*pax*) sowie Zeiten (*treuga*) von der Fehde ausgenommen.[425] Erneut enthält der *Reichslandfrieden* Friedrich Barbarossas von 1152 einen uneingeschränkten Friedenszustand und damit ein generelles Fehdeverbot, im *Rheinfränkischen Landfrieden* von 1179 ist die Fehde grundsätzlich wieder zugelassen, und seit dem Friedensgesetz von 1186 wird ihre Rechtmäßigkeit von der formellen Aufkündigung des Friedenszustands, der so genannten Absage oder Widersage (*diffidatio*), abhängig gemacht.[426] Die Absage muss drei Tage vor Beginn der Feindseligkeiten in Form eines Fehdebriefs erfolgen. Zu den bereits genannten Befriedungen von Personen, Orten und Zeiten tritt der Ausschluss bestimmter Gewalthandlungen hinzu (z. B. die Brandstiftung oder Tötung von Personen, die nicht unmittelbar Ziel der Rache sind) sowie die Forderung nach Verklarung der Taten, d. h. die Kundmachungspflicht nach vergeltenden Handlungen. Die Landfrieden von 1179, 1221 und 1224 bilden den Höhepunkt derartiger rechtlicher Einschränkungen der Fehde.[427] Im *Sachsenspiegel* wird in den zwanziger Jahren des 13. Jahrhunderts erneut ein völliges Fehdeverbot kodifiziert und das *Frankfurter Friedensgesetz* von 1234 sowie der *Mainzer Reichslandfrieden* von 1235 erklären die Fehde nur dann für rechtmäßig, wenn ein vorhergehender Gerichtsgang gescheitert ist.[428] Am Erfordernis der Absage wird festgehalten, aber dar-

---

423 His, Strafrecht 1, S. 16.
424 Der Friedenszustand soll für alle gelten, die ihn beschwören. Diese Formel deutet His als Fehdeverbot für die am Frieden Beteiligten (vgl. His, Strafrecht 1, S. 16; vgl. auch Quellen zur deutschen Verfassungs-, Wirtschafts- und Sozialgeschichte bis 1250, ausgew. und übs. v. Lorenz Weinrich, Darmstadt 1977, S. 160).
425 Vgl. His, Strafrecht 1, S. 17.
426 Vgl. His, Strafrecht 1, S. 17; Gernhuber, Landfriedensbewegung, S. 179 ff.; sowie Weinrich, Quellen, S. 214 ff., S. 290 ff., S. 308 ff.
427 Vgl. Gernhuber, Landfriedensbewegung, S. 222; sowie Weinrich, Quellen, S. 290 ff., S. 384 ff., S. 396 ff.
428 Vgl. His, Strafrecht 1, S. 18. Ob der *Sachsenspiegel* tatsächlich ein vollständiges Fehdeverbot ausspricht, ist umstritten. Eine Gegenposition zu His vertritt Gernhuber (Landfriedensbewegung, S. 180 f., insbes. Fußnote 37) mit dem Hinweis auf Ssp. Ldr. II 66 § 1 und 2, wo seiner Ansicht nach kein allgemeines

über hinaus fallen gleichzeitig mit der Forderung nach der Wendung an ein Gericht die weiteren und in den vorhergehenden Landfrieden sehr zahlreichen Fehdeschranken weg.[429] In der Folgezeit lässt die Mehrzahl der Rechtstexte die Fehde zunächst weiter zu, versucht aber, sie einzudämmen. Abgeschafft wird die Fehde erst im Laufe des 16. Jahrhunderts mit Hilfe rechtlicher Regelungen, die im *Ewigen Landfrieden* von 1495 und in der *Constitutio Criminalis Carolina* von 1532 erlassen werden.[430]

Als Mittel zur Durchsetzung von Fehdeschranken und Fehdeverboten bedienen sich die Rechtstexte seit den Gottes- und Landfrieden der Androhung peinlicher Strafen.[431] Die Verbrechensverfolgung wird mit der Einführung derjenigen Sanktionen auf den vormodernen Staat umgelenkt, „die dem härtesten Vorgehen innerhalb der Fehde entsprach[en]", mit den so genannten Blutstrafen oder Körperstrafen.[432] Auch als Sanktion einzelner Vergehen, die bis dahin Fehde nach sich gezogen haben, werden peinliche Strafen in Aussicht gestellt.[433] Dass die zuvor verbreitete Möglichkeit der Ablösung verhängter Körperstrafen durch Geldbußen oder materiellen Ausgleich in anderer Form (*compositio*) zurückgedrängt wird und peinliche Strafen als primäres Strafverfahren eingesetzt werden, gilt als zentrale strafrechtshistorische Neuerung der Gottes- und Landfrieden.[434]

Fehdeverbot ausgesprochen wird, sondern lediglich ein Sonderfrieden für Personen, Orte und Zeiten. Gegen ein generelles Fehdeverbot im *Sachsenspiegel* spricht meines Erachtens auch, dass der Text Rache bei handhafter Tat durchaus zulässt (Ssp. Ldr. II 69). Gleichwohl versteht Kroeschell Ssp. Ldr. II 66 § 1 und 2 als Deklaration eines allgemeinen unbefristeten Friedenszustands; er weist aber zugleich darauf hin, dass der Text die Fehde nicht einschränke, sondern dass er sie „mit Stillschweigen" übergehe (Kroeschell, Rechtsauffassung, S. 364 f.). Für den Wortlaut des Landfriedens von 1234 und des *Mainzer Reichslandfriedens* vgl. Weinrich, Quellen, S. 456 ff., S. 462 ff.

429 Vgl. Gernhuber, Landfriedensbewegung, S. 222 f.
430 Vgl. Kaufmann, Art. Fehde, Sp. 1092.
431 Vgl. beispielsweise im *Landfrieden Friedrichs I.* von 1152, im *Rheinfränkischen Landfrieden* von 1179, im *Sächsischen Landfrieden* von 1221 oder in der *Treuga Henrici* von 1224 (vgl. Weinrich, Quellen, S. 216 f., S. 292 f., S. 386 f., S. 398 f.).
432 Gernhuber, Landfriedensbewegung, S. 192.
433 Zu den Strafen, die Landfrieden für einzelne Vergehen festlegen, vgl. Gernhuber, Landfriedensbewegung, S. 247 ff.
434 Vgl. His, Strafrecht 1, S. 14; sowie Gernhuber, Landfriedensbewegung, S. 137. Grundlegend für die Beschreibung des strafrechtshistorischen Wandels ist die Studie von Hirsch, Hans: Die hohe Gerichtsbarkeit im deutschen Mittelalter, Weimar 1922. In der Forschung wurde diskutiert, ob vor hochmittelalterlicher Zeit schon ein Konzept von Strafe im modernen Sinne bestanden hat (vgl. Achter, Viktor: Geburt der Strafe, Frankfurt am Main 1951; Kaufmann, Ekkehard: Die

Vor dem Hintergrund dieser Entwicklung kann die Bekämpfung der Fehde nicht als Fortschritt eines wie auch immer verlaufenden Zivilisationsprozesses charakterisiert werden, denn eines der Mittel, mit dem Fehdehandlungen zurückgedrängt werden sollten, war die Androhung einer ihr äquivalenten Gewalt gegen den Körper des Missetäters. Peinliche Strafen folgen häufig dem Prinzip der Spiegelung: Die Gewalt, die das Vergehen ausmacht, oder eine ihr äquivalente Form wird am Körper des Rechtsbrechers vollzogen.[435] Mit dem Bezug auf den Körper und mit der Aufnahme des Gedankens der Vergeltung[436] korrespondieren die Körper-

---

Erfolgshaftung. Untersuchungen über die strafrechtliche Zurechnung im Rechtsdenken des frühen Mittelalters, Frankfurt am Main 1958; Holzhauer, Heinz: Geburt der Strafe, Szeged 1992; sowie Jerouschek, Günter: Geburt und Wiedergeburt des peinlichen Strafrechts im Mittelalter, in: Lüdersen, Klaus (Hg.): Die Durchsetzung des öffentlichen Strafanspruchs. Systematisierung der Fragestellung, Köln, Weimar und Wien 2002, S. 41–52; für einen Überblick über die Diskussion vgl. Wadle, Elmar: Die peinliche Strafe als Instrument des Friedens, in: Ders.: Landfrieden, Strafe, Recht. Zwölf Studien zum Mittelalter, Berlin 2001, S. 197–217).

435 Für das Prinzip der Spiegelung bei den peinlichen Strafen bereits in fränkischer Zeit vgl. Mitteis/Lieberich, Rechtsgeschichte, S. 100; für das Hochmittelalter vgl. His, Strafrecht 1, S. 356 ff., S. 371 ff.; Schmidt, Eberhard: Einführung in die Geschichte der deutschen Strafrechtspflege, 3. Auflage, Göttingen 1965, S. 66; Sellert, Wolfgang und Hinrich Rüping: Studien- und Quellenbuch zur Geschichte der deutschen Strafrechtspflege. Bd. 1. Von den Anfängen bis zur Aufklärung, Aalen 1989, S. 106 f.; Klementowski, Marian Lech: Die Entstehung der Grundsätze der strafrechtlichen Verantwortlichkeit und der öffentlichen Strafe im deutschen Reich bis zum 14. Jahrhundert, in: Zeitschrift der Savigny-Stiftung für Rechtsgeschichte. Germanistische Abteilung 126 (1996), S. 217–246, hier S. 241.

436 Der Hinweis auf diese Korrespondenz findet sich bereits in der materialreichen Studie von Günther, Louis: Die Idee der Wiedervergeltung in der Geschichte und Philosophie des Strafrechts. Ein Beitrag zur universalhistorischen Entwicklung desselben. Abteilung 1. Die Kulturvölker des Altertums und das deutsche Recht bis zur Carolina, Erlangen 1889, S. 211. Nach His begegnet der Begriff Talion allerdings nur ein einziges Mal in den von ihm durchgesehenen Quellen; auch er weist aber auf die strukturellen Parallelen von hochmittelalterlichen Strafen, Fehde und Talion hin (vgl. His, Strafrecht 1, S. 371 f.). Vgl. außerdem Bader, Karl Siegfried: Schuld, Verantwortung, Sühne als rechtshistorisches Problem, in: Frey, Erwin R. (Hg.): Schuld, Verantwortung, Strafe. Im Lichte der Theologie, Jurisprudenz, Soziologie, Medizin und Philosophie, Zürich 1964, S. 61–79, hier S. 73 f.; sowie Willoweit, Dietmar: Die Sanktionen für Friedensbruch im Kölner Gottesfrieden von 1083. Ein Beitrag zum Sinn der Strafe in der Frühzeit der deutschen Friedensbewegung, in: Schlüchter, Ellen und Klaus Laubenthal (Hg.): Recht und Kriminalität. Festschrift für Friedrich-Wilhelm Krause zum 70. Geb., Köln u. a. 1990, S. 37–52, hier S. 52.

strafen mit Blutrache und Fehde. Rache und Fehde werden also weder ad hoc noch vollständig abgelöst, sondern befinden sich im 12. und 13. Jahrhundert in einem Prozess der Veränderung. Dabei wandelt sich auch die Vorstellung von der Art und Weise der Verletzung, die durch ein Vergehen entsteht. Der peinlichen Strafe geht es nicht mehr nur um Genugtuung, Buße oder Ausgleich für einen Eingriff in die Rechte des Geschädigten – so der Grundgedanke sowohl des Kompositions-Strafrechts in den *leges* fränkischer Zeit als auch der mittelalterlichen Fehde[437] –, sondern es wird Sühne geleistet für einen Bruch des bestehenden allgemeinen Friedens- oder Rechtszustands.[438] Nach Auffassung Kroeschells ist die Einführung des peinlichen Strafrechts eng verknüpft mit der Bildung einer neuen Vorstellung von einer Rechtsgemeinschaft sowie mit der Einsicht, dass diese verletzt werden kann und erhalten werden muss.[439]

---

437 Vgl. Mitteis/Lieberich, Rechtsgeschichte, S. 43, S. 90.

438 Vgl. Kroeschell, Rechtsgeschichte 1, S. 184, S. 196–198. Im Zuge seiner Charakterisierung der Form von „Staatlichkeit" zwischen karolingischer und hochmittelalterlicher Zeit betont Hagen Keller den Beitrag des Rechts und seiner schriftlichen Fixierung an der „Verschränkung von mehr und mehr hoheitlich, d. h. bis zu einem gewissen Grade ‚staatlich' verstandener Herrschaft und von kommunal zusammengebundenen menschlichen Gemeinschaften". Herrschaft gewährt, nach Keller, einen Schutz, der zunehmend im Sinne einer übergreifenden Rechtsordnung verstanden worden ist (Keller, Hagen: Zum Charakter der „Staatlichkeit" zwischen karolingischer Reichsreform und hochmittelalterlichem Herrschaftsausbau, in: Frühmittelalterliche Studien 23 (1989), S. 248–264, hier S. 260).

439 Seit den Gottesfrieden begegnet das Konzept eines allgemeinen Friedens, dessen Bruch Bestrafung nach sich zieht (vgl. Kroeschell, Rechtsgeschichte 1, S. 197). Häufig wird in den Landfrieden die Friedenssicherung und Generalprävention von Straftaten als Strafzweck ausdrücklich benannt. Hinweise finden sich beispielsweise in den Arengen des Friedebriefs gegen die Brandstifter von 1186 und des *Mainzer Reichslandfriedens* von 1235 (hier außerdem in den einleitenden Sätzen der einzelnen Artikel) (vgl. Weinrich, Quellen, S. 308, S. 462 ff.; vgl. auch Klementowski, Verantwortlichkeit, S. 239 ff.). Dass das Ahnden von Verletzungen des allgemeinen Friedenszustands nicht als gezielte Stärkung der institutionellen Position des Königs verstanden werden kann, hat Angermeier herausgestellt. Er betont – in Abgrenzung etwa vom Begriff des Staates bei Gernhuber – die fehlende Institutionalisierung von Herrschaft im Mittelalter und die in erster Linie personale Machtausübung (vgl. Angermeier, Heinz: König und Staat im deutschen Mittelalter, in: Blätter für deutsche Landesgeschichte 117 (1981), S. 167–182, hier S. 179). Wenn den neuen juristischen Regelungen zur Fehde auch nicht die Funktion zugesprochen werden kann, den Herrscher als Machtzentrum des mittelalterlichen Staates oder seine ‚Souveränität' zu stützen, so ist doch davon auszugehen, dass die Regelungen zu einer Fixierung von Strukturen führen, die über

Indem der *Mainzer Reichslandfrieden* die Fehde von der vorhergehenden Wendung an ein Gericht abhängig macht, erhält sie den Status des
Rechtsmittels nur im Falle des Scheiterns der ‚staatlichen' Justiz. Letztere
wird damit als erste und eigentliche Instanz der Strafrechtspflege eingesetzt.
Die Fehde wird zum subsidiären Rechtsmittel.[440] Unter den Versuchen, seit
dem späten 12. Jahrhundert die Fehde zu reglementieren, ist diese Forderung die weitestgehende und diejenige, der eine systematische Veränderung des Verhältnisses von Fehde und Recht gelingt. Wie auch mit Hilfe
vorhergehender Fehdeschranken erreicht sie eine Scheidung von
rechtmäßigen und unrechtmäßigen Fehden und schafft somit eine
rechtliche Handhabe, gegen unrechtmäßigen Waffengang vorzugehen.
Darüber hinaus wird die Wendung an ein Gericht als erster Schritt der
Strafverfolgung verlangt und damit eine Hierarchie in das bislang alternative Verhältnis von Fehde- und Gerichtsgang eingeführt: Die Anrufung
eines Gerichts wird der gewaltsamen Selbsthilfe nunmehr strukturell
übergeordnet.

Im Zuge zunehmender schriftlicher Fixierung des Rechts treiben
sämtliche Versuche der Landfrieden, die Fehde zu bekämpfen, das Konzept
der für einen bestimmten Raum geltenden Rechtsordnung, die von einer
‚staatlichen' Instanz durchgesetzt wird, voran.[441] Peinliche Strafen werden
demjenigen angedroht, der den einem bestimmten Ort, einer Zeit oder
einer Person zugesprochenen Frieden bricht.[442] Außerdem formulieren die
Landfrieden selbst den Anspruch auf einen umfassenden Schutz, der den
Frieden Schwörenden durch den Herrscher zukommen soll; sie versuchen
sich an der Generalprävention von Vergehen und zielen damit auf die
Etablierung eines umfassenden und allgemeinen Friedenszustands.[443]

---

die Herrschaftspraxis des *einzelnen* Königs hinausgehen – sei es etwa, dass sie die
Vorstellung von einem geschützten Rechtszustand innerhalb eines bestimmten
Gebiets befördern, sei es im Sinne der in den letzten Jahren maßgeblich von Gerd
Althoff untersuchten Muster rituellen Herrschaftshandelns, die nicht festge-
schrieben sind und doch eine gewisse Stabilität aufweisen, die über die einzelne
Situation ihrer Durchführung hinaus Bestand hat.
440 Vgl. Brunner, Land, S. 49 f.; Gernhuber, Landfriedensbewegung, S. 222 f.;
  Asmus, Rechtsprobleme, S. 67.
441 Vgl. Patschovsky, Fehde im Recht, S. 163 f.; Klementowski, Verantwortlichkeit,
  S. 219.
442 Vgl. Wadle, Instrument, S. 211.
443 Der Anspruch auf einen umfassenden Geltungsraum des Rechts findet sich zum
  Beispiel im *Mainzer Reichslandfrieden* (Art. 5): „Ad hoc magistratus et iura sunt
  prodita, ne quis sui doloris vindex sit, quia ubi iuris cessat auctoritas, excedit
  licencia seviendi" (Weinrich, Quellen, S. 468; vgl. auch Monumenta Germaniae

Gleichzeitig aber wird die Fehde noch gegen Ende des 12. Jahrhunderts, wenn sie denn den rechtlich geforderten Bahnen folgt und damit rechtmäßig ist, als zum Gerichtsgang alternatives Rechtsmittel anerkannt.[444] ‚Staatsgewalt‘ und Fehde existieren somit nebeneinander.[445] Erst mit der Subsidiaritätsregelung von 1235 werden sie aufeinander bezogen und deutlich unterschiedlich bewertet.[446]

Um 1200 zeigen die Texte der Landfrieden die Fehde grundsätzlich als Teil des juristischen Reglements. Sie binden die Fehde in Recht setzende Bestimmungen ein. Dieses Einbeziehen ins Recht geschieht nicht ausschließlich unter negativen Vorzeichen, d. h. Fehde wird nicht nur als Praxis der Selbsthilfe, die aus dem Bereich des Rechts ausgeschlossen ist, Teil rechtlicher Reglementierungen. Vielmehr machen die Landfrieden

---

Historica (= MGH). Legum Sectio IV. Constitutiones et Acta Publica Imperatorum et Regum. Bd. 2, hg. v. Ludwig Weiland, Hannover 1896, Nr. 196, S. 243). Patschovskys Übersetzung betont die Geltung des Rechts für einen bestimmten Herrschaftsraum: „Ämter und Rechte sind deswegen in die Welt gesetzt worden, damit niemand zur Selbsthilfe greifen muß; denn in dem Maße, in dem der Geltungsraum des Rechts offen ist, greift zügellose Wildheit um sich" (Patschovsky, Fehde im Recht, S. 164). Die wörtlichere Übersetzung bei Weinrich lautet: „Beamte und Rechte sind dafür aufgestellt, daß niemand Rächer seines eigenen Schmerzes sei; denn wo die Kraft des Rechts schwindet, wütet die grausame Willkür" (Weinrich, Quellen, S. 469). Vgl. auch die Beschreibung des angestrebten Friedenszustands in der Arenga des Landfriedens von 1152 sowie den umfangreichen Schutz vor verschiedenen Missetätern, der den Leuten in der Arenga des *Friedebriefs gegen die Brandstifter* in Aussicht gestellt wird (vgl. Weinrich, Quellen, S. 216, S. 308).

444 Vgl. Gernhuber, Landfriedensbewegung, S. 167, S. 188; Patschovsky, Fehde im Recht, S. 152. Brunner hält die Verrechtlichung der Fehde – und nicht das Fehdeverbot – für das zentrale Bestreben mittelalterlicher Herrscher (vgl. Brunner, Land, S. 35).

445 Vgl. Brunner, Land, S. 110; Gernhuber, Landfriedensbewegung, S. 227, S. 231.

446 Angesichts dieser Beobachtungen müssen Einschätzungen verwundern, die – wie beispielsweise bei Gernhuber zu lesen ist – die Fehde im Hochmittelalter vor allem als „etwas Sekundäres, [als] ein zwar notwendigerweise noch geduldetes, aber mit allen Mitteln zu bekämpfendes Übel" verstehen (Gernhuber, Landfriedensbewegung, S. 231). Mit einer solchen Charakterisierung wird eine Interpretation der Intentionen der Akteure jenseits dessen vorgenommen, was in den normativen juristischen Texten selbst zu lesen ist, und es wird die Analyseebene formaler Beschreibung der in den Landfriedenstexten vorliegenden diskursiven Regelungen verlassen. Orientiert an Verfahrensweisen der Diskursgeschichte wird in der vorliegenden Untersuchung nicht nach den Absichten und Zielen der politischen Akteure gefragt, sondern nach den Sprachregelungen, die dem Wissen des untersuchten historischen Kontextes zur Verfügung stehen.

formale Vorgaben, denen Fehdeführende zu folgen haben.[447] Werden diese Bedingungen von den Beteiligten erfüllt, so zeigt sich die Fehde als eine Handlung, die durch Recht setzende Dokumente legitimiert wird und als Teil des Rechts erscheint. Die Landfrieden thematisieren das Verhältnis von geordneter, legitimer Fehdeführung und einer Fehde jenseits des Rechts. Sie bemühen sich damit um eine Ordnung der Gewalt und setzen die Bedingungen fest, welche die Überschreitung der Grenzen dieser Ordnung erfassbar machen. Fehde ist nicht einfach nackte Gewalt, sondern sie wird in den Landfrieden um 1200 als Grenzphänomen installiert, das zwischen nicht legitimer Gewalt und einer Gewaltanwendung oszilliert, die als rechtliches Verfahren dargestellt wird. Die Fehde kann nicht generell jenseits des Rechts verortet werden, sondern sie ist – unter bestimmten festgelegten Bedingungen – selbst Recht.

Dass sich die Reglementierungen der Fehde im Laufe der Zeit verändern, deutet darauf hin, dass sie erprobt und im Kreise derjenigen, die an der Gesetzgebung beteiligt sind, verhandelt werden. Der Höhepunkt dieser Politik der Fehdeschranken liegt in einem Zeitraum von etwa 50 Jahren um die Wende zum 13. Jahrhundert. Wenig später wird die Fehde vom alternativen Rechtsmittel zum subsidiären abgewertet. Auch nach dieser Regelung gehören Fehdehandlungen noch zu den Rechtspraktiken, sie sind aber lediglich eine Notlösung für den Fall, dass sich ein Gericht als nicht funktionsfähig erweist.

An einzelnen Stellen lassen die Fehdereglementierungen der Landfrieden erkennen, dass für sie Differenzen der Geschlechter eine Rolle spielen. In der Regel beziehen sie sich auf den freien, insbesondere den adligen Mann, ohne dass dies in den Texten eigens angezeigt wird. Geschlechterdifferenz wird thematisiert, wenn Frauen in der Reihe derjenigen Personen erwähnt werden, für die ein dauerhafter Frieden zu gelten habe, die also aus Fehdehandlungen stets auszunehmen sind; so geschehen beispielsweise im *Rheinfränkischen Landfrieden* von 1179, im *Sächsischen*

---

447 Frühe Rechtsformen zeichnen sich insbesondere durch formale Vorgaben aus. Diese garantieren die Sicherheit des Rechts und werden daher selbst als Recht angesehen (vgl. Ebel, Wilhelm: Recht und Form. Vom Stilwandel im deutschen Recht, Tübingen 1975, insbes. S. 13 ff.; zum mittelalterlichen Recht als einem Verfahrensrecht vgl. auch Kannowski, Bernd: Rechtsbegriffe im Mittelalter. Stand der Diskussion, in: Cordes, Albrecht und Bernd Kannowski (Hg.): Rechtsbegriffe im Mittelalter, Frankfurt am Main u. a. 2002, S. 1–27, hier S. 5 f.).

Landfrieden von 1221 und in der *Treuga Henrici* von 1224.[448] Außerdem wird in den Landfrieden verschiedentlich die Entführung und Vergewaltigung von Frauen gesondert unter Strafe (zumeist des Enthauptens) gestellt.[449] Dass es auch in anderen Rechtsquellen nahezu keine Hinweise auf die Teilnahme von Frauen an der ritterlichen Fehde gibt, ist ein Teilaspekt ihrer im deutschsprachigen Mittelalter generell stark eingeschränkten Rechtsfähigkeit.[450] Anders als in der alt-skandinavischen – insbesondere alt-isländischen – Welt, bzw. in der Sagaliteratur, gelten Frauen im deutschsprachigen Raum im Großen und Ganzen weder passiv noch aktiv als fehdefähig.[451] Vereinzelt jedoch behandeln Rechtstexte die passive

---

448 Vgl. Weinrich, Quellen, S. 291, S. 386, S. 396. Vgl. auch His, Strafrecht 1, S. 3, S. 17; sowie Gernhuber, Landfriedensbewegung, S. 202 ff. Weitere Quellen zu Friedensregelungen für Frauen bei His, Strafrecht 1, S. 238 f.

449 Vgl. Weinrich, Quellen, S. 160, S. 386, S. 398.

450 Zur Einbeziehung von Frauen in Fehdehandlungen vgl. His, Strafrecht 1, S. 268. Die eingeschränkte Rechtsstellung von Frauen ergibt sich aus der Vormundschaft des Vaters und anderer männlicher Verwandter oder des Ehemanns und betrifft neben dem Fehderecht das Erb-, Waffen- und das Eidrecht sowie die Ausübung öffentlicher Ämter (vgl. Holzhauer, Antje: Rache und Fehde in der mittelhochdeutschen Literatur des 12. und 13. Jahrhunderts, Göppingen 1997, S. 54).

451 Die jüngere alt-skandinavistische Forschung hat die ehemals gängige Herleitung von Rechtsverhältnissen aus der Sagaliteratur als Verfahren kritisiert, das fiktionale Entwürfe und soziale Realität verwechsle. Jochens bezeichnet beispielsweise die in der Literatur häufig auftretenden machtvoll oder gewaltsam handelnden Frauenfiguren als männliche Imaginationen. Zur Teilnahme von Frauen an der Rache in der frühen skandinavischen Literatur und Gesellschaft vgl. Heusler, Andreas: Das Strafrecht der Isländersagas, Leipzig 1911, S. 49. Zur Kritik des Vorgehens Heuslers und anderer vgl. Jochens, Jenny: The Medieval Icelandic Heroine: Fact or Fiction?, in: Viator. Medieval and Renaissance Studies 17 (1986), S. 35–50. Carol J. Clover hat in verschiedenen Texten der berechtigten Kritik Jochens zum Trotz Verbindungen zwischen Literatur und sozialen Praktiken der skandinavischen Frühzeit nahe gelegt. In ihrem Aufsatz „Maiden Warriors and Other Sons" geht sie von der Einbeziehung von Frauen in die Kompensationszahlungen nach einem Tötungsdelikt im ältesten isländischen Recht, Grágás, aus, um darauf die These zu stützen, dass den in der Sagaliteratur häufig begegnenden kriegerisch handelnden weiblichen Figuren doch ein Bezug zu sozialen Praktiken unterstellt werden könne. Voraussetzung einer solchen Ausnahmeregelung für eine Frau sei, dass sie keine Brüder habe und somit als funktionaler Sohn die rechtliche Vertretung der Familie in einer genealogischen Lücke übernehmen könne. Obwohl rechtliche Regelungen zur Rachepraxis fehlen, lässt sich festhalten, dass die Regelung für Kompensationszahlungen im Rechtstext strukturelle Parallelen zu Rachehandlungen in der Literatur aufweisen. Anhand von Rechtstexten belegen lässt sich die aktive Fehdebeteiligung von Frauen in der skandinavischen Gesellschaft allerdings nicht (vgl. Clover, Carol J.: Maiden Warriors and Other Sons, in: Edwards, Robert R. und

Teilnahme von Frauen an Fehdehandlungen; auch sie können von der Verfolgung des gesamten Familienverbandes des Täters betroffen sein.[452] Zudem sind zur Teilnahme von Frauen an Sühneverhandlungen durchaus chronikalische Berichte und rechtliche Regelungen überliefert.[453] Als einzigen Hinweis auf eine sowohl passive als auch *aktive* Teilnahme von Frauen an der Fehde im 13. Jahrhundert nennt His Rechtsregelungen des ostfriesischen Brokmerlands.[454] Auch wenn man mit der Divergenz rechtlicher Regelungen rechnen muss, ist dieser Beleg als singulärer Fall einzuschätzen.

Formalisierung und Einschränkung der Fehdeführung im *Nibelungenlied*: Verklarung, Feststellen des Schuldigen und Bemühen um *suone*

Die Tat, die das Geschehen des gesamten zweiten Teils des *Nibelungenlieds* auslöst und in Gang hält, ist konspirativer Mord.[455] Nach Siegfrieds Tod liegt eine Situation vor, die, wendet man zeitgenössische rechtliche Regelungen auf sie an, Blutrache oder Fehde zur Folge haben kann. Genugtuung für dieses Vergehen sucht allerdings nicht ein männlicher Angehöriger Siegfrieds, sondern die Ehefrau des Verstorbenen. Damit handelt es sich, gemessen an den juristischen Texten der Zeit, um ein sehr ungewöhnliches

---

Vickie Ziegler (Hg.): Matrons and Marginal Women in Medieval Society, Woodbridge (Suffolk) und Rochester (NY) 1995, S. 75–87).

452 His nennt als Beispiel aus dem 13. Jahrhundert die *Hennegauer Handfesten*, welche die Ehefrau eines Totschlägers nur dann von Fehdehandlungen ausnehmen, wenn sie sich von ihrem Mann lossagt (vgl. His, Strafrecht 1, S. 268).

453 Frauen werden in manchen Rechtstexten ausdrücklich von den Sühneverhandlungen ausgeschlossen, in anderen erhalten sie jedoch einen Anteil am Sühngeld oder können – wie im nordfranzösischen Douai und im belgischen Doornyk (Tournai) – selbst Sühneverträge abschließen. Vgl. His, Strafrecht 1, S. 268, S. 304 f.; sowie Asmus, Rechtsprobleme, S. 55.

454 Vgl. His, Strafrecht 1, S. 268.

455 Diese Bestimmung gilt auch nach den zeitgenössischen Rechtstexten, denn sie unterscheiden Mord von anderen Tötungsdelikten vor allem anhand der Heimlichkeit des Vergehens. Dass der Vorsatz einer Tat für den Begriff konstitutiv wird, bildet sich erst im Laufe der Zeit bis spätestens zum Ende des 15. Jahrhunderts heraus. Vgl. Schmidt-Wiegand, Ruth: Art. Mord (sprachlich), in: Erler, Adalbert und Ekkehard Kaufmann (Hg.): Handwörterbuch zur deutschen Rechtsgeschichte. Bd. 3, Berlin 1984, Sp. 673–675, hier Sp. 674 f.; sowie Meurer, Art. Tötungsdelikte, Sp. 288. Zur besonderen Art und Weise, auf die Siegfrieds Tod offengelegt und der Täter zugleich verschwiegen wird, s. u., S. 199 f.

Geschehen.[456] Die im Hinblick auf das Geschlecht der Figur, die Rache
verfolgt, wenig übliche Besetzung der Fehde-Handlung deutet zuallererst
darauf hin, dass es hier nicht nur um Konflikte der männlichen Figuren in
einer heldenepischen Welt geht, sondern dass im Zuge der konfliktreichen
Interaktionen rund um den Vollzug der Rache auch die Kategorie Geschlecht thematisiert wird. Dass mit Kriemhild eine Frau die Rache verfolgt, macht darüber hinaus augenfällig, dass die im *Nibelungenlied* geschilderte Handlung nicht als Exempel aufgefasst werden kann, das allein
zu dem Zweck erzählt wird, bereits etablierte rechtliche Begriffe und Kategorien lediglich anzuwenden und durchzuspielen. Die geschlechterspezifisch ungewöhnliche Besetzung des Geschehens macht deutlich, dass es
hier um das Besondere und damit um Modifikationen dessen geht, was an
juristischen Regelungen zu jener Zeit bereits fixiert war. Die ungewöhnliche Konstellation der Rache im *Nibelungenlied* wird weiterhin dadurch
unterstrichen, dass der Text nicht von einer Gewalttat erzählt, die ein
Mitglied eines Herrschaftsverbandes einem Angehörigen eines anderen
Verbandes zufügt. Vielmehr ist die Gewalt, die Kriemhild schließlich rächt,
von ihren eigenen Brüdern in – mehr oder weniger deutlicher – Komplizenschaft mit deren engstem Gefolgsmann, Hagen, verübt worden. Der
Text selbst stellt heraus, dass Kriemhilds Rache sich gegen Mitglieder
desjenigen Personenverbandes richtet, aus dem sie genealogisch stammt.[457]

---

456 So auch die Einschätzung von Schmidt-Wiegand (Kriemhilds Rache, S. 386).

457 In der so genannten germanischen Frühzeit gilt der soziale Verband, die Sippe,
   nach innen als befriedet; unsicher ist nach Kaufmann jedoch, ob ein Strafrecht
   gegen Mitglieder besteht. Bezeugt scheint es nur für die Strafgewalt der Familie
   gegenüber der Frau zu sein (vgl. Kaufmann, Ekkehard: Art. Sippenstrafrecht, in:
   Erler, Adalbert und Ekkehard Kaufmann (Hg.): Handwörterbuch zur deutschen
   Rechtsgeschichte. Bd. 4, Berlin 1998, Sp. 1670–1672, hier Sp. 1672). Laut
   Schmidt-Wiegand konnte sich die mittelalterliche Fehde dagegen sehr wohl gegen
   Mitglieder der eigenen Familie richten (vgl. Kriemhilds Rache, S. 382). Sie führt
   diese Einschätzung allerdings nicht weiter aus und erläutert auch nicht, auf welche
   Quellen sie sich stützt. Brunner weist darauf hin, dass es im Mittelalter Politik und
   Krieg nicht nur zwischen den „Staaten" gebe, sondern zudem *in* ihnen, d. h. in
   Form der Fehde innerhalb von Herrschaftsverbänden (vgl. Land, S. 4). Anders als
   in der germanischen Sippe sei Fehde nach Landfrieden innerhalb des Landes
   durchaus möglich (vgl. Land, S. 30 f.). Brunner spricht hier vom Entstehen eines
   befriedeten Herrschaftsraumes; seine These bezieht sich *nicht* auf die Gruppe der
   Blutsverwandten. Die Frage, wie Rache innerhalb des Familienverbandes in zeitgenössischen rechtlichen Regelungen aufgefasst worden ist, muss damit letztlich
   offen bleiben. Die Hinweise deuten jedoch an, dass Kriemhilds Rache – gemessen
   an den rechtlichen Regelungen der Zeit – auch als Rache an den engsten Verwandten ein ungewöhnliches Vorgehen ist.

Die doppelt ungewöhnliche Ausgangssituation macht die Einordnung der geschilderten Handlungen in juristische Muster kompliziert. Außerdem scheint angesichts der Ausgangssituation des Geschehens – eine Witwe strebt nach Rache für den ermordeten Ehemann an den eigenen Brüdern – keine schnelle und einfache Lösung des Konflikts möglich zu sein. Kriemhild lehnt das Drängen von Siegfrieds Vater Siegmund zu sofortiger Rache ebenso ab (1027–1035) wie sein Angebot, sie möge ihn nach Xanten begleiten (1085–1088). Auf diese Weise kommt es zunächst nicht zur Trennung und Konfrontation der Herrschaftsverbände Gunthers auf der einen sowie Siegmunds und Kriemhilds auf der anderen Seite, sondern Kriemhild bleibt in der Nähe ihrer Brüder. Am Wormser Hof übernimmt sie nicht die Rolle der Fehdeführerin, woran sich ihr stark eingeschränktes Machtpotential als weibliches Mitglied dieses Herrschaftsverbands erkennen lässt. Erst nach der (Wieder-)Heirat mit dem Hunnenherrscher Etzel kann sie diese Rolle ausfüllen. Aber auch dort muss der Konflikt zunächst eskalieren, muss es zu einer Polarisierung der Herrschaftsverbände der Hunnen und der Burgunden kommen, bevor Kriemhild am Ende an Hagen Rache nehmen kann. Faktoren wie die Position Kriemhilds im Personenverband, die Polarisierung der Gegner und die Ausweitung der Gewalt scheinen bedeutsam dafür zu sein, dass Kriemhild schließlich Rache nehmen kann. Das *Nibelungenlied* stellt umfassend und ausgedehnt über die Erzählzeit mehrerer Aventiuren die Situation dar, in der von einer weiblichen Figur Rache verfolgt wird. Das Hauptaugenmerk der Darstellung von Kriemhilds Rache liegt ganz offenkundig auf der ausführlichen Schilderung ihrer Umstände.

Im Zuge der komplizierten Durchführung von Kriemhilds Rache im zweiten Teil des *Nibelungenlieds* werden, beginnend mit Siegfrieds Tod, Begriffe, Handlungskonstellationen und Denkfiguren beschrieben, die mit dem korrespondieren, was im 12. und 13. Jahrhundert in juristischen Texten festgelegt ist. Um Übereinstimmungen mit rechtlichen Regelungen in nicht-literarischen Texten der Zeit zu benennen, werden im Folgenden insbesondere die Fehderegelungen der Landfrieden herangezogen. An verschiedenen Stellen kommen darüber hinaus die Rechtsaufzeichnungen des Landrechts, namentlich der *Sachsenspiegel*, hinzu, um den Gang von Verfahren vor Gericht, über das die Landfrieden wenig Informationen liefern, kontextualisieren zu können. Einzelne Elemente der juristischen Texte, die – mehr oder weniger verändert, aber in erkennbar ähnlicher Form – im literarischen Text erscheinen, können als Ausgangspunkte für partielle Deutungen der Erzählung von Kriemhilds Rache genommen werden. Im Folgenden rekonstruiere ich zunächst anhand eines chrono-

logischen Durchgangs durch den Text drei Elemente von Kriemhilds
Rache, die Teil einer Fehde oder eines Gerichtsgangs sein könnten: die
Verklarung, das Feststellen der Schuld und die Sühne. Indem sich die
Analyse eng an das *Nibelungenlied* hält, kann die besondere Form und
Verwendung dieser Elemente des rechtlich geregelten Vorgehens im lite-
rarischen Text beschrieben werden. Dabei wird nicht nur deutlich, dass das
Geschehen im *Nibelungenlied* verschiedene formalisierte Verfahrensweisen
beschreibt, die mit juristischen Regelungen in zeitgenössischen normativen
Texten korrespondieren, sondern es zeigt sich auch das Maß an Eigen-
ständigkeit, das dem Recht der nibelungischen Welt zukommt.

Nach Siegfrieds Tod finden sich im Verlauf der Erzählung an verschiedenen Stellen Hinweise, dass Handlungen, die mit der Rache für
seinen Tod in Zusammenhang stehen, regelhaften Vorgaben folgen. Unmittelbar nach dem Mord an Siegfried kommen die Burgunden – d. h.
Hagen und Gunther sowie dessen Gefolge[458] – zu einer Beratung zusammen, um festzulegen, wie verheimlicht werden kann, dass Hagen Siegfried
erschlagen hat:

> Dô die herren sâhen, daz der helt was tôt,
> si leiten in ûf einen schilt, der was von golde rôt,
> und wurden des ze râte, wie daz sold' ergân,
> daz man ez verhæle, daz ez hete Hagene getân.
>
> Dô sprâchen ir genuoge: ‚uns ist übel geschehen.
> ir sult ez heln alle unt sult gelîche jehen:
> da er rite jagen eine, der Kriemhilde man,
> in slüegen schâchære, dâ er füere durch den tan.‘ (999 – 1000)

Ausgehend von der Einschätzung, dass sie von Siegfried verletzt worden
sind, wird ein Komplott verabredet. Obwohl Hagen sich gegen dieses
Stillschweigen ausspricht (1001), wartet die Gruppe vor der Rückkehr nach
Worms die folgende Nacht ab (1002,1). Auch diese Handlung kann als
Strategie der Burgunden verstanden werden und als Reaktion auf eine
implizite juristische Regelung der nibelungischen Welt. Denn indem sie die
Nacht vergehen lassen, verstreicht die Frist, in der der Täter, sollte er gefasst
werden, gemäß dem Verfahren bei handhafter Tat, unmittelbar erschlagen
bzw. durch ein Gericht zum Tode verurteilt werden kann.[459]

---

458 Die Brüder Gernot und Giselher sind nicht mit ausgeritten (926,4).
459 Vgl. Mahlendorf, Ursula und Frank Tobin: Legality and Formality in the Nibe-
      lungenlied, in: Monatshefte 66 (1974), S. 225 – 238, hier S. 233 f.; sowie
      Schmidt, Einführung, S. 22, S. 81 ff.

In Worms wird der Leichnam Siegfrieds vor Kriemhilds Kemenate abgelegt (1004,1). Bereits die Gewalttat, die Kriemhilds Rache auslöst, lässt die rechtliche Regelung der so genannten Verklarung einer Tat anklingen. In mittelalterlichen juristischen Texten meint der Terminus das Offenlegen der Umstände einer Gewalthandlung durch alle, die an ihr beteiligt waren oder sich ihrer verdächtig gemacht haben.[460] Insbesondere scheint Verklarung im so genannten germanischen Recht von der verletzten Partei im Falle des Erschlagens des Täters bei handhafter Tat gefordert zu werden, um der Rache Rechtmäßigkeit zu verleihen.[461] Auch in den Landfrieden findet sich an verschiedenen Stellen die Forderung, sich über eine begangene Tat zu erklären: Im *Rheinfränkischen Landfrieden* von 1179 wird beispielsweise formuliert, dass ein Missetäter, wenn er sein Handeln offen legt, die Möglichkeit hat, sich durch Beibringen von sieben Zeugen seiner Unbescholtenheit von der Tat zu reinigen; in der *Treuga Henrici* erhält derjenige, der etwas erbeutet hat und dies offenkundig macht, die Möglichkeit, die Beute zurückzuerstatten und sich so zu reinigen.[462] Dass Hagen nach der Erschlagung Siegfrieds dessen Leichnam vor die Kemenate

---

460 Vgl. Erler, Adalbert: Art. Verklarung, in: Ders., Ekkehard Kaufmann und Dieter Werkmüller (Hg.): Handwörterbuch zur deutschen Rechtsgeschichte. Bd. 5, Berlin 1998, Sp. 741–743; sowie Mitteis/Lieberich, Rechtsgeschichte, S. 43.

461 Vgl. Schmidt, Einführung, S. 23 f., S. 40; sowie Mitteis/Lieberich, Rechtsgeschichte, S. 39 f. Die Vorstellung von der Existenz eines germanischen Rechts wird seit etwa der Mitte des 20. Jahrhunderts kritisiert; sie gilt heute als Konstrukt der älteren Forschung. Die Versuche, einen frühzeitlichen germanischen Rechtszustand zu rekonstruieren, stützen sich auf das Germanenbild römisch-antiker Autoren, insbesondere auf Tacitus' *Germania*. Selbst die frühmittelalterlichen Rechtsaufzeichnungen der Germanen, die so genannten Volksrechte oder *leges barbarorum*, die mit dem 5. Jahrhundert einsetzen, sind durchweg – wenn auch in unterschiedlichem Maße – römischen und christlichen Einflüssen ausgesetzt und können daher nicht als Zeugnisse einer ursprünglichen germanischen Kultur verstanden werden. Wenn im Folgenden Positionen der älteren Forschung zitiert werden, die den Begriff des germanischen Rechts verwenden, so wird stets angezeigt, dass es sich dabei um eine Konstruktion handelt. Zusammenfassend zur Kritik des Begriffs germanisches Recht vgl. Lück, Heiner: Art. Recht, in: Beck, Heinrich, Dieter Geuenich und Heiko Steuer (Hg.): Reallexikon der Germanischen Altertumskunde. Bd. 24, 2., völlig neu bearbeitete und stark erweiterte Auflage, Berlin und New York 2003, S. 209–224, hier S. 212 f.; für eine ausführliche Kritik, die neben dem Quellenproblem auch das der Denkmodelle sowie die Wandlungen des Germanenbegriffs in die Überlegungen einbezieht, vgl. Kroeschell, Karl: Das Germanische Recht als Forschungsproblem, in: Ders. (Hg.): Festschrift für Hans Thieme zu seinem 80. Geburtstag, Sigmaringen 1986, S. 3–19.

462 Vgl. Weinrich, Quellen, S. 292 f., S. 400 f.

Kriemhilds legen lässt, kann als Hinweis auf die Forderung nach Verklarung einer Tat verstanden werden (1003,2–1004,4).[463]

Der Tote werde von Hagen, so heißt es, mit der Absicht dort niedergelegt, dass Kriemhild ihn finden möge („daz si in dâ solde vinden" (1004,2)), wenn sie am nächsten Morgen, wie üblich, zur Messe gehe. Hagen macht auf diese Weise zwar offenbar, dass Siegfried zu Tode gekommen ist. Hinweise auf den Täter und die Umstände der Tat fehlen jedoch. Hagen lässt die Leiche „tougenlîchen" vor Kriemhilds Tür legen (1004,1). Verklart ist die Tat somit nur in einem sehr eingeschränkten Sinne: Auch wenn der Leichnam Siegfrieds Kriemhild präsentiert wird, bleibt die Frage, wer seinen Tod verursacht hat, im Dunkeln. Das Ausstellen der Leiche bei gleichzeitigem Verschweigen des Täters macht aus dem Rechtsinstrument der Verklarung im *Nibelungenlied* ein Mittel, mit dem die Macht über Leben und Tod demonstriert wird, ohne dass sich die Täter öffentlich verantworten müssen. Die Burgunden präsentieren das Ergebnis ihres Handelns, verschweigen aber die eigene Täterschaft und entziehen sich so gezielt – wie an den Absprachen zur Verheimlichung der Tat deutlich wird – der Sanktionierung ihres Tuns. Ein Element des juristischen Procedere wird somit von den Akteuren in einer Weise eingesetzt, bei der sie nicht für ihre Tat zur Verantwortung gezogen werden können. Die Ungewissheit über den oder die Täter, die die Burgunden bestehen lassen, zieht die für den weiteren Handlungsverlauf bedeutsame Aufgabe nach sich, den Mörder Siegfrieds zu bestimmen.

Dass die Burgunden den Mörder Siegfrieds und seine Komplizen gezielt verheimlichen, wird darauf zu einem Movens der Handlung. Die Strophen der 17. Aventiure, die auf Siegfrieds Tod folgen, durchzieht die Frage nach den Tätern, und auch noch an verschiedenen späteren Stellen werden Täterschaft und Verantwortlichkeit zu bestimmen versucht. Als der Kämmerer Kriemhild berichtet, es liege ein toter Ritter vor der Tür ihrer Kemenate, beginnt sie zu klagen, erinnert sich an die Frage Hagens nach Siegfrieds verwundbarer Stelle und benennt, noch ohne den Leichnam gesehen zu haben, sowohl den Toten als auch die Figuren, die die Tat veranlasst und ausgeführt haben, mit Namen:

---

463 So beispielsweise Fehr, Hans: Kunst und Recht. Bd. 2. Das Recht in der Dichtung, Bern 1930, S. 114; sowie Holzhauer, Heinz: Vom Recht im Nibelungenlied, in: Baumann, Wolfgang, Hans-Jürgen Dickhuth-Harrach und Wolfgang Marotzke (Hg.): Gesetz, Recht, Rechtsgeschichte. Festschrift für Gerhard Otte, München 2005, S. 551–561, hier S. 553.

[…] ‚ez ist Sîfrit, der mîn vil lieber man:
ez hât gerâten Prünhilt, daz ez hât Hagene getân.‘ (1010,3–4)

Kriemhild vermutet ein Komplott, bei dem die Beteiligten unterschiedliche Aufgaben übernommen haben. Dass es sich um den Tatbestand des Mordes handelt, spricht sie erst aus, als sie den Leichnam gesehen hat und ihre Anschuldigung mit einem Indiz belegen kann:

[…] ‚nu ist dir dîn schilt
mit swerten niht verhouwen; du lîst ermorderôt.‘ (1012,2–3)

Aus dem formalen Befund, dass der Schild des Getöteten unversehrt ist, wird abgeleitet, dass Siegfried nicht im offenen Kampf gefallen ist, sondern hinterrücks erschlagen wurde. Es geht also um den Tatbestand der heimlichen Tötung, es geht um Mord. Die anklagende Benennung der Schuldigen wiederholt Kriemhild an dieser Stelle nicht. Vielmehr macht sie den eigenen Einsatz für die Rache von Siegfrieds Tod davon abhängig, dass gesichertes Wissen über die Schuldigen erlangt wird: „wesse ich, wer iz het getân, ich riet’ im immer sînen tôt“ (1012,4). Bevor die Rache vorangetrieben werden kann, scheinen die Schuldigen zunächst in einem Verfahren, das gesichertes Wissen produziert, festgestellt werden zu müssen – also möglicherweise in einem formalisierten und öffentlichen Gerichtsverfahren. Rachehandlungen können nicht auf den bloßen Verdacht einer Figur der Erzählung hin begonnen werden, sondern – nicht näher erläuterte – Kriterien der Generierung von Wissen sind zu beachten, die über den Eindruck oder die Intuition einer einzelnen Figur hinausgehen. Hier deutet sich an, dass die Herstellung von Recht formalisierten Vorgaben zu folgen hat, wie sie in den Landfrieden beispielsweise in der Absage (*diffidatio*) vor einem bevorstehenden Fehdegang oder in der Verhandlung und Feststellung eines Friedbruchs vor einem Gericht thematisiert wird.[464]

Als Siegfrieds Vater und das Gefolge des Xanteners von seinem Tod erfahren, fragen auch sie sogleich nach dem Täter (1023,3–4). Sie sinnen auf Rache (1027,2; 1028,3–4), wissen aber nicht, gegen wen sich die

---

464 Die Forderung nach der Aufsage des Friedens vor einem Fehdegang findet sich beispielsweise im *Friedebrief gegen die Brandstifter* von 1186 (Art. 17), in der *Treuga Henrici* von 1224 (Art. 10), im *Königlichen Landfrieden* von 1234 (Art. 10) sowie im *Mainzer Reichslandfrieden* von 1235 (Art. 6) (vgl. Weinrich, Quellen, S. 312, S. 398, S. 458, S. 468). Die Feststellung des Friedbruchs durch ein Gericht, insbesondere in Form eines Zeugenbeweises, fordern der *Landfriede Friedrichs I.* von 1152 (Art. 10), der *Sächsische Landfrieden* von 1221 (Art. 17), die *Treuga Henrici* (Art. 22) sowie der *Königliche Landfrieden* (Art. 5) (Weinrich, Quellen, S. 220, S. 388, S. 402, S. 456).

Vergeltung richten soll: „Sine wessen, wen si solden mit strîte dô bestân"
(1029,1). Der Verdacht fällt auf die Burgunden – „sine tæten ez danne
Gunther und sîne man" (1029,2) –, denn diese können als letzte Begleiter
Siegfrieds beim Aufbruch vom Wormser Hof auf die Jagd identifiziert
werden: „mit den der herre Sîfrit an daz gejeide reit" (1029,3). Indem
eingangs des Satzes festgestellt wird, dass den Xantenern Wissen über das
Ziel ihrer Vergeltung fehlt, deutet sich an, dass auch aus ihrer Perspektive
das Kriterium des gemeinsamen Ausreitens zur Jagd für einen Rachegang
gegen die Burgunden nicht hinreichend erscheint. Gleichwohl findet
Kriemhild Siegmund und sein Gefolge in Waffen (1029,4) und kann
verhindern, dass sie den Burgunden Gewalt zufügen. Auch wenn
Kriemhild im Gespräch mit Siegmund den gegenwärtigen Zeitpunkt für
die Rache ablehnt, stellt sie dennoch die Beteiligung an Rachehandlungen
in Aussicht und macht diese erneut von der Feststellung des Täters abhängig:

> [...] ‚der mir in [= Siegfried] hât benomen,
> wird' ich des bewîset, ich sol im schädelîche komen.' (1033,3–4)[465]

Das Wort „bewîsen" findet sich auch in zeitgenössischen juristischen
Texten im generellen Sinne des Aufzeigens vor Gericht oder vor anderen
Zeugen.[466] Im mittelalterlichen Rechtsgang ist der Beweis ein Verfahren im

---

465 Im gesamten Gespräch zwischen Kriemhild und Siegmund steht die Frage nach
    Täterschaft und Schuld sowie das Problem, über sie Gewissheit zu erlangen, al-
    lerdings nicht im Vordergrund, sondern Kriemhild argumentiert primär mit der
    kriegerischen Überlegenheit der Burgunden über die Gäste aus Xanten (1031,3–4
    und 1034).
466 Vgl. Mitteis/Lieberich, Rechtsgeschichte, S. 46 f.; Planck, Julius Wilhelm von:
    Das deutsche Gerichtsverfahren im Mittelalter. Bd. 2, Braunschweig 1879, S. 1 ff.;
    Kornblum, Udo: Art. Beweis, in: Erler, Adalbert und Ekkehard Kaufmann (Hg.):
    Handwörterbuch zur deutschen Rechtsgeschichte. Bd. 1, Berlin 1971, Sp. 401–
    408; sowie Deutsch, Andreas: Art. Beweis, in: Cordes, Albrecht, Heiner Lück,
    Dieter Werkmüller und Ruth Schmidt-Wiegand (Hg.): Handwörterbuch zur
    deutschen Rechtsgeschichte. Bd. 1, 2., völlig überarbeitete und erweiterte Auflage,
    Berlin 2008, Sp. 559–566. Im Sachsenspiegel begegnet „bewîsen" insbesondere in
    Forderungen an den Kläger, die ihm zugefügte Verletzung zu zeigen. Es kann sich
    dabei um eine materielle (z. B. Ssp. Ldr. II 25 § 1; II 47 § 2; II 64 § 4) oder auch
    um eine physische (z. B. I 63 § 1; I 68 § 2) Verletzung handeln. Als Bezeichnung
    für die Reaktion des Beklagten und seine Möglichkeit, sich zu reinigen, wird
    „bewîsen" im Sachsenspiegel nur an zwei Stellen im Zusammenhang mit Streitig-
    keiten um Besitz erwähnt (II 36 § 4; III 5 § 5) – der erste Hinweis scheint bereits in
    der frühesten Fassung des Sachsenspiegels aus den 1220er Jahren enthalten zu sein,
    der zweite findet sich in einer Fassung des Textes, die Eckhardt auf die Zeit kurz vor

Zuge der Feststellung des Täters und der Bestimmung des Urteils.[467] Zum Abschluss des Gerichtsverfahrens, das als Streit der Parteien vor Gericht durchgeführt wird, verkündet der Richter das Urteil, das nicht von ihm selbst, sondern von den anwesenden Urteilern auf der Grundlage des Parteienstreits festgestellt worden ist. Das Urteil kann von der beklagten – aber auch von jeder anderen – Partei abgelehnt (*gescholten*) werden. Außerdem kann der Urteilsspruch selbst dem Beklagten, wenn er sich zuvor für unschuldig erklärt hat, die Möglichkeit geben, die eigene Unschuld im Anschluss an den Urteilsspruch zu erweisen (so genanntes zweizüngiges Urteil). Der Vorgang, bei dem die Unschuld des Beklagten oder gegebenenfalls seine Schuld festgestellt wird, wird als Beweis bezeichnet.[468] Der Beweis kann die Form eines Eides, eines Gottesurteils oder eines Zweikampfes haben. An diesen Verfahren zeigt sich der Unterschied zur modernen Konzeption des Beweises, denn beim mittelalterlichen Beweis wird nicht der Nachweis geführt, ob eine Tat begangen wurde oder nicht, sondern es wird eine andere – im Falle des Gottesurteils eine höhere – Instanz zur Entscheidung angerufen.[469] Die zeitliche Struktur des Verfahrens, wonach noch nach dem Urteilsspruch der Beweis der Unschuld des Beklagten erfolgen kann, wird im Hochmittelalter ergänzt durch die Regelung, dass der Kläger den Beweis für konkrete Vorwürfe zu erbringen hat.[470]

1270 datiert (vgl. Eckhardt, Sachsenspiegel Landrecht, S. 160, S. 197). Außerdem wird der Begriff an verschiedenen Stellen des *Sachsenspiegels* verwendet, um die Zwangslage zu belegen, die Personen daran hindert, Aufgaben vor Gericht erfüllen zu können (z. B. I 38 § 2; II 11 § 1). Zum Verfahren des Rechtsgangs nach dem *Sachsenspiegel* vgl. Lück, Heiner: Verlauf und Ergebnisse des „Strafverfahrens" im Gebiet des sächsischen Rechts (13. bis 16. Jahrhundert), in: Sachsen und Anhalt. Jahrbuch der Historischen Kommission für Sachsen-Anhalt 21, Weimar 1998, S. 129–150.

467 Zum Folgenden vgl. Mitteis/Lieberich, Rechtsgeschichte, S. 45–48, S. 308 f.; Schmidt, Einführung, S. 39–42, S. 76 ff.; sowie Planck, Gerichtsverfahren 1, S. 248–303.

468 Den Vorgang als Beweis zu bezeichnen ist zunächst eine Analogiebildung zum modernen Verständnis des Terminus (vgl. Planck, Gerichtsverfahren 2, S. 1). Planck betont, dass das Wort „bewîsen", insbesondere im *Sachsenspiegel*, unabhängig von seiner Position im Ablauf eines Rechtsganges zumeist ganz generell meint, ein Tatbestand sei dem Gericht visuell vor Augen zu führen (vgl. Planck, Gerichtsverfahren 2, S. 9 f., dort insbes. Fußnote 3).

469 Vgl. Kroeschell, Rechtsgeschichte 1, S. 40. Mit der Einführung des Nachweises eines Tatbestands durch den Kläger wandelt sich diese Konzeption des Begriffs.

470 Vgl. Mitteis/Lieberich, Rechtsgeschichte, S. 308 f.; sowie Schmidt, Einführung, S. 38 ff., S. 76 ff.

Als schließlich auch Gunther mit seinem Gefolge samt Hagen bei denen eintrifft, die mit Kriemhild um Siegfried trauern, und als der König sein Bedauern über die Verletzung, die Kriemhild mit dem Tod Siegfrieds zugefügt worden sei, sowie seine eigene Trauer um Siegfried zum Ausdruck bringt (1041,1–3), wird die Frage nach dem Täter erneut gestellt. Kriemhild reagiert auf die Rede ihres Bruders mit einer Zurückweisung: „daz tuot ir âne schulde" (1041,4). Gunther wird mit dieser Formulierung das Recht auf die von ihm geäußerte Trauer um Siegfrieds Tod abgesprochen: Er habe keinen Grund, um den Toten zu trauern. Damit wird der Begriff der „schulde" in einen Bedeutungszusammenhang und in einer Fügung verwendet, in denen er zugleich negiert und von seiner Bedeutung als Beschreibung von Täterschaft und Verletzung einer anderen Partei gelöst erscheint. Im gegebenen Kontext aber wird in paradoxer Weise gerade mit dieser negierenden Verwendung des Begriffs ein Schuldvorwurf gegen Gunther erhoben.[471] Die Frage der Schuld Gunthers, die an dieser Stelle der Erzählung bereits im Raum steht und die hier nun auch begrifflich angesprochen ist, scheint in Kriemhilds Formulierung zunächst nur in der Negation benannt zu sein. Indem jedoch Kriemhild ihrem Bruder das Recht zu trauern mit den Worten abspricht, er habe dazu keinen Grund, er tue es „âne schulde", erhebt sie zugleich den Vorwurf, als Beteiligter am Mordkomplott habe der Tod Siegfrieds seinen Absichten entsprochen und könne ihm keinen zu beklagenden Verlust bedeuten. Der wörtliche Sinn der (übertragen gebrauchten) Fügung „âne schulde" wird somit in paradoxer Weise verkehrt.

Die Burgunden nehmen den Vorwurf unmittelbar auf, leugnen die Tat aber, wie knapp berichtet wird: „Si buten vaste ir lougen" (1043,1). Darauf fordert Kriemhild einen sichtbaren Beweis: „swelher sî unschuldic, der lâze daz gesehen" (1043,2). Der Logik ihrer anklagenden Worte gemäß ist es

---

471 Nicht die Abwesenheit von Schuld im Sinne des absichtsvollen und negativ bewerteten Handelns einer Figur wird mit der Wendung „âne schulde" bezeichnet, sondern das impersonale Fehlen der Ursache für ein Geschehen oder das Fehlen der Ursache für eine Handlung, die nicht bewertet wird (vgl. Lexer III, Sp. 187). Im *Nibelungenlied* erscheint die Fügung nur in der Form „âne sîne schulde" (1896,4) in der Bedeutung von Schuldlosigkeit eines Handelnden: Etzel bezeichnet Volkers Mord an dem herausgeputzten Hunnen beim Turnier als Tun ohne böse Absicht. In der Mehrzahl der Fälle meint „âne schulde" das unbewertete Fehlen der Ursache für eine Handlung (z. B. 819,2; 820,2; 1123,4). Verschiedentlich kommen beide semantischen Dimensionen der Wendung zu einer übereinstimmenden Aussage: Es fehlt an einer Ursache der Feindschaft und Siegfried, der sie sich zuzieht, hat sie auch nicht absichtlich herbeigeführt (869,4; ähnlich: 1395,2; 2094,4; mit vermutlich ironischem Rekurs auf ein Tun ohne böse Absicht: 841,3).

nicht an ihr, die Schuld zu erweisen, sondern den Beklagten obliegt – ganz im Sinne des mittelalterlichen Beweisbegriffs – der Nachweis ihrer Unschuld. Kriemhild fordert ihre Brüder und Hagen auf, sich öffentlich der Bahrprobe zu unterziehen (1043,3). Das Verfahren, das zu den Gottesurteilen gerechnet werden kann, wird erläutert: Der Leichnam identifiziere den Täter („den mortmeilen"), indem die Wunden des Toten in Anwesenheit seines Mörders erneut zu bluten beginnen (1044,2–3).[472] Die Bahrprobe erbringt sogleich die Schuld Hagens: „dâ von man die schulde dâ ze Hagenen gesach" (1044,4). Als Gunther dagegen für die Unschuld Hagens einzutreten versucht (1045,3–4),[473] bringt Kriemhild knapp zum Ausdruck, dass ihr die Mörder Siegfrieds jetzt bekannt seien und konfrontiert ihren Bruder und Hagen mit dem Vorwurf der Täterschaft: „Gunther und Hagene, jâ habt ir iz getân" (1046,3). Die Angesprochenen verhalten sich zu dieser Rede nicht mehr, die auch die abschließende Benennung der Täter durch die richterliche Instanz sein könnte.[474]

---

472 Die Herkunft des Verfahrens der Bahrprobe ist unklar. Bahrproben werden von der Forschung in der Regel zu den Gottesurteilen gezählt; diese Zuordnung ist aber nicht gesichert (vgl. Ogris, Werner: Art. Bahrprobe, in: Cordes, Albrecht, Heiner Lück, Dieter Werkmüller und Ruth Schmidt-Wiegand (Hg.): Handwörterbuch zur deutschen Rechtsgeschichte. Bd. 1, 2., völlig überarbeitete und erweiterte Auflage, Berlin 2008, Sp. 408–410). Belegt sind Bahrproben seit dem 12. Jahrhundert in literarischen Texten, seit dem 14. Jahrhundert dann auch in Rechtstexten. Im 12. und 13. Jahrhundert bemühen sich die kirchliche und die weltliche Rechtsprechung darum, Gottesurteile zu verbieten: 1215 spricht sich das vierte Laterankonzil gegen Zweikämpfe und Gottesurteile aus, und auch die *Konstitutionen von Melfi* Friedrichs II. verbieten sie im Königreich Sizilien (vgl. Erler, Adalbert: Art. Gottesurteil, in: Ders. und Ekkehard Kaufmann (Hg.): Handwörterbuch zur deutschen Rechtsgeschichte. Bd. 1, Berlin 1971, Sp. 1769–1773, hier Sp. 1772 f.). Zugleich ist zeitgenössisch noch im *Sachsenspiegel* von einem Gottesurteil die Rede („wazzerurteil"; Ssp. Ldr. III 21 § 2). Im *Nibelungenlied* wird neben der Bahrprobe ein weiteres Gottesurteil dargestellt: Als Hagen auf der Reise ins Land der Hunnen den Geistlichen ins Wasser wirft (1574 ff.), wird dieser durch Gottes Hand (1579,3) gerettet. Rechnet man die Bahrprobe zu den Gottesurteilen, so ist festzuhalten, dass das *Nibelungenlied* dieses Mittel zur Feststellung eines Schuldigen offenbar in einem Kontext darstellt, in dem es stark umstritten ist.

473 Hier klingt die Möglichkeit der Reinigung des Beklagten durch die eidliche Aussage eines Dritten an (vgl. Schmidt, Einführung, S. 76 ff.).

474 Zur Urteilsformulierung durch den Richter im so genannten germanischen Rechtsgang vgl. Mitteis/Lieberich, Rechtsgeschichte, S. 45 f. Dass Ordnung des Verfahrens und Verkünden des Urteils Aufgaben des Richters sind, bleibt bis ins späte Mittelalter bestehen (vgl. Mitteis/Lieberich, Rechtsgeschichte, S. 308; sowie Planck, Gerichtsverfahren 1, S. 301 ff.).

Die erste explizite Formulierung des Tatvorwurfs, die Kriemhild unternimmt, fungiert zugleich als Feststellung der Schuldigen, nachdem das Beweisverfahren durchgeführt ist. Mit ihrer Rede scheint Kriemhild also zugleich die Position der anklagenden Partei und die des Richters zu übernehmen. Eine richterliche Instanz, die von der Klägerin unterschieden ist und die das Verfahren ordnet, sowie ein deutlich markiertes formalisiertes gerichtliches Verfahren im eigentlichen Sinne fehlen jedoch. Wieso auch Gunther in die Schuldfeststellung Kriemhilds einbezogen wird, bleibt – zwar nicht vor dem Hintergrund der geschilderten Ereignisse, jedoch – im Zusammenhang dessen, was die Bahrprobe gezeigt hat, unklar. Des Weiteren ergeben sich aus dem Gottesurteil keine unmittelbaren Konsequenzen im Sinne von Strafe oder Rachevollzug. Kriemhild formuliert zwar den Wunsch, Gott möge die Rache von Siegfrieds Gefolge vollziehen lassen (1046,2), und die Angesprochenen reagieren darauf mit Kampfstimmung (1046,4). Es geschieht jedoch nichts. Die Szene bestätigt damit, dass die öffentliche Formulierung von Kriemhilds Rachewunsch von Anklage und Feststellung der Schuld der Täter abhängig gemacht wird. Die sich aus Bahrprobe und Schuldfeststellung eröffnende Handlungsoption, die Tat an den Schuldigen zu vergelten, wird jedoch schon im nächsten Satz wieder unmöglich gemacht. Mit den Worten „nu traget mit mir die nôt" (1047,1) leitet Kriemhild die sich anschließende Totenfeier zu Ehren Siegfrieds ein.

Auch wenn der Text an dieser Stelle keinen Rechtsgang im eigentlichen Sinne darstellt, d. h. mit den dazugehörigen auf verschiedene Figuren verteilten Funktionen (insbes. Richter und Urteiler) und mit deutlich markiertem Anfang und Ende sowie dem Verfahren inhärenten Handlungsphasen, werden doch einzelne Aspekte der Handlung sichtbar, die mit Elementen des zeitgenössischen Rechtsgangs korrespondieren. Insbesondere handelt es sich um die Formulierung des Schuldvorwurfs, die Darstellung eines Beweisverfahrens und die Feststellung der Schuldigen. Auf die Bestimmung der Schuldigen folgt jedoch keine Strafe oder Vergeltung, sondern es werden die Handlungsphasen der Trauer Kriemhilds, der Brautwerbung sowie der Wiederverheiratung mit Etzel in der Ausführlichkeit von sechs Aventiuren geschildert. Erst nach diesem erzählerischen Durchgang wird die Thematik der Rache Kriemhilds in Aventiure 23 wieder aufgenommen.

Im Kontext des Vollzugs von Kriemhilds Rache spielt die Feststellung der Schuld der Partei, gegen die mit Gewalt vorgegangen werden soll, erneut eine bedeutende Rolle. In Aventiure 29 fordert Kriemhild die Krieger Etzels erstmals direkt auf, ihr Leid zu rächen. Kriemhild zeigt ihre

Verletzung an, indem sie beim Anblick von Hagen und Volker, die an Etzels
Hof vor einem Gebäude auf einer Bank sitzen (1761,1), zu weinen beginnt
(1763,1). Durch den öffentlichen Trauergestus werden die Krieger Etzels
veranlasst, nach der Ursache ihrer Stimmung zu fragen (1763,2–3).
Kriemhild muss nur Hagen als Auslöser ihres Leids benennen (1763,4),
schon stellen sich Männer für die Rache zur Verfügung (1764,4). Worin die
Verletzung der Herrscherin besteht, scheint für Etzels Gefolge keine Rolle
zu spielen. In ihrer Replik nimmt Kriemhild das Angebot an, fordert zur
Rache auf, verknüpft diese mit der Aussicht auf ihre Dienste und wiederholt die Racheaufforderung erneut: „rechet mich an Hagene, daz er
vliese den lîp" (1765,4). Es finden sich sofort 60 Männer zur kämpferischen Auseinandersetzung bereit (1766). Als Kriemhild diese Gruppe zu
klein nennt, erhöht sich die Zahl auf 400 (1769,1–2). Kriemhild wiederholt die Racheaufforderung dann jedoch nicht, was unmittelbar den
Ausbruch des Kampfes zur Folge haben könnte,[475] sondern schiebt ihn auf,
um zunächst für alle Beteiligten wahrnehmbar die Schuld Hagens festzustellen:

> ,Unde hœret itewîze, waz mir hât getân
> Hagen von Tronege, der Guntheres man.' (1771,1–2)

Nach der Begrüßung, bei der Hagen im provokativen Gestus mit Siegfrieds
Schwert auf den Knien vor der Königin sitzen bleibt, stellt Kriemhild ihm
eine Frage, die seine Verantwortlichkeit für Siegfrieds Tod anklingen lässt:
Wer habe nach Hagen geschickt, dass er es wage, in Etzels Land zu erscheinen; ihm müsse doch klar sein, was er ihr, Kriemhild, angetan habe
(1787,1–3). Hagen geht in seiner Antwort nicht auf den angehängten
Schuldvorwurf ein, sondern nur auf das primäre Ziel der Frage, den Grund
seiner Reise ins Land Etzels (1788). Kriemhilds zweite Frage zielt direkt auf
Hagens Tat:

> […] ,nu saget mir mêre, zwiu tâtet ir daz,
> daz ir daz habt verdienet, daz ich iu bin gehaz?
> ir sluoget Sîfriden, den mînen lieben man.' (1789,1–3)

Hagen greift den Vorwurf auf, indem er erwidert: „ich binz aber Hagene,
der Sîfriden sluoc" (1790,2). Mit dieser Formulierung bejaht er nicht
einfach, die Tat begangen zu haben, sondern er bestätigt mit der Nennung
des eigenen Namens seine Identität – die bislang nicht in Frage stand – und
hängt die Tat, Siegfried erschlagen zu haben, seinem Namen wie eine

---

475 Als Beispiel für diesen Verlauf der Gewalthandlungen der hunnischen Krieger
    gegen die Burgunden vgl. etwa 2108–2110.

schmückende attributive Erweiterung an.[476] Die Anerkennung der Schuld an Siegfrieds Tod wird von Hagen als längst akzeptiert und nicht mehr abzustreiten dargestellt. Er kennzeichnet sie als zum allgemeinen Wissen um seine Figur gehörig.[477] Darauf folgen eine uneingeschränkte Anerkennung der Schuld und die Bestätigung der Rechtmäßigkeit von Rache:

> ‚Ez ist et âne lougen, küneginne rîch,
> ich hân es alles schulde, des schaden schedelîch.
> nu rechez, swer der welle, ez sî wîp oder man.
> ich enwolde danne liegen, ich hân iu leides vil getân.‘ (1791)

Auch das Geschlecht der Figur, die nun Rache üben werde, sei, so erklärt Hagen hier, für den rechtmäßigen Vollzug der Rache nebensächlich. Kriemhild wendet sich darauf an die hunnischen Krieger und betont, dass Hagen nicht leugne, ihr Leid zugefügt zu haben (1792,1–2). Sie wiederholt die Racheaufforderung auf indirekte Weise:

> […] ‚swaz im dâ von geschiht,
> daz ist mir vil unmære, ir Etzelen man.‘ (1792,2–3)

Die Recken scheuen jedoch vor Hagens kämpferischen Fähigkeiten zurück und greifen ihn nicht an. Entscheidend für die Frage nach Formen der Regelung von Rachehandlungen im *Nibelungenlied* ist nicht der Erfolg oder Misserfolg von Kriemhilds Vorgehen, sondern die Tatsache, dass Kriemhild, bevor sie die Rachehandlungen gegen Hagen veranlasst, nochmals die Schuld desjenigen thematisiert, gegen den Gewalt verübt werden soll. Dabei kommt es erstmals zu einer Anerkennung der Tat durch Hagen. Außerdem wird deutlich, dass die Frage der Verantwortlichkeit für Siegfrieds Tod an dieser Stelle der Erzählung nicht mehr zwischen anklagender und beschuldigter Figur ausgehandelt wird. Die Feststellung der Schuld und ihre Anerkennung durch Hagen dienen nicht mehr dazu, die Frage zu entscheiden, gegen wen sich Kriemhilds Rache richten wird. Schuldiger sowie Entschluss zur Rache stehen an diesem Punkt der Narration fest. Die Schulderfragung hat hier als alleinigen Adressaten die Krieger Etzels, die im Dienste Kriemhilds die Rache an Hagen vollziehen sollen. Die zweite Szene, in der Hagens Schuld thematisiert wird, stellt

---

476 In Sinne der antiken Rhetorik meint das *epitheton ornans* nur ein Adjektiv-Attribut oder eine substantivische Apposition (vgl. Gondos, Lisa: Art. Epitheton, in: Ueding, Gert (Hg.): Historisches Wörterbuch der Rhetorik. Bd. 2, Tübingen 1994, Sp. 1314–1316).

477 Das angehängte „der Sîfriden sluoc" findet sich auch später als Zusatz zu Hagens Namen; z. B. in 1923,3.

damit eine Eigenschaft heraus, die auch der Schuldfeststellung durch die Bahrprobe eigen ist. Bei beiden handelt es sich um öffentliche Handlungen, durch die Schuld als Voraussetzung weiterer rechtlicher Konsequenzen öffentlich wahrnehmbar gemacht wird.[478] Bemerkenswert ist, dass Kriemhild auch in Aventiure 29 die bereitwilligen Krieger nicht unmittelbar zum Rachegang schickt, sondern dass selbst hier – wo handlungslogisch keine Notwendigkeit besteht, sie von Hagens Täterschaft zu überzeugen – eine Schulderfragung und -feststellung der Aufforderung zu Gewalthandlungen vorgeschaltet wird und dass damit erneut ein bestimmter Gang des Verfahrens, eine Ordnung der Rache, eingehalten wird. Auch wenn das *Nibelungenlied* keinen Rechtsstreit vor Gericht darstellt, so zeigt der Text mit der zweifachen Schuldfeststellung doch ein formalisiertes und öffentliches Verfahren, das ähnliche Elemente aufweist wie Beschreibungen des Gerichtsgangs in zeitgenössischen juristischen Texten.

Zentrale Bedeutung für die Vermeidung von Gewalthandlungen im *Nibelungenlied* kommt der *suone* zu.[479] Der Begriff wird im *Nibelungenlied* wiederholt verwendet und meint hier die Herstellung eines befriedeten Zustandes zwischen verschiedenen Figuren und Figurengruppen durch Unterredungen, Verhandlungen und symbolische Gesten.[480] In normativen juristischen Texten wird der Terminus *compositio* in der Regel konkret auf materielle Leistungen bezogen, die zur Beilegung eines Rechtsstreits oder einer Fehde zu erbringen sind.[481] Der Begriff wird jedoch nicht nur im präzisen Sinne der materiellen Genugtuung für ein Vergehen verwendet, sondern er kann auch ganz allgemein die „Beilegung irgendwelcher

---

478 Vgl. auch Müller, Jan-Dirk: Das Nibelungenlied, Berlin 2002, S. 86 f. Wie Mündlichkeit gehörte auch Öffentlichkeit zu den Grundsätzen des mittelalterlichen Prozessverfahrens (vgl. Wesener, Gunter: Art. Prozessmaximen, in: Erler, Adalbert und Ekkehard Kaufmann (Hg.): Handwörterbuch zur deutschen Rechtsgeschichte. Bd. 4, Berlin 1990, Sp. 55 – 62).

479 Der Begriff bezeichnet im Mittelhochdeutschen Versöhnung, Frieden und Ausgleich, aber auch Urteil und Gericht (vgl. Lexer II, Sp. 1322; BMZ II,2, S. 749).

480 Das Wort wird im *Nibelungenlied* sowohl verwendet, um die Etablierung oder das Scheitern friedlicher Beziehungen zwischen unterschiedlichen Herrschaftsverbänden bzw. ihren Repräsentanten zu benennen (im Zuge der Konfrontation der Burgunden durch Siegfried (116,3); nach dem Krieg gegen Sachsen und Dänen (311,3; 313,3)), als auch für die Versöhnung einzelner Figuren (Kriemhild mit den Brüdern nach Siegfrieds Tod (1115,1; 1394,3)).

481 Vgl. Kaufmann, Ekkehard: Art. Sühne, Sühnevertrag, in: Adalbert Erler, Ekkehard Kaufmann und Dieter Werkmüller (Hg.): Handwörterbuch zur deutschen Rechtsgeschichte. Bd. 5, Berlin 1998, Sp. 72 – 76, hier Sp. 73; sowie His, Strafrecht 1, S. 296 ff., insbes. S. 329 ff.

Streitigkeiten" meinen.[482] *Suone* steht damit für den materiellen Ausgleich ebenso wie für den auf diese Weise hergestellten befriedeten Zustand.[483] Eine *suone* kann in einem gerichtlichen Verfahren ebenso wie außergerichtlich ausgehandelt werden.[484] Von besonderer Bedeutung unter den außergerichtlichen Verfahren der Sühne ist die so genannte Totschlagsühne; sie meint den Friedensschluss zwischen dem Personenverband von Opfer und Täter einer Tötungshandlung.[485] Wie für die Fehde gilt auch für die Totschlagsühne, dass Frauen an ihr in der Regel nicht teilnehmen.[486] Jedoch sind auch für die *suone* abweichende juristische Regelungen bezeugt.[487] Neben der Verwendung in Rechtstexten finden sich die Begriffe *compositio* oder *suone* auch in historiographischen Quellen. Hier bezeichnen sie eine Form der Konfliktbeilegung, die bestimmten Regeln zu folgen scheint, für die aber keine grundsätzlich festgelegten Verhaltensvorgaben vorhanden sind.[488]

Insbesondere im zweiten Teil des *Nibelungenlieds* erweist sich der Prozess der Herstellung eines Friedenszustands als problematisch. Für den Erzählverlauf insgesamt – und mit fortschreitendem Geschehen verstärkt – können die Darstellungen der Versöhnungshandlungen im Text als Er-

---

482 His, Strafrecht 1, S. 297.

483 Vgl. Kaufmann, Art. Sühne, Sühnevertrag, Sp. 73.

484 Die Aussöhnung außerhalb des Gerichts bezeichnet His als *suone* im engeren Sinne, weil hier der (materielle) Ausgleich noch nicht die von ihm als modern verstandene Form einer gerichtlich verhängten Strafe annimmt (vgl. His, Strafrecht 1, S. 302 ff.). Im *Sachsenspiegel* finden sich Vorgaben für die Zeugenzahl bei einer Versöhnung ebenso vor Gericht wie auch außerhalb des Gerichts (vgl. Ssp. Ldr. I 8 § 3).

485 Vgl. His, Strafrecht 1, S. 302.

486 Vgl. His, Strafrecht 1, S. 304 f.

487 His nennt Douai in Nordfrankreich und das belgische Doornyk (Tournai) für das 13. Jahrhundert sowie weitere auch im deutschsprachigen Raum seit der Mitte des 14. Jahrhunderts (vgl. His, Strafrecht 1, S. 304 f., insbes. S. 305, Fußnote 1).

488 Vgl. Althoff, Gerd: Konfliktverhalten und Rechtsbewusstsein. Die Welfen im 12. Jahrhundert, in: Ders.: Spielregeln der Politik im Mittelalter. Kommunikation in Friede und Fehde, Darmstadt 1997, S. 57–84, hier S. 58 f.; ders.: „Colloquium familiare" – „colloquium secretum" – „colloquium publicum". Beratung im politischen Leben des frühen Mittelalters, in: Ders.: Spielregeln der Politik im Mittelalter. Kommunikation in Friede und Fehde, Darmstadt 1997, S. 157–184, hier S. 173 ff.; sowie ders.: „Compositio". Wiederherstellung verletzter Ehre im Rahmen gütlicher Konfliktbeendigung, in: Schreiner, Klaus und Gerd Schwerhoff (Hg.): Verletzte Ehre. Ehrkonflikte in Gesellschaften des Mittelalters und der Frühen Neuzeit, Köln, Weimar und Wien 1995, S. 63–76, hier S. 68 ff.

zählungen ihres Scheiterns charakterisiert werden.[489] Friedenszustände werden als zeitlich begrenzt und diskontinuierlich dargestellt. Wenn sich friedliche und feindschaftliche Interaktionen auch nicht in strenger Regelmäßigkeit abwechseln, so sind sie doch im *Nibelungenlied* eng aneinander gebunden und ineinander verschachtelt. Das heißt beispielsweise, dass in friedlichen Situationen plötzlich Gewalt ausbrechen kann und dass intensive Kampfhandlungen unterbrochen werden können, um zwischen einzelnen Kämpfenden eine Beschränkung der Gewalt auszuhandeln.

Das Bemühen der Burgunden um eine Aussöhnung mit Kriemhild setzt viereinhalb Jahre nach Siegfrieds Tod ein. In dieser Zeit hat sie, so heißt es, mit Gunther nicht gesprochen und Hagen, der als ihr Feind bezeichnet wird, nicht einmal (an-)gesehen (1106).[490] Verschiedene Mitglieder des Wormser Herrschaftsverbands versuchen Kriemhild ihrem Bruder Gunther wieder gewogen zu machen. Ortwin, Gere und auch die Brüder Gernot und Giselher treffen mit ihr zusammen (1109). Auf Gernots flehentliches Bitten (1112,4) erklärt sich Kriemhild bereit, den König der Burgunden, ihren Bruder, zu empfangen. Als Ergebnis der Vermittlung wird die Versöhnung zwischen Kriemhild und Gunther vollzogen:

> Ez entwart nie suone mit sô vil trähen mê
> gefüeget under vriunden. [...] (1115,1–2)

Nach dieser offiziellen Beilegung des Konflikts, von der nur Hagen explizit ausgeschlossen ist (1115,3), wird Kriemhild der Nibelungenhort angekündigt und als Morgengabe rechtmäßig zuerkannt (1116). Kriemhilds Leid wird allerdings kurz darauf erneuert (1141), indem Hagen ihr den Schatz wieder nimmt, ohne dass Kriemhilds Brüder dies verhindern oder dagegen vorgehen. Wie sich das Geschehen auf das Verhältnis zu den Brüdern auswirkt, wird nicht erwähnt; Kriemhild ist Hagen nun in höchstem Maße feindlich gesonnen (1139,4). Die Versöhnung Kriemhilds mit den Burgunden zeigt, dass die Möglichkeit, unter den Figuren einen befriedeten Zustand herzustellen, durchaus besteht und auch wahrge-

---

489 Müller vertritt die stark zugespitzte Auffassung, dass *suone*, nachdem Hagen Kriemhild den Hort genommen hat, „nur noch erwähnt [wird], um zynisch parodiert oder zurückgewiesen zu werden" (Müller, Spielregeln, S. 369). Ich versuche dagegen im Folgenden zu zeigen, dass im zweiten Teil des *Nibelungenlieds* immer wieder auch die Möglichkeit thematisiert wird, die Gewalt anzuhalten oder auszusetzen.

490 Den Blick zu verweigern zeigt also den Konflikt zweier Figuren an; das Verhalten ist aggressiv, indem es dem anderen den Zustand friedlicher Anerkennung entzieht.

nommen wird. Aus nicht näher spezifizierten Gründen ist die befriedete Situation jedoch nicht stabil, sondern wird durch die erneute Verletzung der Rechte Kriemhilds bedroht. Feindschaft besteht jedoch nicht mit der gesamten Gruppe der Burgunden, sondern nur mit einem prominenten Mitglied des Verbandes.

Aventiure 23, in verschiedener Hinsicht ein Umschlagpunkt in der Darstellung Kriemhilds, greift die Versöhnung mit den Brüdern wieder auf. Auf dem Höhepunkt ihrer Macht in Etzels Reich angelangt, erinnert sich Kriemhild der Position, die ihr einst in Siegfrieds Herrschaftsbereich zugekommen ist und die sie nach Hagens Mord an Siegfried aufgeben musste (1392). Teil ihrer Gedanken ist auch die Rache an Hagen: „ob im [= Hagen] daz noch immer von ir ze leide möhte komen" (1392,4). Der Racheplan, der die weiteren Ereignisse bestimmt, wird hier gefasst: „Daz [= die Rache an Hagen] geschæhe, ob ich in möhte bringen in daz lant" (1393,1). In diesem Zusammenhang bezeichnet der Erzähler, dass Kriemhild in Freundschaft Gunther verlassen und ihn zum Zeichen der Versöhnung geküsst habe,[491] als vom Teufel eingegeben (1394). Es geht nicht länger nur um Feindschaft gegenüber Hagen, sondern der zuvor hergestellte Friedenszustand mit den Burgunden steht nun zur Disposition. Die Darstellung suggeriert,[492] dass die Versöhnung durch das plötzlich

---

491 Der Vollzug des Kusses als Zeichen der Versöhnung wird bereits in 1114,2 erwähnt. Zur symbolischen Handlung des Friedenskusses als Teil einer *suone* vgl. His, Strafrecht 1, S. 328 f.

492 Verständnis und Übersetzung der Stelle sind alles andere als eindeutig. Die Deutung wird erschwert durch die Tatsache, dass in den Handschriften A und B von Giselher die Rede ist und Bartsch/de Boor – um dem Text Sinn abgewinnen zu können, denn dass Giselher die Feindschaft Kriemhilds auf sich ziehen sollte, käme nach der bisher geschilderten besonderen Nähe des jüngsten Bruders zu ihr sehr unerwartet – Handschrift C folgend hier in Gunther korrigiert haben. Der Kommentar von Bartsch/de Boor schlägt zu 1394,2 vor, „mit friuntschefte […] schiet" als „die Freundschaft aufsagte" zu übersetzen. Folgt man dagegen Brackerts Übersetzung, so erscheint angesichts der nun von Kriemhild gehegten Rachegedanken der versöhnliche Abschied von den Burgunden als vom Teufel eingegeben; Brackert übersetzt: „Ich glaube, der Teufel aus der Hölle riet es Kriemhild, daß sie in Freundschaft von Gunther schied, den sie zur Versöhnung im Burgundenland geküßt hatte" (Nibelungenlied, übs. v. Brackert, Bd. 2, S. 59; so auch Reichert, Hermann: Nibelungenlied-Lehrwerk. Sprachlicher Kommentar, mittelhochdeutsche Grammatik, Wörterbuch. Passend zum Text der St. Galler Fassung („B"), Wien 2007, S. 242 (in den Bemerkungen zu B 1391,2)). Sollte Kriemhild diese Versöhnung gefährden, so kann dies nur der Fall sein, wenn ihre Racheabsicht nicht auf Hagen beschränkt bleibt. Geht man von der Nennung Giselhers in den

hervortretende Rachestreben Kriemhilds gefährdet erscheint. Dabei bleibt
unklar, wo genau die Grenzlinie des feindschaftlichen Verhältnisses ver-
laufen wird. Feindschaft zu Hagen hat die Versöhnung Kriemhilds mit den
Burgunden überdauert. Warum die Absicht Kriemhilds, an Hagen Rache
zu nehmen, die Versöhnung mit Gunther und den Brüdern nun hinfällig
machen sollte, wird nicht erläutert.

Als die Burgunden auf Einladung Etzels und Kriemhilds ins Land der
Hunnen kommen, entwickelt sich der Konflikt zwischen den Gästen und
dem hunnischen Herrschaftsverband. Die Feindschaft wird zunächst nicht
offengelegt, d. h. sie umfasst nur einzelne Figuren, ist nur für diese
wahrnehmbar und manifestiert sich nicht in der Öffentlichkeit. Selbst als
die Kämpfe schließlich ausbrechen, werden noch Situationen geschildert,
in denen temporäre und partielle Friedensregelungen zwischen einzelnen
Figuren oder Figurengruppen ausgehandelt werden. Die erste Konfrontation mit physischer Gewalt zwischen Burgunden und Hunnen ereignet
sich während eines Turniers: Volker ersticht einen hunnischen Krieger
(1889,3), der „gekleidet sam eines edeln ritters brût" (1885,4) auf dem
Turnierplatz erschienen ist. Als das Gefolge des Toten zu den Waffen greift
und sich anschickt, gegen Volker vorzugehen, verlangt Etzel von seinen
Mannen, mit den Burgunden Frieden zu halten: „Ir müezet mîne geste
vride lâzen hân" (1897,1).[493] Etzel stellt hier keine Versöhnung her, denn es
kommt weder zu einer Unterredung der Konfliktparteien noch wird der
Friedenszustand durch einen zeichenhaften Akt zwischen ihnen angezeigt,

---

Handschriften A und B aus, so wird die Möglichkeit der Ausdehnung von
Kriemhilds Rache auf den gesamten Verband der Burgunden deutlich angezeigt.

493 Gunther ist es, obwohl er von Volkers Absicht gehört hat, zuvor nicht gelungen,
seinen Gefolgsmann von der Gewalthandlung abzuhalten (1887,1–3). Der Text
inszeniert an dieser Stelle anhand einer singulären Handlung einen strukturellen
Konflikt, nämlich zwischen der vom einzelnen Krieger geforderten Selbstdurchsetzung in kämpferischen Handlungen und der Gefolgschaftspflicht gegenüber
dem Herrn. Dass der Herrscher sich im hunnischen Herrschaftsverband durchsetzen kann, im burgundischen dagegen nicht, scheint mir weniger mit einer
Besonderheit der burgundischen Herrschaft oder mit der viel beschriebenen
Schwäche des Burgunden-Herrschers Gunther zu tun zu haben (vgl. z. B.
Wisniewski, Roswitha: Das Versagen des Königs. Zur Interpretation des Nibelungenliedes, in: Schmidtke, Dietrich und Helga Schüppert (Hg.): Festschrift für
Ingeborg Schröbler zum 65. Geb., Tübingen 1973, S. 170–186); vielmehr ergibt
es sich aus den Gesetzmäßigkeiten der erzählten Handlung: Der burgundische
Verband wird im ausführlichen Erzählprozess weitaus stärker individualisiert als
der Etzels. In der Saalschlacht ist Gunther im Übrigen durchaus in der Lage, den
Kampf seines Gefolges zu unterbrechen (1990,1–3).

sondern der König richtet sich an die Figuren, denen er Weisungen erteilen kann, und spricht ein Friedensgebot aus. Seine Intervention verhindert den Gegenschlag der Hunnen und deeskaliert die Situation zumindest zeitweise.

Partielle Friedenszustände werden des Weiteren im Zuge der Saalschlacht hergestellt, die sich an den von Kriemhild initiierten Überfall Bloedelins auf das Gefolge der Burgunden anschließt. Als Kriemhild Dietrich darum bittet, sie vom Ort des Kampfes wegzubringen (1983; 1985), fragt dieser nach Gunthers Zustimmung, gemeinsam mit seinen Leuten „mit [...] vride" den Kampfplatz verlassen zu dürfen, und bietet ihm dafür seine Dienstbereitschaft an (1992). Gunther gewährt die Bitte (1994). Unmittelbar darauf beruft sich auch Rüdiger auf einen mit freundschaftlichem Verhältnis verbundenen beständigen Friedenszustand zwischen ihm und den Burgunden (1996,4), bekommt von Giselher „vride unde suone" der Burgunden bestätigt (1997,2) und verlässt mit seinem Gefolge den Saal. Nach Absprache mit dem Herrscher des hunnischen Verbandes bzw. mit den Obersten der Gegenseite ist es einzelnen Akteuren möglich, aus den Kampfhandlungen auszusteigen und den Saal zu verlassen.

Ein Ereignis, das den Kampfhandlungen im Saal vorausgeht, markiert einen Wendepunkt, der im Folgenden die Möglichkeit, Kampfhandlungen zu unterbinden oder zu unterbrechen sowie selbst partielle Frieden zwischen einzelnen Personen herzustellen, nahezu unmöglich macht: die Tötung Ortliebs durch Hagen (1961). Indem Hagen den Sohn Kriemhilds und des Hunnenherrschers erschlägt, wird Etzel selbst von den Burgunden verletzt. Nun ist er nicht länger bereit, zwischen Burgunden und Hunnen zu vermitteln, sondern er verlangt Genugtuung. Ein Friedenszustand zwischen den Burgunden und dem Macht*zentrum* der hunnischen Partei scheint nicht länger möglich.[494]

Auch nach dem Ausscheiden Etzels als Vermittlungsinstanz werden weitere Versöhnungsangebote gemacht. Von den bereits erwähnten partiellen Friedensregelungen abgesehen, die Dietrich und Rüdiger in der Saalschlacht erreichen, scheitern die Versuche einzelner Figuren, Kampfhandlungen mit Todesfolge zu vermeiden, jedoch durchweg. Unmittelbar

---

494 Bei einem Treffen Etzels mit den Burgunden, das diese nach der Saalschlacht und dem Kampf mit Irinc erbitten, fragt er sie nach ihrem Begehr, jedoch nicht ohne vorwegzunehmen, dass ihnen „vride unde suone sol [...] vil gar versaget sîn" (2090,4). Er begründet seine Haltung mit dem „schaden", den sie ihm zugefügt haben: „mîn kint, daz ir mir sluoget und vil der mâge mîn!" (2090,3).

nachdem Etzel seinen Unwillen erklärt hat, einen Friedenszustand herzustellen (2090,3–4), appelliert Gunther nochmals an ihn, eine friedliche
Beilegung des Konflikts mit den Burgunden anzustreben:

> ‚welt ir diz starke hazzen ze einer suone legen
> mit uns ellenden recken deist beidenthalben guot.
> ez ist gar âne schulde, swaz uns Etzel getuot.‘ (2094,2–4)

Etzel geht auf diese Aufforderung nicht ein. Seine Gegenrede behauptet die
Unvergleichbarkeit des Leids, das ihm die Burgunden zugefügt haben, mit
dem, was sie selbst erfahren mussten (2095).

Nachdem Kriemhild in den Worten der Friedensaufsage gegen den
Wunsch der Burgunden interveniert hat, die Halle verlassen und im Freien
weiterkämpfen zu dürfen (2098,3 ff.), greift sie kurz darauf selbst über-
raschend den Gedanken der Versöhnung auf. Sie verspricht, ihren Brüdern
das Leben zu lassen (2104,2) und sich bei den Kriegern Etzels für eine
„suone" einzusetzen (2104,4), wenn ihr Hagen als Geisel übergeben werde
(2104,1).[495] Die Burgunden lehnen dieses Versöhnungsangebot mit doppelter Begründung ab. An erster Stelle steht die wechselseitige Treuebin-
dung innerhalb des Verbandes, auf die Gernot als erster Antwortender
bereits anspielt (2105,2–4), die Giselher dann wie folgt formuliert:
„wande ich deheinen mînen friunt an den triuwen nie verlie" (2106,4) und
die anschließend nochmals Dankwart ausspricht (2107,2). Zudem verleiht
Giselher dem mangelnden Vertrauen in den Versöhnungswillen der
Schwester Ausdruck: „Wir müesen doch ersterben" (2106,1). Mit dieser
Ablehnung der Burgunden wird Kriemhilds Vorschlag fallen gelassen. Sie
hält nicht weiter daran fest, sondern befiehlt ihrem Gefolge, den Saal
anzuzünden, in dem sich die Burgunden aufhalten (2109).

Nicht nur Versuche, die Gewalthandlungen zwischen Burgunden und
Hunnen zu begrenzen, bleiben nach Ortliebs Tod erfolglos, sondern auch
diejenigen zwischen den Burgunden und Personen, die in einer gewissen
Distanz zum Verband und zu den Interessen Etzels und Kriemhilds stehen,
wie Rüdiger von Bechelaren und Dietrich von Bern, werden zunehmend
schwieriger. Aventiure 37 führt vor, wie für Rüdiger aus der Bindung an
beide verfeindeten Parteien ein Konflikt entsteht, aus dem es keinen

---

495 Auf der Ebene der Motivation der Figur lässt sich Kriemhilds Verhalten möglicherweise damit erklären, dass sie in einer Situation, in der nun ihre Feindschaft zu
den Burgunden zu einer zwischen dem burgundischen und dem hunnischen
Herrschaftsverband unter der Führung seines Königs geworden ist, wieder für die
Burgunden Partei ergreifen kann, ohne das von ihr zuvor formulierte Racheziel zu
gefährden.

Ausweg gibt. Etzel als Lehnsmann und Kriemhild durch einen Treueeid verpflichtet, kann er sich der Aufforderung des Herrscherpaares nicht entziehen, gegen die Burgunden zu kämpfen (2163).[496] Obgleich Rüdiger Bindungen zu den Burgunden aufgebaut hat, die seiner Parteinahme auf der Seite der Hunnen entgegenstehen, zwingen ihn Verpflichtungen gegenüber Etzel und Kriemhild, in den Konflikt einzutreten und gewaltsam gegen die burgundischen Freunde vorzugehen (2175 ff.). Lediglich temporär und symbolisch wird die Verbindung zwischen Rüdiger und den Burgunden noch einmal aktualisiert. Hagens Bitte um einen Schild ermöglicht es Rüdiger, durch seine Gabe die Freundschaft zu den Burgunden zu erneuern (2193–2202.). Als Antwort kündigt Hagen an, Rüdiger im bevorstehenden Kampf nicht anzugreifen, auch dann nicht, wenn Rüdiger alle Burgunden erschlüge (2201). Damit etabliert Hagen einen partiellen Friedenszustand und setzt darüber hinaus die Verpflichtung außer Kraft, als Mitglied eines Personenverbandes Rache nehmen zu müssen, sollte dieser Verband verletzt werden. Volker schließt sich Hagens Zusage an, Rüdiger nicht anzugreifen (2203,2–3). Auch wenn Aventiure 37 also zeigt, dass Rüdiger unausweichlich in den Konflikt hineingezogen wird, macht die Aventiure zugleich deutlich, dass es selbst an dieser Stelle des Geschehens zu einem partiellen Ausstieg aus den gewaltsamen Interaktionen kommen kann. Hagen und Volker entziehen sich dem Zwang zur Rache.

Anders als Rüdiger ist Dietrich von Bern weder Lehnsmann Etzels noch ist er Kriemhild persönlich verpflichtet. In der Hierarchie an Etzels Hof nimmt er eine herausgehobene und unabhängige Stellung ein.[497] Dass er in den Kampf einbezogen wird, ergibt sich nicht aus Dienst- oder Treueverpflichtungen den Konfliktparteien gegenüber. Vielmehr brechen seine Gefolgsleute den Friedenszustand mit den Burgunden (2312), und dadurch verliert Dietrich nahezu alle seine Krieger (2318–2319). Er geht darauf selbst zu den Burgunden und konfrontiert sie mit dem Leid, das sie ihm durch die Tötung seines Gefolges zugefügt haben (2329 ff.). Konsequenz der Verletzung kann nur Entschädigung für das erfahrene Leid sein:

,Gunther, künec edele, durch die zühte dîn
ergetze mich der leide, die mir von dir sint geschehen.‘ (2336,2–3)

---

496 Vgl. Müller, Spielregeln, S. 160 f.
497 So trifft er zum Beispiel bei der ersten Begegnung Kriemhilds mit Etzel als letzter aus der Gruppe der hunnischen Herren mit König Etzel gemeinsam ein (1347). Zur besonderen Stellung Dietrichs am Hunnenhof vgl. Nagel, Bert: Das Dietrichbild des Nibelungenliedes. I. Teil, in: Zeitschrift für deutsche Philologie 78 (1959), S. 258–268, hier S. 264.

Jedoch soll der Ausgleich nicht mit Gewalt erfolgen, sondern Dietrich schlägt Gunther vor: „Ergip dich mir ze gîsel, du und ouch dîn man" (2337,1). Er wählt also einen Weg der Vermeidung des gewaltsamen Konflikts, den zuvor bereits Kriemhild gewiesen hat. Als Gegenleistung bietet Dietrich den beiden Rittern, Gunther und Hagen, seinen Schutz vor den Mannen Etzels an (2337,2). Das Angebot wird von Hagen vor dem Hintergrund des kriegerischen Selbstverständnisses ausgeschlagen (2338), von Dietrich wiederholt (2339 f.) und nochmals ausgeschlagen (2341). Noch den sich anschließenden Streit Hildebrants mit Hagen unterbindet Dietrich, indem er ihm die Rede verbietet (2345). Ein weiteres Mal wird Gewalt unterbunden, indem ein Herrscher sein Gefolge anweist, den Frieden zu wahren. Schließlich aber beginnt Dietrich, den der Text bis zu diesem Punkt mehrfach als Figur gezeigt hat, die um gewaltlosen Ausgleich bemüht ist, selbst den Kampf (2348,1–2).

Noch in dieser letzten gewaltsamen Auseinandersetzung stellt sich der Gedanke der Vermeidung von Gewalt ein: Dietrich erwägt erneut die Geiselung der Gegner (2351,3–4). Der Plan wird allerdings nicht mit Dietrichs Versöhnungswillen begründet, sondern damit, dass es unehrenhaft sei, einen bereits derart ermüdeten Gegner wie Hagen zu erschlagen (2351,1–2). Dietrich überwindet Hagen also ohne Waffengewalt (2352,2), bindet ihn (2353,1) und übergibt ihn Kriemhild mit der Aufforderung, ihm das Leben zu lassen (2355,1). Mit Gunther verfährt er kurz darauf ebenso. Dietrichs Versuch, todbringende Gewalt zu umgehen, bleibt allerdings letztlich doch erfolglos, denn sowohl Gunther als auch Hagen finden auf Befehl Kriemhilds bzw. durch ihre eigene Hand den Tod. Dietrich hat darauf keinen Einfluss mehr. Angesichts der Ereignisse bleibt er schließlich mit Etzel trauernd zurück:

> Dietrîch und Etzel weinen dô began,
> si klagten innerclîche beide mâge unde man. (2377,3–4)

Der Durchgang durch den zweiten Teil des *Nibelungenlieds* zeigt nicht nur, dass die Gewalt im Verlauf der Erzählung in zunehmendem Maße eskaliert und dass alle Bemühungen der Figuren, sie zu begrenzen, letztlich scheitern.[498] Es wird vielmehr auch deutlich, dass sich die Eskalation nicht kontinuierlich und ungebremst vollzieht, sondern dass der Text immer wieder Situationen herausstellt, in denen der Konflikt retardiert und ab-

---

498 Ausführlich zum Ablauf und zu den Mechanismen der Steigerung gewaltsamer Konfrontation am Hunnenhof s. u. das Kapitel „Eskalation", S. 260 ff.

geschwächt wird und sogar angehalten werden könnte.[499] Gewalt greift im *Nibelungenlied* nicht ohne Gegenbewegung um sich, sondern ihre Ausweitung wird geschildert in kontinuierlicher enger Verbindung mit zahlreichen Bemühungen um ihre Regulierung, Einschränkung und um ihren Aufschub. Nicht nur die Art und Weise, wie die Gewalt im *Nibelungenlied* um sich greift, folgt damit bestimmten ästhetischen Mustern und Regelmäßigkeiten der Darstellung – denjenigen „Spielregeln" also, die Jan-Dirk Müller eingehend beschrieben hat.[500] Vielmehr hat meine Analyse deutlich gemacht, dass die Gewalt bis zum Ende des Geschehens mit formalen Vorgaben einhergeht, mit deren Hilfe Gewalthandlungen reguliert, eingeschränkt und zum Teil auch überwunden werden. Diese Reglementierungen der Gewalt im *Nibelungenlied* zeigen auf unterschiedlichen Ebenen Korrespondenzen mit zeitgenössischen rechtlichen Regelungen, insbesondere mit der Einschränkung der Fehde durch die Landfrieden. Das Bemühen um eine Beschränkung des Rachegangs wird im *Nibelungenlied* zum einen anhand von formalisierten und reglementierten Verfahren im Zuge der Gewaltanwendung dargestellt und zum anderen anhand zahlreicher Versuche, während die Eskalation der Gewalt voranschreitet, friedliche Beziehungen zwischen Figuren und Figurengruppen herzustellen.

Zunächst findet sich mit der Verklarung im *Nibelungenlied* ein Konzept zur Rechtsfindung und zur Regulierung des Verfahrensgangs, das auch in verschiedenen Landfrieden beschrieben wird. Neben dieser Parallele zu

---

499 Müllers Analyse des *Nibelungenlieds*, die in erster Linie die Eskalation der Gewalt rekonstruiert (Spielregeln, S. 389 ff.), weist darauf hin, dass Alternativen zu den gewaltsamen Auseinandersetzungen erwähnt werden (Spielregeln, S. 446). Eine umfangreiche Zusammenstellung von Passagen, die die Möglichkeit eines anderen Ausgangs des Geschehens, zumindest aber einzelner Handlungsstränge, andeuten, liefert Jönsson, Maren: Verspielte Alternativen im Nibelungenlied, in: Studia neophilologica 73 (2001), H. 2, S. 223–237. Für den zweiten Teil des Textes beschreibt sie insbesondere die deeskalierenden Handlungen Etzels, der burgundischen Brüder sowie Rüdigers und Dietrichs (Jönsson, Verspielte Alternativen, S. 228 ff.). Jönsson zeigt für den zweiten Teil des *Nibelungenlieds*, was Strohschneider für den ersten Teil andeutet und als „Poetik der abgewiesenen Alternative" bezeichnet: dass wiederholt Alternativen zum erzählten Geschehen eröffnet und verneint werden (Strohschneider, Regeln, S. 73 f.). Jönsson ordnet die Hinweise auf mögliche andere Handlungsverläufe zwar nach Handlungstypen (Verspielte Alternativen, S. 230 ff.), bringt diese aber nicht mit den formalisierten Handlungsmustern in Verbindung, von denen auch in zeitgenössischen Rechtstexten die Rede ist. Dass das *Nibelungenlied*, um potentielle Handlungsalternativen darzustellen, auf rechtliche Regelungen Bezug nimmt, thematisiert Jönsson nicht.
500 Zur Analyse der „Spielregeln des Erzählens" vgl. Müller, Spielregeln, S. 46 f.

zeitgenössischen juristischen Texten zeigen sich zugleich auch funktionale und semantische Unterschiede der Gestaltung dieses strafrechtlichen Konzepts im literarischen Text. So wird die von den Burgunden vollzogene Verklarung, die zwar den Leichnam zeigt, den Täter aber verheimlicht, zu einem Mittel der Demonstration ihrer Fähigkeit, die Tat zwar auszuführen, den rechtlichen Konsequenzen aber entgehen zu können. Indem das Rechtsinstrument entgegen der Funktion eingesetzt wird, die zeitgenössische normative Texte vorsehen, kann die Möglichkeit seiner Verkehrung aufgezeigt werden. Im weiteren Verlauf des Geschehens wird deutlich, dass der spezifische Einsatz der Verklarung im *Nibelungenlied* die Rechtsfindung erschwert, anstatt sie zu erleichtern.

Darüber hinaus lassen sich Korrespondenzen zum Verlauf hochmittelalterlicher Gerichtsverfahren ausmachen. Insbesondere wird im *Nibelungenlied* wie im zeitgenössischen Verfahren vor Gericht der Täter nachgewiesen und seine Schuld öffentlich festgestellt, bevor es zu einem Ausgleich der Parteien oder zu einem vergeltenden Waffengang kommt. Auch im *Nibelungenlied* scheint dies eine unausgesprochene Handlungsanforderung zu sein, wie die doppelte Feststellung des Schuldigen an Siegfrieds Tod andeutet, die Kriemhild in Worms und in Etzelburg vornimmt.

Schließlich zeigt der zweite Teil des *Nibelungenlieds* mit seiner Darstellung von Gewalthandlungen bei gleichzeitigem Bemühen um Gewaltbegrenzung, um *suone*, eine Parallele zu der Art und Weise, wie auch im zeitgenössischen Vorgehen der Landfrieden, Fehdehandlungen zu regulieren, Gewalt konzipiert wird. Das *Nibelungenlied* stellt Rache als Element sozialer Interaktion der fiktionalen Welt dar, das nicht ausgeschlossen oder überwunden werden kann, sondern schließlich sämtliche Figuren der Erzählung einbezieht. Zugleich wird jedoch an zahlreichen Stationen des Geschehens deutlich, dass immer wieder die Möglichkeit besteht, die Gewalt zu beenden oder zumindest partiell zu überwinden. Wie in den Versuchen der Landfrieden, Fehdehandlungen zu beschränken, zeigt sich damit auch in den Bemühungen um *suone* im Zuge des Eskalationsgeschehens die enge Verknüpfung von Gewalt mit Verfahren zu ihrer Begrenzung: Gewalt wird hier wie da nur in Verbindung mit Strategien repräsentiert, die zu ihrer Einschränkung dienen.

In den ersten beiden der hier behandelten Elemente einer nibelungischen Ordnung der Gewalt – der Verklarung und der Schuldfeststellung – findet sich außerdem die Relation von Rache und Gewaltreglementierung in einer Weise wieder, wie sie sich auch in einigen Fehdeschranken der Landfrieden zeigt: Fehdegänge werden nicht per se jenseits des Rechts verortet, sondern sie erscheinen als legitimes Rechtsmittel, wenn sich die Fehde-Führenden an formale Bestimmungen für ihr Handeln halten. Die Verknüpfung der Darstellung von Kriemhilds Rache im zweiten Teil des *Nibelungenlieds* mit zeitgenössischen Reglementierungen der Fehde in juristisch-normativen Texten zeigt damit eine grundlegende strukturelle Übereinstimmung: Die Gewalthandlungen, die das *Nibelungenlied* schildert, erscheinen weder vollständig ungeordnet noch finden sie jenseits des Rechts der imaginierten Welt statt, sondern sie werden bis zum Schluss des Textes durchgehend auf Verfahrensweisen der Formalisierung von Gewalt bezogen; in ähnlicher Weise wird auch die Fehde in den Landfrieden – mindestens bis zur Subsidiaritätsregelung des *Mainzer Reichslandfriedens* – nicht außerhalb des Rechts verortet, sondern unter bestimmten Auflagen in die rechtlichen Regelungen integriert. Über diese zentralen Korrespondenzen bei der Bestimmung des Verhältnisses von Gewalthandlungen zu den Vorgaben, die diese ordnen, hinaus hat die Analyse deutlich gemacht, dass das *Nibelungenlied* einzelne juristische Regelungen, die sich auch in den zeitgenössischen Rechtstexten finden, aufgreift und in modifizierter Form in den Handlungsverlauf integriert.

Rechtsprobleme der Rache im *Nibelungenlied*

Der vorausgehende Abschnitt hat gezeigt, dass die Schilderung von Kriemhilds Rache im *Nibelungenlied* mit zeitgenössischen juristischen Texten korrespondiert. Parallelen bestehen in den impliziten Verhaltensvorgaben, an denen sich die Akteure offenbar orientieren, und in dem Bemühen verschiedener Figuren, die gewaltsamen Auseinandersetzungen zu überwinden oder sie personell und temporär zu begrenzen. Dabei ist insbesondere deutlich geworden, dass die fortgesetzte Verschränkung von physischer Gewalt mit ihrer Formalisierung und Reglementierung im zweiten Teil des *Nibelungenlieds* dem Status entspricht, den die Gewalt in den zeitgenössischen Landfrieden erhält. Über die genannten Korrespondenzen hinaus wirft der zweite Teil des *Nibelungenlieds* eine Reihe von Fragen auf, zu denen sich wiederum in den Rechtstexten der Zeit Entsprechungen finden. Die Darstellung von Kriemhilds Rache erweist sich als ein Abschnitt des *Nibelungenlieds*, in dem in besonders intensiver Weise rechtliche Probleme der fiktionalen Welt zum Thema gemacht werden. Die Analysen werden anhand einzelner Rechtsfragen zeigen, wie zentral diese Rechtsprobleme für das Verständnis des Textes sind und inwiefern sie sich von den Regelungen der zeitgenössischen normativen Texte unterscheiden.

Zunächst geht es um das Vergehen, das zur Rache führt, und um das Problem, ob einer oder ob mehrere Täter es zu verantworten haben, und wie deren Schuld zu bestimmen ist (Abschnitt „Siegfrieds Mörder"). Außerdem wirft der Text die Frage auf, warum und mit welcher narrativen Funktion im Anschluss an den Mord an Siegfried kein Gericht installiert wird und warum keine Figur Position und Aufgaben eines Richters übernimmt. Da der Text zugleich verschiedene Elemente zeigt, die auch Teil eines Verfahrens vor Gericht sein können, stellt sich die Frage nach der Funktion dieser selektiven Darstellung eines Rechtsgangs (Abschnitt „Die Abwesenheit des Richters"). Des Weiteren werden die Mechanismen der Interaktionen von Figuren untersucht, die zum Ausbruch und zur Steigerung der Gewalt führen („Eskalation"). Im Zuge der Schilderung der gewaltsamen Interaktionen zeigt sich nicht nur die Orientierung der Figuren an Handlungsmustern der Rache, die ihrem Verhalten Legitimität verleihen, und das Bemühen um partielle Begrenzung der Gewalt, sondern es eröffnet sich darüber hinaus am Schluss des Textes noch einmal die Möglichkeit, die Rache durch eine andere Form der Herstellung von Recht zu ersetzen (Abschnitt „Hort"). Schließlich wird Kriemhild im Verlauf der Erzählung immer wieder die Schuld an den Ereignissen zugewiesen. Inwiefern ihr Verhalten vor dem Hintergrund der impliziten Handlungsvorgaben des *Nibelungenlieds* für Rache und Fehde illegitim erscheint und welche Schuldzuweisungen an die Figur der Text darüber hinaus vornimmt, wird im letzten Abschnitt dieses Kapitels untersucht („Schuldzuweisungen"). Die Analyse der genannten Rechtsprobleme erfolgt in Form wiederholter Durchgänge durch das erzählte Geschehen.

Auf die aufgeführten juristischen Fragen liefert der Text keine Antworten, die auf Verwertbarkeit in der Praxis der Rechtsprechung angelegt sind.[501] Vielmehr führen die außergewöhnliche Handlungskonstellation,

---

501 Hintz vertritt die These, die Unbestimmtheiten und Ambiguitäten des *Nibelungenlieds* dienten dazu, Rezipierende zum Urteilen in juristischen Fragen anzuhalten (vgl. Hintz, Ernst Ralf: Legal Fiction and Rhetorical Ambiguity in The Nibelungenlied, in: Ders. (Hg.): „Nu lôn' ich iu der gâbe". Festschrift für Francis G. Gentry, Göppingen 2003, S. 25–41). Er bindet damit, die spezifische Ästhetik des *Nibelungenlieds* in die Analyse der Thematisierung rechtlicher Regelungen ein. Dieser Ansatz ist überzeugend; Hintz' Ausführungen greifen aber meiner Ansicht nach genau da zu kurz, wo sie davon ausgehen, dass sich die rechtlichen Konstellationen im *Nibelungenlied* problemlos in den sozialen Alltag der Rezipierenden übertragen lassen. Ähnlich wie Hintz vertritt auch Weigand die Auffassung, dass

die der Text mit der Rache einer weiblichen Figur an Angehörigen des eigenen Personenverbands schildert, und die sprachliche Form der Darstellung, die auch im zweiten des Teil des *Nibelungenlieds* an vielen Stellen Uneindeutigkeiten, Widersprüche und Ambiguitäten produziert, eher dazu, dass problematische Konstellationen verstärkt und zugespitzt als dass sie erklärt und aufgelöst werden. Der Text deutet Aporien an, in die einzelne rechtliche Regelungen führen können.

Immer wieder weisen die aufgeworfenen Rechtsprobleme auf Differenzen der Geschlechter hin. Die Bedeutung, die einzelne Rechtsfragen den Unterschieden zwischen männlichen und weiblichen Akteuren zumessen, ist jedoch von Fall zu Fall verschieden. Insbesondere bei der Frage, wie Täterschaft und Schuld zu bestimmen sind, um die es im folgenden und im letzten Abschnitt des Kapitels geht, treten Geschlechterdifferenzen hervor. Vor allem hier zeigt sich die Produktivität der wissenspoetischen Analyse von Rechtsproblemen für die Beschreibung der Geschlechterordnung der nibelungischen Welt.

Siegfrieds Mörder. Die Frage nach dem Täter und nach den Schuldigen

In den Ausführungen zur öffentlichen Feststellung der Schuldigen an Siegfrieds Tod hat sich bereits gezeigt, dass im weiteren Verlauf des Textes unterschiedliche Antworten auf die Frage nach dem oder den Schuldigen gegeben werden. Insbesondere bleibt im Unklaren, ob Hagen allein die Schuld trifft oder ob und inwieweit auch Gunther zu den Verantwortlichen gezählt werden muss; weitere mögliche Mitschuldige werden erwähnt. Mit wiederholten und zum Teil sehr unterschiedlichen Formulierungen zu dem oder den Schuldigen an Siegfrieds Tod stellt der Text dar, dass es nicht einfach ist, diese Bestimmung vorzunehmen. Wiederholung und Variation

---

die rechtliche Dimension des *Nibelungenlieds* eng mit alltäglichen Praktiken des zeitgenössischen sozialen Lebens verknüpft sei. Er plädiert daher in seiner Analyse dafür, „den Realitätsbezug auch eines literarischen Spiels, das politische Verwicklungen zum Gegenstand hat, nicht von vorneherein aus[zu]schließen" (Weigand, Rudolf Kilian: Frau und Recht im Nibelungenlied. Konstituenten des zentralen Konflikts, in: Archiv für das Studium der neueren Sprachen und Literaturen 158 (243) (2006), H. 2, S. 241–258, hier S. 241). Meine Untersuchung geht dagegen davon aus, dass Verbindungen des *Nibelungenlieds* zu zeitgenössischen Rechtstexten in stärker vermittelter Form vorliegen. Sie fragt daher nach Korrespondenzen von Textzeugnissen auf der Ebene von strukturellen Merkmalen rechtlicher Regelungen und von Denkfiguren.

der Schuldzuweisungen im *Nibelungenlied* – seien sie explizit ausgesprochen oder auch nur implizit in den Rekursen auf das Geschehen um den
Tod des Xanteners enthalten – machen das Problem der Schuldfeststellung
immer wieder präsent. Ausgangspunkt der folgenden Analyse ist die
Überlegung, dass die zahlreichen Hinweise des Textes auf unterschiedliche
Schuldige als inhaltlich bedeutsame Aussage ernst genommen werden
müssen, die sich aus einer Besonderheit der nibelungischen Darstel-
lungsform ergibt.[502]

Mit dem Rekurs auf eine Reihe von Schuldigen gestaltet das *Nibelungenlied* eine Fragestellung, die innerhalb des erzählten Geschehens
durch die Präsentation von Siegfrieds Leichnam bei gleichzeitigem Verschweigen der Mörder – der modifizierten Verklarung – ausgelöst wird.
Die Problematik, den oder die Schuldigen an Siegfrieds Tod zu bestimmen,
ergibt sich aber nicht erst daraus, dass nach dem Mord der Täter verheimlicht wird, sondern sie ist bereits in der Schilderung des Mordrats
angelegt. Es geht bei der Schuldfeststellung nach Siegfrieds Tod, die im
Zuge des Handlungsverlaufs erzählt wird, also nicht um die Rekonstruktion eines vorhergehenden Geschehens, das den Figuren Rätsel aufgibt,
Rezipierenden aber bekannt ist. Da bereits die Schilderung des Mordrats
selbst Unstimmigkeiten aufweist und nicht deutlich erkennen lässt, wer
Siegfrieds Tod an den einzelnen Stationen des Geschehens befürwortet
oder vorantreibt, zieht sich die Frage nach dem oder den Schuldigen von
dieser Szene an durch den Text.

Im Folgenden wird untersucht, welche wiederkehrenden Muster die
Hinweise offenbaren, die der Text zur Frage nach den Verantwortlichen an
Siegfrieds Tod liefert. Ich beginne mit einer Analyse der Darstellung der
Vorbereitungen des Geschehens in der Mordrat-Szene und mit der darauf
folgenden Schilderung der Tötung Siegfrieds. Danach wird verfolgt, wie
der Text im Zuge der Erzählung von Kriemhilds Rache an verschiedenen
Stellen auf die zuvor geschilderten Ereignisse zurückkommt und wie hier

---

502 Wie im Folgenden ausgeführt wird, erscheint es mir dagegen zu kurz gegriffen, das
    Problem, dass der Text unterschiedliche Täter für den Mord an Siegfried anbietet,
    damit zu erklären, dass Einzelverantwortung in der nibelungischen Welt, die dem
    Personenverband zentrale Bedeutung zumisst, letztlich nicht von Bedeutung sei. In
    diesem Sinne hat Müller die unterschiedlichen Varianten der Schuldzuweisungen
    gedeutet. Die Tendenz zur Individualisierung von Schuld macht er erst in der *Klage*
    aus (vgl. Müller, Spielregeln, S. 156). Meiner Ansicht nach findet sie sich bereits in
    der *A/B-Fassung des *Nibelungenlieds*.

zum Problem, Täter und Schuldige zu bestimmen, immer wieder andere Informationen mitgeteilt werden.[503]

Parallelen zur Problematik der Bestimmung eines Schuldigen oder mehrerer Schuldiger an Siegfrieds Tod im *Nibelungenlied* liefern juristische Texte mit Regelungen zu den Phänomenen Mittäterschaft, Anstiftung, Beihilfe oder Begünstigung.[504] In den Landfrieden findet sich Verantwortlichkeit für Dritte an verschiedenen Stellen als Rechenschaftspflicht eines Herrn für Vergehen von Personen, die ihm unterstellt sind.[505] So hat beispielsweise nach dem *Friedebrief gegen die Brandstifter* von 1186 (Art. 11) ein Herr bei Brandlegung während eines Kriegszuges durch Eid zu beweisen, dass er nicht die Weisung für diese Tat gegeben hat, und er hat den Täter zu verstoßen, um nicht selbst für das Vergehen belangt zu werden.[506] Auch der *Sachsenspiegel* thematisiert Verantwortlichkeit für andere. Hier geht es um die Haftung des Sohnes für Taten des Vaters.[507] Auch an dieser Stelle wird die Verantwortlichkeit Dritter thematisiert, es zeigt sich jedoch die entgegengesetzte Tendenz, nämlich dass die Verantwortlichkeit des Sohnes nach Ableben des Vaters ausdrücklich ausgeschlossen wird. Diese Regelungen zu Haftung und Verantwortlichkeit Dritter werden nicht zu Prinzipien von grundsätzlicher Geltung zusammengeführt.[508] Sie stehen aber im Zusammenhang mit Tendenzen des

---

503 Mir geht es im Folgenden nicht um die Rekonstruktion möglicher Motivationen der Burgunden für den Mord an Siegfried, sondern einzig um die unterschiedlichen Bestimmungen von Schuldigen, die der Text vornimmt. Dass im *Nibelungenlied* die Gewalt gegen Siegfried nicht motiviert ist, hat Haug herausgestellt (vgl. Haug, Walter: Montage und Individualität im Nibelungenlied, in: Knapp, Fritz Peter (Hg.): Nibelungenlied und Klage. Sage und Geschichte, Struktur und Gattung. Passauer Nibelungengespräche 1985, Heidelberg 1987, S. 277–293, hier S. 283 f.).

504 Mit diesen modernen Begriffen systematisiert His die sehr unterschiedlichen Bestimmungen von Täterschaft, die in mittelalterlichen normativen Rechtstexten anzutreffen sind (vgl. His, Strafrecht 1, S. 111 ff., S. 115 ff., S. 118 ff., S. 152 ff.).

505 Vgl. Klementowski, Verantwortlichkeit, S. 223 f.

506 Vgl. Weinrich, Quellen, S. 310. Kann der Herr die eigene Unschuld nicht beweisen oder nimmt er den Brandstifter vor der verhängten Frist wieder auf, so hat er den entstandenen Schaden zu ersetzen. Eine ähnliche Regelung findet sich auch in Art. 14 desselben Landfriedens; dort wird die Verantwortung für Brandstiftung durch das Gefolge bei Abwesenheit des Herrn geregelt (vgl. Weinrich, Quellen, S. 312).

507 Vgl. Ssp. Ldr. II 17 § 1.

508 Schmidt spricht in Bezug auf hochmittelalterliche Regelungen zur Mitwirkung mehrerer von „tastende[r] und kasuistische[r] Unsicherheit" (Schmidt, Einfüh-

Strafrechts im 12. Jahrhundert, die so genannte Erfolgshaftung in verschiedener Hinsicht zu ergänzen.[509] Erfolgshaftung meint als Rechtsprinzip, dass – mit den Worten Eberhard Schmidts – „der Unwert der Taten grundsätzlich vom Erfolge, d. h. von dem durch die Tat verursachten Schaden her bestimmt" werde.[510] Damit geht einher, dass vom Vergehen unmittelbar auf die zu leistende Wiedergutmachung oder Vergeltung geschlossen werden kann. Außerdem erfolgt die Identifizierung eines Täters

---

rung, S. 73). Zur uneinheitlichen mittelalterlichen Schuldlehre im Allgemeinen vgl. Sellert/Rüping, Strafrechtspflege 1, S. 102.

509 Die Rede von der Ergänzung des Grundsatzes der Erfolgshaftung im Hochmittelalter beinhaltet eine These zur Entwicklung dieses Rechtsprinzips, die ich hier kurz erläutern möchte. Über frühe Rechtsordnungen ist in der rechtshistorischen Forschung die Annahme verbreitet, dass die Tat allein nach dem äußeren Erfolg bemessen wird und dass ihr die nach dem Prinzip der Gleichartigkeit bestimmte Strafe zwangsläufig folgt (vgl. zusammenfassend Bader, Schuld, S. 61–69; Kaufmann, Ekkehard: Art. Erfolgshaftung, in: Erler, Adalbert und Ekkehard Kaufmann (Hg.): Handwörterbuch zur deutschen Rechtsgeschichte. Bd. 1, Berlin 1971, Sp. 989–1001; sowie Weitzel, Jürgen: Art. Erfolgshaftung, in: Cordes, Albrecht, Heiner Lück, Dieter Werkmüller und Ruth Schmidt-Wiegand (Hg.): Handwörterbuch zur deutschen Rechtsgeschichte. Bd. 1, 2., völlig überarbeitete und erweiterte Auflage, Berlin 2008, Sp. 1395–1405). Dass das Prinzip der Erfolgshaftung auch im Hochmittelalter grundsätzlich gilt, konstatiert Schmidt (Einführung, S. 71). Einen Entwicklungsprozess vom Strafautomatismus der Erfolgshaftung zur modernen Tendenz, nach den Umständen der Tat und nach den Beweggründen des Täters zu fragen, skizzieren Bader, Schuld, S. 61 ff.; sowie Sellert/Rüping, Strafrechtspflege 1, S. 102–105. Der entscheidende Schritt zur modernen Psychologisierung wird hier nicht im Hochmittelalter angesetzt, sondern mit der *Constitutio Criminalis Carolina* von 1532 (vgl. Bader, Schuld, S. 73–76). Anders als diese älteren Überblicksdarstellungen vermuten lassen, besteht jedoch über die historische Verortung des Rechtsprinzips der Erfolgshaftung kein Forschungskonsens. Vielmehr wird die Auffassung diskutiert, ob und in welchem Maße bereits im frühen Mittelalter der Wille des Täters bei der Bestimmung des Strafmaßes berücksichtigt wird (vgl. Weitzel, Art. Erfolgshaftung, Sp. 1399–1403). Wie man diese Frage beantwortet, ist von Bedeutung für das Problem, ob es sich bei der Psychologisierung des Strafrechts um eine kontinuierliche Entwicklung handelt oder um eine Geschichte der Überlagerungen unterschiedlicher Strafkonzepte. Für den Zusammenhang dieser Untersuchung ist nicht entscheidend, wie sich die historische Entwicklung des Strafrechts genau darstellt. Bedeutsam ist jedoch der Befund, dass es im 12. und 13. Jahrhundert zu einer rechtshistorischen Situation kommt, in der das Prinzip der Erfolgshaftung nicht allein gilt, sondern in der ihm in verschiedenen Rechtsregeln die Berücksichtigung subjektiver Elemente auf der Täterseite beigegeben wird. Erfolgshaftung und diese Ergänzungen scheinen einander in Rechtstexten der Zeit zu durchdringen, ohne dass die Dominanz einer der beiden strafrechtlichen Konzeptionen festgestellt werden kann.

510 Schmidt, Einführung, S. 31.

hinter der Tat auf formale Weise: Die Tat identifiziert den Täter, welcher damit im Umkehrschluss nur als ihr Werkzeug erscheint.[511] Individuelle Beweggründe oder gar psychische Befindlichkeiten, die auf der Seite des Täters zu einer Tat führen, werden ebenso wenig berücksichtigt wie Anstiftung oder Beihilfe.[512] Die Ergänzungen dieses Rechtsprinzips, das die ältere rechtshistorische Forschung in einer germanischen Vorzeit verortet hat,[513] das sich aber auch in verschiedenen rechtlichen Regelungen des 12. Jahrhunderts zeigt,[514] betreffen insbesondere die Verknüpfung von Täter und Tat.

Hochmittelalterliche Rechtstexte lassen erkennen, dass sie nicht dem strikten Automatismus der Verkettung von Vergehen und Buße oder Rache sowie der formalen Verbindung von Täter und Tat folgen, die das Prinzip der Erfolgshaftung vorgibt. Die Umstände, die auf der Seite des Täters mit der Tat einhergehen, werden in verschiedenen rechtlichen Regelungen in die Bestimmung der Reaktion, die zur Wiederherstellung des Rechts kodifiziert wird, eingebunden. Das zeigt sich etwa an der Benennung der bösen Absicht, an einer Tendenz zur Verantwortlichkeit für eigene Handlungen, an der Berücksichtigung des Bewusstseins für das eigene Tun, der altersbedingten Unreife des Täters, seiner mangelnden psychischen Verantwortlichkeit, der Notwehr sowie der oben bereits genannten Regelungen zur Verantwortlichkeit Dritter.[515]

In den Kontext der Berücksichtigung der Täterseite in juristischen Texten des 12. Jahrhunderts kann die im Folgenden untersuchte wiederholte Thematisierung des oder der Schuldigen an Siegfrieds Tod gestellt werden. Auch in der nibelungischen Welt erschließen sich die Kriterien, wie Täter und Schuldige bestimmt werden, weder unmittelbar noch zeigt sich der Versuch, sie einer Systematik zu unterwerfen. Indem aber im Verlauf des Geschehens immer wieder die Frage nach dem oder den

---

511 Vgl. Klementowski, Verantwortlichkeit, S. 226. Zur Bestimmung eines Täters und seiner Verantwortlichkeit nach äußerlichen Kriterien vgl. auch Schmidt, Einführung, S. 71.

512 Vgl. Schmidt, Einführung, S. 31, S. 36.

513 Zum Problem der Rekonstruktion der Erfolgshaftung für eine germanische Frühzeit sowie zur Berücksichtigung des verbrecherischen Willens bereits in den so genannten Volksrechten vgl. Kaufmann, Art. Erfolgshaftung, Sp. 992 ff.

514 Klementowski weist darauf hin, dass die Landfrieden in der Mehrzahl der Fälle nur Straftatbestände und Strafsanktionen nennen, die subjektiven Anteile auf der Seite des Täters aber vernachlässigen (vgl. Klementowski, Verantwortlichkeit, S. 222 f.).

515 Vgl. Klementowski, Verantwortlichkeit, S. 221, S. 223, S. 227, S. 229 f., S. 230, S. 231 ff., S. 223 f.

Schuldigen am Tod Siegfrieds gestellt und auf unterschiedliche Weise beantwortet wird, entfaltet der Text differenzierte Vorstellungen von Täterschaft und Schuld.

Bereits beim Mordkomplott in Aventiure 14 ist offenkundig, dass allein Hagen ausdrücklich und durchgehend den Tod Siegfrieds befürwortet. Positionen und Motive aller anderen Krieger, die an der Unterredung beteiligt sind – also Gunthers, Gernots, Giselhers und Ortwins von Metz –, sind dagegen weniger deutlich. Nachdem Hagen Brünhild zugesichert hat, Siegfried werde für die Verletzung ihrer Ehre büßen (864,2–3), kommen Ortwin und Gernot in dem Moment hinzu, „dâ die helde rieten den Sîfrides tôt" (865,2). Wer an dieser Stelle mit „die helde" angesprochen wird, wer hier also bereits mit Hagen über Siegfrieds Tod berät, wird nicht ausdrücklich gesagt.[516] Vermutlich handelt es sich bei Hagens Gesprächspartner um Gunther, dessen Eintreffen im Unterschied zu Gernots, Giselhers und Ortwins nicht eigens erwähnt wird,[517] der aber wenig später das Wort ergreift (868,1). Hier wird also ein Kollektiv, ein Rat mit Beteiligung des Königs als Träger der Entscheidung über Siegfrieds Tod eingesetzt, ohne dass der Herrscher selbst namhaft gemacht würde. Zu Beginn des Komplotts erhält er die Position ungenannter Anwesenheit zugewiesen. In Erscheinung tritt Gunther dann mit einer Rede, in der er sich klar gegen eine Gewalttat an Siegfried ausspricht und den Schutz von Siegfrieds Leben über den des eigenen stellt:

> […] ‚er'n hât uns niht getân
> niwan guot und êre; man sol in leben lân.
> waz touc, ob ich dem recken wære nû gehaz?
> er was uns ie getriuwe und tet vil willeclîche daz.' (868)

Auf diese Rede, die an Gunthers freundschaftlicher Einstellung gegenüber Siegfried keinen Zweifel aufkommen lässt, antwortet Ortwin unerwartet mit der Bereitschaft, Siegfried anzugreifen, sofern sein Herr es ihm gestatte:

> ‚jane mac in niht gehelfen diu grôze sterke sîn.
> erloubet mirz mîn herre, ich getuon im leit.' (869,2–3)

---

516 Ausführlich zum Problem, wer von den Burgunden nach dem Streit der Königinnen zugegen ist, vgl. Campbell, Ian R.: Who are the „ritter" and „helde"? Das Nibelungenlied, 861,4; 865,2; 869,4, in: Amsterdamer Beiträge zur älteren Germanistik 46 (1996), S. 131–141, hier S. 136 ff.

517 Dass eine anwesende Person nicht namentlich genannt, sondern dass nur mit Personalpronomen auf sie Bezug genommen wird, findet sich auch an anderen Stellen, z. B. in 1134,4.

Das Vorgehen des Gefolgsmannes ist in dieser Sache also von der Zustimmung des Königs abhängig. Es folgt der irritierende Schlussvers der Strophe: „dô heten im die helde âne schulde widerseit" (869,4). Der Vers wirft erneut die Frage auf, welche Figuren mit der kollektivierenden Rede von „die helde" gemeint sind – Gunther ist an dieser Stelle offensichtlich nicht Teil der Gruppe. Außerdem verwundert der Vers, weil er die zeitliche Abfolge der Ereignisse benennt (insgesamt dreimaliges „dô" in zwei Strophen (868,1; 869,1; 869,4)), damit aber weder eine kausale Konsequenz noch eine allmähliche Entwicklung meinen kann. Gunthers unmittelbar vorausgehende Rede gegen einen Angriff auf Siegfried – ebenso wie die Giselhers wenige Verse zuvor (866,1–4) – hat offenbar nicht dazu geführt, dass der Racheplan verworfen wird. Im Gegenteil hat sich bei den Zuhörenden der Entschluss gehalten, gegen Siegfried vorzugehen; möglicherweise ist er sogar befördert worden. Auf welche Weise sich die Position der Krieger gefestigt hat, ist nicht nachvollziehbar. Welche der anwesenden Figuren sie befürwortet, bleibt ebenso unklar. Möglicherweise ist es neben Hagen und Ortwin noch Gernot; denn seine Einschätzung des Mordplans wird an keiner Stelle der gesamten Mordrat-Szene erwähnt.

Im Folgenden geht niemand außer Hagen dem Vorhaben, Siegfried zu töten, weiter nach (870,1). Ebenso plötzlich wie der Entschluss aufgetaucht ist, scheint er wieder fallengelassen zu werden. Als Hagen Gunther Herrschaft über Land in Aussicht stellt, das ihm bei Siegfrieds Tod zufallen werde (870,2–4), reagiert „der helt", vermutlich also Gunther selbst, mit „trûren" (870,4). Die Trauergeste Gunthers lässt im Unklaren, ob ihn der erneute Gedanke an eine Gewalthandlung gegen Siegfried mit Trauer und Unbehagen erfüllt, ob sich diese Empfindung über die Absichten seiner Mannen einstellt, die er nicht von diesem Gedanken hat abbringen können, oder ob hier nun innere Unsicherheit des Herrschers über die eigene Entscheidung ausgedrückt werden soll. Darauf wird betont, dass der Gegenstand nun fallengelassen und ein Turnier begonnen wird (871,1).

Als sich auch während des Turniers bei Gunthers Gefolge der Unmut gegen Siegfried hält (871,4), fordert er seine Mannen ein weiteres Mal auf, die feindliche Gesinnung aufzugeben (872). Er begründet diese Forderung nicht nur mit der Ehre, die Siegfried den Burgunden schon durch seine Anwesenheit erweise, sondern auch mit seiner physischen Stärke, der sich niemand entgegenstellen könne (872,3–4). Eine moralische Begründung wird also mit einer pragmatischen verknüpft. Den zweiten Gedanken greift Hagen auf und schlägt einen Hinterhalt gegen Siegfried vor: „ich getrûwez *heinlîche* alsô wol an getragen [Hervorhebung T. R.]" (873,2). An diesem Hinweis nun zeigt sich Gunther unerwartet interessiert; er fragt nach: „wie mac daz ergân?" (874,1). Möglicherweise war Gunthers Lob des Xanteners also inhaltlich wenig bedeutsam, eine reine Formsache, die der eigentlich interessanten Frage vorausgeschickt worden ist; möglicherweise wird aber auch dargestellt, dass unterschiedliche Aspekte von Gunthers Verhältnis zu Siegfried in diesem Moment der Handlung noch nebeneinander bestehen. Nachdem Hagen seinen Plan erläutert hat, berichtet der Erzähler – die moralische Verwerflichkeit betonend –, dass Gunther sich dieses Vorgehen nun zu eigen macht: „Der künic gevolgete übele Hagenem, sînem man" (876,1). Am Ende der Mordrat-Szene steht das plötzliche Einschwenken Gunthers auf die Position des Tronjers. Als treibende Kraft des Geschehens wird in dieser Formulierung Hagen eingesetzt; darüber kann kein Zweifel bestehen. Als schuldig an Siegfrieds Tod wird aber mit dem deutlich wertenden Erzählerkommentar auch Gunther dargestellt. Er weiß um das Vorgehen seines Gefolgsmannes. Er duldet es und macht es damit allererst möglich. Die Szene verdeutlicht, dass das Handeln der Burgunden von der Billigung ihres Königs abhängig ist. Seine Entscheidung bestimmt über die Realisierung von Hagens Plan und damit letztlich über Leben und Tod Siegfrieds. Er ist als verantwortlich in letzter Instanz dargestellt. Da die Position des Königs der Beeinflussung durch das Gefolge zugleich nicht enthoben ist, sondern, wie die Sequenz zeigt, durchaus wandelbar erscheint, spielt die Unterredung mit ihm als Möglichkeit der Einflussnahme und der Verhandlung unterschiedlicher Interessen eine entscheidende Rolle.[518] Gunther scheint auf den fortgesetzten Unmut der Krieger gegenüber Siegfried einzugehen und sich letztlich für Hagens Vorschlag zu entscheiden, weil dieser einen bedeutenden Vorbehalt des Burgunden-Herrschers ausräumt.

Im Zuge der Schilderung der weiteren Ereignisse bis zum Mord an Siegfried wird wiederholt darauf hingewiesen, dass Gunther an den Handlungen beteiligt ist und dass er in verräterischer Weise selbst in das Geschehen eingreift. So reagiert er auf Siegfrieds Angebot, gegen den (vorgeblich) erneut bevorstehenden Angriff der Sachsen und Dänen Hilfe zu leisten, mit gespielter Freundlichkeit:

> ‚Sô wol mich dirre mære', sprach der künic dô,
> als ob er ernstlîche der helfe wære vrô.
> in valsche neig im tiefe der ungetriuwe man. (887,1–3)

---

518 Zur Praxis der „vertrauliche[n] Vorklärung" in historiographischen Quellen vgl. Althoff, Gerd: Verwandtschaft, Freundschaft, Klientel. Der schwierige Weg zum Ohr des Herrschers, in: Ders.: Spielregeln der Politik im Mittelalter. Kommunikation in Friede und Fehde, Darmstadt 1997, S. 185–198, insbes. S. 196.

Als Siegfried nach der Jagd, die schließlich an Stelle des zunächst zum
Schein geplanten und dann doch – und ebenso fingiert – abgesagten
Heerzuges unternommen wird, etwas zum Trinken verlangt, spielt ihm
Gunther Unwissenheit über die Situation und ihren Ausgang vor. Hagens
Aufgabe sei es, sich um Getränke zu kümmern:

> der künic von sînem tische sprach in valsche dar:
> ,man sol iu gerne büezen, swes wir gebrestet hân.
> daz ist von Hagenen schulden; der wil uns gern erdürsten lân.' (966,2–4)

Da die Absprachen der am Mordkomplott Beteiligten vorher nicht geschildert worden sind, wird hier nun mit dem Hinweis der Erzählinstanz
auf die Verlogenheit von Gunthers Rede dargestellt, dass er genau in die
einzelnen Schritte des Plans eingeweiht ist: Das Fehlen von Getränken
führt schließlich zum Wettlauf zur nahe gelegenen Quelle, an der Hagen
den Mord ausführt („er schôz in durch das kriuze" (981,2)). Von Hagens
Speer getroffen, weist Siegfried auf die Beteiligung Gunthers am Mordplan
hin:

> Der künic von Burgonden klagte sînen tôt.
> dô sprach der verchwunde: ,daz ist âne nôt,
> daz der nâch schaden weinet, der in hât getân.
> der dienet michel schelten: ez wære bezzer verlân.' (992)

Im weiteren Verlauf des Epos durchzieht die Frage nach den Schuldigen an
Siegfrieds Tod die Auseinandersetzung Kriemhilds mit den Burgunden.
Die Bemühungen, sie festzustellen, beziehen sich auf die Schilderung des
Ereignisses selbst und seiner Vorbereitung, die ich bis hierher rekonstruiert
und auf Deutungsangebote hin untersucht habe. Dabei hat sich gezeigt,
dass die Verantwortung für Siegfrieds Tod zwar zunächst auf Hagen als
Ideengeber und treibende Kraft zugespitzt wird, dass aber zugleich immer
wieder weitere Figuren in die Entscheidung über das Vorgehen sowie in die
Ausführung des Plans einbezogen werden. An erster Stelle ist Gunther zu
nennen, der als Landesherr für das Handeln seines Vasallen verantwortlich
ist. Aber auch die anderen beiden Brüder sind auf unterschiedliche Weise
am Geschehen beteiligt, so dass die Darstellung des Mordes an Siegfried
auch als Komplott mehrerer Beteiligter verstanden werden kann. Außerdem hat sich gezeigt, dass die Angaben des Textes über die Zusammenhänge, die schließlich zum Mordplan führen, rudimentär sind und Unklarheiten über die Kausalzusammenhänge bestehen lassen. Alle folgenden
Bezugnahmen auf den Mord an Siegfried zitieren das Geschehen als Ganzes
oder greifen einzelne Aspekte auf und nehmen damit Interpretationen und
Gewichtungen vor. Das *Nibelungenlied* schildert also nicht nur die Er-

eignisse, die zu Siegfrieds Tod führen, und gibt mit dieser Darstellung eine Reihe von Fragen auf, sondern der Text kommt im weiteren Verlauf der Handlung immer wieder auf das Problem zurück, den oder die Täter zu bestimmen. Die Darstellung der Ereignisse nach Siegfrieds Tod zeichnet das Bemühen aus, Täterschaft und Schuld zu untersuchen und schließlich festzustellen. Das zeigt sich, indem der Text zum einen das zuvor Geschilderte interpretiert und indem er zum anderen weitere Informationen liefert, die zur Bestimmung des oder der Schuldigen dienen können.

Die erste Reaktion auf den Tod Siegfrieds zeigt Kriemhild noch in ihrer Kemenate, also bei eingeschränkter Öffentlichkeit. Sie äußert die Vermutung: „ez hât gerâten Prünhilt, daz ez hât Hagene getân" (1010,4). Brünhild, die am Mordrat nicht beteiligt war, wird hier als Motor des Geschehens dargestellt. Von Gunther dagegen ist keine Rede. Auf ihn trifft Kriemhild im Münster, wohin sie den Leichnam Siegfrieds bringen lässt. Der Herrscher der Burgunden bekundet der Schwester seine Trauer (1041,3), worauf sie mit der bereits zitierten Anschuldigung reagiert, Gunther sei selbst an der Tat beteiligt gewesen:

,daz tuot ir âne schulde', sprach daz jâmerhafte wîp.

,Wær' iu dar umbe leide, so'n wær es niht geschehen.' (1041,4 – 1042,1)

Die darauf von Kriemhild geforderte und durchgeführte Bahrprobe erbringt die Schuld Hagens – und zwar nur Hagens: „dâ von man die schulde dâ ze Hagene gesach" (1044,4). Auch hier wird, entgegen der in der Mordrat-Szene vorgeführten Komplizenschaft beider Männer, nicht thematisiert, ob und inwiefern auch Gunther Schuld an Siegfrieds Tod trifft. Der König tut sich dagegen selbst hervor und versucht, gegen das Ergebnis der Bahrprobe vorzugehen, indem er die Unschuld Hagens bezeugt:

[…] ,ich wilz iuch wizzen lân:
in sluogen schâchære, Hagen hât es niht getân.' (1045,3 – 4)

Kriemhild bringt keinen Nachweis des Gegenteils, sondern verleiht in ihrer Replik der Überzeugung Ausdruck, sie wisse, wer die Schuldigen seien. Diesmal nennt sie nicht nur den durch die Bahrprobe überführten Hagen, sondern auch Gunther:

,Mir sint die schâchære', sprach sie, ,vil wol bekant.
nu lâz ez got errechen noch sîner vriunde hant.
Gunther und Hagene, jâ habt ir iz getân.' [Hervorhebung T. R.] (1046,1 – 3)

Es scheint, als habe sich Gunther in den Augen Kriemhilds erst mit seinem Eintreten für Hagen selbst überführt. Konsequenzen hat Kriemhilds doppelte Anklage jedoch nicht. Nach den folgenden viereinhalb Jahren Trauerzeit (1106,2), in denen Kriemhild nicht nur unter dem Verlust ihres Mannes leidet, sondern außerdem die Anklage gegen Hagen und Gunther immer wieder erneuert, indem sie ihnen Blick und Ansprache verweigert (1106,3–4), soll nun Gernot die Rolle des Vermittlers zwischen Kriemhild und dem Burgunden-Herrscher übernehmen. Er eröffnet das Gespräch folgendermaßen:

> ,vrouwe, ir klaget ze lange den Sîfrides tôt.
> iu wil der künic rihten, daz er sîn niht hât erslagen.' (1110,2–3)

Dass eine Antwort auf die Bestimmung des eigenen Anteils am Tode Siegfrieds, die Gunther ausrichten lässt, um mit Kriemhild wieder ins Gespräch zu kommen, einfach ist, zeigt ihre Replik: „des zîhet in niemen: in sluoc diu Hagenen hant" (1111,1). Gunther hat die Tat nicht selbst ausgeführt. Das ist nicht strittig und kann daher von Kriemhild schnell zugegeben werden. Die knappe Feststellung Kriemhilds macht deutlich, dass Schuld nicht mit einem reduzierten Verständnis verbrecherischen Handelns, als welches ihre Antwort die geschickte Diplomatie des Bruders entlarvt, gefasst werden kann. Denn ob Gunther die Tat selbst ausgeführt, ob er den Speer geworfen hat oder nicht, mag zwar zunächst auch in der Welt des *Nibelungenlieds* als zentrales Kriterium erscheinen, um die Täterschaft – und damit auch die Schuld – einer Figur zweifelsfrei zu bestimmen.[519] Es reicht allerdings nicht hin, um Schuld adäquat zu beschreiben als ein Spektrum mit Abstufungen und Differenzen, das denjenigen, der ein Vergehen ausführt, ebenso umfasst wie diejenigen, die

---

519 Dass für die Bestimmung von Täterschaft und Schuld im *Nibelungenlied* generell die eigenhändige Ausführung eines Vergehens zentral ist, zeigt zum Beispiel die folgende Textstelle: Um die Burgunden von einer Reise ins Land Etzels abzuhalten, begründet Hagen die absehbaren Feindseligkeiten Kriemhilds damit, dass er ihren Ehemann mit eigener Hand („mit mîner hant" (1459,3)) erschlagen habe. Gernot und Giselher fassen diese Aussage als undiskutierbares Indiz seiner Schuld auf (1462–1463). Durch die Hand als ausführenden Körperteil wird die Tat hier untrennbar an den Täter gebunden. Auch die zeitgenössischen Rechtstexte tendieren dazu, zur Feststellung von Schuld und zur Festsetzung der das Vergehen spiegelnden Strafe die Handlung des Täters als zentrales Kriterium anzusehen – und nicht so sehr, wie in der Neuzeit, seine Beweggründe. Worin ein Vergehen besteht, scheint mit der Nennung der Tat bekannt zu sein und nicht näher erläutert werden zu müssen. Dem Prinzip der Erfolgshaftung entsprechend kann Schuld festgestellt werden, indem der Schaden auf die Tat und die Tat auf den Täter verweist. Bader formuliert: „die Friedlosigkeit und, mit ihr verbunden, die Rechtlosigkeit des Täters ergeben sich unmittelbar aus der Tat" (Bader, Schuld, S. 68).

an der Entscheidung beteiligt sind, die zu diesem Vergehen geführt hat. „holt wird' ich in nimmer, die ez dâ hânt getân" (1112,3) lautet dann auch der Schlusssatz von Kriemhilds erstem Kommentar auf Gernots Bemühen um Versöhnung. Auch wenn sie vermeidet, die Gemeinten namentlich zu nennen, hebt Kriemhild doch die Komplizenschaft mehrerer Beteiligter hervor und behauptet damit zugleich die (Mit-)Schuld Gunthers. Sie widerspricht auf diese Weise der Auffassung des Vermittlers, der Gunthers Täterschaft bestritten und ein reduziertes Verständnis von Schuld vorgetragen hat. Darüber hinaus entwirft Kriemhild mit ihrem Satz implizit ein erweitertes Konzept rechtsbrecherischen Handelns. Auch wenn sie zunächst klar konzediert, Gunther habe die Mordtat nicht selbst ausgeführt, er habe Siegfried nicht erschlagen, so führt sie hier als kritische Reaktion nicht etwa eine Form von Schuld ein, die sich auf das Mitwissen oder das In-Auftrag-Geben im Unterschied zum ausführenden Handeln bezieht. Vielmehr wird von ihr der zuvor verengte Begriff des Handelns selbst ausgeweitet, um nun auch Gunther als *Täter* zu bestimmen: „die ez [...] hânt *getân* [Hervorhebung T. R.]" (1112,3).[520] Wenn auch Gunther Täter genannt werden kann, so muss unter Täterschaft mehr zu subsumieren sein als das Vollziehen einer präzise abgrenzbaren todbringenden Handlung. Die enge Verbindung von Tat und einem einzelnen Täter, auf den die Tat verweist, wird hier also in Frage gestellt und durch ein erweitertes Verständnis von Täterschaft ersetzt.

Die Problematisierung von Täterschaft in Kriemhilds Rede gegenüber Gernot weist Parallelen auf zur Schilderung der Brautwerbung in Isenstein in Aventiure sieben. Hier vollzieht Gunther die Handlungen, für die er später die Herrscherin zum Lohn als Ehefrau erhält, nicht allein, sondern er tut dies zum Teil gemeinsam mit Siegfried, zum Teil handelt Siegfried auch an seiner Stelle. Die Beschreibung der einzelnen Wettkampf-Handlungen unterscheidet – getreu dem in 454,3 geäußerten Programm Siegfrieds: „nu hab du die gebære, diu werc wil ich begân" – die unterschiedliche Art und Weise, in der die beiden Männer ihre Handlungen ausführen und die unterschiedlichen Effekte, die diese haben. Sie gehen zwar gemeinsam zu

---

520 Das erweiterte Konzept von Täterschaft begegnet im *Nibelungenlied* auch noch an anderen Stellen. Bereits der sterbende Siegfried beschreibt, dass der König der Burgunden an seiner Ermordung handelnd beteiligt ist: „Der künic von Burgonden klagte sînen tôt. / dô sprach der verchwunde: ‚daz ist âne nôt, / daz der nâch schaden weinet, der in hât *getân* [Hervorhebung T. R.]" (992,1–3). Und auch Kriemhild hatte in der bereits zitierten Beschuldigung Hagens und Gunthers nach der Bahrprobe die Männer als gemeinsam *Handelnde* bezeichnet: „Gunther und Hagene, jâ habt ir iz *getân* [Hervorhebung T. R.]" (1046,3).

Boden, als Brünhilds Speer sie trifft (457,3); Gunther jedoch bewegt den Stein lediglich, während Siegfried ihn wirft (463,4). Der Brautwerbungswettkampf thematisiert das Problem, Täterschaft zu bestimmen, in erster Linie aus der Perspektive der Sichtbarkeit des Handelnden. Gunther scheint die Taten zu vollbringen, an denen aber der unsichtbare Siegfried maßgeblich beteiligt ist (wenn nicht gar er es ist, der sie allein ausführt). Die Isenstein-Episode formuliert also folgende Fragen: Verweist die Tat wirklich auf den einen Täter, der sie vollzieht, und wie könnte sich dieser sonst noch ermitteln lassen? Identifiziert die Tat selbstverständlich den Täter oder könnte der Beobachter durch die so offenkundig erscheinende Sichtbarkeit nicht auch getäuscht werden? Da die Tarnkappe Siegfried nicht nur unsichtbar macht, sondern ihm zusätzlich die Stärke von zwölf Männern verleiht, steht die unmittelbare Bindung eines singulären Täters an die festgestellte Tat hier nicht nur im Sinne unsichtbarer Stellvertretung Gunthers durch Siegfried, also des vermeintlichen Täters durch einen tatsächlichen, in Frage. Über die zusätzliche Kraft, die die Tarnkappe dem Träger gibt, wird das Konzept des Einzeltäters problematisiert und die Frage nach denjenigen gestellt, die an der Tat beteiligt sind. Im Falle der Tarnkappe ist das Problem der Tatbeteiligung insofern radikalisiert, als die neben Siegfried involvierten zwölf Männer nicht den Status von Figuren erreichen, sondern dem Zaubermittel der Tarnkappe zuzurechnen sind.

Doch zurück zur Bestimmung der Schuldigen an Siegfrieds Tod im zweiten Teil des *Nibelungenlieds*. Kurz nachdem Kriemhild den ersten Vermittlungsversuch Gernots abgelehnt hat, kommt es dennoch zum versöhnenden Treffen Gunthers und Kriemhilds. Auf das flehende Bitten Giselhers willigt Kriemhild ein, Gunther zu empfangen (1112,4–1113,1). Mit ihrem Handeln hält die Figur das verbal formulierte Konzept modifizierter Täterschaft also nicht durch. Einzig Hagen erscheint nicht vor ihr und wird durch die Erzählinstanz einmal mehr als zentraler Schuldiger ausgewiesen: „wol wesse er sîne schulde, er het ir leide getân" (1113,4). Erklärt wird Kriemhilds Einstellungswandel nicht. Das folgende Geschehen ist nicht mehr als Dialog dargestellt, sondern wird nur noch aus der distanzierten Perspektive der Erzählinstanz zeitraffend berichtet. Von Gunther heißt es anlässlich des Versöhnungskusses:

> wære ir von sînem râte leide nicht getân,
> sô möcht' er vrevellîchen wol zuo Kriemhilde gân. (1114,3–4)

Nach dem bisher Gesehenen ist „rât" hier nicht als Beratung oder Ratschlag, sondern als Entschluss Gunthers zu verstehen, der zu Kriemhilds Leid geführt hat. An dieser Stelle wird nun doch eine Differenzierung zwischen dem Beschluss und der Ausführung einer Tat vorgenommen, die in Kriemhilds vorhergehender anklagender Formulierung, wie herausgearbeitet, ausdrücklich umgangen worden ist.[521] Ganz im Sinne der Logik dieser Unterscheidung heißt es abschließend über Kriemhild:

> si verkôs ûf si alle wan ûf den einen man.
> in het erslagen niemen, het ez niht Hagene getân. (1115,3–4)

Die Differenzierung zwischen der Planung oder Anordnung eines Mordes und seinem physischen Vollzug führt hier schließlich zu einer Möglichkeit, verschiedene Arten von Schuld graduell zu unterscheiden. Der Ausführung wird das höchste Maß an Schuld zugesprochen, mit der Begründung, dass das Verbrechen unterblieben wäre, wenn sich niemand bereit gefunden hätte, es zu begehen.[522] Die Handlung des Tötens ist auf zweierlei Weisen moralisch aufgeladen: Zum einen wird sie nicht der Entscheidung oder dem Befehl untergeordnet, denn diese sind nicht in der Lage, den Mord auszuführen, und können daher niemals den physischen Effekt der Tötung erzielen; zum anderen wird der Tötende nicht etwa als bloßes Instrument einer über ihn und andere verfügenden Macht aufgefasst, das austauschbar ist und dessen Verhalten den Gang der Ereignisse nicht beeinflussen wird, sondern er wird in seiner Verantwortlichkeit als einzelner Handelnder angesprochen, dessen Tun entscheidende Konsequenzen hat.

Die Fokussierung auf Hagen als den Hauptschuldigen setzt sich im Folgenden fort. In der Hortraub-Szene, dem wenig später berichteten weiteren Vergehen der Burgunden an Kriemhild, ist die Übernahme der Schuld durch Hagen überdeutlich. Er überzeugt den König, dass der Schatz der Nibelungen im Besitz Kriemhilds eine Bedrohung für die Burgunden darstellt und ihr daher genommen werden müsse (1128,2–4; 1130). Auf den Einwand Gunthers, dass er sich eidlich verpflichtet habe, Kriemhild kein Leid mehr zuzufügen, reagiert Hagen mit dem Vorschlag, selbst die Schuld auf sich zu nehmen: „lat mich den schuldigen sîn" (1131,4). Sein Plan wird ausgeführt, indem er Kriemhild den Hort nimmt, während die

---

521 Später wird auf Hagen als Handelnden verwiesen, mit dem Zusatz, dass er Gunthers Mann sei (1771,2). Gunther könnte also schon allein deshalb mit verantwortlich sein für Siegfrieds Tod, weil der Mörder sein Gefolgsmann ist – unabhängig davon, wie zögerlich auch immer die Rolle gewesen sein mag, die Gunther selbst im Mordrat gespielt hat. Auch Ortwin stellt im Mordrat die Abhängigkeit des eigenen Handelns von der Zustimmung seines Herrn heraus: „erloubet mirz mîn herre, ich getuon im leit" (869,3).

522 Zur Bezeichnung des Haupttäters als „faciens" und als „hanttetige" in hoch- und spätmittelalterlichen Rechtstexten vgl. His, Strafrecht 1, S. 124 f.

Burgunden nicht am Hofe zugegen sind (1136–1137). Des Weiteren wird auch später im Zuge der Schilderung von Kriemhilds Rache bereits bei der Einladung der Burgunden zum Fest im Land Etzels deutlich, dass Hagen das Hauptziel von Kriemhilds Rachestreben darstellt. Kriemhild trägt den Boten gesondert auf, Hagen von Tronje zum Besuch am Hofe Etzels zu bewegen (1419–1420). Und auch bei allen folgenden Attacken, die Kriemhild gegen die Burgunden anzettelt, ist Hagen das primäre Ziel: etwa bei der bereits beschriebenen Aufforderung an ihn, vor den hunnischen Kriegern seine Schuld, Siegfried getötet zu haben, anzuerkennen (1789–1792), bei der Forderung an die Burgunden, ihr Hagen als Bedingung für friedlichen Abzug als Geisel zu überlassen (2104) oder bei der abschließenden Forderung an ihn (nicht an den ebenfalls gefangenen Gunther), ihr wiederzugeben, was er ihr genommen hat (2367).

Jedoch gibt es auch im zweiten Teil des *Nibelungenlieds* noch Irritationen der vermeintlich klaren primären Schuld Hagens, die seit der Versöhnung Kriemhilds mit ihren Brüdern offenkundig zu sein scheint. In den ersten Strophen von Aventiure 23, der Passage also, die Kriemhilds gefestigte Stellung an Etzels Hof und die (Wieder-)Aufnahme ihres Racheplans schildert, heißt es:

> Ich wæne der übel vâlant Kriemhilde daz geriet,
> daz sie sich mit friuntschefte von Gunthere schiet,
> den si durch suone kuste in Burgonden lant. (1394,1–3)

Wenn sich die Feindschaft Kriemhilds im Folgenden auf Hagen als den Hauptschuldigen konzentriert, bleibt unverständlich, warum durch die nun bevorstehende Verfolgung des Racheplans der von ihr durch den Kuss Gunthers besiegelte Friedenszustand mit den Brüdern gefährdet sein könnte.[523] Auch wenn die Rache also fortan primär Hagen gilt, scheinen doch auch Kriemhilds Brüder – insbesondere Gunther – in die Feindseligkeiten einbezogen zu sein. Damit wird nicht nur die enge Bindung, die Gunther, Gernot und Giselher mit Hagen unterhalten, vorweggenommen, sondern es geht erneut um die Frage von Gunthers Mitschuld. Bereits in der folgenden Strophe wird dann auch nicht nur Hagen, sondern es werden erneut Gunther *und* Hagen verantwortlich gemacht für die Situation, in die sich Kriemhild nach Siegfrieds Tod begeben musste, nämlich einen Mann zu ehelichen, der nicht christlichen Glaubens ist:

---

523 Auf dieses Verständnisproblem habe ich oben bereits hingewiesen: Siehe Fußnote 492.

Ez lag ir an dem herzen spât' unde vruo,
wie man si âne schulde bræhte dar zuo,
daz si muose minnen einen heidenischen man.
die nôt die het ir Hagene unde Gunther getân. (1395)

Auch in den Versuchen Kriemhilds, die Männer Etzels für ihre Rache zu
gewinnen, zeigt sich verschiedentlich, dass Kriemhild über Hagen als Ziel
der Rache hinausweist. Als Kriemhild Etzels Bruder Bloedelin zur Rache
auffordert, geschieht das mit der Erläuterung:

,jâ sint in disem hûse die vîande mîn,
die Sîfriden *sluogen*, den mînen lieben man.
swer mir daz hilfet rechen, dem bin ich immer undertân.' [Hervorhebung
T. R.] (1904,2–4)

Hier findet sich die Ausweitung des im ersten Teil des Textes bereits
festgestellten Konzepts gleichrangiger Täterschaft mehrerer Beteiligter
wieder. Neben Hagen scheint nun nicht nur Gunther, sondern der gesamte
Verband der Burgunden die Tötung Siegfrieds *vollzogen* zu haben. Als
Bloedelin die Aufforderung Kriemhilds annimmt, wird in seiner Rede aber
nicht die Gruppe der Burgunden als Ziel seines Vorgehens genannt, sondern, ohne dass dies einer weiteren Erklärung zu bedürfen scheint, ist
erneut Hagen das alleinige Ziel der Rache:

,ez muoz erarnen Hagene, daz er iu hât getân.
ich antwurte iu gebunden des künec Guntheres man.' (1909,3–4)

Die Korrektur, die Bloedelin vornimmt, d. h. die Eingrenzung von Täterschaft auf eine einzelne handelnde Figur, könnte der Praxis der Verfolgung des Täters geschuldet sein, zu der der Bruder Etzels sich anschickt.
Gegen wen sollte er sich wenden, wenn die Frage der Schuld offen gehalten
würde und sich nicht auf eine einzelne Figur oder zumindest auf eine
überschaubare Zahl von Figuren eingrenzen ließe?[524]

---

524 Indem Bloedelin die Tat auf einen einzelnen Schuldigen bezieht, gegen den er sich
wenden kann, folgt er den praktischen Erfordernissen und den bestehenden
Grundsätzen zur Herstellung von Recht. Judith Butler hat angeregt, gegenwärtige
Praktiken der Rechtsprechung, die ein Vergehen stets auf einen Täter reduzieren,
der bestraft werden kann, mit Nietzsches Ausführungen in *Zur Genealogie der
Moral* kritisch zu hinterfragen. Danach werde ein einzelner Täter aus einem Tun,
das ohne einen Akteur auskomme und kontinuierlich fortschreite, durch die
Forderung des Moraldiskurses nach Verantwortlichkeit sprachlich erst hervorge-
bracht (vgl. Butler, Judith: Haß spricht. Zur Politik des Performativen, aus dem
Englischen v. Kathrina Menke und Markus Krist, Berlin 1998, S. 69 ff.). Auch
wenn für das mittelalterliche Recht fraglich ist, ob die Verantwortlichkeit des

Jedoch folgt Bloedelin nicht dem Programm, das er selbst formuliert. Stattdessen *praktiziert* er eine Ausweitung des Konzepts der Täterschaft: Er greift nicht in der Figur Hagens einen singulären Täter an, sondern er wendet sich gegen das Gefolge der Burgunden, das in einem separaten Lager untergebracht ist (1921 ff.). Die Haftung der Gruppe der Burgunden, um die es aus der Perspektive des zeitgenössischen Rechts geht, wird vor dem Kampf in der Unterredung zwischen Bloedelin und Hagens Bruder Dankwart thematisiert. Als Bloedelin Dankwart ankündigt, ihn zu erschlagen, weil Hagen Siegfried getötet hat (1923,2–4), lehnt dieser die Verantwortlichkeit ab, da er zum Zeitpunkt von Siegfrieds Tod noch ein Kind gewesen sei.[525] Bloedelin hält an seiner Absicht fest und begründet sie mit den Worten: „ez tâten dîne mâge, Gunther unde Hagene" (1925,2). Über das Alter Dankwarts wird nicht diskutiert. Allein die verwandtschaftliche Beziehung zu Gunther und Hagen reicht nach Ansicht Bloedelins hin, um Dankwart für ihr Tun haftbar zu machen.

Den Verfahren zur Feststellung von Schuld kann damit noch eine weitere Facette hinzugefügt werden. Die Feststellung des oder der Schuldigen an Siegfrieds Tod verläuft nicht nur über den Vollzug der todbringenden Handlung – ein Modell, anhand dessen zum einen unterschiedliche Formen von Schuld differenziert werden, das aber zum anderen auch durch die Rede vom gemeinsamen Handeln Gunthers und Hagens in Frage gestellt wird. Am Beispiel von Bloedelins Angriff auf Dankwart und das Gefolge der Burgunden zeigt sich darüber hinaus, dass nicht nur ein sin-

---

einzelnen im Sinne einer moralischen Forderung gedacht werden kann, zeigt sich doch auch hier – insbesondere im Prinzip der Erfolgshaftung –, dass die enge Verknüpfung von Tat und einzelnem Täter die Grundlage der Rechtsprechung sowie der Herstellung von Recht durch Rache bildet. Nach der Erfolgshaftung wird der Tat ein Täter zugeordnet, ohne die Umstände zu berücksichtigen, die zur Ausführung der Tat beigetragen haben (vgl. Bader, Schuld, S. 73; sowie His, Strafrecht 1, S. 40, S. 124). Butlers kritische Reflexion der Komplexitätsreduktion, die mit aktuellen Praktiken zur Herstellung von Recht einhergeht, können also auch auf mittelalterliche juristische Regelungen angewendet werden.

525 Zur mangelnden Zurechnungsfähigkeit von Kindern vgl. His, Strafrecht 1, S. 61–66. In den Landfrieden fehlen Hinweise auf das Alter der Handelnden (vgl. Klementowski, Verantwortlichkeit, S. 229). Im *Sachsenspiegel* wird die Altersgrenze für Verstümmelungsstrafen auf zwölf Jahre festgelegt (Ssp. Ldr. II 65 § 1). Bartsch/de Boor machen im *Nibelungenlied*-Kommentar darauf aufmerksam, dass Dankwarts Angabe nicht zutreffen kann, denn er hat bereits an der Werbung um Brünhild teilgenommen (1924,3–4); damit wird eine Deutung der Auseinandersetzung der Figuren um die Verantwortlichkeit für Siegfrieds Tod nochmals komplizierter.

gulärer Täter oder die an der Tat beteiligten Figuren, sondern der gesamte Personenverband der Burgunden für das Handeln einzelner seiner Mitglieder zur Verantwortung gezogen werden kann.[526]

Dass der Personenverband an den Gewalthandlungen der Fehde beteiligt ist, wird vor allem für die so genannte germanische Zeit angenommen; Hinweise auf diese Regelung finden sich aber auch noch im Hochmittelalter.[527] Charakteristikum der Logik der hochmittelalterlichen Fehde ist, dass nicht nur Verwandte und Getreue des Verletzten, sondern auch des Missetäters in die Fehdehandlungen einbezogen werden.[528] Auch wo die Fehde eingeschränkt und durch ein System der Strafen ersetzt wird, kommt es noch zur Haftung der gesamten Gruppe: Bei allen außer bei schweren Missetaten hält sich vor allem im norddeutschen Raum mit dem Kompositionssystem die Haftung des Verbandes.[529] Die im Hochmittel-

---

526 An dieser Stelle zeigt sich die Geltung des Prinzips der Haftung des Personenverbandes, das nach Einschätzung Müllers im gesamten *Nibelungenlied* von größerer Bedeutung sei als die Einzelverantwortung (vgl. Müller, Spielregeln, S. 156).

527 Vgl. His, Strafrecht 1, S. 646; Weidemann, Matthias: Geschichte der Sippenhaftung. Das Einstehenmüssen von Verwandten, Münster 2002, S. 104; Kaufmann, Art. Fehde, Sp. 1091; sowie Ogris, Werner: Art. Haftung, in: Erler, Adalbert und Ekkehard Kaufmann (Hg.): Handwörterbuch zur deutschen Rechtsgeschichte. Bd. 1, Berlin 1971, Sp. 1901–1906, hier Sp. 1901 f. Nach Brunner sind an der Fehde stets die Freunde beteiligt (vgl. Brunner, Land, S. 57). Das gilt auch noch für den von ihm vorrangig untersuchten Zeitraum des 14. und 15. Jahrhunderts (vgl. Brunner, Land, S. 20).

528 Brunner formuliert verallgemeinernd: „Die Freunde sind als Blutsverwandte die gegebenen Helfer des Verletzten in der Blutrache und die Freunde werden auch als Helfer in der Ritterfehde immer an erster Stelle genannt" (Brunner, Land, S. 20). His weist darauf hin, dass mittelalterliche Rechtstexte nicht nur den Personenkreis einzuschränken versuchen, der auf der Seite des Verletzten in die Fehde eintritt, sondern auch Fehdegrenzen für die Seite des Totschlägers angeben; auch auf dieser Seite wurde also mit der Ausweitung der Haftung auf den Personenverband gerechnet (vgl. His, Strafrecht 1, S. 266 f.). In den Landfrieden ist die Verantwortlichkeit für Dritte allerdings nur in Ansätzen geregelt (vgl. Klementowski, Verantwortlichkeit, S. 223).

529 Vgl. Weidemann, Sippenhaftung, S. 94. His vertritt dagegen die These, dass sich bei Zahlungen des Sühngelds die so genannte Sippenhaftung im Mittelalter nur noch im norddeutschen Raum erhalten habe (vgl. His, Strafrecht 1, S. 646). Hinweise darauf, dass auch die Fehderegelungen der Landfrieden Verwandte und Getreue von der Haftung auszuschließen versuchen, sind mir nicht bekannt. In Gernhubers Schilderung der Fehderegelungen findet sich die Überschrift „Personenkreis"; Regelungen zur Einbeziehung des Personenverbands in die Fehdehandlungen werden hier allerdings nicht genannt (vgl. Gernhuber, Landfriedensbewegung, S. 196 ff.).

alter vor allem im mittel- und süddeutschen Raum vordringenden peinlichen Strafen beziehen sich dagegen nur noch auf den Täter selbst.[530] Bei
schweren Missetaten allerdings, wie bei Mord und Vergewaltigung, findet
sich auch hier die Regelung, dass der Personenverband des Täters in die
Strafe einbezogen wird.[531] Die zeitgenössischen juristischen Regelungen
zur Haftung des Personenverbandes erweisen sich damit als uneinheitlich.
Sie schließen nicht durchweg von einer Tat auf einen einzelnen Täter,
sondern sie rechnen durchaus mit der Beteiligung mehrerer und mit der
Verantwortlichkeit der Gruppe, der derjenige zugehört, der eine rechts-
widrige Handlung vollzogen hat. In der Frage nach der Haftung des
Personenverbands trifft das *Nibelungenlied* somit auf eine Situation der
Uneinheitlichkeit und entwickelt in diesem Zusammenhang einen weiteren Aspekt des Problems, den Schuldigen an Siegfrieds Tod zu bestimmen.

Unklarheit über die Bestimmung von Täterschaft und Verantwortlichkeit für den Tod Siegfrieds zeigt sich also auch im zweiten Teil des Epos,
der sich auf den ersten Blick doch offenkundig als Jagd nach Hagen zusammenfassen lässt – nach demjenigen, der den Mord an Siegfried
durchgeführt hat und der daher als Hauptschuldiger anzusehen ist.[532]
Dabei geht es nicht nur, wie das Beispiel Dankwarts bereits gezeigt hat, um
die Schuld Gunthers und Hagens, sondern es werden weitere Figuren in die
Überlegungen mit einbezogen. An erster Stelle müssen Gernot und
Giselher genannt werden. Sie sind zwar beide beim Mordrat anwesend
(865), ihre Position ist aber entweder klar ablehnend (Giselhers Rede in
866) oder wird nicht erwähnt. Als Gunther am Ende der Mordrat-Szene
auf Hagens Position einschwenkt, ist unklar, ob Gernot und Giselher
anwesend sind. Ihre Abwesenheit würde erklären, dass sie nicht gegen die
Pläne ihres Bruders vorgehen. Von jedweder Beteiligung an der Durch-

---

530 Vgl. Weidemann, Sippenhaftung, S. 100 f.
531 Vgl. Weidemann, Sippenhaftung, S. 102 f. Beispielhaft sei hier die Bestimmung
     des *Sachsenspiegels* zur Ahndung einer Vergewaltigung genannt: Das Haus, in dem
     das Vergehen stattgefunden hat, soll zerstört werden, und mit dem Täter werden
     alle ‚Lebewesen‘, die der Tat zugesehen haben, mit Todesstrafe bedroht und also für
     das Vergehen verantwortlich gemacht (Ssp. Ldr. III 1 § 1). An anderer Stelle be-
     streitet der *Sachsenspiegel* allerdings – wie oben bereits erwähnt – die Verant-
     wortlichkeit des Sohns für die Vergehen seines verstorbenen Vaters (II 17 § 1). Die
     Regelungen dieses Rechtstextes folgen also nicht durchweg dem Prinzip der
     Haftung des Personenverbandes.
532 Selbst in der öffentlichen Wahrnehmung an Etzels Hof gilt nicht Hagen als allein
     schuldig. So sagt Bloedelin zu Dankwart: „ez tâten dîne mâge, Gunther und
     Hagene" (1925,2).

führung des Mordes werden sie von vornherein ausgeschlossen, indem ausdrücklich festgehalten wird, dass sie nicht mit den anderen zur Jagd ausreiten: „Gernôt und Gîselher die wâren dâ heime bestân" (926,4). Nach Siegfrieds Tod treffen Gernot und Giselher erst ein, als der Leichnam im Münster aufgebahrt, die Bahrprobe vollzogen ist und Kriemhild bereits die Schuld Hagens und Gunthers festgestellt hat (1047,2−3). Sofort schließen sie sich der Gemeinde der Klagenden an (1047,4) und versprechen, Kriemhild solange sie leben für den erlittenen Verlust entschädigen zu wollen (1049,3).

Besonders deutlich wird die Technik, Gernot und Giselher durch Abwesenheit von der Szene von jeglichem Verdacht auf Mitschuld freizusprechen, in der Hortraub-Episode. Als Hagen nach Absprache mit Gunther den Schlüssel zum Schatz der Nibelungen an sich genommen hat, protestieren Gernot und Giselher gegen die Aneignung von Kriemhilds Besitz (1132,4−1133,3). Gegen Hagen vorzugehen wird von Giselher verworfen, da es sich bei ihm um ein Mitglied des Personenverbandes handelt (1133,3), und Gernot macht den Vorschlag, das Gold im Rhein zu versenken und es damit dem Zugriff aller zu entziehen (1134,1−3). Als Kriemhild sich darauf direkt an Giselher wendet und ihn als Vogt, d. h. als Schützer ihres Lebens und ihres Besitzes, einsetzen will, verschiebt er die Annahme dieser Position auf einen späteren Zeitpunkt, denn nun stehe ein Ausritt an (1135,3−4). Darauf verlässt der König mit allen seinen Kriegern den Ort (1136,1−2), so dass nur Hagen allein zurückbleibt, wie ausdrücklich betont wird (1136,3), und den Hort im Rhein versenken kann (1137,3). Die räumliche Trennung stellt hier nicht nur die Unschuld der Burgunden-Herrscher am Geschehen sicher, sondern sie verhindert auch, dass die Brüder verpflichtet werden können, gegen Hagen vorzugehen.[533] Nach dem Hortraub und der Rückkehr der Krieger entzieht sich Hagen selbst dem Zugriff seiner Herren durch Abwesenheit (1139,2−3). Erst im Nachhinein wird berichtet, dass der Plan, den Hort im Rhein zu versenken und über den Ort zu schweigen, von einer Gruppe eidlich festgelegt worden war:

> Ê daz von Tronege Hagene den schaz alsô verbarc,
> dô heten siz gevestent mit eiden alsô starc,
> daz er verholn wære, unz ir einer möhte leben.
> sît enkunden sis in selben noch ander niemen gegeben. (1140)

---

533 Zum Wechselverhältnis von Anwesenheit und Verantwortlichkeit vgl. den *Friedebrief gegen die Brandstifter* von 1186 (vgl. Weinrich, Quellen, S. 312 f.; vgl. auch Klementowski, Verantwortlichkeit, S. 223 f.).

Zumindest Hagen und Gunther haben sich hier einen Eid geschworen. Möglicherweise sind am Schwur – und damit am Komplott – aber auch Gernot und Giselher beteiligt gewesen, denn von Gernot stammt der Plan, den Schatz im Rhein zu versenken (1134,1–3). Außerdem wird mit „der fürsten zorne" (1139,2) und „si" (1139,3) zuvor auf alle drei Burgunden verwiesen und nicht nur auf Gunther. Die Unterscheidung von physischer Ausführung des Vergehens und Abwesenheit vom Tatort stellt offenkundig (und – denkt man an das Ende des Mordrats – möglicherweise zum wiederholten Male) die Unschuld Gernots und Giselhers sicher. Gleichzeitig aber wird sie in der Hortraub-Szene durch den nachgelieferten Hinweis auf ihre wissende Billigung und planende Vorbereitung der Tat unterwandert.[534] Auch wenn Gernot und Giselher an verschiedenen Stellen deutlich die Interessen der Schwester vertreten, kann über ihre Abwesenheit bei der Entscheidung über den Hortraub ebenso wie am Schluss des Mordrats und über die damit angezeigte Nicht-Verantwortlichkeit keine letzte Gewissheit bestehen.

    Auch Brünhild wird an verschiedenen Stellen der Erzählung als mitschuldig an Siegfrieds Tod dargestellt. Bereits Kriemhilds erste Reaktion auf die Nachricht, dass ein Toter vor ihren Gemächern liege, nennt sie als Auftraggeberin des Mordes (1010,4). Brünhilds öffentliches Weinen nach dem Streit der Königinnen löst den Mordplan der Burgunden aus:

> dô trûret' alsô sêre der Prünhilde lîp,
> daz ez erbarmen muose die Guntheres man.
> dô kom von Tronege Hagene zuo sîner vrouwen gegân. (863,2–4)

Brünhilds Trauergeste ruft zwangsläufig („muose") die Parteinahme der Gefolgsleute Gunthers im Allgemeinen und die Hagens im Besonderen hervor. In diesem Sinne verspricht Hagen der Burgunden-Herrscherin bei der Unterredung, dass Siegfried eine Strafe für sein Handeln erhalten werde (864,2–3); was Brünhild in diesem Zusammenhang gesagt oder gefordert hat, wird nicht berichtet. Möglicherweise wegen dieses Gesprächs mit Hagen wird sie später von Kriemhild für die Initiatorin des Mordes an Siegfried gehalten (1010,4). Verse, die am Beginn von Aventiure 16 auf Siegfrieds Tod vorausdeuten, weisen zudem darauf hin, dass Brünhild an der konkreten Planung des Mordes beteiligt war[535] – weder die Schilderung

---

534   Später wird Hagen sich gegenüber Kriemhild lediglich als Ausführender eines Auftrags seiner Herren darstellen (1742,3).

535   Hier heißt es: „z'einem kalten brunnen verlôs er [= Siegfried] sît den lîp. / daz het gerâten Prünhilt, des künic Guntheres wîp" (917,3–4). Der Rat oder Befehl

des Gesprächs mit Hagen noch die Mordrat-Szene berichten allerdings davon. Hagen begründet seine Forderung nach dem Tod Siegfrieds wiederholt mit dem Leid, das Brünhild durch ihn erfahren habe (erstmals in 873,3). Legitimiert werden soll die Gewalttat also mit einer, die ihr vorausgeht und auf die mit der Tötung Siegfrieds verwiesen wird. Aber nicht nur Siegfrieds Verhalten hat Brünhild Leid zugefügt, sondern auch Kriemhild hat dies getan, indem sie die Ehefrau ihres Bruders vor dem Münster verbal angegriffen hat. Auch auf diese Verletzung seiner Herrin weist Hagen an verschiedenen Stellen hin (1001,3; 1790,3–4).

Damit aber wird die Frage der Schuld und der Schuldigen insofern komplizierter, als nun auch die Figur, die für sich in Anspruch nimmt, die durch Siegfrieds Tod in erster Linie verletzte Partei und daher in der Position zu sein, Anklage erheben und die Schuldfrage stellen zu können, in das Geschehen eingebunden ist. Kriemhild ist durch ihr Handeln in zweierlei Hinsicht an der Herbeiführung von Siegfrieds Tod beteiligt: Zum einen hat sie Brünhild den Vorwurf gemacht, Kebse ihres Mannes zu sein (839), und diesen Vorwurf noch durch das Zeigen von Brünhilds Gürtel, in dessen Besitz sie ist, untermauert (849 f.). Siegfried wird daraufhin mit der Anschuldigung konfrontiert, mit seinem Verhalten geprahlt und so Brünhilds Ehre verletzt zu haben (857). Durch Kriemhilds Verhalten steht aber nicht nur die Ehre der Burgundischen Königin und damit des gesamten Herrschaftsverbands auf dem Spiel, sondern auch die Rechtmäßigkeit der Thronfolge bei den Burgunden: „Suln wir gouche ziehen?" (867,1), fragt Hagen rhetorisch, um den Mordplan zu befördern. Zum anderen ist es Kriemhild, die Hagen die verwundbare Stelle an Siegfrieds Rücken verrät (902) und damit den Verschwörern erst die Möglichkeit gibt, Siegfried körperlich zu verletzen. Als die Burgunden nach einer Trauerzeit Kriemhilds von viereinhalb Jahren (1106,2) die Versöhnung mit ihr in die Wege zu leiten versuchen, drückt sie ihr Wissen um die eigene Mitschuld aus und lehnt diese Schuld zugleich ab, denn sie sei nicht in der Lage gewesen, Hagens Absicht zu durchschauen:

Si [= Kriemhild] sprach: ‚[…] in [= Siegfried] sluoc diu Hagenen hant.
wâ man in verhouwen solde, do er daz an mir ervant,
wie moht' ich des getrûwen, daz er im trüege haz?
ich hete wol behüetet‘, sprach diu küneginnen, ‚daz.

Daz ich niht vermeldet hete sînen lîp!‘ (1111,1–1112,1)

Brünhilds kann sich in dieser Formulierung sowohl auf den Mord an Siegfried wie auch auf seine konkrete Ausführung im Hinterhalt an der Quelle beziehen.

Damit wird auf unterschiedlichen Ebenen die Frage der Schuld und der Feststellung des Schuldigen, verstanden als singuläre Person, die eine sie identifizierende Tat vollzogen hat, problematisiert. Nicht Hagen allein, sondern die gesamte Gruppe der Burgunden – Gunther, Giselher und Gernot ebenso wie Brünhild – wird vom Text an verschiedenen Stellen in unterschiedlichem Maße für mitschuldig erklärt. Sogar Kriemhild wird in die Reihe derer, die ein Teil der Schuld trifft, einbezogen. Sie hat durch ihr Verhalten gegenüber Brünhild das Vorgehen gegen Siegfried provoziert und die Ermordung ihres Ehemannes durch den Hinweis auf seine verwundbare Stelle erst möglich gemacht. Dieser Befund ist auch im Hinblick auf die Geschlechterspezifik der Bestimmung von Schuld und Schuldigen im *Nibelungenlied* von Interesse. Auch wenn eine männliche Figur sowohl in der Schilderung des Tathergangs als auch in den späteren Rekursen auf diesen die Hauptschuld trifft – was im Text mit der eigenhändigen Durchführung der Tat und damit in Übereinstimmung mit der Waffenfähigkeit als einem zentralen Kriterium geschlechterspezifischer Differenz im *Nibelungenlied* begründet wird –, so sind unter den Figuren, deren Mit- oder Teilschuld erwogen wird, auch beide Protagonistinnen. Die Handlungskonstellation, in der das Problem von Täterschaft und Schuld im *Nibelungenlied* entwickelt wird, deutet geschlechterspezifische Differenzen an. Sie weist aber auch darauf hin, dass diese Rechtsfragen nicht mit einer Unterscheidung der Geschlechter einhergehen, die dazu führen könnte, weibliche Figuren von vornherein aus der Bestimmung von Täterschaft und Schuld auszuschließen.

Der Gang durch den Text zeigt, dass von der Mordkomplott-Szene an und im Verlauf der Erzählung von Kriemhilds Rache mit zunehmender Deutlichkeit Hagen als verantwortlich für Siegfrieds Tod und als Ziel der Rache bestimmt wird. Die Bedeutung von Hagens Handeln für den Tod Siegfrieds lässt sich bereits im Mordrat erkennen; sie wird zugespitzt, indem er die tödliche Handlung ausführt; und sie wird im Verlauf des folgenden Geschehens deutlich herausgestellt, indem Hagen im zweiten Teil des Textes das primäre Ziel von Kriemhilds Rache ist. Der Text führt ein Verfahren zur Bestimmung von Schuld an einem Vergehen vor, das auf Befürwortung, Planung und eigenhändiger Durchführung basiert; die Schilderung der Ereignisse um den Mord an Siegfried zeigen, dass diese Kriterien zur Bestimmung des Schuldigen am Geschehen nicht völlig vorbei gehen, sondern durchaus als diesem adäquat angesehen werden können. Die Verantwortung eines einzelnen als mögliches Ergebnis der Frage nach Schuld scheidet also für den Mord an Siegfried im *Nibelun-*

genlied nicht etwa von vornherein aus,[536] sondern Hagen wird als Hauptverantwortlicher benannt.

Gleichzeitig jedoch wird bis zum Ende des Geschehens in Zweifel gezogen, dass die Schuld allein Hagen anhaftet. Der Text problematisiert die Feststellung eines einzelnen Verantwortlichen, indem wiederholt auf die Frage nach der Schuld an Siegfrieds Tod Bezug genommen wird. Dabei werden immer wieder Hinweise auf andere Beteiligte gegeben, und es werden alternative Möglichkeiten, Schuld zu bestimmen, ins Spiel gebracht. Letztlich konzentriert sich Kriemhilds Rache damit auf einen Täter, den der Text zwar durchaus als Hauptverantwortlichen einsetzt, dessen alleinige Schuld aber immer wieder in Frage steht. Es wird ein Verfahren der Verfolgung eines Rechtsanspruchs gezeigt, bei dem zunächst ein Schuldiger ermittelt und dann Recht durch Rache hergestellt wird; mit der Tötung des zentralen Schuldigen scheint das Ziel erreicht. Die spezifische Form der Darstellung dieses Rechtsverfahrens im *Nibelungenlied* weist aber zugleich und kontinuierlich auf die Vereinfachung der komplexen Handlungskonstellation hin, die das Vorgehen bedeuten muss, einen singulären Täter zu isolieren.

Die Abwesenheit des Richters und das Interesse der Herrschenden

Nachdem die Burgunden-Herrscher eine Schilderung von Siegfrieds Tod festgelegt haben, die Hagens Täterschaft verschweigt und die von allen erzählt werden soll (999 f.), lässt Hagen den Leichnam heimlich vor Kriemhilds Tür legen (1004). Danach ist von Gunther und seinem herausgehobenen Gefolgsmann erst wieder die Rede, als Kriemhild am folgenden Tag den toten Siegfried ins Münster bringen lässt (1040,3–4). Gunther bekundet dort seine Trauer über Siegfrieds Tod, worauf Kriemhild mit dem Schuldvorwurf reagiert (1041,4–1042,4). Die Rede vom Mord an Siegfried, begangen von einem Täter mit hohem Ansehen und aus der näheren Umgebung des Opfers, hört eine größere Öffentlichkeit außerhalb von Kriemhilds Kemenate hier zum ersten Mal. Der Schuldvorwurf gegenüber Gunther könnte ein Gerichtsverfahren zur Folge haben und eine richterliche Instanz aufrufen, die den weiteren Gang des Verfahrens ordnet.[537] Dass dies nicht geschieht, wirft Fragen auf, denen im Folgenden nachgegangen wird.

---

536 Für diese Einschätzung vgl. Müller, Spielregeln, S. 156.
537 So auch Mahlendorf/Tobin, Legality, S. 227.

Nachdem der Leichnam Siegfrieds aufgefunden ist, verfolgt Kriemhild die Schuldfrage allein und ohne dass ein Gericht installiert oder ein Richter bestellt würde. Sie verlangt, dass die beschuldigte Partei mit Hilfe der Bahrprobe ihre Unschuld erweist:

> [...] Kriemhilt begonde jehen:
> ,swelher sî unschuldic, der lâze daz gesehen;
> der sol zuo der bâre vor den liuten gên.
> dâ bî mac man die wârheit harte schiere verstên.' (1043)

Als das Gottesurteil Hagen als Täter identifiziert („dâ von man die schulde dâ ze Hagene gesach" (1044,4)), beteuert Gunther dessen Unschuld (1045,3–4). Kriemhild formuliert darauf erneut den Schuldvorwurf gegen beide Männer (1046,3). Auch diese Anschuldigung bleibt ohne Konsequenzen. Hagen wird nicht aufgefordert, sich zu erklären. Es wird kein Verfahren angestrebt, das klären könnte, wie mit dem Aufeinandertreffen von Kriemhilds Beschuldigungen und Gunthers Zeugnis von Hagens Unschuld weiter umzugehen ist. Und es wird auch keine Form der Genugtuung für Kriemhild oder ein Strafmaß für die Beschuldigten festgelegt. Stattdessen fordert Kriemhild die Anwesenden auf, mit ihr zu trauern (1047,1)[538] – was auch geschieht (1048).

Wie bereits gezeigt, schildert der Text ausführlich, dass das Feststellen der Schuld mit Hilfe der Bahrprobe Teil wiederholter Bemühungen um die Bestimmung des Schuldigen an Siegfrieds Tod ist. Die Identifizierung des Schuldigen geht im *Nibelungenlied* offenbar weiteren Schritten der Rechtsprechung oder weiteren Versuchen, einen Rechtsanspruch durchzusetzen, voraus. Warum aber wird nach der Bahrprobe das formalisierte Verfahren nicht fortgesetzt und auf die Anrufung einer richterlichen Instanz ausgedehnt? Warum wird an keiner Stelle des Textes erwogen, ein Gericht zu installieren? Das *Nibelungenlied* schildert eine Situation, in der eine richterlich reglementierte Klärung des Konflikts – mit den zur Verfügung stehenden juristischen Instrumenten – *nicht* erzählt wird. Angesichts des vorausgehenden Rechtsverfahrens der Bahrprobe erweist sich dies als signifikante Lücke im Gang der Handlung.[539]

---

538 Zur *memoria* der Toten als einer der zentralen Aufgabe mittelalterlicher adliger Frauen vgl. Fößel, Amalie: Die Königin im mittelalterlichen Reich. Herrschaftsausübung, Herrschaftsrechte, Handlungsspielräume, Stuttgart 2000, S. 222–249.

539 Ogris vertritt die Auffassung, dass eine Bahrprobe auch unabhängig von einem gerichtlichen Verfahren zur Anwendung kommen konnte. Die juristischen Texte,

Lässt man sich zunächst auf das Gedankenexperiment ein, es würde nach der Bahrprobe ein Richter bestellt, so müsste Gunther, als Herrscher und oberster Richter,[540] ein Gerichtsverfahren gegen seinen herausgehobenen Gefolgsmann Hagen und gegen sich selbst *in persona* leiten.[541] Außerdem hätte er die Möglichkeit, das Verfahren an einen seiner Getreuen abzugeben. Dieser könnte in der Funktion des Richters gezwungen sein, gegen den eigenen Herrn vorzugehen. Möglicherweise schließt Kriemhilds Schuldvorwurf der persönlichen Beteiligung des Herrschers ein Rechtsverfahren innerhalb des burgundischen Personenverbandes von vornherein aus. Aus den zeitgenössischen juristischen Texten ist zu schließen, dass es

---

auf die er sich bezieht, zeigen jedoch das Gegenteil (vgl. Ogris, Art. Bahrprobe, Sp. 408 f.).

540 Der König, der in hochmittelalterlicher Zeit als oberster Richter und als Garant des Rechts gilt, ist diejenige Instanz, an die appelliert werden kann, wenn eine Partei mit einem Verfahren nicht zufrieden ist oder wenn Rechtsverweigerung vorliegt (vgl. Mitteis/Lieberich, Rechtsgeschichte, S. 191 f.; sowie Kaufmann, Ekkehard: Art. Königsgericht, in: Erler, Adalbert und Ekkehard Kaufmann (Hg.): Handwörterbuch zur deutschen Rechtsgeschichte. Bd. 2, Berlin 1978, Sp. 1034–1040, hier Sp. 1036 f.). Für das Königsgericht, das in den genannten Fällen eine Rechtssache übernehmen kann, existiert im 12. und frühen 13. Jahrhundert noch kein geregelter Verfahrensgang. Als dem König zugeordnetes Gericht erhält das Reichshofgericht durch den *Mainzer Reichslandfrieden* von 1235 eine fixierte Organisation (vgl. Mitteis/Lieberich, Rechtsgeschichte, S. 253; Battenberg, Friedrich: Art. Reichshofgericht, in: Erler, Adalbert und Ekkehard Kaufmann (Hg.): Handwörterbuch zur deutschen Rechtsgeschichte. Bd. 4, Berlin 1990, Sp. 615–626, hier Sp. 618; sowie Weinrich, Quellen, S. 480 ff.). Dass Recht zu sprechen auch im *Nibelungenlied* zu den zentralen Aufgaben des Königs gehört, zeigt sich beispielsweise, wenn Siegfried nach der Hochzeit mit Kriemhild von seinem Vater „krône, gerihte und ouch daz lant" übertragen bekommt (714,1). Gunther übt die Rolle des Richters aus, als er nach dem Streit der Königinnen Siegfried rufen lässt (855,1) und ihn auffordert, sich zur Aussage seiner Ehefrau zu erklären, er habe sich gerühmt, als erster mit Brünhild geschlafen zu haben (859,1–3). Auch hier ist Gunther am Konflikt, über den er befinden will, beteiligt – und zwar in doppelter Weise: zum einen als Ehemann Brünhilds, deren Ehre er wieder herzustellen sucht, zum anderen als Mit-Akteur bei den Vorgängen im Wormser Brautgemach, von denen Siegfried sich mit einem Eid lossagen soll. Möglicherweise erlässt er Siegfried den Eid, weil er als oberster Gerichtsherr mitschuldig ist (so zumindest die Einschätzung von Gottzmann, Heldendichtung, S. 54).

541 Frakes formuliert pointiert, dass die burgundischen Könige zugleich „instances of justice" und Komplizen sind in einem Mordfall, über den sie befinden müssten (vgl. Frakes, Brides, S. 175).

für die im *Nibelungenlied* entworfene Situation keine ausgearbeitete ge-
richtliche Vorgehensweise gibt.[542]

Heinz Holzhauer hat darauf hingewiesen, dass die Wendung an den
König der Burgunden als obersten Richter vermutlich nicht nur unterlassen wird, weil Gunther am Geschehen beteiligt war, das zu Siegfrieds
Tod führte – weil er also *iudex suspectus* ist –, sondern auch weil er Siegfried
im hierarchischen Gefüge der nibelungischen Gesellschaft gleichgestellt ist

---

542 Mahlendorf und Tobin beziehen zeitgenössisches außerliterarisches Recht unmittelbar auf das nibelungische und stellen die These auf, dass Gunther angesichts
des Mordvorwurfs einen Richter hätte bestellen müssen, der ihn vertritt (vgl.
Mahlendorf/Tobin, Legality, S. 232 f.). Sie verweisen auf Franklin (Franklin,
Otto: Das Reichshofgericht im Mittelalter. Bd. 2, Weimar 1869, S. 101; vgl. dort
außerdem S. 49–61). Dort finden sich Beispiele für die Vertretung des Königs in
seiner Funktion als oberster Richter, jedoch keine Hinweise auf den konkreten Fall
des befangenen oder an der zur Verhandlung stehenden Tat beteiligten königlichen
Richters; zu Vertretung komme es nur bei Abwesenheit des Königs oder bei seiner
eigenen Klage gegen die Fürsten des Reiches. Franklin liefert keinen Beleg dafür,
dass es für die im *Nibelungenlied* geschilderte Situation eine entsprechende zeitgenössische juristische Regelung gibt. Die Studie von Planck liefert zur Frage des
befangenen Richters folgende Hinweise: Der *Sachsenspiegel* verbietet zwar die
Überschneidung der Rolle von Kläger und Richter (Ssp. Ldr. III 53 § 2), und auch
in verschiedenen anderen Rechten findet sich das Bestreben, einen befangenen
Urteiler auszuschließen (vgl. Planck, Gerichtsverfahren 1, S. 111). Die Frage des
befangenen, interessierten oder am Vergehen beteiligten Richters aber wird dort
nicht als Rechtsproblem behandelt. Implizit wird sie angesprochen, wenn der
Sachsenspiegel einem Lehnsmann zubilligt, gegen seinen König und Richter vorzugehen, wenn es dazu dient, Unrecht abzuwehren (Ssp. Ldr. III 78 § 2). Welche
spezifischen rechtlichen Konsequenzen dieses so genannte Widerstandsrecht hat,
beschreibt der Text jedoch nicht (zum Widerstandsrecht vgl. Dilcher, Gerhard:
Art. Widerstandsrecht, in: Erler, Adalbert, Ekkehard Kaufmann und Dieter
Werkmüller (Hg.): Handwörterbuch zur deutschen Rechtsgeschichte. Bd. 5,
Berlin 1998, Sp. 1351–1364); ebenso wenig wird das Unrecht präzisiert, das von
einem Richter ausgehen kann. Ein konkretes Fehlverhalten eines Richters, gegen
das der *Sachsenspiegel* Handhaben bereitstellt, ist die Rechtsverweigerung (Ssp. Ldr.
I 34 § 3; II 25 § 2; vgl. Planck, Gerichtsverfahren 1, S. 113). Für zeitgenössische
Rechtsverfahren scheint in erster Linie die Weigerung des Richters geregelt zu sein,
Recht zu sprechen, nicht jedoch die Frage eines parteilichen, interessierten oder an
einer Tat beteiligten Richters (vgl. Planck, Gerichtsverfahren 1, S. 112–115;
Lepsius, Susanne: Wissen = Entscheiden, Nichtwissen = Nichtentscheiden? Zum
Dilemma richterlicher Beweiserhebung im Spätmittelalter und in der frühen
Neuzeit, in: Visman, Cornelia und Thomas Weitin (Hg.): Urteilen/Entscheiden,
München 2006, S. 119–142; sowie Kisch, Guido: Die talionsartige Strafe für
Rechtsverweigerung im Sachsenspiegel, in: Tijdschrift voor Rechtsgeschiedenis 16
(1939), S. 457–467).

und keine ihm übergeordnete Instanz (*iudex tertius*) repräsentiert.[543] Die Handlung zeigt hier also nicht nur eine Situation schuldhafter Verwicklungen, aus der mit einem formalisierten juristischen Verfahren nicht zu entkommen ist, sondern das Geschehen führt auch ein strukturelles Problem zeitgenössischer Rechtspraktiken vor: Wenn der zu berufende Richter ständisch höher gestellt sein muss als die Konfliktparteien,[544] gibt es für die höchste Stufe der sozialen Hierarchie keine Möglichkeit eines formalisierten Rechtsgangs. Modern gesprochen: Auf völkerrechtlicher Ebene ist im hochmittelalterlichen Recht keine Regelung darüber getroffen, wer im Konfliktfall die Position des Richters zu übernehmen hat. Die Konfliktbewältigung in solchen Situationen hat sich allmählich im Vollzug etabliert und zu Handlungsmustern verfestigt. Die Rolle des Vermittlers und im späten Mittelalter auch die Schiedsgerichte bilden sich heraus und stehen bei Konflikten zwischen Königen und Königreichen zur Verfügung. Im Laufe des 12. Jahrhunderts, so stellt Hermann Kamp fest, traten Gericht und Schlichtung als Formen der Konfliktbeilegung allmählich auseinander.[545] Vor dem Hintergrund rechtshistorischer Wandlungsprozesse lässt sich diese zweite strukturelle Dimension des Konflikts, den das *Nibelungenlied* schildert, aufweisen. Im Text wird sie durch die Anwesenheit Siegmunds und seines Gefolges in Worms angedeutet sowie durch die Bemühungen des Xantener Personenverbandes, nach der Ermordung eines seiner Mitglieder Recht herzustellen.[546]

Dass es aber im *Nibelungenlied* in erster Linie um den rechtlich problematischen Fall geht, dass die Burgunden in den Tod Siegfrieds verwickelt sind, zeigen die Reden Kriemhilds und Siegmunds an, sobald sie vom Tod Siegfrieds erfahren. Schon als Kriemhild den Toten identifiziert, ohne ihn überhaupt gesehen zu haben, beschuldigt sie Brünhild und Hagen der Tat (1010,4). Siegmund formuliert fragend, als er vom Tod Siegfrieds erfährt, „wer [...] bî alsô guoten friunden" Siegfried derartiges hat zuleide tun können (1023,3–4). Kann es sich um jemand anderen als einen der

---

543 Vgl. Holzhauer, Recht, S. 555.

544 Zur ausschließlichen Rechtsprechung des Königs in Angelegenheiten der Fürsten vgl. Ssp. Ldr. III 55 § 1; sowie Franklin, Reichshofgericht 2, S. 98 ff.

545 Vgl. Kamp, Hermann: Friedensstifter und Vermittler im Mittelalter, Darmstadt 2001, S. 142.

546 Dass nicht nur die ständische Hierarchie und die Ebenbürtigkeit von Gunther und Siegfried für die Rechtsfindung von Bedeutung sind, sondern dass hierbei auch die Grenze des Personenverbandes eine besondere Rolle spielt, wird im *Nibelungenlied* deutlich, indem Kriemhild den Herrschaftsverband wechselt, bevor sie Rache nimmt.

besagten Freunde handeln? Und auch Siegmunds Gefolgsleute suchen den
Täter bei dieser Gruppe: „er ist in dirre bürge, der iz hât getân" (1027,3).
Die Xantener ziehen sogleich Konsequenzen hinsichtlich der Rechtsmittel,
zu denen angesichts der vermuteten Täter gegriffen werden muss. Wo sich
die Möglichkeit eines Mordes unter Freunden – d. h. durch das Mitglied
eines befreundeten und hierarchisch gleichgestellten Personenverbandes –
abzeichnet, scheint eine nach eigenen Kräften verfolgte Durchsetzung des
Rechtsanspruchs die einzig mögliche zu sein („mit strîte […] bestân"
(1029,1)). Auch wenn Unwissenheit über die Täter besteht, gibt es einen
Hinweis darauf, Gunther und sein Gefolge zu verdächtigen:

> Sine [= Siegmund und Gefolge] wessen, wen si solden mit strîte dô bestân,
> sine tæten ez danne Gunther und sîne man,
> mit den der herre Sîfrit an daz gejeide reit. (1029,1–3)

Auch die Handlungsoption jedoch, dass das Gefolge Siegfrieds und seines
Vaters als verletzte Partei gewaltsam und außergerichtlich gegen Gunther
und Hagen vorgeht, wird nicht durchgespielt, denn Kriemhild redet ihrem
Schwiegervater die Rache aus (1031–1035). Schon hier wird also ein
Rechtsmittel nicht ergriffen, das zunächst in Erwägung gezogen worden ist.
An dieser Stelle aber bleibt das Verfahren, mit dem Recht hergestellt werden
könnte, nicht unerwähnt, sondern der Text benennt den Rachegang
(„rechen" (1028,4; 1033,3)) und führt aus, warum es nicht dazu kommt.
Kriemhild sorgt dafür, dass die Xantener nicht versuchen, durch Rache
Genugtuung für Siegfrieds Tod zu suchen. Sie rät Siegmund zunächst mit
dem Hinweis auf die militärischen Kräfteverhältnisse von der Rache ab:
Seine Ritter würden eine kriegerische Auseinandersetzung mit den Burgunden nicht überleben (1031,3–4; 1034,3). Sie ergänzt die Begründung,
indem sie die eigene Beteiligung an der Rache zu einem günstigeren
Zeitpunkt in Aussicht stellt („unz ez sich baz gefüege" (1033,2)). Ihr
Eintreten für die Verschiebung der Rache macht Kriemhild davon abhängig, ob der Täter erwiesen werden kann („wird' ich des bewîset"
(1033,4)). In der als rechtlich problematisch markierten Situation besteht
die Figur auf der Feststellung der Täter durch die Bahrprobe oder auf
andere Weise.

Vor diesem Hintergrund ist es nur folgerichtig, dass Siegfrieds Krieger
den Kampf aufnehmen wollen, als die Bahrprobe Hagen als Täter identifiziert: „die Sîfrides degene, heten dô gên strîte wân" (1046,4). Doch
hier stellt sich Kriemhild nicht der Konsequenz, die sie selbst in Aussicht
gestellt hat, sondern fordert das Gefolge auf, mit ihr zu trauern. Diese
Wendung des Geschehens überrascht, denn sie bedeutet, dass die Figur sich

abrupt von dem zuvor gezeigten Bemühen distanziert, ihren Rechtsanspruch durchzusetzen. Weder wird der eingeschlagene Weg des formalisierten Verfahrens fortgesetzt noch willigt Kriemhild jetzt in den Rachegang ein. Dass der Rechtsgang an dieser Stelle nicht weiter verfolgt wird, macht durch die Plötzlichkeit, mit der von diesem Handlungsstrang abgewichen wird, auf das Fehlen einer richterlichen Instanz aufmerksam, die aus dem Beweis von Hagens Täterschaft weitere Schritte folgen lassen könnte. Kriemhild übernimmt zwar mit ihrer Rede zugleich Anklage und richterlichen Urteilsspruch, lässt aber dem Schuldnachweis nicht Ausgleich oder Strafe folgen. Vermutlich fehlen der Figur dazu die Machtmittel.[547] Das formalisierte Verfahren, das Kriemhild zuvor Siegmund gegenüber als Bedingung für ihre Unterstützung jeglichen Bemühens angegeben hat, gegen den oder die Mörder Siegfrieds vorzugehen, führt nicht über den Nachweis des Schuldigen hinaus. Ein Gericht und ein Richter, die zu einem Urteil kommen und einem Urteilsspruch Rechtmäßigkeit verleihen könnten, fehlen. Für den besonderen im *Nibelungenlied* vorgestellten Fall – dass eine Herrscherin Recht für den Mord an ihrem Ehemann sucht, der von den eigenen Verwandten erschlagen wurde – wird damit gezeigt, dass sich ein formalisierter Rechtsgang als wirkungslos erweisen kann, wenn die

---

547 Das Machtpotential, das Kriemhild in der nibelungischen Welt zukommt, ist in hohem Maße von ihrer Position als Ehefrau an der Seite eines Mannes abhängig, von der Rolle als *consors regni*. Zur Abhängigkeit der eingeschränkten Machtposition Kriemhilds von ihrem Status als Ehefrau vgl. grundlegend Tennant, Elaine C.: Prescriptions and Performatives in Imagined Cultures. Gender Dynamics in Nibelungenlied Aventiure 11, in: Müller, Jan-Dirk und Horst Wenzel (Hg.): Mittelalter. Neue Wege durch einen alten Kontinent, Stuttgart und Leipzig 1999, S. 273–316, insbes. S. 301 f. Im historischen Kontext findet sich der Begriff der *consors regni* vom 10. bis zum frühen 12. Jahrhundert in den Urkunden der kaiserlichen Kanzlei (vgl. Vogelsang, Thilo: Die Frau als Herrscherin im hohen Mittelalter. Studien zur „consors-regni"-Formel, Göttingen 1954). Ausgehend von diesen Erwähnungen hat Fößel auf einer breiten Quellenbasis dargestellt (zur Kritik an Vogelsang vgl. Fößel, Königin, S. 12, S. 56 ff.), dass im Früh- und Hochmittelalter von der Beteiligung von Königinnen an der Herrschaft gesprochen werden kann. Zusammenfassend formuliert sie: „[D]as Königspaar [zeigt sich] in der konkreten politischen Arbeit als ‚Team', das neben der Zusammenarbeit auch ein arbeitsteiliges Vorgehen praktizierte" (Fößel, Königin, S. 383). Die Grenze der Handlungsmöglichkeiten der Königin ist das Interesse des Ehemannes (vgl. Fößel, Königin, S. 383, S. 385). Diese Einschätzung lässt sich auf die Machtposition der Ehefrauen im *Nibelungenlied* übertragen, und sie gilt umso mehr für die Stellung der Witwe: Weder als Ehefrau noch als Witwe unter der Vormundschaft ihrer Brüder kann Kriemhild gegen Willen und Absichten der männlichen Figuren handeln, denen sie zugeordnet ist.

Instanz fehlt, die ein Urteil sprechen und diesem Urteil Geltung verschaffen kann. Als Ursache für das Ausbleiben des Verfahrens vor Gericht
ist das geringe Machtpotential einer Witwe, das es ihr nicht erlaubt, am
Hof der eigenen Brüder einen Richter zu bestellen, ebenso denkbar wie die
grundlegende Situation, dass die Figur, die als Richter in Frage kommt,
selbst zu den Mitschuldigen zählt und der Ruf nach einem Richter schlicht
keinen Sinn macht, weil keine neutrale Instanz zur Verfügung stehen wird.

Indem der Rechtsgang nicht weitergeführt wird, schlägt sich der Text
jedoch nicht einfach auf die Seite der Selbsthilfe und zieht aus der geschilderten Situation die Konsequenz, für eine außergerichtliche Lösung
des Konflikts zu plädieren. Denn Kriemhild hat bereits zuvor Siegmund
davon zu überzeugen versucht, dass der Rachegang angesichts der kriegerischen Überlegenheit der Burgunden keineswegs aussichtsreicher ist. In
der gegebenen Situation ist auch die Rache nicht erfolgversprechender als
die Wendung an ein Gericht.[548] Kriemhilds Insistieren in die formale
Schuldfeststellung mit Hilfe der Bahrprobe führt genau an den Punkt, an
dem auch das formalisierte Verfahren der Rechtsprechung an der
Durchsetzung seines Ergebnisses scheitert. Rachegang und Rechtsgang
werden in der narrativen Sequenz vom Auffinden des Leichnams bis zur
Bahrprobe in der Hinsicht analogisiert, dass sich die Herstellung von Recht
in beiden Fällen von der Macht abhängig erweist, den eigenen Rechtsanspruch durchzusetzen. In der gegebenen Situation stellt ein formalisiertes
Verfahren vor einem Gericht keine Alternative zur Rache dar, sondern es
führt aufgrund der besonderen Figurenbeziehungen, unter denen das
Vergehen stattgefunden hat, und insbesondere aufgrund der Machtverhältnisse in Worms auf den Kampf der Parteien im Rachegang zurück. Die
Wiederherstellung des Rechtszustands ist in der geschilderten Handlungskonstellation nur als Auseinandersetzung der Kontrahenten im
Kampf möglich, denn es gibt keine Instanz, die dem Konflikt enthoben ist

---

548 Kriemhilds abrupter Übergang von der Rechtsverfolgung zur Trauer um ihren
    verstorbenen Ehemann kann zum einen als Nachweis stark eingeschränkter
    Handlungsmöglichkeiten, zum anderen aber auch erneut als gezielte Intervention
    im Sinne ihrer schon kurz zuvor gezeigten Strategie der Konfliktvermeidung
    aufgefasst werden. Zum einen wird die Konfrontation in dem Wissen vermieden,
    dass eine militärische Niederlage von Siegfrieds Gefolge unausweichlich wäre; die
    Szene zeugt damit von mangelnder Durchsetzungsfähigkeit der Xantener – und
    Kriemhilds – im Bereich des Militärischen. Zum anderen stellt Kriemhild, indem
    sie gegenüber ihrem Schwiegervater und seinem Gefolge erfolgreich eine Position
    vertritt, die auf militärischem Kalkül gründet, das Machtpotential unter Beweis,
    das ihr auch nach dem Tod Siegfrieds durchaus noch zukommt.

und als Richter das Verfahren ordnen oder uninteressiert Recht sprechen könnte. Sowohl der Beginn einer Fehde als auch die Anrufung eines Gerichts scheinen zu unterbleiben, weil sich Kriemhild, Siegmund und die Xantener in einer kriegerisch wenig aussichtsreichen Lage befinden.

Dass nach der Bahrprobe die Wendung an ein Gericht ausbleibt, ist nach der Ermordung Siegfrieds nicht die einzige Situation, in der eine richterliche Instanz fehlt oder in der eine Figur, die als Richter auftreten könnte, in den Konflikt selbst einbezogen ist. Auch in der Szene, die für Kriemhild die verletzende Wirkung des Mordes an Siegfried wiederholt, in der Schilderung des Hortraubs in Aventiure 19, ist nach dem Vergehen nicht von der Wendung an eine richterliche Instanz die Rede. Der Verstoß, den die Burgunden selbst und die Erzählinstanz konstatieren, ist ein Eidbruch: Die Brüder haben Kriemhild zuvor geschworen, ihr kein Leid mehr zu tun (1131,1–3; 1132,1). Hagen bietet sich darauf als alleiniger Schuldiger an (1131,4), bringt den Hort in seine Gewalt (1132,3) und versenkt ihn, einem Vorschlag Gernots entsprechend (1134,1–3), im Rhein (1137,1–3). Dass die Burgunden in der Pflicht wären, gegen Hagen vorzugehen, thematisiert Giselher (1133,1–3). Die Verwandtschaft zu Hagen hält ihn jedoch davon ab (1133,3).

Damit wird Rechtsprechung am Hof der Burgunden nicht als eine Frage von Rechtsregeln, sondern als eine von sozialen Beziehungen dargestellt. Zudem beugen die Burgunden mit der Abwesenheit vom Hof nicht nur dem Eindruck vor, mit der Tat in Verbindung gebracht zu werden, sondern auch gegen Hagen vorgehen zu müssen. Als Kriemhild sich an Giselher wendet, damit er als Vogt ihre Herrschaftsrechte ausübt, vertröstet er sie auf die Zeit nach der Rückkehr der Burgunden vom Ausritt (1135,3–4). Kriemhild bemüht sich an dieser Stelle nicht einmal im Ansatz um ein Verfahren vor einem Gericht, sondern versucht, einen ihrer Brüder als Vertreter ihrer Rechte zu gewinnen. Sie beantwortet die Bindung unter den Burgunden, die ein rechtliches Vorgehen gegen Hagen verhindert, also ihrerseits mit dem Versuch, eine exklusive Verbindung zu einem von ihnen herzustellen. Dass ihr erneut ein Unrecht geschehen ist, macht Kriemhild mit Trauergesten deutlich (1138,2–3; 1141,3–4). Die Burgunden reagieren darauf und erkennen an, dass ihrer Schwester Unrecht zugefügt worden ist (1139,1). Nun ist es Hagen, der sich vom Hof entfernt und durch räumliche Distanz dem Zugriff der Burgunden entzieht (1139,2–3). Die Burgunden lassen ihn – und man kann ergänzen: wider besseres Wissen – mit seinem Verhalten davon kommen: „si liezen in genesen" (1139,3). Indem der Text in Strophe 1140 die Information über den Eid nachliefert, den die Männer sich zuvor geschworen haben, nämlich das Versteck des Schatzes niemandem zu verraten, wird nochmals auf ihre Komplizenschaft hingewiesen, die zur aktuellen Situation geführt hat. Kriemhild bleibt bei dieser Gelegenheit keine andere Handlungsmöglichkeit, als die Verletzung ihres Rechtsanspruchs kund zu tun.

Noch einmal wird das Zusammenfallen von richterlicher Instanz und einer der beiden Konfliktparteien in Form einer symbolischen Handlung in der 29. Aventiure evoziert: Hagen erhebt sich zur Begrüßung Kriemhilds in Etzelburg nicht, sondern bleibt sitzen und legt das Schwert über seine Knie (1783). Als Kriemhild sich Volker und Hagen nähert, die am Hofe auf einer Bank sitzen (1761), fordert der Spielmann den Tronjer auf, von seinem Sitz aufzustehen und Kriemhild die ehrenvolle Behandlung zukommen zu lassen, die einer adligen Frau angemessen sei; das werde ihrer beider Ansehen steigern (1780). Hagen widersetzt sich dieser Aufforderung und begründet seine Entscheidung mehrfach (1781–1782). Die Geste, sich zur Begrüßung Kriemhilds zu erheben, könne ihm von den Hunnen als Handeln aus Furcht ausgelegt werden, so Hagen, und der ehrende Gruß würde zudem weder sein Empfinden noch das der Königin angemessen wiedergeben. Es geht hier um die Demonstration von Macht und um die angemessene Repräsentation des Verhältnisses zu anderen Akteuren durch symbolische Kommunikation. Hagen verweigert nicht nur den Gruß, sondern er legt als zusätzliche Provokation Siegfrieds Schwert auf seine Knie:

> Der übermüete Hagene leit' über sîniu bein
> ein vil liehtez wâfen, ûz des knopfe schein
> ein vil liehter jaspes, grüener danne ein gras.
> wol erkandez Kriemhilt, daz ez Sîfrides was.
>
> Dô si daz swert erkande, dô gie ir trûrens nôt.
> sîn gehilze daz was guldîn, diu scheide ein porte rôt.
> ez mante si ir leide: weinen si begane.
> ich wæne, ez hete dar umbe der küene Hagene getân. (1783–1784)

Der Erzähler kommentiert Hagens Handeln als übermütig und stellt sicher, dass die Provokation, die darin besteht zu zeigen, dass Hagen im Besitz von Siegfrieds Schwert ist, bei der Adressatin ankommt. Es folgt die Unterredung zwischen Kriemhild und Hagen, bei der dieser seine Schuld am Mord an Siegfried ausspricht. Effekt der Unterredung ist nicht, dass die hunnischen Krieger gegen Hagen kämpfen, sondern dass sie aus Furcht vor ihm davon zurückweichen (1793–1799).

Marianne Wynn hat herausgestellt, dass es sich bei Hagens Haltung um eine Geste der gezielten Missachtung der hunnischen Königin und um eine

Herausforderung ihrer Machtposition handelt.[549] Insbesondere bedeutet das Präsentieren von Siegfrieds Schwert an dieser Stelle eine Provokation Kriemhilds, denn Hagen missachtet damit nicht nur ihre Stellung, sondern fordert zugleich den Vergleich von Kriemhilds Machtposition an der Seite Siegfrieds mit der als Herrscherin im Land der Hunnen heraus.[550] Darüber hinaus kann die Pose des Tronjers auch als die eines Richters gelesen werden, denn das Schwert ist richterliches Symbol und Zeichen seiner Macht über Leben und Tod, Zeichen der peinlichen Gerichtsbarkeit.[551] Das Attribut kann dem Richter in unterschiedlichen Haltungen beigegeben sein; unter anderem kann es auf seinen Knien liegen. Hagen maßt sich nicht nur eine Machtposition an, die Kriemhilds Einfluss als Herrscherin an der Seite Etzels herausfordert, sondern er beansprucht mit der Symbolik seiner Pose zudem, keinen Richter über sein Handeln zu akzeptieren als sich selbst und über die eigene Zukunft selbst zu bestimmen. Für die Darstellung des Konflikts zwischen Kriemhild und Hagen bedeutet die Szene, dass im Kampf der Konfliktparteien keine dritte Figur den Platz der richterlichen Instanz einnehmen kann, denn mit Hagen beansprucht eine der Parteien den Platz des Richters für sich. Hier wird mittels der eingesetzten Symbolik gezeigt, dass die Aufgabe der Rechtsprechung in die Machtkämpfe der Akteure einbezogen ist.

Am Schluss des *Nibelungenlieds* wird ein weiteres Mal herausgestellt, dass eine herrscherliche Instanz fehlt, die den Konflikten enthoben ist. In der Figur Kriemhilds überlagern einander hier die Positionen der vermeintlich unbeteiligten Herrscherin als Garantin des Rechts und der interessierten Partei in der Auseinandersetzung zwischen Hunnen und Burgunden. Als Dietrich von Bern mit seinem Gefolge als letzter in die Auseinandersetzungen an Etzels Hof eingreift, geschieht dies nicht in Vertretung des Hunnenherrschers oder seiner Frau, sondern weil Dietrich sich selbst als von der Gewalt der Burgunden betroffen wahrnimmt. Dietrich erfährt, dass Rüdiger erschlagen worden ist, bezieht die Botschaft auf sich und stellt seine Verwandtschaft mit Rüdigers Frau heraus

---

549 Vgl. Wynn, Marianne: Hagen's Defiance of Kriemhilt, in: Medieval German Studies. Festschrift für Frederick Norman, London 1965, S. 104–114, insbes. S. 112 f. Wynn begründet diese Einschätzung mit der Erwähnung der Geste in anderen literarischen Texten, aber sie weist auch auf ihr Vorkommen in juristischen Texten hin (vgl. hierzu und zum Folgenden Wynn, Defiance, S. 107 f.).

550 Vgl. Wynn, Defiance, S. 112.

551 Vgl. Hüpper, Dagmar: Art. Schwert, in: Erler, Adalbert und Ekkehard Kaufmann (Hg.): Handwörterbuch zur deutschen Rechtsgeschichte. Bd. 4, Berlin 1990, Sp. 1570–1574, hier Sp. 1572.

(2314,2 – 3). Außerdem hat er in der Zwischenzeit in der Auseinandersetzung mit den Burgunden, in die seine Boten geraten sind, nahezu alle
Krieger verloren. Damit ist seine Identität als adeliger Herr bedroht
(2319,2 – 4).[552] Dietrich geht zu den Burgunden und konfrontiert sie mit
der Frage, was er ihnen getan habe (2329,3). Anstatt gegen die Personen,
die ihm Unrecht zugefügt haben, unmittelbar zum Angriff überzugehen,
schlägt er den beiden überlebenden Burgunden vor, sich ihm zu ergeben
und sich damit seinem Schutz zu unterstellen:

> ‚Gunther, künec edele, durch die zühte dîn
> ergetze mich der leide, die mir von dir sint geschehen,
> und süene iz, ritter küene, daz ich des künne dir gejehen.
>
> Ergip dich mir ze gîsel, du und ouch dîn man.
> sô will ich behüeten, so ich aller beste kan,
> daz dir hie ze Hiunen niemen niht entuot.' (2336,2 – 2337,3)

Obwohl die Burgunden zunächst ablehnen (2341), überwindet Dietrich
Hagen und Gunther schließlich doch im Kampf. In der Absicht, an ihnen
nicht unehrenhaft zu handeln, übergibt er die Geiseln der Königin
(2353,1 – 3; 2362,1 – 2). Warum er dies tut und warum er die Gefangenen
nicht Etzel zuführt, wird im Text nicht erläutert.[553] Deutlich wird einmal
mehr, dass im zweiten Teil des *Nibelungenlieds* keine Position außerhalb des

---

552 Dass die Verletzung nicht nur von Dietrich als solche empfunden wird, sondern
     dass auch die Burgunden sie wahrnehmen, zeigt Vers 2326,3.
553 Grundsätzlich scheint es hier um die Rolle des Herrschers als Vermittler in
     Konflikten zu gehen. Diese schwankt im 12. und 13. Jahrhundert zwischen der
     Funktion des Mediators zwischen zwei Parteien und der des bestimmenden
     Richters (vgl. Althoff, Gerd: Das Privileg der „deditio". Formen gütlicher Kon-
     fliktbeendigung in der mittelalterlichen Adelsgesellschaft, in: Ders.: Spielregeln
     der Politik im Mittelalter. Kommunikation in Friede und Fehde, Darmstadt 1997,
     S. 99 – 125, S. 100; ders., Colloquium familiare, S. 157 – 162); dabei zeigt sich die
     Tendenz, dass Könige in Vermittlungen zunehmend die Rolle des Richters über-
     nehmen (Kamp, Friedensstifter, S. 140, S. 241). Da Etzel zum Zeitpunkt des
     Geschehens in den Konflikt tief verstrickt ist, kann Dietrichs Entscheidung, sich an
     Kriemhild zu wenden, möglicherweise vor dem Hintergrund verstanden werden,
     dass die Königin als Vermittlerin in Konflikten ihres Ehemannes auftreten konnte.
     Historisches Beispiel ist die Vermittlung Richenzas von Northeim zwischen
     Herzog Friedrich von Schwaben und Kaiser Lothar III., die zustande kam,
     nachdem Friedrich sich Richenza – und nicht ihrem Ehemann – unterworfen hatte
     (vgl. Fößel, Königin, S. 273 ff.; für weitere Beispiele S. 256 – 281, S. 383). Auch
     ohne Beteiligung ihres Ehemanns konnte die Königin als Vermittlerin auftreten;
     ihre Rolle schwankt dabei im 12. Jahrhundert zwischen Fürsprache und regel-
     rechter Vermittlung (vgl. Kamp, Friedensstifter, S. 156 ff.).

Konflikts eingenommen werden kann; Dietrich wählt nicht etwa eine Handlungsoption, die aus der Konfrontation der beiden zentralen Konfliktparteien herausführt. An dieser Stelle der Narration ist das Personal der nibelungischen Welt nahezu verbraucht – und mit Dietrich ist die letzte Figur mit dem Potential, eine Schlichter-Rolle zu übernehmen, in den Konflikt hineingezogen worden. Außerdem zeigt sich, dass zwei unterschiedliche Konfliktlinien einander überlagern: Dietrich liefert der Herrin des Landes, indem er ihr seinen Kontrahenten als Geisel übergibt, zugleich ihren zentralen Gegner aus. Greift man auf den Ausgang der Geschichte vor, so wird Dietrich im Feld der Gegnerschaften zum letzten Erfüllungsgehilfen von Kriemhilds Rache. Die Figur selbst jedoch bestreitet, diese Rolle einzunehmen. Als Kriemhild sich erfreut zeigt und dem Amelungen erklärt, er habe dafür gesorgt, dass sie für ihre Leiden Genugtuung erhalte („du hâst mich wol ergetzet aller mîner nôt" (2354,3)), macht Dietrich sich diese Einschätzung der Situation nicht zu eigen. Er erwidert:

> […] ‚ir sult in lân genesen,
> edeliu küneginne. und mac daz noch gewesen,
> wie wol er iuch ergetzet, daz er iu hât getân!' (2355,1–3)

In ihrer Position als Königin wird Kriemhild angesprochen und um das Leben der Geisel (in diesem Falle zunächst nur Hagens) gebeten. Bei schonender Behandlung werde Hagen ihr Genugtuung leisten. Dietrich sei nicht selbst derjenige, der der Königin einen Ausgleich zuteil werden lasse. In dieser Rolle sei vielmehr Hagen – unter der Bedingung, dass er angemessen behandelt werde. Dietrich stellt heraus, nicht in der Absicht gehandelt zu haben, Instrument von Kriemhilds Rache zu werden. Außerdem lehnt er mit seiner Replik die Rolle des Gefolgsmannes ab, die ihm Kriemhild zuspricht, indem sie ihm Lohn in Aussicht stellt (2354,4). Gleichwohl nimmt Dietrichs Replik den Begriff „ergetzen" auf. Ein Ausgleich für die Verletzung Kriemhilds ist Horizont der Handlungsmöglichkeiten, mit denen auch er rechnet. Erneut fordert er Kriemhild bei der Übergabe Gunthers auf, den beiden Burgunden den Status als Gefangene zugute kommen zu lassen (2364,4).[554]

---

554 Hier kann darüber spekuliert werden, ob Dietrich die Möglichkeit zur Beilegung des Konflikts schafft, indem er – selbst in der Rolle des Dritten, des Vermittlers – die betreffende Partei nicht zur Unterwerfung unter den Gegner zu überreden sucht, sondern indem er ihn mit Gewalt überwindet und der Königin übergibt. Nach Kamp gehört es zu den Aufgaben von Vermittlern, den Ablauf der Unterwerfung, die dann das Wieder-Verleihen der Huld ermöglicht, im Vorfeld aus-

Auch wenn Dietrich bemüht ist, sein Tun nicht als gleichbedeutend mit dem Vollzug von Kriemhilds Rache darzustellen, zeigt der Text bereits unmittelbar nach der Übergabe Gunthers an Kriemhild, dass sein Vorgehen ebendieses Ergebnis mit sich bringt: „dô was mit sînem [= Gunthers] leide ir sorgen vil erwant" (2362,3). Das Leiden Gunthers – herbeigeführt durch Dietrichs Fesseln – hat das Verschwinden von Kriemhilds Sorgen zur Folge. Und auch der weitere Handlungsverlauf macht deutlich, dass Dietrichs Vorgehen schließlich zum Rachevollzug führt. Den Bitten Dietrichs um Schonung der Geiseln wird die Königin nicht gerecht.[555] Sie ist durch die Auseinandersetzung mit den Burgunden zu sehr vom eigenen Interesse geleitet, als dass ausgerechnet sie die Rolle der Herrscherin und der die Rechte widerstreitender Parteien ordnenden Instanz im Konflikt zwischen Dietrich und den Burgunden ausfüllen könnte – diejenige Position also, die Dietrich ihr durch die Geiselung Hagens und Gunthers zuweist. Am Schluss des Geschehens wird auf diese Weise noch einmal gezeigt, dass es in der nibelungischen Welt nur interessierte Parteien gibt. Indem Hagen und Gunther als Geiseln an Kriemhild übergeben werden, stellt der Text die Einbindung der Herrscherin in den Konflikt heraus. Als Teil desselben ist es ihr unmöglich, nicht die eigenen Interessen zu verfolgen. Es gibt keine Position jenseits des Konflikts. Auch Dietrich wird schließlich Teil davon – nicht nur, indem er kämpft, sondern auch indem er die Geiseln an Kriemhild übergibt. Kriemhild folgt den Vereinbarungen über den Umgang mit den Geiseln nicht, sondern nutzt die Situation, um ihre Rache zu vollziehen.

In den analysierten Szenen zeigt sich, dass Figuren, die die Position der neutralen Instanz einnehmen müssten bzw. von anderen Figuren zugewiesen bekommen, diese nicht ausfüllen oder nicht ausfüllen können, weil sie selbst in die feindschaftlichen Verhältnisse eingebunden sind, über die sie befinden sollen. Im zweiten Teil des Textes kommen die Figuren der Aufgabe des Herrschers, in der Funktion als oberster Richter Interaktionen

---

zuhandeln (vgl. Kamp, Friedensstifter, S. 204). Kamp weist zudem darauf hin, dass in der Regel nur Könige einen geringer gestellten Konfliktpartner zur Selbstunterwerfung zwingen (vgl. Kamp, Friedensstifter, S. 138); diesen Zwang übt Dietrich nicht aus, sondern er übergibt den Gegner als Gefangenen und schafft so die Möglichkeit, dass dieser sich selbst unterwerfen kann. Hagen und Gunther machen von dieser Möglichkeit allerdings keinen Gebrauch, im Gegenteil thematisiert Gunther, dass und warum er Kriemhild nicht einmal begrüßt (2363).
555 Zuvor hat Kriemhild in Vers 2365,1 zugesagt, der Bitte Dietrichs nachzukommen.

zu ordnen und reglementierte Verfahrensgänge zu leiten, nicht nach.[556] Als interessierte Parteien sind sie nicht in der Lage, dem Geschehen gegenüber eine distanzierte Position einzunehmen. Das wird insbesondere anhand des Verhaltens männlicher Figuren deutlich; die Schlussszene zeigt jedoch, dass mit Kriemhild auch eine weibliche Figur der ihr zugewiesenen Rolle, als Herrscherin und damit unabhängig von den eigenen Interessen zu agieren, nicht nachkommt. Auch wenn die Befangenheit der herrschaftlichen Instanz vor allem anhand von männlichen Figuren vorgeführt wird, gilt für dieses Problem in der nibelungischen Welt doch keine strikte Geschlechtergrenze. Die Szene, in der Hagen mit Siegfrieds Schwert auf den Knien provokativ vor Kriemhild posiert, zeigt darüber hinaus, dass eine Figur, über deren Handeln Recht gesprochen werden müsste, die Position des Richters über das eigene Tun selbst in Anspruch nimmt.

Selbst diejenigen Handlungsteile des *Nibelungenlieds*, die im Sinne der zeitgenössischen Fehde oder des Gerichtsgangs ansatzweise formalisiert sind, erweisen sich als bestimmt durch die Auseinandersetzungen der Figuren. Auch wenn die Handlung des *Nibelungenlieds* Verfahren der Formalisierung von Auseinandersetzungen aufweist, die auch in den zeitgenössischen juristischen Regelungen zur Begrenzung der Fehde beschrieben werden, zeigen die vorgestellten Beispiele doch, dass in den Konflikten, die im zweiten Teil des Textes geschildert werden, ein zentraler Aspekt der Fehdereglementierungen fehlt: die übergeordnete oder an den Konflikten nicht selbst beteiligte rechtliche Instanz, das Gericht oder der Richter, die in den Landfrieden die Funktion haben, den Rachegang zu ordnen und bei Verstößen Strafen zu verhängen. Indem das *Nibelungenlied* Richter und Gericht als abwesend oder interessiert darstellt, problematisiert der Text diejenige rechtliche Instanz, die den um die Durchsetzung einer rechtlichen Ordnung bemühten normativen Texten entgeht: Während die Rechtstexte Herrscher als Garanten des Rechts einsetzen und als diejenigen Instanzen, die dem Recht Geltung verschaffen sollen, wird die Rechtsprechung über

---

556 Zu den Aufgaben des Richters, das Verfahren zu leiten und das mit Hilfe der Urteiler gefundene Recht umzusetzen, vgl. Planck, Gerichtsverfahren 1, S. 87–91. Ein unmittelbarer Bezug sowohl auf die historische Situation als auch auf juristische Verfahrensregeln kann hier schon allein deshalb nicht hergestellt werden, weil Königinnen in der Rolle der obersten Richterin im Königsgericht im Mittelalter kaum belegt sind. Fößel gibt lediglich zwei Herrscherinnen an, die im 11. Jahrhundert in Deutschland diese Funktion ausgeübt haben (vgl. Fößel, Königin, S. 153).

ihr eigenes Verhalten nicht thematisiert.[557] Das *Nibelungenlied* dagegen stellt nicht nur die Handlungen der einzelnen Konfliktparteien, sondern auch die von Richter und Gericht, unter deren Augen das reglementierte Verfahren der Fehde vor sich gehen soll, als problematisch vor. Der literarische Text zeigt, dass die Herstellung von Recht in hohem Maße von der Machtposition der Kontrahenten abhängig ist, schafft damit zugleich Distanz zu dieser Praxis und weist auf die Vorstellung eines Rechts jenseits der Interessen der Herrschenden hin.[558]

Eskalation. Handlungsmuster und sprachliche Darstellung der Steigerung von Gewalt

Das Kapitel zur Reglementierung und Begrenzung von Gewalthandlungen im *Nibelungenlied* hat anhand der Bemühungen um *suone* gezeigt, dass bis zum Schluss versucht wird, zwischen den Konfliktparteien zu vermitteln und friedliche Regelungen zwischen einzelnen Akteuren zu erreichen.[559] Es hat aber auch deutlich gemacht, dass alle diese Versuche letztlich scheitern. Im Zuge der Eskalation von Gewalt an Etzels Hof nimmt Kriemhild schließlich an Hagen Rache. Eine wachsende Zahl von Figuren wird sukzessive in die gewaltsame Auseinandersetzung einbezogen. Damit entwirft das *Nibelungenlied* im zweiten Teil ein Szenario, das in Grundzügen dem entspricht, wogegen die Landfrieden Regeln aufstellen: der zunehmenden Ausweitung von Gewalt anlässlich des Versuchs, ohne Beteiligung eines Gerichts Recht herzustellen. Der Konflikt, von dem der zweite Teil des *Nibelungenlieds* erzählt, entwickelt sich zu einer Fehdeähnlichen Auseinandersetzung zwischen zwei Personenverbänden, die zwar in Ansätzen formalisiert ist, letztlich aber die Reglementierungen der Gewalthandlungen hinter sich lässt.[560]

---

557 Zu den wenigen Regelungen, die auf die Möglichkeit des Fehlverhaltens von Richtern hindeuten, s. o., Fußnote 542.

558 Zur rechtshistorischen Debatte um die Frage, ob es im Mittelalter eine allgemein anerkannte Vorstellung vom Recht gab oder ob Recht nur als unter dem Einfluss der Mächtigen stehend gedacht werden konnte, vgl. Kannowski, Rechtsbegriffe, S. 19 ff.

559 S. o. das Kapitel „Formalisierung und Einschränkung der Fehdeführung im *Nibelungenlied*", S. 209 ff.

560 Seitter hat auf den zentralen Unterschied der Ereignisse in Etzelburg zu einem Krieg oder einer Fehde aufmerksam gemacht: Es handelt sich nicht um eine Schlacht auf offenem Feld, sondern um eine Auseinandersetzung „in der Einge-

Kriemhild versucht zunächst, Gefolgsleute Etzels zur Rache für das Leid zu bewegen, das die Burgunden, insbesondere Hagen, ihr zugefügt haben. Kriemhilds Streben nach Rache und die Handlungen der Hunnen geschehen ohne Wissen Etzels. Teile des hunnischen Personenverbandes werden am Herrscher vorbei in vergeltende Gewalttaten gegen die Burgunden verstrickt. Erst als Hagen Kriemhilds und Etzels Sohn Ortlieb tötet, besteht auch für Etzel Anlass, an den Burgunden Rache zu nehmen. Er tritt in die Auseinandersetzung ein, und es entwickelt sich ein offener Kampf zweier Herrschaftsverbände. In die gewaltsame Konfrontation werden schließlich auch diejenigen Figuren einbezogen, die zu beiden Parteien Bindungen eingegangen sind oder zu beiden Distanz gehalten haben. Der Text schildert also sowohl das Entstehen als auch die weitere Ausdehnung des Gewaltkonflikts zwischen zwei Figurengruppen, in dessen Verlauf Kriemhild ihren Rechtsanspruch verfolgen und an Hagen Rache nehmen kann. Im Folgenden geht es um Besonderheiten der Darstellung des Prozesses der Ausweitung und Steigerung von Gewalt. Das Wechselverhältnis von Gewalt und Gegengewalt, der grundlegende Mechanismus von Rache- und Fehdehandlungen, steht dabei im Fokus der Analyse.

Der Text bietet nur wenige Hinweise auf mögliche Ursachen für die nibelungischen Gewaltverhältnisse. Die Schwierigkeit, die im *Nibelungenlied* geschilderte Eskalation in ihrer Genese zu erfassen und zu bewerten, hängt mit zwei grundlegenden Charakteristika der für diesen Text spezifischen Darstellung von Gewalt zusammen, die Jan-Dirk Müller deutlich herausgestellt hat. Zum einen wird, so Müller, Gewalt im *Nibelungenlied* nicht aus einer distanzierten Perspektive kritisch beschrieben, die von einer Alternative zur nibelungischen Welt zu wissen meint und die diese Alternative auch deutlich zu erkennen gibt.[561] Zum Beispiel lasse sich die Art

---

schlossenheit und im Hinterhalt des Hauses" (Seitter, Walter: Vom heimlichen Pazifismus im Nibelungenlied, in: Adam, Armin und Martin Stingelin (Hg.): Übertragung und Gesetz. Gründungsmythen, Kriegstheater und Unterwerfungstechniken von Institutionen, Berlin 1995, S. 149–157, hier S. 156). Auch wenn die Voraussetzungen zum Kampf für beide Konfliktparteien nicht dieselben sind, so werden die zunächst verdeckten feindseligen Handlungen doch schnell zu einem offenen Antagonismus; zudem steigert sich die Zahl der beteiligten Akteure und das Ausmaß der Kampfhandlungen in einer Weise, die einer Fehde vergleichbar ist.

561 Vgl. Müller, Spielregeln, S. 438. Seine Ausführungen hierzu können an die anderer anschließen, vgl. auch Wyss, Ulrich: Zum letzten Mal: Die teutsche Ilias, in: Zatloukal, Klaus (Hg.): [1.] Pöchlarner Heldenliedgespräch. Das Nibelungenlied und der mittlere Donauraum, Wien 1990, S. 157–179, hier S. 172 f.; sowie Pérennec, René: Epische Kontinuität, Psychologie und Säkularisierung christlicher

und Weise, in der der Text eine Kriegergesellschaft darstellt, nicht einfach der kirchlich-religiösen Kritik an dieser Lebensform zurechnen. Zum anderen bestreitet Müller die in der Forschung geraume Zeit favorisierte Vorstellung, unter der Oberfläche der höfischen Umgangsformen breche etwas hervor, das der höfischen Welt fremd sei. Müller stellt die Auffassung in Frage, dass sich die nibelungische Gewalt zurückführen lasse auf Residuen vorhöfischen und im Elias'schen Sinne nicht zivilisierten, also nicht affektregulierten, Verhaltens. Die Zerstörung höfischer Formen, die im *Nibelungenlied* stattfindet, könne nicht als Hervortreten und als letztliche Dominanz des Heldischen, welches einer früheren historischen und ethischen Schicht des *Nibelungenlieds* zugehört, begriffen werden, sondern das aggressive Verhalten, das sich hier zeige, sei zu verstehen als konsequente Fortsetzung der im Text vorgeführten Ideale höfischen Verhaltens selbst: Gewaltsames Handeln ist letztlich nichts anderes als der (Über-)Mut des höfischen Ritters, der *rehten heldes muot*.[562] Die Gewalt, die im *Nibelungenlied* dargestellt wird, ist der im Text entworfenen höfischen Welt selbst eigen. Beiden Thesen – der vom Fehlen einer Alternative zur Welt des *Nibelungenlieds* und der von der dieser Welt immanenten Gewalt – ist gemeinsam, dass sie behaupten, Ursachen für die Gewaltverhältnisse der nibelungischen Welt, die sich einfach identifizieren und isolieren lassen, sind aus dem Text nicht abzulesen. Warum es zu Gewalt kommt, bleibt zunächst im Dunkeln, weil die Darstellung weder anklagt noch Alternativen benennt und weil Antworten auf die Frage nach den Ursachen von Gewalt letztlich auf die imaginierte Welt als ganze verweisen und damit – zumindest auf den ersten Blick – eine Präzisierung vermissen lassen.

Auch wenn der Text keine sorgfältige genetische Erklärung der geschilderten gewaltsamen Auseinandersetzungen liefert, lassen sich im zweiten Teil des *Nibelungenlieds* doch einzelne Handlungskonstellationen

---

Denkschemata im Nibelungenlied. Zur Interpretierbarkeit des Nibelungenliedes, in: Knapp, Fritz Peter (Hg.): Nibelungenlied und Klage. Sage und Geschichte, Struktur und Gattung. Passauer Nibelungengespräche 1985, Heidelberg 1987, S. 202–220, hier S. 218 f.

562 Vgl. Müller, Spielregeln, S. 440, S. 450. Zum Verzicht auf höfische Formen zugunsten konfrontativen und Gewalt provozierenden Verhaltens vgl. auch Müller, Spielregeln, S. 418 ff. Auch wenn Müller an den genannten Stellen die These der Regression der nibelungischen Welt auf das Heroische zurückweist, finden sich in seinen Ausführungen durchaus Formulierungen, die gerade mit der Opposition von höfischen und heroischen Elementen im *Nibelungenlied* sowie mit der schließlichen Dominanz des letzteren operieren (vgl. etwa Müller, Spielregeln, S. 453). Bei der oben dargestellten Position Müllers handelt es sich also um eine zugespitzte Lesart seiner Ausführungen.

und Verhaltensmuster ausmachen, die mehrfach erzählt werden und die an unterschiedlichen Stationen der Handlung die Eskalation befördern.[563] Drei dieser Muster möchte ich im Folgenden beschreiben. Es handelt sich erstens um verschiedene Arten und Weisen der Steigerung der Gewalt. Die sukzessive Zunahme von Gewalt zeigt sich insbesondere anhand der Involvierung von Figuren, welche zur Ausweitung des am Konflikt beteiligten Personenkreises führen. Dabei wird – zweitens – eine Folge von Gewalt und Gegengewalt deutlich, die sich tendenziell steigert. Die Verknüpfung von Gewalt und Gegengewalt erhält im erzählten Geschehen die Zwangsläufigkeit eines Mechanismus. Sie wird zu einem Interaktionsmuster, mit dem gerechnet werden kann. Dabei geht die eingesetzte Gegengewalt wiederholt über die erlittene Gewalt hinaus. Beide Facetten des Eskalationsgeschehens – die sukzessive Steigerung der Gewalt und die Mechanik von Gewalt und Gegengewalt – hängen eng zusammen; sie lassen sich daher in der folgenden Analyse nicht trennscharf von einander abgrenzen. Der dritte Aspekt betrifft zunächst ebenfalls die Ausweitung des Konflikts innerhalb der nibelungischen Welt, geht aber zugleich darüber hinaus. Der Text thematisiert an verschiedenen Stellen die Möglichkeiten der sprachlichen Schilderung des Geschehens und berührt damit das Problem der Referenz sowie die eskalierende Funktion der Darstellung selbst.

Bevor es zu Gewalthandlungen in Etzelburg kommt, zeigen sowohl Kriemhild als auch die Burgunden aggressives, gewaltbereites und provozierendes Verhalten.[564] Die gewaltsame Auseinandersetzung wird nur insofern durch Kriemhild ausgelöst, als sie die Einladung der Burgunden erwirkt. Sobald diese ausgesprochen ist, stellt der Text gegenseitige Provokationen der Parteien dar. Hagen rät den burgundischen Brüdern von der Reise ins Land Etzels ab, denn Kriemhild verfolge weiterhin die Rache, und die Burgunden würden bei den Hunnen den Tod finden (1461,2–4).

---

563 Zum Interaktionsmuster der Eskalation in spätmittelalterlichen literarischen Texten vgl. Röcke, Werner: Zerbrochene Ordnung. Krönungsfest und Eskalation von Ehre und Gewalt in der Histori von den vier Heymonskindern, in: Steinicke, Marion und Stefan Weinfurter (Hg.): Investitur- und Krönungsrituale. Herrschaftseinsetzungen im kulturellen Vergleich, Köln, Weimar und Wien 2005, S. 163–176; sowie ders.: Drohung und Eskalation. Das Wechselspiel von sprachlicher Gewalt und körperlicher „violentia" in Heinrich Wittenwilers Ring, in: Eming, Jutta und Claudia Jarzebowski (Hg.): Blutige Worte. Internationales und interdisziplinäres Kolloquium zum Verhältnis von Sprache und Gewalt in Mittelalter und Früher Neuzeit, Göttingen 2008, S. 129–143.

564 Zu den wechselseitigen Provokationen vgl. auch Jönsson, Genderentwürfe, S. 189 ff.

Auf die Situation der Bedrohung der Burgunden, die Hagen von der Reise nach Etzelburg erwartet, reagiert er mit aggressiver Haltung (1530). Seine Gewaltbereitschaft zeigt sich kurz darauf, indem er einen Fährmann tötet (1562,3), der sich weigert, die Krieger über die Donau zu bringen (1558), und einen Mönch ins Wasser wirft (1576,1), der den Zug der Burgunden begleitet und nach Voraussage der Meerfrauen der einzige Überlebende der Reise zu den Hunnen sein wird (1542; 1574,2 – 3).[565] Den Fährmann zu töten, ist der erste Gewaltakt der Burgunden gegen einen Angehörigen von Etzels Herrschaftsverband. Er zieht wenig später Feindseligkeiten der verletzten Partei nach sich (1597 – 1616).

Als die Burgunden auf Etzels Burg eintreffen, verbalisiert Hagen, dass die Gastgeberin provoziere, indem sie die burgundischen Brüder und ihr Gefolge unterschiedlich behandele (1738,3). Ob das Verhalten Kriemhilds – sie küsst einzig Giselher und fasst ihn an der Hand (1737,3) – tatsächlich als Affront kalkuliert ist oder ob es lediglich ihre unterschiedlichen Beziehungen zu den einzelnen Burgunden ausdrückt, bleibt unklar.[566] Geschildert wird nicht Kriemhilds Intention, sondern Hagens Deutung ihres Verhaltens. Spätestens als Hagen Kriemhilds differenzierte Behandlung der Gäste ausgesprochen hat, provoziert jedoch auch sie. Sie verweigert Hagen den Gruß und fragt – anstatt selbst die Gäste zu beschenken –, was Hagen ihr mitgebracht habe (1739).[567] Hagen treibt den Konflikt durch weitere Provokationen voran, und Kriemhild ist bemüht, Krieger für den Vollzug der Rache zu gewinnen.[568] Hagen zeigt sich Kriemhild mit dem Schwert

---

565 Die Handlungen Hagens initiieren bzw. steigern die Gewalt. Der Mönch hat sich persönlich nichts zuschulden kommen lassen, und er ist nicht bewaffnet, also gegen Hagen wehrlos. Der Fährmann teilt zwar als erster mit Ruder und Stange Schläge aus (1560,1 – 3; 1561,2 – 3). Ihn zu enthaupten erscheint jedoch als Gegenwehr wenig angemessen.

566 Dass Kriemhild „die Nibelunge mit valschem muote enpfie" (1737,2), zeigt lediglich ihre verborgene Racheabsicht an und ist kaum als Hinweis auf eine gezielte Provokation zu verstehen. Gegen eine kalkulierte Konfrontation spricht außerdem, dass Kriemhild kurz darauf beklagt, die Burgunden seien über ihre Feindschaft unterrichtet (1747,3). Ziel ihres Handelns scheint also zu sein, die feindliche Haltung zu verheimlichen und sie gerade nicht durch provozierendes Verhalten offenzulegen.

567 Vgl. auch Müller, Spielregeln, S. 416.

568 Zur generell ambivalenten Funktion von Kriemhilds Gaben, die Tugendhaftigkeit der Figur anzuzeigen und zu den beschenkten Kriegern ein *dienst*-Verhältnis zu etablieren, vgl. Frakes, Brides, S. 68 f. Dass Kriemhilds Gaben an der Seite Etzels im Zuge des Konflikts mit den Burgunden stets Gegenleistungen der Beschenkten bezwecken, beschreibt Müller (Spielregeln, S. 351, S. 359 f.).

Siegfrieds (1783), und sie schickt darauf Ritter zur Rache. In der Nacht nähern sich die Gefolgsleute Kriemhilds den Schlafplätzen der Burgunden (1837,3–4), werden aber von Hagen und Volker entdeckt und ziehen sich darauf schnell wieder zurück. Angesichts der Bedrohung durch hunnische Krieger fordert Hagen am nächsten Morgen die Burgunden auf, bewaffnet, statt prachtvoll gekleidet, auf das Fest zu gehen (1852,4–1856,4; 1861,1–2). Indem Hagen seine Forderung mit den feindlichen Absichten Kriemhilds begründet (1853,4), wird ein weiteres Mal deutlich, dass feindschaftliche Verhaltensweisen beider Seiten einander wechselseitig bedingen: Der eigene Beitrag zur (potentiellen) Eskalation, hier das bewaffnete Erscheinen, wird mit der Bedrohung durch die Gegenseite begründet. Außerdem rät Hagen den Burgunden, mangelnde Ehrbezeigung der Hunnen („swachen gruoz" (1858,2)) mit Waffengewalt zu ahnden. Die Eskalation der Gewalt im Sinne des Überschreitens der Verhältnismäßigkeit der Mittel wird hier als Programm des Verhaltens für die Burgunden an Etzels Hof entworfen. Nicht nur Tote sollen gerächt werden, sondern die Missachtung des eigenen Ehrgefühls wird als Verletzung klassifiziert, die Gegengewalt fordere. Rüdiger registriert kurz darauf die Aggressivität der Burgunden und rät seinem Gefolge, sich vom Turnier fern zu halten (1876,2–4).[569] Während des Turniers sticht Volker einen Hunnen nieder (1889), der sich nichts weiter hat zu Schulden kommen lassen, als dass ihn seine prächtige Kleidung stolz und effeminiert aussehen lässt (1885). Schon bevor es zu Kämpfen in Etzelburg kommt, zeigt sich in den wechselseitigen Provokationen der Figuren die Logik von Gewalt und Gegengewalt. Dieses Interaktionsmuster leitet das Handeln der Figuren. Ihm ist die Tendenz eigen, die eingesetzte Gewalt schrittweise zu erhöhen.

Das Geschehen eskaliert nicht nur, indem die einzelnen Figuren mit ihren Handlungen das Maß der vorausgegangenen Verletzung überschreiten, sondern auch indem immer mehr Figuren in die Auseinandersetzung einbezogen werden.[570] Damit vermehrt sich die Zahl der Figuren, die an den Kämpfen beteiligt sind, und es verringert sich die Möglichkeit einer friedlichen Beilegung des Konflikts, denn Figuren werden an der Auseinandersetzung beteiligt, die sich zuvor um Vermittlung und Aus-

---

569 Vgl. Müller, Spielregeln, S. 396.
570 Für die Logik der sukzessiven Ausweitung der Gewalt hat Müller von Gilles Deleuze und Felix Guattari den Begriff der Ansteckung entliehen (vgl. Müller, Spielregeln, S. 446).

gleich bemüht haben.[571] Für alle, die an Etzels Hof anwesend sind, wird der Konflikt sichtbar, als Etzels Bruder Bloedelin auf Veranlassung Kriemhilds das Gefolge der Burgunden angreift.[572] Indem Hagen Etzels und Kriemhilds Sohn Ortliep erschlägt (1961,1), nachdem er von der Attacke erfahren hat, wird auch Etzel zur Parteinahme im Konflikt gezwungen. Zuvor hat er sich als vorbildlicher Gastgeber der Burgunden verhalten und ist als Schlichter von Gewalthandlungen aufgetreten.[573] Durch die Tötung Ortlieps erscheint ein gewaltloser Ausgleich der Burgunden mit Etzel nicht mehr möglich. Als die Burgunden nach dem Kampf Irincs um einen Friedenszustand bitten (2087–2110), führt er aus:

,ir wænet vride gewinnen; daz kunde müelîch gesîn

Ûf schaden alsô grôzen, als ir mir habt getân.
ir sult is niht geniezen, sol ich mîn leben hân:
mîn kint, daz ir mir sluoget und vil der mâge mîn!
vride unde suone sol iu vil gar versaget sîn.' (2089,4–2090,4)

Im Anschluss lässt Kriemhild den Saal anzünden (2109,2), in dem sich die Burgunden befinden. Danach ist niemand mehr in der Lage, die Kämp-

---

571 Zur Rolle der so genannten *mediatores* im Alltag mittelalterlicher Politik vgl. etwa Althoff, Deditio, S. 100; sowie ders.: Demonstration und Inszenierung. Spielregeln der Kommunikation in mittelalterlicher Öffentlichkeit, in: Ders.: Spielregeln der Politik im Mittelalter. Kommunikation in Friede und Fehde, Darmstadt 1997, S. 229–257, hier S. 240.

572 Im Lager des burgundischen Gefolges ist es jedoch mit Dankwart ein Burgunder, der von der verbalen Auseinandersetzung zur physischen Gewalt übergeht, indem er Bloedelin erschlägt (1927). Erst danach bricht der Kampf los (1929 ff.).

573 Etzel ist den Burgunden nicht nur in seiner Rolle als Gastgeber gewogen, sondern auch weil er mit Hagen bereits bekannt ist (1755,1; 1756,3) und weil dieser ihm Dienste geleistet hat (1757,3). Vorbildlich begrüßt Etzel die Burgunden (1808–1817; insbes. 1808,4). Selbst die gewaltsame Provokation Volkers, der beim Turnier einen herausgeputzten und als effeminiert markierten Hunnen erschlägt (1889), wird von Etzel geschlichtet (1894,4 ff.). Er habe gesehen, dass die Tötung unabsichtlich geschehen sei (1896,3–4); zudem fordere das Gastrecht von den Hunnen, die Burgunden in Frieden zu lassen (1897,1). Die Handlungen Hagens und Kriemhilds, die physische Gewalt provozieren oder auch gezielt herbeiführen, werden somit anfangs noch vom freundschaftlichen Verhältnis Etzels zu den Burgunden durchkreuzt und gebremst. Die Möglichkeiten Etzels allerdings, die Situation zu durchschauen und eventuell zu einem Ausgleich im Konflikt zwischen Kriemhild und den Burgunden zu gelangen, sind begrenzt, da sowohl Hagen als auch Kriemhild die Feindseligkeiten verbergen (1863; 1864,3–4). Vers 1865,4 deutet an, dass an der Geheimhaltung noch weitere Burgunden und Hunnen beteiligt sind. Der Erzähler kritisiert ihr Verhalten als „starken übermuot" (vgl. auch Jönsson, Genderentwürfe, S. 128 f.).

fenden zu trennen (2133,4). Exemplifiziert wird diese Einschätzung, indem nun auch Rüdiger und Dietrich in die gewaltsamen Auseinandersetzungen einbezogen werden. Auslöser der Involvierung Rüdigers in Aventiure 37 ist eine unkontrollierte Gewalthandlung: Rüdiger erschlägt einen Hunnen (2142), der hinter seiner Zurückhaltung in der Auseinandersetzung mangelnde Tapferkeit vermutet (2138,3–2140,4; insbes. 2140,3–4). Auch wenn es ihm um die Beilegung des Konflikts zwischen Burgunden und Hunnen geht (2135–2137), kann sich Rüdiger dem ritterlichen Imperativ, seine Tapferkeit unter Beweis zu stellen, zumindest aber, diese nicht öffentlich in Frage stellen zu lassen (2141,3–4), nicht entziehen. Etzel und Kriemhild nehmen den Tod eines Gefolgsmannes zum Anlass, Rüdiger an seine unterschiedlichen Bindungen an sie beide zu erinnern (2145–2152). Erneut werden vor dem Kampf mit den Burgunden die Bindungen Rüdigers auch an diese Konfliktpartei thematisiert (2170–2205). Die Lehnsbindung an Etzel und der Treueeid, den Rüdiger Kriemhild geleistet hat, erweisen sich im Verlauf der Aventiure als stärker als der Gabentausch mit den Burgunden und das Versprechen, die eigene Tochter Giselher zur Frau zu geben.[574] Gleichwohl ermöglicht ausgerechnet Hagen Rüdiger, durch die Gabe seines Schildes die Bindung an die Burgunden zu erneuern (2194–2202).[575] Hagen verpflichtet sich außerdem dazu, den von Bechelaren im bevorstehenden Kampf nicht anzugreifen (2201,3); Volker schließt sich der Friedenszusage seines Kampfgefährten an (2203). Rüdigers Tod und der Tod von Gernot, die einander

---

574 Vgl. Wapnewski, Peter: Rüdigers Schild. Zur 37. Aventiure des Nibelungenliedes, in: Euphorion 54 (1960), S. 380–410, insbes. S. 391; vgl. auch Gephart, Irmgard: Geben und Nehmen im Nibelungenlied und in Wolframs Parzival, Bonn 1994, S. 62–68; sowie Campbell, Ian R.: Hagen's Shield Request – Das Nibelungenlied, 37th Aventiure, in: The Germanic Review 71 (1996), S. 23–34. Hasebrink hat im Anschluss an Wapnewski betont, dass es sich bei der Schildgabe nicht um die Wiederherstellung der Bindung Rüdigers zu den Burgunden handelt, sondern um eine Veränderung der vorausgehenden Handlungen, um die „Präsenz des Abwesenden im Bild" (Hasebrink, Burkhard: Aporie, Dialog, Destruktion. Eine textanalytische Studie zur 37. Aventiure des Nibelungenliedes, in: Henkel, Nikolaus, Martin H. Jones und Nigel F. Palmer (Hg.): Dialoge. Sprachliche Kommunikation in und zwischen Texten im deutschen Mittelalter. Hamburger Colloquium 1999, Tübingen 2003, S. 7–20, hier S. 18).

575 Vgl. Wapnewski, Schild, S. 394–397.

im Verlauf des Kampfes gegenseitig erschlagen (2219–2221), werden auf diese Weise jedoch nicht verhindert.[576]

Schließlich gerät auch Dietrich in die Auseinandersetzung. Er ist nicht eng und daher konfliktreich an beide Seiten gebunden, sondern wird trotz sensibler Diplomatie und fortgesetzter Bemühungen, eine Position jenseits der polaren Logik des Konflikts einzunehmen, in den Mechanismus der Eskalation hineingezogen. Als die Amelungen von der Trauer bei den Hunnen hören, vermuten sie zunächst, Etzel selbst sei in den Kämpfen ums Leben gekommen. Sie verlangen nach Rache, doch Dietrich erinnert an den Friedenszustand mit den Burgunden (2238).[577] Er lässt bei den Hunnen nachfragen, was vorgefallen sei (2240–2241). Über den Tod Rüdigers informiert, verlangen seine Leute nach Vergeltung (2246). Dietrich aber sendet mit Hildebrant einen zweiten Boten aus, der nun von den Burgunden in Erfahrung bringen soll, was geschehen ist (2247). Indem Dietrich beide Seiten über die Ereignisse befragen lässt, zeigt er sich bemüht, möglichst umfassende und präzise Informationen zu erhalten, bevor er eine Einschätzung der Situation vornimmt. Auch wenn Dietrich aufgrund seiner Stellung in der Hierarchie der nibelungischen Welt nicht die Position des Richters im Streit der Hunnen mit den Burgunden zukommt, zeigt sein Verhalten das Bestreben, über das Geschehene zu urteilen.

Auf den Rat Wolfharts, eines „tumben" (2250,1), lies: aggressiven, Amelungen,[578] kommen die Gesandten unter der Führung Hildebrants bewaffnet zu den Burgunden. Die deuten dieses Auftreten als Zeichen bevorstehender Aggression (2252,1–2; 2253,1–3). Als die Amelungen auch hier vom Tod Rüdigers hören (2256), entwickelt sich aus ihrer Trauer (2257–2261) anlässlich der Bitte um die Herausgabe des Leichnams (2262,1) eine wechselseitige Provokation der Parteien, die schließlich zum Kampf führt. Wolfhart und Volker reizen einander (2266–2270). Hildebrant muss Wolfhart schließlich davon abhalten, gegen Volker zu

---

576 Dieses Ergebnis der Schildgabe betont Thelen, Lynn D.: Hagen's Shield: The 37th Aventiure Revisited, in: Journal of English and Germanic Philology 96 (1997), S. 385–402, hier S. 392.

577 Bartsch/de Boor weisen im Kommentar zu 2238,4 darauf hin, dass Dietrich Gunther seinen Dienst angeboten hat, als ihm freier Abzug aus dem Saal gewährt wurde (1992).

578 Zur Wolfhart-Figur als Verkörperung eines aggressiven und leicht zu provozierenden Draufgängers auch in anderen heldenepischen Texten vgl. Lienert, Elisabeth: Der Körper des Kriegers. Erzählen von Helden in der Nibelungenklage, in: Zeitschrift für deutsches Altertum und deutsche Literatur 130 (2001), H. 2, S. 127–142, hier S. 134.

kämpfen (2271). Als Volker jedoch weiter provoziert und Wolfhart erneut angreifen will, überholt ihn Hildebrant, um noch vor ihm im Kampf zu sein (2274). Auf diese Weise tritt Dietrichs Gefolge in eine bewaffnete Auseinandersetzung mit den Burgunden ein. Dietrich hat dieses Vorgehen seiner Mannen nicht beabsichtigt, er hat es aber auch nicht ausgeschlossen – was sich konkret daran zeigt, dass er den Gesandten nicht verboten hat, in Waffen zu gehen. Das Geschehen deutet darauf hin, dass das Verhalten der Gefolgsleute der Lenkung und dem Einfluss Dietrichs nicht vollständig, aber doch in einem gewissen Maße entzogen ist.

Bei der Rückkehr der Gesandtschaft tadelt Dietrich Hildebrant, den Frieden gebrochen zu haben (2312) und geht darauf selbst zu den Burgunden, um die Umstände von Rüdigers Tod zu erfragen (2317,4). Als die Burgunden nicht bestreiten, die Leiche Rüdigers nicht herausgegeben zu haben,[579] fordert Dietrich Gunther auf, ihm als Geisel zu folgen (2337,1). Hagen lehnt an Stelle seines Herrn ab und reizt Hildebrant mit dessen angeblich feiger Flucht (2343). Als der Gefolgsmann Dietrichs seinerseits Hagen provoziert (2344), verbietet ihm Dietrich derartige Reden (2345,3). Anschließend erinnert er Hagen aber selbst an dessen ursprüngliche Absicht zu kämpfen (2346) und setzt die feindliche Gesprächshaltung fort. Hagen nimmt den Hinweis auf, deutet Dietrichs Vorschlag der Geiselung als Provokation (2347,4) und beginnt den Kampf (2348,3). Damit ist auch Dietrich am Ende unübersichtlicher Geschehnisse schließlich an den Kämpfen beteiligt.

Während bei Rüdiger die besondere Bindung an einen der beiden Kontrahenten schließlich zur Parteinahme im Konflikt führt, wird Dietrich, obwohl eine derartige Bindung in seinem Fall nicht besteht, und trotz seiner umsichtigen Diplomatie in den Kampf hineingezogen. Im Falle Dietrichs ist es insbesondere das Verhalten des Gefolges, das die gewaltsamen Auseinandersetzungen vorantreibt, in die schließlich auch der Herrscher des Verbandes einbezogen wird. Dies ist ein wiederkehrendes Muster der Eskalation im zweiten Teil des *Nibelungenlieds*. An verschiedenen Stellen des Textes führt nicht die Person an der Spitze eines Personenverbandes Gewalthandlungen gezielt herbei, sondern es ist das Gefolge, welches die zum Teil durchaus um

---

579 Gunther bestreitet den Vorwurf nicht – tatsächlich hat zuvor nicht er, sondern Volker ausdrücklich die Herausgabe des Leichnams verweigert (2266) –, sondern erklärt, dass er damit nicht habe Dietrichs Leute, sondern Etzel treffen wollen (2335). Der Text differenziert an dieser Stelle zwischen dem Effekt einer Handlung und den Intentionen des Täters und geht damit erneut über das Rechtsprinzip der Erfolgshaftung hinaus.

friedliche Interaktion bemühte Politik der Herrschenden mit eigenmächtigem Handeln zunichte macht.[580] Das trifft für Dietrichs Getreue zu, aber auch für den Verband der Burgunden, wo Hagen und Volker durch ihr aggressives und provokatives Verhalten gegenüber Kriemhild und den Hunnen in hohem Maße das Verhältnis zu Etzels Personenverband beeinflussen. Dabei beziehen sich Hagen und Volker weder auf das Verhalten ihres Königs noch richten sie sich nach dessen Vorgaben.[581] Auch bei Etzel werden die Gewalthandlungen nicht vom König an der Spitze der Hierarchie des Verbandes kontrolliert. Vielmehr ist es mehrfach Kriemhild, die ohne Wissen ihres Ehemannes Krieger zum Kampf gegen die Burgunden schickt; daran beteiligt sich mit Bloedelin auch der Bruder des Herrschers. Trotz dieser wiederholten Eskalation durch Gefolgsleute scheint der zweite Teil des *Nibelungenlieds* dennoch nicht nahe zu legen, dass Gewalt unterbunden werden kann, wenn Herrscher oder hierarchisch hoch gestellte Figuren das Verhalten ihres Gefolges besser kontrollieren.[582] Hildebrants und Dietrichs Eintreten in den Kampf macht vielmehr deutlich, dass Figuren an der Spitze einer Hierarchie mit ihrem Verhalten nicht durchweg gewaltvermeidend wirken. Nicht nur das Handeln des Gefolges, sondern auch das Vorgehen von Hildebrant und Dietrich selbst scheint sich ihrer eigenen Kontrolle zu entziehen.[583] Beide verhindern zunächst

---

580 Zur Bedeutung der Vasallen für das Aufbrechen von Konflikten im *Nibelungenlied* vgl. Beyschlag, Siegfried: Das Nibelungenlied als aktuelle Dichtung seiner Zeit, in: Germanisch-Romanische Monatsschrift 48 (1967), S. 225–231, hier S. 230; sowie Schweikle, Liebesroman, S. 75 f. Die Darstellung der Eskalation von Gewalt im *Nibelungenlied* erscheint in dieser Hinsicht als Reflex der hochmittelalterlichen Organisation von Lehnsherrschaft, bei der die Adelsmacht nicht durchweg direkt vom König abhängig ist, sondern vielfach über individuell gestaltete personale Treueverhältnisse vermittelt ist (vgl. Keller, „Staatlichkeit", S. 258, S. 261 f.). Dadurch ist ein großer Teil des Adels der Spitze der Lehnshierarchie nicht unmittelbar verpflichtet.

581 Müller sieht daher nicht König Gunther, sondern Hagen als „anomale" Leitfigur der Burgunden im zweiten Teil des *Nibelungenlieds* an (vgl. Müller, Spielregeln, S. 445).

582 Im ersten Teil des *Nibelungenlieds* ist das noch anders. In der dritten Aventiure verbietet Gernot den burgundischen Kriegern zu reden und trägt damit zur erfolgreichen Deeskalation bei (vgl. 120,1; 123,2; sowie Ehrismann, Spielregeln, S. 70 ff.).

583 Zum Zurücktreten zweckgerichteten Handelns der Figuren im Zuge der Ausweitung des Konflikts vgl. auch Müller, Spielregeln, S. 446 f. Zur Anthropologie des unkontrollierten Helden im *Nibelungenlied*, nach der zwischen *zorn* als einem durchgehend gezeigten Habitus und einem singulären Impuls, insbesondere als Reaktion auf einen Reiz, schwer zu unterscheiden ist, vgl. Müller, Spielregeln, S. 203 ff.

den Übergang von aggressiver Rede in physischen Kampf, um ihn gleich darauf selbst herbeizuführen.

Dass das Bemühen Herrschender um Gewaltvermeidung scheitert und dass sie durch unkontrolliertes Verhalten des Gefolges oder ihrer selbst in die Auseinandersetzung einbezogen werden, korrespondiert mit dem zuvor beschriebenen Problem, dass kein dem Konflikt enthobener Richter angerufen werden kann. Der Konflikt lässt keine Partei unbeteiligt. Er entwickelt einen Sog, dem sich keine der Figuren entziehen kann.[584] Mit zunehmender Geschwindigkeit erweitert sich die Reihe der Figuren, die im Konflikt Partei ergreift. Dieser Strudel der Gewalt intensiviert sich jedoch nicht kontinuierlich, sondern er weist eine entscheidende Schwelle auf. Indem Etzel in den Konflikt einbezogen wird, als Hagen seinen Sohn erschlägt, scheint ein Ausbrechen aus dem Mechanismus von Gewalt und Gegengewalt deutlich schwieriger möglich als zuvor. Ab diesem Punkt der Handlung stehen sich in Etzelburg zwei Personenverbände feindlich gegenüber. Erst hier operiert Kriemhild nicht mehr hinter dem Rücken des Ehemannes, um gegen die Burgunden vorzugehen, sondern sie kann nun mit ihm eine gemeinsame Politik gegen die Burgunden verfolgen.

Der Sog der Gewalt, der sich anhand der Interaktion der Figuren und anhand der Involvierung einer immer größeren Zahl von Angehörigen der nibelungischen Welt zeigt, lässt sich nicht nur auf der Grundlage des Gangs der Ereignisse rekonstruieren, sondern die Logik von Gewalt und Gegengewalt wird auch im Text selbst angesprochen. Hagen begründet die Gefahr, die eine Reise ins Land Etzels bedeuten werde, mit der Gewalt, die er Kriemhilds Ehemann angetan hat:

> ,wir mugen immer sorge zuo Kriemhilde hân,
> wand ich sluoc ze tôde ir man mit mîner hant.‘ (1459,2–3)

Nicht nur die Bedrohung, die für die Burgunden von Kriemhild ausgehen wird, ist hier benannt, sondern auch die Gewalthandlung, die ihrerseits den vermuteten feindlichen Absichten Kriemhilds vorausgegangen ist. Weil das Handlungsmuster unterstellt werden kann, dass Gegengewalt einer Gewalttat zwingend folgt, lässt sich die erwartete Feindseligkeit Kriemhilds von dem ableiten, was die Burgunden ihr angetan haben. Hagen kündigt außerdem an, dass mit Gegengewalt der Hunnen gerechnet werden muss, nachdem er den Fährmann erschlagen hat:

---

584 Diese Metapher verwendet auch Müller (vgl. Müller, Spielregeln, S. 448).

[…] ‚sît daz ich fiende hân
verdienet ûf der strâze, wir werden sicherlîch bestân.

Ich sluoc den selben vergen hiute morgen fruo.
si wizzen wol diu mære. nu grîfet balde zuo!‘ (1591,3 – 1592,2)

Auch wenn an dieser Stelle der Begriff der Rache nicht verwendet wird, so ist es im zweiten Teil des *Nibelungenlieds* wiederholt das Rächen, welches die Gewalthandlung bezeichnet, mit der auf eine vorausgehende Verletzung – insbesondere auf die Tötung einer Person – geantwortet wird. Beispielsweise will in den folgenden Kämpfen Else seinen von Dankwart getöteten Bruder Gelpfrat „rechen" (1614,3); außerdem rächen Wolfhart und Hildebrant Rüdiger (2282,4), Hildebrant rächt Sigestap (2285,4), und Hagen schickt sich an, Volkers Tod zu rächen (2289,4).[585] In diesen Beschreibungen kommen neben der Reaktivität der Gewalt auch das Ineinandergreifen und die wechselseitige Abhängigkeit von Gewalt und Gegengewalt zum Ausdruck. Für die einzelne Gewalthandlung sind in der Regel keine anderen Motivationen fassbar als zuvor erlittene Gewalt. Es wird eine Mechanik der gewaltsamen Interaktionen betont, deren zentrale Charakteristika die Beziehung von Ursache und Wirkung sowie die zeitliche Sukzession sind.[586] Hagens Warnung an die Burgunden beschreibt jedoch noch mehr als die Folge von Gewalt und Gegengewalt. Sie zeigt, dass der Mechanismus zu einem Wissen über Handlungsmuster geworden ist, über das sprachlich verfügt werden kann. Mit dem, was vorauszusehen ist, wird in ähnlicher Weise umgegangen wie mit einer realisierten Tat. Bereits erwartbares Handeln kann im *Nibelungenlied* wirksam sein, denn es produziert Folgehandlungen. Nicht nur die erlittene Gewalt, sondern auch die vorausgesehene kann handlungsleitend sein. Mit den Worten „nu grîfet balde zuo!" (1592,2) fordert Hagen die Burgunden zu Gewalthandlungen auf.

Der Verlauf der Eskalation im zweiten Teil des *Nibelungenlieds* zeigt außerdem, dass zu der Art und Weise, wie die Figuren sukzessive handelnd den Konflikt befördern, auch gehört, wie sie sprachlich auf zuvor Geschehenes Bezug nehmen. Nicht nur die provozierenden Reden der

---

585 Weitere Beispiele für das im *Nibelungenlied* verbreitete Streben nach Rache für die Tötung eines Verwandten oder Getreuen bei Zacharias, Blutrache, S. 186; sowie bei Schmidt-Wiegand, Kriemhilds Rache, S. 380.

586 In der Wortwahl des Textes wird die Zwangsläufigkeit dieser Mechanik beispielsweise deutlich, wenn es nach Irincs Tod heißt – der Warnung, die er zuvor ausgesprochen hat, zum Trotz (2068) –, dass nun die Dänen in den Kampf eingreifen *müssen:* „dô muost' ez an ein strîten von den von Tenemarke gân" (2069,4).

Figuren, die gewaltsamem Handeln im *Nibelungenlied* in der Regel vorausgehen, machen die sprachliche Dimension der Eskalation aus, sondern diese zeigt sich insbesondere anhand der Referenz auf zuvor Geschehenes.

Auf der Reise an Etzels Hof werden die Burgunden zweimal von Figuren gewarnt, die Etzels Verband nahe stehen. Kriemhilds Gefolgsmann Eckewart weist die Burgunden darauf hin, dass man Hagen im Land Etzels nicht wohl gesonnen sei: „ir sluoget Sîfriden: man ist iu hie gehaz" (1635,3). Er bestätigt damit die Feindschaft der Gastgeber, vor der Hagen bereits vor Antritt der Reise gewarnt hat. Eckewarts Aussage über die Feindschaft der Hunnen fasst allerdings nur unzureichend die im Text geschilderte Situation zusammen, die zur Einladung der Burgunden geführt hat. Das kollektivierende „man" gibt die komplizierten Machtverhältnisse am Hunnen-Hof nicht adäquat wieder. Dietrich von Bern wiederholt kurz darauf die Warnung vor der Feindseligkeit der Hunnen (1724–1730). Differenzierter als Eckewart spricht der Amelunge nicht von genereller Feindschaft, sondern nur von der unveränderten Trauer Kriemhilds um Siegfrieds Tod: „Kriemhilt noch sêre weinet den helt von Nibelunge lant" (1724,4; vgl. auch 1730,2–4). Außerdem kündigt er an, dass von Kriemhild, solange sie lebe, noch Schaden ausgehen werde: „sol leben diu vrouwe Kriemhilt, noch mac schade ergên" (1726,2). Über die Art und Weise dieses Schadens und wie sich die Trauer der Herrscherin zur Feindschaft des hunnischen Verbandes entwickeln könnte, schweigt Dietrich jedoch.

Die Warnung Eckewarts an die Burgunden zeigt, dass eine knappe Zusammenfassung das Geschehen verfehlen kann, das die ausführliche Erzählung über Kriemhilds Situation an der Seite Etzels als Prozess dargeboten hat: Als Eckewart seine Warnung ausspricht, ist es, nach allem zu urteilen, was bis dahin berichtet worden ist, (noch) nicht zutreffend von einer kollektiven Feindschaft der Hunnen gegenüber den Burgunden zu reden. Dass aber eine Zusammenfassung nicht notwendig an der Prozessualität der Ereignisse vorbeigehen muss, zeigt die Warnung Dietrichs, die sich darauf beschränkt, die Emotionen Kriemhilds zu benennen, und die nicht auf die Effekte schließt, die diese möglicherweise auf die Einstellung des hunnischen Verbandes haben werden.

Auch im Zuge der Involvierung Dietrichs in das Geschehen treffen zwei konkurrierende Schilderungen eines Vorgangs aufeinander. Dietrich lässt sich von seinen eigenen Leuten und von den Burgunden über den Kampf berichten, der zwischen beiden Parteien stattgefunden hat. Er konfrontiert Gunther und Hagen mit der Version des Geschehens, die sein Gefolge berichtet hat (2329–2332): Ohne dass den Burgunden etwas zu

Leide getan worden sei, hätten sie sowohl Rüdiger als auch Dietrichs Krieger erschlagen. Hagen korrigiert Dietrichs Schilderung, indem er hinzufügt, dass Dietrichs Gesandte in Waffen zu den Burgunden gekommen sind (2333):

> ‚Jane sîn wir niht sô schuldic‘, sprach dô Hagene.
> ‚ez giengen zuo disem hûse iuwer degene,
> gewâfent wol ze vlîze mit einer schar sô breit.
> mich dunket, *daz diu mære iu niht rehte sîn geseit.*‘ [Hervorhebung T. R.]
> (2333)

Indem Dietrich benennt, was er den Burgunden vorwirft, erhalten sie die Möglichkeit, ihre eigene Schilderung des Geschehens dagegen zu setzen. Dabei wird deutlich, dass Hildebrant seinem Herrn nicht alle Facetten der Ereignisse mitgeteilt hat, die schließlich zum Kampf mit den Burgunden geführt haben. Erneut geht es also um unpräzise Referenz. Außerdem wird hier der Status des Geschehens als „mære“, als Erzählung, bestimmt, und es wird das Problem der Entscheidung zwischen zwei Versionen eines Handlungshergangs beschrieben.[587] Dietrich antwortet auf Hagens Schilderung:

> ‚*Waz sol ich gelouben mêre?* mir seitez Hildebrant:
> dô mîne recken gerten von Amelunge lant,
> daz ir in Rüedegêren gæbet ûz dem sal,
> dô bütet ir niwan spotten den küenen helden her zetal.‘ [Hervorhebung T. R.]
> (2334)

---

587 Im ersten Teil des *Nibelungenlieds* werden im Streit der Königinnen einander widersprechende Aussagen thematisiert – allerdings findet sich hier ein ganz anderer Versuch, dem Dilemma zu entgehen als ihn Dietrich gegen Ende des Textes wählt. Im Streit der Königinnen wird das Problem, beide Realitäten zu vermitteln, schließlich mit Hilfe eines formalisierten Rechtsakts, des Reinigungseides, zu lösen gesucht (859–860). Auch hier bezieht sich Gunther auf die Schilderung Brünhilds mit dem Begriff „mære“ (857,2). Im Unterschied zum Vorgehen Dietrichs werden an dieser Stelle jedoch nicht beide Versionen der Geschichte gehört – also Brünhilds *und* Kriemhilds – und kontrastierend nebeneinander gestellt, sondern ausgehend von Brünhilds Darstellung wird mit Siegfried sogleich dem (vermeintlichen) Urheber der Divergenz beider Darstellungen des Geschehens die Möglichkeit gegeben, sich zu äußern. Dazu wird die komplexe Situation einander widersprechender Realitäten auf die Beschuldigung reduziert, Siegfried habe sich des Beischlafs mit Brünhild gerühmt (857,3–4). Dass entgegen dem im Streit der Königinnen eingeschlagenen Weg der Rechtsfindung, an dessen Ende Kriemhild zu Unrecht der Falschaussage überführt ist, Kriemhild und Brünhild auf der Basis der ihnen zugänglichen Evidenzen *beide* Recht haben, betont Strohschneider (vgl. Strohschneider, Regeln, S. 65).

Die Begegnung Dietrichs und der Burgunden zeigt das Bemühen um Verständigung zwischen Herrschern. Sie korrespondiert mit dem Verfahren der Urteilsfindung vor Gericht, denn die sprachliche Schilderung des Geschehens ist zentraler Bestandteil des Prozessverlaufs und Grundlage des schließlich erfolgenden Urteilsspruchs. Das Handeln vor Gericht besteht im mittelalterlichen Verfahren aus den mündlich vorgetragenen Stellungnahmen beider Parteien, aus Rede und Antwort.[588] Bei den Schilderungen vor Gericht handelt es sich nicht um ausführliche Erzählungen, sondern um Darstellungen von Sachverhalten, die dazu dienen sollen, die eigene Position zu stützen.[589] Daraus ergibt sich, dass Inhalten und Darstellungsweisen besondere Bedeutung beigemessen wird: Sie sind später nicht modifizierbar und binden die Redner an das Gesagte.[590]

Zur Verständigung zwischen Dietrich und den Burgunden über die festgestellten Differenzen bei der Darstellung der Ereignisse kommt es nicht – von einem Ausgleich zwischen den Parteien ganz zu schweigen. Die divergierenden Schilderungen des Geschehens bleiben unvermittelt nebeneinander stehen. Dietrich hält daran fest, von den Burgunden verletzt worden zu sein, und Hagen stellt die Verletzung durch Dietrich heraus, bevor es zum Kampf kommt.[591] Die Darstellung des Eskalationsgeschehens im *Nibelungenlied* zeigt damit, dass nicht nur soziale Interaktionen der Figuren innerhalb der fiktionalen Welt und ihr Gewalt produzierendes Potential vorgeführt werden. Auch die sprachliche Referenz auf die Gewalt wird an verschiedenen Stellen des Textes thematisiert, und ihr Anteil an der Eskalation der Gewalt wird offengelegt.

Die Bedeutung der sprachlichen Schilderung für die Steigerung der Gewalt wird nicht nur von den Figuren der nibelungischen Welt selbst angesprochen, sondern sie zeigt sich auch auf der Ebene der literarischen Darstellung einzelner Handlungen. In sprachlich auffälliger Weise reali-

---

588 Vgl. Planck, Gerichtsverfahren 1, S. 217–248. Auch wenn sich im 13. Jahrhundert allmählich die Schriftlichkeit des Verfahrens durchsetzt, bestimmt die Form mündlicher Vorträge das Gerichtsverfahren bis ins 15. Jahrhundert (vgl. Franklin, Reichshofgericht 2, S. 202).

589 Vgl. Planck, Gerichtsverfahren 1, S. 224 ff. Aus diesem Grund wird auch die Parteirede selbst als Urteil (*ordel*) bezeichnet (vgl. Planck, Gerichtsverfahren 1, S. 236 f.).

590 Vgl. Planck, Gerichtsverfahren 1, S. 227, S. 238 ff.

591 Dass es nicht weniger eskalierend ist, den Konflikt nicht zu benennen, zeigt die Geheimhaltung der Auseinandersetzungen vor Etzel an, die Hagen und Kriemhild zunächst betreiben (vgl. beispielsweise 1863; 1864,3–4). Durch das Verschweigen des Konflikts wird ein Ausgleich durch Etzel von vornherein unmöglich gemacht.

siert wird die Logik der Eskalation im zweiten Teil des *Nibelungenlieds* insbesondere anhand der Verwendung der Verben *rechen* und *vergelten* in Kampfschilderungen. Beim Kampf zwischen Dietrichs Gefolge und den Burgunden wird der Einstieg in die gewaltsame Auseinandersetzung nicht mit wechselseitigen ehrverletzenden Provokationen begründet, sondern ganz im Sinne der Sukzession von Gewalt und Gegengewalt als Rache für eine vorausgegangene Gewalttat bezeichnet, für den Tod Rüdigers: „sus râchen Rüedegêren die recken küene unde guot" (2282,4). Als Volker wenig später im Zuge des Kampfes Sigestap erschlägt, wird dieser von Hildebrant gerächt: „daz rach der alte Hildebrant, als im sîn ellen daz gebôt" (2285,4). Den Tod Volkers wiederum beginnt nun Hagen zu rächen: „owê wie harte Hagene den helt dô rechen began!" (2289,4). Als Helfrich jedoch anschließend Dankwart erschlägt (2291,1), ist die Kette der Rachehandlungen unterbrochen. Es fehlt die Nennung der Gegengewalt, die die Tat auslöst. Stattdessen wird auf die Rache hingewiesen, die Dankwart, der Gefallene selbst, bereits vollzogen habe: „er hete mit sînen handen wol vergolten sînen tôt" (2291,4). Dankwart übt nicht Vergeltung für voraus gegangene Gewalttaten, sondern er hat, so wird gesagt, bereits bevor er fällt, den eigenen Tod gerächt. Das aber bedeutet, dass der Gewalt Dankwarts zunächst die konkrete Handlung gefehlt haben muss, die in der Rachelogik von Gewalt und Gegengewalt gewaltsamem Handeln üblicherweise vorausgeht, es auslöst und legitimiert. Statt bereits erlittener Gewalt wird in der Schilderung des Kampfgeschehens der schließlich eintretende Tod des Kriegers selbst als diejenige Tat gesetzt, die zu rächen alle seine vorausgehenden Handlungen dienten. Konzeptionelle Konsequenz dieser Umkehrung der Abfolge von Gewalt und Gegengewalt könnte sein, dass der Tod eines Kriegers im Kampf jedwede vorhergehende Tötung von Gegnern zu begründen in der Lage ist. Gewalt in Form der Tötung eines Kriegers, der dominante Anlass von Fehde in der nibelungischen Welt, hätte in dieser Logik der Gegengewalt nicht mehr vorauszugehen. Im Zuge der Kämpfe an Etzels Hof ist es möglich, dass die initiale Gewalt weiteren Gewalthandlungen – die nichtsdestoweniger als vergeltend angesehen werden – nachfolgt oder sich, wie hier, erst am Schluss einer Auseinandersetzung ereignet.[592]

---

592 Auf den Tod Dankwarts folgt ein weiterer Kampf, der die zeitliche Folge von Gewalt und Gegengewalt bei der Rache verändert – hier allerdings werden nicht die Begriffe *rechen* oder *vergelten* verwendet, um das Geschehen zu beschreiben. Der Kampf zwischen Wolfhart und Giselher (2292–2299) endet damit, dass beide Krieger einander gegenseitig erschlagen (2296,1–2298,1). Als Wolfhart die Ver-

Die zeitliche Sukzession, die Verknüpfung von Gewalt und Gegen-
gewalt nach dem Verhältnis von Ursache und Wirkung sowie ihre
Gleichartigkeit oder Äquivalenz gehören zu den grundlegenden ordnenden
Vorgaben, nach denen Rache- und Fehdehandlungen vollzogen werden.[593]
Der Grundsatz der Gleichartigkeit von Vergehen und vergeltender
Handlung oder Strafe wird rechtshistorisch als Talion bezeichnet. Er wird
schon im Alten Testament formuliert (2. Mos. 21,22–25; 3. Mos. 24,19–
22; 5. Mos. 19,21).[594] Dass die Reaktion der verletzten Partei mit einem

---

letzung spürt, streckt er Giselher nieder (2297). Bereits der Kampf zwischen
Rüdiger und den Burgunden endet damit, dass der von Bechelaren und Gernot
einander töten (2219–2221). Hier rächt sich der todwunde Gernot unmittelbar,
nachdem er getroffen ist („vergalt" (2219,4)). In beiden Passagen folgen Gewalt
und Gegengewalt unmittelbar aufeinander. Vertauscht wird die Reihenfolge beider
Handlungen jedoch nicht. Lienert weist darauf hin, dass auch in der *Klage* das
Motiv der wechselseitigen Tötung wiederholt verwendet wird; ihrer Ansicht nach
handelt es sich um ein Verfahren des Textes, mit dem das Prinzip der Rache unterwandert wird, indem Töten und Getötetwerden zusammenfallen (vgl. Lienert,
Körper, S. 134).

593 Vgl. Reinle, Christine: Art. Fehde, in: Cordes, Albrecht, Heiner Lück, Dieter
Werkmüller und Ruth Schmidt-Wiegand (Hg.): Handwörterbuch zur deutschen
Rechtsgeschichte. Bd. 1, 2., völlig überarbeitete und erweiterte Auflage, Berlin
2008, Sp. 1515–1525, hier Sp. 1516. Zum Totschlag – im mittelalterlich weiten
Sinne des Wortes – als dem zentralen Auslöser einer Fehde vgl. Hagemann, Hans
Rudolf: Art. Blutrache, in: Bautier, Robert-Henri u. a. (Hg.): Lexikon des Mit-
telalters. Bd. 2, München und Zürich 1983, Sp. 289–299, hier Sp. 289. Nach
Holzhauer tritt der Strafcharakter einer Rache oder Fehde am deutlichsten hervor,
wenn diese auf eine Tötungshandlung reagiert und dabei Maß und Art und Weise
der reaktiven Handlung vom Vergehen übernimmt (vgl. Holzhauer, Recht,
S. 558). Zum Gedanken der Spiegelung im mittelalterlichen Strafrecht vgl. His,
Strafrecht 1, S. 356–358, S. 371–374; generell zur Talion im Strafrecht vgl.
Ebert, Udo: Talion und Spiegelung im Strafrecht, in: Küper, Wilfried (Hg.):
Festschrift für Karl Lackner zum 70. Geburtstag am 18. Februar 1987, Berlin und
New York 1987, S. 399–422; sowie Ebert, Udo: Talion und Vergeltung im
Strafrecht – ethische, psychologische und historische Aspekte, in: Jung, Heike,
Heinz Müller-Dietz und Ulfrid Neumann (Hg.): Recht und Moral. Beiträge zu
einer Standortbestimmung, Baden-Baden 1991, S. 249–267.

594 Ob es das Prinzip, Gleiches mit Gleichem zu vergelten, als Rechtsregelung zur
Begrenzung der Rache im Römischen Recht und den mosaischen Gesetzen
tatsächlich gibt oder gegeben hat, ist umstritten (vgl. Kaufmann, Ekkehard: Art.
Talion, in: Erler, Adalbert, Ekkehard Kaufmann und Dieter Werkmüller (Hg.):
Handwörterbuch zur deutschen Rechtsgeschichte. Bd. 5, Berlin 1998, Sp. 114–
118, hier Sp. 115). Zur Talion im Römischen Recht vgl. Herdlitczka, Arnold
Rudolf: Art. Talio, in: Wissowa, Georg (Hg.): Paulys Realencyclopädie der classischen Altertumswissenschaft. 2. Reihe. 8. Halbbd., Stuttgart 1932, Sp. 2069–
2077.

Übel erfolgen soll, das dem selbst erlittenen gleicht, bedeutet bereits eine Formalisierung und Begrenzung vergeltender Handlungen.[595] Die Gleichartigkeit von Verletzung und Reaktion zeigt sich auch für die Schilderung gewaltsamer Interaktionen im Zuge der Eskalation im zweiten Teil des *Nibelungenlieds* immer wieder als strukturierende Vorgabe, die den Gewalthandlungen zugrunde liegt. Dass Hagen die Aggression steigert, indem er zu gewaltsamem Vorgehen gegen geringe Ehrbezeigung aufruft (1858), wird vor dem Hintergrund deutlich, dass in der Mehrzahl der Fälle im *Nibelungenlied* eine Tötung mit einer anderen beantwortet wird.

Vermutlich weil dieses Muster für die Ordnung von Rache und Fehde grundlegend ist, gehört es nicht zu den Reglementierungen, die in den Landfrieden des 11. bis 13. Jahrhunderts eigens eingeführt werden.[596] Die Rechtsregeln der Landfrieden bestimmen in erster Linie, wie eine Fehde

---

595 Vgl. Herdlitzcka, Art. Talio, Sp. 2070; Kaufmann, Art. Talion, Sp. 115; Ebert, Vergeltung, S. 257; Ebert, Spiegelung, S. 406. Neben der gleichartigen Talio werden auch noch andere Formen den talionischen Strafen zugerechnet; zu unterschiedlichen Typen des talionischen Prinzips bei Rache und Fehde sowie im öffentlichen Strafrecht vgl. Schild, Wolfgang: Art. Talio(n), in: Bautier, Robert-Henri u. a. (Hg.): Lexikon des Mittelalters. Bd. 8, München 1997, Sp. 446–447.

596 Bereits die frühmittelalterlichen Rechte sind sehr sparsam mit der Bestimmung von Fehdegründen (vgl. Kaufmann, Art. Fehde, Sp. 1087); der Talionsgedanke begegnet hier selten (insbes. in der *Lex Wisigothorum*) und wird auf Einflüsse des kirchlichen und des römischen Rechts zurückgeführt (vgl. Kaufmann, Art. Talion, Sp. 116). In den Landfrieden wird die Frage der Vergeltung mit Gleichem im Zuge der Selbsthilfe nicht in erster Linie in Bezug auf die Verletzung des Körpers oder die Tötung behandelt – was vermutlich damit erklärbar ist, dass es hier vorrangig um die Einschränkung der Ritterfehde im weiteren Sinne und nicht nur um Blutrache geht –, sondern im Zusammenhang von Streitigkeiten um Besitz. Gernhuber fasst zusammen, dass in solchen Fällen die Landfrieden generell zugunsten des Zweitangreifers entschieden haben (vgl. hierzu und zum Folgenden Gernhuber, Landfriedensbewegung, S. 181–187). Im Hochmittelalter werde bei Delikten, die unter das Zivilrecht fallen, der Zweitangreifer nur in gewissen Maßen bekämpft, denn ein rigoroses Vorgehen gegen ihn würde bedeuten, materiellen Ausgleich zu verhindern und so Unrecht zu begünstigen. Bei strafrechtlich zu verfolgenden Delikten dagegen ändere sich die Einschätzung des Zweitangreifers in dem Maße, wie die Gemeinschaft (auch in Fragen des Besitzes) nicht mehr nur den einzelnen schützt, sondern selbst die Rolle des Verletzten im Falle eines Friedensbruchs übernimmt – für Delikte an Körper und Ehre des anderen habe ich diese Entwicklung zu Beginn des Abschnitts im Kapitel zur Landfriedensgesetzgebung bereits nachgezeichnet. Zur gewissen Akzeptanz der Selbsthilfe in den Landfrieden im Zuge von Streitigkeiten um Besitz vgl. auch Wadle, Elmar: Die Delegitimierung der Fehde durch die mittelalterliche Friedensbewegung, in: Brunner, Horst (Hg.): Der Krieg im Mittelalter und in der Frühen Neuzeit. Gründe, Begründungen, Bilder, Bräuche, Recht, Wiesbaden 1999, S. 73–91, hier S. 86.

abzulaufen hat, wenn über ihren Beginn bereits entschieden ist, d. h. wenn eine Verletzung mit Gegengewalt beantwortet werden wird.[597] Die Fragen, wie eine Rechtsverletzung beschaffen sein muss, um eine Fehde auszulösen, in welchem Verhältnis die Gegengewalt zur vorausgehenden Verletzung stehen sollte oder wie die Angemessenheit einer Reaktion im Zuge einer Fehde zu bestimmen ist, behandeln die Landfrieden nicht.[598] Das Verhältnis von Gewalt und Gegengewalt bestimmen sie nur implizit, indem sie die Fehdehandlungen durch konkrete Regelungen über den Ausschluss einzelner Gewalttaten, wie beispielsweise *pax* und *treuga* oder das Verbot des Schadentrachtens, zu beschränken suchen.[599] Nicht die Verhältnismäßigkeit der Mittel wird hier Regeln unterworfen, sondern die Gewaltanwendung wird insgesamt reduziert durch den Ausschluss von Personen, Zeiten, Orten und bestimmten Handlungen. Eine Ausnahme bildet der *Hennegauer Landfrieden* des Jahres 1200. Er formuliert die Forderung nach Gleichartigkeit von Gewalt und Gegengewalt bei einem Rachegang. Mit der Verpflichtung auf die Formel „mortuum pro mortuo, menbrum pro menbro" soll die Eskalation der Gewalt unter Männern nicht-ritterlichen Standes ausgeschlossen werden.[600]

Die Strafenkataloge zahlreicher Landfrieden folgen jedoch dem Grundsatz, dass Gleichartigkeit zwischen der Verletzung des Friedenszustands und der Sanktion dieses Vergehens bestehen muss.[601] Während das Talionsprinzip in die Regelungen zur Fehdepraxis nicht aufgenommen ist, findet es sich bei der Bemessung der Strafen, die ein Gericht zu verhängen

---

597 Gernhuber spricht vom „technischen Fehderecht" (Landfriedensbewegung, S. 193 f.).

598 Fehn-Claus weist darauf hin, dass in Landfrieden gelegentlich auf das Vorliegen eines Fehdegrundes verwiesen wird; wie dieser beschaffen sein muss, wird in den Rechtstexten aber nicht erläutert (vgl. Fehn-Claus, Janine: Erste Ansätze einer Typologie der Fehdegründe, in: Brunner, Horst (Hg.): Der Krieg im Mittelalter und in der Frühen Neuzeit. Gründe, Begründungen, Bilder, Bräuche, Recht, Wiesbaden 1999, S. 93–138, hier S. 133).

599 Vgl. Gernhuber, Landfriedensbewegung, S. 197 ff., S. 218 ff.

600 Vgl. MGH Const. 2, Nr. 425, S. 566.

601 Im *Landfrieden Friedrichs I.* von 1152 beispielsweise wird demjenigen, der eine Person tötet, die unter dem Landfrieden steht, die Todesstrafe angedroht (Art. 1); wer einen anderen verwundet, dem soll die Hand abgeschlagen werden (Art. 3) (vgl. Weinrich, Quellen, S. 216); so auch im *Rheinfränkischen Landfrieden* von 1179 (Art. 5; vgl. Weinrich, Quellen, S. 292), im *Sächsischen Landfrieden* von 1221 (Art. 5; vgl. Weinrich, Quellen, S. 386) und in der *Treuga Henrici* von 1224 (Art. 5; vgl. Weinrich, Quellen, S. 398).

hat.[602] Auch in anderen Rechten des 13. Jahrhunderts – vor allem des
süddeutschen Raums – wird der Gedanke der Entsprechung von Verletzung und Strafe explizit formuliert.[603] Der *Sachsenspiegel* bemisst den für
ein Vergehen zu zahlenden materiellen Ausgleich differenziert in Abhängigkeit von der erlittenen Verletzung (Ssp. Ldr. II 16 § 5–7),[604] und der
Schwabenspiegel fordert in verschiedenen seiner variantenreichen Fassungen ausdrücklich das Gleichartigkeitsprinzip bei Körperstrafen.[605]

Indem in den Kämpfen am Ende des *Nibelungenlieds* die Gegengewalt
der Gewalt vorausgeht, wird die in der talionischen Logik von Rache und

---

602 In den Formulierungen des Alten Testaments sind beide Aspekte der Talion, die
sich für die Landfrieden unterscheiden lassen, verbunden. Sie können neben der
Bestimmung eines (öffentlichen) Strafmaßes (3. Mos. 24,19–22) auch als Begrenzung der so genannten Privatjustiz (2. Mos. 21,22–25) verstanden werden
(vgl. Schild, Art. Talio(n), Sp. 446).

603 Vgl. Kaufmann, Art. Talion, Sp. 116; sowie His, Strafrecht 1, S. 371–374.

604 Zum Rechtsterminus des Wergelds, der hier angesprochen ist, vgl. ausführlich das
folgende Kapitel „Hort", s. u., S. 283 ff.

605 Vgl. Art. 150 der so genannten Normalform des *Schwabenspiegels* nach der Aus-
gabe von Wackernagel (Das Landrecht des Schwabenspiegels in der ältesten Ge-
stalt. Mit den Abweichungen der gemeinen Texte und den Zusätzen derselben,
hg. v. Wilhelm Wackernagel, Zürich und Frauenfeld 1840, S. 147); so auch
Art. 175 der von Eckhardt herausgegebenen Langform Z (vgl. Schwabenspiegel
Langform Z. Fassung Zü, hg. v. Karl August Eckhardt, Aalen 1974, S. 113),
Art. 171 der Langform E (vgl. Studia iuris Suevici III. Schwabenspiegel Langform
E, hg. v. Karl August Eckhardt und Irmgard Eckhardt, Aalen 1976, S. 172) und
Art. 176a der Langform H (Studia iuris Suevici IV. Schwabenspiegel Langform H,
hg. v. Karl August Eckhardt und Irmgard Eckhardt, Aalen 1979, S. 225). Der so
genannte *Urschwabenspiegel* dagegen gibt für Art. 187 folgenden Text an: „wem
der munt. abgeschnitten wir. oder du ogen us gestochen werdent […] swer du dink
dem andern tuot. dem sol man daz selbe *niht* wider tuot [Hervorhebung T. R.]"
(Studia iuris Suevici I. Urschwabenspiegel, hg. v. Karl August Eckhardt, Aalen
1975, S. 462). Auch wenn damit dem Prinzip der Gleichartigkeit von Strafe und
Vergeltung eine Absage erteilt wird, so wird es schon im folgenden Satz wieder zur
Geltung gebracht: „Swer den andern lemet an handen oder an fuezen. oder an
bainen. oder an armen, dem sol man die hant ab schlahen. lemet er ieman an
baidan. man sol im baide hende ab slahen" (Urschwabenspiegel, S. 462 f.). Das
Talionsprinzip findet sich hier also in Form der analogen Strafe am verletzenden
Körperteil, an der Hand. Die Varianz der Fassungen weist darauf hin, dass der
Grundsatz der Talion zur Zeit des *Schwabenspiegels* umstritten gewesen zu sein
scheint. Zugleich zeigt sich, dass das Prinzip der Gleichartigkeit von Vergehen und
Reaktion noch im Versuch, es zu überwinden, die Rechtsregeln leitet. Zur un-
übersichtlichen Überlieferungssituation des *Schwabenspiegels* vgl. Opitz, Ulrich-
Dieter (Hg.): Deutsche Rechtsbücher des Mittelalters. Bd. 1. Beschreibung der
Rechtsbücher, Köln und Wien 1990, S. 34–42.

Fehde übliche zeitliche Ordnung der Sukzession umgekehrt.[606] Die ursächlich begründende Dimension der Handlungsfolge von Gewalt und Gegengewalt wird jedoch – so der Anspruch der Rhetorik des beschleunigten Rächens – beibehalten. Dass es heißt, der sterbende Dankwart habe den eigenen Tod bereits „vergolten" (2291,4), zeigt an, dass an der Verknüpfung von Verletzung und Rache festgehalten wird. Diese Darstellung irritiert, denn sie impliziert die Einführung eines kausalen Zusammenhangs, für den der Anspruch erhoben wird, von der zeitlichen Abfolge des Geschehens unabhängig zu sein.[607] Die Modifikationen des Mechanismus von Gewalt und Gegengewalt bedeutet die Vertauschung von Positionen auf der Zeitachse. Sie kann verstanden werden als Inszenierung größtmöglicher Beschleunigung des Geschehens.[608] Gegen Ende der Darstellung der gewaltsamen Auseinandersetzungen an Etzels Hof hat die Gegengewalt bereits stattgefunden, bevor es zu einer Gewalthandlung kommen kann, die sie als reaktive Gewalthandlung, als *Gegen*-Gewalt, konstituiert. Im Zuge der andauernden Kämpfe zwischen Burgunden und Hunnen erscheint die zeitliche Sukzession der Handlungen schließlich aufgehoben. Die Folge von Gewalt und Gegengewalt ist derart beschleunigt, dass letztere im zeitlichen Kontinuum der Erzählung an die Stelle der ersten treten kann.

Die Modifikation der zeitlichen Struktur der Rache wird in den Kämpfen zwischen Dietrichs Gefolge und den Burgunden noch ein wei-

---

606 Für einen Überblick über die Besonderheiten der Behandlung von Zeit im zeitgenössischen höfischen Roman vgl. Störmer-Caysa, Uta: Grundstrukturen mittelalterlicher Erzählungen. Raum und Zeit im höfischen Roman, Berlin und New York 2007, S. 76 ff.

607 In der Regel lassen in einer Erzählung die lineare Abfolge von Ereignissen und ihre kausallogische Verknüpfung Rückschlüsse auf die jeweils andere Art der Verkettung von Ereignissen zu; dabei fungiert die Linearität der Erzählung zumeist als Grundlage der kausalen Verkettung (vgl. etwa Barthes, Handlungsfolgen, S. 149). Dass die Bindung von Kausalität an die narrative Sukzession im Mittelalter durchaus gelöst werden konnte, stellt Störmer-Caysa anhand von Schuld, Beichte und Buße im theologischen sowie anhand von Schuld und Strafe im juristischen Zusammenhang dar. Beide Bereiche unterstellen Kausalität und Sukzession; sie kennen aber auch den Gedanken der Wiedergutmachung, der dem zeitlichen Muster der Rückversetzung in einen früheren Zustand folgt (vgl. Störmer-Caysa, Grundstrukturen, S. 101 ff.).

608 Zum Tempo des erzählten Geschehens und zur Beschleunigung in den letzten Aventiuren des *Nibelungenlieds* vgl. auch Müller, Spielregeln, S. 114–116, S. 384–387; sowie ders., Nibelungenlied (2002), S. 63–70.

teres Mal beschrieben.[609] Nun ist es Wolfhart, der sterbend ausspricht, für seinen eigenen Tod bereits Vergeltung geübt zu haben: „Ich hân ouch sô vergolten hier inne mînen lîp" (2303,1). Die zeitliche Ordnung der Rache erweist sich also nicht nur auf der Seite der Burgunden als entstellt. Die Logik der Eskalation ist für beide Seiten in diesem Kampf die gleiche. Auffällig ist zudem, dass die Legitimität des Handelns der Figuren durch keinen Hinweis der Erzählinstanz in Zweifel gezogen wird. Die rächenden Recken sind bis zum Schluss mit den üblichen Epitheta belegt. Der Text hält sich mit Stellungnahmen zur Eskalation zurück. Er führt ihre Mechanismen vor und beschreibt sie. Indem aber die Beschreibung mit Hilfe von Handlungsmustern vorgenommen wird, die der Text bereits etabliert hat – hier anhand des Mechanismus von Gewalt und Gegengewalt –, kann die Verschiebung der Muster in der literarischen Darstellung als Mittel der Kommentierung des Geschilderten wie auch der Handlungsmuster selbst verstanden werden. Mit gesteigerter Beschleunigung der Eskalation lassen sich Gewalt und Gegengewalt nicht mehr in zeitlicher Folge aufeinander beziehen. Auch wenn der Text diese Modifikation ausdrücklich nicht als Veränderung des Zusammenhangs von Ursache und Wirkung beschreibt, so wird durch die sprachliche Darstellung zumindest die Flexibilität des bekannten Musters der Begründung von Gewalt herausgestellt.

Im Zuge der Eskalation von Gewalt anlässlich einer Fehde-ähnlichen Auseinandersetzung thematisiert das *Nibelungenlied* ausführlich das Verhältnis von Gewalt und Gegengewalt. Dass die Ereignisse weitgehend ohne Erzählerkommentare geschildert werden, zeigt an, dass es im *Nibelungenlied* in erster Linie um die schlichte Beschreibung eines Interaktionsmusters geht: Gewalt löst Gegengewalt aus; und durch eine Gewalthandlung verletzt worden zu sein dient den Figuren der nibelungischen Welt dazu, Rachehandlungen zu begründen. Diese Struktur des Austauschs und der Wechselseitigkeit von Gewalt tasten auch die Landfrieden nicht an. Auch wenn sie Fehdegänge beschränken, indem sie ihren Verlauf formalisieren sowie bestimmte Handlungen, Orte, Zeiten und Personen von der

---

609   Bereits zuvor hatte beim Versuch der Burgunden, einen Friedenszustand mit Etzel und Kriemhild herzustellen, Gernot in seiner abschließenden Rede die zeitliche Folge der Ereignisse vertauscht. Mit den Worten „slaht uns ellenden und lât uns zuo z'iu gân / hin nider an die wîte: daz ist iu êre getân" (2096,3–4) fordert er das hunnische Herrscherpaar auf, als er feststellt, dass eine Beilegung des Konflikts nicht möglich ist. Hier drückt die Vertauschung der zeitlichen Abfolge die Bitte um eine Beschleunigung der Ereignisse und um ein Ende der Gewalthandlungen aus. Vgl. auch den Kommentar von Bartsch/de Boor, der die Stelle allerdings psychologisierend als Ausdruck einer Todessehnsucht der Figur deutet.

Fehde ausschließen, modifizieren sie nicht die talionische Logik als solche, der Fehdehandlungen folgen. Im Gegenteil machen sie sich diese selbst zu eigen, indem sie Gleichartigkeit und Äquivalenz der Bestimmungen des Strafmaßes beim Verstoß gegen einen Friedenzustand zugrunde legen. Die Bedeutung der Mechanik von Gewalt und Gegengewalt, die auch der Ordnung der Gewalt in zeitgenössischen juristischen Texten eigen ist, wird im *Nibelungenlied* hervorgehoben. Der literarische Text wiederholt jedoch nicht einfach das Handlungsmuster, sondern er verschiebt dessen zeitliche Struktur. Mit dieser Modifikation weist der Text auf die Verknüpfung von Gewalt und Gegengewalt hin. Die Veränderung des Zeitverhältnisses von Gewalt und Gegengewalt in den Kämpfen am Ende des *Nibelungenlieds* macht den talionischen Mechanismus als grundlegendes Interaktionsmuster der nibelungischen Welt präsent. Nimmt man die Formulierungen beim Wort, die die zeitliche Folge von Gewalt und Rache vertauschen, so wird die Funktion der Gewalt, Gegengewalt zu legitimieren, damit allerdings nicht in Frage gestellt.

Hort. Vergeltung mit Gleichem und materieller Ausgleich

Die Verletzung, die Kriemhild durch und nach Siegfrieds Tod erleidet, besteht nicht nur im Verlust des Geliebten und Ehemanns, sondern auch darin, dass die Burgunden ihr in Aventiure 19 den Schatz der Nibelungen nehmen (1132–1137). Als unmittelbare Reaktion auf den Entzug des Schatzes zeigen Trauergesten, dass Kriemhilds Leid dadurch erneuert wird: „iteniuwez weinen tet dô Sîfrides wîp" (1133,4). Zudem führt eine resümierende Strophe kurz vor Ende der Aventiure den Verlust von Ehemann und Hort zusammen und unterstreicht die Aktualisierung des Schmerzes durch den Hortraub:

> Mit iteniuwen leiden beswæret was ir muot,
> umb ir mannes ende, unt dô si ir daz guot
> alsô gar genâmen. dô gestuont ir klage
> des lîbes nimmer mêre unz an ir jungesten tage. (1141)

Auch aus rechtshistorischer Perspektive gehören Ehemann und Nibelungenschatz zusammen. Dem Hort kommt die rechtliche Funktion der Morgengabe zu (1116,4; 1118,3–4), d. h. eines Besitzes, der der Ehefrau vom Gatten übergeben wird und über den sie oftmals erst nach seinem Tod verfügen kann.[610] Als Gabe des Ehemanns zur Versorgung der Frau nach seinem Tod verweist die Morgengabe schon in rechtlichen Regelungen metonymisch auf den Gatten. In der Darstellung des *Nibelungenlieds* werden die Verknüpfung und der Verweisungszusammenhang von Morgengabe und Siegfried-Figur gesteigert, indem Kriemhild der Hort nicht nur nach dem Tod ihres Mannes zur Verfügung gestellt wird, sondern indem er ihr darüber hinaus wieder genommen wird wie zuvor der Ehemann. Der Hortraub figuriert als Wiederholung des Mordes an Siegfried. Im Verlauf von Kriemhilds Rachestreben am Hofe Etzels erscheint der Entzug des Nibelungenschatzes infolgedessen als Teil des Leides, das die Burgunden ihr zugefügt haben und für das sie Genugtuung verlangt. In welcher Form ihr für das Leid ein Ausgleich gewährt werden soll, wird im Folgenden rekonstruiert.

Bereits in Kriemhilds Trauerphase zwischen Siegfrieds Tod und der Heirat mit Etzel werden Möglichkeiten des „ergetzen", der Entschädigung, für das Kriemhild zugefügte Leid durchgespielt:[611] Giselher versucht Kriemhild durch seine Präsenz (1080,2–3) und durch materielle Unterstützung zu entschädigen (1079,2) und auch die Wiederverheiratung der Schwester wird von den Burgunden unter dem Gesichtspunkt des „ergetzen" thematisiert (1244,1). Dass der Hort Kriemhild, kurz nachdem sie ihn erhalten hat, von den Burgunden wieder genommen wird, könnte darauf hindeuten, dass eine materielle Kompensation für Siegfrieds Tod in hohem Maße konfliktreich, wenn nicht gar zum Scheitern verurteilt ist.[612]

---

610 Vgl. Mayer-Maly, Theo: Art. Morgengabe, in: Erler, Adalbert und Ekkehard Kaufmann (Hg.): Handwörterbuch zur deutschen Rechtsgeschichte. Bd. 3, Berlin 1984, Sp. 678–683. Ruth Schmidt-Wiegand betont, dass der Schatz Kriemhild als Morgengabe legitimerweise zusteht und dass die Hortforderung zudem nicht als Überrest einer älteren Überlieferungstradition anzusehen ist, sondern als zeitgenössisches rechtliches Motiv (vgl. Kriemhilds Rache, S. 377).

611 Das hat Jan-Dirk Müller dargestellt; vgl. Müller, Spielregeln, S. 368–375, insbes. S. 372 ff.

612 Nach Müller ist damit der Punkt der Erzählung erreicht, an dem die Bemühungen um materiellen Ausgleich durch Rache ersetzt werden (vgl. Müller, Spielregeln, S. 369). Er bezieht das Scheitern der Bemühungen um Kompensation zudem auf die emotionale Dimension des Textes und deutet sie als Hinweis auf die Unmöglichkeit, für Siegfried Ersatz zu schaffen: Es werde die Auffassung in Frage gestellt, dass der Verlust eines Geliebten, eines „Menschen", in der verrechenbaren Logik des Schadensersatzes aufgehe (vgl. Müller, Spielregeln, S. 374). Dass diese Form des Ersatzes am Schluss des Textes erneut thematisiert wird, deutet, wie ich im Folgenden zeigen werde, darauf hin, dass sie weiterhin als Möglichkeit der Herstellung von Recht in Betracht kommt.

Auch wenn im weiteren Verlauf der Handlung alle Bemühungen um eine
Beendigung des Konflikts fehlschlagen – wie sich anhand des Scheiterns
der *suone* und der Eskalation der Gewalt bereits gezeigt hat[613] –, ist doch
bemerkenswert, dass die Frage der Kompensation von Kriemhilds Leid in
der spezifischen Form eines materiellen Ausgleichs mehrfach thematisiert
wird und zudem selbst in der Schlussszene zur Sprache kommt. Es stellt sich
daher die Frage, ob es im *Nibelungenlied* darum geht, das Scheitern des
Ausgleichs immer wieder vorzuführen und in seiner Unausweichlichkeit zu
zeigen oder ob der wiederholten Thematisierung dieser Form der Konfliktbeilegung noch weitere Bedeutungsdimensionen abgewonnen werden
können.

Bei der ersten Begegnung von Kriemhild und Hagen in Etzelburg
verweigert Kriemhild ihm den Gruß und fragt stattdessen, als er die Un-
gleichbehandlung der Gäste kommentiert (1738), was er ihr denn mitgebracht habe, wofür sie ihn willkommen heißen könne (1739,3 – 4). Sie
expliziert darauf, dass es ihr um den „hort der Nibelunge" (1741,2) geht.
Zweimal betont Kriemhild, dass er ihr „eigen" sei (1741,3; 1743,3), und
setzt hinzu, dass sein Verlust ihr eine leidvolle Zeit beschere: „des hân ich
alle zîte vil manigen trûrigen tac" (1743,4). Hagen jedoch lehnt die
Herausgabe des Hortes zweifach ab: Seine Herren hätten ihn im Rhein
versenken lassen und dort habe er zu verbleiben; außerdem habe er, Hagen,
bereits an Rüstung und Waffen schwer genug zu tragen (1742; 1744).
Zwischen beiden Kontrahenten ist das Thema damit zunächst erledigt, und
es wird erst am Ende der folgenden Gewalteskalation wieder aufgegriffen.

Am Schluss des Textes – als die Gewalthandlungen durch weitgehende
Vernichtung der Akteure sowie durch die Gefangennahme Gunthers und
Hagens zum Halten gekommen sind – wird die Rückgabe des Hortes
erneut thematisiert (2367 – 2372). Hier scheint es so, als eröffne der Ni-
belungen-Hort im Moment höchst umfangreicher Zerstörung noch einmal
die Möglichkeit des Ausgleichs zwischen Kriemhild und Hagen. Kriemhild
offeriert, Hagen unbehelligt ins Land der Burgunden zu entlassen, wenn er
ihr zurückgebe, was er ihr genommen hat:

> ,welt ir mir geben widere, daz ir mir habt genomen,
> sô muget ir noch wol lebende heim zen Burgonden komen.' (2367,3 – 4)

Im Kontext der ausführlich geschilderten Gewalteskalation, in deren
Verlauf Kriemhild wiederholt den Kopf Hagens gefordert hat und in der

---

613 Vgl. die Kapitel zur „Formalisierung und Einschränkung der Fehdeführung im
  Nibelungenlied" und zur „Eskalation"; s. o., S. 209 ff. und S. 260 ff.

sie ohne Zögern und ohne Kompromisse die Rache an Hagen zu verfolgen scheint, überrascht dieses Angebot.[614] Was aber besagt es genau? Ist Kriemhild tatsächlich bereit, Hagen für eine angemessene Gegengabe das Leben zu lassen? Und wie muss diese beschaffen sein? Meint die Formulierung, was Hagen Kriemhild genommen hat, das Leben Siegfrieds? Demonstriert Kriemhild also, indem sie es zurück fordert, lediglich, dass Hagens Vergehen unmöglich durch einen materiellen Ausgleich zwischen dem Täter und der verletzten Partei aus der Welt geschafft werden kann?[615] Oder ist die Formulierung wörtlich zu nehmen und allein auf den Entzug des Schatzes zu beziehen? Sieht Kriemhild hier also von Siegfrieds Tod ab und bietet Hagen freien Abzug für die Rückerstattung ihrer Morgengabe an? Auf der Ebene der Handlungslogik erscheint dies unwahrscheinlich in Anbetracht der Mittel, die Kriemhild für die Rache an Hagen bis zu diesem Punkt der Erzählung mobilisiert hat. Schließlich kann der Satz, angesichts der engen Verknüpfung von Gattenmord und Hortraub – wie dargelegt, fungieren sie beide als Signifikanten von Kriemhilds Leid –, auch auf beide Verletzungen zugleich bezogen werden.[616] Damit ergibt sich aus

---

614 Dass diese Aufforderung einen plötzlichen Wechsel der Zielrichtung von Kriemhilds Handeln bedeutet, das bis zu diesem Punkt auf die Rache an Hagen fokussiert zu sein scheint, hat die Forschung wiederholt beschäftigt. Den „Bruch", den diese Stelle in der Konsequenz von Kriemhilds Handeln darstellt, benennt Kuhn; er versucht ihn als Rückgriff auf eine ältere Sagentradition zu erklären (vgl. Kuhn, Hans: Kriemhilds Hort und Rache, in: Festschrift für Paul Kluckhohn und Hermann Schneider zum 60. Geburtstag, hg. v. ihren Tübinger Schülern, Tübingen 1948, S. 84–100, hier S. 87 f.; ähnlich auch Eis, Gerhard: Die Hortforderung, in: Germanisch-Romanische Monatsschrift 7 (1957), H. 3, S. 209–223, hier S. 219; nach den Motiven Kriemhilds fragt zudem Fehr, Recht, S. 117). Selbst Heinzle lässt sich in seinen Überlegungen von Fragen nach der Motivation der Figur leiten und betont, dass das Geschehen unlogisch sei: Sollte Kriemhild am Ziel ihrer Rache tatsächlich bereit sein, Hagen für den Hort gehen zu lassen? (vgl. Heinzle, Gnade, S. 259) Mir geht es nicht darum, das Geschehen auf der Ebene der Figurenmotivation als konsequent darzustellen, sondern ich frage nach Bedeutungsdimensionen, die über die Intentionen der Figur hinausgehen.

615 In diesem Sinne versteht Schröder die Stelle: „Nicht das ihr geraubte Gold, sondern den ermordeten Siegfried fordert sie zurück, nicht etwas theoretisch Mögliches, sondern etwas absolut Unmögliches" (Schröder, Werner: Nibelungenlied-Studien, Stuttgart 1968, S. 173). Ähnlich interpretiert auch Müller, Spielregeln, S. 374.

616 In diesem Sinne hat Beyschlag argumentiert. Er schätzt Kriemhilds Forderung handlungslogisch insofern als konsequent ein, dass die Rückgabe des Hortes eine Wiedergutmachung der Verletzung, die sie durch den Tod Siegfrieds erlitten hat, auf der Ebene der Macht, die ihr zukommt, bedeuten würde (vgl. Beyschlag, Siegfried: Das Motiv der Macht bei Siegfrieds Tod (1952), in: Hauck, Karl (Hg.): Zur germanisch-deutschen Heldensage. Sechzehn Aufsätze zum neuen For-

Kriemhilds Angebot die Frage, wie eine Wiedergutmachung der Verletzung, die ihr nicht nur aus dem Raub der Morgengabe, sondern zudem durch die Ermordung Siegfrieds zugefügt wurde, aussehen könnte. Als der Täter schließlich in der Gewalt der Rächerin ist, wird hier noch einmal die Frage gestellt, wie eine Sühne für das mehrfache Leid, das Kriemhild zugefügt worden ist, denn beschaffen sein könnte.

Hagen reduziert die Komplexität von Kriemhilds Äußerung. Er bezieht sich mit seiner Replik allein auf Kriemhilds zweite Verletzung und bringt den Hort ins Spiel (2368,3). Seine Rede konkretisiert damit die Möglichkeit eines Ausgleichs, die in Kriemhilds Bedingung für die unbehelligte Heimkehr Hagens nur implizit angesprochen worden ist. Indem Hagen den Ausgleich benennt, verweigert er ihn jedoch:

> […] ‚diu rede ist gar verlorn,
> vil edeliu küneginne. jâ hân ich des gesworn,
> daz ich den hort iht zeige, die wîle daz si leben
> deheiner mîner herren, sô sol ich in niemene geben.‘ (2368)

Selbst als Kriemhild Gunther umbringen lässt, damit Hagen das Geheimnis enthüllt, weigert dieser sich weiterhin, den Ort zu nennen, an dem der Schatz zu finden ist:

> ‚den schaz den weiz nu niemen wan got unde mîn:
> der sol dich, vâlandinne, immer wol verholn sîn.‘ (2371,3–4)

Aus Hagens Perspektive stellt Gunthers Tod sicher, dass Kriemhild den Schatz nicht durch die Information eines anderen zurückerhalten kann.[617] In der Handlungskonstellation, die durch Hagens Verhalten entstanden ist, wird Kriemhild als grausame weibliche Figur vorgeführt, die den Mord an ihrem letzten noch lebenden Bruder aus Streben nach materiellem Besitz befiehlt. Den Hort zu thematisieren liefert jedoch auch Kriemhild strategische Vorteile bei der öffentlichen Darstellung ihres Handelns.[618] Sie

---

schungsstand, Darmstadt 1961, S. 195–213, hier S. 206). Um das handlungslogische Problem zu lösen, unterstellt Beyschlag die Entsprechung von Morgengabe und Siegfrieds Leben in Bezug auf das Machtpotential, das sie für Kriemhild bedeuten. Wie sich im Folgenden zeigen wird, verweist meiner Ansicht nach an dieser Stelle die handlungslogische Inkohärenz des Textes erst auf die Frage, ob die von Beyschlag vorausgesetzte Gleichwertigkeit überhaupt besteht.

617 Zu weiteren denkbaren Motiven der einzelnen Figuren vgl. Schröder, Nibelungenlied-Studien, S. 173 ff.

618 Auch wenn Haymes plausibel herausgearbeitet hat, dass im zweiten Teil des *Nibelungenlieds* generell – und so auch in der Schlussszene – Hagen die Hauptfigur des Geschehens ist, führt der Text durchaus auch Kriemhilds Handeln aus und gibt

kann gegenüber Hagen den Standpunkt vertreten, dass er keine Wiedergutmachungsleistung erbracht habe. Mit den Worten „so habt ir übele geltes mich gewert" (2372,1) leitet sie das Ende der Kommunikation ein. Mit dieser Antwort auf Hagens Weigerung, den Hort herauszugeben, ist die Zahlung, die er ihr zu leisten habe, angesprochen. Der Begriff „gelt" wird hier im Sinne eines Schuldanspruchs verwendet.[619] Im Kontext der engen Verbindung von materieller Schuld (Hortraub) und Blutschuld (Mord an Siegfried) ist damit der Rechtsterminus des Wergelds (*wergelt*), der Geldzahlung für die Tötung eines Mannes (*vir*) angespielt.[620] Zusätzlich zur semantischen Dimension wird der Begriff an dieser Stelle auch morphologisch und lautlich alludiert: „*geltes* mich ge*wer*t [Hervorhebung T. R.]".

Das Wergeld ist ein rechtshistorisch altes Instrument, um durch den Ausgleich eines Schadens zwischen zwei Konfliktparteien eine Sühne zu erreichen; diese Art der Herstellung von Recht kann auch bei schweren Vergehen, etwa bei einem Tötungsdelikt, angewandt werden.[621] Wie andere Formen der Buße stellt das Wergeld eine Mischung aus Strafe, die an die öffentliche Gewalt zu entrichten ist, und Ersatzleistung an die verletzte Partei dar.[622] Nicht in das Sühneverfahren selbst, durchaus jedoch in sein

---

Hinweise auf mögliche Ziele ihres Handelns (vgl. Haymes, Edward R.: A Rhetorical Reading of the „Hortforderungsszene" in the Nibelungenlied, in: Wunderlich, Werner und Ulrich Müller (Hg.): „Waz sider da geschah". American-German Studies on the Nibelungenlied. Text and Reception, Göppingen 1992, S. 81–88).

619 Vgl. Lexer I, Sp. 826.

620 Vgl. BMZ I, S. 523 f.; Schild, Wolfgang: Art. Wergeld, in: Erler, Adalbert, Ekkehard Kaufmann und Dieter Werkmüller (Hg.): Handwörterbuch zur deutschen Rechtsgeschichte. Bd. 5, Berlin 1998, Sp. 1268–1271; sowie His, Strafrecht 1, S. 586–608.

621 Vgl. Kaufmann, Art. Sühne, Sp. 72–76. Die so genannten Totschlagsühnen haben sich als außergerichtliche Beilegung eines Kriminaldelikts bis in die Neuzeit erhalten (vgl. Kaufmann, Art. Sühne, Sp. 74).

622 Vgl. Kaufmann, Ekkehard: Art. Buße, in: Erler, Adalbert und Ekkehard Kaufmann (Hg.): Handwörterbuch zur deutschen Rechtsgeschichte. Bd. 1, Berlin 1971, Sp. 575–577, hier Sp. 575; sowie Scherner, Karl Otto: Art. Kompositionensystem, in: Erler, Adalbert und Ekkehard Kaufmann (Hg.): Handwörterbuch zur deutschen Rechtsgeschichte. Bd. 2, Berlin 1978, Sp. 995–997, hier Sp. 995. Schumann fasst die unterschiedlichen Funktionen einer Buße zusammen (vgl. Schumann, Eva: Art. Buße, in: Cordes, Albrecht, Heiner Lück, Dieter Werkmüller und Ruth Schmidt-Wiegand (Hg.): Handwörterbuch zur deutschen Rechtsgeschichte. Bd. 1, 2., völlig überarbeitete und erweiterte Auflage, Berlin 2008,

Ergebnis können auch weibliche Angehörige eines Personenverbandes einbezogen werden: Auch sie erhalten einen Anteil der gezahlten Leistungen.[623] Im Zuge der Herausbildung einer öffentlichen Strafgewalt werden die Sühneverfahren allmählich zurückgedrängt. Ein Indiz dafür ist, dass, nach His, der Begriff des Wergelds seit dem frühen 12. Jahrhundert aus den süddeutschen Rechtstexten verschwindet.[624] In den Landfrieden zeigt sich die Tendenz, Tötungsdelikte mit peinlichen Strafen zu ahnden. Jedoch werden auch hier noch vereinzelt Bußgeldzahlungen angedroht, etwa für einen nicht näher spezifizierten Bruch des Landfriedens oder auch für Kriegsfahrt und Fehde.[625] Der *Sachsenspiegel* nennt die Möglichkeit der Wergeld-Zahlung für die Tötung aus Notwehr und für die so genannten Ungefährwerke, die absichtslosen Vergehen.[626]

Auch im zweiten Teil des *Nibelungenlieds* ist mehrfach die Möglichkeit der Bußzahlung für eine Verletzung, insbesondere für eine Tötung, angesprochen. So berichtet beispielsweise Hagen seinem Verfolger Gelpfrat, an der Donau den Fährmann erschlagen zu haben, und überlässt es dem Gegenüber, die Beschaffenheit der Sühne für diese Tat zu bestimmen („daz bringe ich iu suone, swie iuch dunket guot" (1606,3)).[627] In der Saal-

---

Sp. 789–795, hier Sp. 791); sie betont die Funktion des Ausgleichs (vgl. Schumann, Art. Buße, Sp. 789).

623 Vgl. His, Strafrecht 1, S. 304. Nach His erhielt die Witwe „später" – weiter präzisiert er den Zeitpunkt nicht – auch den gesamten Betrag. In Douai und Doornyk (Tournai) schließen Frauen im 13. Jahrhundert Sühnverträge ab; in anderen Regionen sei dies ab dem 14. Jahrhundert nachweisbar (vgl. His, Strafrecht 1, S. 304 f.).

624 Vgl. His, Strafrecht 1, S. 592.

625 Bußen für den nicht näher bestimmten Bruch des Friedens droht der *Ronkalische Landfrieden* von 1158 an (Art. 3; vgl. Weinrich, Quellen, S. 250). Bußzahlungen bei Kriegsfahrt und bei Fehde werden vom *Sächsischen Landfrieden* (Art. 17) und vom *Mainzer Reichslandfrieden* von 1235 (Art. 2, bei Angriffen auf Kirchengüter) verhängt (vgl. Weinrich, Quellen, S. 388, S. 464). Zudem wird vom *Mainzer Reichslandfrieden* (Art. 5) eine Buße angedroht, wenn nicht der Verletzte selbst, sondern ein Freund an seiner Stelle Rache nimmt (vgl. Weinrich, Quellen, S. 468). Mehrere Landfrieden drohen Bußen an für Körperverletzungen ohne Blutvergießen: etwa der *Landfrieden Friedrichs I.* von 1152 (Art. 4), der *Sächsische Landfrieden* von 1221 (Art. 5) oder die *Treuga Henrici* von 1224 (Art. 5) (vgl. Weinrich, Quellen, S. 216, S. 386, S. 398). Zu den vereinzelten Bußenstrafen in den Landfrieden vgl. auch Gernhuber, Landfriedensbewegung, S. 251 ff.

626 Vgl. Ssp. Ldr. II 14 § 1 und II 38; sowie His, Strafrecht 1, S. 592. Ssp. Ldr. III 45 erläutert die Höhe des Wergelds differenziert nach Stand und Geschlecht. Ssp. Ldr. II 16 § 5 ff. nennt die Teilsummen des Wergelds, die bei unterschiedlich schweren Körperverletzungen fällig werden.

627 Vgl. Zacharias, Blutrache, S. 187.

schlacht bietet Gunther Dietrich Sühne und Bußzahlung für etwaige
Verletzungen an, die er durch Gunthers Gefolge erlitten haben mag
(„buoze unde suone der bin ich iu bereit. / swaz iu iemen tæte, daz wær' mir
inneclîchen leit" (1991,3–4)). Bei der Unterredung der Burgunden mit
Etzel und Kriemhild nach der Saalschlacht bringt Gunther erneut die
Möglichkeit einer friedlichen Beilegung des Konflikts auf (2094,2–4).
Etzel lehnt den Ausgleich mit der Begründung ab, das von beiden Seiten
erlittene Leid sei zu unterschiedlich:

> […] ‚mîn und iuwer leit
> diu sint vil ungelîche. diu michel arbeit
> des schaden zuo den schanden, die ich hie hân genomen,
> des sol iuwer deheiner nimmer lebende hinnen komen.‘ (2095)

Etzel schätzt das Leid, das die Burgunden ihm zugefügt haben, so groß ein,
dass eine gewaltlose Beilegung des Konflikts nicht möglich werden kann.
Auch wenn er die Unvergleichbarkeit des eigenen Leides behauptet, nimmt
seine Rede einen Vergleich der Verletzungen vor („vil ungelîche" (2095,2)).
Er kontrastiert den Schaden, der beiden Konfliktparteien im Verlauf des
Geschehens widerfahren ist.[628] Damit wird zwar die Gewalt letztlich nicht
angehalten, Gewalthandlungen folgen an dieser Stelle aber auch nicht
zwangsläufig und alternativlos aufeinander. In der Folge von Verletzung
und gewaltsamer Reaktion tut sich eine Lücke auf, die auf die Möglichkeit
eines anderen Handlungsverlaufs hinweist.[629] Voraussetzung für ein Abweichen vom Automatismus der Rache ist, so legt die Passage nahe, der
Vergleich der Verletzungen beider Konfliktparteien. Etzels Äußerung basiert auf der Prämisse, dass ein Ausgleich nur bei gleichwertiger Verletzung
beider Kontrahenten denkbar ist. Nur in dem Fall wird es möglich werden,
die Verletzung mit einem anderen Maß zu messen als mit dem Tod von
Angehörigen des gegnerischen Verbandes.

Am Schluss des Textes, unmittelbar vor dem Vollzug der Rache, werden
Kriemhild zweimal Formulierungen in den Mund gelegt, die den Gedanken des materiellen Ausgleichs für Siegfrieds Tod anklingen lassen. In
2367,3 („welt ir mir geben widere, daz ir mir habt genomen") erlaubt die

---

628 Bereits als Gunther den Vorschlag macht, eine Sühne einzugehen, behauptet er,
   dass die Burgunden mit ihrem Handeln das Vorgehen der Hunnen nicht verdienen
   würden (2094,4). Schon hier findet sich der Vergleich von Handlung und Reaktion.
629 Für einen Überblick über Stationen der Erzählung, die einen anderen Handlungsverlauf möglich erscheinen lassen, vgl. Jönsson, Verspielte Alternativen. Auf
   die besprochene Textpassage geht sie allerdings nicht ein.

unklare Referenz ihrer Worte, eine Verbindung zwischen dem Tod des Ehemanns und dem materiellen Ausgleich herzustellen und die Forderung nach einer Rück- oder Gegen-Gabe nicht allein auf die Entwendung des Horts zu beziehen. Hagens Replik konkretisiert und negiert darauf den Gedanken des Ausgleichs für Siegfrieds Tod (2368,3). Die vorherige Einführung des Hort-Motivs sowie die Darstellung des Nibelungen-schatzes als Morgengabe und damit als Figuration Siegfrieds machen es möglich, den Gedanken des Ausgleichs für Siegfrieds Tod in den Gang der Handlung einzuführen.[630] Kurz darauf zeigt sich jedoch, dass Kriemhild wiederum mit Hilfe einer gezielten Ungenauigkeit der Rede die Situation so darstellen kann, dass der Ausgleich zwar angeboten wurde, der Verlet-zende aber die Gelegenheit dazu wissend und absichtlich hat verstreichen lassen: „so habt ir übele geltes mich gewert" (2372,1). Nachdem der Ausgleich mit dem Nibelungenhort, der zugleich als figurativer Stellver-treter Siegfrieds fungiert, fehlgeschlagen ist, stützt sich Kriemhild auf ein weiteres Zeichen seiner abwesenden Anwesenheit, auf seine Waffe. Ihre Rede wird fortgesetzt mit den Worten:

> ‚sô wil ich doch behalten daz Sîfrides swert.
> daz truoc mîn holder vriedel, dô ich in jungest sach,
> an dem mir herzeleide von iuwern schulden geschach.' (2372,2–4)

Um Genugtuung zu erhalten, bleibe ihr nur noch, mit dem Schwert Siegfrieds, das Hagen trägt, die Rache für das vergossene Blut zu vollzie-hen.[631]

Gewalthandlungen folgen im zweiten Teil des *Nibelungenlieds* über-wiegend – das hat das vorausgehende Kapitel gezeigt – dem Prinzip der Gleichartigkeit von Verletzung und Rache. Ihnen geht es um die Reaktion mit Gleichem, d. h. darum, dem Täter die Verletzung selbst beizubringen, die er einem anderen zugefügt hat. Idealtypisch drückt das alttestamen-tarische ‚Auge um Auge, Zahn um Zahn' das talionische Prinzip der

---

630 In dieser Funktion scheint mir eine wichtige Begründung für die Einführung des Hort-Motivs zu liegen. Denn für die Darstellung der Motivation der Figuren ist es – worauf Salmon hingewiesen hat – überflüssig. Sämtliche Handlungen Kriemhilds ließen sich auch mit ihrem Streben nach Rache für Siegfrieds Tod erklären (vgl. Salmon, Paul B.: Why does Hagen die?, in: German Life and Letters 17 (1963/64), S. 3–13, hier S. 8).

631 His erwähnt eine Form der Sühne, wonach dem Vertreter der *toten Hand* ein Schwert überreicht wurde, um die Anerkennung des Rache- und Hinrichtungs-rechts anzuzeigen. Vgl. His, Strafrecht 1, S. 323. Kriemhild nimmt Hagen das Schwert selbst ab und verzichtet nicht auf die Rache, sondern vollzieht sie.

Gleichheit von Tateffekten aus.[632] Grundsätzlich gilt dieses Prinzip für sämtliche Gewalthandlungen, die im zweiten Teil des Textes erzählt werden. Differenzen zwischen Kriemhilds Rache und den Rachehandlungen im Zuge der Kämpfe im zweiten Teil des *Nibelungenlieds* sind das Geschlecht der Rächerin und der unterschiedlich ausgedehnte Zeitraum, der zwischen Verletzung und Rache liegt. Während in den Kampfhandlungen die Folge von Gewalt und Gegengewalt bis zur Umkehrung des Zeitverhältnisses beschleunigt wird, ist Kriemhilds Rache stark ausgedehnt – und kann im Zuge dessen unter anderem um den Gedanken des materiellen Ausgleichs ergänzt werden. Hinsichtlich der erzählten Zeit sind beide Darstellungen des talionischen Prinzips komplementär aufeinander bezogen. Der Unterschied rührt von geschlechterspezifischen Differenzen her. Die geschlechterspezifisch ungewöhnliche Besetzung der Racheerzählung – mit einer weiblichen Figur als derjenigen, die einen Rechtsanspruch durchzusetzen versucht – wird genutzt, um diesen Vorgang ausführlich darzustellen. Das ist in der nibelungischen Welt handlungslogisch plausibel, denn physische Stärke als zentrales Kriterium geschlechterspezifischer Differenz macht für Kriemhild einen schnellen Rachevollzug unmöglich. Zu den körperlichen Unterschieden der Geschlechter, die für eine lange Dauer der Erzählung von Kriemhilds Rache sorgen, treten machtspezifische hinzu.

Gemeinsam ist den Gewalttaten im zweiten Teil des *Nibelungenlieds*, dass sie nicht zu Körperverletzungen führen, sondern zum Tod von Figuren. Der Gedanke der Talion zeigt sich nicht im Verlust von Gliedmaßen, sondern anhand von Tötungshandlungen. Die Verletzung besteht in der Regel im Tod eines Kriegers der eigenen Partei, der mit einem toten Krieger der Gegner beantwortet wird. Auch Kriemhilds Streben nach Rache ist an dieser Form des Talionsprinzips orientiert, d. h. es richtet sich gegen einen Gewalttäter und hat zum Ziel, ihm eine Tat zuzufügen, die in Bezug auf den Taterfolg derjenigen entspricht, die er selbst verübt hat. Daraus aber, dass es sich bei den Gewalthandlungen im *Nibelungenlied* in der Regel nicht um Körperverletzungen handelt, sondern um den Tod von Figuren, ergibt sich eine Verschiebung der idealtypischen Symmetrie des talionischen Prinzips.[633] Im Falle der Tötung kann die Forderung nach der

---

632 Vgl. Ebert, Vergeltung, S. 249.
633 Ebert weist darauf hin, dass es problematisch ist, das talionische Prinzip anzuwenden, wenn das Opfer nicht ein einzelner ist, sondern die Allgemeinheit (vgl. Ebert, Vergeltung, S. 254). Für frühe Rechtsformen hat dieses Problem vermutlich nicht bestanden, denn Recht wurde nicht personen-, sondern gruppenbezogen

Gleichheit der Verletzungen nicht strikt eingehalten werden, sondern sie ist zwangsläufig zu erweitern.[634] Recht kann hier nicht der Geschädigte selbst suchen, sondern Angehörige seines Personenverbandes tun dies. Durch die tödliche Verletzung einer einzelnen Figur sind andere betroffen, zu denen der Getötete in mehr oder weniger enger Beziehung gestanden hat. Im Falle des Ausgleichs für eine Tötung ist damit nicht nur der Tateffekt von Bedeutung, sondern auch die Relation, die zwischen der verletzten Partei und dem Getöteten besteht oder bestanden hat. Auch wenn es möglich ist, Tötung mit dem Tod des Erstverletzenden zu beantworten, bleibt die vollständige Übereinstimmung von Vergehen und gewaltsamer Reaktion fraglich, denn die Tateffekte werden nicht auf den einzelnen bezogen, sondern auf eine soziale Gruppe. Bei der Anwendung des talionischen Prinzips auf eine Tötungshandlung tritt daher der Kontext hervor, in dem die Gewalthandlung steht.[635] Dass diese strukturelle Besonderheit der Talion bei einem Tötungsdelikt nicht latent bleibt, sondern dass – auch wenn das Problem nicht ausdrücklich thematisiert wird – in zeitgenössischen normativen Rechtstexten verschiedentlich die Umstände einer Tat angesprochen werden, zeigen die Ergänzungen des Prinzips der Erfolgshaftung, um die es im nächsten Kapitel gehen wird.[636]

Im *Nibelungenlied* wird die spezifische Verschiebung des talionischen Prinzips als Folge der Tötung einer Figur bereits bei Siegfrieds Tod

---

     hergestellt (vgl. Ebert, Spiegelung, S. 405 f.). Dass in der nibelungischen Welt die Verletzung der einzelnen Figur für die Einschätzung des Geschehens durchaus bedeutsam ist, wird sich im folgenden Abschnitt zu den „Schuldzuweisungen" zeigen.

634 Da das Prinzip des talionischen Strafens in der Geschichte auf sehr unterschiedliche Delikte angewandt worden ist, werden rechtshistorisch verschiendene Typen der Talion differenziert. Schild nennt neben der unmittelbaren und auf den äußeren Schaden bezogenen Talion, der so genannten *talio identica*, drei Formen unechter oder analoger Talion: erstens die Talion für falsche Anschuldigung und zweitens die symbolische oder ideelle Talion, die das Vergehen nur in einem bestimmten Merkmal widerspiegeln sollte. Drittens rechnet Schild dazu auch die „geistige (oder wertmäßige, ideelle) Talion", für die der Gedanke der Gleichwertigkeit von Tat und Sanktion zentral ist (vgl. Schild, Art. Talio(n), S. 446 f.). Ebert unterscheidet zwischen einem Talionsprinzip, für das die Gleich*artigkeit* von Verletzung und Widerverletzung bezeichnend ist, und einem Vergeltungsprinzip, für das die Gleich*wertigkeit* der Schwere einer Tat und der Strafe gilt (vgl. Ebert, Spiegelung, S. 414; sowie ders., Vergeltung, S. 255). Reaktionen auf ein Vergehen nach dem Prinzip der Gleichwertigkeit rechnet er nicht zu den talionischen Strafen.

635 Vgl. Ebert, Vergeltung, S. 253 f.

636 S. u., S. 320 ff. Um Ergänzungen der Erfolgshaftung ging es zudem bereits im Kapitel „Siegfrieds Mörder" (s. o., S. 224 ff.).

deutlich. Dass die Ermordung des Xanteners mit einer Verletzung seiner Ehefrau einhergeht und damit auch die besondere Beziehung betrifft, in der sie zu ihm steht, formuliert der Sterbende mit seinen letzten Worten: „ez enwart nie vrouwen leider an liebem manne getân" (997,4). Die Verletzung trifft Kriemhild nicht unmittelbar, sondern sie wird *an* Siegfried vollzogen, an seinem Körper. Dennoch wird die Tötung Siegfrieds als Leid gefasst, das seine Ehefrau erfährt.[637] Im Zuge der ausführlichen Schilderung von Kriemhilds Trauer wird der unmittelbare physische Schmerz genannt, den die Verletzungen Siegfrieds bei ihr verursachen: „die Sîfrides wunden tâten Kriemhilde wê" (1523,4).

Das Leid, das Kriemhild mit der Ermordung Siegfrieds zugefügt wird, besteht zunächst im emotionalen Schmerz, den Geliebten verloren zu haben.[638] Der Tod des Ehemannes zieht zudem einen Status- und Machtverlust nach sich, denn die Ehe mit Siegfried hat Auswirkungen auf Kriemhilds Position innerhalb der gesellschaftlichen Hierarchie der nibelungischen Welt.[639] Die Heirat mit Etzel wird als Möglichkeit thematisiert, Kriemhild einen Ausgleich zu verschaffen für den Verlust ihrer Stellung an der Seite Siegfrieds (1244,1). Dass Kriemhilds Position als Gemahlin Etzels jedoch defizitär bleibt, macht der Text vor allem am heidnischen Glauben des Hunnenherrschers fest (1395); es zeigt sich außerdem an der weniger emotionalisierten Schilderung der Beziehung von Kriemhild und Etzel.[640]

---

637 Auch durch die Bezugnahme auf Siegfried als „Kriemhilde man" im Zuge der Vorbereitung und Durchführung des Mordes wird Kriemhild in das Geschehen mit einbezogen (vgl. Pérennec, Epische Kontinuität, S. 208 f.; sowie Frank, Weiblichkeit, S. 130 f.).

638 Mertens hat darauf aufmerksam gemacht, dass noch in der so genannten Hort-forderungsszene mit dem Rechtsterminus „vriedel" in 2372,3 der Vertrags- und Konsenscharakter von Kriemhilds Ehe mit Siegfried betont und damit die emotionale Dimension dieser Verbindung unterstrichen wird (vgl. Mertens, Volker: Szenisches Erzählen. Ulrich Füetrer – Wolfram – Nibelungenlied, in: Zatloukal, Klaus (Hg.): 6. Pöchlarner Heldenliedgespräch. 800 Jahre Nibelungenlied. Rückblick – Einblick – Ausblick, Wien 2001, S. 97 – 114, hier S. 95).

639 Ausführlich zur Verbindung von Kriemhilds Schmerz um den Verlust des Geliebten mit dem Leid, das aus dem Verlust der sozialen Position als Ehefrau des Königs resultiert, siehe das folgende Kapitel „Schuldzuweisungen", S. 314 ff.

640 Dass der heidnische Glaube Etzels zentral ist für die unterschiedliche Darstellung der Eheschließung und der Ehe zwischen Kriemhild und Siegfried sowie zwischen Kriemhild und Etzel hat McMahon herausgestellt (vgl. McMahon, James V.: The Oddly Understated Marriage of Kriemhild and Etzel, in: Wunderlich, Werner und Ulrich Müller (Hg.): „Waz sider da geschah". American-German Studies on the Nibelungenlied, Göppingen 1992, S. 131–148, insbes. S. 137 ff.). Dass Kriemhild auch auf emotionaler Ebene bei Etzel keinen Ersatz für den Verlust

Auf diese Weise markiert der Gang der Handlung nach Siegfrieds Tod das Problem, für die Witwe einen Zustand zu erreichen, der dem vor der Ermordung ihres Ehemannes ähnelt. Indem das *Nibelungenlied* Auswirkungen herausstellt, die Siegfrieds Tod auf Kriemhild hat, wird der Kontext betont, in dem der Mord an Siegfried steht.

Die Darstellung von Kriemhilds Leid und die Problematik, sie für den Tod des Ehemannes zu entschädigen, deuten auf das Problem hin, ob und in welcher Weise angemessen mit dem Mittel der Rache auf die Verletzung Kriemhilds reagiert werden kann. Werden die Effekte, die der Mord an Siegfried auf Kriemhild hat, dem talionischen Prinzip unterworfen, so muss eine genaue Spiegelung der Tat die soziale Stellung der Figur ebenso berücksichtigen wie die besondere emotionale Bindung zum Getöteten.[641] Verabsolutiert man hypothetisch den Gedanken der Äquivalenz der Effekte, den ein Mord auf andere Figuren hat, so hätte diejenige Figur, an der Siegfrieds Tod vergolten würde, Konsequenzen zu tragen, die Kriemhilds Leid in Bezug auf Stand und hierarchische Position sowie in Bezug auf die Exklusivität und Intensität der Beziehung gleichwertig sind.[642] Wie aber kann die Tat im Sinne dessen, was sie *für Kriemhild* bedeutet, gespiegelt und vergolten werden?

Das Problem, mit Rache angemessen auf einen Mord zu reagieren, wird im *Nibelungenlied* nicht nur herausgestellt, indem ausführlich die Folgen beschrieben werden, die die Tötung Siegfrieds für Kriemhild hat. Ebenso wirft die Einführung der Möglichkeit eines Ausgleichs die Frage auf, was der Tod Siegfrieds für Kriemhild bedeutet, ob und wie er sich mit einem materiellen Gegenwert bemessen lässt. Aus der Einführung zweier unterschiedlicher Verletzungen Kriemhilds resultieren auch zwei Möglichkeiten der Reaktion: Rache und materielle Genugtuung. Da der Hort im Text als figuratives Äquivalent für Siegfried eingeführt worden ist und weil die

---

Siegfrieds finden kann, betont Müller (vgl. Spielregeln, S. 372 ff.). Beyschlag geht davon aus, dass der Mord an Siegfried nicht nur eine emotionale Verletzung Kriemhilds darstellt, sondern auch ihre soziale Position merklich trifft; er formuliert: „Beides ist ihr an Siegfried unersetzlich: der Mann, aber auch die Macht, über die er verfügt" (Beyschlag, Macht, S. 206).

641 Da, wie gezeigt, bei einer Tötungshandlung der Versuch, die Tat zu spiegeln, auf die Bedeutung, den Wert verweist, den die Tat für einen Angehörigen oder für den verletzten Personenverband hat, verwende ich den Talionsgedanken hier im Sinne der „geistigen (oder wertmäßigen, ideellen) Talion" nach Schilds Typologie (vgl. Schild, Art. Talio(n), Sp. 446 f.; s. o. Fußnote 634).

642 Zum Problem des Standes bei einer Rechtsfindung im Sinne des Talions-Prinzips vgl. Kaufmann, Art. Talion, Sp. 117.

Aufforderung Kriemhilds, Hagen möge ihr wiedergeben, was er ihr genommen hat, im Unklaren lässt, worauf sie referiert, werden der Hortraub und der Mord an Siegfried am Schluss des Textes eng verknüpft. Beide Motive überlagern sich insbesondere im Sinne der Verletzung, die sie für Kriemhild bedeuten. Damit verschränken sich auch die Möglichkeiten der Figur, auf das eine wie auf das andere Leid zu reagieren. Weil die zwei Verletzungen Kriemhilds so eng miteinander verbunden sind, kann, was zunächst als Frage der Rache beschrieben worden ist, nun in der Frage nach einem Ausgleich, d. h. nach einer angemessenen Genugtuung für die erlittene Verletzung, mit angesprochen werden. Die Bedingung „welt ir mir geben widere, daz ir mir habt genomen" (2367,3) ist mehr als eine paradoxe Formulierung der Einsicht, dass Siegfried nicht wieder lebendig gemacht werden kann. Nicht einfach nur „Sîfrit kumt niht widere", wie Hagen zuvor feststellte (1725,4), kann also die Antwort auf Kriemhilds Angebot sein. Ein figuratives Äquivalent für seine Tötung, ein Ausgleich, scheint hier gemeint zu sein.

Wie aber hat eine Handlung auszusehen, die der Rück-Gabe Siegfrieds gleichwertig erscheinen könnte? Aus der Verknüpfung beider Verletzungen Kriemhilds ergibt sich letztlich das Problem des Vergleichs von Hortrückgabe und Rachetod und damit auch das der Angemessenheit vergeltenden Handelns.[643] Der Text enthält sich einer Antwort auf die Frage, wie eine angemessene Reaktion auf den Mord an Siegfried aussehen könnte; die Unterredung Kriemhilds mit Hagen lädt aber dazu ein, über ihre Beschaffenheit zu spekulieren: Müsste Hagen nicht anstelle des eigenen Todes der Tod einer ihm nahestehenden Figur zugefügt werden, von der zudem seine soziale Stellung abhängt? Ist die von Kriemhild angeordnete Tötung Gunthers vielleicht für Hagen eben diese größtmögliche Entsprechung der Ermordung Siegfrieds für Kriemhild? Ähnelt also die personale Bindung der Eheleute der zwischen Hagen und Gunther, zumal diese doch – wie im Text mehrfach angedeutet wird – über das normale Maß eines Lehnsverhältnisses hinausgeht? In diesem Sinne ist es nur

---

643 Auf die Problematik, dass durchaus ungleiche Vorfälle von einer spiegelnden Strafe häufig gleich behandelt werden, hat bereits Aristoteles hingewiesen (vgl. Aristotle: The Nicomachean Ethics, übs. v. Harris Rackham, London und Cambridge (Mass.) 1926, V,5,1 ff. 1132b, S. 278 ff. (= The Loeb Classical Library, Bd. 73; Aristotle in twenty-three volumes, Bd. 19); vgl. dazu auch Ebert, Vergeltung, S. 253 f.). Anstelle der Gleichartigkeit der Strafe wird bei Aristoteles die Gleich*wertigkeit* gesetzt, d. h. der strenge Automatismus, wonach eine Tat notwendig eine bestimmte Reaktion nach sich zieht, wird durch das Abwägen einer bestmöglichen Entsprechung ersetzt.

konsequent, dass der Text das Leid erwähnt, das Kriemhild Hagen zufügt, indem sie Gunther enthaupten lässt (2369,4).[644] An Hagens Handeln ändert das allerdings nichts. Er verweigert nach Gunthers Tod erneut die Herausgabe des Hortes (2371). Dabei schränkt er den Handlungsspielraum, den er Kriemhild lässt, nun noch weiter ein. Die mit Kriemhilds Rede eröffnete Frage nach einer angemessenen Reaktion auf die ihr zugefügte Verletzung wird wieder auf die Gewalthandlung als einzige Option verengt. Bleibt also nur die Lösung des Konflikts durch Rache, eine Lösung, deren vermeintliche Symmetrie – wie das *Nibelungenlied* andeutet – unzureichend bleiben wird.

Dass eine exakte Spiegelung des Leides, das durch die Ermordung Siegfrieds entsteht, kaum möglich ist, unterstreicht das *Nibelungenlied*, indem es die Effekte zeigt, die die Tötung des Ehemanns auf eine weibliche Figur haben. Die emotionale Bindung an den verstorbenen Ehemann wird dabei als besonders intensiv dargestellt. Sie tritt zur Abhängigkeit Kriemhilds von Siegfried hinsichtlich ihrer Position in der sozialen Hierarchie der imaginierten Welt hinzu. Dass der Text das Problem der Angemessenheit von Rache und Ausgleich anlässlich eines Tötungsdelikts anhand einer weiblichen Figur darstellt, erscheint keineswegs zufällig, sondern trifft sich mit der Ordnung der Geschlechter in der nibelungischen Welt. Immer wieder stellt der Text die Abhängigkeit des Ansehens und des Machtpotentials der Königinnen von ihren Ehemännern heraus. Für Kriemhilds Beziehung zu Siegfried wird zusätzlich die besondere emotionale Bindung beschrieben.

Schuldzuweisungen. Kriemhilds Rache, ihr Leid und der Untergang der nibelungischen Welt

Der Text schildert Kriemhilds Rache nicht nur als Teil einer umfassenden Gewalteskalation und situiert erst an deren Ende den Vollzug der Vergeltung, sondern er gibt auch Hinweise, wie die Frage nach Ursachen für Entstehung und Verlauf der um sich greifenden und zu weitestgehender

---

644 Die hier unternommene Spekulation wird kompliziert, wenn man bedenkt, dass Hagen nicht nur als enger und herausgehobener, sondern auch als erfahrener und überaus eigenständiger Gefolgsmann Gunthers gezeigt wird. Ob sich Hagens Macht in weiten Teilen auf die Stellung an Gunthers Hof stützt und ob die Abhängigkeit von seinem Herrn also tatsächlich der Kriemhilds von ihrem Ehemann Siegfried ähnelt, erscheint mir auf den ersten Blick fraglich, müsste allerdings ausführlich untersucht werden.

Vernichtung führenden Gewalt zu beantworten sein könnte. Es geht im
zweiten Teil des *Nibelungenlieds* nicht nur um das Ausführen einer Rache
und um das Verhalten der daran beteiligten Akteure, sondern darüber
hinaus um den Zerfall zweier Sozialverbände, dargestellt anhand der zunehmenden Unmöglichkeit nicht-kriegerischer Interaktion sowie anhand
der Tötung des Großteils ihrer Angehörigen.[645] Welche Antworten die
Schilderung des Handlungsverlaufs auf die Frage nach den Ursachen dieses
Prozesses liefert, habe ich im Abschnitt „Eskalation" gezeigt.[646] Neben den
Hinweisen, die die Darstellung der Handlungen der Figuren gibt, bieten
Kommentare der Erzählinstanz, insbesondere in Form epischer Voraus-
deutungen, beginnend mit der ersten Aventiure Erklärungen für das Zu-
standekommen und die Entwicklung des Untergangsgeschehens an. Um
sie und um die Bewertungen von Kriemhilds Handeln im Rahmen des
Zerfalls der nibelungischen Welt, die andere Figuren vornehmen, wird es
im Folgenden gehen. Die Einschätzungen Kriemhilds beziehen sich auf die
Durchführung ihrer Rache und auf ihre Rolle im Zusammenhang des
Untergangsgeschehens; Kommentare zu beiden Dimensionen ihres
Agierens werden analysiert. Im Zentrum des Interesses steht in diesem
Teilkapitel zunächst, wie Kriemhilds Handlungen mit dem Untergang von
Hunnen und Burgunden verknüpft werden. In der zweiten Hälfte des
Abschnitts wird es dann um die leidvollen Umstände von Kriemhilds
Handeln gehen, die in den Formulierungen, die Kriemhild für die Er-
eignisse verantwortlich machen, oftmals mit aufgerufen werden.

In den Vorausdeutungen ist es immer wieder Kriemhild, die als Figur
und mit ihrem Handeln mit dem Untergangsgeschehen in Verbindung
gebracht wird. So heißt es bereits in der zweiten Strophe:

> [...] si wart ein sœne wîp.
> dar umbe muosen degene vil verliesen den lîp. (2,3–4)

---

645 Ich beziehe die Rede vom Untergang der nibelungischen Welt somit ausschließlich
auf die innerliterarisch entworfene Welt, insbesondere auf zwei Personenverbände
dieser Welt. Zur Kritik an Tendenzen in Müllers Forschungen, die Grenze der
nibelungischen Welt durchlässig zu machen für die Verbindung mit anderen
Teilbereichen der zeitgenössischen Kultur, vgl. Dinkelacker, Wolfgang: Spielregeln, Gattungsregeln. Zur literarischen Gestaltung des Nibelungenstoffes, in:
Ebenbauer, Alfred und Johannes Keller (Hg.): 8. Pöchlarner Heldenliedgespräch.
Das Nibelungenlied und die Europäische Heldendichtung, Wien 2006, S. 57–71,
hier S. 62 f.
646 S. o., S. 260 ff.

Die Schönheit Kriemhilds, eine beständig wiederkehrende Eigenschaft der Figur, weist hier auf den weiteren Handlungsverlauf voraus, denn sie wird als Auslöser für das Sterben von Kriegern angegeben. Damit spielt der Text auf den antiken Topos von Helenas Schönheit an.[647] Worin allerdings genau der Zusammenhang zwischen der Schönheit einer weiblichen Figur und dem Tod von Männern besteht, bleibt offen.[648] Die kausale Verknüpfung durch „dar umbe" nennt die schöne weibliche Figur als Ausgangspunkt eines Geschehens, das schließlich zum Tod von Kriegern führe. Handlungen und Akteure des Geschehens, das zwischen Ausgangs- und Zielpunkt liegt, bleiben allerdings unerwähnt.[649]

Damit erfüllt diese Vorausdeutung eine Funktion, die bereits Wachinger als zentral für Vorausdeutungen der Erzählinstanz im *Nibelungenlied* bestimmt hat: Sie fungieren als Verbindung zwischen Beginn und Ziel der Handlung.[650] Sie greifen über die Folge der additiv aneinander

---

647　Auf den Helena-Topos haben Heinzle und Wolf hingewiesen (vgl. Heinzle, Nibelungenlied, S. 74 ff.; sowie Wolf, Alois: Heldensage und Epos. Zur Konstituierung einer mittelalterlichen volkssprachlichen Gattung im Spannungsfeld von Mündlichkeit und Schriftlichkeit, Tübingen 1995, S. 279 ff.). Wolf bringt an anderer Stelle die Emotionalisierung des Nibelungen-Stoffes im *Nibelungenlied*, auf die ich im Folgenden noch eingehen werde, unter anderem mit der Rezeption antiker Stoffe seit der Mitte des 12. Jahrhunderts und ihrer Thematisierung der zerstörerischen Aspekte der Liebe in Verbindung (vgl. Wolf, Alois: Nibelungenlied – Chanson de geste – höfischer Roman. Zur Problematik der Verschriftlichung der deutschen Nibelungensage, in: Knapp, Fritz Peter (Hg.): Nibelungenlied und Klage. Sage und Geschichte, Struktur und Gattung. Passauer Nibelungengespräche 1985, Heidelberg 1987, S. 171–201, hier S. 190).

648　Schulze weist darauf hin, dass die Formulierung letztlich im Unklaren lässt, ob die Schönheit der Figur das Geschehen auslöst und ob es sich daher tatsächlich um eine Anspielung auf das Helena-Motiv handelt (vgl. Schulze, Nibelungenlied, S. 143).

649　Zu *(dar) umbe* als Bezeichnung eines allgemeinen Kausalzusammenhangs vgl. BMZ I, S. 306; BMZ III, S. 180; sowie Lexer II, Sp. 1722; vgl. außerdem Wachinger, Burghart: Studien zum Nibelungenlied. Vorausdeutungen, Aufbau, Motivierung, Tübingen 1960, S. 21.

650　Vgl. Wachinger, Studien, S. 21 ff. Als erzähltechnisches Mittel hat erstmals Lämmert Vorausdeutungen systematisch und ausführlich beschrieben (vgl. Lämmert, Eberhard: Bauformen des Erzählens, 3. Auflage, Stuttgart 1968, S. 139 ff.); Genette konzentriert sich dagegen auf Ausdehnung und Frequenz von Prolepsen, die für die hier verfolgte Fragestellung nicht weiter von Interesse sind (vgl. Genette, Gérard: Die Erzählung, übs. v. Andreas Knop, mit einem Nachwort hg. v. Jochen Vogt, 2. Auflage, München 1998, S. 45 ff.). Die Vorausdeutungen des *Nibelungenlieds* verknüpfen das Geschehen, indem sie die chronologische Abfolge der Ereignisse verlassen. Außerdem weist keine Vorausdeutung über das

gereihten Ereignisse hinaus und schlagen proleptisch Brücken zu Ereignissen, die später erzählt werden, insbesondere zum Schluss der Handlung.
Während der Text Handlungen oftmals nur chronologisch aufeinander
folgen lässt, konstruieren die epischen Vorausdeutungen Beziehungen
zwischen einzelnen Handlungen und Konsequenzen, die in der Chrono-
logie des Textes sehr viel später eintreffen. Die epischen Vorausdeutungen
perspektivieren einzelne Ereignisse auf das spätere Geschehen hin.[651] Zur
Beschaffenheit dieser Verknüpfung führt Wachinger weiter aus, dass die
Beziehungen, die Vorausdeutungen des Erzählers im *Nibelungenlied* zwischen Handlungsteilen etablieren, unpräzise bleiben. Die Vorausdeutungen besagen, dass „zwischen den wichtigsten Ereignissen [der Erzählung]
[…] ein Kausalzusammenhang ganz allgemeiner Art [besteht], der aber
weder psychologisch noch sonst wie vollständig ist".[652] Aus der Formulierung der hier untersuchten Vorausdeutung auf den Tod von Kriegern
wird deutlich, dass Kriemhild nicht als Figur angesprochen ist, die durch
ihr Handeln den Tod anderer herbeigeführt hat. Mit der Schönheit wird
eine Eigenschaft der Figur benannt, nicht jedoch ihr Verhalten.

Einen ersten Anhaltspunkt zu dem Anteil, den die Protagonistin selbst
handelnd am Geschehen hat, gibt die letzte Strophe der ersten Aventiure:

> […] wie sêre si daz rach
> an ir næhsten mâgen, die in [= ihren Ehemann] sluogen sint!
> durch sîn eines sterben starp vil maneger muoter kint. (19,2 – 4)

Hier ist bereits Kriemhild als racheübende Figur bezeichnet. Aber auch
Auslöser und Opfer der Rache werden erwähnt: Wegen des Mordes an

---

Ende der im Text geschilderten Handlung hinaus; dadurch wird die Geschlos-
senheit der erzählten Handlung unterstützt (vgl. Wachinger, Studien, S. 16 f.).

651 Ich zeige im Folgenden, dass die nahe liegende Unterscheidung von grundlegender
kausaler oder finaler Motivierung (zu den Begriffen vgl. Martínez, Art. Motivierung, S. 643 f.; sowie ausführlicher ders.: Fortuna und Providentia. Typen der
Handlungsmotivation in der Faustiniangeschichte der Kaiserchronik, in: Ders.
(Hg.): Formaler Mythos. Beiträge zu einer Theorie ästhetischer Formen, Paderborn u. a. 1996, S. 83 – 100) die spezifische sprachliche Form der Vorausdeutungen im *Nibelungenlied* nur unzureichend charakterisiert. Stattdessen zeichnen
sich nibelungische Vorausdeutungen dadurch aus, dass die Motivierung auf das
Erzählziel hin unpräzise bleibt. Von Motivierung im Sinne des „Wirkens[s] einer
allmächtigen numinosen Instanz", die den Handlungsverlauf von vornherein
geplant und den Entscheidungen der Figuren enthoben erscheinen lässt, kann im
Nibelungenlied keine Rede sein (Martínez, Art. Motivierung, S. 644).

652 Wachinger, Studien, S. 23. Neben den unpräzise kausal verknüpfenden Vorausdeutungen finden sich auch solche, die lediglich die zeitliche Abfolge benennen
(vgl. Wachinger, Studien, S. 21, S. 146 (dort Anmerkung 1)).

ihrem zukünftigen Ehemann nimmt sie tödliche Rache an engen Verwandten. Die Rache ist Reaktion auf erlittenes Unrecht, das mit der Ermordung des Ehemannes genau bestimmt wird, und führt zur Tötung der
Verwandten. Nicht die Unausweichlichkeit des Geschehens wird hier
herausgestellt. Vielmehr unterliegen die Ereignisse einer spezifischen Rationalität, für die die Handelnden ebenso angeführt sind wie der Rechts-
grund. Kriemhilds Tun scheint zugleich den Rechtsformen zu entsprechen
und doch über das übliche Maß hinauszugehen („sêre"). Der Text begründet diese Einschätzung zum einen damit, dass die unmittelbaren
Angehörigen („næhsten mâgen") Kriemhilds Rache zum Opfer fallen und
stellt so die besondere Beziehung der Täterin zur betroffenen Partei heraus.
Zum anderen folge auf den Tod *eines* Mannes das Sterben *vieler*, deren Tod
wiederum, so formuliert der letzte Vers der Strophe, einen Verlust für ihre
Mütter bedeute. Die Unmäßigkeit der Rache wird also auch an der Zahl
der Toten gemessen, die im Vergleich viel höher ist als beim Vergehen,
durch das die Rache ausgelöst worden ist. Mit dem Hinweis auf die
trauernden Mütter wird in der Vorausdeutung die Beziehung von Mutter
und Kind aufgenommen, die im letzten Drittel der ersten Aventiure (13 –
19) strukturell durch die Situation des Gesprächs zwischen Uote und
Kriemhild gegeben ist. Der Effekt, den die Tötung einer Figur auf ihre
Verwandten hat, wird auf diese Weise herausgestellt. Damit erscheint
Tötung nicht nur als ein Vergehen, das eine einzelne Figur am eigenen
Körper erleidet, sondern diese wird in einer sozialen Gruppe situiert, für
welche die Tötung im Zuge eines Rachegangs den Verlust eines der ihren
bedeutet, um den sie trauern wird – ich habe im vorigen Abschnitt dargestellt, dass diese Konstellation, wenn sie Rache nach sich zieht, notwendig eine Modifikation des talionischen Prinzips bedeutet. Die Frage
nach der kausalen Verknüpfung von Kriemhilds Handeln und dem Untergangsgeschehen beantwortet diese Vorausdeutung damit, dass die Rache
Kriemhilds als Teil eines umfassenden Geschehens dargestellt wird, das
zum Tod vieler Krieger führt. Die spezifische Funktion, die Kriemhilds
Rache in der Folge der Ereignisse hat, wird jedoch nicht bestimmt. Es heißt
nur, dass der Tod eines einzelnen Mannes schließlich zum Tod vieler führe.
Nur diese vage Formulierung eines Bedingungsverhältnisses liegt vor.
Welche Auswirkungen Kriemhilds Handeln im Einzelnen auf den Verlauf
des Geschehens hat, bleibt offen.

Es hat sich gezeigt, dass schon in der ersten Aventiure ein Teil des
folgenden Geschehens als Rache charakterisiert wird und Kriemhild als
ihre Agentin. Die Rache wird nicht als auf eine einzelne Handlung, auf ein
punktuelles Ziel gerichtet dargestellt, sondern der abschließende Vers von

Strophe 19 betont, dass sie den Tod einer großen Zahl von Personen nach sich zieht. Noch dazu sind unter den Toten Kriemhilds nächste Angehörige. Die Hinweise auf die Ausweitung der Gewalt auf eine Vielzahl von Opfern sowie auf das Vorgehen gegen die eigenen Verwandten können als Kritik an der Art und Weise verstanden werden, wie die Figur Rache nimmt.[653] Worin genau die Verbindung zwischen Kriemhilds Verhalten und dem Sterben der Krieger liegt, wird jedoch nicht beschrieben. Mit den beiden Textstellen der ersten Aventiure sind – diese Vorwegnahme mag überraschen – die eindeutigsten Schuldzuweisungen an Kriemhild für den Untergang der Burgunden, die sich zu Beginn des *Nibelungenlieds* finden, bereits genannt.

Weitere Vorausdeutungen, die Kriemhild als Akteurin der Rache und des Leides anderer darstellen, finden sich erst wieder nach Siegfrieds Tod. Jeweils unterschiedliche Aspekte von Kriemhilds Handeln treten darin hervor. Dass die spezifische Form der Rache Kriemhilds abgelehnt wird, zeigt sich deutlich beispielsweise im Kommentar des Erzählers, der als Ergänzung zu Informationen gegeben wird, die Etzel von seinen Gefolgsleuten über die Burgunden bei deren Ankunft in Etzelburg erhält:

> dannoch er [= Etzel] niene wesse vil manigen argen list,
> den sît diu küneginne an ir mâgen begie,
> daz sie mit dem lebene deheinen von den Hiunen lie. (1754,2–4)

Kriemhilds Handeln gegen die eigenen Verwandten wird hier mit böswilligem Verhalten verknüpft und deutlich negativ markiert. Nicht das Vorgehen gegen Angehörige ist durch das Adjektiv „arc" unmittelbar spezifiziert, sondern Kriemhilds „list"; d. h. es geht um heimliche Handlungen statt um offene Konfrontationen.[654] Zwei Formen nicht regelge-

---

653 So auch Müller, Motivationsstrukturen, S. 234 f. Diesen textimmanenten kritischen Hinweisen hat sich die Forschung verschiedentlich angeschlossen und nicht nur die Bewertung von Kriemhilds Handeln durch den Text herausgearbeitet, sondern die Figur ihrerseits bewertet. Prägnante Formulierungen, mit denen insbesondere die ältere Forschung über Kriemhilds Rache geurteilt hat, bieten Frakes, Brides, S. 172 f.; sowie Ehrismann, Otfrid: „Ze stücken was gehouwen dô daz edele wîp". The Reception of Kriemhild, in: McConnell, Winder (Hg.): A Companion to the Nibelungenlied, Rochester (NY) und Woddbridge (Suffolk) 1998, S. 18–41, hier S. 35.

654 Der Terminus *list* meint nicht nur die negativ konnotierte Arglist oder Hinterlist, sondern zunächst Weisheit und Klugheit sowie Wissenschaft und Kunst (vgl. BMZ I, S. 1010 f.; Lexer I, Sp. 1936). Zur grundsätzlichen Ambiguität des Begriffs vgl. Semmler, Hartmut: Listmotive in der mittelhochdeutschen Epik. Zum Wandel ethischer Normen im Spiegel der Literatur, Berlin 1991, S. 182 ff.; zu seinem

rechter Rache werden an dieser Stelle kombiniert. Weitere Hinweise auf Kriemhilds „valsche[n] muot[]" finden sich insbesondere im Zusammenhang mit der noch in Worms vollzogenen Versöhnung mit den Brüdern (1737,2; vgl. auch 1114–1115; 1394). Später wird ausdrücklich festgehalten, dass Kriemhild Verrat an ihren Gästen begehe: „dar umbe si aber râten an die geste began" (2024,4). Es zeigt sich, dass die heimlichen Wünsche Kriemhilds wiederholt Thema der Kommentare des Erzählers sind.[655] Auf Kritik stößt damit offenbar die Art und Weise, wie Kriemhild ihre Rache verfolgt.[656] Unabhängig von den konkreten Vollzugsformen, die die Figur wählt, wird Rache als Mittel, um Recht herzustellen, dagegen nicht kritisiert.[657] Selbst als die Erzählinstanz im Anschluss an Kriemhilds Entscheidung, Ortlieb zum Mahl zu holen, die rhetorische Frage formuliert „wie kunde ein wîp durch râche immer vreislîcher tuon?" (1912,4), ist es nicht das Rechtsinstrument der Rache, sondern die Art und Weise, wie eine weibliche Figur sie verfolgt, die zur Abwertung von Kriemhilds Handeln führt. Nicht dass sie Rache übt und auch nicht dass sie als Frau Rache übt, wird als abscheulich bezeichnet, sondern wie sie sich um der Rache willen verhält.[658] Das Handeln der Protagonistin scheint genau dann illegitim zu sein, wenn die Figur gegen implizite Verfahrensvorgaben verstößt, die in der nibelungischen Welt für die Racheverfolgung bestehen.

---

weiten semantischen Spektrum vgl. Geier, Täuschungshandlungen, S. 13 ff. Für das *Nibelungenlied* hat Geier festgestellt, dass die Charakterisierung von Täuschungshandlungen als Betrug mit fortschreitendem Gang der Handlung zunimmt (vgl. Geier, Bettina: Täuschungshandlungen im Nibelungenlied. Ein Beitrag zur Differenzierung von List und Betrug, Göppingen 1999, S. 189).

655 Zu den bereits genannten Textstellen lassen sich weitere hinzufügen. So heißt es etwa am Ende der Schilderung des Höhepunkts von Kriemhilds Macht an der Seite Etzels in Aventiure 23: „den argen willen niemen an der küeginne ervant" (1399,4). Als Kriemhild später den Sohn Ortlieb zur Tafel bringen lässt, wird von ihrem verborgenen Leid berichtet: „Kriemhild ir leit daz alte in ir herzen was begraben" (1912,2).

656 Noch als Kriemhild am Schluss zusagt, Hagen als Geisel zu schonen, wird angekündigt, dass sie sich dennoch schrecklich an ihm rächen werde (2365,3). Auch hier hält sich die auf Rache sinnende Figur nicht an eine getroffene Absprache. Auch hier entspricht Kriemhilds Rede nicht dem darauf folgenden Verhalten.

657 So auch die Einschätzung von Czerwinski, Widersprüche, S. 77. Nach Schmidt-Wiegand wird Kriemhilds Rache insbesondere als Verwandtenmord zu einem „Phänomen, das den Horizont des Rechts übersteigt". Dass eine Frau Rache übt, schätzt sie dagegen vor dem Hintergrund der zeitgenössischen rechtlichen Vorstellungen lediglich als „ungewöhnlich" ein (Kriemhilds Rache, S. 386).

658 Im Mittelhochdeutschen kann *durch* die Ursache und den Zweck bezeichnen (vgl. BMZ I, S. 404 f.; Lexer I, Sp. 477 f.).

Damit korrespondiert der literarische Text ein weiteres Mal mit einem zentralen Strukturmerkmal der zeitgenössischen Reglementierungen der Fehde, die die Landfrieden vornehmen. Wie die Fehde in zahlreichen Landfrieden, so wird auch für Kriemhilds Rache fassbar, dass sie genau in dem Punkt über das nibelungische Recht hinausgeht, in dem sie die Verfahrensvorgaben für Rache verletzt. Im Unterschied zu den Landfrieden werden jedoch die Verfahrensweisen, die einzuhalten sind, in der nibelungischen Welt nicht eigens kodifiziert. Kommentare der Erzählinstanz oder anderer Figuren können dazu dienen, Übertretungen des rechtlichen Reglements, die ihnen vorausgehen, kenntlich zu machen.

Vorausdeutungen, die Kriemhild nach Siegfrieds Tod für die Eskalation der Gewalt im Vollzug ihrer Rache verantwortlich machen, tun dies nicht in so umfassender Weise wie die bereits besprochenen letzten Verse der ersten Aventiure (19,2–4). Entweder ist das Vorgehen gegen die Burgunden noch in Planung („in riet diu vrouwe Kriemhilt diu aller grœzesten leit" (1824,4)) und wird nicht als ein Geschehen distanzierend kommentiert, das sich schließlich ereignet; oder das beschriebene Verhalten Kriemhilds richtet sich nicht gegen die Burgundischen Verwandten, sondern gegen die Gruppe ihres Gefolges („daz riet diu küneginne […] / dâ von man sît die knehte an der herberge sluoc" (1735,3–4)[659]); oder der leidvolle Effekt, den Kriemhilds Handeln auf die Gruppe der Burgunden hat, wird nur sehr vage bestimmt und nicht als maßlose Tötung einer großen Zahl von Kriegern beschrieben („diu küneginne hêr / was des vil genœte, daz si in tæte leit. / dâ von wart sît den degenen vil michel sorge bereit" (1769,2–4)).

Vergleichsweise deutlich wird Kriemhild mit ihrem Handeln in den bereits zitierten Versen 1754,2–4 für Teilaspekte des Untergangsgeschehens verantwortlich gemacht. Hier ist mit der „list" eine konkrete Handlung Kriemhilds unmittelbar gegen die eigenen Verwandten („mâgen") gerichtet („begie"). Dass sich die Gewalt auf eine größere Gruppe von Figuren ausweitet, wird angesprochen, wenn es heißt, Kriemhild sorge dafür, dass keiner ihrer Verwandten die Hunnen lebendig wieder verlasse (1754,4). Mit der Erwähnung der List wird eine Spezifikation von Kriemhilds Handeln vorgenommen, die über die all-

---

659 Zu dieser Stelle gehört auch der Hinweis beim Abschiedsfest der Burgunden, dass Kriemhild viele Paare leidvoll scheiden werde (1516,4). Bedeutend an dieser Darstellungsweise ist zudem, dass erneut der Effekt herausgestellt wird, den der Tod eines Kriegers im Zuge der Gewalteskalation auf seine Nächsten – hier: seine Geliebte – hat (vgl. dazu bereits 19,4).

gemeine Aussage, dass es im Zuge ihrer Rache zur Tötung einer Reihe von
Kriegern komme (so etwa 19,4), hinausgeht. Die List konkretisiert die von
der Akteurin eingesetzte Strategie des Handelns. Der Begriff benennt das
semi-öffentliche Vorgehen, das Kriemhild wiederholt einsetzt, insbesondere um Gefolgsleute Etzels für Gewalttaten gegen die Burgunden zu
gewinnen.[660] Gleichwohl bezieht sich die Strategie der List nicht auf einzelne konkrete Handlungen der Figur und stellt damit keine präzise Verknüpfung zwischen der Tat und ihrem Ergebnis her.

Vorausdeutungen im zweiten Teil des *Nibelungenlieds* benennen einen
weiteren Effekt von Kriemhilds Handeln, der Teil des Untergangsgeschehen ist, aber in den analysierten Passagen bislang noch nicht erwähnt
wurde. Im Zuge der Gewalteskalation kommt es nicht nur zur Tötung der
Burgunden, sondern dabei sterben auch viele hunnische Krieger. Bereits bei
ihrer Ankunft im Land Etzels wird Kriemhild von einer Reihe von Kriegern
empfangen, von denen es heißt, dass ihnen durch sie Leid geschehen werde
(1341,4). Schließlich findet sich noch nach dem Saalbrand der Hinweis,
dass Kriemhild zu dienen für viele der Hunnen den Tod bedeuten werde
(2129,1 – 4).[661] Wiederholt ist bei der Erwähnung von Kriegern, denen
durch Kriemhilds Handeln Leid geschieht, nicht mehr klar zu entscheiden,
ob es sich um Burgundische oder Hunnische Kämpfer handelt. Die Zuordnung zu einem der beiden Personenverbände wird mehrfach nicht
vorgenommen (1413,4; 1848,3 – 4; 2155,1 – 2). Die unpräzise gehaltene
sprachliche Referenz kann als Teil der Darstellung des Eskalationsgeschehens verstanden werden, in dem es, wie bereits beschrieben, neben der
Beschleunigung um die Einbeziehung einer immer größeren Zahl von
Figuren geht. Die Ausweitung der Gewalt fassen diese Formulierungen
jedoch nicht in umfassender Weise und auch die Rückführung des Geschehens auf Handlungen Kriemhilds leisten sie nur in Ansätzen.[662]

---

660 In 1754,2 f. meint „list" die Handlungen Kriemhilds, nachdem die Burgunden
     Etzelburg bereits erreicht haben. Da ihre „list" in der Zukunft situiert wird („sît"),
     kann sie sich nicht auf die nur zum Schein freundschaftliche Einladung der
     Burgunden beziehen, die erst die Voraussetzung für den weiteren Rachevollzug
     schafft.

661 An dieser Stelle wird Kriemhild nicht allein, sondern gemeinsam mit Etzel, der
     seinem Gefolge zu kämpfen „gebôt" (2129,3), für den Tod von Kriegern ver-
     antwortlich gemacht.

662 In 1848,3 – 4 wird durch die Formulierung ausdrücklich im Unklaren gelassen, wie
     Kriemhild handelt; es heißt lediglich, dass sie, nachdem Hunnenkrieger ihrer
     Aufforderung zum Vorgehen gegen die Burgunden nicht nachkommen, zukünftig
     anders handeln werde; dadurch werden später Helden sterben. In 2155 bitten Etzel
     und Kriemhild Rüdiger gemeinsam, gegen die Burgunden zu kämpfen, wodurch

Kritik an Kriemhilds Handeln übt nicht nur die Erzählinstanz in den Vorausdeutungen, sondern dies tun auch andere Figuren.[663] Wenn die Akteure selbst in die Auseinandersetzung mit der Protagonistin einbezogen sind, ist ihre Kritik als Anschuldigung durch die gegnerische Partei zu verstehen und nicht als Einschätzung einer als neutral markierten oder gar narrativ übergeordneten Instanz.[664] Die prominenteste unter ihnen ist die Bezeichnung als „vâlandinne" durch Hagen (2371,4).[665] Der Tronjer spricht Kriemhild in der letzten Aventiure mit diesem Wort an, als er ihr

Krieger ihr Leben verlieren werden. In 1413,2–4 wird Kriemhilds heimliche Unterredung mit den Boten, die die Burgunden nach Etzelburg einladen sollen, als Ausgangspunkt für das Leid von Kriegern beschrieben; die Einladung der Burgunden und die Absicht, die Kriemhild damit verfolgt, werden ausdrücklich nicht genannt.

663 Jönsson hat herausgearbeitet, dass negative Bewertungen von Kriemhilds Handeln durch den Erzähler selten sind, dass diese vor allem von den männlichen Figuren vorgenommen werden und dass die Erzählinstanz sich kaum mit den Figurenreden identifiziert oder Übereinstimmung mit ihnen zum Ausdruck bringt (vgl. Jönsson, Genderentwürfe, S. 340 f.). Jönssons Einschätzung basiert auf der von Wachinger getroffenen Unterscheidung zwischen Vorausdeutungen durch die „Gestalten" und durch den „Dichter[]" (vgl. Wachinger, Studien, S. 5). Wachinger versteht diese als Teil einer grundlegenden Trennung zwischen der dargestellten Welt und ihren Figuren auf der einen Seite und dem Erzähler, den Wachinger als allwissend charakterisiert, auf der anderen Seite. Auch wenn er darauf hinweist, dass beide Bereiche sich nicht vollständig voneinander abgrenzen lassen und wenn er unter dem Stichwort „Transparenz" zeigt, dass zwischen Einschätzungen der Erzählinstanz und der Figuren gelegentlich „nur eine leichte Differenz" bestehe (vgl. Wachinger, Studien, S. 5 f., S. 28 ff.), hält Wachinger dennoch an der Unterscheidung zwischen Vorausdeutungen der Figuren und des Erzählers fest. Für die Bestimmung des Verhältnisses von Erzähler- und Figurenkommentaren im *Nibelungenlied* relevant ist auch die Beobachtung Linkes, dass der Erzähler nicht konstant hervortritt, sondern gegen Ende des Textes sukzessive verschwindet und das Geschehen nicht mehr kommentiert (Linke, Hansjürgen: Über den Erzähler und seine künstlerische Funktion (1960), in: Rupp, Heinz (Hg.): Nibelungenlied und Kudrun, Darmstadt 1976, S. 110–133, hier S. 130 ff.; vgl. daran anschließend auch die Thesen von Fluss, Ingeborg: Das Hervortreten der Erzählerpersönlichkeit und ihre Beziehung zum Publikum in mittelhochdeutscher strophischer Heldendichtung, Hamburg 1971, insbes. S. 74 ff.).

664 In diesem Sinne habe ich bereits die Titulierungen Brünhilds durch die Burgunden in Isenstein verstanden (s. o., S. 112 ff.). Ganz offenkundig ist auch Hagens Kommentar zu Kriemhild Teil eines Antagonismus der Figuren.

665 *Vâlant* bezeichnet neben dem Teufel auch fremde Wesen sowie bestimmte menschliche Figuren, insbesondere Fremde oder Heiden. Die *vâlandinne* wird in den einschlägigen Wörterbüchern als teufelsähnliche weibliche Figur wiedergegeben (vgl. BMZ III, S. 214; Lexer III, Sp. 7 f.).

noch nach Gunthers Tod den Hort verweigert.[666] Die Äußerung kann als Kommentar zu Kriemhilds Befehl verstanden werden, den eigenen Bruder umbringen zu lassen. Was genau Hagen veranlasst, Kriemhild als Teufelin zu bezeichnen, erläutern seine Sätze jedoch nicht.

Nicht unmittelbar Teil des Konflikts dagegen sind die Beschreibungen Kriemhilds, die Dietrich bei der Ankunft der Burgunden vornimmt (1719–1730). Dietrich sagt insbesondere voraus, dass von Kriemhild noch Schaden ausgehen werde (1726,2).[667] Wenig später eröffnet er Kriemhild, die Burgunden vor ihrer Racheabsicht gewarnt zu haben; hier spricht er Kriemhild als „vâlandinne" an (1748,2–4). Eine explizite Begründung für die Anrede fehlt erneut; da Dietrich bekennt, den Burgunden Kriemhilds Racheabsicht mitgeteilt zu haben, kann die Bezeichnung als „vâlandinne" auf diese geheimen Pläne bezogen werden.

Am Schluss des Textes beklagt schließlich Kriemhilds zweiter Ehemann Etzel den Tod Hagens, der doch sein Gegner sein müsste, durch die Hand einer Frau:

> ‚Wâfen', sprach der fürste, ‚wie ist nu tôt gelegen
> von eines wîbes handen der aller beste degen,
> der ie kom ze sturme oder ie schilt getruoc!
> swie vîent ich im wære ez ist mir leide genuoc.' (2374)

In diesen Äußerungen wird Kriemhild zwar als Handelnde erwähnt – ihre Hände haben Hagen niedergestreckt. Etzel distanziert sich aber von der konkreten Tat Kriemhilds und macht sie nicht für das gesamte Untergangsgeschehen verantwortlich.

---

666 Hans Kuhn hat bereits auf die Schärfe der Verurteilung Kriemhilds durch die Bezeichnung als „vâlandinne" hingewiesen, denn es handelt sich um die einzigen Stellen des Textes, an denen eine Figur als Teufel nicht nur benannt, sondern innerhalb eines Dialogs *angeredet* wird (vgl. Kuhn, Hans: Der Teufel im Nibelungenlied. Zu Gunthers und Kriemhilds Tod, in: Zeitschrift für deutsches Altertum und deutsche Literatur 94 (1965), S. 280–306, hier S. 280). Wenn männliche Figuren als Teufel bezeichnet werden, was im Zuge der Kämpfe im zweiten Teil des Textes zweimal der Fall ist (Volker (2001,4) und Hagen (2311,4)), geschieht dies nicht im Modus der direkten Ansprache. Kuhn versteht die Anrede Kriemhilds allerdings als dem im *Nibelungenlied* entfalteten Geschehen nicht adäquat, und er deutet sie als Überbleibsel einer Sagatradition, in der anders als im *Nibelungenlied* nur die Rache und nicht zusätzlich auch die Hortforderung am Schluss des Textes steht (vgl. insbes. Kuhn, Teufel, S. 281, S. 295 f.).

667 Zudem informiert er die Burgunden über Kriemhilds anhaltende Trauer wegen Siegfrieds Tod (1730,1–1731,1). In 1902,1–2 reagiert er auf ihre Bitte um Hilfe, mit der Einschätzung, dass der Verrat an den Verwandten ihr nicht zur Ehre gereiche. Dennoch bringt er sie wenig später vom Kampfplatz (1983 ff.).

In den erwähnten Figurenreden, die zur Rache Kriemhilds Position beziehen, finden sich damit unterschiedliche Strategien der Abwertung. Zum einen wird Kritik geübt an einzelnen Handlungen der Figur, insbesondere an der eigenhändigen Tötung Hagens. Zum anderen zeigt sich als weitere, gewissermaßen komplementäre Strategie, dass gerade nicht das Handeln der Figur näher charakterisiert wird, sondern dass die Protagonistin von anderen als Teufelin angesprochen wird, ohne dass eine Verbindung zwischen dieser Einschätzung und ihren Handlungen aufgewiesen würde. Dass wiederum einzelne Handlungen zu diesem Urteil führen – wie den eigenen Bruder Gunther töten zu lassen und heimlich Attacken auf die Burgunden zu planen –, kann auf der Grundlage des Kontextes geschlossen werden. Im Wort der „vâlandinne" selbst und in den Sätzen, in denen die Anrede verwendet wird, wird diese Verbindung allerdings nicht explizit gemacht.

Kriemhild wird nicht nur allein, als racheübende Akteurin, mit dem Tod der Burgunden in Verbindung gebracht, sondern bereits im Zuge des Konflikts mit Brünhild steht ihr Verhalten in Frage. Der Schilderung der Macht der burgundischen Brüder folgt bereits in Aventiure eins die Feststellung, dass sie durch die Missgunst zweier Frauen ums Leben kommen werden: „si sturben sît jæmerlîche von zweier edelen frouwen nît" (6,4). Mit einem ähnlichen Hinweis endet auch die Aventiure vom Streit der Königinnen. Hier ist es der Konflikt der beiden Frauen, der, wie es heißt, vielen Helden den Tod bringen wird: „von zweier vrouwen bâgen wart vil manic helt verlorn" (876,4). Brünhild ist also für den Tod der Burgunden-Herrscher und vieler Krieger mitverantwortlich. Ein Teil der Schuld wird ihr zudem unabhängig von der Interaktion mit Kriemhild zugewiesen.[668] Der Hinweis auf den Streit der Königinnen als Ausgangspunkt der Handlung, die zum Sterben einer großen Zahl von Kriegern führt, liefert

---

668 Nachdem Gunther Erzählungen von der Frau in Isenstein gehört hat, beginnt er, sich für sie zu interessieren (328,2–4). Wie zuvor Kriemhild wird auch Brünhild hier mit dem Helena-Motiv in Verbindung gebracht. Allerdings ist an dieser Stelle nicht allein die Schönheit der Frau Auslöser für den Tod von Kriegern. Die Aktivität eines einzelnen Mannes in Reaktion auf die Attraktivität der Frau führt zum Tod männlicher Figuren. Auch König Gunther trägt also handelnd zum Untergang seines Gefolges bei. Die Form der Mit-Schuld Brünhilds, auf die hier verwiesen wird, erscheint in Anbetracht des Handlungsverlaufs des Textes stark vermittelt, denn es ist nicht von Opfern bei der Brautwerbungsfahrt nach Isenstein die Rede, sondern von Konflikten, die sich an die Art und Weise anschließen, wie Brünhild als Braut Gunthers gewonnen wird. Allein auf Brünhilds Handeln bezogen wird das Sterben von Kriegern in 844,4.

eine Ursache für das Eskalationsgeschehen in Etzelburg. Damit wird aber nicht eine einzelne Figur – und ihr Verhalten – als Auslöser des Geschehens eingesetzt, sondern benannt wird eine Interaktion zweier Figuren, für die wiederum in Frage steht, wessen Handlungen die Auseinandersetzungen initiiert und in entscheidender Weise befördert haben. Der Verweis auf den Streit der Königinnen als Beginn des Untergangsgeschehens liefert also keine einzelne Schuldige, sondern bestimmt eine Situation zum Ausgangspunkt, in der unklar bleibt, welche von beiden beteiligten Figuren dafür verantwortlich ist, dass sie entstehen konnte.

Mit Blick auf die Geschlechterverhältnisse des Textes ist selbstverständlich von Bedeutung, dass auf diese Weise das Handeln weiblicher Figuren in einer Situation, die sich der Kontrolle der Männer entzieht, als gemeinsames Fehlverhalten für das Sterben von Kriegern verantwortlich gemacht wird.[669] Im Zusammenhang der hier untersuchten Frage, ob der Text die Schuld am Untergang Kriemhild zuschreibt, ist darüber hinaus signifikant, dass die Textstellen, die Kriemhild und Brünhild mit dem Untergangsgeschehen in Verbindung bringen, den genauen Anteil beider nicht bestimmen. Die Frage nach der Verursacherin des Untergangsgeschehens führt hier zu einer Szene, die die Interaktion zweier Figuren schildert. Ob Kriemhild oder Brünhild den entscheidenden Anteil an der Eskalation des Streits der Königinnen hat, klärt der Text nicht. Die Zurückführung des Sterbens vieler Krieger auf eine initiale Szene deutet nicht auf eine einzelne Figur und auf ihr Handeln hin, sondern verweist auf eine Situation, für die sich erneut die Frage eröffnet, wer sie maßgeblich zu verantworten hat: Welche Handlungen der beteiligten Figuren haben sie herbeigeführt, und welche Figur hat damit an der Interaktion, die als Ursache des Untergangsgeschehens angegeben wird, den entscheidenden Anteil? So wird die Frage, wer die Zerstörung der nibelungischen Welt verursacht hat, nicht beantwortet, sondern wiederholt und gespiegelt.

Der Durchgang durch Textstellen, die Kriemhilds Rache ablehnend kommentieren und die diese Rache darüber hinaus mit dem umfassenden Untergangsgeschehen im zweiten Teil des Textes in Verbindung bringen, führt bis hierher zu einer Reihe von Ergebnissen, die ich in einem Zwischen-Resümee zusammenfasse. Es hat sich zunächst gezeigt, dass

---

669 Lienert beschreibt, dass auf diese Weise die beiden weiblichen Figuren zu „Sündenböcken" für das folgende Geschehen gemacht werden, während der Betrug an Brünhild nicht aufgeklärt wird und das Handeln der Männer aus dem Fokus des Interesses von Erzähler und handelnden Figuren verschwindet (Lienert, Perspektiven, S. 94).

Kriemhilds Rache nicht allein deshalb negativ beschrieben wird, weil es sich um die Rache einer weiblichen Figur handelt, sondern dass sich Kritik anstatt auf die Rache einer Frau im Allgemeinen auf konkrete Vorgehensweisen bezieht, die die Figur wählt. Der Text kritisiert also durchaus die Art und Weise, wie Kriemhild ihre Rache verfolgt. Außerdem hat die Analyse ergeben, dass zahlreiche Textstellen Verbindungen zwischen Kriemhilds Handeln zum Zwecke der Rache und der Eskalation der Gewalt im zweiten Teil der Narration sowie der Tötung eines Großteils des Personals der nibelungischen Welt herstellen. Jedoch werfen die analysierten Formulierungen fast durchweg die Frage auf, wie Kriemhilds Handeln um der Rache Willen mit dem Untergangsgeschehen genau zu verknüpfen ist. Es zeigt sich, dass sie den Anteil, den Kriemhilds Handeln am Untergangsgeschehen hat, nur ungenau bestimmen. Markante Distanzierungen anderer Akteure von Kriemhild werten sie als Figur ab („vâlandinne"), ohne zu benennen, welche Handlungen zu diesem Urteil führen. Vorausdeutungen der Erzählinstanz erwähnen Kriemhilds Handlungen gelegentlich als Ausgangspunkte für ein nur unpräzise bestimmtes Leid, das sie zur Folge haben werden. In einem großen Teil der Fälle machen die Vorausdeutungen des Erzählers Kriemhild handelnd verantwortlich für Teilergebnisse des Geschehens. Das heißt, ihr Rachestreben wird zum Ausgangspunkt für die Verletzung oder Tötung einzelner Akteure oder Gruppen von Akteuren. Das Untergangsgeschehen insgesamt ist mit diesen partiellen Effekten von Kriemhilds Handeln jedoch nicht benannt. Als personelle Auslöschung einer großen Zahl von Kriegern des burgundischen wie auch des hunnischen Personenverbandes wird es in den epischen Vorausdeutungen durchaus angesprochen. Wiederholt bleibt jedoch unklar, wie das Geschehen mit konkreten Handlungen Kriemhilds verknüpft ist. Vorausdeutungen nennen entweder nur Teile des gesamten Untergangsgeschehens oder sie versäumen es, Kriemhilds Racheverfolgung mit dem Untergang eines Großteils des Personals zweier Personenverbände der nibelungischen Welt zu verketten. Zahlreiche Verse umkreisen die Verbindung, bringen sie aber nicht in einer einzelnen Formulierung zusammen, die gleichermaßen auf konkrete Handlungen der Figur Bezug nimmt wie auf die umfassende Zerstörung am Schluss des Textes.

Da die Nahsicht auf die Kommentare des Erzählers und der Figuren immer wieder zeigt, welche Verknüpfungen von Kriemhilds Handeln im Zuge ihrer Rache und dem Untergangsgeschehen die Formulierungen *nicht* zulassen, stellt sich die Frage, wie das Verhältnis denn präzise beschrieben werden kann. Wie ist der Anteil zu charakterisieren, den Kriemhild am Untergang der Burgunden, an der weitestgehenden Ver-

nichtung des Herrschaftsverbandes der Hunnen sowie der ihm zugeord-
neten Gefolgschaften Rüdigers und Dietrichs hat? Jan-Dirk Müller formuliert zu dieser Frage pointiert: „In dem Maße, in dem sie [= Kriemhild]
die Möglichkeit zu selbständigem Handeln erhält, geht die Welt aus den
Fugen".[670] Er konstatiert eine in der Erzählung angelegte Parallelität von
sukzessiver Zunahme der Handlungsfähigkeit[671] Kriemhilds und von der
Zerstörung der Ordnung der erzählten Welt. Ob der Text über die Koinzidenz beider Entwicklungen hinaus einen Kausalzusammenhang nahe
legt, wird in Müllers Formulierung offen gehalten. Damit ist selbstverständlich auch keine Aussage darüber getroffen, in welcher Richtung ein
kausaler Nexus – sollte er sich aufweisen lassen – verläuft: vom Untergang
der Ordnung zur Handlungsfähigkeit Kriemhilds oder in die entgegengesetzte Richtung? Geht die Welt aus den Fugen, weil Kriemhild selb-
ständig handelt, oder erhält die Figur die Möglichkeit zu handeln, weil die
Ordnung der nibelungischen Welt zerbricht? Oder lässt sich die Frage, weil
die Verknüpfungen unklar bzw. weil beide Entwicklungen in ihrer wechselseitigen Abhängigkeit dargestellt sind, schlicht nicht entscheiden?

Ich habe bislang herausgearbeitet, dass der Text in Vorausdeutungen
der Erzählinstanz und in Kommentaren der Figuren eine explizite und
präzise Verbindung vermissen lässt zwischen dem Vollzug der Rache durch
Kriemhild und dem Sterben der Burgunden-Herrscher sowie einer Vielzahl
von Kriegern der Burgunden wie der Hunnen gleichermaßen, einem
Prozess also, der verstanden werden kann als Zerfall der Ordnung der
nibelungischen Welt insgesamt.[672] Die zahlreichen Anklagen und

---

670 Müller, Spielregeln, S. 192.
671 Müller betont meiner Ansicht nach zu Recht, dass der Text Kriemhilds Handlungsfähigkeit als abhängig vom Kontext darstellt und im zweiten Teil den Prozess
   ihrer Zunahme schildert. Auf die situative Bedingtheit von Kriemhilds Rache weist
   auch Lienert hin (vgl. Lienert, Gewalt, S. 16). Indem das *Nibelungenlied*
   Kriemhilds Möglichkeiten zu agieren vor dem Hintergrund der Bedingungen ihrer
   Vorgehensweisen zeigt, weist der Text Parallelen zum Konzept der Handlungsfähigkeit auf, das Judith Butler vorgeschlagen hat: das Subjekt – lies: die Protagonistin im zweiten Teil des *Nibelungenlieds* – ist eine ambivalente Position, denn es
   ist sowohl passiver Effekt einer vorausgehenden Macht als auch Bedingung der
   Möglichkeit zu handeln (vgl. Butler, Judith: Psyche der Macht. Das Subjekt der
   Unterwerfung, aus dem Amerikanischen v. Reiner Ansén, Frankfurt am Main
   2001, S. 15–22).
672 Weitere Aspekte der Entwicklung im zweiten Teil des *Nibelungenlieds* sind die
   Veränderung von Interaktionsmustern und Wertvorstellungen. Müller hat die
   Modifikationen sozialer Verhaltensmuster ausführlich anhand der Überführung
   unterschiedlicher höfischer Handlungsweisen in Gewalt beschrieben; unter an-

Schuldvorwürfe gegen Kriemhild beziehen sich in erster Linie auf konkrete einzelne Handlungen der Figur und nicht auf das umfassende Untergangsgeschehen. Der hier gewählte Blick auf explizite Kritik und Anschuldigungen an Kriemhild bestätigt damit Müllers Befund einer narrativen Koinzidenz von Rache und Untergang insofern, als die Zurückführung der Zerstörung der nibelungischen Welt auf Kriemhilds Rachehandeln im Text durchaus angedeutet wird. Die einzelnen Formulierungen werfen wiederholt die Frage auf, wie dieser Nexus genau zu beschreiben ist. Die stets mit leichten Veränderungen einhergehenden Bezugnahmen auf das Verhältnis von Kriemhilds Rachehandeln und Zerfall der nibelungischen Welt können als Frage nach der präzisen Bestimmung dieses Verhältnisses verstanden werden. Wie die exemplarische Analyse zentraler Formulierungen gezeigt hat, liefern sie keine abschließende Antwort. Die Untersuchung der Kommentare des Erzählers und der Figuren deutet darauf hin, dass es tatsächlich an textueller Evidenz fehlt, das Verhältnis von Kriemhilds Rache und Untergang der Welt des *Nibelungenlieds* präziser zu charakterisieren als im Sinne einer narrativen Parallelentwicklung.

Dennoch scheint, folgt man Jan-Dirk Müllers Ausführungen weiter, zumindest auf der Ebene der Botschaft an die Rezipierenden die Antwort auf die Frage nach der Relation von Kriemhilds Rache und dem Untergang klar zu sein. Müller vertritt die These: „Es wird dem Hörer eingehämmert, daß die Rache bis zum letzten, in der alles untergeht, Werk einer Frau ist, die ihre engsten Verwandten opfert".[673] Angesichts der Textstellen, die hier

---

derem zeigt sich die Entwicklung daran, dass das Wein-Trinken auf Festen immer häufiger durch Blut ersetzt wird, das bei Mahlzeiten fließt (vgl. Müller, Spielregeln, S. 416–434; zur Verbindung der Bildfelder von Blut und Wein vgl. auch Schwab, Ute: Weinverschütten und Minnetrinken. Verwendung und Umwandlung metaphorischer Hallentopik im Nibelungenlied, in: Zatloukal, Klaus (Hg.): [1.] Pöchlarner Heldenliedgespräch. Das Nibelungenlied und der mittlere Donauraum, Wien 1990, S. 59–101).

673 Müller, Spielregeln, S. 192. Müller steht mit dieser Einschätzung nicht allein. Freche interpretiert das Geschehen, das zur „Auslöschung einer ganzen Sippe" führe, als Darstellung der Folgen des selbständigen Handelns einer Frau (Freche, Geschlechterkonstruktion, S. 216). In diesem Sinne formuliert auch Jönsson; sie stützt ihre Einschätzung auf die „Erzählstrategien" des Textes: „Die Wiederherstellung der verlorenen *êre* kann den weiblichen Figuren des NLs nicht innerhalb des *ordo* gewährt werden und führt zwangsläufig zu Normtransgressionen und dazu, dass den Frauenfiguren die Schuld am Untergangsgeschehen zugeschrieben wird" (Jönsson, Genderentwürfe, S. 347 f.). Statt mit Erzählstrategien oder Rhetoriken des Textes begründet der erläuternde Satz die Einschätzung Jönssons je-

bislang besprochen worden sind, muss diese Einschätzung überraschen. Dass Kriemhilds Handeln, um Rache zu nehmen für den Tod ihres Ehemannes, im Text negativ bewertet wird, weil es sich gegen die eigenen Verwandten richtet, dass also die Art und Weise, wie hier Rache geübt wird, Ziel der Kritik ist, haben meine Ausführungen gezeigt. Wird aber tatsächlich – und im Unterschied zur bereits zitierten Einschätzung Müllers, die Kausalzusammenhänge offen hält – Rezipierenden vermittelt, dass das gesamte Untergangsgeschehen, „die Rache bis zum letzten, in der alles untergeht", das Werk der Protagonistin ist? Dass der Text Rezeptionsangebote macht, die in diese Richtung weisen, ist unbestritten. Aber handelt es sich um die einzige Lektüremöglichkeit, die zeitgenössischen und modernen Rezipierenden bereit steht? Wird Kriemhilds Schuld am Untergangsgeschehen Hörenden tatsächlich mit wiederholender Eindringlichkeit „eingehämmert"?

Aufschlussreich für die Frage nach einer möglichen Gesamtbewertung der Kriemhild-Figur und der Bedeutung ihres Handelns für die Zerstörung der nibelungischen Welt, scheint mir vor allem zu sein, wie Müller seine These zur Botschaft des Textes erläutert. Er begründet sie zum einen mit dem Hinweis auf die bereits wiedergegebene Reaktion Etzels auf den abschließenden eigenhändigen Vollzug von Kriemhilds Rache (2373,4 – 2374,4).[674] Selbst der Ehemann, der im Zuge der Auseinandersetzung die Position Kriemhilds gegen seine Burgundischen Gäste eingenommen hat, nimmt hier Abstand von ihrer Rache und zeigt Mitleid mit dem, der eigentlich sein Gegner sein sollte (2374,4).[675] Dass er vom feindschaftlichen Verhältnis zu Hagen absieht, kann als gleichzeitige Distanzierung von der Bindung an Kriemhild verstanden werden. Das Untergangsgeschehen jedoch erwähnt Etzel, wie schon gezeigt, nicht.

---

doch mit sozialen Logiken („êre") und Reglementierungen („ordo") der im *Nibelungenlied* entworfenen Welt und mit den Handlungskonstellationen, die daraus resultieren. Die „Zuschreibungen", die der Text vornimmt, enthalten – das habe ich zu zeigen versucht – diese Einschätzung nicht explizit und urteilen daher nicht mit der von der Autorin unterstellten zwingenden Konsequenz. Differenzierter beschreibt Lienert das Verhältnis von Kriemhilds Handeln und dem Untergang der nibelungischen Welt. Zunächst formuliert sie, dass die „gewalttätige Frau […] eine ganze Welt in den Untergang treibt" (Lienert, Gewalt, S. 21), um dann zu präzisieren: „weibliche Gewalt [werde] nicht wirklich als Ursache, aber doch als Auslöser des Untergangs" dargestellt (Lienert, Gewalt, S. 22).

674 S. o., S. 307.
675 So auch Lienert, Gewalt, S. 17.

Zum anderen zieht Müller eine Textstelle heran, die Kriemhild als
Mörderin an ihren Verwandten sowie an einer Reihe anderer Männer
beschreibt und die vorausdeutet, dass ihre Rache Etzel letztlich keine
„vreude" bereiten werde:

> Z'einen sunewenden der grôze mort geschach,
> daz diu vrouwe Kriemhilt ir herzeleit errach
> an ir næhsten mâgen unde ander manigem man,
> dâ von der künec Etzel vreude nimmer mêr gewan. (2086)

Die Strophe kündigt in der 36. Aventiure, also kurz vor dem Saalbrand,
eine exorbitante und nicht legitimierte Gewalttat an: Das Geschehen heißt
„der grôze mort".[676] Dieser besteht darin, dass Kriemhild an einer bestimmten Gruppe von Figuren Rache übt. Die Täterin ist eine „vrouwe",
womit ihr Geschlecht ebenso wie ihr Stand betont wird. Dass die Rache an
den engsten Verwandten und an einer Reihe anderer Männer vollzogen
wird, markiert sie ein weiteres Mal als maßlos und als jenseits der Ordnung
rechten Verhaltens stehend. Auch hier besteht ein Aspekt der Begründung,
dass Kriemhilds Verhalten die Handlungsvorgaben der nibelungischen
Welt überschreitet, zudem darin, dass sich die Rache auf eine Reihe von
Personen ausweitet. Die Textstelle bringt im Vergleich zu den bereits
analysierten Passagen eine enge Verknüpfung von Kriemhilds Rache und
ihren Effekten zum Ausdruck. Darüber hinaus kann sie als Beschreibung
eines sehr weitgehenden Untergangsgeschehens verstanden werden. Der
Text zeigt an, dass Kriemhilds Rache nicht nur ihre Brüder, sondern auch
weitere Krieger zum Opfer fallen. Dass der letzte Vers der Strophe den
Verlust von Etzels Freude nennt, kann zudem als Hinweis auf die Effekte
verstanden werden, welche die Zerstörung auch auf der Seite der Hunnen
hat. Möglicherweise sind hier die zahlreichen toten Krieger gemeint –
ausdrücklich genannt wird die Zerstörung des Hunnischen Personenverbandes an dieser Stelle allerdings nicht.

In diesem Sinne ist Müllers Verständnis der Strophe zuzustimmen. Es
werden jedoch noch weitere Aspekte des Geschehens angesprochen. Die
Passage schildert die Gewalt nicht nur als Transgression von Verhaltensnormen sowie in ihrem Effekt auf andere. Vielmehr liefert sie auch Hinweise auf die Situation, in der es zur Gewalt kommt. Da es sich nicht nur
um Mord, sondern auch um Rache handelt („errach"), ereignet sich die

---

676 Auch für Ruth Schmidt-Wiegand ist die Botschaft dieser Strophe klar; sie formuliert: „Vorausdeutungen wie diese enthalten zugleich eine Bewertung des Geschehens durch den Dichter, die in diesem Fall eindeutig negativ ist" (Schmidt-
Wiegand, Kriemhilds Rache, S. 384).

Gewalt nicht als spontane singuläre Tat, sondern in der für Rache spezifischen Reaktivität verweist die Gewalt zunächst auf eine vorausgehende Handlung sowie weiterhin nicht nur auf den sie vollziehenden Täter, sondern auch auf den Zusammenhang, in dem dessen Tat steht. Auch in der zitierten Strophe zeigt sich dieser Verweisungszusammenhang. Schon mit der Verwendung des Terminus der Rache, der ein Instrument der Durchsetzung eines Rechtsanspruchs bezeichnet, geht die Strophe über eine schlichte Schuldzuweisung an die Figur hinaus, die Gewalt vollzieht. Dass die Gewalttat aber als Rache nicht notwendig legitim erscheint, zeigt der Hinweis auf die Vergeltung an den Verwandten. Die Darstellung der Fehderegelungen des 12. und 13. Jahrhunderts hat deutlich gemacht, dass vergeltende Gewalthandlungen im Zuge einer Selbsthilfe zeitgenössisch nicht grundsätzlich als rechtmäßig angesehen werden. Ihr Status wird ausgehandelt und sie sind nur Teil des Rechts, wenn sie bestimmten Verhaltensvorgaben folgen. Auch wenn Kriemhild unangemessen und unmäßig rächt, handelt sie doch aus einer näher bestimmten Situation heraus. Das „herzeleit" (2086,2) spezifiziert die Umstände ihres Handelns. Der Begriff erinnert daran, dass es sich bei Kriemhilds Rache um eine Rache für den verstorbenen Ehemann handelt. Außerdem fügt das Wort dem basalen juristischen Befund der Rache für erlittenes Unrecht weitere Dimensionen hinzu: eine memoriale, die als Teil von Kriemhilds sozialer Rolle als Witwe verstanden werden kann,[677] aber auch eine emotionale. Die Wunde des Herzens ist Effekt des Verlusts ihres Ehemannes. Die Emotionalisierung der Figur ist eine Tendenz, die im zweiten Teil des Textes immer deutlicher hervortritt.[678] Sie soll hier kurz rekonstruiert werden.

---

677 Zu Trauer und *memoria* als Teil der Rolle der adligen Frau im Allgemeinen sowie der Witwe im Besonderen vgl. Fößel, Königin, S. 222–249. Die Konzeption der Witwe seit dem frühen Christentum, zu deren Aufgaben noch im Hochmittelalter die Sorge für das Andenken des verstorbenen Ehemannes gehört, hat Jussen dargestellt (vgl. Jussen, Bernhard: Die Namen der Witwe. Erkundungen zur Semantik der mittelalterlichen Bußkultur, Göttingen 2000, insbes. S. 199–206). Im *Nibelungenlied* unterstützen Frauen Kriemhild bei ihrer Aufgabe, um Siegfried zu trauern: „mit klage ir helfende manic vrouwe was" (1067,2). Es trauern aber keineswegs ausschließlich Frauen um Siegfried: vgl. beispielsweise 1036,2.

678 Vgl. dazu Haug, Montage, S. 288; sowie ders.: Höfische Idealität und heroische Tradition im Nibelungenlied [1974], in: Ders.: Strukturen als Schlüssel zur Welt. Kleine Schriften zur Erzählliteratur des Mittelalters, Tübingen 1989, S. 293–307, hier S. 304 f. Hier formuliert Haug pointiert: „Kriemhilds Tat wird aus ihrer zerstörten Liebe geboren" (S. 304). Er versteht also die emotionale Dimension der Verletzung als entscheidendes Movens der Rache.

Kriemhilds Verletzung wird mit den Begriffen „jâmer" (etwa 1010,2;
1066,2), „ungemüete" (z. B. 1066,4) und vor allem „leit" (z. B. 1008,3;
1070,4; 1141,1) bezeichnet. Das Leid nimmt seinen Ausgang von der
Ermordung Siegfrieds; aktualisiert und gesteigert wird es durch den Entzug
des nibelungischen Erbes, durch den Raub des Hortes (etwa 1141,1). Die
Verknüpfung von Siegfrieds Tod mit dem Hortraub, mit einem Ereignis
also, das für Kriemhild auch bedeutende politische Folgen hat,[679] macht
deutlich, dass es bei ihrer Trauer nicht ausschließlich um den Ausdruck
einer emotionalen Verletzung durch den Verlust des geliebten Ehemannes
geht.[680] Die Ermordung Siegfrieds zieht für Kriemhild bedeutende Einschränkungen ihrer Macht nach sich. Das wird deutlich, wenn sich die
Figur auf dem Höhepunkt ihres Ansehens als Gemahlin Etzels in Aventiure
23 an ihre Stellung an der Seite Siegfrieds und an die Rache erinnert:

> Si gedâht' ouch maniger êren von Nibelunge lant,
> der si dâ was gewaltic, unt die ir Hagenen hant
> mit Sîfrides tôde hete gar benomen,
> ob im daz noch immer von ir ze leide möchte komen. (1392)

Die Rache an Hagen ist also immer auch als Vergeltung für den Entzug
einer bedeutenden sozialen Position sowie des Ansehens zu verstehen, die
mit Siegfrieds Tod einhergehen.[681] Damit ist jedoch nicht gesagt, dass sich
die Ermordung Siegfrieds auf eine Verletzung von Kriemhilds Ehre reduzieren ließe.[682] Ihre Beziehung zu Siegfried wird von Anfang an emo-

---

679 Zur Bedeutung von Besitz für das Machtpotential, das weiblichen ebenso wie
männlichen Figuren im *Nibelungenlied* zukommt, vgl. Frakes, Brides, S. 47 ff.
Insbesondere ist es Kriemhild möglich, mit Hilfe von Gaben Ritter für das gewaltsame Vorgehen gegen die Burgunden am Hunnenhof zu gewinnen. Frakes
weist darauf hin, dass der Einsatz von Gaben für Kampfhandlungen im zweiten
Teil des Textes soweit gehe, dass schließlich Besitztransfer synonym verwendet
werde mit kriegerischem Handeln (vgl. Frakes, Brides, S. 90 f.). Frakes – und auch
Tennant – stellen zutreffend fest, dass der Einfluss, den Kriemhild durch das
Verteilen von Gaben auf das Handeln der Krieger erhält, zeitlich sehr begrenzt ist
(vgl. Frakes, Brides, S. 95; sowie Tennant, Prescriptions, S. 303).

680 Als Ausdruck einer Dimension des „Seelischen" im *Nibelungenlied* versteht dies
Schröder (vgl. Schröder, Nibelungenlied-Studien, S. 113, S. 204–210).

681 Auch wenn die zweite Ehe mit Etzel als Wiederherstellung von Kriemhilds vor-
maligem Ansehen und sozialer Position verstanden werden kann, so zeigt sich
doch, dass selbst auf dieser Ebene der Verlust Siegfrieds nicht vollständig zu ersetzen ist. Festgemacht wird das unterschiedliche Ansehen Kriemhilds am heidnischen Glauben Etzels (1395,3; vgl. auch McMahon, Marriage, S. 137 ff.).

682 Vor allem als Ehrverletzung Kriemhilds versteht Maurer den Mord an Siegfried.
Leid ist seiner Ansicht nach nicht in erster Linie „seelischer Schmerz" oder psy-

tionalisiert dargestellt, und diese Dimension des Verhältnisses der beiden Figuren zeigt sich auch nach Siegfrieds Tod (etwa 1103–1105). Dass sich Kriemhild, just als sie eine Stellung erlangt, die der an der Seite Siegfrieds vergleichbar ist, der Verletzung durch den Mord an Siegfried erinnert und an Rache denkt, deutet darauf hin, dass die Situation, der sie durch die Ermordung Siegfrieds verlustig geht, gerade *nicht* durch die Ehe mit einem anderen Herrscher restituierbar ist und also auch nicht auf Fragen des Ansehens, der sozialen Position und des damit einhergehenden Machtpotentials beschränkt werden kann.[683] An verschiedenen Stellen macht der Text deutlich, dass sich Kriemhilds Verbindung zu Etzel von der zu ihrem ersten Ehemann insbesondere dadurch unterscheidet, dass sie weniger von emotionaler Affektion bestimmt wird.[684]

Der Schmerz, den Kriemhild durch den Tod Siegfrieds erleidet, ist mit der körperlichen Metapher des verletzten Herzens gefasst:

dô was ir daz herze sô grœzlîche wunt:
ez kunde niht vervâhen, swaz man ir trôstes bôt. (1104,2–3)

Der Körper ist auch an anderen Stellen des Textes der Ort der Figur, den der Schmerz trifft und an dem die Trauer nach außen tritt: „daz bluot ir ûz dem

---

chische Verletzung, sondern Beleidigung und erlittenes Unrecht (vgl. Maurer, Leid, S. 22 f., S. 25, S. 29 ff.; sowie im Anschluss daran: Grenzler, Politik, S. 303 ff.). Dagegen hat bereits Schröder zu bedenken gegeben, dass an verschiedenen Stellen bei der Verwendung von Leid eine emotionale Dimension zumindest mitgemeint sei (vgl. Schröder, Nibelungenlied-Studien, S. 59 f.). Sich dieser Kritik Schröders an Maurer anzuschließen bedeutet nicht, seiner allein auf die emotionale Verletzung Kriemhilds abstellenden Interpretation zu folgen. Vielmehr scheint das *Nibelungenlied* weder die Reduktion auf das eine noch auf das andere Erklärungsmodell zuzulassen, sondern gerade die Verbindung beider darzustellen.

683 Indiz für die besondere emotionale Bindung Kriemhilds an Siegfried ist die Beschreibung der Erinnerung an ihn auf dem Höhepunkt ihrer Macht an der Seite Etzels. Dass die Figur an Rache denkt, ist dagegen auch mit der Ehrverletzung vereinbar, denn diese kann nicht nur durch den erneuten Erwerb einer Position von Ansehen, sondern nur durch die Gewalt gegen den Verletzenden getilgt werden (vgl. Maurer, Leid, S. 30).

684 Für Kriemhilds Verhältnis zu Etzel fällt die mehrfache Schilderung des Begehrens der Partner weg, die Geliebte oder den Geliebten zu sehen und mit ihr oder ihm — durch die Augen des Hofes stark eingeschränkt — Zärtlichkeiten auszutauschen (zur Darstellung des Begehrens im Verhältnis von Kriemhild und Siegfried vgl. etwa 133; 135; 284 f.; 291–295; 297,3–4; 301–305; 320–324; 353; 535; 562; 607–616). Von Kriemhilds Beziehung zu Etzel wird vor der Hochzeit nur ein Kuss berichtet (1350,4); außerdem heißt es, dass nach der Begrüßung ihre Hand in seiner liegt (1358,2) und dass beide beieinander sitzen, weil Rüdiger weitere Intimitäten vor der Hochzeit untersagt (1358,3–4).

munde von herzen jâmer brast" (1010,2).[685] Kriemhilds Schmerz ist die
konsequente Folge einer Verbindung zwischen dem Körper des Toten und
dem seiner Ehefrau; weil diese besteht, kann die Ermordung Siegfrieds
Kriemhild unmittelbar physisch treffen: „die Sîfrides wunden tâten
Kriemhilde wê" (1523,4).[686] Der Körper aber setzt dem Leid und den
Kasteiungen des Körpers (1058,1), die vorgenommen werden, um dem
Leid Ausdruck zu verleihen, auch Grenzen (1072,3–4; 1105,3). Mit dem
Begriff des Herzens wird der Schmerz Kriemhilds im Inneren ihres Körpers
situiert und die Emotionalisierung des Geschehens dargestellt.[687] Dem
Begriff „herze" kommt für die Beschreibung von Kriemhilds Leid eine
besondere Bedeutung zu, denn er zeigt den Übergang von einer Benennung
von Kriemhilds Leid mit Ausdrücken wie „leit" und „jâmer", solchen also,
die Gemütszustände bezeichnen, welche über den singulären persönlichen
Schmerz hinausgehen, hin zu einer Konzeption inneren Leids, das sich
neben den bereits genannten Effekten ebenfalls nach Siegfrieds Tod bei
Kriemhild einstellt.[688]

Ähnlich verhält es sich mit dem Begriff „triuwe", der die Zugehörigkeit
zu einem Personenverband ebenso bezeichnet wie die als Liebesbeziehung
dargestellte eheliche Verbindung zwischen Siegfried und Kriemhild. Auch
in der Treue sind, so Müller, „innere, d. h. auf den einzelnen Menschen
bezogene und soziale Komponenten [...] unauflöslich miteinander verbunden und nur schwach gegeneinander ausdifferenziert".[689] Die Verhältnisse, die mit „triuwe" bezeichnet werden, haben einen gemeinsamen
gesellschaftlichen Kern, der sich nur allmählich in der Literatur des 12. und

---

685 Als Kriemhild von dem Toten vor ihrem Zimmer hört, sinkt sie zu Boden (1009,1),
     ihre Augen weinen vor Trauer Blut (1069,4), ihr Körper ringt mit dem Leid
     (1066,2), ist dem Tode nahe (1070,4) und kann schließlich von der Trauer genesen
     (1067,1).

686 In diesem Zusammenhang zeigt sich die physische Dimension der Verletzung, die
     die Ermordung Siegfrieds für Kriemhild bedeutet, auch in dem Satz „ez enwart nie
     vrouwen leider an liebem manne getân" (997,4), auf den ich im Abschnitt zum
     „Hort" bereits eingegangen bin (s. o., S. 294).

687 Vgl. Wolf, Heldensage, S. 304 ff., S. 422 f. Nach Wolf zeigt sich die Emotiona-
     lisierung des Geschehens nicht nur in der Beziehung Kriemhilds zu Siegfried und
     in ihrer Trauer nach seinem Tod, sondern auch in den Bindungen anderer Figuren.
     Er spricht in Bezug auf das Verhältnis von Kriemhild und Giselher von einer
     „tiefgreifenden Sentimentalisierung der Familienbindung" (Wolf, Heldensage,
     S. 309).

688 Vgl. Müller, Spielregeln, S. 217.

689 Müller, Spielregeln, S. 164.

13. Jahrhunderts zu einer stärker individuell modellierten Beziehung hin verschiebt.[690]

Es kann also weder darum gehen, das Leid Kriemhilds allein auf der Ebene des Standes noch allein auf der einer emotionalen Bindung an ihren geliebten Ehemann zu verorten. Festgehalten werden muss vielmehr, dass der Text die Verletzung, die Kriemhild erleidet, in Bezug auf ihre Stellung im sozialen Zusammenhang wie auch in Bezug auf ihre exklusiv emotionale Bindung an Siegfried thematisiert. Gelegentlich spielt der Text beide Facetten von Kriemhilds Leid gegeneinander aus. So heißt es, als Kriemhild vor dem Hortraub über die Morgengabe Siegfrieds zunächst verfügen kann:

> und solt' der herre Sîfrit gesunder sîn gewesen,
> bî im wære Kriemhilt hendeblôz bestân. (1126,2 – 3)

Das „herze" ist jedoch nicht durchgehend nur der Ort, an dem Kriemhilds zärtliche Emotionen für den verstorbenen Ehemann situiert werden, sondern es hat eine weitere Bedeutung, die mit der Erinnerung an den Toten verknüpft ist: Im „herze" befinden sich auch die negativen Empfindungen Kriemhilds, die dem allgemeinen Zugriff entzogen sind. Es ist der „verschlossene Raum", in dem Kriemhild Gedanken an Rache hegt.[691] Kriemhilds „herze" ist also doppelt codiert als Sitz der zärtlichen Empfindungen für den toten Siegfried und als Ort, an dem ihre Racheabsicht nicht allen erkennbar ist. Indem hier der Innenraum einer Figur eröffnet wird, geht dies mit einer negativen Konnotation einher.[692]

---

690 Vgl. Müller, Spielregeln, S. 164.

691 Müller, Spielregeln, S. 219 f. Vgl. außerdem Haug, der mit Kriemhilds Rache im zweiten Teil des *Nibelungenlieds* Individualität in negativer Form zum Ausdruck gebracht sieht (Höfische Idealität, S. 304 ff.). Dazu ist zu ergänzen, dass nicht nur Kriemhild, sondern auch Brünhild Gedanken, die sie beschäftigen, in ihrem „herzen" verbirgt (725,1). Die doppelte Codierung des Herzens ist also weder auf Kriemhild noch auf den zweiten Teil des Textes beschränkt.

692 Im Zuge der Kontextualisierung des Geschehens in zeitgenössischen rechtlichen Regelungen argumentiere ich im Folgenden dafür, den Hinweis auf den Tod von Kriemhilds geliebtem Ehemann als eine Möglichkeit zu verstehen, die Auffassung ihres schuldhaften Handelns zu problematisieren. Dabei handelt es sich um eine Dimension des Textes, welche die *C-Fassung und die *Klage* weiter verfolgt haben. Müller schätzt dagegen die Individualisierung von Leid und Rache als weiteren Aspekt des Handelns der Figur ein, der vor dem Hintergrund einer *triuwe*-Konzeption der vielfältigen wechselseitigen Bindungen, die den Zusammenhalt des Personenverbandes sicherstellen, kritikwürdig erscheinen müsse (vgl. Müller, Spielregeln, S. 163 ff.). Verbindet man Müllers These von der Ambiguisierung der *triuwe*-Konzeption mit der Verteidigung Kriemhilds als liebender Ehefrau in der

Wenn Kriemhilds „herzeleit" nun – und das war der Ausgangspunkt der Ergänzungen zur emotionalen Dimension von Kriemhilds Verletzung durch den Mord an Siegfried – im Zusammenhang der ihr Handeln deutlich abqualifizierenden Rede vom „grôzen mort" (2086,1) aufgegriffen wird, so ist ein bestimmter Kontext aufgerufen, in dem die Gewalthandlung Kriemhilds steht. Schon wenn man das Leid Kriemhilds als Ehrverletzung fasst, ist dieser Verweis auf den Handlungszusammenhang gegeben: Erlittenes Unrecht wird gut zu machen gesucht durch die Vergeltung der Verletzung.[693] In der Logik der Rache wiederholt die zweite Verletzung die erste, approximiert sie so gut wie möglich, und es scheint, als würde die erste die zweite nahezu zwangsläufig hervorbringen. Dem fügt die Rede von Kriemhilds verletztem Herzen die Tendenz zur Emotionalisierung und Individualisierung des Rachegeschehens hinzu. Mit der zusätzlichen Dimension von Kriemhilds Leid geht eine Verschiebung der Vorstellung vom Kontext der Rache einher, auf den die Verletzung verweist. Den Kontext bildet damit nicht nur die vorausgehende Tat und die Zwangsläufigkeit der Folge von Verletzung und Gegen-Verletzung, sondern das Empfinden der Figur als ein außergewöhnliches und exklusives wird nun in ihrem Inneren situiert und zum Thema gemacht. Kriemhilds Leid und ihre Rache werden auf diese Weise auch an der Besonderheit ihrer emotionalen Verbindung zu Siegfried gemessen.

Dieser Befund korrespondiert mit zeitgenössischen rechtshistorischen Tendenzen bei der Thematisierung einer Tat und ihrer Konsequenzen. Die sich im 12. und 13. Jahrhundert herausbildenden peinlichen Strafen werden in erster Linie nach Beschaffenheit und Schwere der Tat bemessen und spiegeln diese in der Regel. Die Einführung der spiegelnden Strafen deutet darauf hin, dass das Strafprinzip der Erfolgshaftung, d. h. die Orientierung des Strafmaßes an den Effekten der Tat, noch im Hoch-

---

Rezeption des Stoffes im 13. Jahrhundert, so ist zu konstatieren, dass diese Variationen des Stoffes auf eine Strategie der Problematisierung von Kriemhilds Schuld gesetzt haben, die selbst immer schon ambivalent ist. Müller deutet an anderer Stelle selbst an, dass die von ihm beschriebene Ambiguisierung der *triuwe* im *Nibelungenlied* um 1200 in eine Zeit fällt, in der die individualisierte *triuwe* eine Aufwertung erfährt; er hält jedoch an der These fest, dass Kriemhilds Rachehandeln, das sich allein am individuellen Leid orientiere, „in der *B-Fassung unter eindeutig negativen Vorzeichen" dargestellt werde (Müller, Nibelungenlied (2002), S. 102 f.).

693 Vgl. Maurer, Leid, S. 30.

mittelalter Gültigkeit besessen hat.[694] Gleichzeitig lässt sich beobachten, dass Vergehen nicht nur anhand der formalen Beschaffenheit von Tatfolgen eingeschätzt werden: Auf der einen Seite werden die fehlende Absicht und mangelnde Zurechnungsfähigkeit des Täters erwogen; auf der anderen Seite werden Vergehen zudem einem moralisch deutlich abgewerteten bösen Willen des Täters zugeschrieben.[695] Die unmittelbare Zurückführung der Folgen einer Handlung auf den Täter reicht damit zur Beschreibung der Logik, der Strafen in dieser historischen Situation folgen, nicht hin. Sellert und Rüping formulieren generalisierend, dass Strafbestimmungen des Hoch- und Spätmittelalters die Tendenz zeigen, „psychische Beziehungen des Täters zu seiner Tat" zu berücksichtigen.[696] Mit einer Formulierung von Kaufmann entwickelt sich ausgehend von diesen Ansätzen ein modernes Verständnis von Schuld als „Verknüpfung von Willen, Handlung und Erfolg".[697]

Hinweise auf eine Psychologisierung des Täters finden sich auch in den Landfrieden und anderen Rechtstexten des 12. und frühen 13. Jahrhunderts. Selbst wenn sie in der Mehrzahl der Fälle die Beschreibung der subjektiven Seite einer Straftat übergehen, so lassen sie doch auch einzelne Formulierungen erkennen, die als Thematisierung der Intentionen des Täters zu verstehen sind.[698] Zunächst zeigt sich in den Landfrieden an

---

694 Zu spiegelnden Strafen als Ausdruck des Prinzips der Erfolgshaftung vgl. Bader, Schuld, S. 69, S. 73 f.; zum talionischen Prinzip der spiegelnden Strafen vgl. His, Strafrecht 1, S. 371 ff.; Schmidt, Einführung, S. 66; Sellert/Rüping, Strafrechtspflege 1, S. 106 f.; Klementowski, Verantwortlichkeit, S. 241. Zusammenfassend zur Erfolgshaftung im zeitgenössischen Recht und in der nibelungischen Welt vgl. das Kapitel „Siegfrieds Mörder", s. o., S. 224 ff.

695 Zu hochmittelalterlichen Regelungen der Schuldminderung bei fehlender Absicht und mangelnder Zurechnungsfähigkeit vgl. zusammenfassend Schmidt, Einführung, S. 71 f.; sowie His, Strafrecht 1, S. 61 ff., S. 86 ff. Stets wird auf die mangelnde Systematik hochmittelalterlicher Regelungen zum Täterwillen hingewiesen. Unabhängig von einer ausgebildeten Systematik scheint mir die Einführung von Differenzierungen entscheidend zu sein, die sich auch auf die Feststellung des Strafmaßes auswirken. Dass das Strafrecht des *Sachsenspiegels* nicht auf das Prinzip der Erfolgshaftung reduziert werden kann, sondern durchaus subjektive Elemente berücksichtigt, hat Benöhr gezeigt (vgl. Benöhr, Hans-Peter: Erfolgshaftung nach dem Sachsenspiegel?, in: Zeitschrift der Savigny-Stiftung für Rechtsgeschichte. Germanistische Abteilung 92 (1975), S. 190–193). Die Bestimmungen des *Schwabenspiegels*, wonach die fahrlässige Tat der absichtsvollen gleichgestellt wird, müssen als Ausnahme gelten (vgl. His, Strafrecht 1, S. 99 f.).

696 Sellert/Rüping, Strafrechtspflege 1, S. 103.

697 Kaufmann, Art. Erfolgshaftung, Sp. 989.

698 Vgl. zusammenfassend Klementowski, Verantwortlichkeit, S. 224 f., S. 220 f.

verschiedenen Stellen der Hinweis auf das Absichtsvolle einer Tat, auf die Bedeutung des Willens des Täters für die Einschätzung einer Tat durch die Recht sprechende Instanz.[699] Der Täterwille wird nicht nur benannt, sondern stellenweise durchaus auch bewertet. In verschiedenen Landfrieden ist von der bösen Absicht des Täters die Rede, d. h. von seinem Tun als einem „bewußt rechtsbrecherische[n] Handeln".[700] Diesen Rekursen auf den Täterwillen entspricht, dass auf der anderen Seite auch absichtslose Handlungen sowie Missetaten von Kindern oder von Personen, bei denen nicht davon ausgegangen werden kann, dass sie sich ihres Handelns in vollem Umfang bewusst sind, ausdrücklich nicht als zu bestrafende Vergehen behandelt werden.[701] Auf unterschiedlichen Ebenen werden also in

---

699 So wird etwa in Art. 1 des *Landfriedens Friedrichs I.* von 1152 zwischen vorsätzlichem Handeln („voluntate") und einem Handeln aus Notwehr („necessario") unterschieden (vgl. Weinrich, Quellen, S. 216). In Art. 10 desselben Dokuments erscheint das Begriffspaar erneut („non voluntarie, sed necessitate"; vgl. Weinrich, Quellen, S. 220). Im *Friedebrief gegen die Brandstifter* von 1186 wird die Kundmachung der Handlungen gefordert, die der Verletzte beabsichtigt („intendat" (Art. 17); vgl. Weinrich, Quellen, S. 312). Außerdem wird hier die Verantwortlichkeit des Herrn für eine Straftat von seinem Willen und Geheiß („voluntate" und „mandato" (Art. 11 und 12)) abhängig gemacht (vgl. Weinrich, Quellen, S. 310, S. 312). Auch der *Sachsenspiegel* nennt Strafen für Schäden, die aus Unachtsamkeit des Verursachers entstehen (vgl. Ssp. Ldr. II 38).

700 Zum Begriff der bösen Absicht und zu Wendungen, die sie in mittelalterlichen Rechtstexten zum Ausdruck bringen können (u. a. die im Folgenden genannten „temere" und „ausu temerario"), vgl. Kaufmann, Ekkehard: Art. Absicht (böse), in: Erler, Adalbert und Ekkehard Kaufmann (Hg.): Handwörterbuch zur deutschen Rechtsgeschichte. Bd. 1, Berlin 1971, Sp. 17 – 18, hier Sp. 17; His, Strafrecht 1, S. 68 ff.; Sellert/Rüping, Strafrechtspflege 1, S. 102; sowie Achter, Geburt, S. 14, S. 18. Der *Landfrieden Friedrichs I.* von 1152 sieht in Art. 4 eine Geldstrafe für einen frevlerischen Angriff („temerarius") ohne Verletzungsfolge vor, der aus dem Affekt („asteros hant, calida manu") erfolgt sei (vgl. Weinrich, Quellen, S. 216). Auch der *Ronkalische Landfrieden* von 1158 und der *Friedebrief gegen die Brandstifter* von 1186 bezeichnen Verletzungen des jeweiligen Friedens als gezielte Missetaten („temerario ausu" (Art. 3) und „ausu temeritatis" (Art. 23); vgl. Weinrich, Quellen, S. 250, S. 314).

701 Straffreiheit bei nachgewiesener Absichtslosigkeit einer Handlung wird mehrfach für den Fall erwähnt, dass ein Reiter unbeabsichtigt ein Territorium betritt, weil sein Pferd sich anders bewegt, als er will; beispielsweise im *Rheinfränkischen Landfrieden* von 1179 („non propria voluntate" (Art. 4); vgl. Weinrich, Quellen, S. 292), im *Sächsischen Landfrieden* von 1221 („contra voluntatem suam" und „non voluntarie" (Art. 6); vgl. Weinrich, Quellen, S. 386) oder in der *Treuga Henrici* von 1224 („contra voluntatem suam" (Art. 6); vgl. Weinrich, Quellen, S. 398) werden solche Regelungen beschrieben. Fehlende Absicht wird dabei zwar nicht dem Reiter in Bezug auf seine eigenen Handlungen, sondern in Bezug auf die

den Landfrieden die Fragen der kognitiven Realisierung einer Tat sowie des absichtsvollen Handelns thematisiert.

Die beschriebenen Hinweise auf die Berücksichtigung psychischer Aspekte auf der Seite des Täters in den Landfrieden können auf einen einschneidenden strafrechtshistorischen Wandel bezogen werden, der insbesondere in den 1950er Jahren diskutiert worden ist. Viktor Achter vertritt in *Geburt der Strafe* die These, dass sich im Verlaufe des 12. Jahrhunderts überhaupt erst ein Verständnis der Strafe im modernen Sinne herausbildet.[702] Während Sanktionen von Missetaten vor dieser Zeit den Verstoß gegen die allgemeine Ordnung mit der Sicherheit eines Automatismus nach sich gezogen hätten, seien Strafen seitdem auf die im Einzelnen situierte böse Absicht gerichtet.[703] Achter stellt verschiedene Schauplätze dieser Entwicklung vor: den Wandel der Pönformel, welche seelische Strafen im Jenseits androht, von einer religiösen Formel zu einer kirchenrechtlich relevanten Regelung, die zu einer sittlichen Verurteilung des Missetäters bereits im Diesseits führt; die Betonung des Willens des Gerichtsherrn und seiner Macht zur Entscheidung als den nunmehr zentralen Faktoren der Herstellung von Recht; den Wandel der *misericordia*,

---

seines Pferdes und damit eines anderen Lebewesens zugebilligt. Aus rechtlicher Perspektive bildet das Pferd jedoch zugleich eine Einheit mit dem Reiter; so kann er beispielsweise durchaus dafür belangt werden, dass er mit seinem Pferd die territorialen Grenzen eines befriedeten Gebietes verletzt (zum Pferd als Teil der Identität des Ritters in Texten der volkssprachlichen deutschen Epik des Hochmittelalters vgl. Friedrich, Udo: Der Ritter und sein Pferd. Semantisierungsstrategien einer Mensch-Tier-Verbindung im Mittelalter, in: Peters, Ursula (Hg.): Text und Kultur. Mittelalterliche Literatur 1150–1450, Stuttgart und Weimar 2001, S. 245–267, hier S. 255 ff., S. 258 ff.). Im *Sachsenspiegel* wird bei einer Reihe von Delikten festgehalten (insbes. bei Brand, bei nicht gesicherten Brunnen oder bei einer Jagd), dass bei unbeabsichtigter Schuld keine Leib- oder Lebensstrafen verhängt, sondern vom Täter Bußen entrichtet werden sollen (vgl. Ssp. Ldr. II 38). Im *Sachsenspiegel* findet sich außerdem eine Altersgrenze für die Bestrafung: Straftäter unter dem zwölften Lebensjahr werden von der Todesstrafe ausgenommen (Ssp. Ldr. II 65 § 1). Hinweise auf eine Altersgrenze finden sich auch im *Ronkalischen Landfrieden* von 1158 (Art. 1; vgl. Weinrich, Quellen, S. 250). Schließlich sollen nach dem *Sachsenspiegel* Personen mit eingeschränkten mentalen Fähigkeiten („doren unde sinnelose") nicht bestraft werden (vgl. Ssp. Ldr. III § 3). Zu den beschriebenen Fällen vgl. Klementowski, Verantwortlichkeit, S. 225 f., S. 229 f.; zu Regelungen über Kinder und aus mentalen Gründen nicht voll Straffähige vgl. His, Strafrecht 1, S. 61 ff., S. 66 ff.

702 Räumlich begrenzt Achter seine These zudem auf den Südwesten Frankreichs, auf die Landschaften Languedoc, Katalonien und Aragon (vgl. Achter, Geburt, S. 26).

703 Vgl. Achter, Geburt, S. 14 f., S. 20.

der Fähigkeit zur Vergebung der Schuld, von einem Attribut Gottes zu einem Zeichen der richterlichen Gewalt; und die Einführung von Strafen, die dem Vergehen ähneln – spiegelnden Strafen also – und die nach Ermessen des Richters festgesetzt werden müssen.[704] Teil dieses von Achter als sehr umfassend verstandenen Wandlungsprozesses einer Rationalisierung und Säkularisierung des Rechts ist es auch, dass eine konkrete Tat moralisch missbilligt wird – und das geschehe nicht nur, wie mit der Pönformel bereits angesprochen, im kirchlichen, sondern auch im weltlichen Teil des Rechts: „Statt die durch die Tat eingetretene Entordnung durch das überkommene Mittel zu heilen, wird der Täter seines unsittlichen und unrechten Handelns wegen mit einem Übel belegt".[705] In den Quellen, auf die Achter sich bezieht, steht der Begriff der *iniquitas* für das unrechtmäßige Handeln des Täters.[706]

Bereits frühe Kritiker von Achters These bemängeln zum einen auf methodologischer Ebene die überwiegend geistesgeschichtliche Ausrichtung und fehlende sozialhistorische Orientierung an den unterschiedlichen Formen und Zwecken von Strafen (K. S. Bader); zum anderen kritisieren sie vor dem Hintergrund historischer Befunde die These von der Spontaneität des Wandels sowie den Zeitpunkt, den Achter für die Veränderungen ausgemacht hat (E. Kaufmann).[707] Neuere rechtshistorische Literatur greift Achters These auf und modifiziert sie. Insbesondere wird der Zeitpunkt des Wandels hin zu einer Psychologisierung des Täters als kontinuierlicher Prozess verstanden, der sich in Ansätzen bereits im Frühmittelalter zeigt.[708]

---

704 Vgl. Achter, Geburt, S. 43 ff., S. 56 f., S. 94, S. 101 f.

705 Achter, Geburt, S. 70.

706 Achter, Geburt, S. 70 f. Achter entwickelt diesen Teil seiner These nicht anhand von normativen Rechtsregelungen, sondern anhand eines historiographischen Berichts, der *Histoire générale de Languedoc*, zum Prozess über einen Ehebruch.

707 Vgl. Bader, Karl Siegfried: Rezension zu Viktor Achter, Geburt der Strafe, in: Zeitschrift der Savigny-Stiftung für Rechtsgeschichte. Germanistische Abteilung 69 (1952), S. 438–442; sowie Kaufmann, Erfolgshaftung, insbes. S. 16 ff., S. 67 ff.

708 Zur rechtshistoriographischen Einordnung von Achters These siehe Stübinger, Stephan: Schuld, Strafrecht und Geschichte. Die Entstehung der Schuldzurechnung in der deutschen Strafrechtshistorie, Köln, Weimar und Wien 2000, S. 313 ff. Neuere Einschätzungen relativieren Achters These und entdecken ähnliche Tendenzen, wie er sie im 12. Jahrhundert ausmacht, bereits in frühmittelalterlichen Rechtsregelungen (vgl. etwa Holzhauer, Geburt; Jerouschek, Wiedergeburt; sowie Weitzel, Art. Erfolgshaftung, Sp. 1399–1403). Stübinger zeigt anhand von Ausführungen zum Begriff des Willens von Anselm von Canterbury

Für die hier verfolgte Frage, nach Korrespondenzen zur Beschreibung subjektiver Aspekte von Kriemhilds Schuld in zeitgenössischen juristischen Texten, ist weder von Bedeutung, den genauen Zeitpunkt eines strafrechtshistorischen Umbruchs zu bestimmen, noch den Verlauf des strafrechtshistorischen Wandlungsprozesses im Mittelalter insgesamt nachzuzeichnen. Achters Thesen tragen dazu bei, eine rechtshistorische Situation zu beschreiben, die mit der im zeitgenössischen literarischen Text entworfenen Welt korrespondiert. Der doppelte Effekt, den es haben kann, nach den Intentionen eines Täters zu fragen – nämlich die deutlich abwertende Markierung der verbrecherischen Absicht des oder der Handelnden auf der einen Seite und die Suche nach den Faktoren der Verantwortlichkeit, die dem Willen des oder der Handelnden entzogen sind, auf der anderen –, zeigt sich, wie beschrieben, in Rechtstexten des 12. und 13. Jahrhunderts und wird auch im *Nibelungenlied* ausführlich dargestellt. Der Text greift auf, dass die zeitgenössischen rechtlichen Verfahren zur Bestimmung schuldhaften Verhaltens in zwei Richtungen weisen: zur Verteidigung des handelnden Subjekts auf der einen Seite, weil die Berücksichtigung der Tatumstände und der Einblick in individuelle Motive möglich werden, und zur völligen Ablehnung auf der anderen Seite, weil der böse Wille des Täters hervortritt und durch Strafe sanktioniert wird. Für den ‚Fall‘, an dem das *Nibelungenlied* diesen doppelten Weg aufzeigt, nämlich für die Rache Kriemhilds, führt der Text beide möglichen Effekte dieser historisch spezifischen Form einer Psychologisierung der Täterin vor.

Die rechtshistorische Kontextualisierung erbringt, dass die Schilderung von Kriemhilds Rache historisch zusammenfällt mit juristischen Regelungen, die Tatumstände und mögliche Einschränkung des Täterwillens berücksichtigen. Im zeitgenössischen juristischen Diskurs sind die Benennung der bösen Absicht und die Schilderung des Leids als Ausgangspunkt der Rachehandlung zwei Seiten derselben Medaille. Aus rechtshistorischer Perspektive betrachtet sind sie nicht voneinander zu trennen, und sie erscheinen auch in Formulierungen des *Nibelungenlieds* wiederholt miteinander verknüpft.[709] In der oben zitierten Strophe 2086, von der diese

---

und Petrus Abaelardus auf, dass sich die beschriebene rechtshistorische Tendenz durchaus mit weiteren philosophischen Entwicklungen der Zeit verbinden lässt (vgl. Stübinger, Schuld, S. 367 ff.).

709 Dieses Ergebnis des Abschnitts beinhaltet die Modifikation einer These, die Jönsson aufgestellt hat, aus rechtshistorischer Perspektive. Jönsson führt aus, dass im *Nibelungenlied* die bösen Absichten Kriemhilds auf der einen Seite kritisiert werden und auf der anderen Seite gezeigt werde, dass „weiblichen Figuren zur Verwirklichung individueller Interessen keine Möglichkeit eines höfisch legiti-

Überlegungen ausgegangen sind, ist Kriemhilds Handeln „der grôze mort",
und zugleich wird angedeutet, dass es zu diesem im Zuge der Rache für ihr
„herzeleit" kommt.

In Verbindung mit der Schuldzuweisung an Kriemhild, für den Tod
der nächsten Verwandten verantwortlich zu sein, ist ein Hinweis darauf,
dass Siegfrieds Tod Kriemhilds Rache auslöst, bereits in einer Vorausdeutung der ersten Aventiure enthalten (19,2–4). Bereits dort erweist sich,
wie oben dargestellt, die genaue Verknüpfung von Kriemhilds Handeln mit
dem Untergang zweier Personenverbände der nibelungischen Welt als
problematisch. Der Hinweis auf die Rache an den Verwandten stellt nicht
nur heraus, dass Kriemhild jenseits rechtlicher Regelungen handelt, sondern die Verse benennen zugleich auch die Situation, aus der heraus es zur
Rache kommt:

> [...] wie sêre si daz rach
> an ir næhsten mâgen, die in sluogen sint! (19,2–3)

Selbst eine Passage des Textes, die Kriemhild des maßlosen Handelns gegenüber ihren Brüdern für schuldig erklärt, weist in der gewählten Formulierung darauf hin, dass die Beurteilung dieses Handelns dennoch nicht
eindeutig ist, denn sie informiert über den Kontext, in dem dieses Handeln
steht. Der Befund ließe sich auf die anderen oben analysierten Benennungen von Kriemhilds Schuld ausweiten. Die Beispiele zeigen, dass mit
der vorgenommenen Anschuldigung selbst ein Hinweis einhergehen kann,
der es ermöglicht, die Illegitimität von Kriemhilds Handeln zu problematisieren. Von der Erzählinstanz können im *Nibelungenlied* Anklagen
gegen Kriemhild erhoben werden, die bereits einen Hinweis auf eine

---

mierten, normentsprechenden Handelns gegeben ist, sondern ein Verstoß gegen
den *ordo* der weiblichen Protagonisten vielmehr der einzige Weg ist" (Jönsson,
Genderentwürfe, S. 119). Meines Erachtens besteht die Ambiguität, die das *Nibelungenlied* hinsichtlich Kriemhilds Rache entwirft, keineswegs in einer Verbindung von Kritik an Kriemhilds Handeln einerseits und der Einsicht in die Unausweichlichkeit ihres normüberschreitenden Handelns andererseits. Vielmehr
kritisiert der Text Kriemhilds Handeln ebenso wie er auf die *Umstände*, aus denen
es erwächst, aufmerksam macht. Dass diese spezifische Ambiguität anhand einer
weiblichen Figur vorgeführt wird, muss weder notwendig dazu führen, sie mit
modernen Konzepten weiblicher Individualität und Selbstbestimmung in Verbindung zu bringen, noch muss dazu eine sozialkritisch gewendete Variante der
Zwangsläufigkeit des Geschehens bemüht werden – eine Vorstellung übrigens, der
nach Jönssons eigener Ansicht der Text wiederholt widerspricht (vgl. zusammenfassend unter dem Begriff „Entmythologisierung": Jönsson, Genderentwürfe,
S. 348 f.).

Verteidigung der Figur mitliefern. Die Anklage bei gleichzeitigem Hinweis auf Möglichkeiten zu ihrer eigenen Problematisierung kann als Besonderheit der Darstellung Kriemhilds und ihrer Rache in den epischen Vorausdeutungen verstanden werden. Sie verweist auf der mikrostrukturellen Ebene der Erzählerkommentare auf ein Merkmal, das die Darstellung Kriemhilds im Gesamtzusammenhang der Erzählung auszeichnet. Hier wird durch die ausführliche Schilderung des Leids der Protagonistin die Situation herausgestellt, in der sie handelt. Die Wiederholung dieses Aspekts der Darstellung Kriemhilds auf der Ebene der epischen Vorausdeutungen hat den Effekt, die Einschätzung der Kriemhild-Figur und ihrer Handlungen im Text explizit als problematisch zu markieren und sie nicht einfach als liebende Ehefrau entschulden oder als Mörderin der eigenen Brüder und Vernichterin von Burgunden und Hunnen verteufeln zu können. Die Problematisierung von Kriemhilds Schuld in den Kommentaren zur Figur zeigt an, dass die Möglichkeit, Kriemhild ausgehend von den Umständen ihrer Tat zu verteidigen, bereits in der hier zugrunde gelegten *A/B-Fassung des Textes angelegt ist. In der Rezeption des Stoffes im 13. Jahrhundert wird sie weiter ausgeführt.[710]

Für das Verhältnis von Kriemhilds Rache zur Gewalteskalation und zum Sterben zahlreicher Angehöriger der Personenverbände der Burgunden und der Hunnen hat die Analyse der epischen Vorausdeutungen zweierlei gezeigt. Zum einen stellt das *Nibelungenlied* in den Erzählerkommentaren, die Kriemhild mit dem Untergangsgeschehen in Verbin-

---

710 Zur Darstellung Kriemhilds in den verschiedenen Fassungen vgl. Bennewitz, Puech, S. 47 ff.; Frakes, Brides, S. 177 ff.; sowie Henkel, Nikolaus: Nibelungenlied und Klage. Überlegungen zum Nibelungenverständnis um 1200 (1999), in: Fasbender, Christoph (Hg.): Nibelungenlied und Nibelungenklage. Neue Wege der Forschung, Darmstadt 2005, S. 211–237. Von diesen Positionen unterscheidet sich Ehrismanns Deutung, denn er sieht in *C keine grundsätzlich andere Bewertung der Kriemhild-Figur vorgenommen als in *B, sondern seiner Ansicht nach ist hier lediglich eine stärkere Rezeptionssteuerung am Werk (vgl. Ehrismann, Otfrid: Kriemhild-*C, in: Breuer, Jürgen (Hg.): „Ze Lorse bi dem münster". Das Nibelungenlied (Handschrift C). Literarische Innovation und politische Zeitgeschichte, München 2006, S. 225–247). Ingrid Bennewitz hat gezeigt, dass die Entschuldung Kriemhilds in der *Klage* einer anderen Rhetorik folgt als ich sie hier für das *Nibelungenlied* herausgestellt habe: In der *Klage* finden sich die Argumente der „generelle[n] intellektuelle[n] Defizienz des Weiblichen" und der „Aufwertung der Rolle als Ehefrau" (Bennewitz, Ingrid: CHLAGE über Kriemhild. Intertextualität, literarische Erinnerungsarbeit und die Konstruktion von Weiblichkeit in der mittelhochdeutschen Heldenepik, in: Zatloukal, Klaus (Hg.): 6. Pöchlarner Heldenliedgespräch. 800 Jahre Nibelungenlied. Rückblick – Einblick – Ausblick, Wien 2001, S. 25–36, hier S. 30).

dung bringen, nur selten eine ausdrückliche Verknüpfung her zwischen den einzelnen Rachehandlungen der Figur und dem Untergang großer Teile des Personals der nibelungischen Welt, die sowohl dem burgundischen als auch dem hunnischen Personenverband zugehören. Außerdem zeigt sich der Kausalzusammenhang mehrfach als wenig präzise bestimmt. Das Wechselverhältnis, das der Erzählverlauf mit der Parallelität der Entwicklungen von Kriemhilds Rache und dem Untergang der nibelungischen Welt nahe legt, wird durch Formulierungen des Textes selbst weder ausdrücklich noch eindeutig als ursächliche Begründung des Untergangs durch die Rache bestimmt. Diese Verknüpfung wird in zahlreichen variierten Wendungen angedeutet und auf diese Weise als Problem des Textes hervorgehoben.

Zum anderen hat sich gezeigt, dass aus der immer wieder geäußerten Kritik an spezifischen Handlungen Kriemhilds nicht offenkundig und eindimensional folgt, die mit den Figuren auch die Ordnung vernichtende Gewalt sei das Werk einer einzelnen und für ihr Handeln zu verurteilenden Frau. Vielmehr deuten einzelne Schuldzuweisungen an Kriemhild durchaus selbst auf den Zusammenhang hin, in dem ihre Rache steht, und benennen insbesondere die emotionale Verletzung der Figur. Diese Darstellungsweise des Textes korrespondiert mit Ansätzen zur Psychologisierung von Tätern in juristischen Schriften der Zeit.

Anhand von Kriemhilds Rache wird im *Nibelungenlied* die Bestimmung eines oder einer Schuldigen bereits zum wiederholten Mal thematisiert. Das Kapitel zu „Siegfrieds Mörder[n]" hat gezeigt, dass die Problematik bereits in Bezug auf den oder die Schuldigen am Tod des Xanteners behandelt wird. Während sich aus der Darstellung von Siegfrieds Tod die Frage ergibt, ob es den Ereignissen angemessen ist, angesichts der Beteiligung mehrerer einen einzelnen Schuldigen zu ermittelt, stellt sich das Problem der Schuld Kriemhilds am Untergang der nibelungischen Welt etwas anders dar. Auch hier wird erörtert, wie die Verbindung von Ergebnis, Handlung und handelnder Figur gefasst werden kann. Und es stellt sich auch hier die Frage, ob ein kompliziertes Geschehen auf das Handeln einer einzelnen Figur zurückgeführt werden kann. Im Falle der Tötung Siegfrieds geht es darum, das Ergebnis einer klar bestimmten Tat auf einen einzelnen Täter zu beziehen. Konkreter wird gefragt, anhand welcher Kriterien eine Figur oder mehrere Figuren für einen Mord verantwortlich zu machen sind. Für Kriemhilds Rache ergibt sich dagegen das Problem zu bestimmen, welche Auswirkungen das Handeln einer einzelnen Figur im Zusammenhang eines Geschehens hat, das aus einer Vielzahl unterschiedlicher Handlungen und Akteure besteht und das zu einer Reihe von Ergebnissen führt – konkret: zum Versterben eines großen Teils der burgundischen und der hunnischen Krieger, das in Form von Gruppen- und Einzelkämpfen ausführlich erzählt wird. Kann ein so umfassendes Geschehen wie der Untergang der nibelungischen Welt mit den Handlungen einer einzelnen Figur begründet und also dieser Figur angelastet werden?

Im Falle von Kriemhilds Rache werden darüber hinaus die Umstände erörtert, unter denen Kriemhild ihre Handlungen ausführt. Nicht nur die Verknüpfung von einzelnen Aktionen einer Figur und den möglicherweise weitreichenden Folgen, sondern auch der Hinweis auf subjektive Aspekte auf der Seite der Täterin lassen ihre Bestimmung als Schuldige am Untergangsgeschehen problematisch erscheinen. Während es bei der Suche nach Siegfrieds Mörder oder nach seinen Mördern um die Identifizierung des oder der Verantwortlichen für eine einzelne Tat geht, wird nach Kriemhilds Schuld im Sinne des Einflusses der Handlungen einer einzelnen Figur auf ein umfassendes Geschehen gefragt. In beiden Fällen unterscheiden sich vor allem die Ergebnisse der in Rede stehenden Taten. Die Frage nach der Beziehung von Taterfolg, Handlung und Täter wird jeweils anders gestellt.

Dass unterschiedliche Aspekte von Schuld anhand einer männlichen und einer weiblichen Figur thematisiert werden, zeigt in der Gegenüberstellung geschlechterspezifische Differenzen der Darstellung an. Thematisiert der Text anhand der weiblichen Figur die Umstände des Handelns und die Effektivität der Handlungen, so geht es bei der männlichen Figur um die Tatbeteiligung mehrerer und um die Feststellung eines singulären Schuldigen aus einer Reihe von Figuren, die in das Geschehen handelnd verwickelt sind und als Täter oder Mittäter in Frage kommen. Die Problematisierung der Schuld orientiert sich damit an den nibelungischen Kriterien körperlicher Geschlechterdifferenz, wonach weiblichen Figuren – von signifikanten Passagen sowohl des ersten als auch des zweiten Teils des *Nibelungenlieds* abgesehen – weder physische Stärke noch Kampffähigkeit zugestanden wird. Außerdem zeigt sich anhand der Thematisierung von Täterschaft auch die soziale Geschlechterhierarchie der nibelungischen Welt, die sich insbesondere durch die Einschränkung der Handlungsfähigkeit weiblicher Figuren auszeichnet. Hinzu kommt, dass die exzeptionelle und exklusive emotionale Bindung an das Opfer anhand einer weiblichen Figur zum Thema gemacht wird. Die geschlechterspezifischen Differenzen, die der Problematisierung der Schuld an Siegfrieds Tod und am Untergang ohne Zweifel inhärent sind, ziehen sich jedoch keineswegs durch den gesamten Text. Es lassen sich vielmehr Konstellationen aufweisen, die nicht vollständig unter die Differenzen der Geschlechter subsumiert werden können, welche sich hier eröffnen. So wird Emotionalität durch die ausgedehnte Inszenierung von Kriemhilds Trauer zwar im *Nibelungenlied* deutlich mit einer weiblichen Figur verbunden. Trauer um Siegfrieds Tod zeigen aber auch zahlreiche männliche Figuren. Zudem werden Handlungen, die von Emotionen geleitet erscheinen, wiederholt im Zuge der Darstellung kämpferischer Interaktionen männlicher Figuren beschrieben.[711]

Nibelungisches Wissen vom Recht und seine geschlechterspezifischen Implikationen

Die Analyse der Darstellung von Kriemhilds Rache hat gezeigt, dass das *Nibelungenlied* Aspekte des zeitgenössischen Rechts zu Rache und Fehde aufgreift und im Zuge der ausgedehnten Erzählung von der Vergeltung einer weiblichen Figur für den Mord an ihrem Ehemann und vom Untergang zweier Herrschaftsverbände zum Thema macht. Der zweite Teil des *Nibelungenlieds* stellt detailliert die Zusammenhänge dar, die schließlich dazu führen, dass Kriemhild an Hagen Rache nehmen kann. Ausführlich wird die Eskalation physischer Gewalt beschrieben. Auf die Schilderung des Rachevollzugs verwendet der Text dagegen nur wenige Verse. Diese Gewichtung der Erzählzeit macht deutlich, dass es nicht um die Rachehandlung selbst oder um ihre genaue Beschreibung geht, sondern vor allem um die Umstände der Durchführung von Rache. Teil dieser Umstände ist es, dass Gewalt im zweiten Teil des *Nibelungenlieds* nicht ungehindert und ungebremst eskaliert. Vielmehr treten Handlungselemente hervor, mit denen versucht wird, gewaltsame Interaktionen entweder zu überwinden oder sie nach formalisierten Verhaltensmustern (Verklarung, Bestimmen des/der Schuldigen, Absprachen über *suone*) ablaufen zu lassen. Die prekäre Rolle, die Gewalt im Zuge der Schilderung der Rache erhält, nämlich zwischen der Anerkennung als legitimes Rechtsmittel und der negativen Bewertung als Verstoß gegen die Regeln der sozialen Ordnung zu changieren, korrespondiert mit dem Status, den die Landfrieden des 12. und 13. Jahrhunderts der Fehde zuweisen. Indem meine Analyse diese grundlegende Parallele der zeitgenössischen Regle-

---

711 Vgl. etwa Siegmunds Racheabsicht unmittelbar nach dem Mord an Siegfried (1020–1032), die Kriemhild stoppt, oder die Handlungen Hildebrants (2273–2307.) und Dietrichs (2348) in den abschließenden Kämpfen. Vgl. dazu auch das Kapitel „Eskalation", s. o., insbes. S. 268 ff.

mentierungen der Fehde mit der Gewalteskalation im zweiten Teil des *Nibelungenlieds* herausgestellt hat, sind die Handlungsmuster deutlich geworden, mit denen in der nibelungischen Welt versucht wird, Gewalt zu formalisieren und zu begrenzen. Die Auflösung der Ordnung dieser Welt ereignet sich in enger Verbindung mit dem fortgesetzten Bemühen um die Reglementierung von Gewalt und muss vor diesem Hintergrund beschrieben werden.

Außerdem hat die Analyse gezeigt, dass aus der Darstellung von Kriemhilds Rache eine Reihe von Fragen resultiert, die ebenfalls in Rechtstexten der Zeit verhandelt werden oder die sich *ex post* als problematische Konstellationen zeitgenössischer rechtlicher Regelungen erweisen. Mechanismen der Gewaltreglementierung versagen in der nibelungischen Welt nicht einfach, beispielsweise indem sich die Akteure über Verhaltensvorgaben hinwegsetzen. Die Arten und Weisen, auf die Versuche der Gewaltbeschränkung scheitern und auf die Gewalt eskaliert, sind mit Einzelaspekten des zeitgenössischen Bemühens um Rechtsetzung in Verbindung gebracht und anhand dieser Verknüpfung genauer konturiert worden. Die vorausgegangenen Abschnitte haben die Reglementierung von Gewalt in der nibelungischen Welt beschrieben und das erzählte Geschehen mit den entsprechenden außerliterarischen Rechtsregeln verbunden. Ich fasse die Ergebnisse im Folgenden knapp zusammen, um danach ausführlich auf die geschlechterspezifischen Implikationen einzugehen, die sich aus der rechtshistorischen Perspektive auf das Rachegeschehen ergeben.

Nachdem Siegfried erschlagen worden ist, zieht sich die Frage nach seinem Mörder bzw. nach seinen Mördern durch den Text. Die Figuren gehen ihr nach, insbesondere Kriemhild. Außerdem wird die Frage in zahlreichen Formulierungen angesprochen, die auf das Geschehen Bezug nehmen und dabei immer wieder andere Täter und Mittäter nennen. Indem die Erzählung fortschreitet, spitzt sich die Schuldfrage auf Hagen zu. Durch die Erwähnung weiterer Tatbeteiligter in den einzelnen Formulierungen, die auf die Frage der Verantwortung für Siegfrieds Tod Bezug nehmen, wird aber bis zum Schluss angezweifelt, ob die Bestimmung Hagens zum Hauptschuldigen und mithin zum Ziel der Rache adäquat erfasst, wie es zum Mord an Siegfried gekommen ist. Mit dem Darstellungsmittel der variierten Wiederholung von Formulierungen deutet das *Nibelungenlied* darauf hin, dass die Bestimmung eines einzelnen Schuldigen angesichts der Beteiligung einer Reihe von Figuren an dem Vergehen notwendig unzureichend bleiben muss.

Das Problem, bei der Einschätzung einer strafrechtlich zu verfolgenden Tat nicht nur ihr Ergebnis, sondern auch ihre Umstände zu berücksichtigen, wird im zweiten Teil des *Nibelungenlieds* noch ein weiteres Mal thematisiert: Anhand von Kriemhilds Leid zeigt sich, dass das Prinzip der Erfolgshaftung um die Würdigung der emotionalen Verfassung der Täterin erweitert wird. Die Möglichkeit, Kriemhilds Schuld vor dem Hintergrund ihrer außergewöhnlich engen emotionalen Bindung an Siegfried zu problematisieren, ist bereits in der *A/B-Fassung angelegt; in der so genannten Kriemhild-Diskussion des 13. Jahrhunderts wird sie weiter ausgebaut.

Im zweiten Teil des *Nibelungenlieds* fehlt mehrfach die richterliche Instanz oder sie erweist sich als nicht funktionsfähig: Figuren, die Position und Aufgaben eines Richters im Sinne einer herrscherlichen Instanz, die dem Konflikt enthoben ist, übernehmen könnten oder müssten, sind wiederholt selbst in das Geschehen involviert, über das sie zu befinden haben. Diese Handlungskonstellation des *Nibelungenlieds* zeigt ein Problem zeitgenössischer normativer Rechtstexte auf: Während die Versuche der Landfrieden, Recht zu setzen, der Spitze der sozialen Hierarchie die Aufgabe zuweisen, die Wahrung des Rechts zu gewährleisten, ist die Rechtsprechung über sie selbst und über ihr Verhalten in den Texten nicht oder nur in Ansätzen geregelt. Das *Nibelungenlied* zeigt, dass formalisierte rechtliche Verfahrensweisen nicht funktionieren, wenn ein Herrscher der ihm zugedachten Rolle als Garant des Rechts nicht nachkommt.

Im Zuge der Erzählung von Kriemhilds Rache werden außerdem die Mechanismen der fortschreitenden Eskalation von Gewalt vorgeführt. Zunächst stellt der Text die nahezu zwingende Folge von Gewalt und Gegengewalt dar, um diesen Mechanismus dann während des Geschehens in Etzelburg zu modifizieren. Die Vertauschung der Zeitfolge von Verletzung und Rache in den letzten Kämpfen am Hunnenhof macht darauf aufmerksam, wie zentral die enge Verknüpfung von Gewalt und Gegengewalt für die Herstellung von Recht durch Rache ist. Im Zuge der Analyse des Eskalationsgeschehens ist die Bedeutung der sprachlichen Darstellung für die Steigerung der Gewalt in der nibelungischen Welt ebenso deutlich geworden wie die der sprachlichen Vermittlung von Gewalt durch den *Nibelungenlied*-Text.

Schließlich werden die Möglichkeiten eines materiellen Ausgleichs sowie die notwendig unzureichende Äquivalenz der vergeltenden Gewalttat bei einem Tötungsdelikt dargestellt. Aus der Perspektive zeitgenössischer rechtlicher Regelungen betrachtet hat die Schilderung von Kriemhilds Hortfrage am Schluss des Textes die Funktion, Formen und Möglichkeiten der Rechtsfindung durch Rache oder durch materiellen

Ausgleich aufeinander zu beziehen und zu problematisieren, ob der vergeltende Racheakt der vorausgehenden Verletzung entsprechen kann.

Handlungskonstellationen, die im Zuge von Siegfrieds Tod und Kriemhilds Rache geschildert werden, deuten darauf hin, dass insbesondere im zweiten Teil des *Nibelungenlieds* Fragen des Rechts im Allgemeinen sowie der Rache im Besonderen verhandelt werden. Die Verknüpfung mit zeitgenössischen Rechtstexten, die Normen für rechtmäßiges Handeln und für das Verhalten im Falle einer Rechtsverletzung aufzustellen versuchen, bestätigt diesen Eindruck. Dem *Nibelungenlied* normative Rechtstexte gegenüberzustellen erlaubt es, über den singulären literarischen Text hinaus zu gehen und die Denkfiguren und Problemkonstellationen, die in diesem Text sichtbar geworden sind, als Teil des zeitgenössischen juristischen Wissens zu bestimmen. Durch die Konfrontation mit Rechtstexten lassen sich darüber hinaus die Fragen, die in den nibelungischen Handlungskonstellationen aufgeworfen werden, präziser beschreiben als mit Hilfe einer ausschließlich textimmanenten Analyse. Dabei zeigt sich, dass die Darstellung von Rechtsproblemen im *Nibelungenlied* außerliterarische rechtliche Regelungen häufig pointiert und zuspitzt, dass sie sie aber auch verändert und um zusätzliche Aspekte erweitert.

Die Kategorie Geschlecht ist konstitutiv für die Schilderung des Rachegeschehens im *Nibelungenlied*. Der Weg der Rechtsverfolgung nach dem Mord an Siegfried wird ausführlich beschrieben, weil die Möglichkeiten der Protagonistin, als weibliche Figur in der geschilderten Welt Rache zu nehmen, stark eingeschränkt sind. Rechtliche und soziale Differenzen der Geschlechter in der nibelungischen Welt liegen damit dem Geschehen zugrunde, das im zweiten Teil des *Nibelungenlieds* entfaltet wird. Unter dieser erzähllogischen Voraussetzung treten Geschlechterdifferenzen in den einzelnen rechtlichen Konstellationen, die im Zuge der Darstellung von Kriemhilds Rache durchgespielt werden, mit unterschiedlicher Deutlichkeit hervor. Bei der Untersuchung von Rechtsfragen sind immer wieder Differenzen der Geschlechter angesprochen worden. Verschiedentlich – wenn auch nicht durchgehend – hat sich gezeigt, dass sie für das jeweils verhandelte Rechtsproblem von entscheidender Bedeutung sind.

Wie angesichts unübersichtlicher Tatumstände und zahlreicher Beteiligter ein singulärer Täter zu bestimmen ist, wird vor allem anhand männlicher Figuren vorgestellt. Im Sinne einer Konzeption von Täterschaft, die auf die eigenhändig vollzogene Tat abstellt und die gemäß der nibelungischen Unterscheidung der Geschlechter – anhand der Attribute Stärke, Kampffähigkeit und Mobilität – in der Regel männlich ist, wird nicht in Erwägung gezogen, dass eine weibliche Figur den Mord an Siegfried ausgeführt haben könnte. Brünhild wird lediglich als Anstifterin erwähnt und Kriemhild liefert Informationen, die Siegfrieds Verwundung erst möglich machen.

Für das Problem, das das *Nibelungenlied* in diesem Zusammenhang entfaltet, ist der unterschiedliche Einfluss männlicher oder weiblicher Figuren auf das Geschehen wenig relevant; von Interesse ist die Frage, ob Hagen als derjenige, der die Tat offenkundig vollzogen hat, allein verantwortlich zu machen ist oder ob diese Konzeption von Schuld das Geschehen zu stark vereinfacht und ob stattdessen die Komplizenschaft der Burgunden insgesamt, zumindest aber die entscheidende Unterstützung durch Gunther, berücksichtigt werden muss. Damit wird ein Problem herausgestellt, das die Ermittlung eines männlich konzipierten Täters betrifft. Darüber hinaus aber weist die Darstellung durchaus auf die Geschlechterspezifik dieser Rechtsfrage hin, denn es wird erwähnt, dass auch weibliche Figuren zum Mord an Siegfried beigetragen haben. Der literarische Text markiert das Problem der Feststellung eines Schuldigen nicht einfach als eines, das nur den rechtsfähigen Mann angeht, sondern macht Differenzen der Geschlechter erkennbar, indem auch weibliche Figuren Anteil haben am Geschehen, das zu Siegfrieds Tod führt. Während anhand männlicher Figuren das Verhältnis des Tatvollzugs zu anderen Formen der Tatbeteiligung in Frage steht, scheinen die Protagonistinnen allerdings von vornherein nur in der Rolle der Anstifterin, Planerin und Informationsquelle als Mitschuldige in Betracht zu kommen.[712] Die Art und Weise, wie nach dem oder den Schuldigen an Siegfrieds Tod gefragt wird und wie das Problem dargestellt wird, ihn oder sie zu bestimmen, unterstreicht, dass weibliche Figuren im *Nibelungenlied* in der Regel nicht als waffen- und kampffähig gelten. Dass es mit den Gewalthandlungen Brünhilds im ersten Teil und Kriemhilds am Schluss des Textes zwei signifikante Ausnahmen gibt, wird bei der Untersuchung des Mords an Siegfried übergangen.

Anhand der Hinweise zur Einschätzung von Kriemhilds Rache wird das Problem, die Umstände einer Rechtsverletzung auf der Seite des Täters zu berücksichtigen, erneut thematisiert. Zwei Spielarten des Problems, die

---

712 Das entspricht selbstverständlich den Ereignissen beim Mordrat und auf der Jagd; nichtsdestoweniger ist signifikant, dass bei der darauffolgenden Untersuchung des Geschehens der Tatbeteiligung Brünhilds vergleichsweise wenig Interesse gezollt wird. Für Kriemhild steht zwar sogleich fest: „ez hât gerâten Prünhilt, daz ez hât Hagene getân" (1010,4). Danach aber wird selbst diese lediglich anstiftende Tatbeteiligung nicht mehr erwähnt.

Umstände einer Tat zu würdigen, werden im *Nibelungenlied* damit jeweils auf eine männliche und auf eine weibliche Figur fokussiert. Dass die Frage der Bestimmung des Schuldigen bei einer Tat, an der mehrere beteiligt sind, im *Nibelungenlied* anhand männlicher Figuren dargestellt wird, die emotionale Bindung an den Getöteten aber anhand einer weiblichen, macht ein weiteres Mal deutlich, dass die Thematisierung dieser Rechtsfrage offensichtlich von den geschlechterspezifischen Differenzen der nibelungischen Welt geprägt ist: Gewaltsam handeln in der Regel männliche Figuren, Emotionen von unvergleichbar hoher Intensität zeigt dagegen eine weibliche Figur. Es ist Teil der komplexen Darstellung der Geschlechterverhältnisse, die der Text insgesamt leistet, dass die nibelungische Welt für Handlungen, die aus emotional aufgeladenen Bindung entstehen, auch männliche Figuren als Gegenbeispiele bereithält: Rüdiger, Hildebrant und Dietrich trauern intensiv um den Tod von Kriegern und agieren in Folge dessen unkontrolliert und mit zerstörerischen Konsequenzen.

Dass richterliche Instanzen fehlen bzw. selbst in den Konflikt einbezogen sind und dass, Recht zu bekommen, auf diese Weise erschwert wird, stellt der zweite Teil des *Nibelungenlieds* prominent dar, indem nach der Bahrprobe, die Hagen als Schuldigen an Siegfrieds Tod zeigt, keine der Figuren als Richter auftritt oder ein Gericht anruft. Dass dies nicht geschieht, wird im Text nicht explizit angesprochen. Es handelt sich dabei um eine der zahlreichen Unbestimmtheiten des *Nibelungenlieds*, die offen sind für Deutungen. Der Durchgang durch den Text hat gezeigt, dass die Situation, die auf die Bahrprobe folgt, nicht die einzige ist, in der eine Figur, die als Richter auftreten könnte, am Konflikt selbst beteiligt ist. Eine Instanz, die dem Konflikt enthoben ist und die daher in der Lage wäre, den rechtmäßigen Verlauf der Konfliktlösung sicherzustellen, fehlt wiederholt. Einen Rechtsanspruch vor Gericht verfolgen zu können, ist damit von der machtvollen Durchsetzung eigener Interessen abhängig. Der Gerichtsgang rückt in die Nähe zum Kampf der Parteien im Zuge einer Fehde. Dass die Bedeutung des Machtpotentials der Konfliktparteien betont wird, zeigt der Text – so kann man die Situation nach der Bahrprobe deuten – anhand einer Protagonistin: Als Witwe am Hof der Burgunden ist Kriemhild nicht in der Lage, einen Richter zu berufen, nachdem das Gottesurteil die Schuld Hagens gezeigt hat. Recht zu bekommen stellt das *Nibelungenlied* als Machtfrage dar und verdeutlicht, dass insbesondere für eine weibliche Figur die Mittel, den eigenen Rechtsanspruch durchzusetzen, stark eingeschränkt sind. Mit der Schlussszene zeigt der Text aber auch, dass

Kriemhild als *consors regni*,[713] als Herrscherin an der Seite Etzels, ebenso in die Lage versetzt werden kann, die eigene Machtposition zu usurpieren und nicht so zu handeln, wie es in der gegebenen Situation von ihr erwartet wird: Auch sie lässt sich von den eigenen Interessen leiten, anstatt dem Wohl ihres Personenverbandes zu dienen und durch vorbildliches Verhalten die Wahrung des Rechts zu garantieren. Die Verquickung von Recht und Macht, die das *Nibelungenlied* vorführt, geht vor allem zu Lasten der Protagonistin, deren Machtpotential stärker eingeschränkt ist als das ihrer Brüder oder Etzels. Die Abhängigkeit des Rechts von der Macht kann sich – unter den besonderen Umständen der eskalierten Situation am Schluss des Textes – aber auch zu ihren Gunsten auswirken.

Die Eskalation physischer Gewalt wird als Geschehen gezeigt, das von männlichen Figuren ausgeführt, das aber selbstverständlich auch von Kriemhild entscheidend vorangetrieben wird. Beide Parteien tragen am Hunnenhof dazu bei, die gewaltsame Konfrontation zu befördern. Gewalteskalation wird somit nicht nur als Problem gezeigt, das ausschließlich männliche Figuren betrifft und das unmittelbar aus der Idealvorstellung von kriegerischer Männlichkeit resultiert. Auch eine weibliche Figur hat an den Gewalthandlungen der Recken Anteil. Sie kann sie beeinflussen, indem sie sich in ihrer Machtposition als *consors regni* und durch die Gaben, die sie in Aussicht stellt, Verhaltensmuster kriegerischer Männlichkeit zunutze macht. In diesem Sinne weist Kriemhilds Handeln auf die Gewaltbereitschaft männlicher Figuren hin. Die Protagonistin befördert das Verhaltensmuster aggressiver kriegerischer Männlichkeit aber auch und ist in der Lage, es für ihre eigenen Zwecke einzusetzen.

Um die Frage zu behandeln, ob und auf welche Weise in der nibelungischen Welt Ausgleich geschaffen werden kann für eine Tötung, verweist der Text noch unmittelbar vor dem abschließenden Vollzug von Kriemhilds Rache auf die Relation der Verletzten zum Getöteten. Das Problem der Äquivalenz von Gewalt und Gegengewalt wird anhand der Alternative dargestellt, Kriemhild materiell für ihr Leid zu entschädigen. Nach dem Mord an Siegfried sind die Auswirkungen, die der Tod des Ehemanns und Geliebten auf Kriemhild hat, ausführlich beschrieben worden. Wie bei den Hinweisen auf die Tatumstände betont der Text auch hier die besondere Abhängigkeit einer weiblichen Figur von ihrem Ehemann. Auch die Darstellung dieser Rechtsfrage zeigt Geschlechterhierarchien auf, die in der nibelungischen Welt bestehen, und betont sie gleichzeitig.

---

713 Zu Begriff und Machtpotential der *consors regni* vgl. Fußnote 547.

Schließlich leistet die rechtshistorische Perspektive auf Kriemhilds Rache einen wichtigen Beitrag für die Analyse der Geschlechterverhältnisse der nibelungischen Welt, indem sie sichtbar macht, dass die Komplexität der Darstellung allen einfachen Möglichkeiten, dem Untergangsgeschehen Sinn zuzuschreiben – wie es zahlreiche Schuldzuweisungen an die Protagonistin versuchen –, eine Absage erteilt. Kriemhilds Schuld wird im zweiten Teil des *Nibelungenlieds* mit Hilfe verschiedener sprachlicher Strategien von Erzähler- und Figurenkommentaren thematisiert, welche ihr zwar die Verantwortung für das gesamte Geschehen anlasten, dieses Urteil aber zugleich verunsichern. Die zahlreichen Hinweise auf Kriemhilds Schuld am Untergang zweier Personenverbände der nibelungischen Welt dienen weniger dazu, durch die Wiederholung Kriemhilds Verantwortlichkeit festzuschreiben, als vielmehr durch die fortgesetzte Modifikation der Formulierungen immer wieder die Frage aufzuwerfen, wie Kriemhilds Handeln mit dem Untergangsgeschehen genau verknüpft werden kann. Auch in den Passagen, in denen der Text auf den ersten Blick eine deutliche Wertung vorzunehmen scheint, tritt diese bei genauer Analyse zurück.

Damit lässt sich über den Zusammenhang des juristischen Wissens mit den Geschlechterverhältnissen des *Nibelungenlieds* Folgendes festhalten: Die Rechtsprobleme, die das *Nibelungenlied* im Zuge der Schilderung von Kriemhilds Rache thematisiert, werden anhand männlicher oder anhand weiblicher Figuren vorgeführt. Diese Art und Weise der Darstellung geht über die Regelungen der juristisch normativen Texte hinaus. Die Behandlung von Rechtsfragen konzentriert sich im *Nibelungenlied* nicht auf männliche Akteure. Auch die im Erzählzusammenhang stets präsenten Protagonistinnen werden in die Darstellung der Rechtsprobleme einbezogen. Auf diese Weise lässt der Text auch hier geschlechterspezifische Unterschiede erkennen. In der Regel stimmen sie mit den zentralen Differenzen der Geschlechter überein, die die nibelungische Welt durchziehen. Das zeigt beispielsweise die doppelte Aufnahme des Problems, den Tatumständen bei der Einschätzung eines Vergehens Rechnung zu tragen: Während die Bestimmung des oder der Schuldigen an Siegfrieds Tod auf die eigenhändige Ausführung der Tat abhebt und daher in erster Linie männliche Figuren in Betracht zieht, wird die Emotionalisierung der Rächerin an einer weiblichen Figur vorgeführt.

Bei genauerem Hinsehen jedoch kann die Geschlechterspezifik eines jeweiligen Rechtsproblems nicht durchweg auf das Geschlecht der Figur reduziert werden, anhand der es zunächst vorgeführt wird. Auch wenn einzelne Rechtsprobleme in der nibelungischen Welt entweder vor allem

männliche oder weibliche Figuren zu betreffen scheinen, finden sich
Hinweise darauf, dass sie ebenso auch für das jeweils andere Geschlecht von
Bedeutung sein können. Für eine Mitschuld am Mord an Siegfried
kommen eben nicht nur die Burgundischen Brüder als Mitwisser in Frage,
sondern auch Brünhild wird als Verantwortliche genannt, denn sie hat
Hagens Vorgehen initiiert. Auch bei Gewalthandlungen Rüdigers,
Hildebrants und Dietrichs wird die Emotionalität erwähnt, die ihr aggressives Verhalten auslöst. Der Text zeigt, dass nicht nur der Gewalttat
einer weiblichen Figur Verletzung und Trauer vorausgehen.

Hinweise darauf, dass Rechtsprobleme für beide Geschlechter in
ähnlicher Weise von Bedeutung sind, beschränken sich jedoch im Text
vielfach auf Andeutungen oder lassen sich – wie die erwähnten Beispiele
zeigen – nur durch das Hinzuziehen weiterer Handlungssequenzen erkennen. Selbst eine Markierung von Geschlechterdifferenz, die über das
Indiz hinausgeht, dass eine rechtliche Regelung anhand einer männlichen
oder einer weiblichen Figur vorgeführt wird, kann fehlen. Nicht bei allen
analysierten Rechtsproblemen, die im Zuge der Schilderung von
Kriemhilds Rache thematisiert werden, wird die Bedeutung der jeweiligen
Reglementierung für männliche und weibliche Figuren kontrastiv dargestellt. Geschlechterspezifische Differenzen erweisen sich damit als Teilaspekt der Problematisierung von Rechtsregeln im *Nibelungenlied*. Angesichts der Tatsache, dass die Darstellung der Rechtsprobleme im zweiten
Teil des Textes von der rechtshistorisch ungewöhnlichen Situation der
Rache einer weiblichen Figur ihren Ausgang nimmt, mag überraschen, dass
die Kategorie Geschlecht nicht durchweg für alle Rechtsfragen, um die es
nach Siegfrieds Tod geht, von fundamentaler Bedeutung ist.

Insgesamt gesehen hat sich jedoch gezeigt, dass der Blick auf rechtliche
Regelungen als eine Perspektive unter anderen fungieren kann, um die
Relationen der Geschlechter in der nibelungischen Welt zu untersuchen.
Die Analyse der rechtlichen Regelungen, die im zweiten Teil des *Nibe-
lungenlieds* problematisiert werden, ermöglicht es, Verhaltensmuster und
Handlungsmöglichkeiten von Figuren unterschiedlichen Geschlechts als
Teil rechtlicher Reglementierungen zu beschreiben und damit eine spezi-
fische Dimension der Ordnung der Geschlechter der nibelungischen Welt
zu erfassen.

Insbesondere anhand der im *Nibelungenlied* wiederholt thematisierten
Rechtsfrage, inwiefern das Konzept der Erfolgshaftung um die Berücksichtigung der Umstände eines Vergehens auf der Seite des Täters erweitert
werden muss, hat sich gezeigt, dass die rechtshistorische Perspektive auf den
Text der Analyse von Geschlechterverhältnissen der nibelungischen Welt

nicht einfach nur eine weitere Facette hinzufügt. In diesem Fall ist die Art und Weise, wie der literarische Text mit dem rechtlichen Wissen, das ihn durchzieht, umgeht – nämlich pointierend, aber auch differenzierend –, von zentraler Bedeutung für die Analyse der Geschlechterverhältnisse der nibelungischen Welt. Anhand der mehrfachen Problematisierung von Täterschaft zeigt sich, dass die Frage nach der Schuld am Untergang zweier Herrschaftsverbände nicht einfach auf Kriemhild zugespitzt werden kann. Hier wird deutlich, dass erst die Berücksichtigung der spezifischen Darstellungsweise juristischen Wissens im literarischen Text es möglich macht, die Geschlechterverhältnisse, die das *Nibelungenlied* entwirft, differenziert zu beschreiben.

IV. Nibelungische Konfigurationen von Wissen. Überlegungen zum Schluss

Das nibelungische Wissen zu körperlichen Relationen der Geschlechter und zu Rechtsfragen ist anhand der Erzählkomplexe der Brautwerbung um Brünhild im ersten und der Rache Kriemhilds im zweiten Teil mit Hilfe textnaher Lektüren in seiner spezifischen literarischen Verfasstheit beschrieben worden. Im Zuge dessen wurde das *Nibelungenlied* auf zeitgenössische Fachliteratur und auf normative Texte bezogen. Mit dem wissenspoetologischen Verfahren der Konfrontation des literarischen Textes mit nicht-literarischen Textzeugnissen, die synchron entstanden sind, gelingt es, die unterschiedlichen Gegenstände und Erscheinungsformen des nibelungischen Wissens präziser zu analysieren, als es bei ausschließlich textimmanenter Rekonstruktion möglich ist. Der Vergleich des literarischen Textes mit zeitgenössischen normativen Texten und mit Fachprosa erlaubt eine genaue Beschreibung der Ordnung und der formalen Darstellung des Wissens, die das *Nibelungenlied* aufweist, sowie eine detaillierte Analyse der Effekte, die sie auf die Präsentation der Gegenstände haben. Dabei sind synchrone Ähnlichkeiten von Wissenskonfigurationen im *Nibelungenlied* und in nicht-literarischen Texten ebenso deutlich geworden wie Differenzen der Darstellungsweisen und der Inhalte. Die textnahen Lektüren zeigen die Dynamik und Unabgeschlossenheit, die den Wissensformationen sowohl des *Nibelungenlieds* als auch der medizinisch-naturphilosophischen und juristischen Texte eigen sind. Vor allem der literarische Text präsentiert Wissen in Form von Problemkonstellationen. Hier wird Wissen nicht etwa als gesichert aufgefasst und als solches lediglich anhand einer fiktionalen Handlung illustriert, sondern Themen und Gegenstände, die sich auch in nicht-literarischen Texten finden, werden durch das erzählte Geschehen erprobt und hinterfragt.

Die Einzeluntersuchungen haben deutlich gemacht, dass die Unbestimmtheiten und Mehrfachcharakterisierungen sowie die Widersprüche und Ambiguitäten, die sich aus der akkumulierenden syntagmatischen Struktur des *Nibelungenlieds* ergeben, die besondere literarische Form des nibelungischen Wissens ausmachen und den Gegenständen und Themen des Wissens ein hohes Maß an Komplexität verleihen. Diese Studie bestätigt damit die Einschätzung Jan-Dirk Müllers, dass die Inkohärenzen des *Nibelungenlieds* mit ihrem weitgehenden Verzicht auf die explizite Verkettung von Handlungselementen und mit ihren Motivationslücken nicht durchweg als Defizite der Verschriftlichung eines umfangreichen und verzweigten mündlich tradierten Stoffes anzusehen sind, sondern dass sie dazu beitragen, die Vielschichtigkeit der Darstellung zu erhöhen. In wissenshistorischer Perspektive geht diese Untersuchung über Müllers Charakterisierung der formalen Eigenschaften des *Nibelungenlieds* hinaus, denn sie weist nach, inwiefern die Ästhetik des Textes die Darstellung zweier Wissensbereiche in diesem Text beeinflusst. Der Vergleich mit nicht-literarischen Schriften, die entsprechendes Wissen kodifizieren, macht es möglich, diesen Nachweis zu führen.

Insbesondere im Zuge der Untersuchung von Rechtsfragen im zweiten Teil dieses Buches hat sich die nibelungische Poetik syntagmatischer Inkohärenzen als bedeutsam erwiesen. Die Fragen, warum nach der Bahrprobe keine Figur die Rolle des Richters übernimmt und warum Kriemhild, dem Ziel ihrer Rache nahe, Hagen zur Herausgabe des Nibelungenschatzes auffordert, weisen darauf hin, dass zeitgenössisches Wissen um rechtliche Verfahrensweisen integraler Bestandteil der Schilderungen ist. Beide Szenen motivieren das Geschehen nur in Ansätzen und deuten durch diese Form der Darstellung auf problematische Rechtsfragen der imaginierten Welt hin: Was geschieht, wenn Figuren, die kraft ihrer gesellschaftlichen Stellung die Rolle einer neutralen Instanz oder eines Richters übernehmen könnten, selbst in das Mordgeschehen involviert sind? Kann Blutrache als Reaktion auf ein Tötungsdelikt der Forderung nach Äquivalenz entsprechen, die diesem Rechtsmittel inhärent ist, und welche Formen materiellen Ausgleichs kommen stattdessen in Betracht?

Weitere Rechtsprobleme, die im zweiten Teil des *Nibelungenlieds* bedeutsam werden, gehen nicht von Motivationslücken aus, gewinnen aber durch widersprüchliche Mehrfachcharakterisierungen bzw. durch signifikante Unbestimmtheiten Kontur, durch Charakteristika also, die ebenfalls die besondere Verfasstheit des nibelungischen Syntagmas ausmachen: Auf welche Weise und mit welchen Konsequenzen kann ein einzelner Schuldiger an Siegfrieds Tod festgestellt werden? Und wie ist Kriemhilds Schuld am Untergangsgeschehen zu bestimmen? Diese Fragen wirft der Text anhand von Handlungskonstellationen auf und anhand ihrer spezifischen sprachlichen Darstellung. Eindeutige Antworten werden nicht gegeben. Das *Nibelungenlied* weist so auf Probleme von Rechtsauffassungen hin, die sich zeitgenössisch auch in normativen juristischen Texten finden – sei es, dass sie dort ausdrücklich thematisiert werden oder dass sie sich in der Rückschau als problematisch herausstellen.

Auch die gewaltsamen Auseinandersetzungen zwischen männlichen und weiblichen Hauptfiguren in der ersten Hälfte des *Nibelungenlieds*, die im ersten Teil dieses Buches analysiert worden sind, zeichnen sich durch erzähltechnische Besonderheiten aus. Hier erweist sich eine Sequenz als zentral, die kurz darauf in einem veränderten Zusammenhang wiederholt wird: Die Isensteiner Kampfschilderung wird in den Kämpfen im Wormser Schlafgemach wieder aufgegriffen. Die Reihung ähnlicher Handlungselemente hat im *Nibelungenlied* nicht nur die Funktion, eine bereits getroffene Aussage zu aktualisieren und zu bestätigen, sondern sie kann auch semantische Differenzen deutlich machen. In diesem Sinne führt die Wiederholung der Darstellung des Kampfes von Brünhild mit Gunther und Siegfried nicht zur Bestätigung und Fixierung von Bedeutung, sondern sie stellt die Kampffähigkeit einer weiblichen Figur in einen modifizierten Kontext: Zunächst wird bei den Kampfspielen in Isenstein die Ähnlichkeit männlicher und weiblicher Figuren in Bezug auf die Eigenschaft physischer Stärke vorgeführt; die Schilderung der Kämpfe im Brautgemach zeigt dann die Folgen dieser Ähnlichkeit für das Machtverhältnis in der Ehe. Die Wiederholung der Kampfsequenz macht deutlich, dass es nicht um die unmittelbare Tilgung der physischen Stärke einer weiblichen Figur geht, sondern dass der Text für begrenzte Zeit die physische Ähnlichkeit männlicher und weiblicher Figuren bestehen lässt, um sie narrativ zu erproben. Insgesamt gesehen führt die besondere Form des nibelungischen Syntagmas, die Unbestimmtheiten ebenso erzeugt wie Überdeterminationen und Widersprüche, auch im Hinblick auf unterschiedliche Wissenskonfigurationen, die den Text durchziehen, zur mehrdimensionalen Darstellung und zur Problematisierung von Wissensbeständen, die sich historisch-zeitgenössisch auch in juristisch-normativen Texten und in medizinischen Fachtexten aufweisen lassen.

Über diese grundsätzliche Beobachtung hinaus haben die Analysen zu Ergebnissen geführt, die für die zwei untersuchten Wissensbereiche spezifisch sind. Nicht nur die Gegenstände des Wissens, das in beiden Teilen dieser Studie analysiert worden ist, unterscheiden sich, sondern die Verknüpfung mit unterschiedlich verfassten außerliterarischen Texten lässt zudem jeweils andere Aspekte der nibelungischen Konfigurationen von Wissen hervortreten.

Im ersten Teil dieser Untersuchung wurden Passagen aus medizinischen und naturphilosophischen Texten herangezogen, die physiologische Vorgänge im Zusammenhang von Zeugung und Vererbung beschreiben.

Sie entwerfen zum Teil sehr komplizierte Modelle von den Ähnlichkeiten und Differenzen der Erbanlagen männlicher und weiblicher Lebewesen. Erörtert werden die Beschaffenheit der körperlichen Stoffe, die an der Vererbung Teil haben, und ihr Einfluss auf die Generierung von Embryonen. In allen betrachteten Texten hat sich eine argumentative Bewegung gezeigt von der Ausgangsthese, dass eine Ähnlichkeit männlicher und weiblicher Samen hinsichtlich stofflicher und funktionaler Eigenschaften bestehe, hin zur Beschreibung von Differenzen und zur Bestimmung einer Hierarchie der Samen beider Geschlechter. Dem männlichen Samen wird dabei stets die dominante Position zugesprochen.

Die Bewegung von der Ähnlichkeit zur hierarchisierten Differenz, die den Ausführungen zu den Vererbungsvorgängen immanent ist, korrespondiert mit der Darstellung der Kämpfe zwischen männlichen und weiblichen Figuren in Isenstein und in Worms. Während die Einführung Brünhilds sowie die Vorbereitungen des Brautwerbungswettkampfes und dieser Wettkampf selbst die physische Stärke Brünhilds männlichen Figuren vergleichbar und in mancher Hinsicht auch diesen ähnlich darstellen, mündet die Schilderung der Kämpfe in Isenstein und in Worms in den Verlust ihrer Kraft nach zweifacher Überwindung und erzwungener Sexualität. Die Erzählsequenzen zu Brünhilds Kraft laufen damit auf eine grundlegende Unterscheidung männlicher und weiblicher Körper und auf ihre Hierarchisierung hinaus. Der Vorgang der Differenzierung der Geschlechter zeigt sich hier nicht nur als chronologisch geordneter Prozess – wie es in den medizinischen und naturphilosophischen Texten der Fall ist –, sondern die Beschreibung körperlicher Ähnlichkeiten geht bereits während der Kämpfe zwischen weiblichen und männlichen Figuren mit der Markierung von Differenzen einher. Das ausführlich beschriebene komplizierte Nebeneinander von Ähnlichkeiten und Differenzen der Geschlechter wird schließlich aufgegeben zugunsten eines einfachen Kriteriums: des Verfügens oder Nicht-Verfügens über physische Stärke als grundlegendem Merkmal zur Bestimmung von Geschlechterdifferenz in der nibelungischen Welt. Dieses Kriterium der Unterscheidung wird in den ersten Aventiuren bereits eingeführt; die Kampfspiele in Isenstein setzen es kurzfristig außer Kraft. Dass Brünhild in der zweiten Brautnacht ihre Stärke verliert, ordnet sie in die eingangs etablierte Ordnung der Geschlechter wieder ein.

Auch wenn alle behandelten medizinischen und naturphilosophischen Texte die Samen beider Geschlechter hierarchisieren, tritt in verschiedenen von ihnen die Berücksichtigung einer alltagsweltlichen Geschlechterhierarchie im Zuge der Konzentration auf die Beschreibung körperlicher

Vorgänge in den Hintergrund (etwa bei Galen oder bei Constantinus Africanus). Bei anderen bildet sie den Fluchtpunkt der Argumentation (etwa bei Nemesios von Emesa – in der Übersetzung Burgundios von Pisa – und in Ansätzen auch bei Wilhelm von Conches). Wie in den Ausführungen medizinischer und naturphilosophischer Texte zum männlichen und weiblichen Samen die Geschlechterverhältnisse der Alltagswelt zum Teil vernachlässigt werden, so hat sich auch in den Isensteiner Kampfspielen gezeigt, dass Relationierung und Verähnlichung männlicher und weiblicher Körper durch vorab festgelegte Regeln des Wettkampfes von allen übrigen Interaktionen der Geschlechter in der nibelungischen Welt weitgehend gelöst sind. Erst mit der Schilderung der Wormser Brautnächte wird die Bestimmung körperlicher Ähnlichkeiten und Differenzen der Geschlechter dann deutlich in den Zusammenhang ehelicher Machtverhältnisse gestellt. Es zeigt sich also, dass das *Nibelungenlied* das zentrale Kriterium, nach dem in der literarischen Welt Geschlechter differenziert werden, zeitweise aufs Spiel setzt, um mit der physischen Ähnlichkeit männlicher und weiblicher Figuren zu experimentieren.

Die juristischen Texte, die im zweiten Teil dieses Buches näher betrachtet und mit dem *Nibelungenlied* verknüpft worden sind, zielen auf die Festlegung und Normierung von Verhaltensweisen. Sie nehmen auf Handlungen Bezug und korrespondieren schon insofern mit dem literarischen Text, als dieser die impliziten Rechtsnormen der imaginierten Welt anhand des Agierens von Figuren fassbar macht. Die Landfrieden und auch den *Sachsenspiegel* zeichnet die formale Eigenschaft aus, konkret-anschauliche Einzelfälle zu regeln, von ihnen nur wenig zu abstrahieren und sie nur in Ansätzen zu systematisieren. Auch die Passagen des *Nibelungenlieds*, die einzelne Rechtsregeln thematisieren, mussten in der Analyse zusammengeführt werden. Bei der Verknüpfung des *Nibelungenlieds* mit zeitgenössischen Rechtstexten wird durch die Korrespondenz formaler Charakteristika die diversifizierte und verstreute Behandlung von Rechtsfragen im Zuge der Schilderung von Kriemhilds Rache deutlich.

Produktiv ist die Verknüpfung des *Nibelungenlieds* mit zeitgenössischen Rechtstexten insbesondere für die Charakterisierung struktureller Eigenschaften der Schilderung von Gewalttaten. Es ist deutlich geworden, dass die Gewalthandlungen, die im Zuge von Siegfrieds Tod und Kriemhilds Rache dargestellt werden, zwischen der Auffassung, dass es sich um legitime Rechtsmittel handelt, und dem Verständnis, dass sie Verstöße gegen die soziale Ordnung bedeuten, changieren. Dieser Befund korrespondiert mit dem prekären Status, den Fehdegänge in den zeitgenössischen Landfrieden erhalten: Hier finden sich Ansätze zur Reglementierung der Gewalt, die Fehdehandlungen zunächst grundsätzlich in die rechtliche Ordnung integrieren und die zugleich die Möglichkeit schaffen, zwischen rechtlich akzeptierten Gewalttaten und solchen, die sich nicht mehr auf das Recht berufen können, zu unterscheiden. Die Verknüpfung des *Nibelungenlieds* mit Rechtstexten lässt hervortreten, dass Gewalt in diesem heldenepischen Text weder gänzlich ungeordnet noch schrankenlos abläuft. Vielmehr wird das Eskalationsgeschehen erst vor dem Hintergrund von Bemühungen um die Begrenzung und Formalisierung von Gewalt fassbar.

Während es den normativen Rechtstexten nicht darum geht, die eigenen Vorgaben zu problematisieren, leistet das *Nibelungenlied* dies für verschiedene rechtliche Regelungen. Mit dem Mord an Siegfried beispielsweise wird die Tatbeteiligung eines Herrschers geschildert, der den normativen Texten zufolge als Garant des Rechts fungieren sollte. Die Konfrontation des *Nibelungenlieds* mit zeitgenössischen Rechtstexten erlaubt es, eine Reihe von Problemen genauer zu bestimmen, die im Zuge der ausgedehnten Schilderung von Kriemhilds Rache behandelt werden. In diesem Sinne werden unterschiedliche Rechtsfragen angesprochen und erörtert: Es geht um die Bestimmung des oder der Schuldigen an einem Vergehen und um die Erweiterung des Prinzips der Erfolgshaftung; es werden die Mechanismen der fortschreitenden Eskalation sowie Möglichkeiten des Ausgleichs bei einem Tötungsdelikt thematisiert. Die Rechtsfragen, die das *Nibelungenlied* aufwirft, zeigen, dass der Text nicht einfach nur die Eskalation der Gewalt unkommentiert vorführt. Die spezifische Form der literarischen Darstellung lässt Probleme und Aporien juristischer Regelungen erkennen und schafft auf diese Weise Distanz zu den erzählten Ereignissen. Das *Nibelungenlied* stellt Gewalt nicht lediglich dar, sondern es macht darüber hinaus Kritik an den Rechtsregeln der Rache möglich.

Für die überwiegende Mehrzahl der Verhaltensvorgaben in den herangezogenen Rechtstexten spielt die Festlegung von Differenzen der Geschlechter kaum eine Rolle, denn die Versuche, die Handlungsweisen bei Fehden zu normieren, beziehen sich in der Regel von vornherein nur auf den rechtsfähigen Mann. Mit dieser Eigenschaft der juristischen Texte korrespondiert, dass auch die Rechtsprobleme, die im Zusammenhang mit Kriemhilds Rache behandelt werden, nicht in erster Linie auf die Konturierung geschlechterspezifischer Differenzen abzielen. Der literarische Text gibt aber durchaus Hinweise darauf, welche unterschiedlichen Konsequenzen für die Geschlechter sich aus den einzelnen Rechtsproblemen der Fehde in der nibelungischen Welt ergeben können. In diesem Sinne sind im zweiten Teil des Buches im Zuge der Analyse des juristischen

Wissens, das im Verlauf der Schilderung von Kriemhilds Rache entfaltet wird, immer wieder auch geschlechterspezifische Differenzen angesprochen worden.

Besondere Aufmerksamkeit erhalten im *Nibelungenlied* die Bemühungen, das Prinzip der Erfolgshaftung zu ergänzen und die Tatumstände auf der Seite des Täters in die Beurteilung eines Vergehens einzubeziehen. Im literarischen Text wird diese juristische Herausforderung, vor der auch die zeitgenössischen Rechtstexte stehen, zweimal erörtert: bei der Bestimmung des oder der Schuldigen an Siegfrieds Tod und anhand der Frage nach Kriemhilds Schuld am Untergang der nibelungischen Welt. Spätestens hier wird deutlich, dass die Thematisierung von Rechtsfragen im Zuge der Schilderung von Kriemhilds Rache von zentraler Bedeutung ist für die Charakterisierung der Geschlechterordnung der nibelungischen Welt. Denn im Zuge der Thematisierung des Prinzips der Erfolgshaftung und der Berücksichtigung der Tatumstände auf der Seite des Täters zeigt sich, dass Kriemhild nicht nur für das Untergangsgeschehen verantwortlich gemacht wird, sondern dass die Schuldzuweisung an eine weibliche Figur, die in ihrem Handeln nicht ausreichend von den männlichen Akteuren kontrolliert worden ist, zugleich in Zweifel gezogen wird. Die rechtshistorische Perspektive auf das Geschehen macht deutlich, dass die Ereignisse, die der zweite Teil des *Nibelungenlieds* schildert, nicht einfach auf die misogyne Kurzform zu bringen sind, das selbständige Handeln einer weiblichen Figur werde für den Untergang der nibelungischen Welt verantwortlich gemacht. Der Text deutet diese Verantwortlichkeit zwar an, stellt sie aber gleichzeitig bis zum Schluss immer wieder in Frage.

Wie diese Hinweise auf die Erweiterung der Erfolgshaftung beziehen sich auch andere nibelungische Rechtsregeln nicht nur auf männliche Figuren, sondern werden ebenso anhand der beiden Protagonistinnen vorgeführt. Das zeigt die grundlegende Situation, dass Kriemhild ihre Rache verfolgt, und es wird auch anhand der Frage nach der Äquivalenz von Vergeltung durch Rache oder durch materiellen Ausgleich deutlich. Indem der Text Rechtsprobleme anhand beider Geschlechter durchspielt, werden Geschlechterdifferenzen sichtbar. Diese zeigen sich in den unterschiedlichen rechtlichen Regelungen jeweils anders, stimmen aber in den untersuchten Rechtsfragen in der Regel mit den grundlegenden Tendenzen der geschlechterspezifischen Differenzierung in der nibelungischen Welt überein. So geht es beispielsweise bei dem Bemühen, den oder die Mörder Siegfrieds festzustellen, in erster Linie um die Komplizenschaft männlicher Figuren, denn vor allem sie gelten in der nibelungischen Welt als waffen- und gewaltfähig; und die Frage nach Kriemhilds Schuld bringt die enge

Bindung an ihren Geliebten und Ehemann in den Blick und betont damit die Emotionalität der weiblichen Figur ebenso wie ihre Abhängigkeit von der ständischen Position als Ehefrau an der Seite eines besonders glanzvollen Herrschers. An verschiedenen Stellen jedoch deutet die Schilderung äquivalenter Handlungskonstellationen um Akteure des jeweils anderen Geschlechts an, dass sich eine spezifische Rechtsfrage nicht nur für eines der Geschlechter stellt, sondern auch das jeweils andere betreffen kann. Das gilt etwa für die Erwähnung Brünhilds als (Mit-)Anstifterin und daher (Mit-)Verantwortliche für den Mord an Siegfried oder dafür, dass nicht nur männliche Figuren, sondern auch Kriemhild, als ihr Hagen schließlich als Geisel übergeben wird, die eigene Machtposition ausnutzt, anstatt die dem Konflikt enthobene Position der Herrscherin einzunehmen, deren Aufgabe es ist, das Recht zu wahren. Auf diese Weise wird die geschlechterspezifische Differenz, die dem jeweiligen Rechtsproblem zunächst inhärent zu sein scheint, wieder in Frage gestellt.

Ergebnis der wissenshistorischen Herangehensweise dieser Untersuchung ist nicht allein ein Beitrag zur Erforschung der literarischen Verfasstheit des *Nibelungenlieds* und zu seiner synchronen Vernetzung mit nicht-literarischen Texten. Die Untersuchung hat darüber hinaus gezeigt, dass ihr Verfahren auch die Geschlechterforschung zum *Nibelungenlied* um konkrete Befunde ergänzt und perspektivisch erweitert. Die durchgeführten Einzelanalysen machen deutlich, dass zwei Wissenszusammenhänge die Geschlechterverhältnisse der nibelungischen Welt aus unterschiedlichen Blickwinkeln zeigen. Der erste Teil dieser Studie hat herausgestellt, dass die Relationen der Geschlechter, die das *Nibelungenlied* schildert, nicht auf soziale Machtverhältnisse reduziert werden können. Die Kämpfe in Isenstein und in Worms sind lesbar als Darstellung der Frage nach körperlichen Ähnlichkeiten und Differenzen der Geschlechter *in puncto* Stärke, mithin des zentralen Kriteriums geschlechterspezifischer Unterscheidung in der nibelungischen Welt. Während die Kampfspiele in Isenstein und die Brautnächte in Worms anhand des Attributs physischer Stärke eine Differenzierung der Geschlechter zum Thema machen, die für die nibelungische Welt grundlegend ist, führt die Verbindung des *Nibelungenlieds* mit Rechtstexten zu spezifischen Problemen der nibelungischen Rechtsordnung, die sich von Fall zu Fall auf unterschiedliche Weise als geschlechterspezifisch zeigen. Aus rechtshistorischer Perspektive werden vor allem einzelne Relationen der Geschlechter in der geschilderten sozialen Welt deutlich, die die Rechtsprechung und das Ausüben von Gewalt ebenso betreffen wie das Herrschaftshandeln. Die Rechtsprobleme der nibelungischen Welt berühren damit zwar nicht das zentrale Unterscheidungskriterium, auf dem die nibelungische Geschlechterordnung gründet, aber auch sie können auf geschlechterspezifische Implikationen hin befragt werden und dazu beitragen, die Geschlechterverhältnisse der imaginierten Welt zu beschreiben. Wie bedeutsam die Rekonstruktion juristischen Wissens als Ausgangspunkt für eine Analyse der Geschlechterverhältnisse im *Nibelungenlied* ist, hat die Untersuchung der Schuldzuweisungen an Kriemhild exemplarisch herausgestellt: Dass die Verantwortlichkeit Kriemhilds für das Untergangsgeschehen zugleich behauptet und auf unterschiedlichen Ebenen in Frage gestellt wird, ist von zentraler Bedeutung für die Einschätzung der Rache einer Frau in der nibelungischen Welt.

Ergebnis einer Analyse der Geschlechterverhältnisse aus der Perspektive verschiedener Wissenszusammenhänge ist ein differenziertes und diversifiziertes Bild der nibelungischen Ordnung der Geschlechter. Im Sinne einer Poetologie des Wissens hat dieses Buch nach Verbindungen gefragt, die zwischen literarischen und nicht-literarischen Verfahren der Präsentation von Wissen bestehen, und daraus ein geweitetes Verständnis der geschlechterspezifischen Implikationen des Wissens über Körper und Recht im *Nibelungenlied* gewonnen.

Literaturverzeichnis

Quellen

Aristotle: The Metaphysics. 2 Bde., übs. v. Hugh Tredennick, London und Cambridge (Mass.) 1933 und 1935. (= The Loeb Classical Library, Bde. 271 und 287; Aristotle in twenty-three volumes, Bd. 17 und 18)

Aristotle: Generation of Animals, übs. v. Arthur Leslie Peck, London und Cambridge (Mass.) 1942. (= The Loeb Classical Library, Bd. 366; Aristotle in twenty-three volumes, Bd. 13)

Aristotle: The Nicomachean Ethics, übs. v. Harris Rackham, London und Cambridge (Mass.) 1926. (= The Loeb Classical Library, Bd. 73; Aristotle in twenty-three volumes, Bd. 19)

Die Chronik von Montecassino, hg. v. Hartmut Hoffmann, Hannover 1980. (= Monumenta Germaniae Historica, Scriptores 5,34)

Cicero, Marcus Tullius: De inventione. Über die Auffindung des Stoffes. De optimo genere oratorum. Über die beste Gattung von Rednern. Lateinisch und deutsch, hg. und übs. v. Theodor Nüßlein, Düsseldorf und Zürich 1998.

Cicero, Marcus Tullius: Topica. Die Kunst, richtig zu argumentieren. Lateinisch und deutsch, hg., übs. und erl. v. Karl Bayer, München und Zürich 1993.

Constantine the African: Theorica Pantegni. Facsimile and Transcription of the Helsinki Manuscript (Codex EÖ.II.14), hg. v. Outi Kaltio, Helsinki 2011; URL/URN: http://www.urn.fi/URN:ISBN:978–952–10–7055–6 (letzter Zugriff: 28.04.2012).

Constantini Africani [...] Opera. 2 Bde., Basel 1536 und 1539.

Constantinus Africanus: Pantegni, in: Omnia Opera Ysaac [Israeli], Lyon 1515, fols. 1a^r-144a^r.

[Constantinus Africanus] Paul Delany: Constantinus Africanus' „De Coitu". A Translation, in: The Chaucer Review 4 (1969), H. 1, S. 55–65.

Galen: On Semen [Περὶ σπέρματος/De semine], hg., übs. und komm. v. Phillip DeLacy, Berlin 1992.

Galen: On the Usefulness of the Parts of the Body. Περὶ χρείας μορίων. De usu partium, 2 Bde., übs., eingel. und komm. v. Margaret Tallmadge May, Ithaca (NY) 1968.

Hartmann von Aue: Erec, hg. v. Manfred Günter Scholz, übs. v. Susanne Held, Frankfurt am Main 2004. (= Bibliothek des Mittelalters, Bd. 5)

[Hippokratische Schriften] Περὶ διαίτης/De victu/Du régime, in: Oeuvres complètes d'Hippocrate. Bd. 6, hg. und übs. v. Émile Littré, Paris 1849, S. 462–663. (Reprint Amsterdam 1962)

[Hippokratische Schriften] Γυναικείων/De muliebribus/Des maladies des femmes, in: Oeuvres complètes d'Hippocrate. Bd. 8, hg. und übs. v. Émile Littré, Paris 1853, S. 1–463. (Reprint Amsterdam 1962)

Isidori Hispalensis episcopi Etymologiarum sive originum. Libri XX, hg. v. Wallace Martin Lindsay, Oxford 1911.

Monumenta Germaniae Historica (= MGH). Legum Sectio IV. Constitutiones et Acta Publica Imperatorum et Regum. Bd. 2, hg. v. Ludwig Weiland, Hannover 1896. (Reprint Hannover 1963)

Nemesii Emeseni de natura hominis, hg. v. Moreno Morani, Leipzig 1987.

Némésius d'Émèse: De natura hominis. Traduction de Burgundio de Pise, hg. v. Gérard Verbeke und José Rafael Moncho, Leiden 1975.

Das Nibelungenlied der Handschriften A, B und C nebst Lesarten der übrigen Handschriften, hg. v. Michael S. Batts, Tübingen 1971.

Das Nibelungenlied, nach der Ausgabe v. Karl Bartsch hg. v. Helmut de Boor, 22., revidierte und v. Roswitha Wisniewski ergänzte Auflage, Mannheim 1988. (= Deutsche Klassiker des Mittelalters [Bd. 3])

Das Nibelungenlied. I. und II. Teil. Mittelhochdeutscher Text und Übertragung, hg., übs. und mit einem Anhang versehen v. Helmut Brackert, Frankfurt am Main 1998.

Das Nibelungenlied. Mittelhochdeutsch/Neuhochdeutsch, nach dem Text v. Karl Bartsch und Helmut de Boor, ins Neuhochdeutsche übs. und komm. v. Siegfried Grosse, Stuttgart 2003.

Quellen zur deutschen Verfassungs-, Wirtschafts- und Sozialgeschichte bis 1250, ausgew. und übs. v. Lorenz Weinrich, Darmstadt 1977. (= Ausgewählte Quellen zur deutschen Geschichte des Mittelalters. Freiherr vom Stein-Gedächtnisausgabe, Bd. 32)

Quintilianus, Marcus Fabius: Institutio oratoria. Ausbildung des Redners. 2 Bde., hg. und übs. v. Helmut Rahn, Darmstadt 1988.

Rhetorica ad Herennium. Lateinisch und deutsch, hg. und übs. v. Theodor Nüßlein, München und Zürich 1994.

Sachsenspiegel Landrecht und Sachsenspiegel Lehnrecht. 2 Bde., hg. v. Karl August Eckhardt, Göttingen, Berlin und Frankfurt 1955 und 1956. (= Monumenta Germaniae Historica. Fontes Iuris Germanici Antiqui. Nova Series. Tomi I Pars I/II)

[Schwabenspiegel] Das Landrecht des Schwabenspiegels in der ältesten Gestalt. Mit den Abweichungen der gemeinen Texte und den Zusätzen derselben, hg. v. Wilhelm Wackernagel, Zürich und Frauenfeld 1840.

Schwabenspiegel Langform Z. Fassung Zü, hg. v. Karl August Eckhardt, Aalen 1974. (= Bibliotheca Rerum Historicarum, Land- und Lehnrechtsbücher 8)

[Schwabenspiegel] Studia iuris Suevici I. Urschwabenspiegel, hg. v. Karl August Eckhardt, Aalen 1975. (= Bibliotheca Rerum Historicarum, Studia 4)

[Schwabenspiegel] Studia iuris Suevici III. Schwabenspiegel Langform E, hg. v. Karl August Eckhardt und Irmgard Eckhardt, Aalen 1976. (= Bibliotheca Rerum Historicarum, Studia 6)

[Schwabenspiegel] Studia iuris Suevici IV. Schwabenspiegel Langform H, hg. v. Karl August Eckhardt und Irmgard Eckhardt, Aalen 1979. (= Bibliotheca Rerum Historicarum, Studia 7)

[Thierry von Chartres] The Latin Rhetorical Commentaries by Thierry of Chartres, hg. v. Karin Margareta Fredborg, Toronto 1988.

[Wilhelm von Conches] Guilelmus de Conchis: Dialogus de substantiis physicis [= Dragmaticon], Strasbourg 1567. (Reprint Frankfurt am Main 1967)
[Wilhelm von Conches] Guillelmi de Conchis: Dragmaticon Philosophiae, hg. v. Italo Ronca, Turnhout 1997. (= Corpus Christianorum. Continuatio Mediaevalis 152, Guillelmi de Conchis: Opera Omnia. Bd. 1, hg. v. E. Jeauneau)
[Wilhelm von Conches; als:] Honorius von Augustodunum: De philosophia mundi, in: Patrologia Latina, Bd. 172, hg. v. Jacques Paul Migne, Paris 1895, S. 39–102.

Forschungsliteratur

Achter, Viktor: Geburt der Strafe, Frankfurt am Main 1951.
Adelman, Janet: Making Defect Perfection: Shakespeare and the One-Sex Model, in: Comensoli, Viviana und Anne Russell (Hg.): Enacting Gender on the English Renaissance Stage, Urbana und Chicago 1999, S. 23–52.
Adolf, Helene: Wortgeschichtliche Studien zum Leib/Seele-Problem, Wien 1937.
Algazi, Gadi: Otto Brunner – „Konkrete Ordnung" und Sprache der Zeit, in: Schöttler, Peter (Hg.): Geschichtsschreibung als Legitimationswissenschaft, Frankfurt am Main 1997, S. 166–203.
Althoff, Gerd: „Compositio". Wiederherstellung verletzter Ehre im Rahmen gütlicher Konfliktbeendigung, in: Schreiner, Klaus und Gerd Schwerhoff (Hg.): Verletzte Ehre. Ehrkonflikte in Gesellschaften des Mittelalters und der Frühen Neuzeit, Köln, Weimar und Wien 1995, S. 63–76.
Althoff, Gerd: Einleitung, in: Ders.: Spielregeln der Politik im Mittelalter. Kommunikation in Friede und Fehde, Darmstadt 1997, S. 1–17.
Althoff, Gerd: Konfliktverhalten und Rechtsbewusstsein. Die Welfen im 12. Jahrhundert, in: Ders.: Spielregeln der Politik im Mittelalter. Kommunikation in Friede und Fehde, Darmstadt 1997, S. 57–84.
Althoff, Gerd: Das Privileg der „deditio". Formen gütlicher Konfliktbeendigung in der mittelalterlichen Adelsgesellschaft, in: Ders.: Spielregeln der Politik im Mittelalter. Kommunikation in Friede und Fehde, Darmstadt 1997, S. 99–125.
Althoff, Gerd: „Colloquium familiare" – „colloquium secretum" – „colloquium publicum". Beratung im politischen Leben des frühen Mittelalters, in: Ders.: Spielregeln der Politik im Mittelalter. Kommunikation in Friede und Fehde, Darmstadt 1997, S. 157–184.
Althoff, Gerd: Verwandtschaft, Freundschaft, Klientel. Der schwierige Weg zum Ohr des Herrschers, in: Ders.: Spielregeln der Politik im Mittelalter. Kommunikation in Friede und Fehde, Darmstadt 1997, S. 185–198.
Althoff, Gerd: Demonstration und Inszenierung. Spielregeln der Kommunikation in mittelalterlicher Öffentlichkeit, in: Ders.: Spielregeln der Politik im Mittelalter. Kommunikation in Friede und Fehde, Darmstadt 1997, S. 229–257.
Angermeier, Heinz: Königtum und Landfriede im deutschen Spätmittelalter, München 1966.

Angermeier, Heinz: König und Staat im deutschen Mittelalter, in: Blätter für deutsche Landesgeschichte 117 (1981), S. 167–182.

Asmus, Herbert: Rechtsprobleme des mittelalterlichen Fehdewesens, Diss. Göttingen 1951.

Assunto, Rosario: Die Theorie des Schönen im Mittelalter, übs. aus dem Italienischen und Lateinischen v. Christa Baumgarth, Köln 1963.

Audehm, Kathrin und Hans Rudolf Velten: Einleitung, in: Dies. (Hg.): Transgression, Hybridisierung, Differenzierung. Zur Performativität von Grenzen in Sprache, Kultur und Gesellschaft, Freiburg im Breisgau, Berlin und Wien 2007, S. 9–40.

Austin, John L.: Zur Theorie der Sprechakte (How to do things with words), deutsche Bearbeitung v. Eike von Savigny, 2. Auflage, Stuttgart 1998.

Bader, Karl Siegfried: Rezension zu Viktor Achter, Geburt der Strafe, in: Zeitschrift der Savigny-Stiftung für Rechtsgeschichte. Germanistische Abteilung 69 (1952), S. 438–442.

Bader, Karl Siegfried: Schuld, Verantwortung, Sühne als rechtshistorisches Problem, in: Frey, Erwin R. (Hg.): Schuld, Verantwortung, Strafe. Im Lichte der Theologie, Jurisprudenz, Soziologie, Medizin und Philosophie, Zürich 1964, S. 61–79.

Barthes, Roland: Die Handlungsfolgen, in: Ders.: Das semiologische Abenteuer, aus dem Französischen v. Dieter Hornig, Frankfurt am Main 1988, S. 144–155.

Baßler, Moritz: Die kulturpoetische Funktion und das Archiv. Eine literaturwissenschaftliche Text-Kontext-Theorie, Tübingen 2005.

Battenberg, Friedrich: Art. Reichshofgericht, in: Erler, Adalbert und Ekkehard Kaufmann (Hg.): Handwörterbuch zur deutschen Rechtsgeschichte. Bd. 4, Berlin 1990, Sp. 615–626.

Baufeld, Christa: Art. Artesliteratur, in: Weimar, Klaus (Hg.): Reallexikon der deutschen Literaturwissenschaft. Bd. 1, Berlin und New York 1997, S. 151–153.

Bäuml, Franz H. und Eva-Maria Fallone: A Concordance to the Nibelungenlied (Bartsch-de Boor Text). With a Structural Pattern Index, Frequency Ranking List, and Reverse Index, Leeds 1976.

Beck, Heinrich und Hartmut Böttcher: Art. Blutrache, in: Beck, Heinrich, Herbert Jankuhn, Kurt Ranke und Reinhard Wenskus (Hg.): Reallexikon der Germanischen Altertumskunde. Bd. 3, 2., völlig neu bearbeitete und stark erweiterte Auflage, Berlin und New York 1978, S. 81–101.

Belsey, Catherine: Von den Widersprüchen der Sprache. Eine Entgegnung auf Stephen Greenblatt, in: Greenblatt, Stephen: Was ist Literaturgeschichte?, aus dem Englischen v. Reinhard Kaiser und Barbara Naumann, Frankfurt am Main 2000, S. 51–72.

Benecke, Georg Friedrich, Wilhelm Müller und Friedrich Zarncke: Mittelhochdeutsches Wörterbuch (= BMZ). 3 Bde., Nachdruck der Ausgabe Leipzig 1854–1866 mit einem Vorwort und einem zusammengefaßten Quellenverzeichnis v. Eberhard Nellmann sowie einem alphabetischen Index v. Erwin Koller, Werner Wegstein und Norbert Richard Wolf, Stuttgart 1990.

Bennewitz, Ingrid: Das Nibelungenlied – Ein „Puech von Chrimhilt"? Ein geschlechtergeschichtlicher Versuch zum Nibelungenlied und seiner Rezeption, in: Zatloukal, Klaus (Hg.): 3. Pöchlarner Heldenliedgespräch. Die Rezeption des Nibelungenlieds, Wien 1995, S. 33–52.

Bennewitz, Ingrid und Helmut Tervooren (Hg.): „Manlîchiu wîp, wîplîch man". Zur Konstruktion der Kategorien „Körper" und „Geschlecht" in der deutschen Literatur des Mittelalters, Berlin 1999.

Bennewitz, Ingrid und Ingrid Kasten (Hg.): Genderdiskurse und Körperbilder im Mittelalter. Eine Bilanzierung nach Butler und Laqueur, Hamburg 2001.

Bennewitz, Ingrid: Zur Konstruktion von Körper und Geschlecht in der Literatur des Mittelalters, in: Dies. und Ingrid Kasten (Hg.): Genderdiskurse und Körperbilder im Mittelalter. Eine Bilanzierung nach Butler und Laqueur, Hamburg 2001, S. 1–10.

Bennewitz, Ingrid: CHLAGE über Kriemhild. Intertextualität, literarische Erinnerungsarbeit und die Konstruktion von Weiblichkeit in der mittelhochdeutschen Heldenepik, in: Zatloukal, Klaus (Hg.): 6. Pöchlarner Heldenliedgespräch. 800 Jahre Nibelungenlied. Rückblick – Einblick – Ausblick, Wien 2001, S. 25–36.

Bennewitz, Ingrid: Kriemhild und Kudrun. Heldinnen-Epik statt Helden-Epik?, in: Zatloukal, Klaus (Hg.): 7. Pöchlarner Heldenliedgespräch. Mittelhochdeutsche Heldendichtung außerhalb des Nibelungen- und Dietrichkreises (Kudrun, Ortnit, Waltharius, Wolfdietriche), Wien 2003, S. 9–20.

Benöhr, Hans-Peter: Erfolgshaftung nach dem Sachsenspiegel?, in: Zeitschrift der Savigny-Stiftung für Rechtsgeschichte. Germanistische Abteilung 92 (1975), S. 190–193.

Benselers Griechisch-Deutsches Wörterbuch, bearbeitet v. Adolf Kaegi, mit einem alphabetischen Verzeichnis zur Bestimmung seltener und unregelmäßiger Verben, 19. Auflage, Leipzig 1990.

Benthien, Claudia: Haut. Literaturgeschichte – Körperbilder – Grenzdiskurse, 2. Auflage, Reinbek bei Hamburg 2001.

Benthien, Claudia und Hans Rudolf Velten: Einleitung, in: Dies. (Hg.): Germanistik als Kulturwissenschaft. Eine Einführung in neue Theoriekonzepte, Reinbek bei Hamburg 2002, S. 7–34.

Beyschlag, Siegfried: Das Motiv der Macht bei Siegfrieds Tod (1952), in: Hauck, Karl (Hg.): Zur germanisch-deutschen Heldensage. Sechzehn Aufsätze zum neuen Forschungsstand, Darmstadt 1961, S. 195–213.

Beyschlag, Siegfried: Die Funktion der epischen Vorausdeutung im Aufbau des Nibelungenliedes, in: Beiträge zur Geschichte der deutschen Sprache und Literatur (= PBB (Halle)) 76 (1954/55), S. 38–55.

Beyschlag, Siegfried: Das Nibelungenlied als aktuelle Dichtung seiner Zeit, in: Germanisch-Romanische Monatsschrift 48 (1967), S. 225–231.

Blank, Walter: Die deutsche Minneallegorie. Gestaltung und Funktion einer spätmittelalterlichen Dichtungsform, Stuttgart 1970.

Bowra, Cecil Maurice: Heldendichtung. Eine vergleichende Phänomenologie der heroischen Poesie aller Völker und Zeiten, übs. v. Hans G. Schürmann, Stuttgart 1964.

Boylan, Michael: Galenic and Hippocratic Challenges to Aristotle's Conception Theory, in: Journal of the History of Biology 17 (1984), S. 83–112.

Brackert, Helmut: Androgyne Idealität. Zum Amazonenbild in Rudolfs von Ems Alexander, in: Grenzmann, Ludger, Hubert Herkommer und Dieter Wuttke (Hg.): Philologie als Kulturwissenschaft. Studien zur Literatur und Geschichte des Mittelalters. Festschrift für Karl Stackmann zum 65. Geburtstag, Göttingen 1987, S. 164–178.

Brinker-von der Heyde, Claudia: „Ez ist ein rehtez wîphere". Amazonen in mittelalterlicher Dichtung, in: Beiträge zur deutschen Sprache und Literatur (= PBB) 119 (1997), S. 399–424.

Brisson, Luc: Art. Nemesios, in: Cancik, Hubert und Helmuth Schneider (Hg.): Der Neue Pauly. Enzyklopädie der Antike. Bd. 8, Stuttgart und Weimar 2000, Sp. 817–818.

Brundage, James: Rape and Marriage in the Medieval Cannon Law, in: Revue du Droit Canonique 28 (1978), S. 62–75.

Brunner, Otto: Land und Herrschaft. Grundfragen der territorialen Verfassungsgeschichte Österreichs im Mittelalter, Darmstadt 1970.

Bubner, Rüdiger: Art. Kalokagathia. I, in: Ritter, Joachim und Karlfried Gründer (Hg.): Historisches Wörterbuch der Philosophie. Bd. 4, Darmstadt 1976, S. 682.

Bumke, Joachim: Höfische Kultur. Literatur und Gesellschaft im hohen Mittelalter, 7. Auflage, München 1994.

Bumke, Joachim: Höfische Körper – Höfische Kultur, in: Heinzle, Joachim (Hg.): Modernes Mittelalter. Neue Bilder einer populären Epoche, Frankfurt am Main und Leipzig 1994, S. 67–102.

Butler, Judith: Das Unbehagen der Geschlechter, aus dem Amerikanischen v. Kathrina Menke, Frankfurt am Main 1991.

Butler, Judith: Körper von Gewicht. Die diskursiven Grenzen des Geschlechts, aus dem Amerikanischen v. Karin Wördemann, Frankfurt am Main 1997.

Butler, Judith: Haß spricht. Zur Politik des Performativen, aus dem Englischen v. Kathrina Menke und Markus Krist, Berlin 1998.

Butler, Judith: Psyche der Macht. Das Subjekt der Unterwerfung, aus dem Amerikanischen v. Reiner Ansén, Frankfurt am Main 2001.

Bynum, Caroline Walker: Fragmentierung und Erlösung. Geschlecht und Körper im Glauben des Mittelalters, Frankfurt am Main 1996.

Cadden, Joan: Meanings of Sex Difference in the Middle Ages. Medicine, Science, and Culture, New York und Oakleigh (AUS) 1993.

Campbell, Ian R.: Hagen's Shield Request – Das Nibelungenlied, 37th Aventiure, in: The Germanic Review 71 (1996), S. 23–34.

Campbell, Ian R.: Who are the „ritter" and „helde"? Das Nibelungenlied, 861,4; 865,2; 869,4, in: Amsterdamer Beiträge zur älteren Germanistik 46 (1996), S. 131–141.

Classen, Albrecht: Matriarchalische Strukturen und Apokalypse des Matriarchats im Nibelungenlied, in: Internationales Archiv für Sozialgeschichte der deutschen Literatur 16 (1991), H. 1, S. 1–31.

Clover, Carol J.: Maiden Warriors and Other Sons, in: Edwards, Robert R. und Vickie Ziegler (Hg.): Matrons and Marginal Women in Medieval Society, Woodbridge (Suffolk) und Rochester (NY) 1995, S. 75–87.

Creutz, Rudolf: Der Arzt Constantinus Africanus von Monte Cassino, in: Studien und Mitteilungen zur Geschichte des Benediktinerordens und seiner Zweige 47 (1929), S. 1–44.

Creutz, Rudolf: Erzbischof Alfanus I, ein frühsalernitanischer Arzt, in: Studien und Mitteilungen zur Geschichte des Benediktiner-Ordens und seiner Zweige 47 (1929), S. 413–432.

Curschmann, Michael: Nibelungenlied und Nibelungenklage. Über Mündlichkeit und Schriftlichkeit im Prozeß der Episierung, in: Cormeau, Christoph (Hg.): Deutsche Literatur im Mittelater, Hugo Kuhn zum Gedenken, Stuttgart 1979, S. 85–119.

Curschmann, Michael: Art. Nibelungenlied und Klage, in: Ruh, Kurt (Hg.): Die deutsche Literatur des Mittelalters. Verfasserlexikon. Bd. 6, Berlin und New York 1987, Sp. 926–969.

Czerwinski, Peter: Das Nibelungenlied. Widersprüche höfischer Gewaltreglementierung, in: Frey, Winfried u. a.: Einführung in die deutsche Literatur des 12. bis 16. Jahrhunderts. Bd. 1, Opladen 1979, S. 49–87.

Czerwinski, Peter: Der Glanz der Abstraktion. Frühe Formen von Reflexivität im Mittelalter. Exempel einer Geschichte der Wahrnehmung, Frankfurt am Main und New York 1989.

Danto, Arthur C.: Narration and Knowledge, New York 1985.

DeLacy, Phillip: Introduction, in: Galen: On Semen [Περὶ σπέρματος/De semine], hg., übs. und komm. v. Phillip DeLacy, Berlin 1992, S. 13–58.

Deleuze, Gilles: Foucault, übs. v. Hermann Kocyba, Frankfurt am Main 1987.

Delogu, Paolo, Reinhard Düchting und Gerhard Baader: Art. Alfanus [2], in: Bautier, Robert-Henri u. a. (Hg.): Lexikon des Mittelalters. Bd. 1, Zürich und München 1980, Sp. 389–390.

Deutsch, Andreas: Art. Beweis, in: Cordes, Albrecht, Heiner Lück, Dieter Werkmüller und Ruth Schmidt-Wiegand (Hg.): Handwörterbuch zur deutschen Rechtsgeschichte. Bd. 1, 2., völlig überarbeitete und erweiterte Auflage, Berlin 2008, Sp. 559–566.

Deutsches Rechtswörterbuch. Wörterbuch der Älteren deutschen Rechtssprache. 11 Bde. [-Satzzettel], hg. v. der Preußischen Akademie der Wissenschaften [Bde. 1–4], v. der Deutschen Akademie der Wissenschaften zu Berlin [DDR] [Bd. 5], v. der Heidelberger Akademie der Wissenschaften in Verbindung mit der Akademie der Wissenschaften der DDR [Bde. 6–8] und v. der Heidelberger Akademie der Wissenschaften [Bde. 9–11], Weimar 1914–2007.

Dilcher, Gerhard: Art. Widerstandsrecht, in: Erler, Adalbert, Ekkehard Kaufmann und Dieter Werkmüller (Hg.): Handwörterbuch zur deutschen Rechtsgeschichte. Bd. 5, Berlin 1998, Sp. 1351–1364.

Dinkelacker, Wolfgang: Spielregeln, Gattungsregeln. Zur literarischen Gestaltung des Nibelungenstoffes, in: Ebenbauer, Alfred und Johannes Keller (Hg.): 8. Pöchlarner Heldenliedgespräch. Das Nibelungenlied und die Europäische Heldendichtung, Wien 2006, S. 57–71.

Dreyfus, Hubert L. und Paul Rabinow: Michel Foucault. Jenseits von Strukturalismus und Hermeneutik, aus dem Amerikanischen v. Claus Rath und Ulrich Raulff, Weinheim 1994.

Durling, Richard J.: A Chronological Census of Renaissance Editions and Translations of Galen, in: Journal of the Warburg and Courtauld Institutes 24 (1961), H. 3/4, S. 230–305.

Durling, Richard J.: Art. Burgundio v. Pisa, in: Bautier, Robert-Henri u. a. (Hg.): Lexikon des Mittelalters. Bd. 2, München und Zürich 1983, Sp. 1097–1098.

Ebel, Wilhelm: Recht und Form. Vom Stilwandel im deutschen Recht, Tübingen 1975. (= Recht und Staat in Geschichte und Gegenwart 449)

Ebert, Udo: Talion und Spiegelung im Strafrecht, in: Küper, Wilfried (Hg.): Festschrift für Karl Lackner zum 70. Geburtstag am 18. Februar 1987, Berlin und New York 1987, S. 399–422.

Ebert, Udo: Talion und Vergeltung im Strafrecht – ethische, psychologische und historische Aspekte, in: Jung, Heike, Heinz Müller-Dietz und Ulfrid Neumann (Hg.): Recht und Moral. Beiträge zu einer Standortbestimmung, Baden-Baden 1991, S. 249–267.

Ehrismann, Otfrid: Ehre und Mut, Aventiure und Minne. Höfische Wortgeschichten aus dem Mittelalter, München 1995.

Ehrismann, Otfrid: „Ze stücken was gehouwen dô daz edele wîp". The Reception of Kriemhild, in: McConnell, Winder (Hg.): A Companion to the Nibelungenlied, Rochester (NY) und Woddbridge (Suffolk) 1998, S. 18–41.

Ehrismann, Otfrid: „Ich bin ouch ein recke und solde krône tragen". Siegfried, Gunther und die Spielregeln der Politik im Mittelalter, in: Schmidt, Jürgen Erich, Karin Cieslik und Gisela Ros (Hg.): Ethische und ästhetische Komponenten des sprachlichen Kunstwerks, Göppingen 1999, S. 61–80.

Ehrismann, Otfrid: Nibelungenlied. Epoche – Werk – Wirkung, 2., neubearbeitete Auflage, München 2002.

Ehrismann, Otfrid: Kriemhild-*C, in: Breuer, Jürgen (Hg.): „Ze Lorse bi dem münster". Das Nibelungenlied (Handschrift C). Literarische Innovation und politische Zeitgeschichte, München 2006, S. 225–247.

Eis, Gerhard: Die Hortforderung, in: Germanisch-Romanische Monatsschrift 7 (1957), H. 3, S. 209–223.

Erler, Adalbert: Art. Gottesurteil, in: Ders. und Ekkehard Kaufmann (Hg.): Handwörterbuch zur deutschen Rechtsgeschichte. Bd. 1, Berlin 1971, Sp. 1769–1773.

Erler, Adalbert: Art. Verklarung, in: Ders., Ekkehard Kaufmann und Dieter Werkmüller (Hg.): Handwörterbuch zur deutschen Rechtsgeschichte. Bd. 5, Berlin 1998, Sp. 741–743.

Ernst, Stephan: Art. Wilhelm von Conches, in: Bautier, Robert-Henri u. a. (Hg.): Lexikon des Mittelalters. Bd. 9, München 1998, Sp. 168–170.

Ertzdorff, Xenja von: Die Dame im Herzen und das Herz bei der Dame. Zur Verwendung des Begriffs „Herz" in der höfischen Liebeslyrik des 11. und 12. Jahrhunderts, in: Zeitschrift für deutsche Philologie 84 (1965), S. 6–46.

Fehn-Claus, Janine: Erste Ansätze einer Typologie der Fehdegründe, in: Brunner, Horst (Hg.): Der Krieg im Mittelalter und in der Frühen Neuzeit. Gründe, Begründungen, Bilder, Bräuche, Recht, Wiesbaden 1999, S. 93–138.

Fehr, Hans: Kunst und Recht. Bd. 2. Das Recht in der Dichtung, Bern 1930.

Flasch, Kurt: Das philosophische Denken im Mittelalter. Von Augustin zu Machiavelli, Stuttgart 2000.

Fleckenstein, Josef: Das Turnier als höfisches Fest im hochmittelalterlichen Deutschland, in: Ders. (Hg.): Das ritterliche Turnier im Mittelalter. Beiträge zu einer vergleichenden Formen- und Verhaltensgeschichte des Rittertums, Göttingen 1985, S. 229–256.

Fluss, Ingeborg: Das Hervortreten der Erzählerpersönlichkeit und ihre Beziehung zum Publikum in mittelhochdeutscher strophischer Heldendichtung, Hamburg 1971.

Forschungsprogramm des Sonderforschungsbereichs 226, in: Wolf, Norbert Richard (Hg.): Wissensorganisierende und wissensvermittelnde Literatur im Mittelalter. Perspektiven ihrer Erforschung. Kolloquium 5.–7. Dezember 1985, Wiesbaden 1987, S. 9–22.

Fößel, Amalie: Die Königin im mittelalterlichen Reich. Herrschaftsausübung, Herrschaftsrechte, Handlungsspielräume, Stuttgart 2000.

Foucault, Michel: Archäologie des Wissens, übs. v. Ulrich Köppen, Frankfurt am Main 2002.

Frakes, Jerold C.: Brides and Doom. Gender, Property, and Power in Medieval German Women's Epic, Philadelphia 1994.

Frank, Petra: Weiblichkeit im Kontext von „potestas" und „violentia". Untersuchungen zum Nibelungenlied, Würzburg 2005; URL/URN: http://opus.bibliothek.uni-wuerzburg.de/volltexte/2005/1169 (letzter Zugriff: 28.04.2012).

Franklin, Otto: Das Reichshofgericht im Mittelalter. 2 Bde., Weimar 1867/69. (Reprint Hildesheim 1967)

Freche, Katharina: „Von zweier vrouwen bâgen wart vil manic helt verlorn". Untersuchungen zur Geschlechterkonstruktion in der mittelalterlichen Nibelungendichtung, Trier 1999.

Friedrich, Udo: Art. Fachprosa, in: Weimar, Klaus (Hg.): Reallexikon der deutschen Literaturwissenschaft. Bd. 1, Berlin und New York 1997, S. 559–562.

Friedrich, Udo: Die Zähmung des Heros. Der Diskurs der Gewalt und Gewaltreglementierung im 12. Jahrhundert, in: Müller, Jan-Dirk und Horst Wenzel (Hg.): Mittelalter. Neue Wege in einen alten Kontinent, Stuttgart und Leipzig 1999, S. 149–179.

Friedrich, Udo: Der Ritter und sein Pferd. Semantisierungsstrategien einer Mensch-Tier-Verbindung im Mittelalter, in: Peters, Ursula (Hg.): Text und Kultur. Mittelalterliche Literatur 1150–1450, Stuttgart und Weimar 2001, S. 245–267.

Fromm, Hans: Der oder die Dichter des Nibelungenliedes?, in: Ders.: Arbeiten zur deutschen Literatur des Mittelalters, Tübingen 1989, S. 275–288.

Gaunt, Simon: Gender and Genre in Medieval French Literature, Cambridge 1995.

Geier, Bettina: Täuschungshandlungen im Nibelungenlied. Ein Beitrag zur Differenzierung von List und Betrug, Göppingen 1999.

Genette, Gérard: Die Erzählung, übs. v. Andreas Knop, mit einem Nachwort hg. v. Jochen Vogt, 2. Auflage, München 1998.

Gephart, Irmgard: Geben und Nehmen im Nibelungenlied und in Wolframs Parzival, Bonn 1994.

Gerlach, Wolfgang: Das Problem des „weiblichen Samens" in der antiken und mittelalterlichen Medizin, in: Sudhoffs Archiv für Geschichte der Medizin und der Naturwissenschaften 30 (1937–38), S. 177–193.

Gernhuber, Joachim: Die Landfriedensbewegung in Deutschland bis zum Mainzer Reichslandfrieden von 1235, Bonn 1952.

Gondos, Lisa: Art. Epitheton, in: Ueding, Gert (Hg.): Historisches Wörterbuch der Rhetorik. Bd. 2, Tübingen 1994, Sp. 1314–1316.

Gottzmann, Carola L.: Heldendichtung des 13. Jahrhunderts. Siegfried – Dietrich – Ortnit, Frankfurt am Main u. a. 1987.

Gravdal, Kathryn: Chrétien de Troyes, Gratian, and the Medieval Romance of Sexual Violence, in: Signs. Journal of Women in Culture and Society 17 (1992), H. 3, S. 558–585.

Greek-English Lexicon, zusammengestellt v. Henry George Liddell und Robert Scott, revidiert und durchgehend erweitert v. Sir Henry Stuart Jones, mit Unterstützung v. Roderick McKenzie, Oxford u. a. 1996.

Green, Monica H.: The De Genecia attributed to Constantine the African, in: Speculum 62 (1987), S. 299–323.

Greenblatt, Stephen: Dichtung und Reibung, in: Ders.: Verhandlungen mit Shakespeare. Innenansichten der englischen Renaissance, Frankfurt am Main 1993, S. 89–123.

Grenzler, Thomas: Erotisierte Politik – politisierte Erotik? Die politisch-ständische Begründung der Ehe-Minne in Wolframs Willehalm, im Nibelungenlied und in der Kudrun, Göppingen 1992.

Grubmüller, Klaus: Etymologie als Schlüssel zur Welt? Bemerkungen zur Sprachtheorie des Mittelalters, in: Fromm, Hans, Wolfgang Harms und Uwe Ruberg (Hg.): Verbum et signum. Bd. 1. Beiträge zur mediävistischen Bedeutungsforschung, München 1975, S. 209–230.

Gubatz, Thorsten: „Waz ob si alsô zürnet, daz wir sîn verlorn?" Zur Frage nach Kohärenz oder Inkohärenz der Motivationsstruktur in der siebten Aventiure des Nibelungenlieds, in: Euphorion 96 (2002), S. 273–286.

Günther, Louis: Die Idee der Wiedervergeltung in der Geschichte und Philosophie des Strafrechts. Ein Beitrag zur universalhistorischen Entwicklung desselben. Abteilung 1. Die Kulturvölker des Altertums und das deutsche Recht bis zur Carolina, Erlangen 1889. (Reprint Aalen 1966)

Gymnich, Marion: Konzepte literarischer Figuren und Figurencharakterisierung, in: Nünning, Vera und Ansgar Nünning (Hg.): Erzähltextanalyse und Gender Studies, Stuttgart und Weimar 2004, S. 122–142.

Haferland, Harald: Höfische Interaktion. Interpretationen zur höfischen Epik und Didaktik um 1200, München 1989.

Hagemann, Hans Rudolf: Art. Blutrache, in: Bautier, Robert-Henri u. a. (Hg.): Lexikon des Mittelalters. Bd. 2, München und Zürich 1983, Sp. 289–299.

Hahn, Alois: Transgression und Innovation, in: Helmich, Werner, Helmut Meter und Astrid Poier-Bernhard (Hg.): Poetologische Umbrüche. Romanistische Studien zu Ehren von Ulrich Schulz-Buschhaus, München 2002, S. 452–465.

Hahn, Alois: „Partizipative" Identitäten, in: Ders.: Konstruktionen des Selbst, der Welt und der Geschichte. Aufsätze zur Kultursoziologie, Frankfurt am Main 2000, S. 13–79.

Hasebrink, Burkhard: Aporie, Dialog, Destruktion. Eine textanalytische Studie zur 37. Aventiure des Nibelungenliedes, in: Henkel, Nikolaus, Martin H. Jones und Nigel F. Palmer (Hg.): Dialoge. Sprachliche Kommunikation in und zwischen Texten im deutschen Mittelalter. Hamburger Colloquium 1999, Tübingen 2003, S. 7–20.

Haug, Walter: Höfische Idealität und heroische Tradition im Nibelungenlied [1974], in: Ders.: Strukturen als Schlüssel zur Welt. Kleine Schriften zur Erzählliteratur des Mittelalters, Tübingen 1989, S. 293–307.

Haug, Walter: Normatives Modell oder hermeneutisches Experiment. Überlegungen zu einer grundsätzlichen Revision des Heuslerschen Nibelungen-Modells [1981], in: Ders.: Strukturen als Schlüssel zur Welt. Kleine Schriften zur Erzählliteratur des Mittelalters, Tübingen 1989, S. 308–325.

Haug, Walter: Montage und Individualität im Nibelungenlied, in: Knapp, Fritz Peter (Hg.): Nibelungenlied und Klage. Sage und Geschichte, Struktur und Gattung. Passauer Nibelungengespräche 1985, Heidelberg 1987, S. 277–293.

Haug, Walter: Die Grausamkeit der Heldensage. Neue gattungstheoretische Überlegungen zur heroischen Dichtung [1994], in: Ders.: Brechungen auf dem Weg zur Individualität. Kleine Schriften zur Literatur des Mittelalters, Tübingen 1995, S. 72–90.

Haug, Walter: Hat das Nibelungenlied eine Konzeption?, in: Greenfield, John (Hg.): Das Nibelungenlied. Actas do Simpósio Internacional 27 de Outubro de 2000, Porto 2001, S. 27–49.

Haupt, Barbara: Der schöne Körper in der höfischen Epik, in: Ridder, Klaus und Otto Langer (Hg.): Körperinszenierungen in mittelalterlicher Literatur. Kolloquium am Zentrum für interdisziplinäre Forschung der Universität Bielefeld (18. bis 20. März 1999), Berlin 2002, S. 47–73.

Hausen, Karin: Die Polarisierung der „Geschlechtscharaktere". Eine Spiegelung der Dissoziation von Erwerbs- und Familienleben, in: Conze, Werner (Hg.): Sozialgeschichte der Familie in der Neuzeit Europas, Stuttgart 1976, S. 363–393.

Haymes, Edward R.: A Rhetorical Reading of the „Hortforderungsszene" in the Nibelungenlied, in: Wunderlich, Werner und Ulrich Müller (Hg.): „Waz sider da geschah". American-German Studies on the Nibelungenlied. Text and Reception, Göppingen 1992, S. 81–88.

Heinzle, Joachim: Gnade für Hagen? Die epische Struktur des Nibelungenliedes und das Dilemma der Interpreten, in: Knapp, Fritz Peter (Hg.): Nibelungenlied und Klage. Sage und Geschichte, Struktur und Gattung. Passauer Nibelungengespräche 1985, Heidelberg 1987, S. 257–276.

Heinzle, Joachim: Das Nibelungenlied. Eine Einführung, Frankfurt am Main 1994.

Heinzle, Joachim: Zweimal Hagen oder: Rezeption als Sinnunterstellung, in: Ders. und Anneliese Waldschmidt (Hg.): Die Nibelungen. Ein deutscher Wahn, ein deutscher Alptraum. Studien und Dokumente zur Rezeption des

Nibelungenstoffs im 19. und 20. Jahrhundert, Frankfurt am Main 1991, S. 21–40.

Heinzle, Joachim: Misserfolg oder Vulgata? Zur Bedeutung der *C-Version in der Überlieferung des Nibelungenlieds, in: Chinca, Mark, Joachim Heinzle und Christopher Young (Hg.): Blütezeit. Festschrift für Peter Johnsson zum 70. Geburtstag, Tübingen 2000, S. 207–220.

Heinzle, Joachim: Traditionelles Erzählen. Zur Poetik des Nibelungenlieds. Mit einem Exkurs über „Leerstellen" und „Löcher", in: Hennings, Thordis, Manuela Niesner, Christoph Roth und Christian Schneider (Hg.): Mittelalterliche Poetik in Theorie und Praxis. Festschrift für Fritz Peter Knapp zum 65. Geburtstag, Berlin und New York 2009, S. 59–76.

Heinzmann, Richard: Die Unsterblichkeit der Seele und die Auferstehung des Leibes. Eine problemgeschichtliche Untersuchung der frühscholastischen Sentenzen- und Summenliteratur von Anselm von Laon bis Wilhelm von Auxerre, Münster 1965.

Henkel, Nikolaus: Nibelungenlied und Klage. Überlegungen zum Nibelungenverständnis um 1200 (1999), in: Fasbender, Christoph (Hg.): Nibelungenlied und Nibelungenklage. Neue Wege der Forschung, Darmstadt 2005, S. 211–237.

Herdlitczka, Arnold Rudolf: Art. Talio, in: Wissowa, Georg (Hg.): Paulys Realencyclopädie der classischen Altertumswissenschaft. 2. Reihe. 8. Halbbd., Stuttgart 1932, Sp. 2069–2077.

Herweg, Mathias und Sonja Kerth: „Kuning uuigsalig" – „armer künec"? Herrschaft und Kriegertum in mittelalterlichen Texten, in: Literaturwissenschaftliches Jahrbuch 47 (2006), S. 9–56.

Hettinger, Anette: Zur Lebensgeschichte und zum Todesdatum des Constantinus Africanus, in: Deutsches Archiv 46 (1990), S. 517–529.

Heusler, Andreas: Das Strafrecht der Isländersagas, Leipzig 1911.

Hintz, Ernst Ralf: Legal Fiction and Rhetorical Ambiguity in The Nibelungenlied, in: Ders. (Hg.): „Nu lôn' ich iu der gâbe". Festschrift für Francis G. Gentry, Göppingen 2003, S. 25–41.

Hirsch, Hans: Die hohe Gerichtsbarkeit im deutschen Mittelalter, Weimar 1922.

His, Rudolf: Das Strafrecht des deutschen Mittelalters. 2 Bde., Weimar 1920 und 1935. (Reprint Aalen 1964)

Hoffmann, Werner: Mittelhochdeutsche Heldendichtung, Berlin 1974.

Hoffmann, Werner: Das Nibelungenlied, 6., überarbeitete und erweiterte Auflage, Stuttgart 1992.

Holzhauer, Antje: Rache und Fehde in der mittelhochdeutschen Literatur des 12. und 13. Jahrhunderts, Göppingen 1997.

Holzhauer, Heinz: Geburt der Strafe, Szeged 1992.

Holzhauer, Heinz: Vom Recht im Nibelungenlied, in: Baumann, Wolfgang, Hans-Jürgen von Dickhuth-Harrach und Wolfgang Marotzke (Hg.): Gesetz, Recht, Rechtsgeschichte. Festschrift für Gerhard Otte, München 2005, S. 551–561.

Honegger, Claudia: Die Ordnung der Geschlechter. Die Wissenschaften vom Menschen und das Weib. 1750–1850, Frankfurt am Main und New York 1991.

Hüpper, Dagmar: Art. Schwert, in: Erler, Adalbert und Ekkehard Kaufmann (Hg.): Handwörterbuch zur deutschen Rechtsgeschichte. Bd. 4, Berlin 1990, Sp. 1570–1574.

Jacquart, Danielle und Claude Thomasset: Sexuality and Medicine in the Middle Ages, Princeton 1988.

Jager, Eric: The Book of the Heart. Reading and Writing the Medieval Subject, in: Speculum 71 (1996), S. 1–26.

Janssen, Wilhelm: Art. Krieg, in: Brunner, Otto, Werner Conze und Reinhart Koselleck (Hg.): Geschichtliche Grundbegriffe. Historisches Lexikon zur politisch-sozialen Sprache in Deutschland. Bd. 3, Stuttgart 1982, S. 567–615.

Jerouschek, Günter: Geburt und Wiedergeburt des peinlichen Strafrechts im Mittelalter, in: Lüdersen, Klaus (Hg.): Die Durchsetzung des öffentlichen Strafanspruchs. Systematisierung der Fragestellung, Köln, Weimar und Wien 2002, S. 41–52.

Jochens, Jenny: The Medieval Icelandic Heroine: Fact or Fiction?, in: Viator. Medieval and Renaissance Studies 17 (1986), S. 35–50.

Jönsson, Maren: „Ob ich ein ritter waere". Genderentwürfe und genderrelatierte Erzählstrategien im Nibelungenlied, Uppsala 2001.

Jönsson, Maren: Verspielte Alternativen im Nibelungenlied, in: Studia neophilologica 73 (2001), H. 2, S. 223–237.

Jordan, Mark: The Fortune of Constantine's Pantegni, in: Burnett, Charles und Danielle Jacquart (Hg.): Constantine the African and Ali ibn Abbas al-Magusi. The Pantegni and Related Texts, Leiden, New York und Köln 1994, S. 286–302.

Jussen, Bernhard: Die Namen der Witwe. Erkundungen zur Semantik der mittelalterlichen Bußkultur, Göttingen 2000.

Kaiser, Gert: Deutsche Heldendichtung, in: Krauss, Henning (Hg.): Europäisches Hochmittelalter, Wiesbaden 1981, S. 181–216.

Kallis, Anastasios: Der Mensch im Kosmos. Das Weltbild Nemesios' von Emesa, Münster 1978.

Kannowski, Bernd: Rechtsbegriffe im Mittelalter. Stand der Diskussion, in: Cordes, Albrecht und Bernd Kannowski (Hg.): Rechtsbegriffe im Mittelalter, Frankfurt am Main u. a. 2002, S. 1–27.

Kamp, Hermann: Friedensstifter und Vermittler im Mittelalter, Darmstadt 2001.

Kasten, Ingrid: Frauendienst bei Trobadors und Minnesängern im 12. Jahrhundert. Zur Entwicklung und Adaption eines literarischen Konzepts, Heidelberg 1986.

Kaufmann, Ekkehard: Die Erfolgshaftung. Untersuchungen über die strafrechtliche Zurechnung im Rechtsdenken des frühen Mittelalters, Frankfurt am Main 1958.

Kaufmann, Ekkehard: Art. Absicht (böse), in: Erler, Adalbert und Ekkehard Kaufmann (Hg.): Handwörterbuch zur deutschen Rechtsgeschichte. Bd. 1, Berlin 1971, Sp. 17–18.

Kaufmann, Ekkehard: Art. Buße, in: Erler, Adalbert und Ekkehard Kaufmann (Hg.): Handwörterbuch zur deutschen Rechtsgeschichte. Bd. 1, Berlin 1971, Sp. 575–577.

Kaufmann, Ekkehard: Art. Erfolgshaftung, in: Erler, Adalbert und Ekkehard Kaufmann (Hg.): Handwörterbuch zur deutschen Rechtsgeschichte. Bd. 1, Berlin 1971, Sp. 989–1001.

Kaufmann, Ekkehard: Art. Fehde, in: Erler, Adalbert und Ekkehard Kaufmann (Hg.): Handwörterbuch zur deutschen Rechtsgeschichte. Bd. 1, Berlin 1971, Sp. 1083–1093.

Kaufmann, Ekkehard: Art. Königsgericht, in: Erler, Adalbert und Ekkehard Kaufmann (Hg.): Handwörterbuch zur deutschen Rechtsgeschichte. Bd. 2, Berlin 1978, Sp. 1034–1040.

Kaufmann, Ekkehard: Art. Sippenstrafrecht, in: Erler, Adalbert und Ekkehard Kaufmann (Hg.): Handwörterbuch zur deutschen Rechtsgeschichte. Bd. 4, Berlin 1998, Sp. 1670–1672.

Kaufmann, Ekkehard: Art. Sühne, Sühnevertrag, in: Erler, Adalbert, Ekkehard Kaufmann und Dieter Werkmüller (Hg.): Handwörterbuch zur deutschen Rechtsgeschichte. Bd. 5, Berlin 1998, Sp. 72–76.

Kaufmann, Ekkehard: Art. Talion, in: Erler, Adalbert, Ekkehard Kaufmann und Dieter Werkmüller (Hg.): Handwörterbuch zur deutschen Rechtsgeschichte. Bd. 5, Berlin 1998, Sp. 114–118.

Keil, Gundolf: Organisationsformen medizinischen Wissens, in: Wolf, Norbert Richard (Hg.): Wissensorganisierende und wissensvermittelnde Literatur im Mittelalter. Perspektiven ihrer Erforschung, Wiesbaden 1987, S. 221–245.

Keller, Hagen: Zum Charakter der „Staatlichkeit" zwischen karolingischer Reichsreform und hochmittelalterlichem Herrschaftsausbau, in: Frühmittelalterliche Studien 23 (1989), S. 248–264.

Kellermann, Karina (Hg.): Der Körper. Realpräsenz und symbolische Ordnung, Berlin 2003. (= Das Mittelalter. Perspektiven mediävistischer Forschung 8)

Kellermann, Karina: Der Körper. Realpräsenz und symbolische Ordnung. Eine Einleitung, in: Das Mittelalter. Perspektiven mediävistischer Forschung 8 (2003), S. 3–8.

Kern, Fritz: Recht und Verfassung im Mittelalter, in: Historische Zeitschrift 120 (1919), S. 1–79.

Kerth, Sonja: Versehrte Körper – vernarbte Seelen. Konstruktionen kriegerischer Männlichkeit in der späten Heldendichtung, in: Zeitschrift für Germanistik, N. F. 12 (2002), H. 2, S. 262–274.

King, Kenneth Charles: Der Sinn des Nibelungenliedes – Eine Entgegnung (1962), in: Rupp, Heinz (Hg.): Nibelungenlied und Kudrun, Darmstadt 1976, S. 218–236.

Kisch, Guido: Die talionsartige Strafe für Rechtsverweigerung im Sachsenspiegel, in: Tijdschrift voor Rechtsgeschiedenis 16 (1939), S. 457–467.

Klementowski, Marian Lech: Die Entstehung der Grundsätze der strafrechtlichen Verantwortlichkeit und der öffentlichen Strafe im deutschen Reich bis zum 14. Jahrhundert, in: Zeitschrift der Savigny-Stiftung für Rechtsgeschichte. Germanistische Abteilung 126 (1996), S. 217–246.

Klinger, Judith: Der mißratene Ritter. Konzeptionen von Identität im Prosa-Lancelot, München 2001.

Klinger, Judith: Gender-Theorien. Ältere deutsche Literatur, in: Benthien, Claudia und Hans Rudolf Velten (Hg.): Germanistik als Kulturwissenschaft.

Eine Einführung in neue Theoriekonzepte, Reinbek bei Hamburg 2002, S. 267–297.

Knapp, Fritz Peter: Nibelungentreue wider Babenberg, in: Beiträge zur deutschen Sprache und Literatur (= PBB (Tübingen)) 107 (1985), H. 2, S. 174–189.

Kneepkens, Corneille Henri: Art. Comparatio, in: Ueding, Gert (Hg.): Historisches Wörterbuch der Rhetorik. Bd. 2, Tübingen 1994, Sp. 293–299.

Kochskämper, Birgit: „Man, gomman inti wîb". Schärfen und Unschärfen der Geschlechterdifferenz in althochdeutscher Literatur, in: Bennewitz, Ingrid und Helmut Tervooren (Hg.): „Manlîchiu wîp, wîplîch man". Zur Konstruktion der Kategorien „Körper" und „Geschlecht" in der deutschen Literatur des Mittelalters, Berlin 1999, S. 15–33.

Kohler, Erika: Liebeskrieg. Zur Bildersprache der höfischen Dichtung des Mittelalters, Stuttgart und Berlin 1935.

Kornblum, Udo: Art. Beweis, in: Erler, Adalbert und Ekkehard Kaufmann (Hg.): Handwörterbuch zur deutschen Rechtsgeschichte. Bd. 1, Berlin 1971, Sp. 401–408.

Krämer, Sybille: Sprache, Sprechakt, Kommunikation. Sprachtheoretische Positionen des 20. Jahrhunderts, Frankfurt am Main 2001.

Krause, Burkhardt: „Lîp", „mîn lîp" und „ich". Zur „conditio corporea" mittelalterlicher Subjektivität, in: Fritsch-Rössler, Waltraud (Hg.): „Uf der mâze pfat". Festschrift für Werner Hoffmann, Göppingen 1991, S. 373–396.

Kristeller, Paul Oskar: The School of Salerno, in: Ders.: Studies in Renaissance Thought and Letters, Rom 1956, S. 495–551.

Kroeschell, Karl: Deutsche Rechtsgeschichte. Bd. 1: Bis 1250, 5. Auflage, Opladen 1982.

Kroeschell, Karl: Recht und Rechtsbegriff im 12. Jahrhundert, in: Probleme des 12. Jahrhunderts. Reichenau-Vorträge 1965–1967, Konstanz und Stuttgart 1968, S. 309–335.

Kroeschell, Karl: Das Germanische Recht als Forschungsproblem, in: Ders. (Hg.): Festschrift für Hans Thieme zu seinem 80. Geburtstag, Sigmaringen 1986, S. 3–19.

Kropik, Cordula: Reflexionen des Geschichtlichen. Zur literarischen Konstituierung mittelhochdeutscher Heldenepik, Heidelberg 2008.

Kuhn, Hans: Kriemhilds Hort und Rache, in: Festschrift für Paul Kluckhohn und Hermann Schneider zum 60. Geburtstag, hg. v. ihren Tübinger Schülern, Tübingen 1948, S. 84–100.

Kuhn, Hans: Der Teufel im Nibelungenlied. Zu Gunthers und Kriemhilds Tod, in: Zeitschrift für deutsches Altertum und deutsche Literatur 94 (1965), S. 280–306.

Kuhn, Hugo: Kudrun (1969), in: Rupp, Heinz (Hg.): Nibelungenlied und Kudrun, Darmstadt 1976, S. 502–514.

Lämmert, Eberhard: Bauformen des Erzählens, 3. Auflage, Stuttgart 1968.

Laqueur, Thomas: Auf den Leib geschrieben. Die Inszenierung der Geschlechter von der Antike bis Freud, aus dem Englischen v. H. Jochen Bußmann, München 1996.

Laubscher, Annemarie: Die Entwicklung des Frauenbildes im mittelhochdeutschen Heldenepos, Diss. Würzburg 1954.

Lawn, Brian: The Salernitan Questions. An Introduction to the History of Medieval and Renaissance Problem Literature, Oxford 1963.

LeGoff, Jacques und Nicolas Truong: Die Geschichte des Körpers im Mittelalter, Stuttgart 2007.

Lepsius, Susanne: Wissen = Entscheiden, Nichtwissen = Nichtentscheiden? Zum Dilemma richterlicher Beweiserhebung im Spätmittelalter und in der frühen Neuzeit, in: Visman, Cornelia und Thomas Weitin (Hg.): Urteilen/Entscheiden, München 2006, S. 119–142.

Lesky, Erna: Die Zeugungs- und Vererbungslehre der Antike und ihre Nachwirkungen, in: Abhandlungen der Wissenschaften und der Literatur in Mainz 19 (1950), S. 1227–1424.

Lexer, Matthias: Mittelhochdeutsches Handwörterbuch. 3 Bde., Nachdruck der Ausgabe Leipzig 1872–1878, mit einer Einleitung v. Kurt Gärtner, Stuttgart 1992.

Liebrecht, Johannes: Das gute alte Recht in der rechtshistorischen Kritik, in: Kroeschell, Karl und Albrecht Cordes (Hg.): Funktion und Form. Quellen- und Methodenprobleme der mittelalterlichen Rechtsgeschichte, Berlin 1996, S. 185–204.

Lienert, Elisabeth: „Daz beweinten sît diu wîp“. Der Krieg und die Frauen in mittelhochdeutscher Literatur, in: Klein, Dorothea, Elisabeth Lienert und Johannes Rettelbach (Hg.): Vom Mittelalter zur Neuzeit. Festschrift für Horst Brunner, Wiesbaden 2000, S. 129–146.

Lienert, Elisabeth: Der Körper des Kriegers. Erzählen von Helden in der Nibelungenklage, in: Zeitschrift für deutsches Altertum und deutsche Literatur 130 (2001), H. 2, S. 127–142.

Lienert, Elisabeth: Geschlecht und Gewalt im Nibelungenlied, in: Zeitschrift für deutsches Altertum und deutsche Literatur 132 (2003), H. 1, S. 3–23.

Lienert, Elisabeth: Perspektiven der Deutung des Nibelungenlieds, in: Heinzle, Joachim, Klaus Klein und Ute Obhof (Hg.): Die Nibelungen. Sage – Epos – Mythos, Wiesbaden 2003, S. 91–112.

Linke, Hansjürgen: Über den Erzähler und seine künstlerische Funktion (1960), in: Rupp, Heinz (Hg.): Nibelungenlied und Kudrun, Darmstadt 1976, S. 110–133.

Lotman, Jurij M.: Die Struktur literarischer Texte, übs. v. Rolf-Dietrich Keil, 2. Auflage, München 1981.

Lück, Heiner: Verlauf und Ergebnisse des „Strafverfahrens“ im Gebiet des sächsischen Rechts (13. bis 16. Jahrhundert), in: Sachsen und Anhalt. Jahrbuch der Historischen Kommission für Sachsen-Anhalt 21, Weimar 1998, S. 129–150.

Lück, Heiner: Art. Recht, in: Beck, Heinrich, Dieter Geuenich und Heiko Steuer (Hg.): Reallexikon der Germanischen Altertumskunde. Bd. 24, 2., völlig neu bearbeitete und stark erweiterte Auflage, Berlin und New York 2003, S. 209–224.

Luhmann, Niklas: Individuum, Individualität, Individualismus, in: Ders.: Gesellschaftsstruktur und Semantik. Studien zur Wissenssoziologie der modernen Gesellschaft. Bd. 3, Frankfurt am Main 1989, S. 149–258.

Mahlendorf, Ursula und Frank Tobin: Legality and Formality in the Nibelungenlied, in: Monatshefte 66 (1974), S. 225–238.

Martínez, Matías: Fortuna und Providentia. Typen der Handlungsmotivation in der Faustiniangeschichte der Kaiserchronik, in: Ders. (Hg.): Formaler Mythos. Beiträge zu einer Theorie ästhetischer Formen, Paderborn u. a. 1996, S. 83–100.

Martínez, Matías: Art. Motivierung, in: Fricke, Harald (Hg.): Reallexikon der deutschen Literaturwissenschaft. Bd. 2, Berlin und New York 2000, S. 643–646.

Maurer, Friedrich: Leid. Studien zur Bedeutungs- und Problemgeschichte, besonders in den großen Epen der staufischen Zeit, 2. Auflage, Bern und München 1961.

Mayer-Maly, Theo: Art. Morgengabe, in: Erler, Adalbert und Ekkehard Kaufmann (Hg.): Handwörterbuch zur deutschen Rechtsgeschichte. Bd. 3, Berlin 1984, Sp. 678–683.

McCall, Jr., Marsh H.: Ancient Rhetorical Theories of Simile and Comparison, Cambridge (Mass.) 1969.

McConnell, Winder: Kriemhild and Gerlind. Some Observations on the „vâlandinne"-Concept in the Nibelungenlied and Kudrun, in: Haymes, Edward C. und Stephanie Cain Van d'Elden (Hg.): The Dark Figure in Medieval German and Germanic Literature, Göppingen 1986, S. 42–53.

McMahon, James V.: The Oddly Understated Marriage of Kriemhild and Etzel, in: Wunderlich, Werner und Ulrich Müller (Hg.): „Waz sider da geschah". American-German Studies on the Nibelungenlied, Göppingen 1992, S. 131–148.

Mertens, Volker: Szenisches Erzählen. Ulrich Füetrer – Wolfram – Nibelungenlied, in: Zatloukal, Klaus (Hg.): 6. Pöchlarner Heldenliedgespräch. 800 Jahre Nibelungenlied. Rückblick – Einblick – Ausblick, Wien 2001, S. 97–114.

Meurer, Dieter: Art. Tötungsdelikte, in: Erler, Adalbert, Ekkehard Kaufmann und Dieter Werkmüller (Hg.): Handwörterbuch zur deutschen Rechtsgeschichte. Bd. 5, Berlin 1998, Sp. 286–290.

Michaelis, Beatrice: Von „tarnkappe", „nagele" und „gêr". Das Nibelungenlied oder: Was hat Sex mit Nation und Kanon zu tun?, in: Babka, Anna und Susanne Hochreiter (Hg.): Queer Reading in den Philologien. Modelle und Anwendungen, Göttingen 2008, S. 129–149.

Michaelis, Beatrice: (Dis-)Artikulationen von Begehren. Schweigeeffekte in wissenschaftlichen und literarischen Texten, Berlin und New York 2011.

Miklautsch, Lydia: Müde Männer-Mythen. Muster heroischer Männlichkeit in der Heldendichtung, in: Ebenbauer, Alfred und Johannes Keller (Hg.): 8. Pöchlarner Heldenliedgespräch. Das Nibelungenlied und die Europäische Heldendichtung, Wien 2006, S. 241–260.

Mitteis, Heinrich: Rechtsprobleme im Nibelungenlied, in: Juristische Blätter 74 (1952), H. 10, S. 240–242.

Mitteis, Heinrich: Deutsche Rechtsgeschichte. Ein Studienbuch, neubearbeitet v. Heinz Lieberich, 18., erweiterte und ergänzte Auflage, München 1988.

Moos, Peter von: Gefahren des Mittelalterbegriffs. Diagnostische und präventive Aspekte, in: Heinzle, Joachim (Hg.): Modernes Mittelalter. Neue Bilder einer populären Epoche, Frankfurt am Main 1999, S. 33–63.

Müller, Gernot: Zur sinnbildlichen Repräsentation der Siegfriedgestalt im Nibelungenlied, in: Studia neophilologica 47 (1975), S. 88–119.

Müller, Jan-Dirk: Sîvrit. „künec" – „man" – „eigenholt". Zur sozialen Problematik des „Nibelungenliedes", in: Amsterdamer Beiträge zur älteren Germanistik 7 (1974), S. 85–124.

Müller, Jan-Dirk: Motivationsstrukturen und personale Identität im Nibelungenlied. Zur Gattungsdiskussion um „Epos" oder „Roman", in: Knapp, Fritz Peter (Hg.): Nibelungenlied und Klage. Sage und Geschichte. Struktur und Gattung. Passauer Nibelungengespräche 1985, Heidelberg 1987, S. 221–256.

Müller, Jan-Dirk: Das Nibelungenlied, in: Brunner, Horst (Hg.): Mittelhochdeutsche Romane und Heldenepen, Stuttgart 1993, S. 146–172.

Müller, Jan-Dirk: Spielregeln für den Untergang. Die Welt des Nibelungenlieds, Tübingen 1998.

Müller, Jan-Dirk: Der Widerspenstigen Zähmung. Anmerkungen zu einer mediävistischen Kulturwissenschaft, in: Huber, Martin und Martin Lauer (Hg.): Nach der Sozialgeschichte. Konzepte für eine Literaturwissenschaft zwischen Historischer Anthropologie, Kulturgeschichte und Medientheorie, Tübingen 2000, S. 461–481.

Müller, Jan-Dirk: Die „Vulgatfassung" des Nibelungenliedes, die Bearbeitung C und das Problem der Kontamination, in: Greenfield, John (Hg.): Das Nibelungenlied. Actas do Simpósio Internacional 27 de Outubro de 2000, Porto 2001, S. 51–77.

Müller, Jan-Dirk: Das Nibelungenlied, Berlin 2002.

Müller, Jan-Dirk: Visualität, Geste, Schrift. Zu einem neuen Untersuchungsfeld der Mediävistik, in: Zeitschrift für deutsche Philologie 122 (2003), S. 118–132.

Müller, Jan-Dirk: Höfische Kompromisse. Acht Kapitel zur höfischen Epik, Tübingen 2007.

Murphy, James J.: Rhetoric in the Middle Ages. A History of Rhetorical Theory from Saint Augustine to the Renaissance, Berkeley und London 1974.

Nagel, Bert: Das Dietrichbild des Nibelungenliedes. I. Teil, in: Zeitschrift für deutsche Philologie 78 (1959), S. 258–268. Und: Ders.: Das Dietrichbild des Nibelungenliedes. II. Teil, in: Zeitschrift für deutsche Philologie 79 (1960), S. 28–57.

Nagel, Bert: Das Nibelungenlied. Stoff – Form – Ethos, Frankfurt am Main 1965.

Nagel, Bert: Widersprüche im Nibelungenlied (1964), in: Rupp, Heinz (Hg.): Nibelungenlied und Kudrun, Darmstadt 1976, S. 367–431.

Neumann, Gerhard und Rainer Warning: Einleitung. Transgressionen. Literatur als Ethnographie, in: Dies. (Hg.): Transgressionen. Literatur als Ethnographie, Freiburg im Breisgau 2003, S. 7–16.

Newman, Gail: The Two Brunhilds?, in: Amsterdamer Beiträge zur älteren Germanistik 16 (1981), S. 69–78.

Nolte, Ann-Katrin: Spiegelungen der Kriemhildfigur in der Rezeption des Nibelungenliedes. Figurenentwürfe und Gender-Diskurse in der Klage, der Kudrun und den Rosengärten. Mit einem Ausblick auf ausgewählte Rezeptionsbeispiele des 18., 19. und 20. Jahrhunderts, Münster 2004.

Nolte, Theodor: Das Kudrunepos, ein Frauenroman?, Tübingen 1985.

Nutton, Vivian: Art. Athenaios [6] von Attaleia, in: Cancik, Hubert und Helmuth Schneider (Hg.): Der Neue Pauly. Enzyklopädie der Antike. Bd. 2Stuttgart und Weimar 1997, Sp. 200–201.

Nutton, Vivian: Art. Galenos aus Pergamon, in: Cancik, Hubert und Helmuth Schneider (Hg.): Der Neue Pauly. Enzyklopädie der Antike. Bd. 4, Stuttgart und Weimar 1998, Sp. 748–756.

Nutton, Vivian: Ancient Medicine, London und New York 2004.

Oexle, Otto Gerhard: Sozialgeschichte – Begriffsgeschichte – Wissenschaftsgeschichte. Anmerkungen zum Werk Otto Brunners, in: Vierteljahrschrift für Sozial- und Wirtschaftsgeschichte 71 (1984), H. 3, S. 305–341.

Oexle, Otto Gerhard: Rezension zu Peter Czerwinski: Der Glanz der Abstraktion. Frühe Formen von Reflexivität im Mittelalter. Exempel einer Geschichte der Wahrnehmung (I), Frankfurt am Main und New York 1989 sowie von Peter Czerwinski: Gegenwärtigkeit. Simultane Räume und zyklische Zeiten, Formen von Regeneration und Genealogie im Mittelalter. Exempel einer Geschichte der Wahrnehmung II, München 1993, in: Internationales Archiv für Sozialgeschichte der deutschen Literatur 20 (1995), H. 1, S. 203–208.

Ogris, Werner: Art. Haftung, in: Erler, Adalbert und Ekkehard Kaufmann (Hg.): Handwörterbuch zur deutschen Rechtsgeschichte. Bd. 1, Berlin 1971, Sp. 1901–1906.

Ogris, Werner: Art. Bahrprobe, in: Cordes, Albrecht, Heiner Lück, Dieter Werkmüller und Ruth Schmidt-Wiegand (Hg.): Handwörterbuch zur deutschen Rechtsgeschichte. Bd. 1, 2., völlig überarbeitete und erweiterte Auflage, Berlin 2008, Sp. 408–410.

Opitz, Ulrich-Dieter (Hg.): Deutsche Rechtsbücher des Mittelalters. Bd. 1. Beschreibung der Rechtsbücher, Köln und Wien 1990.

Pafenberg, Stephanie B.: The Spindle and the Sword. Gender, Sex, and Heroism in the Nibelungenlied and Kudrun, in: The Germanic Review 70 (1995), H. 3, S. 106–115.

Pannenberg, Wolfhart: Person und Subjekt, in: Marquard, Odo und Karlheinz Stierle (Hg.): Identität, München 1979, S. 407–422. (= Poetik und Hermeneutik 8)

Park, Katharine und Robert A. Nye: Destiny is Anatomy. Making Sex: Body and Gender from the Greeks to Freud by Thomas Laqueur, in: The New Republic (18.02.1991), S. 53–57.

Parker, Patricia: Gender Ideology, Gender Change: The Case of Marie Germain, in: Critical Inquiry 19 (1993), S. 337–364.

Patschovsky, Alexander: Fehde im Recht. Eine Problemskizze, in: Roll, Christine (Hg.): Reich und Recht im Zeitalter der Reformation. Festschrift für Horst Rabe, Berlin u. a. 1996, S. 145–178.

Patzold, Steffen: Konflikte als Thema in der modernen Mediävistik, in: Goetz, Hans-Werner: Moderne Mediävistik. Stand und Perspektiven der Mittelalterforschung, Darmstadt 1999, S. 198–205.

Pérennec, René: Epische Kontinuität, Psychologie und Säkularisierung christlicher Denkschemata im Nibelungenlied. Zur Interpretierbarkeit des Nibelungenliedes, in: Knapp, Fritz Peter (Hg.): Nibelungenlied und Klage. Sage und Geschichte, Struktur und Gattung. Passauer Nibelungengespräche 1985, Heidelberg 1987, S. 202–220.

Peters, Ursula: Gender Trouble in der mittelalterlichen Literatur? Mediävistische Genderforschung und Crossdressing-Geschichten, in: Bennewitz, Ingrid und Helmut Tervooren (Hg.): „Manlîchiu wîp, wîplîch man". Zur Konstruktion der Kategorien „Körper" und „Geschlecht" in der deutschen Literatur des Mittelalters, Berlin 1999, S. 284–304.

Pethes, Nicolas: Poetik/Wissen. Konzeptionen eines problematischen Transfers, in: Brandstetter, Gabriele und Gerhard Neumann (Hg.): Romantische Wissenspoetik. Die Künste und die Wissenschaften um 1800, Würzburg 2004, S. 341–372.

Pethes, Nicolas: Literatur und Wissenschaftsgeschichte. Ein Forschungsbericht, in: Internationales Archiv für Sozialgeschichte der deutschen Literatur 28 (2003), H. 1, S. 181–231.

Philipowski, Silke: Geste und Inszenierung. Wahrheit und Lesbarkeit von Körpern im höfischen Epos, in: Beiträge zur Geschichte der deutschen Sprache und Literatur (= PBB) 122 (2000), H. 3, S. 455–477.

Philipowski, Katharina: Der geformte und der ungeformte Körper. Zur „Seele" literarischer Figuren im Mittelalter, in: Zeitschrift für deutsche Philologie 123 (2004), H. 1, S. 67–86.

Philipowski, Katharina: Bild und Begriff. „sêle" und „herz" in geistlichen und höfischen Dialoggedichten des Mittelalters, in: Dies. und Anne Prior (Hg.): „anima" und „sêle". Darstellungen und Systematisierungen von Seele im Mittelalter, Berlin 2006, S. 299–319.

Planck, Julius Wilhelm von: Das deutsche Gerichtsverfahren im Mittelalter. 2 Bde., Braunschweig 1879.

Preus, Anthony: Galen's Criticism of Aristotle's Conception Theory, in: Journal of the History of Biology 10 (1977), S. 65–85.

Quast, Bruno: Wissen und Herrschaft. Bemerkungen zur Rationalität des Erzählens im Nibelungenlied, in: Euphorion 96 (2002), H. 3, S. 287–302.

Reichert, Hermann: Nibelungenlied-Lehrwerk. Sprachlicher Kommentar, mittelhochdeutsche Grammatik, Wörterbuch. Passend zum Text der St. Galler Fassung („B"), Wien 2007.

Reinle, Christine: Art. Fehde, in: Cordes, Albrecht, Heiner Lück, Dieter Werkmüller und Ruth Schmidt-Wiegand (Hg.): Handwörterbuch zur deutschen Rechtsgeschichte. Bd. 1, 2., völlig überarbeitete und erweiterte Auflage, Berlin 2008, Sp. 1515–1525.

Renz, Tilo: Brünhilds Kraft. Zur Logik des einen Geschlechts im Nibelungenlied, in: Zeitschrift für Germanistik, N. F. 16 (2006), H. 1, S. 8–25.

Richter, Karl, Jörg Schönert und Michael Titzmann: Literatur – Wissen – Wissenschaft. Überlegungen zu einer komplexen Relation, in: Dies. (Hg.): Die Literatur und die Wissenschaften. 1770–1930, Stuttgart 1997, S. 9–36.

Ridder, Klaus und Otto Langer (Hg.): Körperinszenierungen in mittelalterlicher Literatur. Kolloquium am Zentrum für interdisziplinäre Forschung der Universität Bielefeld (18. bis 20. März 1999), Berlin 2002.

Ridder, Klaus und Otto Langer: Vorwort, in: Dies. (Hg.): Körperinszenierungen in mittelalterlicher Literatur. Kolloquium am Zentrum für interdisziplinäre Forschung der Universität Bielefeld (18. bis 20. März 1999), Berlin 2002, S. 9–11.

Ronca, Italo: The Influence of the Pantegni on William of Conche's Dragmaticon, in: Burnett, Charles und Danielle Jacquart (Hg.): Constantine the African and Ali ibn Abbas al-Magusi. The Pantegni and Related Texts, Leiden, New York und Köln 1994, S. 266–285.

Ronca, Italo: Introduction, in: Guillelmi de Conchis: Dragmaticon Philosophiae, hg. v. Italo Ronca, Turnhout 1997, S. XI-LXXXVI. (= Corpus Christianorum. Continuatio Mediaevalis 152, Guillelmi de Conchis: Opera Omnia. Bd. 1, hg. v. E. Jeauneau)

Röcke, Werner: Erzähltes Wissen. „Loci communes" und „Romanen-Freyheit" im Magelonen-Roman des Spätmittelalters, in: Brunner, Horst und Norbert Richard Wolf (Hg.): Wissensliteratur im Mittelalter und in der Frühen Neuzeit. Bedingungen, Typen, Publikum, Sprache, Wiesbaden 1993, S. 209–226.

Röcke, Werner: Zerbrochene Ordnung. Krönungsfest und Eskalation von Ehre und Gewalt in der Histori von den vier Heymonskindern, in: Steinicke, Marion und Stefan Weinfurter (Hg.): Investitur- und Krönungsrituale. Herrschaftseinsetzungen im kulturellen Vergleich, Köln, Weimar und Wien 2005, S. 163–176.

Röcke, Werner: Drohung und Eskalation. Das Wechselspiel von sprachlicher Gewalt und körperlicher „violentia" in Heinrich Wittenwilers Ring, in: Eming, Jutta und Claudia Jarzebowski (Hg.): Blutige Worte. Internationales und interdisziplinäres Kolloquium zum Verhältnis von Sprache und Gewalt in Mittelalter und Früher Neuzeit, Göttingen 2008, S. 129–143.

Roitinger, Franz: Ein sterbendes Wort des Bairisch-Österreichischen: ahd. „fërah", mhd. „vërch" „vita, anima, corpus, sanguis", in: Zeitschrift für Mundartforschung 23 (1955), H. 3, S. 176–184.

Rückert, Joachim: Die Rechtswerte der germanischen Rechtsgeschichte im Wandel der Forschung, in: Zeitschrift der Savigny-Stiftung für Rechtsgeschichte. Germanistische Abteilung 111 (1994), S. 275–309.

Rummel, Mariella: Die rechtliche Stellung der Frau im Sachsenspiegel-Landrecht, Frankfurt am Main 1987.

Saar, Stefan Ch.: Art. Notzucht, in: Bautier, Robert-Henri u. a. (Hg.): Lexikon des Mittelalters. Bd. 6, München und Zürich 1993, Sp. 1298–1299.

Salmon, Paul B.: Why does Hagen die?, in: German Life and Letters 17 (1963/64), S. 3–13.

Saussure, Ferdinand de: Grundfragen der allgemeinen Sprachwissenschaft, hg. v. Charles Bally und Robert Sechehaye, übs. v. Herman Lommel, 3. Auflage, Berlin und New York 2001.

Schausten, Monika: Der Körper des Helden und das „Leben" der Königin: Geschlechter- und Machtkonstellationen im Nibelungenlied, in: Zeitschrift für deutsche Philologie 118 (1999), H. 1, S. 27–49.

Schenk, Günter: Art. Ähnlichkeit, in: Sandkühler, Hans Jörg (Hg.): Europäische Enzyklopädie zu Philosophie und den Wissenschaften. Bd. 1, Hamburg 1990, S. 51–53.

Schenk, Günter: Art. Vergleich, in: Sandkühler, Hans Jörg (Hg.): Europäische Enzyklopädie zu Philosophie und den Wissenschaften. Bd. 4, Hamburg 1990, S. 698–701.

Schenk, Günter und A. Krause: Art. Vergleich, in: Ritter, Joachim, Karlfried Gründer und Gottfried Gabriel (Hg.): Historisches Wörterbuch der Philosophie. Bd. 11, Basel 2001, Sp. 676–680.

Scherner, Karl Otto: Art. Kompositionensystem, in: Erler, Adalbert und Ekkehard Kaufmann (Hg.): Handwörterbuch zur deutschen Rechtsgeschichte. Bd. 2, Berlin 1978, Sp. 995–997.

Scheuble, Robert: „Mannes manheit, vrouwen meister". Männliche Sozialisation und Formen der Gewalt gegen Frauen im Nibelungenlied und in Wolframs von Eschenbach Parzival, Frankfurt am Main 2005.

Schiebinger, Londa: Schöne Geister. Frauen in den Anfängen der modernen Wissenschaft, aus dem Amerikanischen v. Susanne Lüdemann und Ute Spengler, Stuttgart 1993.

Schiebinger, Londa: Am Busen der Natur. Erkenntnis und Geschlecht in den Anfängen der Wissenschaft, aus dem Englischen v. Margit Bergner und Monika Noll, Stuttgart 1995.

Schiebler, Theodor H., Walter Schmidt und Karl Zilles (Hg.): Anatomie. Zytologie, Entwicklungsgeschichte, makroskopische und mikroskopische Anatomie des Menschen, gemeinschaftlich verfasst v. G. Arnold, H. M. Beier, M. Herrmann, P. Kaufmann, H.-J. Kretschmann, W. Kühnel, T. H. Schiebler, W. Schmidt, B. Steiniger, J. Winckler, E. van der Zypen und K. Zilles, 8., vollständig überarbeitete und aktualisierte Auflage, Berlin, Heidelberg und New York 1999.

Schild, Wolfgang: Art. Talio(n), in: Bautier, Robert-Henri u. a. (Hg.): Lexikon des Mittelalters. Bd. 8, München 1997, Sp. 446–447.

Schild, Wolfgang: Art. Wergeld, in: Erler, Adalbert, Ekkehard Kaufmann und Dieter Werkmüller (Hg.): Handwörterbuch zur deutschen Rechtsgeschichte. Bd. 5, Berlin 1998, Sp. 1268–1271.

Schipperges, Heinrich: Die frühen Übersetzer der arabischen Medizin in chronologischer Sicht, in: Sudhoffs Archiv für Geschichte der Medizin und der Naturwissenschaften 39 (1955), S. 53–93.

Schipperges, Heinrich: Die Assimilation der arabischen Medizin durch das lateinische Mittelalter, Wiesbaden 1964. (= Sudhoffs Archiv für Geschichte der Medizin und der Naturwissenschaften, Beihefte 3)

Schipperges, Heinrich: Constantinus Africanus, in: Fassmann, Kurt (Hg.): Die Großen der Weltgeschichte, Zürich 1973, S. 246–255.

Schipperges, Heinrich: Art. Constantinus Africanus, in: Gerabek, Werner E., Bernhard D. Haage, Gundolf Keil und Wolfgang Wegner (Hg.): Enzyklopädie Medizingeschichte, Berlin und New York 2005, S. 269–270.

Schleiner, Winfried: Early Modern Controversies about the One-Sex Model, in: The Renaissance Quarterly 53 (2000), S. 180–191.

Schmidt, Eberhard: Einführung in die Geschichte der deutschen Strafrechtspflege, 3. Auflage, Göttingen 1965.

Schmidt-Wiegand, Ruth: Kriemhilds Rache. Zu Funktion und Wertung des Rechts im Nibelungenlied, in: Kamp, Norbert und Joachim Wollasch (Hg.): Tradition als historische Kraft. Interdisziplinäre Forschungen zur Geschichte des frühen Mittelalters, Berlin und New York 1982, S. 372–387.

Schmidt-Wiegand, Ruth: Art. Mord (sprachlich), in: Erler, Adalbert und Ekkehard Kaufmann (Hg.): Handwörterbuch zur deutschen Rechtsgeschichte. Bd. 3, Berlin 1984, Sp. 673–675.

Schnell, Rüdiger: „Causa amoris“. Liebeskonzeption und Liebesdarstellung in der mittelalterlichen Literatur, Bern und München 1985.

Schnell, Rüdiger: Historische Emotionsforschung. Eine mediävistische Standortbestimmung, in: Frühmittelalterliche Studien 38 (2004), S. 173–276.

Schöner, Erich: Das Viererschema in der antiken Humoralpathologie, Wiesbaden 1964. (= Sudhoffs Archiv für Geschichte der Medizin und der Naturwissenschaften, Beihefte 4)

Schröder, Werner: Nibelungenlied-Studien, Stuttgart 1968.

Schröter, Michael: „Wo zwei zusammenkommen in rechter Ehe…“. Sozio- und psychogenetische Studien über Eheschließungsvorgänge vom 12. bis 15. Jahrhundert, Frankfurt am Main 1985.

Schulz, Armin: Fremde Kohärenz. Narrative Verknüpfungsformen im Nibelungenlied und in der Kaiserchronik, in: Haferland, Harald und Matthias Meyer (Hg.): Historische Narratologie – Mediävistische Perspektiven, Berlin und New York 2010, S. 339–360.

Schulze, Hans K.: Grundstrukturen der Verfassung im Mittelalter. Bd. 2, Stuttgart 1992.

Schulze, Ursula: „Sie ne tet niht alse ein wîb“. Intertextuelle Variationen der amazonenhaften Camilla, in: Fiebig, Annegret und Hans-Jochen Schiewer (Hg.): Deutsche Literatur und Sprache um 1050–1200. Festschrift für Ursula Hennig zum 65. Geburtstag, Berlin 1995, S. 235–260.

Schulze, Ursula: Das Nibelungenlied, Stuttgart 1997.

Schulze, Ursula: Brünhild – eine domestizierte Amazone, in: Bönnen, Gerold und Volker Gallé (Hg.): Sagen- und Märchenmotive im Nibelungenlied. Dokumentation des dritten Symposiums von Stadt Worms und Nibelungenlied-Gesellschaft Worms e. V. Vom 21. bis 23. September 2001, Worms 2002, S. 121–141.

Schumann, Eva: Art. Buße, in: Cordes, Albrecht, Heiner Lück, Dieter Werkmüller und Ruth Schmidt-Wiegand (Hg.): Handwörterbuch zur deutschen Rechtsgeschichte. Bd. 1, 2., völlig überarbeitete und erweiterte Auflage, Berlin 2008, Sp. 789–795.

Schwab, Ute: Weinverschütten und Minnetrinken. Verwendung und Umwandlung metaphorischer Hallentopik im Nibelungenlied, in: Zatloukal, Klaus

(Hg.): [1.] Pöchlarner Heldenliedgespräch. Das Nibelungenlied und der mittlere Donauraum, Wien 1990, S. 59–101.

Schwab, Ute: Hagens praktische Todesregie, in: Kraft, Karl-Friedrich, Eva-Maria Lill und Ute Schwab (Hg.): „Triuwe". Studien zur Sprachgeschichte und Literaturwissenschaft, Heidelberg 1992, S. 187–239.

Schwarz, Richard: Leib und Seele in der Geistesgeschichte des Mittelalters, in: Deutsche Vierteljahrsschrift für Literaturwissenschaft und Geistesgeschichte 16 (1938), H. 3, S. 293–323.

Schweikle, Günther: Das Nibelungenlied. Ein heroisch-tragischer Liebesroman?, in: Kühnel, Jürgen, Hans-Dieter Mück und Ulrich Müller (Hg.): De Poeticis Medii Aevi Quaestiones. Festschrift für Käte Hamburger zum 85. Geb., Göppingen 1981, S. 59–84.

See, Klaus von: Edda, Saga, Skaldendichtung. Aufsätze zur skandinavischen Literatur des Mittelalters, Heidelberg 1982.

See, Klaus von: Was ist Heldendichtung?, in: Ders. (Hg.): Europäische Heldendichtung, Darmstadt 1978, S. 1–38.

See, Klaus von: Held und Kollektiv, in: Zeitschrift für deutsches Altertum und deutsche Literatur 122 (1993), H. 1, S. 1–35.

Seitter, Walter: Vom heimlichen Pazifismus im Nibelungenlied, in: Adam, Armin und Martin Stingelin (Hg.): Übertragung und Gesetz. Gründungsmythen, Kriegstheater und Unterwerfungstechniken von Institutionen, Berlin 1995, S. 149–157.

Sellert, Wolfgang und Hinrich Rüping: Studien- und Quellenbuch zur Geschichte der deutschen Strafrechtspflege. Bd. 1. Von den Anfängen bis zur Aufklärung, Aalen 1989.

Semmler, Hartmut: Listmotive in der mittelhochdeutschen Epik. Zum Wandel ethischer Normen im Spiegel der Literatur, Berlin 1991.

Siraisi, Nancy G.: Medieval and Early Renaissance Medicine. An Introduction to Knowledge and Practice, Chicago und London 1991.

Speer, Andreas: Die entdeckte Natur. Untersuchungen zu Begründungsversuchen einer „scientia naturalis" im 12. Jahrhundert, Leiden und New York 1995.

Spiewok, Wolfgang: Die Vergewaltigung in der deutschen Literatur des Mittelalters, in: Buschinger, Danielle und Wolfgang Spiewok (Hg.): Sexuelle Perversionen im Mittelalter, Greifswald 1994, S. 193–206.

Spreitzer, Brigitte: Störfälle. Zur Konstruktion, Dekonstruktion und Rekonstruktion von Geschlechterdifferenz(en) im Mittelalter, in: Bennewitz, Ingrid und Helmut Tervooren (Hg.): „Manlîchiu wîp, wîplîch man". Zur Konstruktion der Kategorien „Körper" und „Geschlecht" in der deutschen Literatur des Mittelalters, Berlin 1999, S. 249–263.

Starkey, Kathryn: Brunhild's Smile. Emotion and the Politics of Gender in the Nibelungenlied, in: Jaeger, C. Stephen und Ingrid Kasten (Hg.): Codierung von Emotionen im Mittelalter. Emotions and Sensibility in the Middle Ages, Berlin und New York 2003, S. 159–173.

Stech, Julian: Das Nibelungenlied. Appellstrukturen und Mythosthematik in der mittelhochdeutschen Dichtung, Frankfurt am Main 1993.

Steger, Priska: „Ez pfliget diu küneginne sô vreislîcher sit". Zum Schreckensmythos der isländischen Königin und Heldin Brünhild, in: Müller, Ulrich und

Werner Wunderlich (Hg.): Mittelalter-Mythen. Bd. 1, St. Gallen 1996, S. 341–366.

Stolberg, Michael: A Woman Down to Her Bones. The Anatomy of Sexual Difference in the Sixteenth and Early Seventeenth Centuries, in: Isis 94 (2003), S. 274–299.

Störmer-Caysa, Uta: Grundstrukturen mittelalterlicher Erzählungen. Raum und Zeit im höfischen Roman, Berlin und New York 2007.

Strohschneider, Peter: Einfache Regeln – Komplexe Strukturen. Ein struktur-analytisches Experiment zum Nibelungenlied, in: Harms, Wolfgang und Jan-Dirk Müller (Hg.): Mediävistische Komparatistik. Festschrift für Franz Josef Worstbrock, Stuttgart und Leipzig 1997, S. 43–75.

Strohschneider, Peter: Die Zeichen der Mediävistik. Ein Diskussionsbeitrag zum Mittelalter-Entwurf in Peter Czerwinskis „Gegenwärtigkeit", in: Internationales Archiv für Sozialgeschichte der deutschen Literatur 20 (1995), H. 2, S. 173–191.

Stübinger, Stephan: Schuld, Strafrecht und Geschichte. Die Entstehung der Schuldzurechnung in der deutschen Strafrechtshistorie, Köln, Weimar und Wien 2000.

Temkin, Owsei: Galenism. Rise and Decline of a Medical Philosophy, Ithaca und London 1973.

Tennant, Elaine C.: Prescriptions and Performatives in Imagined Cultures. Gender Dynamics in Nibelungenlied Aventiure 11, in: Müller, Jan-Dirk und Horst Wenzel (Hg.): Mittelalter. Neue Wege durch einen alten Kontinent, Stuttgart und Leipzig 1999, S. 273–316.

Thelen, Lynn D.: Hagen's Shield: The 37th Aventiure Revisited, in: Journal of English and Germanic Philology 96 (1997), S. 385–402.

Titzmann, Michael: Strukturale Textanalyse. Theorie und Praxis der Interpretation, München 1977.

Tuana, Nancy: Der schwächere Samen. Androzentrismus in der Aristotelischen Zeugungstheorie und der Galenischen Anatomie, in: Orland, Barbara und Elvira Scheich (Hg.): Das Geschlecht der Natur. Feministische Beiträge zur Geschichte und Theorie der Naturwissenschaften, Frankfurt am Main 1995, S. 203–223.

Tyradellis, Daniel und Burkhardt Wolf: Hinter den Kulissen der Gewalt. Vom Bild zu Codes und Materialitäten, in: Dies. (Hg.): Die Szene der Gewalt. Bilder, Codes und Materialitäten, Frankfurt am Main u. a. 2007, S. 13–30.

Urban, Wolfgang: Art. Quantität. II. Mittelalter, in: Ritter, Joachim und Karlfried Gründer (Hg.): Historisches Wörterbuch der Philosophie. Bd. 7, Darmstadt 1989, Sp. 1796–1808.

Verbeke, Gérard und José Rafael Moncho: Les Traductions Latines, in: Némésius d'Émèse: De natura hominis. Traduction de Burgundio de Pise, hg. v. dens., Leiden 1975, S. LXXXVI-C.

Vogelsang, Thilo: Die Frau als Herrscherin im hohen Mittelalter. Studien zur „consors-regni"-Formel, Göttingen 1954.

Vogl, Joseph: Mimesis und Verdacht. Skizze zu einer Poetologie des Wissens nach Foucault, in: Ewald, François und Bernhard Waldenfels (Hg.): Spiele der Wahrheit. Michel Foucaults Denken, Frankfurt am Main 1991, S. 193–204.

Vogl, Joseph: Für eine Poetologie des Wissens, in: Richter, Karl, Jörg Schönert und Michael Titzmann (Hg.): Die Literatur und die Wissenschaften. 1770–1930, Stuttgart 1997, S. 107–127.

Vogl, Joseph: Einleitung, in: Ders. (Hg.): Poetologien des Wissens um 1800, München 1999, S. 7–16.

Vogl, Joseph: Kalkül und Leidenschaft. Poetik des ökonomischen Menschen, München 2002.

Vogl, Joseph: Robuste und idiosynkratische Theorie, in: KulturPoetik 7 (2007), H. 2, S. 249–258.

Vollmann, B. Konrad: Art. Honorius Augustodunensis [8], in: Bautier, Robert-Henri u. a. (Hg.): Lexikon des Mittelalters. Bd. 5, München und Zürich 1991, Sp. 122–123.

Voorwinden, Norbert: „Ich bin ouch ein recke und solde krône tragen". Zur Legitimation der Herrschaft in der mittelalterlichen Heldendichtung, in: Ebenbauer, Alfred und Johannes Keller (Hg.): 8. Pöchlarner Heldenliedgespräch. Das Nibelungenlied und die Europäische Heldendichtung, Wien 2006, S. 275–294.

Wachinger, Burghart: Studien zum Nibelungenlied. Vorausdeutungen, Aufbau, Motivierung, Tübingen 1960.

Wadle, Elmar: Gottesfrieden und Landfrieden als Gegenstand der Forschung nach 1950, in: Kroeschell, Karl und Albrecht Cordes (Hg.): Funktion und Form. Quellen und Methodenprobleme der mittelalterlichen Rechtsgeschichte, Berlin 1996, S. 63–91.

Wadle, Elmar: Die Delegitimierung der Fehde durch die mittelalterliche Friedensbewegung, in: Brunner, Horst (Hg.): Der Krieg im Mittelalter und in der Frühen Neuzeit. Gründe, Begründungen, Bilder, Bräuche, Recht, Wiesbaden 1999, S. 73–91.

Wadle, Elmar: Die peinliche Strafe als Instrument des Friedens, in: Ders.: Landfrieden, Strafe, Recht. Zwölf Studien zum Mittelalter, Berlin 2001, S. 197–217.

Wailes, Stephen: Bedroom Comedy in the Nibelungenlied, in: Modern Language Quarterly 32 (1971), S. 365–376.

Wallinger, Sylvia und Monika Jonas (Hg.): Der Widerspenstigen Zähmung. Studien zur bezwungenen Weiblichkeit in der Literatur vom Mittelalter bis zur Gegenwart, Innsbruck 1986.

Wapnewski, Peter: Rüdigers Schild. Zur 37. Aventiure des Nibelungenliedes, in: Euphorion 54 (1960), S. 380–410.

Warning, Rainer: Formen narrativer Identitätskonstruktion im Höfischen Roman, in: Marquard, Odo und Karlheinz Stierle (Hg.): Identität, München 1979, S. 553–589. (= Poetik und Hermeneutik 8)

Warning, Rainer: Lyrisches Ich und Öffentlichkeit bei den Trobadors, in: Cormeau, Christoph (Hg.): Deutsche Literatur im Mittelalter. Kontakte und Perspektiven. Hugo Kuhn zum Gedenken, Stuttgart 1979, S. 120–159.

Weber, Hermann J.: Die Lehre von der Auferstehung der Toten in den Haupttraktaten der scholastischen Theologie. Von Alexander von Hales zu Duns Scotus, Freiburg, Basel und Wien, 1973.

Weidemann, Matthias: Geschichte der Sippenhaftung. Das Einstehenmüssen von Verwandten, Münster 2002.

Weigand, Rudolf: Art. Ehe. B. Recht. II. Kanonisches Recht, in: Bautier, Robert-Henri u. a. (Hg.): Lexikon des Mittelalters. Bd. 3, München und Zürich 1986, Sp. 1623–1625.

Weigand, Rudolf Kilian: Frau und Recht im Nibelungenlied. Konstituenten des zentralen Konflikts, in: Archiv für das Studium der neueren Sprachen und Literaturen 158 (243) (2006), H. 2, S. 241–258.

Weitzel, Jürgen: Art. Erfolgshaftung, in: Cordes, Albrecht, Heiner Lück, Dieter Werkmüller und Ruth Schmidt-Wiegand (Hg.): Handwörterbuch zur deutschen Rechtsgeschichte. Bd. 1, 2., völlig überarbeitete und erweiterte Auflage, Berlin 2008, Sp. 1395–1405.

Welskopp, Thomas: Grenzüberschreitungen. Deutsche Sozialgeschichte zwischen den dreißiger und den siebziger Jahren des 20. Jahrhunderts, in: Conrad, Christoph und Sebastian Conrad (Hg.): Die Nation schreiben. Geschichtswissenschaft im internationalen Vergleich, Göttingen 2002, S. 296–332.

Wenzel, Horst: Repräsentation und schöner Schein am Hof und in der höfischen Literatur, in: Ragotzky, Hedda und Horst Wenzel (Hg.): Höfische Repräsentation. Das Zeremoniell und die Zeichen, Tübingen 1990, S. 171–208.

Wenzel, Horst: Szene und Gebärde. Zur visuellen Imagination im Nibelungenlied, in: Zeitschrift für deutsche Philologie 111 (1992), H. 3, S. 321–343.

Wesel, Uwe: Frühformen des Rechts in vorstaatlichen Gesellschaften. Umrisse einer Frühgeschichte des Rechts bei Sammlern und Jägern und akephalen Ackerbauern und Hirten, Frankfurt am Main 1985.

Wesener, Gunter: Art. Prozessmaximen, in: Erler, Adalbert und Ekkehard Kaufmann (Hg.): Handwörterbuch zur deutschen Rechtsgeschichte. Bd. 4, Berlin 1990, Sp. 55–62.

Westphal, Sarah: Camilla. The Amazon Body in Medieval German Literature, in: Exemplaria 8 (1996), H. 1, S. 231–258.

Wild, Inga: Zur Überlieferung und Rezeption des Kudrun-Epos. Eine Untersuchung von drei europäischen Liedbereichen des Typs Südeli. 2 Bde., Göppingen 1976.

Willoweit, Dietmar: Die Sanktionen für Friedensbruch im Kölner Gottesfrieden von 1083. Ein Beitrag zum Sinn der Strafe in der Frühzeit der deutschen Friedensbewegung, in: Schlüchter, Ellen und Klaus Laubenthal (Hg.): Recht und Kriminalität. Festschrift für Friedrich-Wilhelm Krause zum 70. Geb., Köln u. a. 1990, S. 37–52.

Wisniewski, Roswitha: Das Versagen des Königs. Zur Interpretation des Nibelungenliedes, in: Schmidtke, Dietrich und Helga Schüppert (Hg.): Festschrift für Ingeborg Schröbler zum 65. Geb., Tübingen 1973, S. 170–186.

Woesler, Winfried: Art. Lesart, Variante, in: Fricke, Harald (Hg.): Reallexikon der deutschen Literaturwissenschaft. Bd. 2, Berlin und New York 2000, S. 401–404.

Wolf, Alois: Nibelungenlied – Chanson de geste – höfischer Roman. Zur Problematik der Verschriftlichung der deutschen Nibelungensage, in: Knapp, Fritz Peter (Hg.): Nibelungenlied und Klage. Sage und Geschichte, Struktur und Gattung. Passauer Nibelungengespräche 1985, Heidelberg 1987, S. 171–201.

Wolf, Alois: Heldensage und Epos. Zur Konstituierung einer mittelalterlichen volkssprachlichen Gattung im Spannungsfeld von Mündlichkeit und Schriftlichkeit, Tübingen 1995.

Wolfzettel, Friedrich (Hg.): Körperkonzepte im arthurischen Roman, Tübingen 2007.

Wynn, Marianne: Hagen's Defiance of Kriemhilt, in: Medieval German Studies. Festschrift für Frederick Norman, London 1965, S. 104–114.

Wyss, Ulrich: Zum letzten Mal: Die teutsche Ilias, in: Zatloukal, Klaus (Hg.): [1.] Pöchlarner Heldenliedgespräch. Das Nibelungenlied und der mittlere Donauraum, Wien 1990, S. 157–179.

Zacharias, Rainer: Die Blutrache im deutschen Mittelalter, in: Zeitschrift für deutsches Altertum und deutsche Literatur 91 (1962), H. 3, S. 167–201.

Zimmermann, Julia: „Frouwe, lât uns sehen iuwer spil diu starken". Weitsprung, Speer- und Steinwurf in der Brautwerbung um Brünhild, in: Ebenbauer, Alfred und Johannes Keller (Hg.): 8. Pöchlarner Heldenliedgespräch. Das Nibelungenlied und die Europäische Heldendichtung, Wien 2006, S. 315–335.